CLIMATOLOGÍA

CLIMATOLOGÍA

JOSÉ M.ª CUADRAT • M.ª FERNANDA PITA

SEXTA EDICIÓN

CÁTEDRA
GEOGRAFÍA

1.ª edición, 1997
6.ª edición, 2011

Juan Ignacio Luca de Tena, 15. 28027 Madrid
Depósito legal: M. 13.188-2011
I.S.B.N.: 978-84-376-1531-8
Printed in Spain
Impreso en Lavel, S. A.
Humanes de Madrid (Madrid)

Prólogo

El libro que tienen en las manos nace con el objetivo de mostrar de la manera más sencilla posible, pero a la vez con el máximo rigor y precisión, el funcionamiento del Sistema Climático Mundial. Esta doble pretensión de sencillez y rigor responde al hecho de que cada vez es mayor y más variado el colectivo de personas y sectores profesionales que se interesan por los temas climáticos.

Hasta épocas muy recientes los estudios atmosféricos sólo se abordaban desde los ámbitos de la Meteorología, la Física del aire y, en menor medida, desde el campo de la Geografía. A partir de los años setenta, con la eclosión de la preocupación medioambiental y el consecuente desarrollo de los estudios relativos al medio natural, tiene lugar un primer momento de auge y expansión de la Climatología. En los años ochenta y noventa es la amenaza de un cambio climático global la que convierte esta disciplina en tema de interés general. A partir de entonces todo tipo de profesionales se ocupan de su estudio; en las esferas políticas se dictan resoluciones en las que el clima es el protagonista; el hombre de la calle adopta como tema de conversación no ya el tiempo que hace, un clásico en todas las culturas y sociedades, sino el propio comportamiento climático.

El resultado de todo ello es la existencia en la actualidad de un número creciente de personas que en principio no disponen de una sólida formación en Física y Matemáticas, pero que aspiran a comprender en toda su complejidad y con el mayor detalle posible los procesos que gobiernan el clima. A esas personas va destinado este libro. Entre ellas, y en primer lugar, a los estudiantes de Geografía (no en vano sus autores son profesores de esta disciplina), pero también a los estudiantes de otras Facultades y Escuelas Universitarias (Biología, Ingenierías, etc.), a los responsables de la Administración que tienen que enfrentarse directa o indirectamente con temas climáticos, y a todos aquellos lectores en los que, sin existir ninguna de estas características, se ha despertado la curiosidad en torno a la envoltura gaseosa en la que se desarrolla su propia vida.

La obra consta de un primer bloque introductorio en el que, además de presentar someramente algunas de las principales claves de la Climatología actual (cap. 1), se examina en su conjunto el Sistema Climático Mundial y se esbozan los rasgos fundamentales de sus componentes, y en particular de la atmósfera, en la que tienen lugar todos los fenómenos climáticos (cap. 2).

Los capítulos tercero al octavo constituyen el núcleo esencial de la obra en tanto que son los encargados de abordar los procesos que gobiernan el funcionamiento del sistema. Los balances de energía y de agua en el planeta encabezan este bloque, puesto que dicho funcionamiento sólo es posible gracias a estos flujos de materia y energía que recorren su estructura y que lo alimentan. Es, pues, el motor del clima el que se aborda en los tres primeros capítulos, si bien en ellos se aprovecha además la ocasión para estudiar la distribución espacial de elementos climáticos tan importantes como la temperatura y la precipitación. Tras ellos se analiza el movimiento del aire, que es el tema que protagoniza los capítulos sexto al octavo. En el capítulo 6 se exponen los principios y leyes generales que regulan el movimiento del aire; su correcta comprensión es la que nos permite estudiar a continuación las grandes corrientes aéreas que tienen lugar en el planeta (cap. 7); a su vez, ambos capítulos dan paso al análisis del movimiento del aire a escalas detalladas, en el cual ocupan un lugar muy destacado las perturbaciones atmosféricas, en primer lugar, por el importante papel que juegan en la consecución del equilibrio climático mundial y, en segundo lugar, por sus evidentes repercusiones sobre el tiempo atmosférico.

Los dos últimos capítulos constituyen un tercer bloque en el que el punto de atención se centra en las dimensiones espacial y temporal del clima. El capítulo 9 se dedica a la dimensión espacial y en él, además de plantear algunas consideraciones en torno a las escalas espaciales en Climatología, se analizan los distintos climas regionales, lo que podríamos denominar el mosaico climático mundial, que es el principal resultado del funcionamiento del sistema. En el capítulo 10 es la dimensión temporal la que se estudia y en él se pretende destacar la idea de que el mosaico climático actual, reflejo de un sistema planetario equilibrado con el exterior, tiene una validez limitada en el tiempo (en el pasado hubo climas diferentes a los actuales y sin duda los habrá en el futuro). Ello nos da pie para analizar el tema de los cambios climáticos, al cual hemos dedicado buen número de páginas dado el interés creciente que suscita en la sociedad.

No queremos terminar esta pequeña presentación sin unas palabras de agradecimiento para todas aquellas personas que de una u otra manera han colaborado en la elaboración de este libro. Entre ellos nos merecen un especial reconocimiento nuestros propios alumnos, que en estos últimos años han constituido el laboratorio en el cual se ha fraguado la obra, y nuestros estudiantes del futuro, que con su lectura y sus comentarios la convertirán en una obra viva.

LOS AUTORES
Sevilla y Zaragoza, abril de 1997

Capítulo 1

La climatología como ciencia geográfica

M.ª Fernanda Pita

1. La noción de climatología

La climatología puede definirse como la ciencia que se ocupa del estudio de la distribución de los climas sobre la superficie terrestre y de sus relaciones con los restantes componentes del medio geográfico. Pero esta definición no resulta suficientemente esclarecedora si no se explicita a su vez la propia noción de clima, tarea que resulta algo más dificultosa que la anterior.

Existen infinidad de definiciones del concepto de clima, y aún en los momentos actuales no parece existir un acuerdo unánime en torno al verdadero sentido de este vocablo (véase Gibbs, 1987).

Entre las definiciones más conocidas y utilizadas se pueden citar la de Hahn, para el cual el clima es «el conjunto de los fenómenos meteorológicos que caracterizan el estado medio de la atmósfera en un punto cualquiera de la Tierra»; la de Max Sorre, que denomina clima a «la serie de los estados de la atmósfera por encima de un lugar en su sucesión habitual», o la del propio Gibbs, que utiliza el término clima para indicar «la probabilidad estadística de ocurrencia de los distintos estados de la atmósfera (presión, humedad, temperatura, viento, etc.) sobre una localidad o región dadas durante un periodo cronológico determinado».

No obstante, a pesar de esta diversidad, pueden encontrarse ciertos caracteres comunes en estas definiciones, las cuales en todos los casos atribuyen al clima los rasgos de estado «medio» o «habitual» o «característico» de la atmósfera. El clima sería, pues, lo permanente, lo habitual, lo característico de la atmósfera sobre un lugar; en suma, aquellas condiciones atmosféricas susceptibles, por su permanencia, de generar un medio propio.

Frente a esta noción, lo efímero, lo coyuntural, lo fugaz de la atmósfera sería el *tiempo,* definido clásicamente como «el conjunto de valores que en un momento dado y en un lugar determinado caracterizan el estado atmosférico». Así pues, el tiempo sería una combinación atmosférica coyuntural y efímera, mientras que el clima sería el conjunto de tendencias resultantes de condiciones habituales durante un largo periodo, que como mínimo se suele establecer en treinta años[1].

[1] La exigencia de un amplio periodo de observaciones para la realización de los estudios climáticos se deriva de la necesidad de tomar en consideración todo tipo de situaciones atmosféricas en el establecimien-

En consecuencia, la climatología sería la ciencia que se ocuparía de estudiar lo «característico» de la atmósfera sobre los distintos lugares de la Tierra, a partir de esa sucesión de combinaciones atmosféricas efímeras y coyunturales.

El problema es que puede haber muy diversos modos de entender qué es lo «característico» de la atmósfera y, en consecuencia, muy diversos métodos y procedimientos para abordar el estudio del clima. Por ello desde los orígenes de la climatología hasta la actualidad puede detectarse la existencia de tendencias y enfoques muy distintos, que vamos a intentar sintetizar en los párrafos siguientes.

2. Orígenes y evolución de la climatología

Aunque la preocupación por el clima y las alusiones escritas al mismo se remontan a los inicios de la historia de la humanidad (Albentosa, 1984), la climatología como ciencia organizada y tal como hoy la conocemos tiene unos orígenes asombrosamente tardíos: habrá que esperar al siglo XIX para encontrar una red de observatorios meteorológicos mínimamente organizada y unos conocimientos sistemáticos en torno al comportamiento de los fenómenos climáticos.

Lo paradójico de este hecho ha sido muy bien puesto de manifiesto por Péguy y Marchand (1982) al señalar el vacío climatológico del que se resiente el mundo del pensamiento a lo largo de toda la Edad Moderna. En el siglo XVII, cuando se asiste al nacimiento de la Física y se establecen los principios básicos de funcionamiento del Universo (ley de la gravitación universal, componentes y organización del sistema solar, etc.), la atmósfera, paso obligado para el estudio de los astros, queda completamente ausente de la preocupación científica. En el siglo XVIII, cuando los distintos fenómenos de la Naturaleza se van incorporando al ámbito de la ciencia positiva (Botánica, Geología, etc.) y constituyen objeto esencial de curiosidad por parte de las burguesías ilustradas, los fenómenos atmosféricos permanecen en la ignorancia.

Será ya en el siglo XIX cuando, ante la necesidad de prever el comportamiento del tiempo, empiece a constituirse una red de observatorios meteorológicos suficientemente importante como para posibilitar el desarrollo de los estudios climatológicos. Unos estudios que en principio van a quedar confinados al ámbito de la Universidad (la Geografía y, en menor medida, la Biología), dado que los Servicios Meteorológicos Nacionales invertirán todas sus energías en las tareas encaminadas a la previsión del tiempo.

Por eso en sus primeras etapas la climatología irá estrechamente ligada a los avatares experimentados por la propia ciencia geográfica y reflejará la evolución y las rupturas epistemológicas que en ella tienen lugar.

El determinismo ambiental, que impregna el quehacer geográfico a lo largo del siglo XIX, propiciará un gran desarrollo de los estudios relativos al medio físico y entre ellos de los estudios climáticos.

---

to de los valores que caracterizan a las magnitudes climáticas. Lógicamente, mientras mayor sea el periodo considerado, mayor será la probabilidad de que en él estén incluidas todas las posibles situaciones susceptibles de producirse en el lugar objeto de estudio. Con todo, hay que advertir que, cuanto mayor sea la variabilidad de la magnitud estudiada, más amplio deberá ser el periodo considerado. En este sentido, el valor de treinta años no es sino un valor mínimo estándar establecido por la OMM, pero que en la mayoría de los casos resulta insuficiente para la realización de los estudios climáticos.

Estos estudios —que *a posteriori* recibirán la denominación de analíticos— se abordarán a partir de la concepción del clima defendida por Hahn y, en consecuencia, caracterizarán el clima de los distintos lugares del planeta a partir de los valores medios registrados en sus observatorios por los principales elementos climáticos, que en estos momentos son, básicamente, la temperatura y la precipitación. Asimismo las semejanzas y diferencias registradas entre los observatorios conducirán al establecimiento de áreas homoclimas, que irán esbozando poco a poco el mosaico climático del globo.

De este modo, y a pesar de lo rudimentario de la concepción y del método, empezará a ser conocida la distribución de los distintos tipos de climas sobre la superficie terrestre. Pero, además, esta visión planetaria permitirá el establecimiento de los primeros principios explicativos, de las primeras leyes reguladoras de la organización de este mosaico (principio de zonalidad, disimetría entre las costas orientales y occidentales de los continentes, gradación altimétrica de los parámetros climáticos, etc.). Por último, los mecanismos clasificatorios darán pie al estudio de las relaciones existentes entre el clima y los restantes componentes del medio, esencialmente la vegetación, que servirá de base para el establecimiento de los umbrales separadores entre los distintos tipos de climas.

Se constituyen así en estos momentos dos tradiciones muy fructíferas en la climatología geográfica: la tradición espacial y la tradición ecológica. Es cierto, sin embargo, que los excesos de esta última contribuirán de manera significativa a sumir a la climatología en uno de sus momentos más oscuros: la primera mitad del siglo XX en sentido amplio.

Efectivamente, los intentos de relacionar el clima con los restantes componentes del medio no se van a limitar a los fenómenos de orden natural, sino que van a implicar también a los fenómenos humanos, sociales, económicos, culturales, etc. Llega un momento en que cualquier manifestación geográfica se intenta interpretar a la luz de acontecimientos de orden climatológico; para ello habrá que forzar las relaciones de tal forma que acabará por invalidarse el paradigma determinista en geografía.

Su sustitución por el paradigma historicista, que renuncia a encontrar las leyes generales explicativas de los fenómenos sociales (el hombre, dotado de libre albedrío, no estaría sometido a leyes generales), y que se limita a intentar comprenderlos en su singularidad a partir de su evolución histórica, conducirá a la geografía al estudio de las regiones, enfatizando el análisis de las distintas formas de organización social sobre el espacio y minimizando los estudios relativos al medio físico (Atkinson, 1980).

Dado que, desde esta concepción historicista, el medio físico no es sino un abanico de posibilidades abierto a los grupos humanos para el desarrollo de su organización social, lo importante es desentrañar en cada lugar del planeta las formas de organización que el hombre genera. Así, en estas monografías regionales el medio físico —y por ende el clima— queda reducido a un capítulo inicial que se limita a describir la base sobre la cual el hombre desarrolla sus actuaciones.

Así pues, no es ésta una época fructífera en el seno de la climatología geográfica, si bien es cierto que coincide con el momento en que numerosos especialistas de otras disciplinas, particularmente ingenieros, empiezan a interesarse por los fenómenos atmosféricos. La construcción de embalses para el abastecimiento de agua a las poblaciones necesita un conocimiento detallado del comportamiento de las precipitaciones en las distintas cuencas; las estaciones hidroeléctricas adolecen también de este tipo de conocimientos; las investigaciones agronómicas empiezan a incluir entre sus variables a las magnitudes climáticas, etcétera.

Se empieza así a constituir un cuerpo de conocimientos de climatología aplicada, en los cuales la estadística, ya muy desarrollada en estos momentos, ocupará un lugar protagonista. Ello contribuirá a enriquecer las descripciones climáticas hasta entonces al uso, basadas en la mera elaboración de medias aritméticas, así como al establecimiento de las relaciones existentes entre los distintos elementos del clima y entre éstos y los restantes componentes del medio. Sin embargo, sus propósitos aplicados, sus escalas puntuales y su falta de visión planetaria impedirán que estos conocimientos constituyan todavía la base de una ciencia climatológica sólidamente cimentada.

El final de la Segunda Guerra Mundial va a suponer un avance sustancial en el desarrollo de la climatología. Ello es atribuible, en primer lugar, al espectacular desarrollo que ahora experimentan los conocimientos atmosféricos gracias al auge de la aviación, la cual constituye un excelente laboratorio para el estudio de la atmósfera y, además, impulsa este estudio, que es imprescindible para su propio desenvolvimiento. (En estos momentos se pone de manifiesto la existencia de la corriente en chorro polar, y Rossby empieza a poner las bases de su teoría sobre el movimiento ondulatorio de esta corriente.)

A ello hay que añadir además el cambio de paradigma que ahora se impone en la geografía y que conduce al establecimiento de un nuevo periodo de corte determinista (Capel Sáez, 1981, y Frutos Mejías, 1982). Éste propugna de nuevo las aspiraciones de cientificidad y la búsqueda de leyes generales en los fenómenos de orden geográfico, con lo cual los estudios relativos al medio físico experimentan un nuevo impulso.

En el ámbito de la climatología, la aportación más destacable en estos momentos es la realizada por Pédélaborde, la cual supone una ruptura radical respecto a la climatología analítica hasta entonces vigente, para dar origen a una nueva concepción: la climatología sinóptica, también denominada en ocasiones dinámica o sintética.

Efectivamente, Pédélaborde construye su nueva concepción de la climatología a partir de un rechazo rotundo respecto a la climatología analítica, tachada por él de acientífica en la medida en que no conseguiría analizar adecuadamente su objeto de estudio, ni mucho menos explicarlo.

La caracterización de los climas a partir de los valores medios adoptados por los elementos climáticos es calificada de abstracta (el valor medio de un elemento es una abstracción carente en absoluto de realidad en la medida en que puede responder a situaciones muy diversas), estática (los elementos climáticos fluctúan sin cesar, y encorsetar esas fluctuaciones en un valor medio supone ignorar su dinamismo) y separativa (los elementos climáticos no son magnitudes aisladas, sino que actúan combinadamente en los distintos lugares del planeta).

Por otro lado, limitar los estudios climáticos al establecimiento de zonas homoclimas en la superficie terrestre supondría detener el desarrollo de la ciencia en sus primeras fases: la fase taxonómica y la fase descriptiva, eliminando la explicación de los fenómenos estudiados, la cual sería consustancial con las fases más avanzadas del desarrollo científico.

Frente a esta situación, Pédélaborde se propone construir una «climatología científica» y, por ende, explicativa, y para ello comienza por apelar a la definición de clima propuesta por Max Sorre («los estados de la atmósfera por encima de un lugar en su sucesión habitual») y por modificar, en consecuencia, el objeto de los estudios climáticos; ya no se trata de estudiar el comportamiento medio de los elementos climáticos sobre un lugar, sino de analizar la sucesión habitual experimentada por los distintos estados de la atmósfera.

Estos estados de la atmósfera no son sino *tipos de tiempo,* es decir, tiempos o combinaciones específicas de los elementos atmosféricos que se repiten con las mismas o parecidas características en un lugar dado, y se constituirán en objeto fundamental de estudio por parte de la climatología sinóptica.

La identificación de los tipos de tiempo existentes en un lugar puede realizarse, bien mediante la agrupación por similitudes de las distintas combinaciones atmosféricas, bien mediante el análisis de las situaciones sinópticas (los mapas del tiempo) que se van sucediendo en dicho lugar, dado que, en principio, cabe pensar que una misma situación sinóptica (con las mismas masas de aire y en idénticas condiciones) debe dar lugar siempre a una misma combinación de elementos atmosféricos.

Este último procedimiento es el que preconiza Pédélaborde en su tesis doctoral sobre el clima de la cuenca de París (1957), caracterizando dicho clima a partir de la frecuencia, la duración y la sucesión de los distintos tipos de tiempo que tienen lugar en ese ámbito.

Consigue con ello elaborar una climatología no separativa (efectivamente, los elementos del clima no se analizan aisladamente, sino en sus combinaciones reales), no abstracta (no se elaboran tipos de tiempo medios, sino que se analizan todos ellos con sus frecuencias y sus duraciones reales) y no estática (al estudiar las sucesiones experimentadas por los distintos tipos de tiempo se recupera el dinamismo que se había perdido con la climatología analítica).

Pero, además, dada la concordancia existente entre los tipos de tiempo y las situaciones sinópticas que los generan, estos estudios adquieren un carácter explicativo en la medida en que son las masas de aire que visitan una región, con sus peculiares circulaciones y características, los agentes causales del tipo de clima existente en ella.

Como puede apreciarse a partir de esta breve síntesis, lo que se produce en esta etapa, efectivamente, es una ruptura radical respecto a los presupuestos de la climatología analítica y no un crecimiento de la ciencia por acumulación respecto a las etapas anteriores. De hecho, lo que se está gestando es una nueva concepción de la climatología que requerirá a su vez de una nueva etapa taxonómica: ahora es preciso definir la noción de tipo de tiempo, establecer los elementos esenciales que lo integran, generar una nomenclatura que los identifique y una clasificación que los integre y agrupe... En suma, elaborar desde cero una nueva climatología que apenas tiene algún elemento en común con la existente en la etapa anterior.

Pero, además, este proceso de constitución de la nueva climatología supone el abandono de las tradiciones espacial y ecológica que habían presidido las realizaciones de la primera etapa y que tan fértiles resultados habían producido, no sólo en el seno de la climatología, sino en el conjunto más amplio de la geografía (Capel Sáez, 1983). Estas tradiciones serán sustituidas por las aportaciones más recientes de la meteorología en relación con el comportamiento y el dinamismo de la atmósfera en sus tres dimensiones.

El abandono de la tradición espacial es evidente. La climatología sinóptica tal como es concebida por Pédélaborde, y supuesta la identidad entre el tipo de tiempo (tipo de ambiente atmosférico) y el tipo de situación sinóptica, permite una escasísima participación del espacio en los estudios climáticos, tanto del espacio puramente geométrico como del entendido en tanto que porciones de la superficie terrestre dotadas de atributos geográficos tales como relieve, vegetación, instalaciones urbanas e industriales, masas de agua, etc. Así, el tema de las escalas espaciales es escamoteado por completo. La climatología de Pédélaborde es una climatología regional, pero además es una climatología aplicable, esencialmente, a regiones caracterizadas por una gran homogeneidad fisiográfica (como la cuenca de París), condición ésta indispensable para la existencia de concordancia entre tipos de tiempo y tipos de situaciones sinópticas[2].

Por su parte, los atributos geográficos de la superficie terrestre apenas merecen mayor atención, desde el momento en que lo esencial es clasificar y estudiar los distintos tipos de situaciones sinópticas existentes en la región, y cuando las manifestaciones de estas situaciones en el suelo se analizan con base en una, dos o a lo sumo tres estaciones de observación.

En cuanto a la tradición ecológica, tampoco parece gozar de mucho predicamento en esta etapa de la climatología, en la cual las relaciones e interconexiones entre los fenómenos climáticos y el resto de los componentes del marco geográfico brillan por su ausencia.

Este hecho no deja de ser paradójico, porque entre las pretensiones de Pédélaborde al constituir su nueva climatología estaba la de realizar unas descripciones y reconstrucciones de los ambientes atmosféricos más reales y veraces que las anteriores, es decir, más concretas, dinámicas y sintéticas que aquellas. Parece evidente que tales descripciones deberían revelar unas relaciones mucho más claras y estrechas con los restantes componentes del marco geográfico que aquéllas otras elaboradas desde los presupuestos tradicionales, más abstractos, separativos y analíticos. Y probablemente se hubieran puesto de manifiesto si se hubieran buscado mínimamente, pero la realidad es que no se desplegaron grandes esfuerzos en su búsqueda.

En este hecho debió intervenir el afán explicativo de Pédélaborde, que le lleva a identificar tipo de tiempo con tipo de situación sinóptica y a acentuar los análisis de estas últimas. Probablemente, un mayor énfasis en la noción de tipo de tiempo como combinación de elementos climáticos en un lugar y un momento dados habría aligerado la tarea de análisis de los mecanismos explicativos y habría permitido volcar parte de estos esfuerzos en conexionar ambientes atmosféricos con otros componentes del medio. De cualquier forma, lo cierto es que durante la época de eclosión de la climatología sinóptica, las conexiones clima-medio geográfico están prácticamente ausentes del discurso climatológico, olvidándose así la fructífera tradición ecológica que había presidido las primeras investigaciones en este campo. Se sustituyen, en suma, las antiguas tradiciones geográficas por la más pura tradición meteorológica.

De ello se derivarán algunos beneficios importantes para la climatología, tales como el toque de atención que se pone en torno a la necesidad de imbuir de dinamismo a los estudios climáticos, introduciendo en ellos las nociones de frecuencia, duraciones, sucesiones, etc., tan fructíferas con posterioridad. También constituye una aportación inestimable el énfasis que ahora se pone en explicar los fenómenos climatológicos recurriendo a los mecanismos meteorológicos que están en su base. Esa preocupación, que se introduce entonces en la climatología y que hoy es ya una adquisición hecha, será muy provechosa en los años siguientes, cuando abandone sus pretensiones de protagonismo exclusivo en la ciencia del clima para convertirse en un elemento más de ésta al servicio de todo el conjunto.

Pero aun valorando estas múltiples aportaciones, no parece que la climatología si-

[2] Efectivamente, en regiones muy accidentadas y con unidades fisiográficas muy diversificadas, una misma situación sinóptica produce ambientes atmosféricos o tipos de tiempo muy diferentes de unos lugares a otros, aun cuando estos lugares estén muy próximos entre sí.

nóptica en sentido estricto haya conseguido completar su trayectoria, convirtiéndose en una nueva climatología plenamente desarrollada y capaz de desterrar los presupuestos de la climatología analítica tradicional. Más bien parece que esta nueva climatología en un momento dado llega a una situación de *impasse* de la que se va a encargar de sacarnos la naturaleza con la mediación de la meteorología.

3. Las tendencias recientes en la climatología

En efecto, a lo largo de los años 60 y 70 comienzan a desencadenarse a escala mundial continuas anomalías climatológicas de repercusiones socioeconómicas brutales. Tales anomalías, junto con la eclosión de la preocupación medioambiental, desencadenada entre otras cosas por la crisis del petróleo, propiciarán el que se vuelvan de nuevo los ojos hacia las necesarias conexiones entre el clima y el resto de los componentes del medio geográfico, configurándose entonces las tendencias más recientes de la climatología.

Estas tendencias son herederas directas de la preocupación medioambiental, una preocupación que eclosiona en todo el mundo en los años 70[3] como consecuencia de la convergencia que entonces se produce entre dos hechos importantes: por un lado, la gravedad que adquieren ya los problemas de deterioro ambiental, los cuales comienzan a amenazar seriamente el estado de los recursos del planeta; por otro lado, la consolidación de la Teoría General de los Sistemas como modelo de conocimiento o paradigma capaz de abordar con rigor y eficacia el estudio de los fenómenos naturales.

El primero de estos hechos determinará el énfasis que desde entonces se pone en la consideración del medio natural como un recurso fundamental para la humanidad; el segundo propiciará su consideración como un sistema, como un conjunto de elementos operativamente relacionados entre sí y ligados por procesos de retroalimentación, que son los que en último término determinarán su funcionamiento global.

El clima, en tanto que uno de los componentes básicos del medio natural, no va a escapar a estas concepciones y, en consecuencia, la climatología actual va a polarizar sus centros de interés en dos grandes ejes: el estudio del clima como sistema y el estudio del clima como recurso.

El estudio del *clima como sistema* implica la asunción de que los distintos climas del mundo no son sino el resultado del funcionamiento del sistema climático mundial, un gigantesco sistema dinámico y abierto, alimentado por la energía solar, e integrado por todas las envolturas planetarias (la atmósfera, la hidrosfera, la litosfera, la criosfera y la biosfera). En consecuencia, la comprensión del mosaico climático mundial exigirá el conocimiento lo más preciso posible del funcionamiento de ese sistema, convirtiéndose éste, por tanto, en el objeto esencial de estudio por parte de la climatología más reciente, cuyo objetivo último será la modelización matemática de ese sistema y la previsión de su comportamiento futuro[4].

[3] Como hitos representativos de esta eclosión pueden señalarse la Conferencia Mundial sobre el Medio Ambiente Humano, convocada por la Organización de las Naciones Unidas y celebrada en Estocolmo en 1972, y la creación en esa misma fecha del Programa de las Naciones Unidas para el Medio Ambiente (PNUMA).

[4] Ambos objetivos no han cesado de ganar importancia en los últimos años como consecuencia de la puesta de relieve por parte de los científicos de un posible cambio climático derivado de las intervenciones humanas sobre el sistema natural.

Este nuevo objeto de estudio va a imponer drásticas modificaciones en todas las facetas que integran la actividad climatológica. En consonancia con él aparecerán nuevos centros de interés, tales como los balances de energía y agua en el planeta y todos aquellos elementos que inciden manifiestamente sobre ellos: radiación solar, irradiación terrestre, albedo atmósferico y superficial, nubosidad, distribución de aerosoles, vapor de agua atmosférico, etcétera.

Naturalmente, para el análisis de estas variables habrá que recurrir a fuentes de información nuevas y diferentes de las convencionales, las cuales, herederas del siglo XIX, habían sido diseñadas para cubrir las necesidades de la previsión meteorológica, pero en ningún caso para satisfacer los intereses de la climatología, y mucho menos de esta nueva climatología emergente.

En este sentido hay que destacar el papel desempeñado por las imágenes de satélites, que se convertirán en una pieza insustituible para el quehacer climatológico, al suministrar gran parte de la información que estas nuevas investigaciones reclaman y al hacerlo, además, a las escalas que ahora se convierten en protagonistas de las mismas: la escala mundial, que permite captar en su conjunto el funcionamiento del sistema, y las escalas detalladas y microclimáticas, que permiten estudiar los procesos físicos básicos que regulan este funcionamiento y realizar las observaciones experimentales necesarias para ello.

Por su parte, el estudio del *clima como recurso* partiría de la consideración del clima como un recurso fundamental para la humanidad e intentaría abrir las vías para una utilización óptima del mismo. Se trata, sin embargo, de un recurso peculiar en la medida en que su rasgo más característico es la variabilidad, tanto espacial como temporal, de forma tal que en este caso una utilización óptima del recurso implica la adaptación de las actividades humanas a esta variabilidad, incluyendo en ella las situaciones extremas, capaces de generar severos impactos sobre la sociedad.

Esta adaptación exigiría conocer, en primer lugar, las relaciones que se establecen entre el clima y la sociedad: las condiciones climáticas más aptas para el desarrollo de las actividades humanas, así como las situaciones atmosféricas susceptibles de perjudicarlas. En segundo lugar, exigiría conocer la distribución espacial de estas situaciones y su probabilidad de ocurrencia futura, al objeto de llevar a cabo una ordenación del territorio acorde con esta realidad climática y capaz de maximizar sus aspectos positivos y minimizar los negativos.

En realidad, mediante esta segunda vía la pretensión sigue siendo la de conectar el clima con el resto de los componentes del medio y la de prever los resultados de tal conexión, si bien ahora el proceso se llevará a cabo a través de una noción de clima diferente: el clima como una sucesión variable de parámetros y situaciones meteorológicas, y a través de un método distinto: la aproximación estadística al fenómeno, a través de la cual se abordarán las conexiones entre el clima y la sociedad y se establecerán las pautas de comportamiento futuro de las situaciones meteorológicas.

También en este caso se van a producir cambios notables respecto a la climatología tradicional en cuanto a los objetos de estudio y las fuentes manejadas en la investigación. Así, se potencian nuevos elementos de estudio, privilegiados por su estrecha relación con otros componentes del medio y que hasta ahora habían gozado de escasa atención por parte de la climatología: temperatura y humedad del suelo, humedad atmosférica, intensidad y dirección del viento, nubosidad, etc., todos ellos conceptuados con anterioridad como «elementos menores» del clima y, consecuentemente, muy mal cubiertos por las redes de observatorios meteorológicos. Las imágenes de satélites y las propias mediciones efectuadas por los equipos de investigación vendrán a cubrir esta laguna, posibilitando además la realización de los estudios en todo tipo de escalas, incluidas las más detalladas, especialmente aptas para lograr los objetivos que ahora se persiguen.

Así pues, hay una convergencia de intereses en ambas tendencias aunque sus modos de aproximación a los fenómenos sean distintos, y en ambos casos lo que se persigue en último término es la comprensión profunda de las manifestaciones climáticas, su previsión futura y su puesta al servicio de la sociedad, a la cual están estrechamente conectadas.

Estos objetivos han supuesto para la climatología la recuperación de las tradiciones ecológica y espacial, pero, además, han implicado la asimilación de las aportaciones de la meteorología, únicas capaces de lograr la comprensión y la previsión futura del comportamiento de los fenómenos climáticos.

En este sentido puede hablarse en los momentos actuales de la existencia de un eclecticismo metodológico perfectamente acorde con el que se registra en otros tantos campos de la actividad humana, y «todo vale» en la climatología actual siempre que contribuya a cubrir con eficacia y con rigor los objetivos perseguidos.

Capítulo 2

El sistema climático

José M.ª Cuadrat

El clima de la Tierra constituye la expresión de un amplio sistema físico, sumamente complejo y rico en conexiones, cuyo funcionamiento está dominado por los intercambios energéticos. En la estructura de este sistema, diferentes factores cósmicos, planetarios y geográficos representan las *entradas*; los componentes internos del sistema son la *parte central*; y la *salida* está formada por el mosaico de climas del globo. Los distintos elementos mantienen fuertes vínculos entre sí, que se articulan a través de una amplia gama temporal y espacial de procesos físicos que van desde los de pequeña dimensión, que ocurren cada día a nuestro alrededor, hasta aquellos que abarcan todo el planeta y duran muchos años. Su actividad implica, además, flujos y transferencia de energía y materia, y mecanismos de realimentación o *feedbacks* entre sus elementos, lo que supone continuos ajustes internos de autorregulación que hacen del sistema climático terrestre un sistema que evoluciona en un estado de equilibrio dinámico.

La naturaleza de estos fenómenos debe contemplarse con enfoques globalizadores y en el marco del entendimiento de las interrelaciones existentes entre todos los componentes del sistema. Este planteamiento ha cambiado la tradicional visión descriptiva de la ciencia climática, de contenidos esencialmente estadísticos sobre los diferentes elementos atmosféricos, e incorpora la consideración sistémica, cuya argumentación metodológica permite profundizar con mayor eficacia en el conocimiento de las causas del clima, a partir del análisis de las interacciones reales, por una parte, y las entradas y salidas, por otra.

En este sentido, para facilitar la explicación posterior parece conveniente revisar primero algunos conceptos generales sobre los sistemas.

1. Naturaleza de los sistemas

Un sistema puede ser definido como un conjunto estructurado de elementos o variables, interdependientes, con organización interna, que funcionan juntos a través de una combinación regular de conexiones dentro de unos límites definidos. Por su modo de funcionamiento es muy común dividir los sistemas en tres tipos: *aislados*, *cerrados* y *abiertos* (véase la figura 2.1).

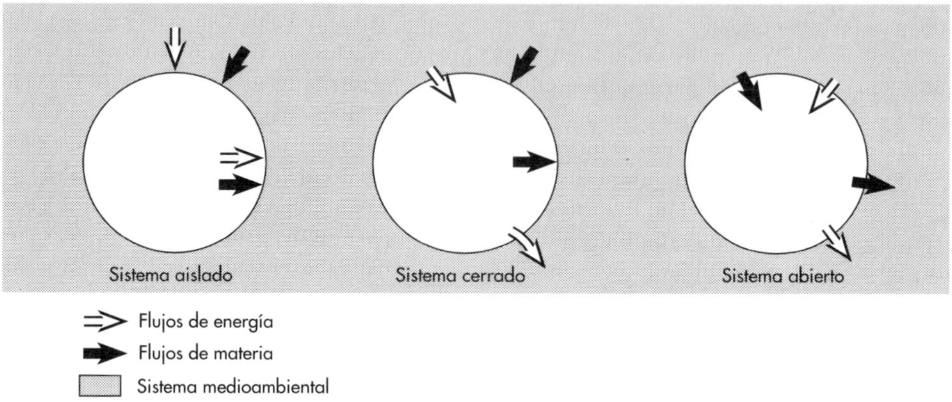

FIGURA 2.1. Representación esquemática de sistemas aislado, cerrado y abierto

1. *Sistemas aislados*. Son aquellos que actúan como una unidad completamente independiente, sin intercambio de energía ni materia entre sus límites. Son difíciles de encontrar en la Naturaleza, dada la interdependencia y carácter jerárquico de la mayoría de los sistemas; en cambio, por su importancia en el desarrollo de conceptos termodinámicos, son de frecuente empleo en laboratorio.

2. *Sistemas cerrados*. Son sistemas en los que se produce intercambio de energía con su entorno natural, pero no existe entrada ni salida de materia. Su presencia es también muy limitada, pero un buen ejemplo lo brinda nuestro planeta: la Tierra recibe energía solar y, a su vez, emite energía hacia el exterior; sin embargo, no hay transferencia de masa, que queda confinada en sí misma, salvo la excepcionalidad de los meteoritos o los satélites artificiales.

3. *Sistemas abiertos*. Son aquellos en los que las relaciones entre sus componentes implican flujos y transferencias de masa o energía. Todos los sistemas medioambientales son de este tipo porque sus límites están abiertos al intercambio energético y de materiales. Con frecuencia, además, constituyen sistemas equilibrados, de tal modo que la cantidad de materia que entra compensa la que sale, originándose así un estado estable en equilibrio dinámico por el cual el sistema se autorregula (López Bermúdez, 1992).

Dentro de los diferentes tipos de sistemas abiertos, uno muy común es el conocido como *sistema en cascada*. Está formado por una cadena de subsistemas, todos ellos con magnitud espacial y localización geográfica, que están enlazados dinámicamente por una cascada de masa o energía, de manera que la salida de masa o energía de un subsistema se convierte en la entrada del siguiente subsistema, en el interior del cual puede provocar cambios que tendrán como resultado el inicio de ajustes e interacciones entre sus diferentes partes para intentar recuperar el estado originario.

Muchos procesos que tienen lugar en el planeta se interpretan en términos de sistemas en cascada, y un buen ejemplo es el ciclo hidrológico, en el cual el agua circula en alguno de sus tres estados físicos a través de los subsistemas que forman los océanos, la atmósfera, el suelo, las rocas, los glaciares, los lagos y los ríos. Como ilustra la figura 2.2, a partir de los océanos, que representan el 97 % del agua del planeta, su salida en forma de vapor constituye la entrada en la atmósfera, de la que sale como

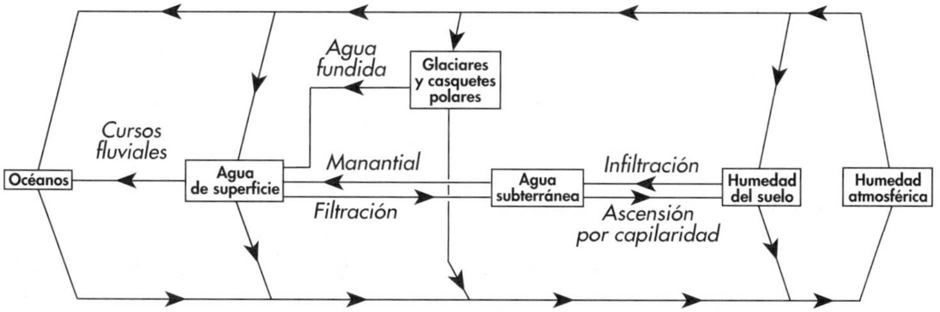

FIGURA 2.2. Esquema del ciclo hidrológico de la Tierra, con sus componentes principales o subsistemas y dirección de las transferencias (según Chorley y Haggett, 1967)

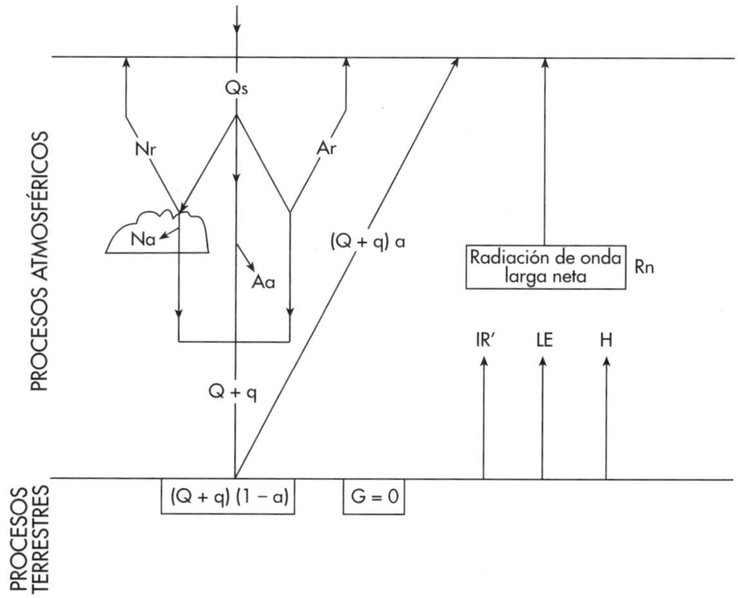

FIGURA 2.3. Esquema ilustrativo del sistema energético. Donde Qs = radiación solar de onda corta entrante, Nr = radiación solar reflejada por las nubes, Na = radiación solar absorbida por las nubes, Ar = radiación solar reflejada y difundida por la atmósfera, Aa = radiación solar absorbida por la atmósfera, a = albedo de la superficie, Q + q = radiación solar directa y difusa, G = flujo de calor del suelo, LE = calor latente de vaporización, H = calor sensible, IR' = radiación infrarroja emitida por la superficie

precipitación para pasar al suelo, desde donde puede regresar directamente al aire por evaporación y transpiración, o quedar almacenada temporalmente en lagos, casquetes polares, capas superiores o profundas del suelo, antes de volver de nuevo a los océanos mediante el desagüe de los ríos y el deshielo de los glaciares (véase su explicación con más detalle en los capítulos 4 y 5).

El sistema en cascada fundamental dentro del sistema climático es el energético, que se origina a partir de la radiación del Sol que llega a la Tierra (véase capítulo 3). Esta energía circula por los distintos componentes del sistema y es devuelta hacia el espacio exterior en la misma cantidad en la que penetró, de forma tal que el sistema está en equilibrio con el exterior, consiguiéndose así que las temperaturas del planeta permanezcan por término medio constantes. Los procesos y transformaciones que sigue la energía radiante desde el momento en que penetra en la atmósfera podemos seguirlos de modo esquemático en el diagrama de la figura 2.3. La radiación solar de onda corta entrante es en parte absorbida por la atmósfera, otra parte es devuelta hacia el espacio por la dispersión y reflexión de los gases del aire y por las nubes, y el resto alcanza la superficie terrestre directamente, o de modo indirecto por la difusión de las nubes y las partículas atmosféricas. Del total de esta energía incidente la superficie también refleja una fracción y la restante es transferida a la atmósfera en forma de radiación de onda larga, de calor sensible o de calor latente. A su vez, la atmósfera irradia una parte de la energía absorbida hacia el suelo y otra hacia el espacio, completando así el conjunto de intercambios. Sobre un período de tiempo relativamente largo, podemos asumir que el balance energético está equilibrado, siendo el total de la energía que entra igual al que sale.

2. Los componentes del sistema climático

El sistema climático fue definido en un documento elaborado en 1975 por el Programa Global de Investigación Atmosférica (GARP) de la Organización Meteorológica Mundial como un sistema integrado por cinco componentes relacionados entre sí: la atmósfera, la hidrosfera, la criosfera, la litosfera y la biosfera. Todos ellos constituyen heterogéneos subsistemas termo-hidrodinámicos, tienen propiedades físicas distintas y presentan fuerte acoplamiento entre sí por medio de complejos procesos que

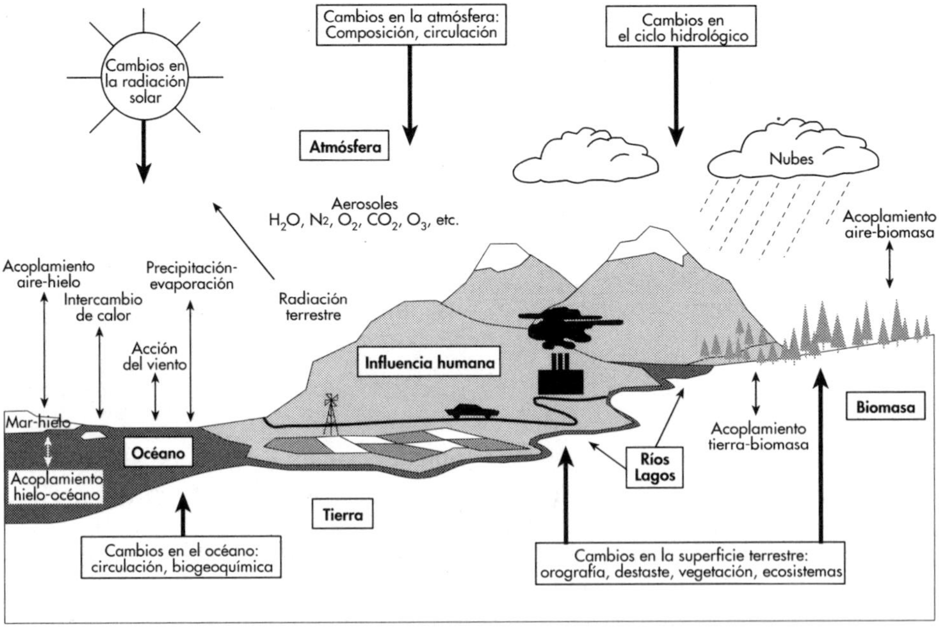

Figura 2.4. Ilustración esquemática de los componentes del sistema climático (indicados en letra negrita), sus procesos e interacciones (flechas delgadas) y cambios que en el mismo pueden tener lugar (flechas gruesas) (según Houghton, 1996)

implican flujos de energía, momento y materia a través de sus límites, y están gobernados por la radiación procedente del Sol, única fuente significativa de energía. Una representación del mismo se hace en la figura 2.4, con todos sus componentes, y la expresión de los principales procesos e interacciones.

2.1. *La atmósfera*

Es el medio donde se despliegan las manifestaciones del tiempo y del clima, siendo por ello el componente central del sistema, además de ser el más inestable debido a su baja densidad y fácil movilidad. Juega un papel esencial en el equilibrio energético de la Tierra porque controla la cantidad de radiación que llega al suelo y la radiación terrestre liberada al espacio; a la vez, es el principal medio de transferencia de calor en el planeta, por esta razón se la ha comparado muchas veces con una gigantesca máquina térmica, impulsada por el permanente desequilibrio de temperatura entre el Ecuador y los Polos, que recibe energía en forma de calor, transforma parte de ella en energía cinética y realiza un trabajo.

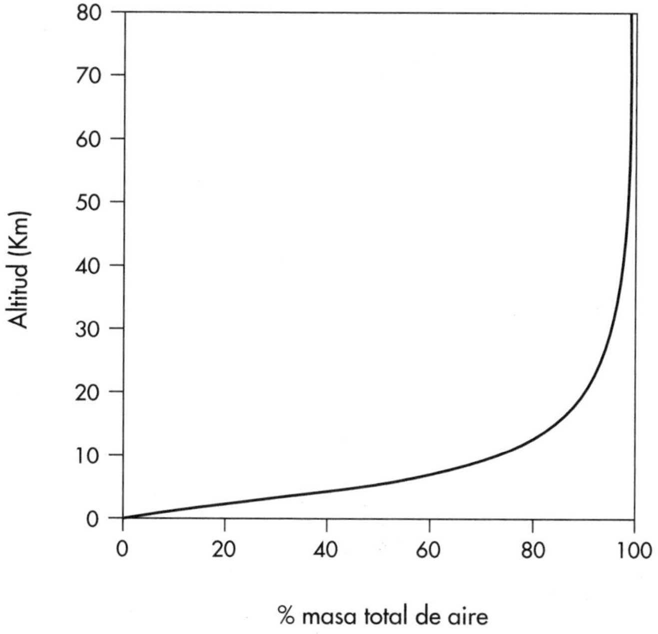

FIGURA 2.5. Porcentaje de la masa total de la atmósfera que se encuentra por debajo de los 80 km

La forman una mezcla de gases y partículas sólidas y líquidas en suspensión, que permanecen sujetas a la superficie terrestre por la fuerza de la gravedad. En virtud de su compresión, casi toda ella se concentra en los primeros kilómetros de la superficie, aunque puede estimarse su presencia hasta aproximadamente los 10.000 km de altitud, donde se hace indiscernible del medio interplanetario; las estimaciones realizadas indican que los cinco primeros kilómetros contienen la mitad de la masa atmosférica total, debajo de los 10 km se localizan las dos terceras partes de la misma y por encima de los 60 km no queda más que una milésima parte (véase el gráfico 2.5). Tiene una composición bastante uniforme en los primeros niveles y muestra una estructura en capas de características bien definidas, que a continuación detallamos.

a) Composición de la atmósfera

La composición gaseosa de la atmósfera ha ido cambiando gradualmente a lo largo de millones de años en la misma medida que ha evolucionado la geografía terrestre. En la actualidad, tres gases, el nitrógeno, el oxígeno y el argón, constituyen el 99,95 % del volumen atmosférico; de ellos, el nitrógeno y el argón son geoquímicamente inertes y una vez desprendidos a la atmósfera allí permanecen; el oxígeno, por el contrario, es muy activo y su cantidad viene determinada por la velocidad de las reacciones que ligan el depósito atmosférico de oxígeno libre con el depósito reductor que existe en las rocas sedimentarias. Los restantes componentes del aire están presentes en cantidades tan pequeñas que sus concentraciones se expresan, por lo general, en partes por millón en volumen. Todos ellos se recogen en el cuadro 2.1, con indicación de su participación porcentual respecto al llamado *aire puro y seco*, entendiendo por puro el aire que no contiene partículas sólidas ni líquidas (aunque forman parte de la atmósfera de modo natural), y seco el que excluye el vapor de agua.

CUADRO 2.1

Composición media de la atmósfera seca por debajo de los 80 km (ppmv = partes por millón en volumen)

Componentes	Fórmula química	Volumen % (aire seco)
Nitrógeno	N_2	78,08
Oxígeno	O_2	20,95
Argón	Ar	0,93
Dióxido de carbono	CO_2	350 ppmv
Neón	Ne	18,2 ppmv
Helio	He	5,24 ppmv
Metano	CH_4	2 ppmv
Criptón	Kr	1,1 ppmv
Hidrógeno	H_2	0,5 ppmv
Oxido nitroso	N_2O	0,3 ppmv
Xenón	Xe	0,08 ppmv
Monóxido de carbono	CO	0,05-0,2 ppmv
Ozono	O_3	0,02-0,03 ppmv

Estos gases aparecen en proporciones sensiblemente constantes hasta altitudes cercanas a los 80 km, razón por la cual se les denomina *permanentes*. Sin embargo, el papel esencial en los fenómenos del tiempo recae en los *gases variables*, en particular los siguientes:

1. *Vapor de agua*. Es el elemento primordial de la mayor parte de los procesos meteorológicos, además de agente eficaz en el transporte de calor y como regulador térmico. Procede de la evaporación de las aguas superficiales y de la transpiración de las plantas, y por turbulencia se difunde a la atmósfera donde su concentración varía desde un 5 % en volumen de aire cerca del suelo en las regiones ecuatoriales, hasta casi desaparecer por encima de los 10 ó 12 km.

2. *Dióxido de carbono*. Llega a la atmósfera por la acción de los organismos vivos de la tierra y el océano, y en menor medida por la descomposición de elementos orgánicos y la quema de combustibles fósiles. Se compensa por la fotosíntesis y por la absorción de la biosfera y los océanos; por esta razón el dióxido de carbono se ha mantenido en equilibrio y en cantidades reducidas, pero observaciones recientes demuestran que su concentración aumenta cada año por razones antrópicas, lo que puede conducir, por ser un gas invernadero, a la modificación del balance de radiación terrestre y a un cambio global del clima (véase el capítulo 10).

3. *Ozono*. Su presencia es relativamente pequeña y está determinada por el balance entre las reacciones que lo producen y las que lo destruyen. Se origina en la atmósfera superior por la disociación de las moléculas de oxígeno por la radiación ultravioleta y su recombinación en ozono, y se localiza principalmente entre los 15 y 35 km, con una franja de máxima densidad entre los 20 y 25 km de altura. Su importancia radica en ser el único gas atmosférico que absorbe casi todas las radiaciones ultravioleta solares y constituye por tanto una envuelta protectora sin la cual la vida en el planeta sería destruida. El contenido de ozono varía en forma considerable con la latitud, siendo bajo en el Ecuador y alto por encima de los 50° de latitud; y experimenta también importantes cambios estacionales, con un máximo en primavera y un mínimo en otoño.

4. *Aerosoles*. La atmósfera encierra igualmente cantidades apreciables de aerosoles, que son partículas suspendidas de polvo, humo, cenizas, sales y materia orgánica, procedentes tanto de la actividad humana como de fuentes naturales. Influyen de modo notable en la transparencia del aire y desempeñan funciones que son decisivas para el clima, básicamente al actuar como núcleos de condensación a partir de los cuales se forman las nubes y las nieblas, aunque en ocasiones son los causantes de graves niveles de contaminación del aire cuando su concentración es elevada.

b) Estructura de la atmósfera

La atmósfera puede dividirse en un cierto número de capas horizontales con el apoyo de diferentes variables, tales como presión, temperatura, densidad, composición química, estado molecular eléctrico y magnético. Con cada una de ellas es posible intentar hacer corresponder una sección en altitud y, en los casos más favorables, un modelo de estructura. Sin embargo, dado que existen todavía regiones de la atmósfera que están siendo investigadas y que los estudios de las capas superiores son bastante recientes, no hay definiciones universalmente aceptadas para los distintos niveles.

Una visión sintética del conjunto permite hacer estas diferenciaciones, yendo del suelo hacia el exterior (figura 2.6):

1. *Homosfera*. Hasta una altitud que convencionalmente se hace llegar a los 80 km se encuentra esta primera capa, donde la composición química es uniforme, se cumplen en ella las leyes de los gases perfectos, y en su estructura física es básico el reparto altitudinal de las densidades, las presiones y las temperaturas.

2. *Heterosfera*. En contraposición a la zona anterior, las regiones situadas por encima pierden la uniformidad en su composición química, las leyes generales de la hidrostática ya no se cumplen y la disposición en capas se identifica por su composición mejor que por sus características físicas; así, se habla de la capa de nitrógeno molecular (hasta los 200 km de altitud), de oxígeno atómico (localizada entre 200 y 1.000 km), de helio (entre 1.000 y 3.500 km), etc. Al mismo tiempo, por ausencia de mezcla turbulenta de la masa gaseosa, se produce la separación por difusión y los gases más pesados se acumulan hacia abajo, mientras los más livianos tienden a concentrarse en niveles superiores donde pueden llegar a escapar del campo gravitatorio terrestre.

La atmósfera también puede ser dividida en varias capas horizontales atendiendo a la temperatura y sus variaciones con la altitud. Desde el punto de vista del tiempo meteorológico y sus cambios, la estratificación térmica vertical que hallamos en la Homosfera es la más importante. Es consecuencia del efecto combinado de los distintos focos de calor directo en la atmósfera y permite diferenciar estos niveles (véase su representación en la figura 2.6):

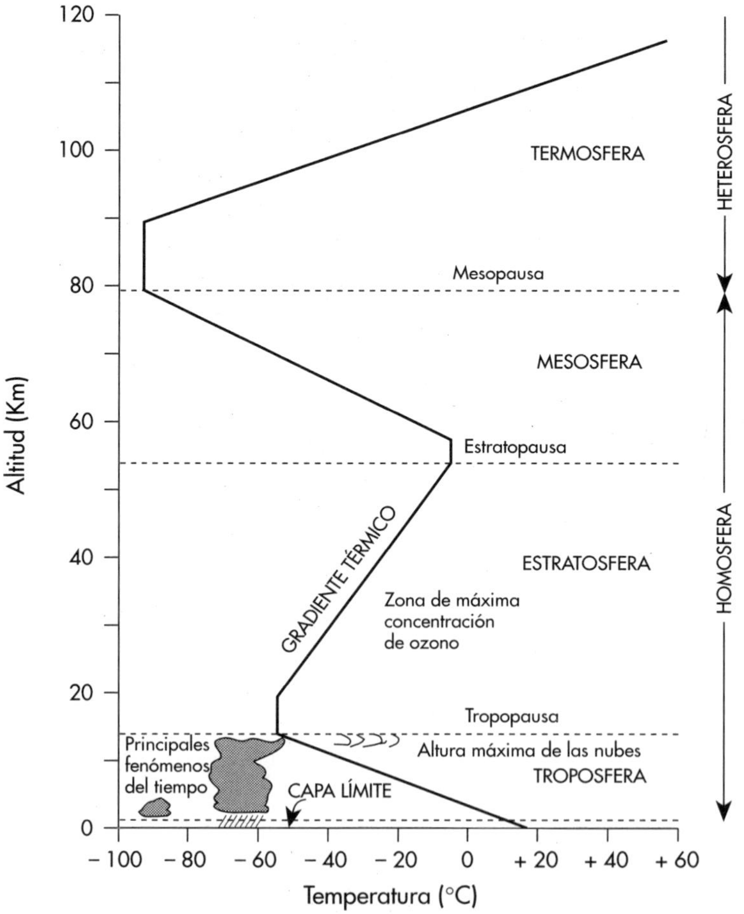

FIGURA 2.6. Estructura térmica vertical media de la atmósfera

1. *Troposfera.* Es la capa atmosférica más baja y la de mayor importancia para el hombre y el medio ambiente, porque en su interior tienen lugar prácticamente todas las manifestaciones del tiempo. Encierra el 75 % de la masa molecular y la mayor parte del vapor de agua, dióxido de carbono y aerosoles; por ello es el dominio de las nubes, las precipitaciones y otros fenómenos meteorológicos, originados por los torbellinos ciclónicos y anticiclónicos que aquí se forman.

Suele reconocerse en la troposfera un primer nivel, definido por la influencia del substrato geográfico, al que se conoce como *capa límite planetaria.* En ella predomina la mezcla turbulenta del aire, generada por el roce permanente con la superficie rugosa del suelo y por la elevación convectiva de burbujas de aire al calentarse. A esta capa se le asigna de modo convencional una altura de 600 a 800 m, pero puede oscilar entre unas decenas de metros a uno o dos km, dependiendo de factores tan variados como la topografía, rugosidad de la superficie, naturaleza de la cubierta vegetal, intensidad del viento, grado de calentamiento o enfriamiento del suelo, advección de calor y humedad, etc. Durante el día, el aporte de calor y la consiguiente mezcla vertical del aire incrementan el grosor de la capa límite, que alcanza su máxima altura a primeras horas de la tarde; por el contrario, durante la noche el enfriamiento del suelo impide la turbulencia y el espesor de aquélla se reduce. En ocasiones, además, la estructura vertical de la capa límite permite diferenciar varios niveles: 1º) una capa laminar molecular, en contacto con el suelo, de apenas unos milímetros de espesor, dominada por los efectos de la viscosidad superficial; 2º) a continuación, una capa turbulenta de varias decenas de metros de altura caracterizada por la intensa turbulencia del aire; y 3º) el nivel superior, donde se manifiesta cada vez con mayor energía la fuerza de Coriolis sobre el viento, llamada capa de Ekman (figura 2.7).

Ya por encima se localiza la troposfera libre, con aire más limpio y menos denso, donde la temperatura desciende a un ritmo promedio de 6'5 °C/km.

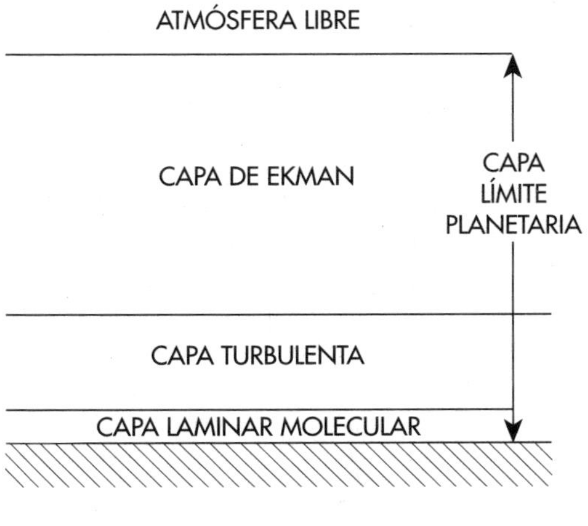

FIGURA 2.7. Estructura de la capa límite planetaria

El límite superior a partir del cual la temperatura deja de disminuir es la *Tropopausa*; un estrato que actúa a modo de «tapadera» de los movimientos convectivos, cuya altitud variable depende de la temperatura y la presión a nivel del mar, por esta razón oscila aproximadamente entre los 8 km en los Polos, y los 16 km en el Ecuador, donde la turbulencia convectiva y el calentamiento vertical son mayores. Tampoco forma una capa continua; por el contrario presenta fracturas que facilitan importantes intercambios entre la troposfera y las capas superiores, y donde los vientos se aceleran y crean las *corrientes en chorro* o *jet stream*. De modo esquemático se diferencian tres secciones: 1°) la tropopausa polar, entre los 8 y 9 km de altitud; separada de la tropopausa media por la corriente en chorro polar; 2°) la tropopausa media, entre los 9 y 13 km y localizada entre las latitudes 55° y 30°; lugar donde se desarrollan los más importantes fenómenos de cambio de tiempo, como son la formación y disipación de los anticiclones y borrascas; y 3°) la tropopausa tropical, en altitudes hasta los 18 km, separada de la anterior por la corriente en chorro subtropical.

2. *Estratosfera*. Se extiende desde la tropopausa hasta aproximadamente 50 km de latitud. Hasta los 30-35 km sus valores térmicos se mantienen constantes o con moderado incremento; por encima, la absorción que hace el ozono de la radiación solar ultravioleta y parte de la radiación visible e infrarroja crea una verdadera *capa caliente*, con temperaturas de hasta 0° y 10°, que culmina en la capa superior de la estratosfera conocida como *Estratopausa*. Son frecuentes en esta región los vientos fuertes, con flujos alternantes del este y del oeste, cuyos sistemas de circulación son aún mal conocidos y objeto actual de estudio por el interés aplicado que tienen para la aviación y para conocer las posibles interacciones meteorológicas entre la estratosfera y la troposfera.

3. *Atmósfera superior*. Más allá de la estratosfera, en la región conocida como *Mesosfera*, la temperatura media vuelve a descender rápidamente hasta alcanzar mínimos de –80° y –90°, cerca de los 80 km, donde se localiza una nueva discontinuidad llamada *Mesopausa*. Por encima empieza otra zona completamente diferente, la *Termosfera*, que también se llama *Ionosfera*, por las diversas capas ionizadas que contiene (recordemos que la terminología en la atmósfera superior no tiene todavía reconocimiento universal); en ella predomina el oxígeno atómico que absorbe las radiaciones ultravioletas y calienta la atmósfera hasta valores de 200° y 300°, aunque en este medio tan enrarecido de densidades y presiones muy bajas la noción de temperatura pierde su sentido (a 96 km, por ejemplo, la densidad es sólo de una millonésima parte de la existente a nivel del mar). Entre los 500 y 750 km se sitúa la base de la *Exosfera*, término poco preciso que engloba parcialmente el significado de la capa precedente y a menudo se emplea para designar las mismas zonas espaciales. Y, finalmente, encontramos la *Magnetosfera* con su frontera externa, la *Magnetopausa*. Está compuesta por electrones y protones atrapados por el campo magnético terrestre, con presencia en su interior de dos regiones de fuerte radiación y forma casi toroidal, a 3.000 y 15.000 km aproximadamente, conocidas como *cinturones de Van Allen*; constituye una capa distorsionada del lado del día con respecto al lado de la noche debido a la presión del viento solar, de modo tal que sus límites en la dirección del Sol se encuentran a una distancia cercana a los 57.000 km, mientras que en la dirección contraria se alarga como una cola de cometa hasta una longitud incierta; aunque a tales alturas no se puede hablar de atmósfera y cualquier definición es muy difícil de precisar.

2.2. *La hidrosfera*

La forma el conjunto de las partes líquidas de la Tierra, y por su significación climática es sin duda el segundo subsistema en importancia, tras la atmósfera. Incluye los océanos, mares interiores, lagos, ríos y aguas subterráneas del globo; aunque sin duda el componente principal de la hidrosfera son los océanos, donde se concentra el 97 % del agua (cuadro 4.1).

Gracias a su enorme volumen asegura abundante suministro de agua para llevar a cabo las distintas fases del ciclo hidrológico; a través de la evaporación transfiere a la atmósfera vapor y, a la vez, energía en forma de calor latente. Pero además, fruto del predominio de las superficies oceánicas sobre las continentales (los océanos cubren el 71 % de la superficie terrestre), recibe una buena parte de la energía solar que alcanza el suelo, la cual absorbe en proporciones importantes y transmite en profundidad, para posteriormente devolver a la atmósfera en forma de radiación de onda larga, calor sensible y calor latente. La transmisión de calor en el agua se realiza por difusión molecular y sobre todo por corrientes de turbulencia que transportan agua verticalmente, mezclando así salinidades y temperaturas. Sin embargo, según nos desplazamos hacia el fondo, el comportamiento térmico no es uniforme sino que presenta un claro gradiente de disminución en profundidad, que permite identificar cierta estructura en capas, cuyas características podemos resumir como sigue (figura 2.8):

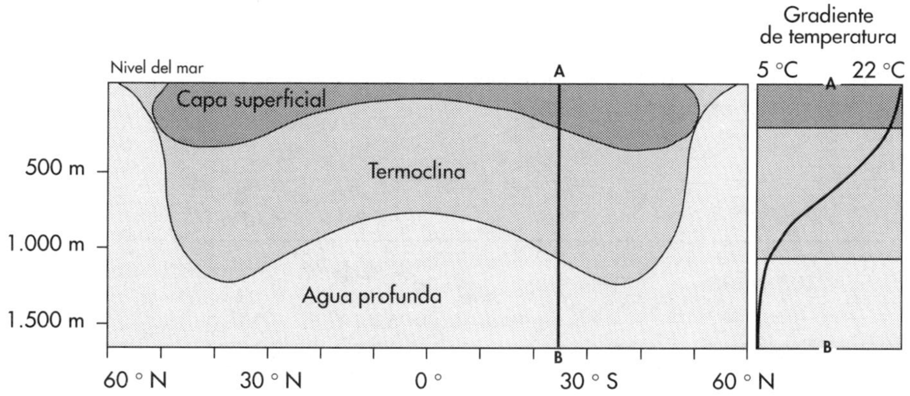

FIGURA 2.8. Izquierda: esquema ilustrativo de la estructura térmica vertical del océano. Derecha: temperatura del océano según el corte A-B

1. *Capa superior* o *epitalasa*. Es la capa menos densa y la más cálida de la masa de agua, y la que acusa más directamente la temperatura ambiente, por esta razón sus valores promedios anuales varían en sentido horizontal desde casi 30 °C en el Ecuador hasta –2 °C en los polos. Es una capa muy activa, de unos 100 metros de grosor, donde la acción de las olas mezcla el agua caliente de la superficie con el agua situada por debajo, motivo por el cual el descenso térmico que se observa a través de ella es moderado.

2. *Capa termoclina.* Es el nivel inmediato al anterior, en el que la temperatura experimenta un rápido descenso. Suele empezar a profundidades algo más someras en las latitudes ecuatoriales y llega, por lo general, hasta los 1.000 metros.

3. *Agua profunda.* Por debajo de la termoclina la temperatura decrece con lentitud hasta alcanzar valores de 1° a 3 °C en las grandes profundidades, donde las masas de agua son relativamente homotérmicas y presentan variaciones mínimas. En los océanos Ártico y Antártico esta división en tres capas se rompe y sólo existe un nivel de agua fría.

La hidrosfera ejerce también una clara influencia termorreguladora sobre el clima, debido a que térmicamente las aguas son muy conservativas, como prueban las reducidas amplitudes térmicas anuales y diarias que éstas poseen. Dos son las causas principales que lo explican: en primer lugar, la energía que es transportada hacia el fondo se reparte en un gran volumen de agua por mezcla vertical y horizontal, de esta manera se consigue almacenar grandes cantidades de calor, que el océano intercambia con la atmósfera mediante procesos de acoplamiento que pueden durar meses o años, cuando se trata de aguas superficiales, o incluso siglos, cuando son aguas profundas, razón por la cual las aguas dotan de gran inercia a los cambios climáticos. En segundo lugar, interviene la elevada capacidad calorífica del agua (véase el cuadro 2.2); esto significa que, en comparación con otros materiales, como las rocas o el suelo, tanto su calentamiento como su enfriamiento se hacen muy lentamente, porque necesita mucha energía para incrementar su temperatura, y viceversa, debe perder una gran cantidad para bajarla. Estas diferencias de comportamiento entre la tierra y el mar dan origen al fenómeno conocido como *continentalidad*, y su antagónico *oceanidad*, con los que se quiere expresar las distintas influencias de ambos medios sobre las temperaturas del aire, que se manifiestan, por una parte, en los mayores contrastes térmicos de las áreas continentales frente a las marinas y, por otra parte, en el incremento de las diferencias estacionales cuanto más extensa sea la masa de tierras y más alejado se esté del océano.

CUADRO 2.2

Propiedades térmicas de diversas sustancias naturales (según Oke, 1987)

Sustancia	Condición	Densidad 10^3 kg/m^3	Calor específico 10^3 J/kg/K	Capacidad calorífica 10^6 J/m^3/K	Conductividad térmica W/m/K
Aire	20°C, en calma	0,0012	1,00	0,0012	0,026
Agua	20°C, en calma	1	4,19	4,19	0,58
Hielo	0°C, puro	0,92	2,10	1,93	2,24
Nieve	fresca	0,10	2,09	0,21	0,08
Suelo arenoso	seco	1,60	0,80	1,28	0,30
(poros: 40 %)	saturado	2	1,48	2,98	2,20
Suelo arcilloso	seco	1,60	0,89	1,42	0,25
(poros: 40 %)	saturado	2,00	1,55	3,10	1,58

A estas funciones, que podemos denominar de «termostato de la Tierra» y de reserva de energía calorífica, hay que sumar la de transporte de calor desde las cálidas regiones ecuatoriales a las regiones polares más frías, por medio de las corrientes marinas. Se estima que un tercio del intercambio meridiano de calor es realizado por el océano, y aumenta hasta un 40 % su participación si se considera únicamente el hemisferio Norte, donde un buen ejemplo es sin duda la corriente del Golfo, que añade calor adicional a las aguas a lo largo de la costa occidental europea. El movimiento de la superficie del océano está dirigido en buena medida por los vientos superficiales permanentes, que a su vez están ligados a la distribución de los grandes centros de presión atmosférica; así, la circulación oceánica se convierte en un mecanismo secundario de la circulación general, cuya acción es decisiva en el mantenimiento del balance energético de la Tierra.

2.3. *La criosfera*

Las masas de hielo y depósitos de nieve del mundo que forman la criosfera cubren casi el 6 % de la superficie terrestre y engloban los extensos inlandsis de Groenlandia y la Antártida, los glaciares y capas de hielo continentales de Norteamérica y Eurasia, y los mares helados y permafrost de las altas latitudes (véase la figura 2.9). El destacado papel que este subsistema tiene en el clima proviene de la naturaleza y propiedades físicas del mismo, como son la baja conductividad térmica y elevado albedo (es decir, la fracción de radiación solar incidente total que es reflejada), y del acoplamiento con los otros componentes del sistema climático.

En efecto, frente al albedo promedio de la Tierra del 30 %, y valores muy bajos de un buen número de superficies, como el 14 % del suelo oscuro, o tan sólo 2-4 % de las masas de agua en calma (con ángulos de elevación solares superiores a 40°), el del hielo en fusión es del 40 %, y más alto es aún el de la nieve fresca, 95 %; esto supone que las superficies luminosas y blancas de la nieve y el hielo actúan casi como un espejo, que devuelve buena parte de la radiación que incide sobre el mismo y reduce drásticamente la energía calorífica entrante en el sistema. A la vez, y fruto de su débil conductividad térmica (cuadro 2.2), la criosfera es un excelente aislante de las tierras y aguas subyacentes impidiendo las pérdidas de calor a la atmósfera. La suma de estas características tiene, entre otros, dos efectos muy claros: por un lado, mantiene muy bajas las temperaturas de las zonas afectadas; y por otro, consecuencia del anterior, contribuye a estabilizar la atmósfera cerca del suelo impidiendo los movimientos convectivos.

Otro hecho que cabe considerar de la criosfera, y que contribuye a darle más complejidad al sistema climático, es el relacionado con sus variaciones temporales. Como se detalla en el cuadro 2.3 y se aprecia en la figura 2.8, la extensión de las masas heladas experimenta importantes cambios anuales, a través de los cuales influye en el clima e interviene significativamente en el ciclo hidrológico. La cubierta de nieve es el componente que mayor variabilidad presenta: la diferencia entre los valores máximos y mínimos del año alcanza el 80 %. En el extremo contrario se sitúan los casquetes de hielo de la Antártida y Groenlandia, cuyas escalas temporales de variación son del orden de miles de años.

2.4. *La litosfera*

La capa sólida de la Tierra, conocida como litosfera, interviene sobre el clima suministrando buena parte de las partículas en suspensión que contiene el aire e influyendo en el balance de calor y humedad con sus diferentes valores de albedo. Man-

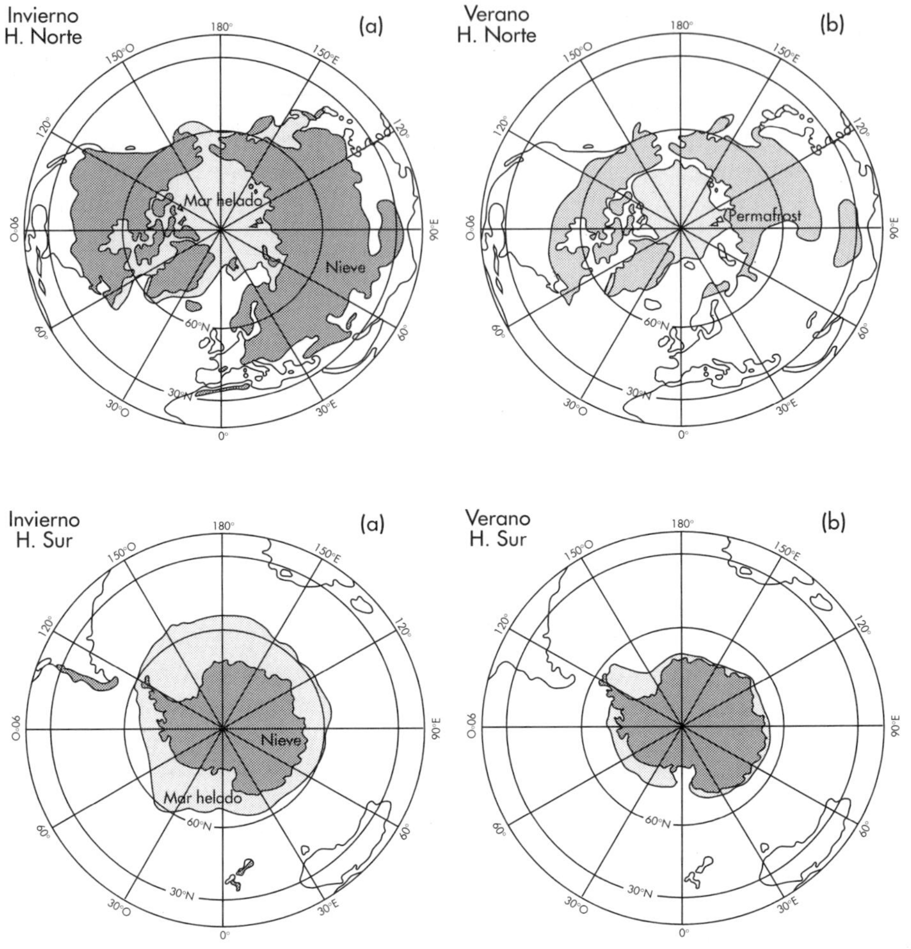

FIGURA 2.9. Extensión máxima y mínima de las masas de hielo y depósitos de nieve en invierno y verano de cada hemisferio. El límite del hielo se ha fijado a partir de concentraciones >15 % (según Untersteiner, *The Criosphere,* en Houghton, 1984)

CUADRO 2.3

Extensión y variabilidad temporal de los diferentes componentes de la criosfera (según Kondratyev, 1996)

	Superficie (10^6 km^2)	Tiempo (años)
Casquetes de hielo	16	$10^3 - 10^5$
Permafrost	25	$10 - 10^3$
Glaciares de latitudes medias	0,35	10^4
Hielo marino	23	$10^{-1} - 10$
Cubierta de nieve	19	$10^{-2} - 10^{-1}$

tiene, además, fuerte interacción con la atmósfera, que se manifiesta en la transferencia de masa, momento cinético y calor sensible, así como a través de la disipación de energía que tiene lugar en la capa límite planetaria. La transmisión de masa se realiza principalmente en forma de vapor de agua, lluvia y nieve, y en menor medida, de partículas sólidas; aunque, en ocasiones puntuales, como las debidas a la actividad volcánica, la gran cantidad de materiales arrojados a la atmósfera incrementa la turbiedad de ésta y modifica el balance de radiación (en el caso espectacular del volcán de Pinatubo, en Filipinas, en 1991, la radiación solar incidente en el observatorio de Mauna Loa se redujo más de un 10 % durante un año).

En comparación con otros subsistemas, y en particular con el océano, la transmisión de energía hacia el interior del suelo es muy limitada, escasamente 2 metros, y también lo es su capacidad calorífica (cuadro 2.2); razón por la cual almacena poco calor y cambia muy deprisa la temperatura superficial del aire.

Y una última consideración sobre la litosfera es su heterogeneidad. Las variadas formas topográficas, tipos de suelos, cubierta vegetal o ecosistemas, afectan directamente al balance local de energía, evapotranspiración, reflectividad de la superficie, conductividad térmica del suelo, ciclo del carbono, etc., y por esta vía, al clima.

2.5. *La biosfera*

La consideración de las plantas y los animales, incluido el hombre, como partes del sistema, es muy reciente y se relaciona con el impacto de los mismos sobre el clima, pues aunque las formas de reacción difieren ampliamente (los cambios naturales en las plantas por ejemplo, ocurren en períodos que van desde las estaciones a miles de años), los elementos bióticos son sensibles al clima y a su vez pueden influir en él. En efecto, la biomasa desempeña un papel fundamental en el balance del dióxido de carbono, en la producción de aerosoles y en los balances químicos con otros gases. También los animales interactúan con los elementos de la superficie terrestre y sus cambios reflejan variaciones climáticas por medio de la comida y el hábitat. Pero, sin duda, el principal centro de atención es el hombre y su acción modificadora del medio a través de la agricultura, la ganadería, la industria o las construcciones urbanas; sus consecuencias no se conocen plenamente, pero su trascendencia se subraya al comprobar las progresivas alteraciones de la superficie terrestre y en las acciones sobre la atmósfera (véase el capítulo 10).

3. La naturaleza del sistema climático

3.1. *Estructura*

Todo sistema posee una estructura que relaciona, con el paso del tiempo, una entrada (una causa), una impulsión (de materia o energía) y una salida (un efecto o respuesta); mantiene, además, flujos y transferencias de masa o energía y, con frecuencia, presenta un estado de equilibrio. En este sentido, el sistema climático terrestre constituye la expresión de un sistema en equilibrio global, dominado por intercambios energéticos, con diferentes factores en la entrada que intervienen en el control de la parte central y el mosaico de climas del globo como resultante de todo el conjunto.

1. *Las entradas.* Los mecanismos que condicionan el funcionamiento del sistema son muy variados e incluyen, entre otros, factores tales como la energía radiante del Sol, la rotación de la Tierra, el movimiento orbital, la distribución de tierras y mares, la topografía terrestre y oceánica, o la composición de la atmósfera y de los océanos. De todos ellos, el factor principal es sin duda la radiación solar, considerada la fuente de energía básica de la mayor parte de los procesos que se generan en el interior del sistema. Llega a nuestro planeta en forma de radiación electromagnética de onda corta, siendo una parte reflejada y el resto absorbida por la atmósfera y la superficie terrestre, donde experimenta continuas transformaciones en otras formas de energía, como calor sensible, calor latente, energía potencial o energía cinética, y, en último término, es devuelta hacia el exterior como radiación de onda larga. Sin embargo, aunque la emisión solar es constante, varios factores, como la esfericidad de la Tierra, la inclinación de su eje y el movimiento orbital, imponen un reparto desigual, con excedentes en las zonas intertropicales y déficit en las polares, que implica continuo transporte de energía desde el Ecuador hacia los polos; de esta manera, el permanente desequilibrio energético entre las bajas y las altas latitudes se convierte en el motor o fuerza conductora básica de los procesos termodinámicos que tienen lugar en el sistema climático, y en particular de la circulación atmosférica y los océanos.

2. *La parte central.* De lo comentado cabe deducir que los intercambios y transformaciones de energía dan origen, al menos de modo indirecto, a la configuración del tiempo y clima observados en la superficie terrestre. En un porcentaje muy alto, estas transferencias se realizan a través del movimiento del aire, por su rápida capacidad de respuesta a los desajustes en el reparto de calor; por esta razón, la atmósfera se considera el componente central del sistema.

Junto a la atmósfera, la acción de los demás componentes internos del sistema (hidrosfera, criosfera, litosfera y biosfera) es conveniente jerarquizarlos en función de sus tiempos de equilibración o respuesta frente a alguna perturbación. Así, para escalas temporales de horas o semanas, la atmósfera puede ser considerada como la parte principal y única, y el resto de los componentes como factores condicionantes externos. Para escalas de meses a centurias, los elementos centrales son la atmósfera y el océano, y en parte la cubierta de nieve, hielo marino y la biosfera. Para tiempos mayores, deben incorporarse todos los componentes.

3. *Las salidas.* La forman los climas del planeta, con sus variadas características y expresiones, que reflejan la influencia de los mecanismos de partida.

3.2. *Variabilidad climática*

Las relaciones establecidas entre los factores que controlan el sistema, el comportamiento de sus componentes y los climas presentan en la actualidad un claro equilibrio. Una primera expresión del mismo se manifiesta en el balance de radiación de la Tierra: el planeta irradia hacia el exterior tanta energía como la que recibe del Sol, de modo que la temperatura media del globo no varía. Este equilibrio lo encontramos también en los mecanismos reguladores del movimiento general de la atmósfera, dominados en las bajas latitudes por el principio de conservación del momento de rotación y en las latitudes medias y altas por el principio de conservación del torbellino absoluto (véase su explicación en el capítulo 7). Y se constata, asimismo, en el balance hídrico del planeta, donde las transferencias de agua entre el océano, la atmósfera y los continentes equilibran los excedentes y déficit que entre ellos se crean (véase el capítulo 5).

El equilibrio global del sistema se traduce en la estabilidad que presentan los climas de la Tierra. Sin embargo, este hecho no supone en absoluto inmovilidad, sino que, por el contrario, puede verse modificado por la acción de algún acontecimiento extremo. En efecto, toda perturbación externa, es decir, debida a variaciones en los agentes fuera del sistema climático (como son las fluctuaciones de la radiación solar o las modificaciones de la órbita de la Tierra alrededor del Sol), o interna (como las erupciones volcánicas, cambios en la extensión de las superficies heladas, en la configuración del relieve, incremento del CO_2, deforestación, etc.) provoca necesariamente cambios en los climas y en su distribución. Así ha ocurrido en el pasado, y es previsible que ocurra en el futuro; en consecuencia, el mosaico de climas tal como lo conocemos en la actualidad no es más que un momento en la historia continua de los climas, porque la variabilidad natural es una de sus particularidades. De hecho, las condiciones del sistema climático oscilan alrededor de un valor medio que tiende a mantener una trayectoria permanente a través del tiempo, aunque sometida a continuos ajustes internos o controles reguladores para conseguir un estado estable. Se origina así una combinación de estabilidad y cambio en el tiempo, que permite decir del sistema climático terrestre que es un sistema dinámico en equilibrio transitorio.

Con estas características conviene tener presente que los cambios en los controles de las entradas y salidas llevan hacia la búsqueda de un nuevo equilibrio, que puede llegar a conseguirse o incluso ser inalcanzable. En el caso de variar por ejemplo la constante solar o la naturaleza de la radiación, evidentemente cambiarían todas las variables del balance energético de la superficie. Si los cambios condujeran a nuevos valores constantes, probablemente el sistema alcanzaría un nuevo estado de equilibrio distinto del anterior, caracterizado por nuevos valores de temperatura, más altos o más bajos, con mayor o menor recubrimiento de nubes, con más o menos porcentaje de energía reflejada, etcétera.

3.3. *Mecanismos de realimentación*

En los procesos de ajuste y control entre las diferentes partes del sistema tienen especial importancia los mecanismos de realimentación o *feedback*. Significa esto que, cuando una variable afecta a una segunda, la acción de ésta causa a su vez un cambio en la primera; se crea de este modo un bucle o circuito cerrado que puede significar la ampliación del proceso iniciado o su atenuación. Así ocurre en el sistema climático. Cuando una perturbación externa o interna afecta al sistema, se desencadenan mecanismos de realimentación entre las distintas variables, a escalas de tiempo de fracciones de año hasta siglos o miles de años, que tienden a acelerar el proceso de cambio o a retrasarlo y oponerse a él. Cuando el efecto del cambio es el de neutralizar la perturbación y regresar al estado inicial, se habla de *realimentación negativa*; si el efecto intensifica la perturbación y provoca que el cambio continúe en la misma dirección (en una acción comparable al crecimiento de una bola de nieve), se denomina entonces *realimentación positiva*.

La importancia de la dirección del mecanismo de *feedback* se ilustra de forma sencilla si se examina el impacto que sobre la temperatura puede originar la modificación de la energía solar que alcanza el suelo (véase la figura 2.10). Si la energía solar en superficie es menor, la temperatura global disminuye, y con ello aumenta la precipitación de nieve y la extensión de las superficies heladas, lo que causa un incremento del albedo;

de este modo es reflejada hacia el exterior mayor cantidad de radiación solar y las temperaturas tienden a descender aún más. Este mecanismo de realimentación positiva tendrá también la misma dirección si el cambio en la energía solar incidente provoca un incremento térmico; en este caso, las áreas cubiertas de hielo y nieve retroceden, el albedo disminuye y por tanto la radiación reflejada es menor y las temperaturas suben.

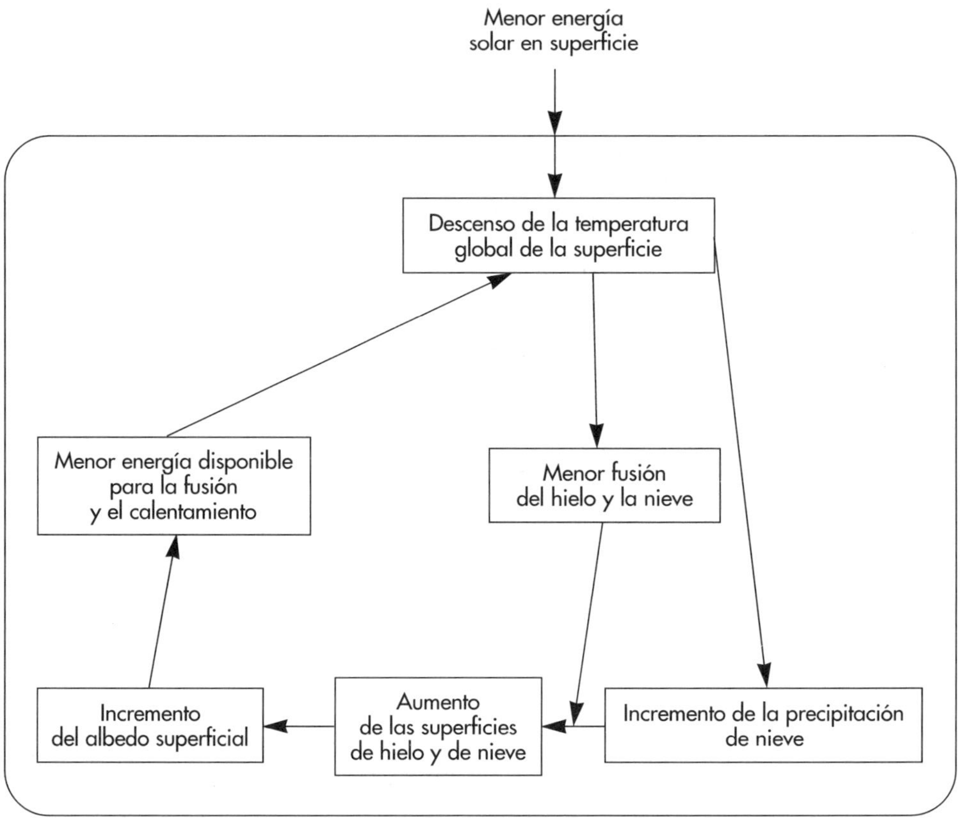

FIGURA 2.10. Diagrama de flujo que ilustra un ejemplo de *feedback* positivo provocado por el descenso de la radiación solar incidente sobre la superficie

Como ejemplo de *feedback* negativo podemos considerar el acoplamiento que existe en la atmósfera entre la temperatura y la radiación de onda larga. Si la temperatura aumenta, las pérdidas por energía radiante de la atmósfera hacia el exterior generalmente son mayores, reduciendo así la temperatura y atenuando la perturbación que desencadenó el proceso.

En un sistema tan complejo como el climático, una anomalía en una parte del mismo se espera, por lo tanto, que provoque cambios en otras variables dependiendo del tipo, localización y magnitud de la perturbación inicial. Pero cualquier mecanismo de realimentación positiva se supone que tiende a ser neutralizado en algún momento del proceso por mecanismos de ajuste interno, porque de lo contrario, el clima tendría un comportamiento incontrolado. Muchos de estos mecanismos de ajuste son sencillos y fáciles de comprender. El problema surge cuando se pretende anticipar sus consecuencias y cuando se quiere mostrar cómo actúan, tal como se intenta con la confección de modelos, pues mientras los controles básicos del conjunto del sistema se conocen bastante bien, algunos mecanismos de realimentación son tan difíciles de determinar que ni siquiera sabemos si son positivos o negativos (véanse algunos casos en el cuadro 2.4). Por ejemplo, un aumento de la nubosidad reduce la entrada de radiación solar de onda corta a la superficie y disminuye, al mismo tiempo, la salida de radiación terrestre de onda larga al espacio; la primera circunstancia conduce a un descenso térmico y la segunda a un aumento, por lo tanto, el efecto neto dependerá de los cambios exactos en las entradas de onda corta y en las salidas de onda larga, los cuales dependerán a su vez del tipo de nubes, la altura, el espesor y la distribución global, lo cual significa en definitiva que no resulta fácil establecer la dirección en la que se mueven los mecanismos de *feedback*, porque la concatenación no es lineal y, por tanto, no siempre es directa la relación causa-efecto.

CUADRO 2.4

Ejemplos de varios mecanismos de feedback *y la dirección en la que se mueven (según R. Barry,* Progress in Physical Geography, *3, núm. 1, 1979)*

Mecanismos de realimentación	Enlaces	Dirección de la realimentación
Temperatura-radiación	Aumento térmico → mayores pérdidas por radiación infrarroja → enfriamiento	–
Vapor de agua-efecto invernadero	Aumento térmico → mayor retención de radiación infrarroja → calentamiento	+
Albedo nieve/hielo-temperatura	Descenso térmico en superficie → incremento del albedo → enfriamiento	+
Nubosidad-temperatura	Cambios en la cantidad de nubes → flujos radiativos → modificación de las temperaturas	? , 0 ó –
Anomalías en la superficie marina-circulación atmosférica	Modificaciones en las corrientes marinas por la acción del viento → flujos de calor	?

3.4. *Escalas cronológicas del sistema*

La acción reguladora de los mecanismos de realimentación es compleja no sólo porque existen muchos subsistemas que interaccionan entre sí, sino porque también es muy variada la escala temporal del comportamiento de éstos, entendiendo por escala temporal (conocida también como tiempo de equilibración, respuesta o ajuste) la medida del tiempo que un subsistema necesita para reequilibrarse después de una perturbación, y generalmente se define como tiempo de respuesta térmica. Una escala temporal de equilibración corta indica que el subsistema responde enseguida a las perturbaciones y, por tanto, puede considerarse casi instantáneamente equilibrado en relación con otro subsistema próximo que posea un tiempo de ajuste mucho mayor; y, evidentemente, la magnitud de cambio o modificación del clima estará determinado por dichas escalas cronológicas.

Las escalas temporales estimadas varían mucho de un subsistema a otro, e incluso dentro del propio subsistema (figura 2.11). La atmósfera en su conjunto, y en particular la baja troposfera, al igual que la parte superior del océano, por su capacidad para el movimiento y para transferir calor, reaccionan inmediatamente a los cambios de temperatura, y en unos pocos días o semanas alcanzan el equilibrio estadístico. En contraste, el ciclo básico de la biosfera es anual, y responde a los cambios térmicos de verano-invierno o, en los trópicos, a la estación húmeda-estación seca, que marcan los momentos de mayor y menor actividad vegetativa.

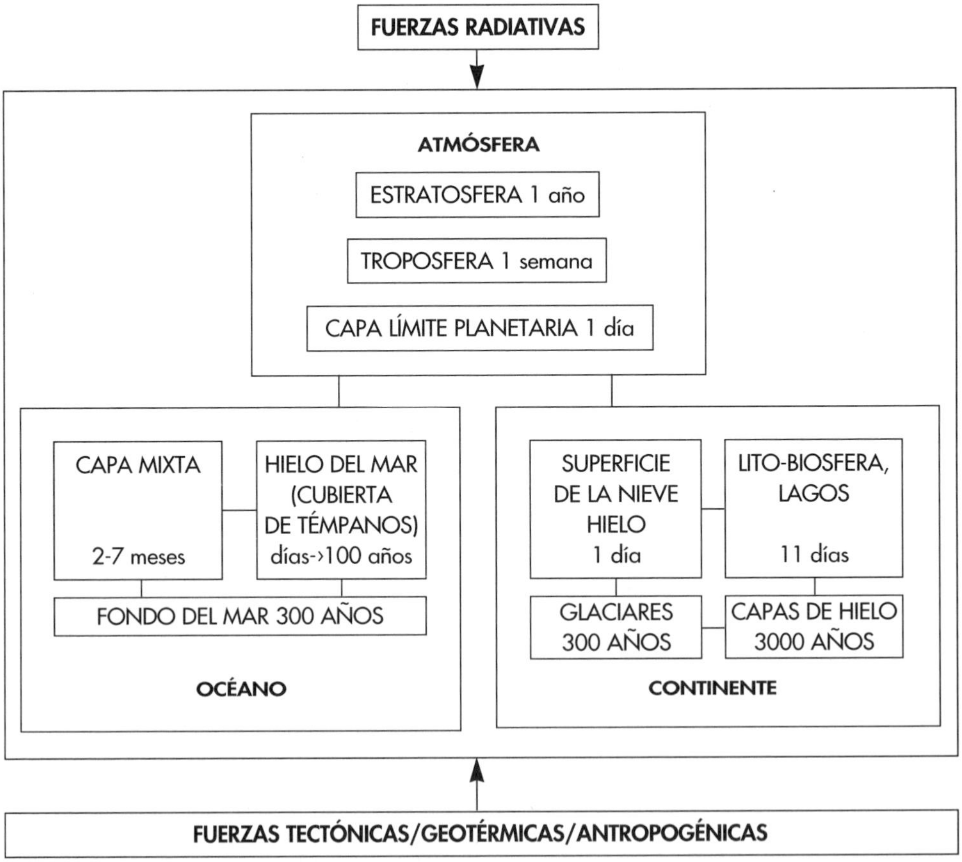

FIGURA 2.11. Representación esquemática de los tiempos estimados de equilibración de varios componentes del sistema climático terrestre (según Saltzman, 1983)

Otras partes del sistema actúan a escalas temporales muy superiores. En el océano los tiempos de ajuste a gran escala llegan a durar meses y años; y cuando se trata de aguas profundas pueden ser de décadas o siglos. La respuesta de la criosfera es asimismo muy variable, pues mientras la cubierta de nieve tiene por lo general grandes oscilaciones estacionales, los glaciares y las masas de hielo cambian más lentamente y presentan modificaciones relevantes en volumen y extensión a lo largo de períodos de cientos a millones de años. En comparación con los anteriores, la litosfera es el componente más pasivo del sistema y el que sufre variaciones de posición o altitud en escalas de tiempo mayores, que llegan a ser de centenares de millones de años.

CAPÍTULO 3

El balance de calor en el planeta: calor y temperatura

M.ª FERNANDA PITA

1. INTRODUCCIÓN

El calor y la temperatura son dos conceptos estrechamente relacionados entre sí, pero no idénticos. El calor es una forma de energía, la energía calorífica y, como tal, se mide en unidades energéticas[1]. La temperatura no es una forma de energía y, aunque su definición precisa resulta muy compleja, se puede definir como la cualidad que determina la dirección del flujo calorífico entre dos cuerpos. Así, cuando se ponen en contacto dos cuerpos con temperaturas diferentes, el más caliente cede calor al más frío hasta que se igualan sus temperaturas, momento a partir del cual éstas permanecen constantes y se interrumpe el intercambio de calor, habiéndose alcanzado el equilibrio térmico entre ambos cuerpos. En consecuencia, la temperatura no se mide en unidades energéticas, sino en unidades específicas para esta magnitud, tales como los grados centígrados.

No obstante, la propia definición de temperatura implica que existe una relación muy estrecha entre ésta y el calor, relación que se traduce en el hecho de que cuando suministramos calor a un cuerpo, éste normalmente aumenta su temperatura. Ahora bien, esta relación no es rígida ni fija. Así, en determinadas circunstancias puede no aumentar la temperatura de un cuerpo tras el suministro de calor. Éste es el caso del agua cuando alcanza la temperatura de 100 °C; a partir de ese momento, el nuevo calor suministrado no elevará la temperatura del agua, sino que se utilizará para realizar en ella un proceso de cambio de estado, el paso del estado líquido al gaseoso, proceso para el cual se necesitan grandes cantidades de energía.

Por otro lado, no todos los cuerpos elevan su temperatura en la misma medida cuando se les suministra la misma cantidad de calor, definiéndose el *calor específico* de un cuerpo como la cantidad de calor que hay que suministrarle para que su temperatura se eleve 1 °C, siendo una magnitud variable de unas sustancias a otras. Uno de los cuerpos dotados de mayor calor específico es el agua, lo cual implica que la mayor parte de las sustancias de la naturaleza (superficie terrestre, cubierta vegetal, etc.)

[1] Véase anexo I al capítulo 3 para unidades de medida.

tendrán un calor específico inferior. Ello supone que se calentarán más rápidamente que las superficies acuáticas cuando se les suministre la misma cantidad de calor.

De todo ello se puede concluir que, para la comprensión de la distribución de las temperaturas sobre la superficie terrestre, habrá que considerar los aportes de calor que llegan a dicha superficie, pero también habrá que tomar en consideración todos los mecanismos que intervienen en la conversión del calor en temperatura[2].

Pues bien, en un punto cualquiera de la superficie terrestre la temperatura vendrá determinada por la cantidad de calor almacenado en ese punto. A su vez, este *stock* de calor dependerá del balance resultante entre las entradas de calor que se registren en él y las salidas de calor que de él partan. Pero estas entradas y salidas pueden realizarse de diversas formas, tantas como mecanismos de transmisión del calor existen.

El principal mecanismo de transmisión del calor es la radiación, de forma tal que las temperaturas registradas en un punto cualquiera de la Tierra dependerán, en primer lugar, del balance de radiación que tenga lugar en ese punto. Pero el calor puede transmitirse también por mecanismos no radiativos tales como la convección, la advección o la evaporación[3]. La diferencia entre las entradas y las salidas de calor que un lugar experimenta mediante estos mecanismos es lo que se denomina el balance térmico de ese lugar, y será también fundamental para analizar el comportamiento de sus temperaturas.

Por último, pueden registrarse también cambios de temperatura en una masa de aire sin necesidad de que haya intercambios de calor entre esa masa y las adyacentes. Estos cambios reciben el nombre de cambios térmicos adiabáticos, y también contribuyen a determinar las temperaturas existentes en los distintos lugares del planeta.

Por todo ello vamos a estudiar en primer lugar el balance de radiación en la superficie terrestre; a continuación analizaremos su balance térmico; por último, examinaremos los cambios térmicos adiabáticos, todo lo cual nos permitirá entender la distribución de las temperaturas en el planeta.

2. El balance de radiación del planeta

2.1. *Las entradas de radiación en la superficie terrestre*

La entrada fundamental de radiación en el planeta es la radiación emitida por el Sol, en el interior del cual tiene lugar un proceso continuo de conversión del hidrógeno en helio, que libera enormes cantidades de calor. Este calor escapa desde el interior del Sol hasta su superficie y de ésta hacia la Tierra. Dado que el proceso químico es más o menos constante, también lo es la emisión de radiación solar hacia la Tierra, evaluándose ésta en unos 1.397 W/m^2 para una porción de la superficie terrestre sobre la cual los rayos solares incidieran perpendicularmente. Esta cantidad recibe el nombre de *constante solar*[4].

---

2 En climatología, cuando se habla de temperatura de la superficie terrestre se alude a la temperatura de la capa de aire situada a 1,5 m de altura (es, pues, una temperatura atmosférica) y medida con un termómetro emplazado bajo abrigo meteorológico, es decir, a la sombra.

3 El mecanismo de la conducción, aunque también tiene lugar en la atmósfera, resulta irrelevante en el conjunto, dada la escasa conductibilidad del calor que caracteriza a los medios gaseosos.

4 En realidad, la tasa de emisión de la radiación solar no es constante, sino que experimenta pequeñas variaciones asociadas en general a fenómenos periódicos o casi periódicos (véase a este respecto el capítu-

Esta energía se transmite hasta la Tierra en forma de ondas electromagnéticas, las cuales tienen diferentes longitudes. El conjunto de las distintas longitudes de onda emitidas por un cuerpo se denomina *espectro* de ese cuerpo y está estrechamente relacionado con su temperatura, de forma tal que mientras mayor sea ésta, menores serán las longitudes de onda emitidas por él.

El conjunto de las longitudes de onda emitidas por el Sol recibe el nombre de *espectro solar* y en él predominan, lógicamente, las longitudes de onda muy pequeñas, como corresponde a su elevadísima temperatura, que se evalúa en unos 6.000 K (véase figura 3.1).

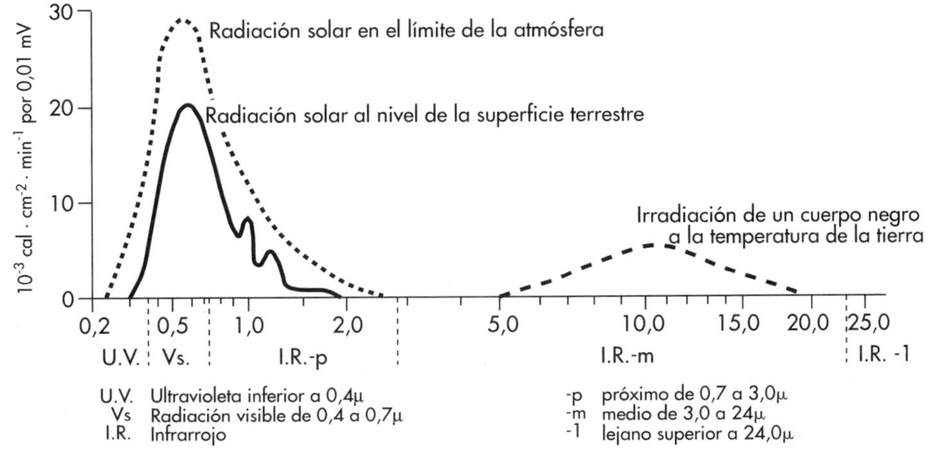

FIGURA 3.1. La radiación solar y la radiación terrestre. La radiación solar, en tanto que procedente de un astro dotado de una elevadísima temperatura, se caracteriza por presentar longitudes de onda muy cortas (ultravioleta, visible e infrarrojo próximo), mientras que la radiación terrestre, emanada de un cuerpo más frío, tiene longitudes de onda largas, correspondientes al infrarrojo medio y al lejano superior. Fuente: Hufty, *Introducción a la climatología,* Barcelona, Ariel, 1984

Dentro del espectro solar cabe distinguir tres tipos de radiaciones fundamentales:

a) Los *rayos ultravioleta,* con longitudes de onda comprendidas entre 0,1 y 0,4 micrómetros, y que transportan —junto con los rayos X y los rayos gamma— un 9 % de la energía total emitida por el Sol.

b) Los *rayos visibles o luminosos,* con longitudes de onda superiores —entre 0,4 y 0,78 micrómetros— y que transportan aproximadamente el 41 % de la energía solar total.

c) Los *rayos infrarrojos,* con longitudes de onda comprendidas predominantemente entre 0,78 y 3 micrómetros (la banda correspondiente al infrarrojo próximo), y que transportan el 50 % restante de la energía solar.

Todas estas radiaciones parten del Sol y llegan en primer lugar al límite superior

---

lo, relativo a los cambios climáticos), pero para los propósitos que ahora perseguimos estas variaciones resultan irrelevantes.

de la atmósfera, donde aportan por término medio una cantidad de energía equivalente a 348,7 W/m^2. Ahora bien, este valor medio esconde una distribución muy desigual de la radiación entre las diferentes latitudes, desigualdades que responden a la forma en que el sistema Tierra-atmósfera intercepta la radiación solar.

La cantidad de radiación solar recibida en los distintos puntos del límite superior de la atmósfera varía en función de dos hechos: el tiempo de exposición al Sol experimentado por cada uno de esos puntos, y el ángulo con que en ellos inciden los rayos solares[5]. El tiempo de exposición al Sol actúa de forma tal, que mientras mayor sea éste, mayor será la radiación solar interceptada. El ángulo de incidencia de los rayos solares actúa de forma similar, determinando niveles de recepción de la radiación tanto mayores cuanto mayor sea este ángulo. Un elevado ángulo de incidencia determina que los rayos solares se distribuyan sobre una pequeña superficie, incrementándose así la intensidad de la radiación. A medida que disminuye el ángulo de incidencia los rayos solares se distribuyen sobre superficies cada vez más amplias y, en consecuencia, se va reduciendo progresivamente la intensidad de la radiación (véase figura 3.2).

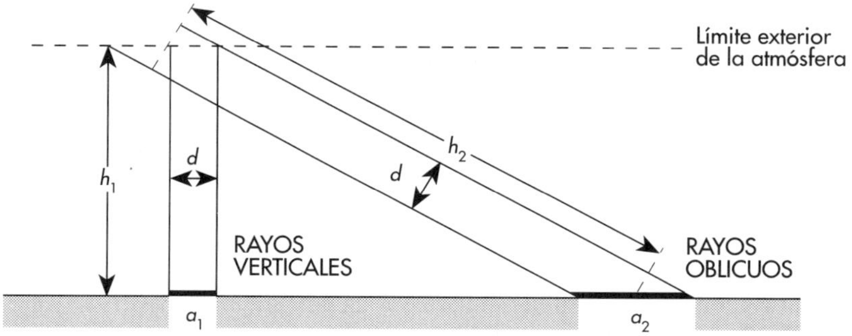

FIGURA 3.2. Contraste entre la intensidad de la radiación solar con rayos verticales y con rayos oblicuos. Un elevado ángulo de incidencia de los rayos solares determina que éstos se distribuyan sobre una pequeña superficie, generando una fuerte intensidad de recepción de la radiación solar. Por el contrario, los bajos ángulos de incidencia hacen que la superficie afectada sea mayor y en consecuencia menor la intensidad de la recepción. Fuente: O'Hare y Sweeney, *The Atmospheric System,* Londres, Oliver and Boyd, 1989, 4.ª edición

Pues bien, ambos parámetros (ángulo de incidencia de los rayos solares y tiempo de exposición al Sol) varían en las distintas latitudes y en las diferentes épocas del año, siendo estas variaciones atribuibles, por un lado, a la propia esfericidad de la Tierra y, por otro lado, al hecho de que ésta no se encuentra erguida, sino inclinada respecto al plano de la eclíptica (plano imaginario que contiene la Tierra y el Sol).

---

[5] La distancia entre la Tierra y el Sol, que también varía a lo largo del año, no parece tener un efecto considerable en este fenómeno.

La esfericidad de la Tierra determina ya, en primer lugar, una disminución del ángulo de incidencia de los rayos solares desde el ecuador hacia los polos, lo que propicia una redistribución del calor que beneficia a las latitudes bajas en detrimento de las altas, cosa que no sucedería si la Tierra fuera plana (ver figura 3.3).

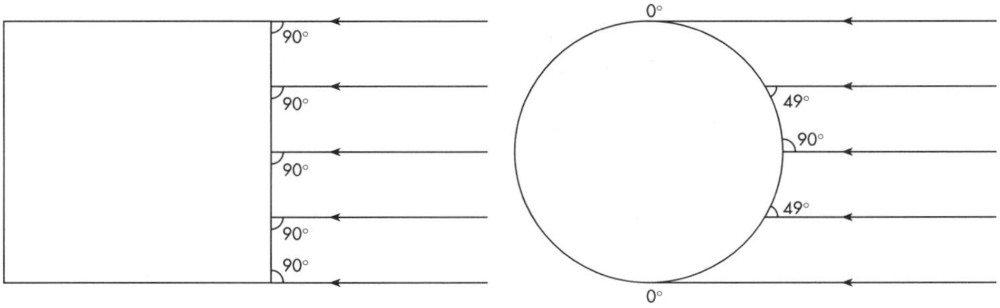

FIGURA 3.3. La incidencia de los rayos solares sobre una hipotética Tierra plana y sobre una Tierra esférica. En una hipotética Tierra plana, el ángulo de incidencia de los rayos solares sería idéntico en todas las latitudes. En una Tierra esférica se produce una diferenciación latitudinal en el ángulo de incidencia de los rayos solares, la cual beneficia a las latitudes bajas en detrimento de las altas

Por su parte, la inclinación del eje de la Tierra respecto al plano de la eclíptica y la realización del movimiento de traslación con esta inclinación van a matizar la afirmación anterior y van a imponer variaciones estacionales en la recepción de la radiación solar por parte de las diferentes latitudes.

Efectivamente, la Tierra no está erguida respecto al plano de la eclíptica, sino que se inclina sobre él, formando dicho plano con el eje de la Tierra un ángulo de 66,5°. Ello determina que el plano de la eclíptica no corte a la Tierra en el ecuador (paralelo 0), sino en los trópicos de Cáncer y Capricornio, a 23,5° de latitud Norte y Sur respectivamente (véase figura 3.4).

Con esta posición la Tierra va realizando su movimiento de traslación alrededor del Sol y ello determina que, a lo largo del año, su posición relativa respecto a éste vaya variando, conforme queda expresado en la figura 3.5, que nos muestra la posición relativa de la Tierra respecto al Sol en cuatro momentos fundamentales del año: el solsticio de verano (21 de junio), el equinoccio de otoño (23 de septiembre), el solsticio de invierno (22 de diciembre) y el equinoccio de primavera (21 de marzo).

Durante los solsticios la Tierra aparece inclinada respecto al Sol (en el de verano es el hemisferio Norte el que se inclina hacia el Sol y el hemisferio Sur el que se aleja de él, ocurriendo todo lo contrario en el de invierno), de forma tal que el eje de la Tierra y el eje del Sol no son paralelos; si los prolongáramos, llegarían a cortarse en algún punto. Durante los equinoccios la Tierra permanece inclinada respecto al plano de la eclíptica, dado que su posición absoluta no ha variado, pero su posición relativa respecto al Sol sí ha cambiado; ahora ninguno de los dos hemisferios se acerca ni se aleja del Sol y el eje de la Tierra y el del Sol son paralelos; por mucho que los prolongáramos, nunca llegarían a cortarse.

Pues bien, estas distintas posiciones relativas entre la Tierra y el Sol se traducen en

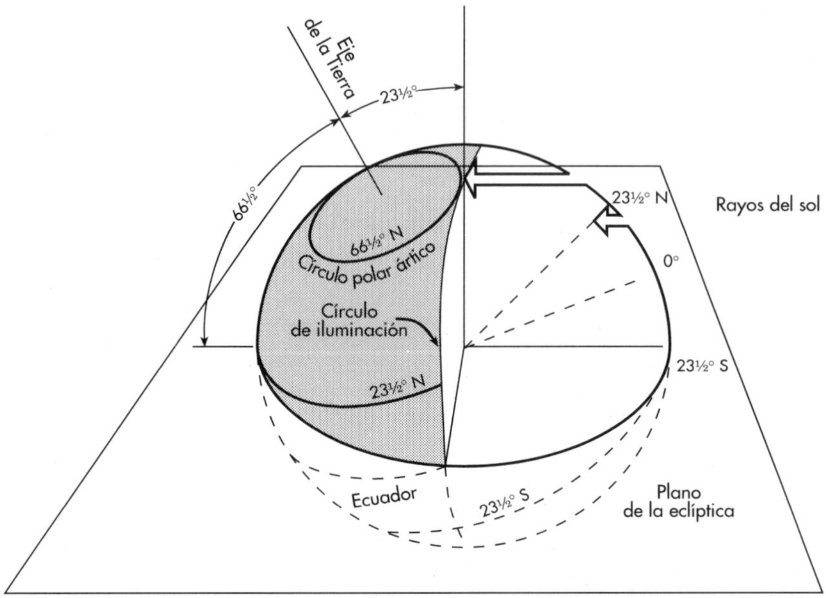

FIGURA 3.4. La inclinación del eje de la Tierra respecto al plano de la eclíptica. La Tierra no está erguida respecto al plano de la eclíptica, sino que forma con él un ángulo de 66,5°. Como consecuencia de ello el plano de la eclíptica no corta la Tierra en el ecuador, sino en los paralelos 23,5° de latitud Norte y Sur, los cuales reciben, respectivamente, el nombre de trópico de Cáncer y trópico de Capricornio. Fuente: Strahler, *Geografía Física,* Barcelona, Omega, 1974

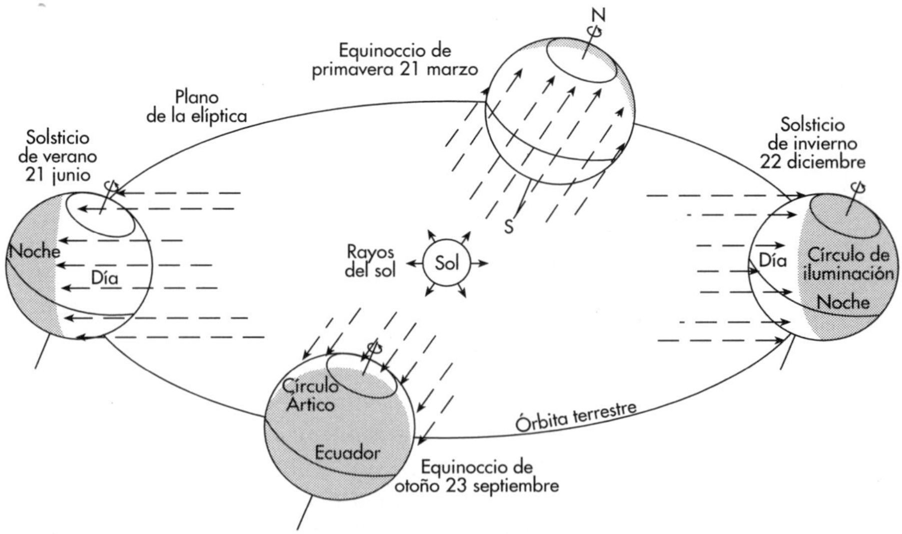

FIGURA 3.5. El movimiento de traslación de la Tierra y las estaciones. La posición absoluta de la Tierra respecto al plano de la eclíptica no varía durante el movimiento de traslación a lo largo del año, pero la posición relativa de la Tierra respecto al Sol sí lo hace, determinando así una diferenciación entre los equinoccios por un lado y los solsticios por otro. Fuente: Strahler, *Geografía Física,* Barcelona, Omega, 1974

la aparición de variaciones latitudinales en el ángulo de incidencia de los rayos solares y en el tiempo de exposición al Sol.

Ambos parámetros aparecen reflejados, para el *solsticio de invierno* en la figura 3.6, en la cual conviene destacar los siguientes hechos:

a) El ángulo de incidencia de los rayos solares es máximo (90°) en el trópico de Capricornio y va disminuyendo a medida que nos aproximamos hacia los dos polos. En el ecuador vale 66,5°, en el trópico de Cáncer 43°, en el círculo polar ártico 0° (los rayos pasan tangentes a ese paralelo) y en el polo Norte alcanza incluso un valor negativo (–23,5°). Desplazándonos hacia el hemisferio Sur encontramos un ángulo de incidencia de 47° en el círculo polar antártico y un ángulo de 23,5° en el polo Sur.

b) Estas variaciones en el ángulo de incidencia de los rayos solares se acompañan de variaciones paralelas en el tiempo de exposición al Sol, el cual es mayor en el hemisferio Sur que en el hemisferio Norte.

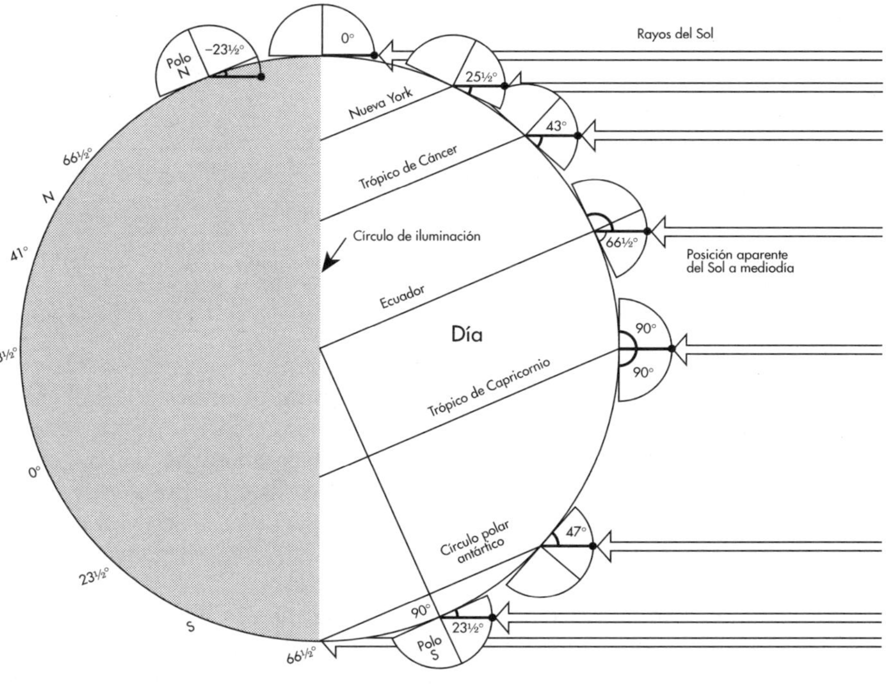

FIGURA 3.6. El solsticio de invierno. El hemisferio Sur se beneficia durante el solsticio de invierno de una mayor insolación que el hemisferio Norte dado que en él se sitúan los mayores ángulos de incidencia de los rayos solares y los mayores tiempos de exposición al Sol. En el solsticio de verano la situación sería justamente la inversa. Fuente: Strahler, *Geografía Física,* Barcelona, Omega, 1974

Así, el tiempo de exposición es máximo en el polo Sur y en el círculo polar antártico, donde la iluminación permanece durante las veinticuatro horas del día (se puede observar en el gráfico cómo todo el círculo correspondiente a esas latitudes aparece iluminado). En el trópico de Capricornio el tiempo de exposición es ya algo menor, aunque en este paralelo el día es todavía más largo que la noche, permaneciendo

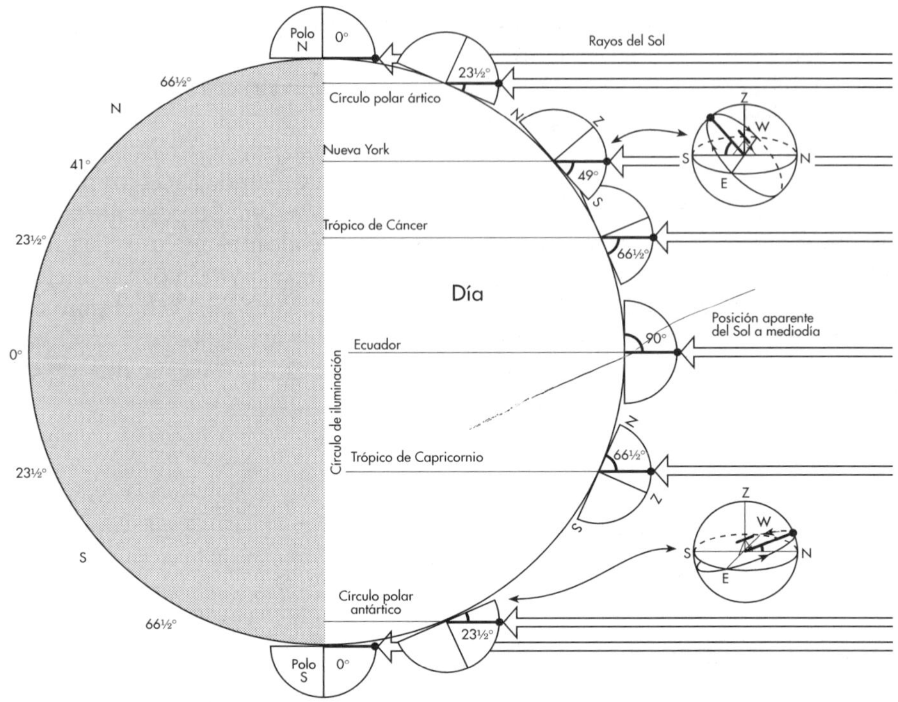

FIGURA 3.7. Los equinoccios. Todas las latitudes presentan durante los equinoccios doce horas de día y doce horas de noche. En cuanto al ángulo de incidencia de los rayos solares, éste es máximo en el ecuador (90°) y nulo en los polos. Fuente: Strahler, *Geografía Física,* Barcelona, Omega, 1974

por tanto, la iluminación durante más de doce horas. En el ecuador el día y la noche tienen la misma duración, permaneciendo ambos durante doce horas (en el gráfico, las porciones del círculo iluminadas y en sombra son idénticas). Por último, en el hemisferio Norte el día es siempre más corto que la noche y, en consecuencia, el tiempo de exposición al Sol es inferior siempre a doce horas. Este hecho es especialmente evidente en las latitudes comprendidas entre el círculo polar ártico y el polo Norte, en las cuales el tiempo de exposición al Sol llega a ser nulo, permaneciendo estas latitudes en sombra durante las veinticuatro horas del día[6].

En el *solsticio de verano* la situación es justamente la inversa de la descrita para el solsticio de invierno (ello hace innecesaria su representación gráfica). Ahora es el hemisferio Norte el que se inclina hacia el Sol, con lo cual el ángulo de incidencia de los rayos solares sería máximo en el trópico de Cáncer, alcanzando sólo 43° en el trópico de Capricornio; valdría 0° en el círculo polar antártico y 47° en el ártico; 23,5° en el polo Norte y –23,5° en el Sur, y sólo permanecería inalterable el ecuador, conservando un ángulo de incidencia de 66,5°.

Una inversión similar se registra en el tiempo de exposición al Sol, siendo ahora el hemisferio Norte el más iluminado, al disponer en todas las latitudes de más de doce horas de Sol al día y ocurriendo todo lo contrario en el hemisferio Sur.

En los *equinoccios* (los cuales son idénticos entre sí) ninguno de los hemisferios se

[6] Véase anexo II al capítulo 3.

inclina hacia el Sol. Ello determina, en primer lugar, que el tiempo de exposición sea idéntico en todos los lugares del planeta (doce horas de día y doce horas de noche) y, en segundo lugar, que el ángulo de incidencia de los rayos solares oscile entre un máximo de 90° en el ecuador y un mínimo de 0° en los polos Norte y Sur (véase figura 3.7).

Lógicamente, estas variaciones estacionales y latitudinales del ángulo de incidencia de los rayos solares y del tiempo de exposición al Sol se traducen en otras tantas variaciones en la recepción de la radiación solar, las cuales quedan reflejadas en la figura 3.8.

Comenzando el análisis por el ecuador, vemos cómo su régimen de recepción de la radiación solar configura una curva que dibuja dos máximos en los equinoccios (cuando el ángulo de incidencia es de 90° y el tiempo de exposición al Sol de doce horas) y dos mínimos en los solsticios (el ángulo de incidencia de los rayos solares se ha reducido a 66,5°). No obstante, la diferencia entre los máximos y los mínimos es muy reducida en esta latitud, gozando siempre de una llegada abundante de radiación solar.

En el trópico de Cáncer el régimen presenta ya un solo máximo en el solsticio de verano, un solo mínimo en el solsticio de invierno y dos situaciones intermedias durante los equinoccios. El máximo del solsticio de verano corresponde a la existencia de un ángulo de incidencia de 90° y un tiempo de exposición al Sol superior a doce horas; el mínimo invernal refleja la existencia de un ángulo de sólo 47° y un tiempo de exposición inferior a doce horas; los equinoccios, con tiempos de exposición de

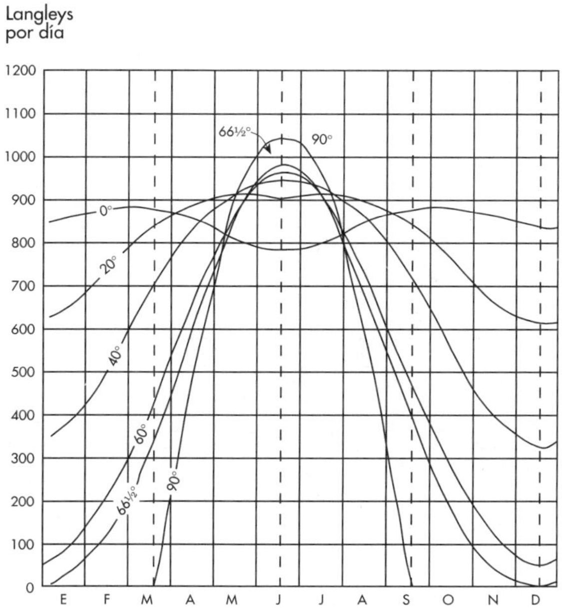

FIGURA 3.8. Regímenes de intercepción de la radiación solar en el límite superior de la atmósfera en las distintas latitudes. Mientras más avanzamos en latitud del ecuador al polo, más se agudizan los contrastes entre los máximos y los mínimos estacionales de intercepción de la radiación solar. Además, las latitudes intertropicales presentan un régimen caracterizado por dos máximos y dos mínimos, mientras que en las latitudes medias y polares hay un solo máximo y un solo mínimo. Fuente: Strahler, *Geografía física*, Barcelona, Omega, 1974

doce horas y ángulos de incidencia de 66,5°, presentan niveles intermedios de recepción de la radiación solar.

Las latitudes intermedias entre el ecuador y el trópico de Cáncer aparecen representadas en la figura 3.8 por la curva correspondiente al paralelo 20° Norte, y en ella resultan destacables dos hechos: en primer lugar, la aproximación que se registra entre los dos máximos, los cuales se alejan de los equinoccios y se acercan entre sí y al solsticio de verano; en segundo lugar, la diferencia cuantitativa que se produce entre los dos mínimos, uno de los cuales, el de invierno, alcanza valores de recepción de la radiación solar marcadamente bajos, en tanto que el correspondiente al solsticio de verano alcanza valores muy altos y similares a los valores máximos de esta latitud.

El mínimo del solsticio de invierno no resulta problemático. En este momento el ángulo de incidencia de los rayos solares en el paralelo 20° N está comprendido entre 66,5° y 43°, y el tiempo de exposición al Sol es inferior a doce horas (véase figura 3.6). En los equinoccios la radiación solar aumenta porque ahora el tiempo de exposición es de doce horas y el ángulo de incidencia está comprendido entre 66,5° y 90° (véase figura 3.7). En el solsticio de verano aumenta un poco más la radiación solar porque ahora el ángulo de incidencia sigue estando comprendido entre 66,5° y 90° (se puede deducir a partir de la figura 3.6), pero el tiempo de exposición al Sol es ligeramente superior a doce horas. Por último, habría que aclarar los dos máximos que aparecen situados entre el solsticio de verano y los equinoccios. Estos máximos corresponden a los dos momentos del año en los cuales los rayos solares inciden en esta latitud con un ángulo de 90°. Para verificar este hecho basta con observar los momentos en los que el Sol incide perpendicularmente en el ecuador y en los trópicos (véase figura 3.9).

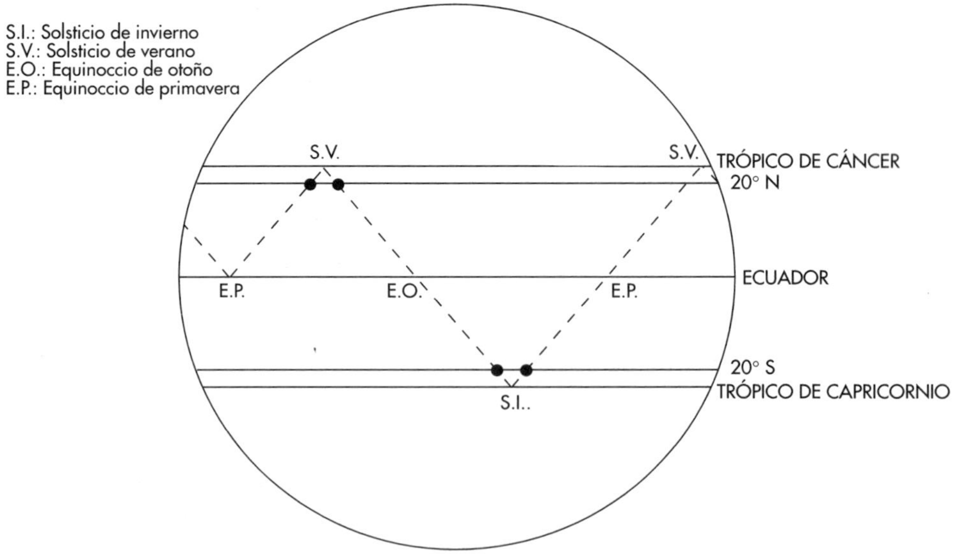

FIGURA 3.9. La marcha aparente del Sol entre los trópicos de Cáncer y Capricornio. En el ecuador el Sol incide perpendicularmente durante los dos equinoccios. La perpendicularidad se traslada al trópico de Cáncer durante el solsticio de verano y al de Capricornio durante el de invierno. En las latitudes comprendidas entre el ecuador y los trópicos la radiación solar incide perpendicularmente en dos momentos del año comprendidos entre los equinoccios y los solsticios (el de verano para el hemisferio Norte y el de invierno para el hemisferio Sur)

Si el Sol incide perpendicularmente sobre el ecuador en el equinoccio de primavera y adopta esa misma posición durante el solsticio de verano en el trópico de Cáncer, ello supone que en algún momento comprendido entre ambas fechas debe hacerlo en el paralelo 20° N. Por lo mismo, entre el solsticio de verano y el equinoccio de primavera (rayos solares perpendiculares en el ecuador), el Sol debe incidir de nuevo con un ángulo de 90° en el paralelo 20°.

Así pues, a medida que nos alejamos del ecuador hacia los trópicos, los máximos equinocciales se van aproximando progresivamente (en las latitudes cercanas al ecuador estarán todavía muy próximos a los equinoccios, mientras que en las cercanías del trópico se acercarán al solsticio). El trópico es el primer paralelo en el que estos máximos se confunden, configurándose ya un régimen con un solo máximo (en un solsticio), un solo mínimo (en el otro solsticio) y dos estaciones intermedias en los equinoccios.

Este régimen de recepción de radiación solar persistirá ya hasta los polos, si bien a medida que avanzamos en latitud el régimen se va haciendo cada vez más contrastado por la existencia de diferencias cada vez mayores entre los máximos y los mínimos.

El círculo polar ártico es el primer paralelo en el cual el mínimo de recepción de radiación solar alcanza el valor de 0, produciéndose este fenómeno el día del solsticio de invierno, en el cual el ángulo de incidencia de los rayos solares es 0°. El máximo del solsticio de verano es, sin embargo, muy elevado en esta latitud dada la gran duración del día que se registra en este momento (veinticuatro horas).

Ambos fenómenos se repiten en el polo Norte, si bien ahora el periodo de radiación solar nula se prolonga durante seis meses, los comprendidos entre el equinoccio de otoño y el de primavera (véase figura 3.8).

De todo este proceso pueden extraerse algunas conclusiones fundamentales en torno a la distribución latitudinal de la radiación solar en el límite superior de la atmósfera:

A. La radiación solar que incide anualmente en el límite superior de la atmósfera es máxima en el ecuador y disminuye a medida que nos acercamos a los polos (véase cuadro 3.1).

B. Los regímenes de recepción de la radiación solar a lo largo del año varían también en función de la latitud, pudiéndose establecer en este sentido tres cinturones diferentes para todo el planeta:

a) El cinturón intertropical, caracterizado por la existencia de dos máximos y dos mínimos, que presentan además valores muy similares entre sí y siempre altos.

b) El cinturón de las latitudes medias, dominio del contraste entre un máximo elevado en un solsticio, un mínimo reducido en el otro solsticio y dos estaciones intermedias en los equinoccios.

c) El cinturón polar (las latitudes situadas por encima del paralelo 66,5), en el cual el contraste entre el máximo y el mínimo alcanza los mayores valores del planeta como consecuencia, sobre todo, de la recepción nula de la radiación solar durante parte del año.

Como veremos más adelante, las temperaturas reflejarán en gran medida estos fenómenos, si bien los restantes procesos del balance de calor introducirán algunos matices importantes que iremos considerando a lo largo del capítulo. En este sentido conviene destacar los altos niveles de recepción de la radiación solar que se registran en las latitudes polares durante el verano del hemisferio correspondiente. Estos valores no van a traducirse en unas temperaturas igualmente elevadas, como consecuen-

Cuadro 3.1

Radiación solar incidente en el límite superior de la atmósfera (Qs) por bandas latitudinales

Latitud	Q_s (W/m²)
90° - 80°	179
80° - 70°	192,3
70° - 60°	225,4
60° - 50°	265,2
50° - 40°	318,2
40° - 30°	358
30° - 20°	391,2
20° - 10°	411,1
10° - 0°	424,3
TIERRA	348,7

Fuente: Hufty, *Introducción a la climatología*, Barcelona, Ariel, 1984.

cia de los usos que el sistema Tierra-atmósfera va a hacer de esta abundante radiación que incide en el límite superior de la atmósfera.

Esta radiación solar, que llega ya desigualmente distribuida al límite exterior de la atmósfera, tiene ahora que realizar la travesía atmosférica, en la cual va a sufrir filtraciones y modificaciones importantes como consecuencia de la absorción y la reflexión difusa que sobre ella ejercen los componentes atmosféricos.

La *absorción* es el proceso mediante el cual gran parte de la radiación solar quedará retenida en la atmósfera, no pudiendo alcanzar la superficie terrestre.

Por término medio en el planeta, la energía absorbida por la atmósfera supone un 23 % de la energía incidente en su límite superior, y los principales responsables del proceso son el ozono (O_3), que absorbe esencialmente radiación ultravioleta, y el vapor de agua y el dióxido de carbono (CO_2), que retienen básicamente la radiación infrarroja.

Por su parte, la *reflexión* es el proceso en virtud del cual un cuerpo devuelve íntegramente la radiación incidente sobre él sin haberla absorbido previamente. Mediante la reflexión la radiación experimenta un efecto de rebote similar al experimentado por una imagen sobre un espejo. Cuando esta reflexión se realiza en todas las direcciones se denomina *reflexión difusa* o *dispersión*.

Pues bien, los componentes atmosféricos realizan este proceso de dispersión sobre buena parte de la radiación que les llega, lo cual se traduce en dos hechos importantes:

a) En primer lugar, la devolución hacia el espacio exterior de un 25 % de la radiación incidente en el límite superior de la atmósfera, la cual no podrá nunca alcanzar la Tierra.

b) En segundo lugar, la composición de la radiación incidente en la superficie terrestre a base de dos tipos de radiaciones diferentes: la *radiación directa* (Q), que procede directamente del Sol sin haber sufrido ninguna reflexión, y la *radiación difusa* (q), que sería la que llega a la Tierra después de haber sido reflejada por la atmósfera.

El conjunto de ambas radiaciones constituye la radiación total que incide sobre la superficie terrestre y recibe el nombre de *radiación global* (Rg), de forma tal que puede escribirse:

$$Rg = Q + q$$

Por término medio, en el planeta esta radiación global supone sólo el 52 % de la que incidió en el límite de la atmósfera, habiéndose perdido el 48 % restante, bien por absorción en la atmósfera (23 %), bien por reflexión (25 %).

Pero también en este caso nos encontramos ante un valor medio que enmascara las grandes diferencias latitudinales que se registran en estos procesos, diferencias que en gran medida vienen dadas por las distintas composiciones atmosféricas predominantes en cada banda latitudinal.

En este sentido hay tres tipos de componentes atmosféricos —muy variables latitudinalmente— que resultan básicos para comprender las pérdidas experimentadas por la radiación solar en su travesía de la atmósfera:

a) El vapor de agua, que, por su gran capacidad de absorción de la radiación infraroja, determina grandes pérdidas por este concepto.

b) Las nubes, que tienen una gran capacidad tanto de absorción como de reflexión de la radiación solar.

c) Los cristales de hielo que integran la parte superior de las nubes altas (en niveles atmosféricos muy elevados donde las temperaturas son negativas), los cuales están dotados de una alta capacidad de reflexión de la radiación.

Esta capacidad de reflexión de la radiación solar se denomina genéricamente con el término de *albedo* —el cual se define como el porcentaje (o el tanto por uno) de energía reflejada por un cuerpo en relación con el total de la energía incidente sobre él— y adopta valores variables en función de dos parámetros: en primer lugar, el ángulo de incidencia de los rayos solares, de forma tal que mientras menor sea éste mayor será el porcentaje de energía reflejada, y en segundo lugar, de la naturaleza del cuerpo sobre el cual incide la radiación, siendo en este sentido la naturaleza enormemente variable (véase cuadro 3.2)[7].

CUADRO 3.2

Albedos para distintos cuerpos de la naturaleza expresados en tantos por ciento

Tipo de superficie	Albedo
Mar en calma	2 - 5
Mar agitada	2 - 10
Selva ecuatorial	5 - 15
Bosque boreal en verano	10 - 20
Prados y campiñas	15 - 20
Sabana tropical seca	20 - 25
Arena seca	25 - 30
Nieve vieja	50 - 70
Nieve fresca	80 - 90

Fuente: Hufty, *Introducción a la climatología*, Barcelona, Ariel, 1984.

[7] El albedo de los cuerpos varía también en función de la longitud de onda de la radiación incidente, pudiendo ser alto para determinadas longitudes y bajo para otras. Por el momento, sin embargo, vamos a prescindir de este hecho, dado que estamos considerando el fenómeno de la reflexión en términos generales.

En general, el color que caracteriza a los distintos cuerpos es una magnitud determinante del valor de su correspondiente albedo; así, los cuerpos con colores claros tienden a reflejar gran parte de la radiación solar, en tanto que los oscuros resultan poco reflectantes. Ello explica que los mayores albedos se registren en la arena (de color pardo claro) y en la nieve, especialmente cuando está fresca y conserva intacto su color blanco. Ello es también lo que explica que los cristales de hielo de las nubes altas estén dotados de tan alta capacidad de reflexión como antes comentábamos.

Teniendo en cuenta estas consideraciones pueden entenderse mejor las variaciones latitudinales que se registran en las pérdidas de radiación solar a lo largo de la travesía atmosférica, las cuales aparecen consignadas en el cuadro 3.3.

Si observamos la columna correspondiente a las pérdidas por absorción, vemos cómo éstas son máximas en las latitudes ecuatoriales (un 27 % de la energía incidente en el límite superior de la atmósfera) y van disminuyendo de manera continuada a medida que avanzamos hacia los polos, donde se registran los valores mínimos (15 %).

Esta gradación se explica por la propia gradación que sufre en el mismo sentido el contenido de vapor de agua atmosférico. Dicho contenido es máximo en las latitudes bajas y mínimo en las altas por dos razones fundamentales: en primer lugar, porque la evaporación es un proceso que requiere enormes cantidades de energía y ésta sólo existe en abundancia en las latitudes bajas; en segundo lugar, porque el aire tiene una capacidad de almacenamiento de vapor de agua tanto mayor cuanto más elevada es su temperatura[8].

Así pues, es el vapor de agua, gran absorbente de la radiación infrarroja, el responsable de esta variación latitudinal, una variación en la cual sólo se registra una discontinuidad entre las bandas latitudinales 40°-50° (16 % de pérdidas) y 50°-60° (17 % de pérdidas).

El aumento porcentual de las pérdidas en la banda comprendida entre 50° y 60° de latitud hay que atribuirlo a la existencia en ella de una abundante y frecuente nubosidad asociada al paso por estas latitudes de las perturbaciones del frente polar, fenómeno que no se produce en la misma medida en las bandas latitudinales adyacentes[9].

La columna correspondiente a las pérdidas por reflexión muestra una situación muy diferente y casi inversa a la que acabamos de comentar. En este caso las pérdidas mayores se registran en las latitudes altas, disminuyendo en las bajas.

En la génesis de este fenómeno intervienen dos hechos fundamentales: por un lado, el pequeño ángulo de incidencia de los rayos solares en las latitudes altas; por otro lado, la abundancia de cristales de hielo en las nubes de estas latitudes, los cuales no suelen existir, o en muy escasa medida, en las latitudes bajas. Estos cristales de hielo, con un albedo elevadísimo, son los que determinan estas importantes pérdidas por reflexión. Es por eso también por lo que las pérdidas son mayores en las bandas latitudinales en las que abunda la nubosidad y se reducen en aquellas otras en las que predominan los cielos despejados. Así, dentro de las latitudes altas las máximas pérdidas se sitúan entre los paralelos 50° y 80°, donde la nubosidad es importante a lo largo de todo el año, y se reducen en la franja estrictamente polar (80°-90° de latitud), con mayor predominio de situaciones anticiclónicas y cielos despejados. Asimismo dentro de las latitudes bajas las mayores pérdidas por reflexión se producen en el ecuador, donde la convergencia intertropical genera abundantes masas nubosas, registrán-

---

8 En los capítulos dedicados al análisis de la humedad se aborda con más detalle este hecho.

9 Véanse a este respecto los capítulos correspondientes a la circulación atmosférica.

CUADRO 3.3

Radiación solar absorbida en la superficie terrestre

		Pérdidas por absorción en la atmósfera		Pérdidas por reflexión en la atmósfera		Pérdidas atmosféricas totales		Radiación incidente en la superficie terrestre		Pérdidas por reflexión en la superficie terrestre		Radiación absorbida en la superficie terrestre	
LATITUD	Q_S *	%	W/m²	%	W/m²	%	W/m²	%	W/m²	%	W/m²	%	W/m²
90° – 80°	179	15	26,9	33	59	48	85,9	52	93,1	29	51,9	23	41,2
80° – 70°	192,3	15	28,8	37	71,1	52	100	48	92,3	22	42,3	26	50
70° – 60°	225,4	15	33,8	37	83,4	52	117,2	48	108,2	11	24,8	37	83,4
60° – 50°	265,2	17	45,1	38	100,8	55	145,9	45	119,4	6	15,9	39	103,4
50° – 40°	318,2	16	50,9	34	108,2	50	159,1	50	159,1	6	19,1	44	140
40° – 30°	358	18	64,4	27	96,7	45	161,1	55	196,9	5	17,9	50	179
30° – 20°	391,2	21	82,1	21	82,1	42	164,3	58	226,9	6	23,5	52	203,4
20° – 10°	411,1	25	102,7	22	90,4	47	193,2	53	217,8	5	20,6	48	197,3
10° – 0°	424,3	27	114,6	23	97,6	50	212,2	50	212,2	4	17	46	195,2
TIERRA	348,7	23	80,2	25	87,1	48	167,3	52	181,4	5	17,4	47	164

* Q_S = Radiación solar incidente en el límite de la atmósfera en W/m².
Fuente: elaboración propia a partir de los datos de Hufty, *Introducción a la climatología*, Barcelona, Ariel, 1984.

dose las mínimas pérdidas en la banda comprendida entre los paralelos 20° y 30° de latitud, en la cual las altas presiones subtropicales impiden la formación de nubes.

Si examinamos ahora las columnas correspondientes a las pérdidas atmosféricas totales, vemos cómo los efectos de la absorción y la reflexión se compensan y el resultado es que las diferencias latitudinales por este concepto son muy reducidas (del orden del 48 %, que es el valor que caracteriza por término medio a todo el planeta). Hay, desde luego, pequeños máximos que se sitúan en las bandas cargadas de mayor nubosidad (los paralelos 50°-80° y la franja ecuatorial) y pequeños mínimos asociados a las zonas más despejadas del planeta (los paralelos 20°-30°), pero, en términos porcentuales, las diferencias carecen de relevancia.

Ello pone de manifiesto, entre otras cosas, que las pérdidas de radiación solar como consecuencia de la travesía atmosférica están determinadas básicamente por la naturaleza de los componentes de la atmósfera y no tanto por el recorrido atmosférico que realiza la radiación. Por eso no es en el polo donde se registran las mayores pérdidas, a pesar de ser allí donde el recorrido de la radiación es más largo, ni tampoco es el ecuador el que registra las pérdidas menores.

El resultado de las pérdidas analizadas hasta ahora es que, a nivel planetario, la radiación recibida en la superficie terrestre es sólo el 52 % de la que incidió en el límite superior de la atmósfera, lo que supone un total de 181,4 W/m^2 (véase cuadro 3.3).

Dado que las pérdidas atmosféricas por absorción y reflexión tienden a compensarse, los porcentajes de energía incidente en la superficie no varían demasiado de unas latitudes a otras, oscilando entre el 58 % que incide entre los paralelos 20° y 30° y el 45 % que incide entre los paralelos 50° y 60°. Sin embargo, en valores absolutos siguen existiendo diferencias notorias entre unas latitudes y otras, situándose ahora el máximo en 226,9 W/m^2 para la banda latitudinal 20°-30° y el mínimo en 92,3 W/m^2 para las latitudes comprendidas entre los paralelos 70° y 80°[10].

Pero conviene destacar dos hechos fundamentales que se derivan de estos procesos:

a) La travesía atmosférica por parte de la radiación no introduce en ésta grandes modificaciones latitudinales. De hecho, el valor máximo de la radiación incidente en el límite de la atmósfera (424,3 W/m^2) era 2,4 veces superior al valor mínimo registrado en esa columna (179 W/m^2). Una proporción idéntica se mantiene entre el máximo y el mínimo correspondientes a la radiación incidente en la superficie terrestre.

b) Lo que sí consigue la travesía atmosférica es alterar la ubicación de los máximos y los mínimos, que ahora se sitúan entre los paralelos 20°-30° y 70°-80° respectivamente, y no en el ecuador y los polos, como sucedía para la radiación incidente en el límite de la atmósfera.

2.2. *Las salidas de radiación desde la superficie terrestre*

La superficie terrestre pierde radiación de dos formas básicas: reflexión e irradiación. La reflexión se produce desde el momento en que la radiación solar incide en la superficie, y ello determina que la radiación absorbida por la Tierra sea ya muy inferior a la incidente, pero, a su vez, toda la radiación absorbida no va a permanecer

---

[10] Los valores de radiación incidente en la superficie terrestre parten de la consideración de superficies planas y horizontales. El relieve y la topografía introducen grandes modificaciones locales en estos valores.

en la superficie terrestre; parte de ella va a ser irradiada hacia la atmósfera, de forma tal que, finalmente, la radiación retenida en la superficie será también muy inferior a la radiación absorbida. Por eso vamos a analizar cómo se desarrollan cada uno de estos procesos.

Efectivamente, una parte de la energía incidente en la superficie terrestre, a la que habíamos denominado radiación global (Rg), no va a ser absorbida por ésta, sino que va a ser devuelta hacia el espacio exterior mediante la reflexión. En consecuencia, la radiación absorbida será igual a la radiación global menos la reflejada.

Como ya sabemos, la radiación global responde a la expresión:

$$Rg = Q + q$$

siendo *Q* la radiación directa y *q* la radiación difusa.

La radiación reflejada por la superficie puede denotarse:

$$\text{R. Reflejada} = (Q + q) \cdot a$$

siendo a el albedo de la superficie expresado en tanto por uno.

En consecuencia, la radiación absorbida por la Tierra responderá a la expresión:

$$\text{R. Abs.} = (Q + q) - (Q + q) \cdot a$$

lo cual también puede expresarse:

$$\text{R. Abs.} = (Q + q) \cdot (1 - a)$$

Pues bien, la superficie terrestre refleja hacia el espacio exterior un total de 17,4 W/m^2, lo que supone el 5 % de la radiación que había incidido en el límite de la atmósfera, y solo absorbe el 47 % de ésta, que equivale a 164 W/m^2 (véase cuadro 3.3).

Ello supone que, si hacemos equivalente a 100 el valor de la radiación incidente en el límite superior de la atmósfera, el sistema Tierra-atmósfera en su conjunto sólo ha retenido 70 unidades, reflejando hacia el espacio exterior las 30 restantes (de ellas 25 han sido reflejadas por la atmósfera y 5 por la superficie terrestre). A su vez, estas 70 unidades se han distribuido desequilibradamente dentro del sistema, dado que la Tierra ha absorbido la mayor parte de ellas (47 unidades), en tanto que la atmósfera sólo ha retenido 23 unidades (véase figura 3.10).

Pero también en estos procesos se registran diferencias latitudinales que se traducen en un perjuicio claro para las latitudes altas frente a las bajas (véase cuadro 3.3). En este sentido, la columna relativa a las pérdidas por reflexión en la superficie terrestre es suficientemente ilustrativa, oscilando estas pérdidas entre un 4 % correspondiente a las latitudes ecuatoriales, y un 29 %, que es el valor que se registra en los polos.

Las elevadas pérdidas de las latitudes altas son atribuibles al reducido ángulo de incidencia que aquí presentan los rayos solares y, sobre todo, a la existencia en ellas de una superficie permanentemente nevada que las dota de un altísimo albedo. Las latitudes bajas se benefician, por el contrario, de un gran ángulo de incidencia de los rayos solares y de una superficie caracterizada por la presencia de grandes cuencas oceánicas y extensas masas forestales, las cuales en ambos casos gozan de un albedo

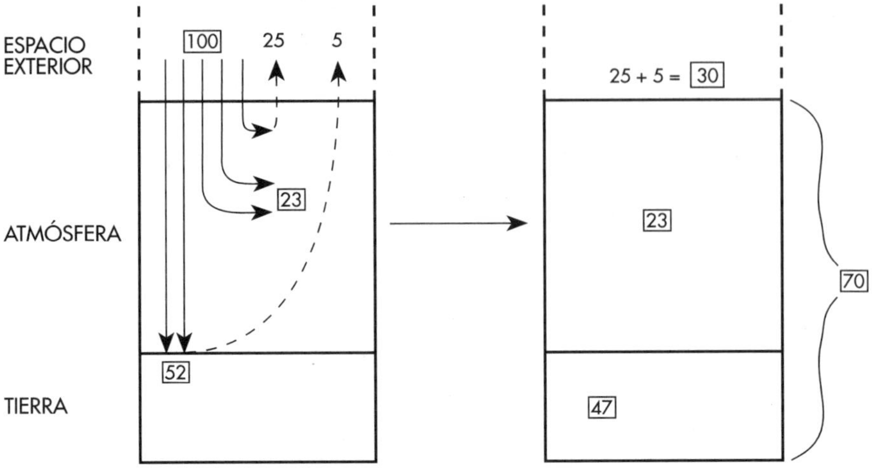

FIGURA 3.10. Radiación absorbida por la superficie terrestre. De la radiación incidente en el límite exterior de la atmósfera, un 70 % queda retenido por el sistema planetario (un 47 % por parte de la superficie terrestre y un 23 % por parte de la atmósfera). El restante 30 % será devuelto de nuevo al espacio exterior (un 25 % será devuelto por la propia atmósfera y un 5 % por la superficie terrestre)

muy reducido (véase cuadro 3.2). Esta situación sólo se modifica ligeramente en la banda latitudinal 20°-30°, en la cual las masas forestales son sustituidas en buena parte por grandes extensiones de desiertos. La arena blanca de estos desiertos eleva el albedo general de esta franja y hace que en ella se produzca la única discontinuidad que se registra en la distribución latitudinal de las pérdidas por reflexión superficial.

Si añadimos a estas pérdidas las que ya se habían producido en la travesía atmosférica, obtenemos la energía absorbida por la superficie terrestre, en la cual las diferencias latitudinales son extraordinariamente marcadas (véase cuadro 3.3). Conviene destacar tres hechos fundamentales en este sentido:

a) La banda latitudinal comprendida entre los paralelos 20° y 30° se consagra como la máxima receptora de radiación solar al absorber el 52 % de la incidente en el límite de la atmósfera, equivalente a 203,4 W/m^2. Las latitudes ecuatoriales, por sus elevadas pérdidas atmosféricas, pasan a ocupar un segundo lugar por este concepto.

b) Los mínimos valores de radiación absorbida corresponden a las latitudes polares (sólo un 23 % de la radiación incidente en el límite de la atmósfera, equivalente a 41,2 W/m^2). Los cristales de hielo de las nubes y, sobre todo, la cubierta nivosa permanente son los responsables de este hecho.

c) La diferencia entre los valores máximos y mínimos de radiación absorbida se ha agudizado extraordinariamente como consecuencia de la reflexión superficial. Ahora el valor máximo es casi cinco veces superior al valor mínimo.

Se puede concluir de todo ello que el calor atribuible a las latitudes bajas viene dado por una alta incidencia en ellas de la radiación solar, pero también por una elevada tasa de absorción de esta radiación. Por lo mismo, la frialdad de los polos se deriva, no tanto de que sobre ellos incida una escasa cantidad de radiación solar, sino de que sólo absorben un pequeño porcentaje de esta radiación. Ello justifica la afirmación según la cual los casquetes polares serían una reliquia de pasadas épocas glaciares, que se estarían automanteniendo en estos momentos gracias al bucle de realimentación positivo que se establece entre la cubierta permanente de nieve y las temperaturas (véase figura 3.11). Parece dudoso que, en caso de una eliminación artificial de los casquetes de hielo polares, éstos pudieran volver a reconstituirse o, al menos, con la potencia de la que gozan en estos momentos

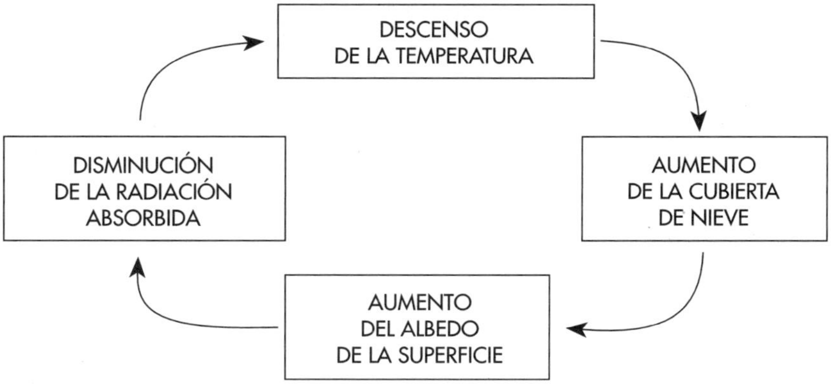

FIGURA 3.11. Bucle de realimentación positivo existente entre la temperatura del aire superficial y la cubierta de nieve. La cubierta de nieve contribuye a automantenerse en la medida en que determina un enfriamiento del aire superficial en virtud del aumento que genera en el albedo de dicha superficie

Pero esta radiación absorbida tampoco constituye el *stock* final de calor que se acumula en la superficie terrestre; parte de ella va a ser irradiada de nuevo hacia la atmósfera, dado que todo cuerpo que almacena calor comienza inmediatamente a emitir radiaciones siempre que su temperatura sea superior a 0 K o, lo que es lo mismo, a –273 °C.

La cuantía de la radiación emitida responde a la fórmula:

$$IR' = \epsilon \cdot \sigma \cdot T^4$$

donde:

IR' es la energía emitida o irradiada por el cuerpo en $cal/cm^2/min$.

ϵ es un coeficiente de emisividad que varía en función de la naturaleza del cuerpo considerado.

σ es la constante de Stefan, cuyo valor asciende a $8{,}16 \cdot 10^{-11}$ $cal/cm^2/min/\ K^4$.

T es la temperatura del cuerpo expresada en °K.

Así pues, los distintos cuerpos emiten una radiación proporcional a la cuarta potencia de su temperatura y a su respectivo coeficiente de emisividad, el cual oscila entre los valores de 0 y 1.

Los cuerpos cuyo coeficiente de emisividad fuera 0 emitirían una radiación nula; por el contrario, los cuerpos cuyo coeficiente de emisividad alcanza la unidad son los que mayor cantidad de radiación emiten para una temperatura dada, recibiendo la denominación de *cuerpos negros.*

Estos cuerpos presentan además la característica de ser los dotados de mayor capacidad de absorción de la radiación (en realidad, el cuerpo negro se define como aquel que absorbe íntegramente toda la radiación que recibe), por lo cual puede establecerse como norma general que los cuerpos más emisores de energía son también los más absorbentes.

Pero, además, la temperatura del cuerpo determina, como ya sabemos, la longitud de onda en la cual se emiten las radiaciones, siendo ésta tanto más corta cuanto mayor sea la temperatura.

Pues bien, tanto la superficie terrestre como la atmósfera emiten continuamente radiaciones, las cuales, dadas las bajas temperaturas que caracterizan a ambas envolturas (al menos en relación con el Sol), corresponden a longitudes de onda muy largas, que se sitúan en el dominio del infrarrojo medio (3 a 24μ) y del infrarrojo lejano superior ($>$ 24μ), extendiéndose aproximadamente desde las 5 a las 100μ (véase figura 3.1).

Lógicamente, parte de la radiación infrarroja emitida por la atmósfera vuelve a la superficie terrestre; por eso, para conocer el balance completo de radiación existente en la superficie, al balance de radiación de onda corta que hemos examinado con anterioridad le hemos de añadir ahora el balance de radiación infrarroja que se produce entre la atmósfera y el suelo. El resultado de ambos balances constituye la radiación neta de la superficie terrestre, y responde a la expresión:

$$R \text{ neta} = (Q + q) \cdot (1 - a) + (IR - IR')$$

donde:

IR es la radiación infrarroja que llega a la superficie terrestre a partir de la atmósfera.

IR' es la radiación infrarroja emitida por la superficie.

Para cuantificar globalmente estos procesos en el sistema Tierra-atmósfera vamos a seguir a Queney (1974), aun cuando éste parte de un balance de onda corta que difiere ligeramente del presentado hace un momento por nosotros siguiendo a Hufty (1984). Estas diferencias, sin embargo, son tan nimias que en nada alteran el comportamiento general de los fenómenos estudiados.

Con arreglo a los datos presentados por Hufty, del 100 % de la radiación incidente en el límite superior de la atmósfera, 47 unidades quedaban almacenadas en la superficie terrestre, 23 en la atmósfera y las 30 restantes eran devueltas al espacio exterior. Queney modifica estos datos en la medida en que ahora las unidades almacenadas en la superficie son 47,5, las que retiene la atmósfera son 17,5 y las devueltas al espacio exterior son 35[11]. Pues bien, partiendo de estos datos veamos cómo tiene lugar el balance de radiación infrarroja entre los componentes del sistema (véase figura 3.12).

La superficie terrestre emite 114,5 unidades, de las cuales 109 quedan retenidas por los componentes atmosféricos (ozono, dióxido de carbono y, sobre todo, vapor de agua), saliendo las 5,5 restantes al espacio exterior aprovechando la ventana de transparencia atmosférica que se registra para las longitudes de onda comprendidas entre 8,5 y 13μ. Por su parte, la atmósfera emite 156 unidades, de las cuales 59,5 al espacio exterior y 96,5 a la superficie terrestre.

---

[11] Las diferencias son tan pequeñas que preferimos no adaptar las cifras para forzar su concordancia con las aportadas por Hufty. Por otro lado, en este fenómeno, de medición compleja y relativamente reciente, lo habitual es que se produzcan pequeñas diferencias entre los datos aportados por autores distintos.

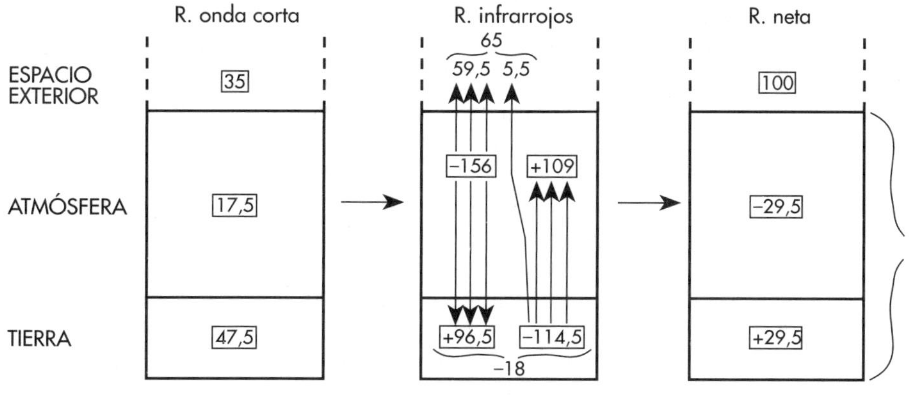

FIGURA 3.12. El balance de radiación en el sistema Tierra-atmósfera. El balance de radiación en el sistema Tierra-atmósfera es perfectamente equilibrado en la medida en que el 100 % de la radiación que llegó al límite exterior de la atmósfera va a ser devuelto de nuevo al espacio exterior. Sin embargo, en su interior hay desequilibrios: la superficie terrestre va a acumular un 29,5 % de este 100 % inicial, en tanto que la atmósfera presentará un déficit del mismo valor. Fuente: elaboración propia a partir de los datos de Queney, *Eléments de Météorologie,* París, Masson, 1974

Teniendo en cuenta estos intercambios y los *stocks* de radiación que se habían acumulado como consecuencia del balance de onda corta, podemos ya evaluar el balance completo de radiación del sistema Tierra-atmósfera (véase figura 3.12), un balance en el que destacan los siguientes hechos:

a) El balance total de radiación (incluyendo el de onda corta y el de infrarrojos) es positivo para la superficie terrestre y negativo para la atmósfera. En efecto, la superficie terrestre había almacenado 47,5 unidades energéticas como consecuencia del balance de onda corta. A ellas hay que añadirle 96,5 que proceden de la radiación infrarroja emitida por la atmósfera, lo cual configura un total de 144 unidades. Si a ellas le sustraemos las 114,5 unidades de radiación infrarroja que la Tierra cede a la atmósfera, el balance total se traduce en 29,5 unidades.

Así pues, la superficie terrestre —como consecuencia del balance de radiación— almacena el 29,5 % de la radiación incidente en el límite exterior de la atmósfera, lo cual equivale a 102,9 W/m^2.

En la atmósfera el balance es idéntico, pero de sentido contrario. Ésta dispone de 17,5 unidades energéticas como consecuencia de su balance de onda corta. A ellas hay que añadirle las 109 unidades que le envía la Tierra en forma de radiación infrarroja, lo cual la dota de un total de 126,5 unidades. Como emite hacia la Tierra un total de 156 unidades energéticas, el balance total se traduce en una pérdida de 29,5 unidades, también equivalentes, como en el caso anterior, a 102,9 W/m^2.

Todo ello supone que la Tierra emite menos radiaciones de las que recibe, ocurriendo todo lo contrario en la atmósfera. Pero ¿cómo es posible que la atmósfera emita más radiaciones de las que recibe? Por otro lado, si registra un déficit de radiación, ¿por qué no experimenta un proceso continuo de enfriamiento? Asimismo, ¿por qué el excedente de radiación de la superficie terrestre no se traduce en un calentamiento progresivo de ésta?

La explicación de estos hechos radica en la existencia de mecanismos no radiativos de transmisión del calor, los cuales van a ser los encargados de paliar este desequilibrio entre las dos envolturas del planeta. Estos mecanismos, que analizaremos más adelante, serán los que utilice la Tierra para trasvasar su calor excedentario hacia la deficitaria atmósfera. Por esta vía se restituirá el equilibrio y ello posibilitará que las temperaturas atmosféricas y terrestres permanezcan por término medio constantes.

b) El segundo hecho destacable es la existencia de un balance de radiación equilibrado entre el sistema Tierra-atmósfera y el espacio exterior.

Como puede apreciarse en la figura 3.12, las 100 unidades de radiación que habían penetrado en el sistema han sido ahora íntegramente devueltas hacia el espacio exterior. En consecuencia, el sistema no acumula ninguna cantidad de energía, lo cual lo configura como un sistema equilibrado respecto al exterior, siendo este equilibrio el que permite que las temperaturas del planeta permanezcan globalmente constantes. Si el sistema acumulara alguna cantidad de calor se iría recalentando, cosa que no sucede. (Conviene insistir en el hecho de que los 102,9 W/m^2 que la superficie acumula como consecuencia del balance de radiación van a ser transferidos a la atmósfera por mecanismos no radiativos y desde ésta partirán hacia el espacio exterior en forma de radiación.)

Pero también en el balance de radiación existen matices y diferencias latitudinales que conviene destacar. El balance de radiación en la atmósfera es negativo en todas las latitudes, si bien los déficit son mínimos en torno a los paralelos 30° de latitud Norte y Sur, aumentando algo en las latitudes ecuatoriales y alcanzando sus valores máximos en las proximidades de los polos (véase figura 3.13).

Por su parte, la Tierra presenta siempre un balance positivo, estando ahora los valores máximos en la franja latitudinal comprendida entre los paralelos 20° Norte y Sur, y disminuyendo a medida que nos aproximamos a los polos (véase figura 3.14).

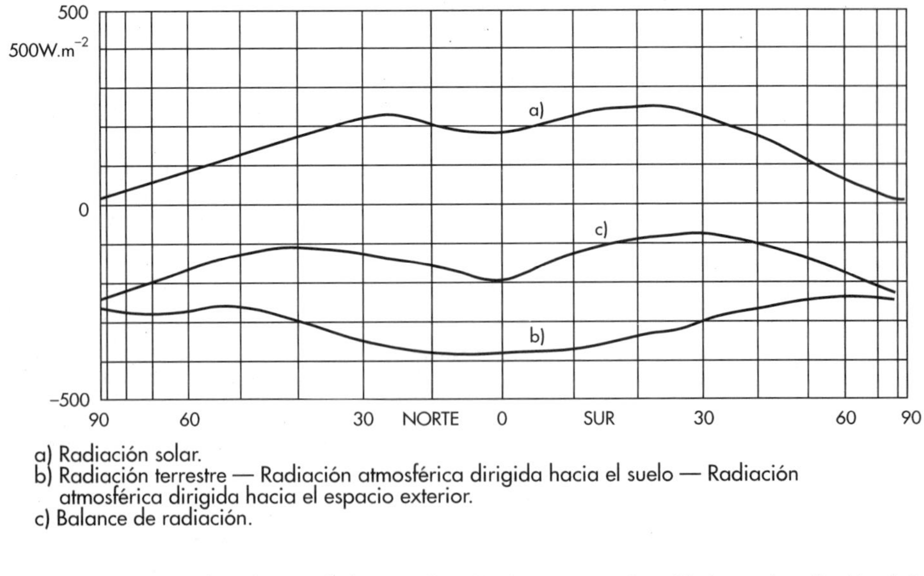

FIGURA 3.13. El balance de radiación de la atmósfera. Es siempre negativo el balance de radiación de la atmósfera (curva c), pero especialmente en las latitudes ecuatoriales y en las polares, donde a su vez es mínima la radiación solar incidente. Fuente: Triplet y Roche, *Météorologie Générale,* París, École Nationale de la Météorologie, 1977

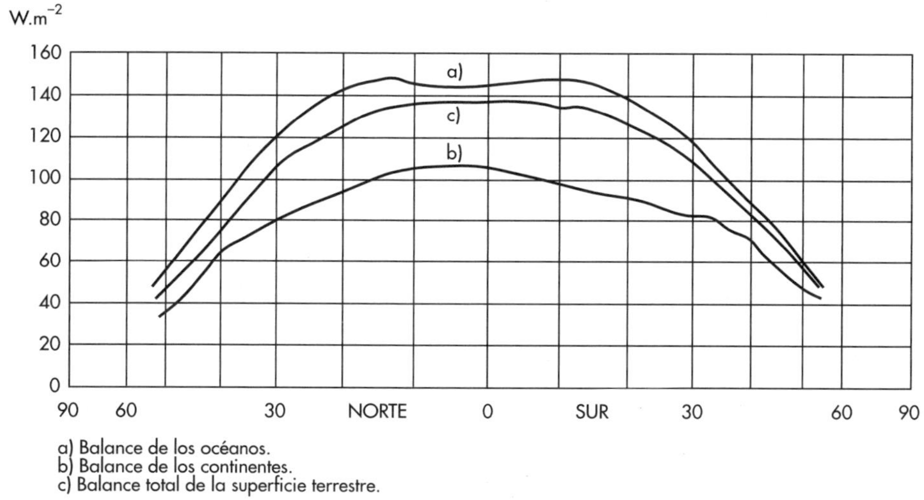

FIGURA 3.14. Balance de radiación de la superficie terrestre. El balance de radiación en la superficie terrestre es siempre positivo, sobre todo en las latitudes bajas, pero hay que distinguir entre las superficies continentales, menos absorbentes, y las oceánicas, verdaderas reservas de calor del planeta. Fuente: Triplet y Roche, *Météorologie Générale,* París, École Nationale de la Météorologie, 1977

No obstante, en este caso conviene destacar las enormes diferencias que se registran entre el balance de los océanos y el de los continentes. Aquéllos, con un albedo muy reducido y, por ende, con una gran capacidad de absorción de la radiación, presentan excedentes considerablemente superiores a los registrados en las masas continentales. Se constituyen así los océanos como las grandes reservas de calor del planeta.

En cuanto al balance de radiación global del sistema Tierra-atmósfera, que en términos generales resultaba equilibrado, registra ahora diferencias latitudinales que tendrán repercusiones importantísimas para el sistema climático mundial (véase figura 3.15).

Este balance es positivo entre los paralelos 35° Norte y 35° Sur, pero muestra valores claramente negativos entre esas latitudes y los polos. Si esta situación persistiera implicaría el recalentamiento progresivo de las latitudes bajas y el enfriamiento de las altas. De que esto no suceda se encargará todo el conjunto del sistema, que inmediatamente se pondrá en funcionamiento para trasvasar el excedente acumulado desde el ecuador hacia los polos. Evidentemente, serán de nuevo los mecanismos de transmisión del calor no radiativos los que realicen esta función y, finalmente, lograrán equilibrar las diferentes latitudes, de forma que las temperaturas permanezcan constantes por término medio en todas ellas.

En consecuencia, tenemos un sistema que se encuentra en equilibrio radiativo con el espacio exterior, pero que presenta continuos desequilibrios en su interior: desequilibrios entre las distintas envolturas del planeta (océanos, continentes, atmósfera...) y entre las distintas latitudes. Los mecanismos de transmisión de calor no radiativos, que completarán el balance térmico del planeta, tendrán que corregir estos desequilibrios para garantizar la estabilidad del sistema.

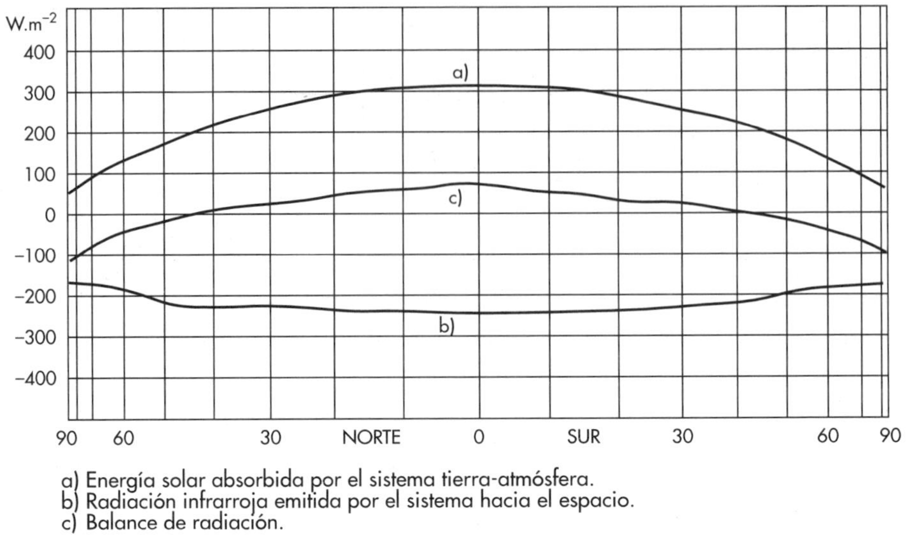

FIGURA 3.15. Balance de radiación del sistema Tierra-atmósfera. El balance de radiación del sistema Tierra-atmósfera presenta profundos desequilibrios latitudinales que se traducen en un valor positivo (excedentario en radiación) en las latitudes situadas por debajo de los 35° y en un valor negativo (deficitario en radiación) en las latitudes superiores. Fuente: Triplet y Roche, *Météorologie Générale,* París, École Nationale de la Météorologie, 1977

3. El balance térmico en el planeta

La radiación neta acumulada en la superficie terrestre puede recibir cuatro tipos de usos diferentes, que quedan recogidos en la expresión:

$$R\ neta = G + H + LE + D$$

donde:

G es la parte del calor que se va a transmitir hacia las capas profundas de las superficies terrestre y oceánica.

H es la parte del calor que se va a transmitir hacia la atmósfera por medio de la convección, entendiendo por tal los movimientos verticales del aire. Se trata de un intercambio de calor en forma de calor sensible.

LE es la parte del calor que se transmitirá hacia la atmósfera en virtud del mecanismo de la evaporación del agua. Se compone de dos términos: L, que es el calor latente de vaporización, y E, que representa el número de gramos de agua que se evaporan.

Este calor, necesario para la realización del proceso de la evaporación, se extrae de la superficie evaporante (que pierde así parte de su calor) y queda almacenado en las partículas de vapor de agua, aunque en forma de calor latente, es decir, sin traducirse en un aumento de la temperatura de estas partículas de vapor. Este calor latente sólo volverá a hacerse sensible (apreciable en la temperatura) a raíz del proceso de condensación, es decir, una vez que el vapor vuelva a pasar al estado de agua líquida.

D es la parte del calor que va a transmitirse mediante los movimientos advectivos u horizontales del aire.

A escala planetaria los dos únicos componentes de la fórmula que tienen relevancia son H y LE. Los transportes de calor por advección (D) en el conjunto de la superficie terrestre se compensan entre sí, arrojando un efecto global nulo. Por su parte, el calor almacenado en la superficie (G) también es nulo a escala planetaria; de otro modo, la superficie se recalentaría y aumentaría su temperatura, cosa que no sucede, como ya sabemos.

En consecuencia, las 29,5 unidades de calor que se habían acumulado en la superficie (102,9 W/m^2) son transferidas ahora hacia la atmósfera mediante los procesos de convección (H) y evaporación (LE). De ellos, el proceso fundamental de cesión del calor será la evaporación, gracias al cual pasan a la atmósfera 18,5 unidades. Las 11 restantes se transmitirán mediante las corrientes convectivas (véase figura 3.16).

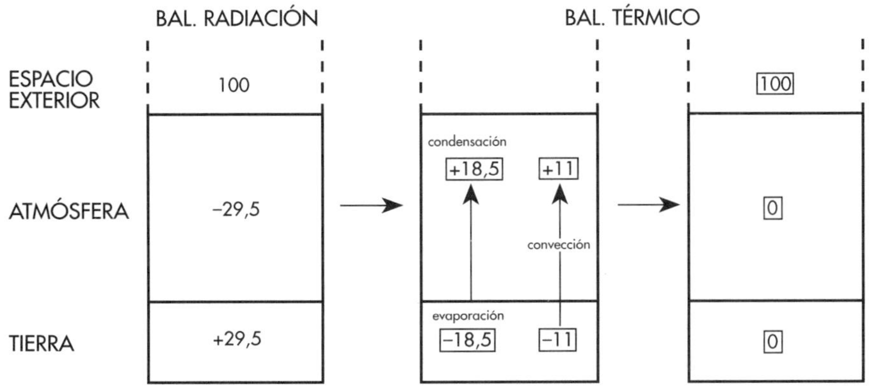

FIGURA 3.16. El balance energético del sistema Tierra-atmósfera. El balance energético en el planeta es completamente equilibrado a escala planetaria. Los desequilibrios que existían entre la atmósfera y la superficie terrestre en relación con el balance de radiación se compensan gracias a los mecanismos no radiativos de transmisión del calor, esencialmente la convección y la evaporación. Fuente: elaboración propia a partir de los datos de Queney, *Eléments de Météorologie,* París, Masson, 1974

El resultado final es un balance energético equilibrado para la superficie terrestre, la cual pierde todas las calorías que había almacenado como consecuencia del balance de radiación. Pero también es equilibrado para el conjunto del sistema Tierra-atmósfera, pues estas calorías serán devueltas hacia el espacio exterior por la atmósfera en forma de radiación. Las 100 unidades de energía que penetraron en el sistema se devuelven íntegramente y tanto éste como cada uno de sus componentes permanecen en equilibrio. Pero éste es un equilibrio global que esconde, como ya nos resulta habitual, numerosos desequilibrios y diferencias espaciales.

La figura 3.17 pone de manifiesto cómo los aportes de calor en forma de calor latente (mediante el proceso de la evaporación) son siempre positivos para la atmósfera, si bien los valores máximos se encuentran en las proximidades del ecuador, disminuyendo progresivamente a medida que nos acercamos hacia los polos.

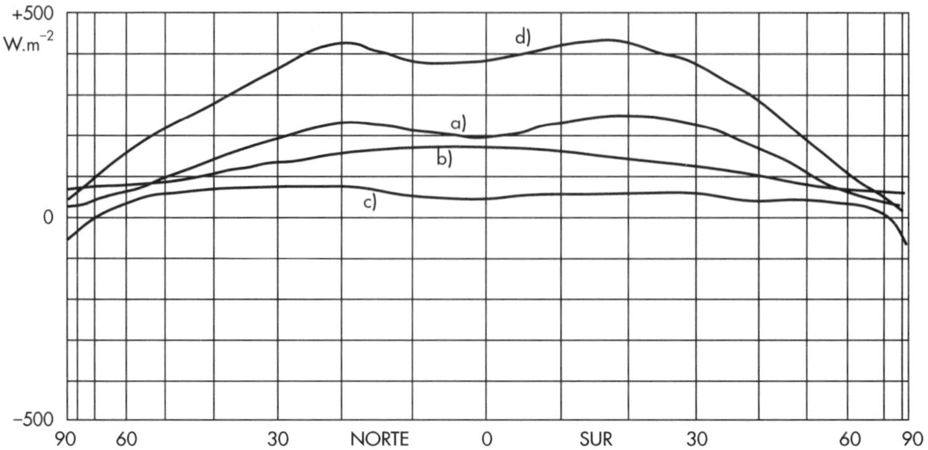

a) Radiación de longitud de onda corta absorbida por la atmósfera.
b) Calor cedido a la atmósfera por la superficie terrestre mediante procesos de evaporación.
c) Calor cedido a la atmósfera por la superficie terrestre mediante procesos de conducción y convección.
d) Ganancias energéticas atmosféricas totales.

FIGURA 3.17. Las ganancias de calor por parte de la atmósfera. Las ganancias de calor por parte de la atmósfera proceden de orígenes diversos. En su mayor parte provienen directamente del Sol, pero también de la superficie terrestre a través de los mecanismos de la convección y la evaporación. Fuente: Triplet y Roche, *Météorologie Générale*, París, École Nationale de la Météorologie, 1977

Los aportes en forma de calor sensible (mediante la convección) muestran sus valores máximos en torno a los paralelos 30° Norte y Sur y llegan a alcanzar valores negativos para la atmósfera en los polos, donde no es infrecuente que el suelo, permanentemente helado y muy reflectante, esté más frío que la atmósfera y reciba calor de ésta.

De todos modos, las diferencias latitudinales no son en este caso excesivamente acentuadas. Ambas curvas presentan máximos en las latitudes bajas y mínimos en las altas (como era de esperar después de examinar los resultados del balance de radiación), pero sin la existencia de máximos muy marcados ni de diferencias entre máximos y mínimos muy destacadas. La causa de este hecho radica en que ahora el agente diferenciador fundamental no es tanto la latitud cuanto la naturaleza de la superficie, presentando un comportamiento muy distinto las superficies oceánicas y las continentales.

En los océanos, el mecanismo fundamental de transmisión de calor hacia la atmósfera es la evaporación, el flujo de calor latente; en primer lugar, porque son superficies muy ricas en agua para evaporar y, además, porque la evaporación es un proceso prioritario en la distribución del calor que llega a la superficie. Por el contrario, la convección, el flujo de calor sensible, es el mecanismo dominante en las superficies continentales. En ellas el agua para evaporar es escasa, siendo, sin embargo, muy frecuente la formación de células termoconvectivas, como consecuencia del intenso recalentamiento que el suelo experimenta. Este aire, recalentado y muy ligero (el aire caliente es menos denso que el frío), inicia movimientos ascendentes, transmitiendo así el calor superficial hacia las capas altas de la atmósfera. De ahí que los mayores valores de flujo de calor latente hacia la atmósfera se registren sobre los océanos (véase figura 3.18), en tanto que estos máximos se desplazan a los continentes para el flujo de calor sensible (véase figura 3.19).

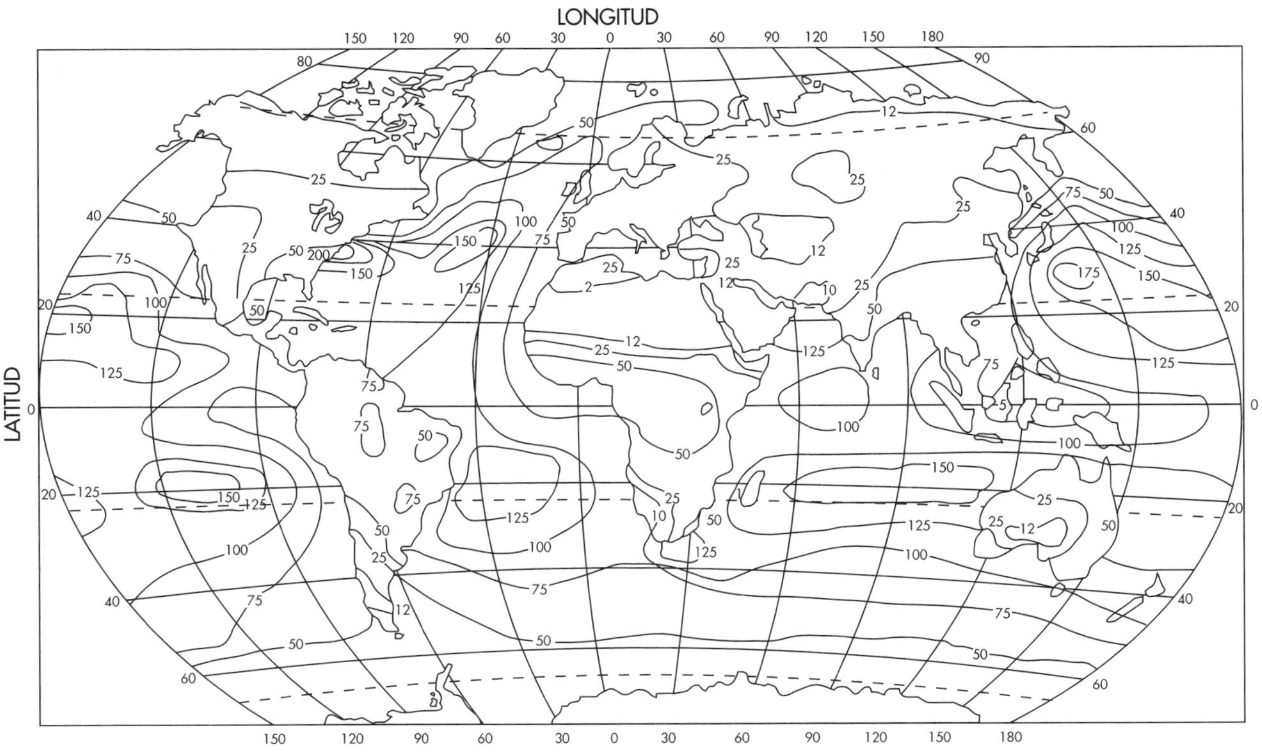

FIGURA 3.18. Flujo de calor latente hacia la atmósfera (Kcal/cm2/año). El flujo de calor latente hacia la atmósfera (asociado al proceso de la evaporación) es especialmente intenso sobre los océanos, en los cuales hay abundante agua para evaporar y, sobre todo, en los océanos tropicales, en los cuales la reserva acumulada de calor es máxima. Fuente: Budyko, *Climate and Life*, Academic Press, 1974

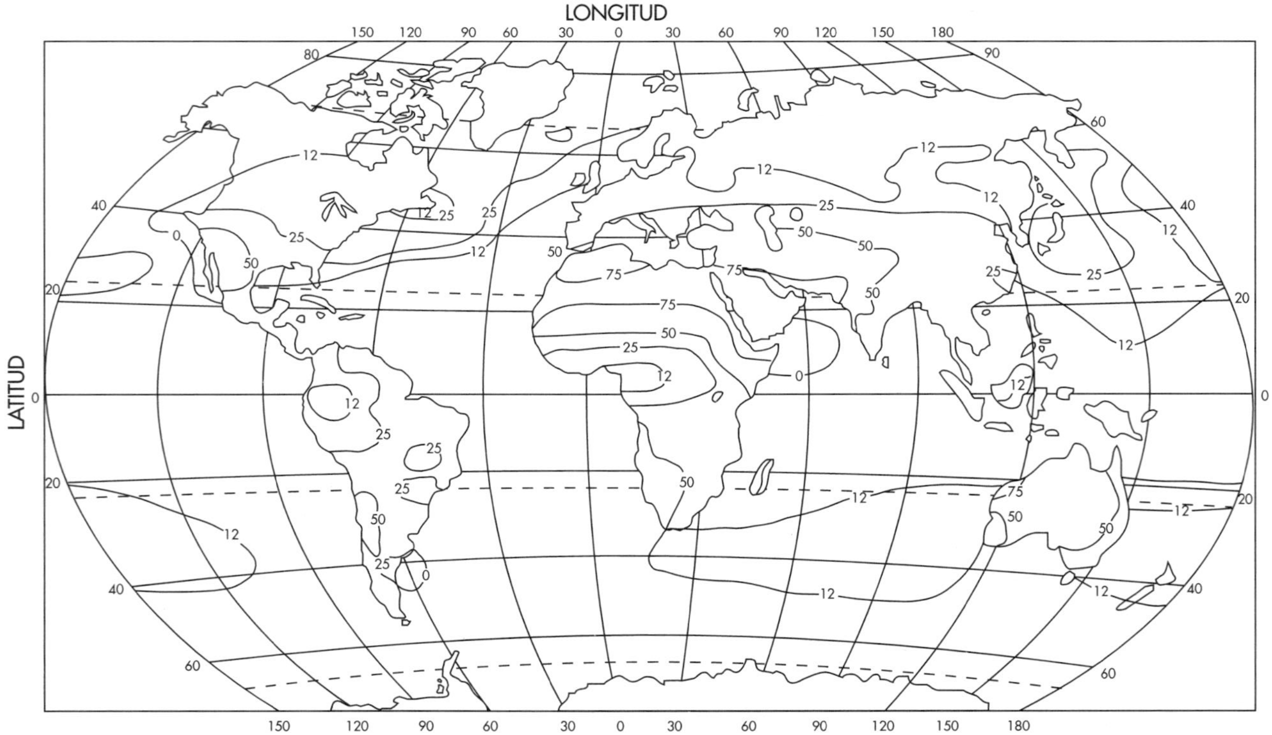

FIGURA 3.19. Flujo de calor sensible hacia la atmósfera (Kcal/cm²/año). La Tierra cede calor sensible hacia la atmósfera esencialmente mediante el proceso de la convección. Ésta tiene lugar sobre todo en las áreas continentales, en las cuales el recalentamiento intenso provoca la formación de frecuentes núcleos convectivos; como consecuencia de ello es en estas áreas continentales donde se dan los valores máximos de flujo de calor sensible hacia la atmósfera. Fuente: Budyko, *Climate and Life*, Academic Press, 1974

Para relacionar ambas magnitudes se suele utilizar el índice de Bowen, definido como el cociente entre el flujo de calor sensible hacia la atmósfera en un lugar (H) y el flujo de calor latente (LE) en ese mismo lugar (véase figura 3.20).

Lógicamente, las superficies oceánicas muestran valores del índice inferiores a la unidad, llegando a consignarse mínimos de 0,1. Estos mínimos no suelen situarse en los océanos más cálidos del planeta (ecuatoriales y tropicales), sino en los ubicados en las latitudes medias, más frías y, por tanto, con un mínimo desarrollo de los procesos termoconvectivos. Los continentes, por su parte, registran una mayor variabilidad en los valores del índice de Bowen. Los valores máximos, superiores a 6, se registran en los grandes desiertos del mundo (África, América del Norte y del Sur, Australia), en los cuales la ausencia de agua para evaporar convierte a los flujos de calor sensible en los verdaderos protagonistas de la transmisión de calor hacia la atmósfera. Las superficies continentales más húmedas y con mayor desarrollo de la vegetación muestran valores inferiores a la unidad, llegando estos valores hasta mínimos de 0,2 en las selvas ecuatoriales, en las cuales las inmensas masas forestales constituyen un aporte continuo de vapor de agua, similar al suministrado por los océanos.

Con respecto a la *advección* (D), conviene señalar que, aunque no tiene ningún papel en el equilibrio energético del sistema en relación con el exterior, sí desempeña una función muy importante en la consecución del equilibrio interno de dicho sistema. Dado que el balance de radiación resulta excedentario en las latitudes altas y deficitario en las bajas, deben existir entre el ecuador y los polos transferencias de calor que aseguren el equilibrio energético de estas regiones, atenuando el recalentamiento ecuatorial y el enfriamiento polar. Estas transferencias son las que se llevan a cabo por medio de la advección, presentando una componente general del ecuador hacia los polos, y con las circulaciones atmosférica y oceánica como principales protagonistas.

Efectivamente, son la atmósfera y los océanos, las dos grandes envolturas fluidas del planeta, las que, por su gran movilidad, responderán rápidamente a los desequilibrios energéticos del sistema, transportando el calor desde las latitudes bajas hacia las altas. Resultan fundamentales en este sentido:

a) Los flujos de calor ligados a los movimientos meridianos del aire, cuando masas de aire cálidas tropicales se desplazan hacia los polos y masas de aire frías polares se desplazan hacia el ecuador[12].

b) Los flujos de calor ligados a los transportes meridianos de vapor de agua. Se trata en este caso de un transporte de calor en forma de calor latente, y tiene lugar cuando el vapor generado en los océanos intertropicales es transportado por las corrientes aéreas hacia las latitudes altas, realizándose en ellas el proceso de la condensación. El calor latente liberado en este proceso contribuirá enormemente al trasvase de calor entre bajas y altas latitudes.

c) Los flujos de calor ligados a las componentes meridianas de las corrientes marinas, las cuales, como en el caso de las aéreas, pueden dividirse en cálidas o frías en virtud de su procedencia ecuatorial o polar (véase figura 3.21).

En realidad, estas corrientes siguen con gran fidelidad a los grandes flujos aéreos, no en vano se trata en ambos casos de fluidos, con lo cual responden a mecanismos similares; por otro lado, los grandes movimientos aéreos ejercen un efecto de arrastre

---

[12] En los capítulos correspondientes a la circulación atmosférica se insistirá con más detalle en estos procesos.

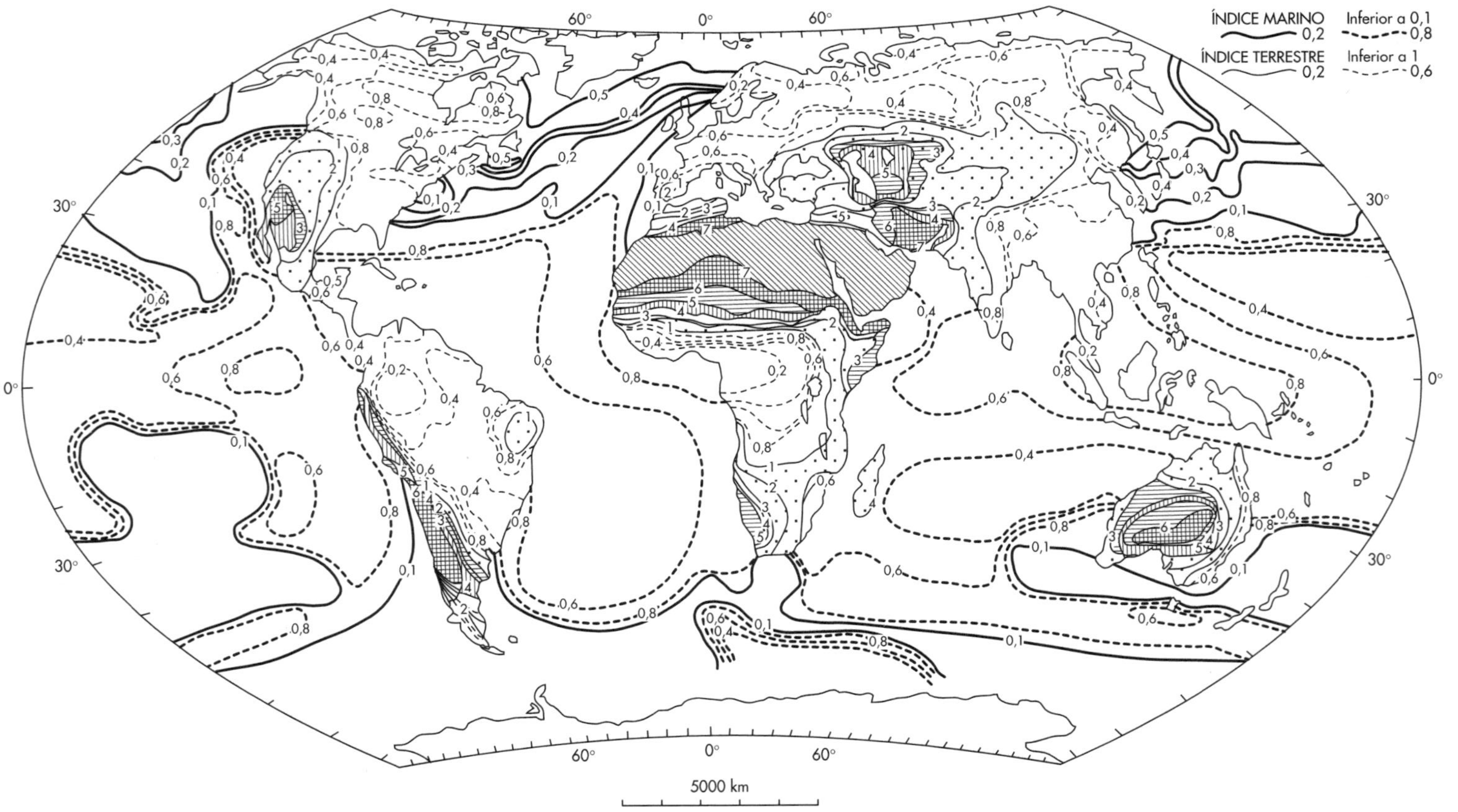

FIGURA 3.20. Distribución sobre la superficie terrestre del índice de Bowen (H/LE). El índice de Bowen pone en relación las emisiones de calor desde la superficie terrestre en forma de calor sensible (H) y en forma de calor latente (LE). En las zonas oceánicas este índice es inferior a la unidad dado que en ellas LE es claramente superior a H, mientras que en las zonas continentales sucede justamente lo contrario. Fuente: Kestler, «Heat Balance Climatology», en Landsberg (ed.), *World Survey of Climatology*, vol. 1 A., Elsevier Publishing Co., 1985

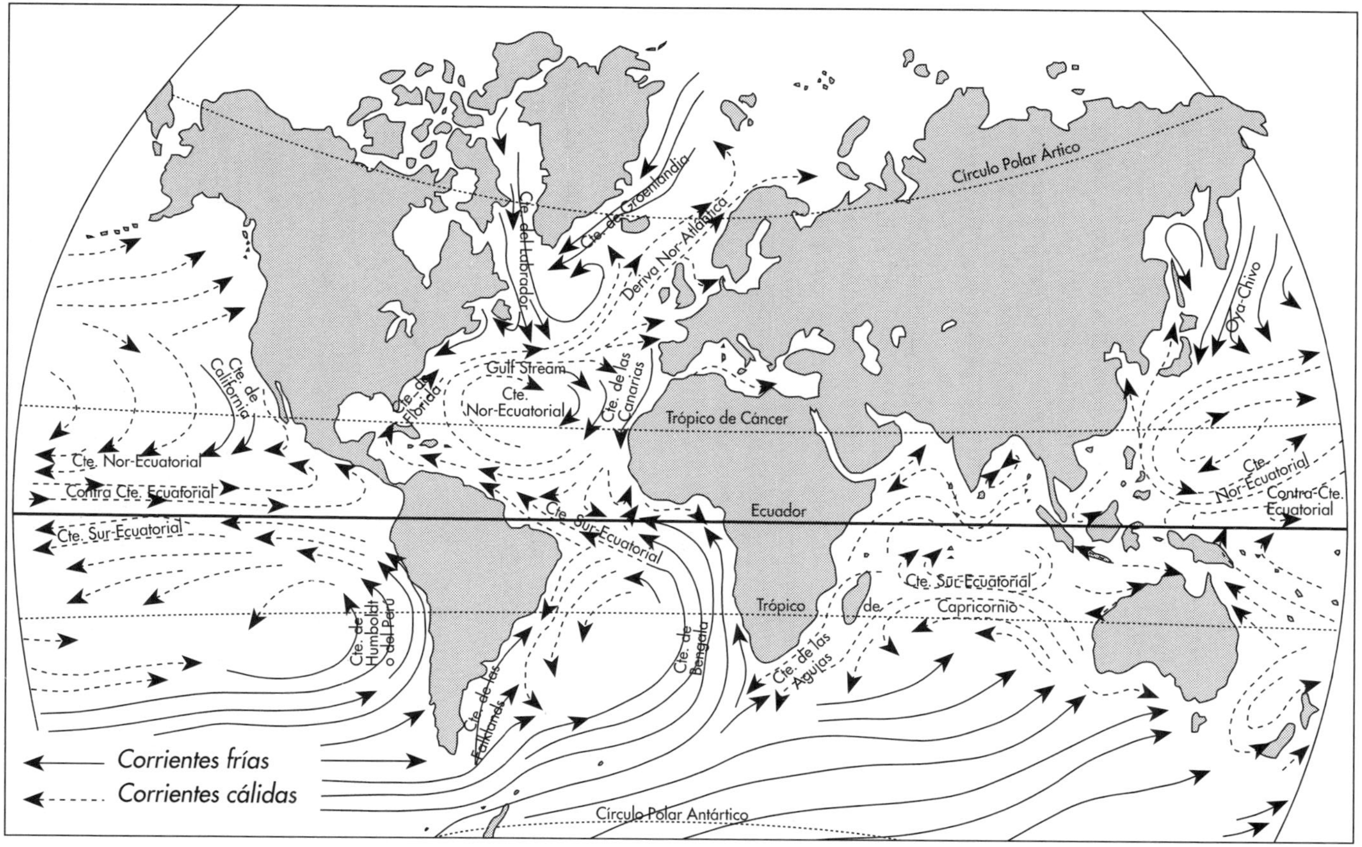

FIGURA 3.21. Las corrientes marinas. Al igual que la atmósfera, los océanos también configuran grandes corrientes, de las cuales algunas son cálidas (las que proceden de latitudes bajas) y otras frías (las que proceden de latitudes altas o están asociadas a fenómenos de *up welling)*. Fuente: Gourou y Papy, *Compendio de Geografía General*, Madrid, Rialp, 1974

sobre las aguas superficiales, conformando en ellas corrientes paralelas a las corrientes aéreas. El resultado de todo ello es que en torno a los paralelos 20°-30° de ambos hemisferios se generan grandes norias oceánicas —con sentido de giro horario en el hemisferio Norte y antihorario en el Sur—, que son las que van a dirigir el movimiento a gran escala de las aguas marinas[13].

En el Atlántico norte, la corriente cálida norecuatorial es la que inicia el circuito, prolongándose por la corriente de Florida, que se inflexiona al contacto con la costa americana y, más tarde, por la corriente del Golfo o Gulf Stream, la cual extiende sus ramales hasta la península Escandinava, en paralelismo con los vientos del oeste dominantes en estas latitudes medias. En la costa nororiental americana, el vacío dejado por la corriente del Golfo es rellenado por aguas frías de procedencia polar, que constituyen las corrientes del Labrador y de Groenlandia.

Por su parte, en la costa occidental del norte de África se genera también un vacío que va a ser rellenado por aguas frías, la corriente de Canarias, pero en este caso su procedencia no es polar, sino que estas aguas proceden de las profundidades oceánicas, lo cual determina sus bajas temperaturas.

Efectivamente, la corriente norecuatorial, de componente E-W (en concordancia con el predominio de los vientos del Este que se registra en las latitudes bajas), va a ejercer un efecto de arrastre de las aguas superficiales desde las costas africanas hacia el interior del océano Atlántico. El vacío dejado por este arrastre en las costas de África se rellenará mediante el ascenso de aguas profundas. Este fenómeno, conocido con el término inglés de *up welling*, es el responsable de las bajas temperaturas que caracterizan a la corriente de Canarias. En el Pacífico norte se registra un circuito similar, siendo ahora las corrientes cálidas la norecuatorial y el Kuro Chivo y las frías el Oya Chivo y la corriente de California.

La consecuencia de todo ello es la existencia en el hemisferio Norte de una profunda disimetría entre las costas occidentales y orientales de los continentes. Las costas occidentales están bañadas por corrientes cálidas en sus latitudes altas y por corrientes frías en las bajas; en las costas orientales sucede todo lo contrario (véase figura 3.21).

En el hemisferio Sur los océanos Atlántico y Pacífico presentan circuitos similares a los registrados en el hemisferio Norte, aunque ahora con sentido de giro contrario a las agujas del reloj. Ello determina el predominio de corrientes cálidas en las costas orientales (surecuatorial en América y corriente de las Agujas en África) y de corrientes frías en las occidentales (corriente de Humboldt en América y de Benguela en África), las cuales tienen una procedencia polar, pero además se prolongan hasta latitudes muy bajas por fenómenos de *up welling* similares a los registrados en las corrientes de Canarias y California.

Es excusado decir que el trasvase de calor realizado por estas corrientes (especialmente por los ramales más septentrionales del Gulf Stream y del Kuro Chivo) resulta fundamental para el equilibrio térmico latitudinal de la Tierra, ejerciendo además una influencia considerable en las temperaturas de las zonas afectadas.

Por último, y en relación con el *calor acumulado en la superficie terrestre (G),* baste reseñar que éste es nulo a escala planetaria, si bien en algunos enclaves y situaciones concretas puede alcanzar valores considerables. Éste es el caso de los océanos —espe-

---

[13] En la atmósfera, las altas presiones subtropicales realizan un papel similar.

cialmente los cálidos y durante la estación estival—, en los cuales, y en virtud de la transparencia del agua, pueden penetrar enormes cantidades de calor hasta sus capas profundas. Este calor es el que suministrará la energía necesaria para el proceso de la evaporación y el que será trasvasado hacia las latitudes altas por medio de las corrientes marinas.

Se refuerza así la idea de que los climas del mundo no son un fenómeno exclusivamente atmosférico. En su génesis intervienen todas las envolturas del planeta, ocupando un papel especialmente relevante la envoltura oceánica, la cual, en virtud de su gran capacidad para almacenar calor, se convierte en un agente clave para la consecución del equilibrio energético del planeta.

4. Los cambios térmicos adiabáticos

Hasta ahora hemos descrito los mecanismos de transmisión del calor en el planeta, los cuales se reflejarán en la distribución de las temperaturas, dadas las estrechas relaciones existentes entre ambos parámetros. Ahora bien, también pueden registrarse variaciones de temperatura en la atmósfera sin necesidad de estos mecanismos de transmisión del calor. Estos cambios de temperatura que registran las masas de aire por sí mismas y sin necesidad de intercambiar calor con otras masas o superficies adyacentes reciben el nombre de *cambios térmicos adiabáticos.*

Para explicar estos cambios hay que recurrir a la teoría cinética de los gases, propuesta por Bernouilli en el siglo XVIII, y según la cual las moléculas de los gases están animadas por movimientos incesantes en todas direcciones. Estos movimientos hacen que unas moléculas choquen con otras y estos choques liberan calor. Cuando se comprime un gas los choques entre las moléculas son más numerosos, se libera más calor, y aumenta su temperatura. Por el contrario, si el gas se expande habrá menos choques moleculares y, en consecuencia, disminuirá su temperatura.

Dado que en la atmósfera la presión disminuye con la altura, es lógico pensar que la temperatura va a sufrir una variación similar, pero, además, siempre que una masa de aire experimente movimientos verticales, estos movimientos se acompañarán de cambios en su temperatura. Estos cambios conducirán a un enfriamiento en el aire que sube y a un calentamiento en el aire que baja.

Pero estos procesos de enfriamiento y calentamiento registran tasas diferentes para el aire seco y para el aire saturado de humedad. En el aire seco la tasa de disminución de la temperatura con la altura es de 1 °C por cada 100 metros, recibiendo esta tasa el nombre de *gradiente adiabático seco* (γ_d).

Cuando el aire está saturado de humedad, es decir, cuando ya no puede almacenar más vapor de agua, la tasa de disminución de la temperatura con la altura se reduce, por término medio, a 0,5 °C por cada 100 metros, recibiendo esta tasa el nombre de *gradiente adiabático saturado* o *gradiente seudoadiabático* (γ_s). En realidad, el gradiente adiabático del aire saturado no es fijo, sino variable, dependiendo su valor del grado de humedad del aire.

La causa de este hecho hay que buscarla en el proceso de condensación que tiene lugar durante el ascenso del aire saturado. Dado que la capacidad de almacenamiento de vapor de agua en el aire es tanto mayor cuanto más elevada sea su temperatura, cuando una masa de aire ya saturada asciende y se enfría, genera un excedente de vapor que es incapaz de almacenar. Este excedente es inmediatamente condensado, quedando la atmósfera cargada de pequeñas gotitas de agua en suspensión[14].

La condensación se acompaña de la liberación del calor latente de vaporización que había quedado almacenado en las partículas de vapor, y será este aporte de calor el que contrarreste el enfriamiento adiabático experimentado por el aire al subir. De ahí que el gradiente seudoadiabático sea inferior al adiabático; de ahí también que el gradiente seudoadiabático no sea fijo, sino que dependa del contenido de humedad del aire.

No obstante, hay que advertir que para el aire descendente la tasa de variación de la temperatura con la altura es siempre de 1 °C por cada 100 metros, independientemente de la humedad que éste contenga. El aire, al descender y aumentar su temperatura, incrementa continuamente su capacidad de almacenamiento de vapor de agua y, por tanto, se aleja de su punto de saturación. En consecuencia, todo aire que desciende es, por definición, un aire no saturado y aumenta su temperatura con arreglo al gradiente adiabático seco (γ_d).

Como consecuencia de todos estos procesos el mapa de las temperaturas en el planeta se va a ver modificado por el efecto de la altura sobre el nivel del mar. Pero también va a ser importante el efecto de la topografía, dado que ésta condiciona en gran medida los movimientos de ascenso y descenso del aire, los cuales impondrán importantes variaciones térmicas.

5. Distribución geográfica de las temperaturas

5.1. *Factores reguladores de la temperatura en la superficie terrestre*

Como consecuencia de todos estos procesos y mecanismos se pueden obtener ya los principales factores reguladores del comportamiento de la temperatura en un punto cualquiera de la superficie terrestre. Estos factores son los siguientes:

A. *La latitud.* Es un factor de primera magnitud, pues determina la radiación incidente en el límite superior de la atmósfera a lo largo de las distintas épocas del año. En ese sentido condiciona tanto los valores globales de la temperatura como sus regímenes.

B. *La transparencia atmosférica.* Determina el balance de radiación del lugar al condicionar tanto las pérdidas de energía por absorción y reflexión difusa como las retenciones atmosféricas de la radiación infrarroja emitida por la Tierra. La nubosidad y el vapor de agua son los componentes clave en estos procesos y, en esa medida, se convierten también en factores clave de las temperaturas en la superficie terrestre.

C. *La naturaleza de la superficie.* Completa el balance al condicionar las pérdidas por reflexión y por irradiación desde la superficie terrestre. Cada tipo de superficie impone su impronta sobre las temperaturas, siendo destacables en este sentido ciertas superficies tales como:

a) *La superficie marina*: Utiliza la energía de forma totalmente diferente a las super-

[14] Estos procesos se analizan con más detalle en el capítulo dedicado al estudio de la humedad atmosférica.

ficies continentales, lo que conlleva un comportamiento de las temperaturas también distinto entre ambas superficies[15].

Durante el día el océano absorbe una gran cantidad de radiación dado su reducidísimo albedo; sin embargo, este calor no se traduce en una gran elevación de las temperaturas, y ello por varias razones: en primer lugar, porque el calor específico del agua es muy elevado; además, porque el calor se redistribuye entre un gran volumen de agua, dada su transparencia para los rayos solares y dados los movimientos convectivos que permiten el intercambio vertical entre las aguas profundas y las superficiales; por último, porque gran parte de este calor no se utiliza para elevar la temperatura del agua, sino para realizar el proceso de la evaporación.

En las superficies continentales ocurre todo lo contrario. La radiación absorbida es menor (su albedo es más alto), pero la elevación de la temperatura será mayor. En primer lugar, por el bajo calor específico de la Tierra; además, porque la escasez de agua reduce los gastos de calor en evaporación; por último, porque el calor apenas penetra en el subsuelo (la Tierra no es transparente a la radiación y tampoco realiza movimientos verticales de intercambio entre las capas profundas y las superficiales), quedando almacenado en una estrecha franja superficial, lo que intensifica su recalentamiento.

El resultado es que, durante el día, los océanos, a pesar de haber absorbido mucho calor, conservan unas temperaturas poco elevadas y muy inferiores a las registradas en las superficies continentales.

Durante la noche los comportamientos térmicos son igualmente diferenciados. El océano emite gran cantidad de radiación hacia la atmósfera (al ser un cuerpo muy absorbente tiene también un alto coeficiente de emisividad), pero sus temperaturas se reducen poco porque gran parte de esta radiación va a quedar retenida en el abundante vapor de agua existente en las capas de aire próximas a la superficie. Por otro lado, este proceso de enfriamiento será lento y gradual, dado que el calor tiene que aflorar desde las capas profundas del océano. En los continentes las tasas de irradiación nocturna no son tan altas, pero el enfriamiento es intenso y rápido. En primer lugar, porque el aire continental, muy poco cargado de vapor de agua, no podrá retener la radiación y ésta se perderá escapando hacia las capas altas de la atmósfera. En segundo lugar, porque el calor, al haber quedado almacenado en una pequeña capa superficial, escapará rápidamente hacia la atmósfera en forma de radiación.

La consecuencia de todo ello es que las temperaturas mínimas serán más elevadas y más tardías sobre los océanos que sobre los continentes, siendo válida esta afirmación tanto para los valores mínimos diarios como para los anuales.

Los océanos, en suma, ejercen un papel de regulador térmico, al atenuar los valores extremos de la temperatura y al reducir la amplitud térmica (diferencia entre máximos y mínimos). Asimismo están dotados de lo que se denomina inercia térmica, puesto que sobre ellos los máximos y los mínimos experimentan un retardo respecto a los máximos y mínimos continentales.

b) *La superficie nevada*: Las superficies nevadas y heladas ejercen un importante efecto refrigerante sobre las temperaturas. Durante el día la mayor parte de la radiación solar es devuelta hacia el espacio exterior en virtud del elevadísimo albedo de la nieve. Por la noche, las radiaciones emitidas por la Tierra escapan en su mayor parte

---

15 Estas observaciones son también válidas para cualquier tipo de superficie acuática, si bien en los océanos, por sus enormes dimensiones, se hacen más patentes.

hacia la alta atmósfera, dado que el escaso vapor de agua contenido en el aire, muy frío, es incapaz de retenerlas en las capas bajas. El resultado es que el calor almacenado en estas superficies es mínimo, reduciéndose considerablemente las temperaturas.

c) *Las superficies forestales*: Las masas forestales (y vegetales en sentido amplio) también ejercen un efecto refrigerante sobre las temperaturas, además de regulador.

Durante el día, la radiación absorbida por la masa forestal es muy elevada (su albedo es muy bajo), a pesar de lo cual las temperaturas se mantienen en niveles moderados. Ello es así por dos razones básicas: en primer lugar, porque las radiaciones son interceptadas en gran medida por las copas de los árboles y no alcanzan el suelo, el cual permanece en sombra; en segundo lugar, porque gran parte de ese calor se utilizará para la realización de los procesos fisiológicos de los vegetales, entre ellos la evapotranspiración. Por la noche, la abundante radiación emitida por la superficie quedará en gran parte retenida en las capas de aire más bajas, las cuales contienen gran cantidad de vapor de agua. El enfriamiento, por tanto, será moderado.

D. *Las circulaciones atmosférica y oceánica.* Su condición de factores de la temperatura se deriva de su papel de agentes transmisores de calor (por advección) entre los distintos lugares del planeta.

Tanto las masas de aire como las masas de agua transportan con ellas su calor en los desplazamientos y lo transmiten a los lugares que recorren. En consecuencia, los lugares visitados por masas de aire y corrientes marinas frías experimentarán un descenso en sus temperaturas, en tanto que las masas y corrientes cálidas propiciarán el ascenso de las mismas.

E. *La altura sobre el nivel del mar.* Su acción es tal que mientras mayor sea ésta, menores serán las temperaturas registradas.

F. *La topografía.* La posición topográfica de un lugar condiciona la radiación solar que incide sobre él y origina importantes matices térmicos locales en las zonas dotadas de una topografía accidentada, siendo en este sentido fundamentales las diferencias registradas entre las solanas y las umbrías de las grandes cadenas montañosas. Pero, además, por su carácter de obstáculo para la circulación del aire, determina en gran medida los movimientos verticales de éste, dando lugar a cambios térmicos adiabáticos de repercusiones importantes sobre las temperaturas de los lugares afectados.

Uno de los ejemplos más llamativos en relación con este hecho es el llamado *efecto Föhn,* el cual se produce siempre que una masa de aire atraviesa perpendicularmente una cadena montañosa de altura apreciable. En estos casos, la masa de aire, tras haber atravesado la cadena y cuando llega a la ladera de sotavento, se encuentra más cálida y más seca que cuando inició la travesía en la ladera de barlovento. La causa de este hecho hay que buscarla en el proceso de saturación que experimenta normalmente la masa de aire cuando remonta la ladera de barlovento.

Imaginemos una masa de aire no saturada y con 20 °C de temperatura, que inicia el ascenso de una montaña de 1.000 metros de altura (véase figura 3.22). Al ascender comienza a enfriarse adiabáticamente (a razón de 1 °C/100 m) y ello la acerca cada vez más a su punto de saturación. Imaginemos que ésta se produce cuando la masa de aire ha alcanzado los 500 metros de altura y se encuentra ya a 15 °C de temperatura. A partir de ese momento empieza a condensar el excedente de humedad (lo normal es que se formen nubes e incluso precipitaciones) y empieza a enfriarse con arreglo al gradiente seudoadiabático (0,5 °C/100 m). Cuando llega a la cumbre, ha descargado buena parte de su humedad en la ladera de barlovento y se encuentra a 12,5 °C de temperatura.

En esas condiciones inicia el descenso por la ladera de sotavento y comienza a ca-

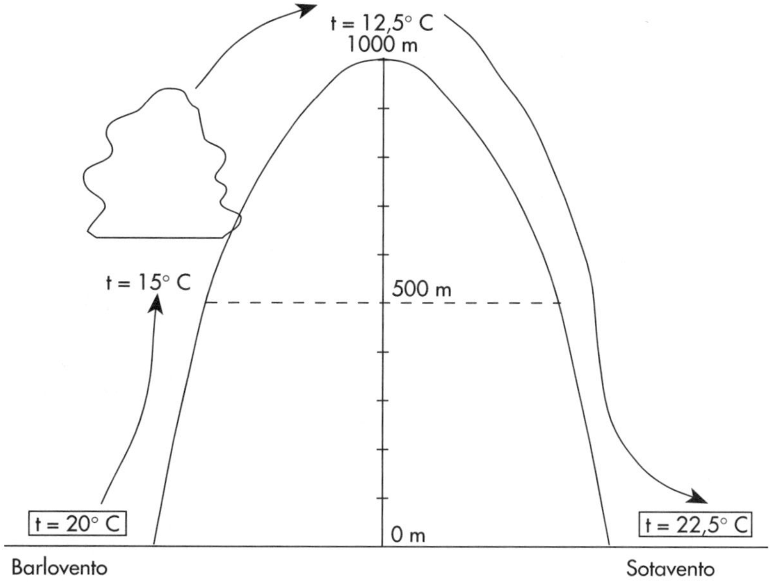

FIGURA 3.22. El efecto Föhn. Cuando las masas de aire atraviesan perpendicularmente grandes cadenas de montañas, al llegar a la ladera de sotavento se encuentran más cálidas y secas que cuando iniciaron el ascenso en barlovento. Los cambios térmicos adiabáticos que tienen lugar en el aire seco y en el aire saturado son los responsables de este hecho

lentarse adiabáticamente. Al hacerlo aumenta su capacidad de retención de vapor de agua y, por tanto, se aleja cada vez más de su punto de saturación. Así pues, la tasa de calentamiento al descender es de 1 °C por cada 100 metros, lo que origina que la masa de aire llegue a la base de la montaña con 22,5 °C. La masa se encuentra, efectivamente, más seca y más caliente que cuando inició su ascenso a la montaña[16].

Este fenómeno se puede producir de forma episódica, pero también puede llegar a ser muy frecuente en aquellos lugares en los que los vientos dominantes son interceptados perpendicularmente por cadenas montañosas elevadas. En estos casos se genera una disimetría térmica apreciable entre las laderas situadas a barlovento y a sotavento de los vientos dominantes.

5.2. *Las temperaturas en la superficie terrestre*

Todos estos factores se reflejan en el comportamiento de las temperaturas en la superficie terrestre, generando en ellas grandes variaciones espaciales y temporales. En la génesis de estas variaciones, los factores astronómicos y planetarios, tales como la latitud, van a ser fundamentales, al condicionar los ritmos de llegada de la radiación solar a los distintos puntos del planeta.

[16] Cuando la cadena montañosa tiene una altura suficientemente elevada, el aire puede llegar a la ladera de sotavento extraordinariamente cálido y seco. Si además se canaliza por algún pasillo orográfico y aumenta su velocidad, puede llegar a originar serias perturbaciones en el organismo humano. En los valles alpinos (de donde procede el término de Föhn) este fenómeno se produce con relativa frecuencia.

Estos ritmos se traducen en la existencia de dos ciclos básicos para las temperaturas planetarias: un ciclo anual, que refleja el propio comportamiento cíclico que registra la radiación solar en su incidencia sobre la superficie terrestre, y un ciclo diario, que refleja la alternancia entre días y noches para los distintos lugares del planeta. La constancia de estos ciclos convierte en artificial la consideración de las temperaturas medias anuales y aconseja su sustitución por el análisis de los componentes cíclicos.

El ciclo anual de las temperaturas planetarias queda bien reflejado, en primer lugar, a partir de la consideración de sus valores extremos: las temperaturas del mes de enero, expresivas de las condiciones reinantes en torno al solsticio de invierno, y las temperaturas de julio, que reflejan la situación existente en las proximidades del solsticio de verano.

La distribución de las temperaturas en el mes de enero aparece reflejada en la figura 3.23. En ella destaca en primer lugar la componente horizontal o parahorizontal de las isotermas, con valores máximos en las latitudes bajas y mínimos en las altas. Asimismo la cercanía del solsticio de invierno se traduce en que el hemisferio Sur aparece más cálido que el Norte y en que los valores máximos no se sitúan en el ecuador, sino que se aproximan al trópico de Capricornio. Todo ello consagra a la latitud como el factor determinante de las temperaturas, si bien los restantes factores de orden geográfico van a introducir matices importantes en esta configuración.

La naturaleza de la superficie es uno de los factores que mayor impacto ejerce sobre las temperaturas, traduciéndose, sobre todo, en las grandes diferencias existentes entre océanos y continentes, como se refleja en las inflexiones que realizan las isotermas en las zonas costeras. Este fenómeno es mucho más acusado en el hemisferio Norte, por situarse en él las dos mayores masas continentales del planeta (el continente euroasiático y el continente norteamericano), en tanto que el hemisferio Sur, predominantemente oceánico, presenta isotermas con una marcada componente horizontal.

En cualquier caso, en ambos hemisferios los valores extremos se sitúan sobre las superficies continentales. Los máximos térmicos están en el interior de los continentes africano, sudamericano y australiano, en tanto que los mínimos se sitúan en las latitudes más septentrionales de los continentes norteamericano y euroasiático.

En este sentido conviene destacar cómo en la génesis de los valores mínimos la continentalidad se convierte en el factor fundamental, haciendo perder protagonismo a la latitud. Así los mínimos se producen en torno a los paralelos 70°-80° de ambos continentes y no en las latitudes puramente polares, las cuales, gracias a su carácter oceánico y al flujo de aguas cálidas desde latitudes más bajas, conservan temperaturas más suavizadas.

Los movimientos advectivos, tanto aéreos como marinos, quedan también adecuadamente reflejados en las temperaturas del mes de enero, especialmente en aquellas zonas en las que presentan mayor constancia. Éste es el caso de las latitudes medias del hemisferio Norte, en las cuales la combinación de un flujo de vientos predominantes del oeste y la alternancia de corrientes marinas cálidas y frías determina profundas inflexiones en las isotermas y una marcada asimetría entre las costas orientales y occidentales de los continentes.

En la figura 3.23 puede observarse cómo Escocia (en la costa occidental europea) es recorrida por la isoterma 5 °C, en tanto que a la misma latitud, pero en la costa oriental del continente americano, se sitúan las isotermas –15°- –20 °C. La suavidad del invierno escocés viene dada por la existencia allí de la corriente cálida del Gulf

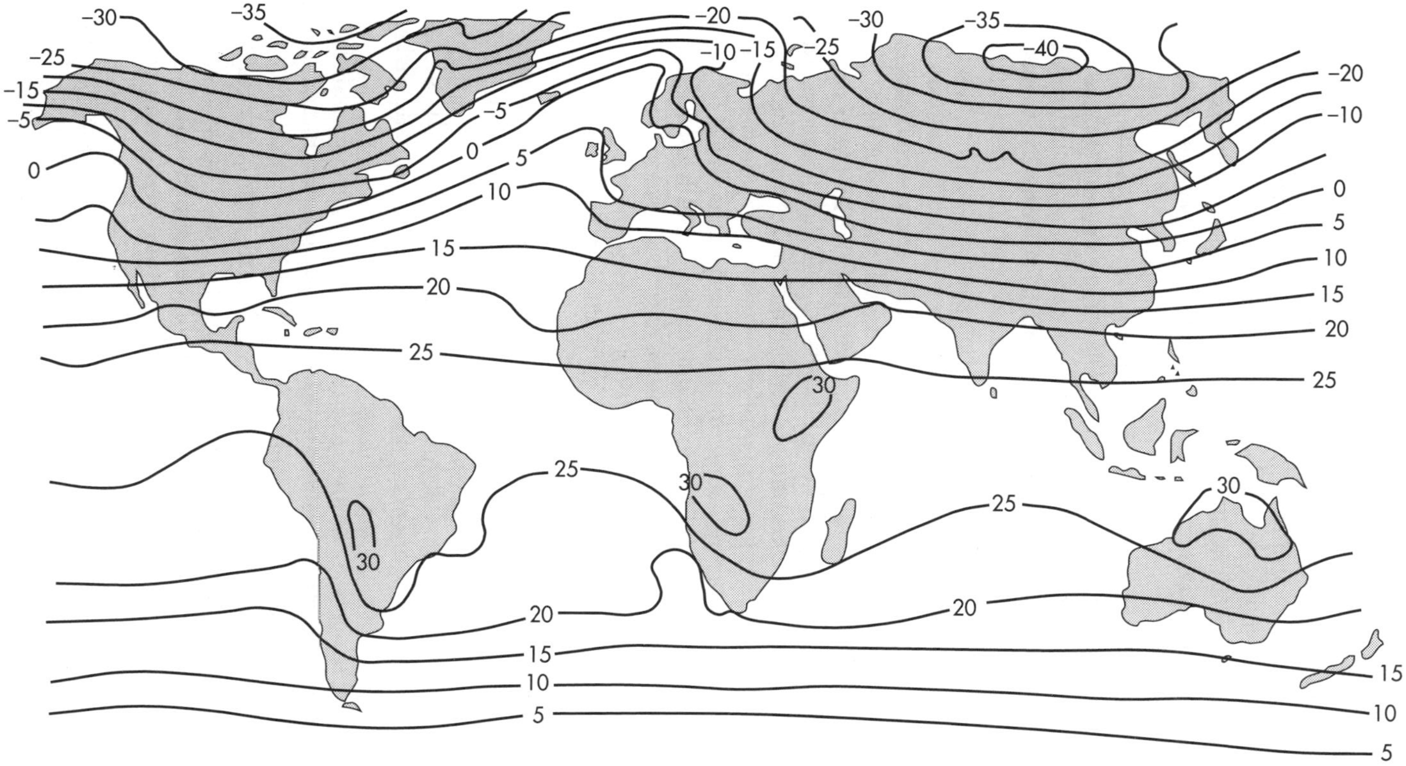

Figura 3.23. Distribución mundial de las temperaturas en el mes de enero al nivel del mar (°C). La latitud se consagra como el gran factor conformador de las temperaturas planetarias durante el mes de enero, pero la distribución de mares y continentes o las corrientes marinas son otros tantos factores que también dejan su impronta en ellas. Fuente: O'Hare y Sweeney, *The Atmospheric System*, Londres, Oliver and Boyd, 1989, 4.ª edición

Stream (su recorrido es claramente perceptible en las isotermas), a la que se añade un flujo muy constante de vientos del Oeste. Estos vientos aportan a la región aire oceánico y, por tanto, muy moderado en sus temperaturas.

En la costa oriental de América la situación es completamente inversa. Aquí domina la presencia de las corrientes frías de Groenlandia y Labrador y los vientos del oeste, los cuales en este caso aportan masas de aire continentales y, por tanto, con temperaturas muy bajas. Ambos fenómenos contribuyen a generar el intenso rigor invernal de esta costa. Un fenómeno similar se registra en las costas euroasiática y americana del Pacífico, donde se repiten idénticos esquemas a los existentes en el Atlántico.

Las corrientes marinas resultan también perfectamente distinguibles en el hemisferio Sur. En Sudáfrica la corriente fría de Benguela inflexiona profundamente la isoterma 15 °C, pero el fenómeno es aún más destacable en la costa occidental sudamericana, en la cual la corriente de Humboldt inflexiona la isoterma 25 °C hasta hacerla rebasar el ecuador en el océano Pacífico, en tanto que ésta desciende hasta el paralelo 40 °C en el interior del continente. Aquí el contraste entre el fresco océano y el continente recalentado (no olvidemos que estamos en la estación cálida del hemisferio Sur) es máximo, contribuyendo también a ello el efecto de Föhn que se produce en los vientos del oeste al atravesar la cadena de los Andes.

Las superficies nevadas y heladas también se reflejan en el trazado de las isotermas. Los mínimos continentales del hemisferio Norte, en alguna medida, traducen también la presencia de una cubierta nivosa continua durante esta estación. Asimismo los reducidos valores de temperatura que se registran en el continente antártico en estos momentos son atribuibles a la presencia del casquete de hielo.

Por último, conviene destacar el hecho de que el factor altura ha sido eliminado de los mapas de isotermas, las cuales han sido convertidas en sus equivalentes al nivel del mar. De otro modo su efecto sería perfectamente reconocible, puesto que determinaría una configuración de las isotermas en círculos concéntricos decrecientes en torno a las grandes cadenas montañosas.

Las isotermas del mes de julio (véase figura 3.24) reflejan la acción de los mismos factores, si bien ahora nos encontramos en las proximidades del solsticio de verano, lo cual determina una configuración casi inversa a la que aparecía en el mes de enero (las temperaturas más altas se localizan en el hemisferio Norte y las más bajas en el hemisferio Sur, situándose ahora el ecuador térmico en las proximidades del trópico de Cáncer).

Conviene resaltar, sin embargo, que ahora el efecto de la continentalidad y de los movimientos advectivos es menos marcado que en el caso anterior, lo que se traduce en una mayor horizontalidad de las isotermas y en una menor disimetría entre las costas orientales y occidentales de los continentes del hemisferio Norte. La temperatura reinante en el mes de julio en Escocia es de unos 15 °C, aproximadamente la misma que se registra en la costa oriental americana a la misma latitud.

Las corrientes marinas no han variado respecto al mes de enero ni tampoco la circulación dominante de los vientos del oeste, pero ahora sus efectos son diferentes. Ahora en las costas occidentales el efecto moderador de los vientos marinos se contrarresta con el aporte de calor de las aguas cálidas de la corriente del Golfo; en las costas orientales, al efecto refrescante de las corrientes marinas frías se opone un flujo continuo de masas de aire continentales y, por tanto, muy cálidas. El resultado es que las temperaturas presentan una gran similitud entre ambas costas.

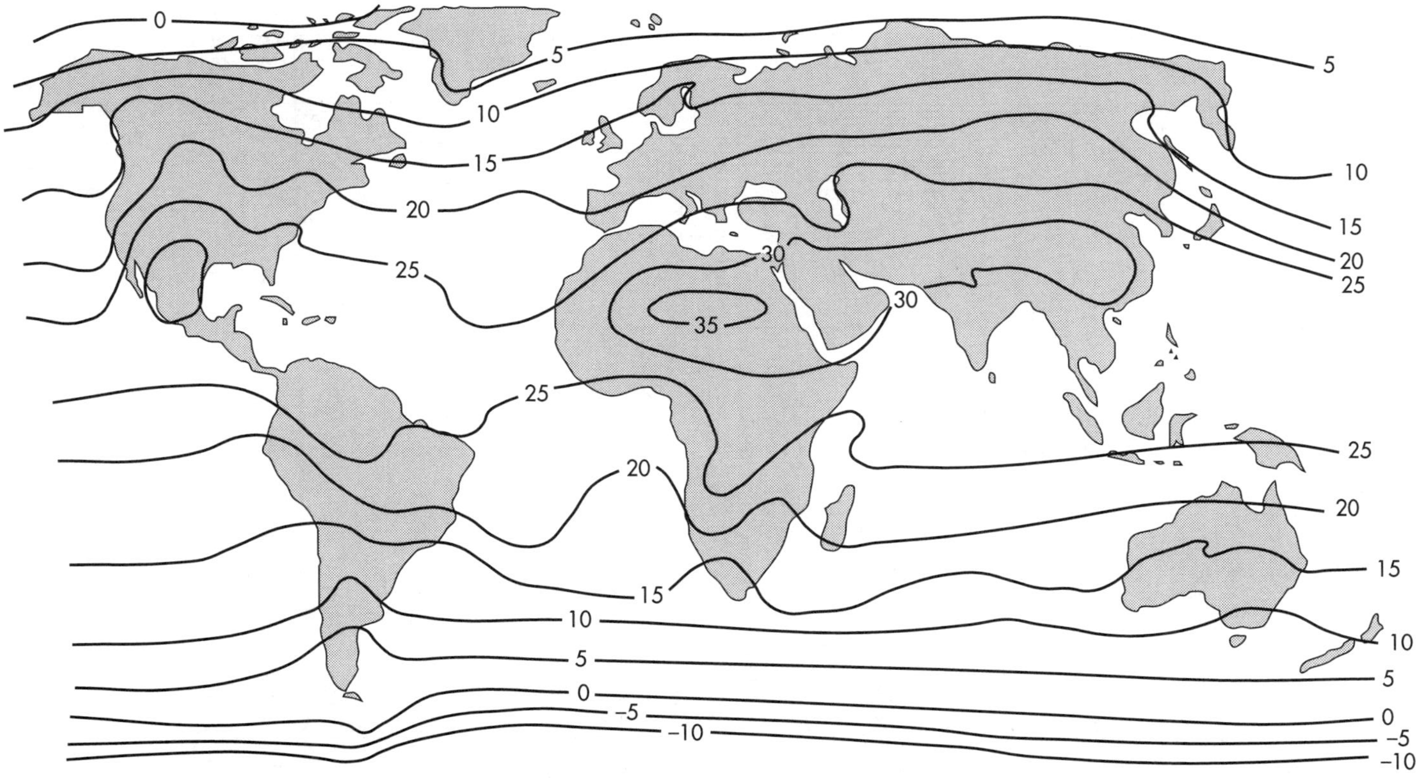

FIGURA 3.24. Distribución mundial de las temperaturas del mes de julio al nivel del mar (°C). Durante el mes de julio las isotermas son más regulares y están más espaciadas que en el mes de enero. El hecho de que el hemisferio Norte (el más continental) sea el que se encuentra ahora en la estación cálida es en gran parte responsable de este hecho. Fuente: O'Hare y Sweeney, *The Atmospheric System,* Londres, Oliver and Boyd, 1989, 4.ª edición

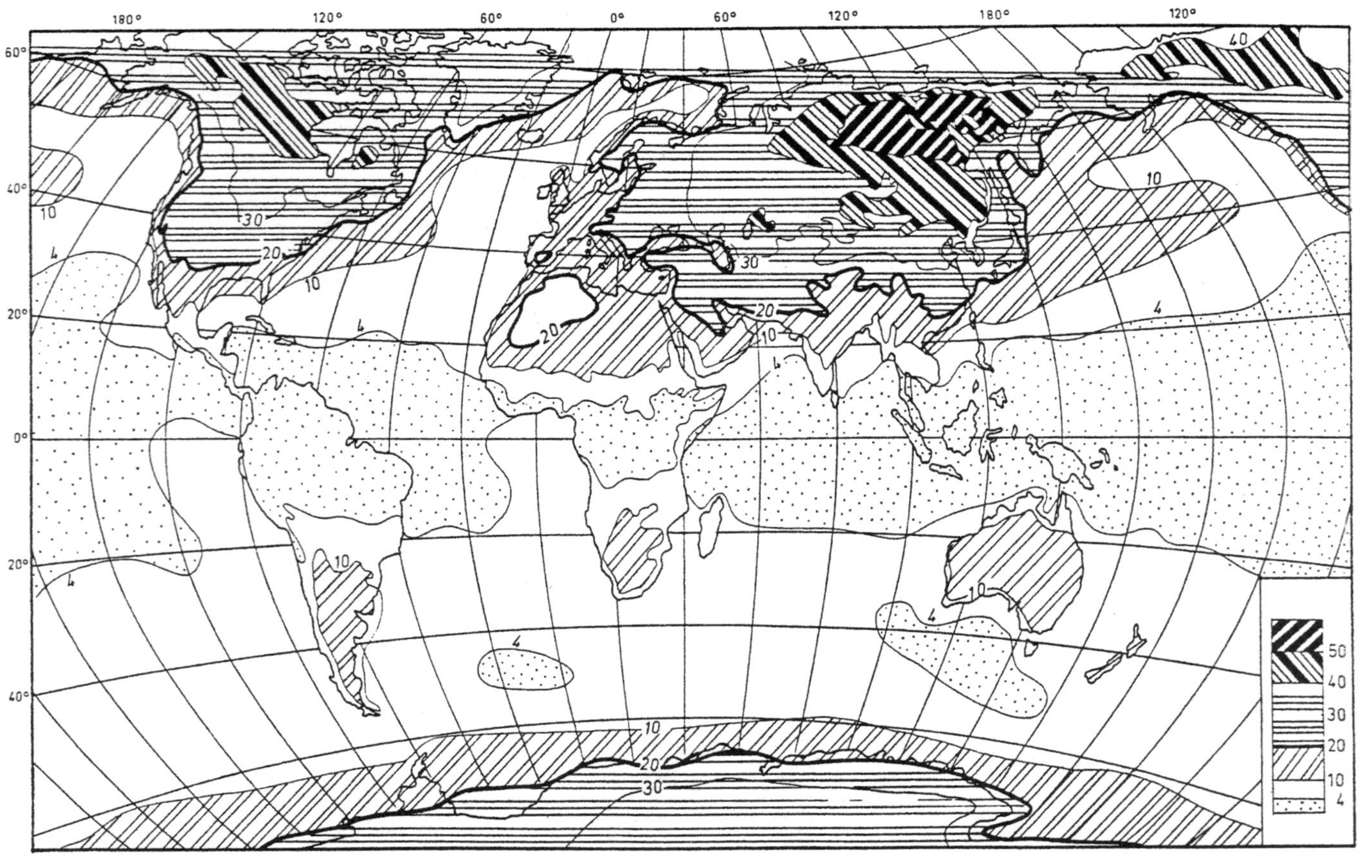

FIGURA 3.25. La amplitud térmica anual en la superficie terrestre. La amplitud térmica anual muestra sus máximos valores en las latitudes altas, donde la radiación solar incide de manera muy contrastada entre el verano y el invierno, y en los enclaves continentales, en los que no existe la influencia suavizadora del océano. Los valores de amplitud térmica se van reduciendo a medida que avanzamos hacia el ecuador y hacia las posiciones costeras. Fuente: Estienne y Godard, *Climatologie*, París, Armand Colin, 1970

La consideración conjunta de las situaciones de enero y julio nos permite analizar la amplitud térmica que caracteriza los distintos lugares del planeta (véase figura 3.25). En ella vuelve a destacar una clara componente horizontal, que refleja el importante peso específico de la latitud en la génesis de las temperaturas.

Los valores mínimos se encuentran en las latitudes intertropicales y, sobre todo, en las ecuatoriales, en las cuales el ritmo de llegada de la radiación solar se caracteriza por su constancia y su regularidad a lo largo de todo el año. A medida que avanzamos en latitud la amplitud térmica se eleva en concordancia con la existencia de un marcado contraste estacional en la llegada de la radiación solar. Los meridianos 180°-200° de longitud E, enteramente oceánicos, reflejan bien esta gradación latitudinal.

Cuando otros factores intervienen —y la alternancia océanos-continentes es el más relevante— este esquema latitudinal se altera para dar paso a componentes meridianos en el trazado de las isoamplitudes. El caso más llamativo de este fenómeno se encuentra en las latitudes medias del hemisferio Norte, en las cuales la alternancia de masas oceánicas y continentales es muy acusada. El paralelo 60° N refleja bien esta influencia y presenta amplitudes térmicas que oscilan entre valores inferiores a 10 °C, en los océanos Atlántico y Pacífico, y valores superiores a 50 °C en el interior del continente euroasiático.

Así pues, los factores fundamentales en la génesis de la amplitud térmica son la latitud y la continentalidad, lo cual se refleja claramente en la situación de los máximos y mínimos mundiales. Los valores máximos se localizan en el interior de los continentes euroasiático y americano, donde se combinan una elevada latitud y una marcada continentalidad. Por su parte, los mínimos aparecen en la franja ecuatorial, en la cual, a una latitud muy baja se une la presencia de grandes océanos y de continentes ocupados por inmensas masas forestales que suministran abundante vapor de agua al aire superficial.

Los regímenes de temperatura también reflejan esta doble acción, mostrando las curvas más atenuadas en las latitudes bajas y las más contrastadas en las altas, si bien en estas últimas la diferencia entre los observatorios costeros y los interiores es manifiesta (véase figura 3.26).

Sin embargo, ambos presentan un mismo tipo de régimen, caracterizado por la existencia de un solo máximo en torno al solsticio de verano, un solo mínimo en torno al solsticio de invierno y dos estaciones intermedias en los equinoccios. En este aspecto la latitud se convierte en factor protagonista y la influencia de la superficie sólo se manifiesta en que los observatorios oceánicos registran un ligero retraso en la ubicación de sus máximos y mínimos respecto a los continentales, siendo la inercia térmica del mar la responsable de esta diferencia.

Los regímenes de los observatorios situados en las latitudes bajas tienden a presentar sus máximos en torno a los equinoccios y los mínimos en los solsticios, lo que refleja fielmente la incidencia de la radiación solar en estas latitudes.

Pero este ciclo anual se sobreimpone a un ciclo diario que traduce la alternancia entre días y noches y el consecuente balance de radiación que se registra en la superficie terrestre.

En la figura 3.27 hemos representado este balance y sus efectos sobre la temperatura para unas condiciones equinocciales. En estas condiciones la radiación solar comienza a incidir en la superficie a las 6 de la mañana, alcanza su valor máximo a las 12 del mediodía y se interrumpe a las 6 de la tarde, momento en que se pone el sol.

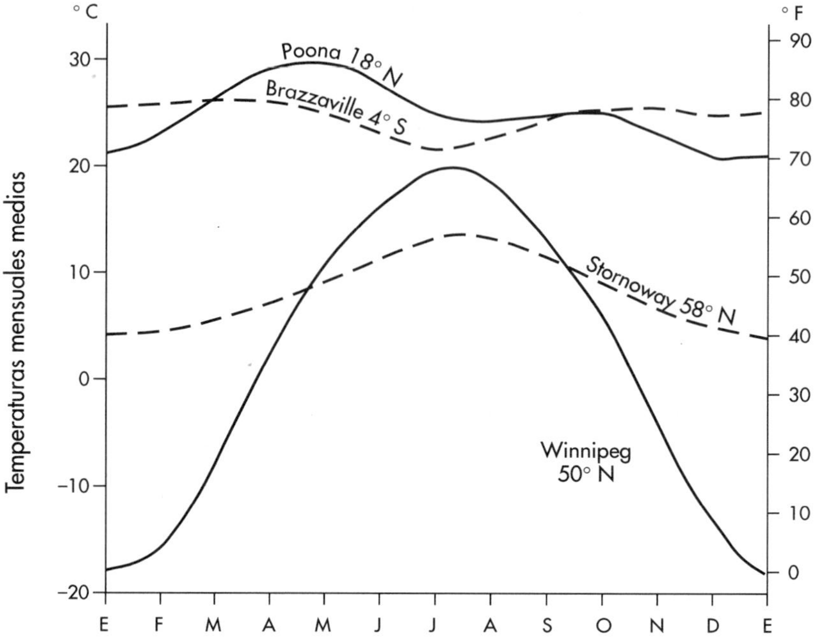

FIGURA 3.26. Regímenes anuales de temperatura correspondientes a los distintos tipos de climas. Los regímenes térmicos de las latitudes intertropicales se caracterizan por tener dos máximos en torno a los equinoccios y dos mínimos en los solsticios. Las latitudes medias y altas, por el contrario, tienen un solo máximo y un solo mínimo, estando éstos bien diferenciados en los enclaves continentales y siendo más similares en los medios oceánicos. Fuente: Barry y Chorley, *Atmósfera, tiempo y clima,* Barcelona, Omega, 1972

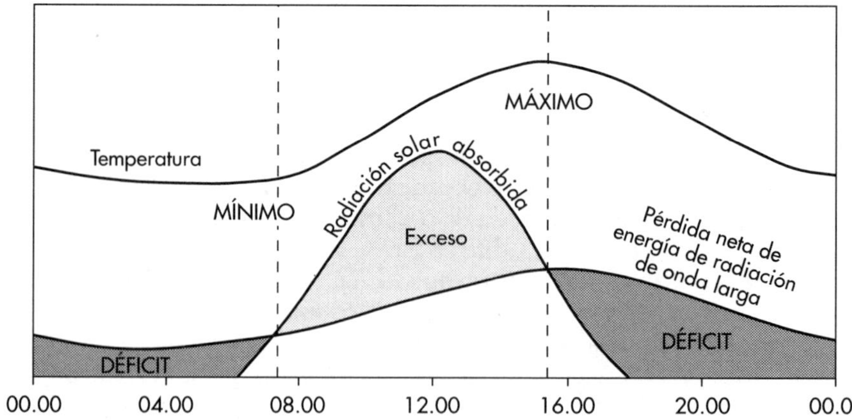

FIGURA 3.27. Ciclo diario de la temperatura. El balance de radiación de la superficie terrestre determina el ciclo diario de las temperaturas. Por término medio, el mínimo térmico se produce poco después de la salida del sol, y el máximo, unas dos horas después del mediodía. Fuente: Barry y Chorley, *Atmósfera, tiempo y clima,* Barcelona, Omega, 1972

La irradiación terrestre, aunque es continua, comienza a aumentar a partir de las 6 de la mañana, una vez que el suelo empieza a acumular calor procedente de la radiación solar; alcanza su valor máximo en torno a las 6 de la tarde, cuando toda la radiación solar recibida durante el día se ha acumulado en la superficie; a partir de ese momento y durante toda la noche sigue un proceso de disminución que refleja su continua pérdida de calor; por último, alcanza su mínimo a las 6 de la mañana, aumentando a partir de entonces por recibir de nuevo la radiación solar.

El ciclo de la temperatura refleja ambos procesos, experimentando una continua disminución durante toda la noche. Esta disminución sólo se interrumpe poco después del amanecer, momento en el cual la radiación solar absorbida comienza a ser superior a la irradiación terrestre. A partir de entonces las temperaturas continúan aumentando hasta las 2 o las 3 de la tarde, momento en el cual la irradiación terrestre comienza de nuevo a superar a la radiación solar absorbida. A partir de las 6 de la tarde, cuando la radiación solar se hace nula, el proceso de enfriamiento se acelera, prolongándose hasta el día siguiente, en que se inicia de nuevo el ciclo. En consecuencia, las temperaturas experimentan un ciclo diario en el cual los valores mínimos se registran poco después del amanecer y los máximos unas horas más tarde de que pase el Sol por su cenit sobre el lugar.

Sin embargo, este ciclo puede verse alterado por la influencia de otros factores. La advección, por ejemplo, puede alterar la ubicación de los máximos y mínimos cuando implica la llegada al lugar de masas de aire con temperaturas muy extremadas y diferentes de las existentes en él. La influencia oceánica se puede manifestar por un retraso en la aparición de los máximos y los mínimos. Pero el efecto perturbador más notorio es el ejercido por la cubierta nubosa, la cual, al modificar por completo el balance de radiación entre la atmósfera y el suelo (durante el día la radiación solar apenas alcanza la superficie, en tanto que la irradiación nocturna queda retenida por la nubosidad en las capas bajas de la atmósfera), reduce extraordinariamente la amplitud térmica diurna, pudiendo llegar a desdibujar por completo el ciclo de la temperatura (véase figura 3.28).

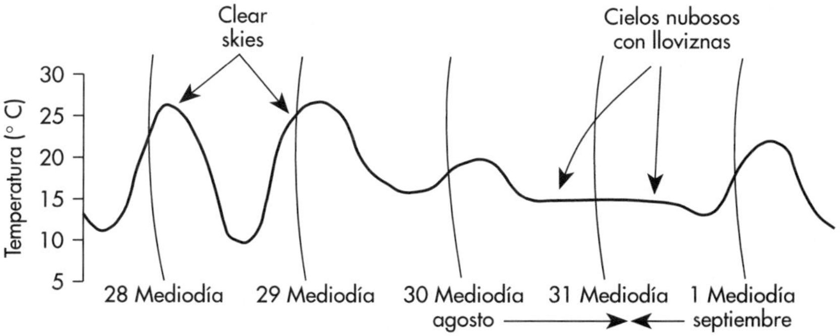

FIGURA 3.28. Los efectos de la nubosidad sobre la temperatura en la Universidad de Reading, del 28 de agosto al 1 de septiembre. Las nubes y las lluvias suavizan los extremos térmicos diarios. Durante el día atenúan los máximos porque impiden la llegada de la radiación solar a la superficie terrestre. Por la noche evitan las pérdidas de calor por irradiación nocturna y también atenúan los mínimos. Fuente: O'Hare y Sweeney, *The Atmospheric System,* Londres, Oliver and Boyd, 1989

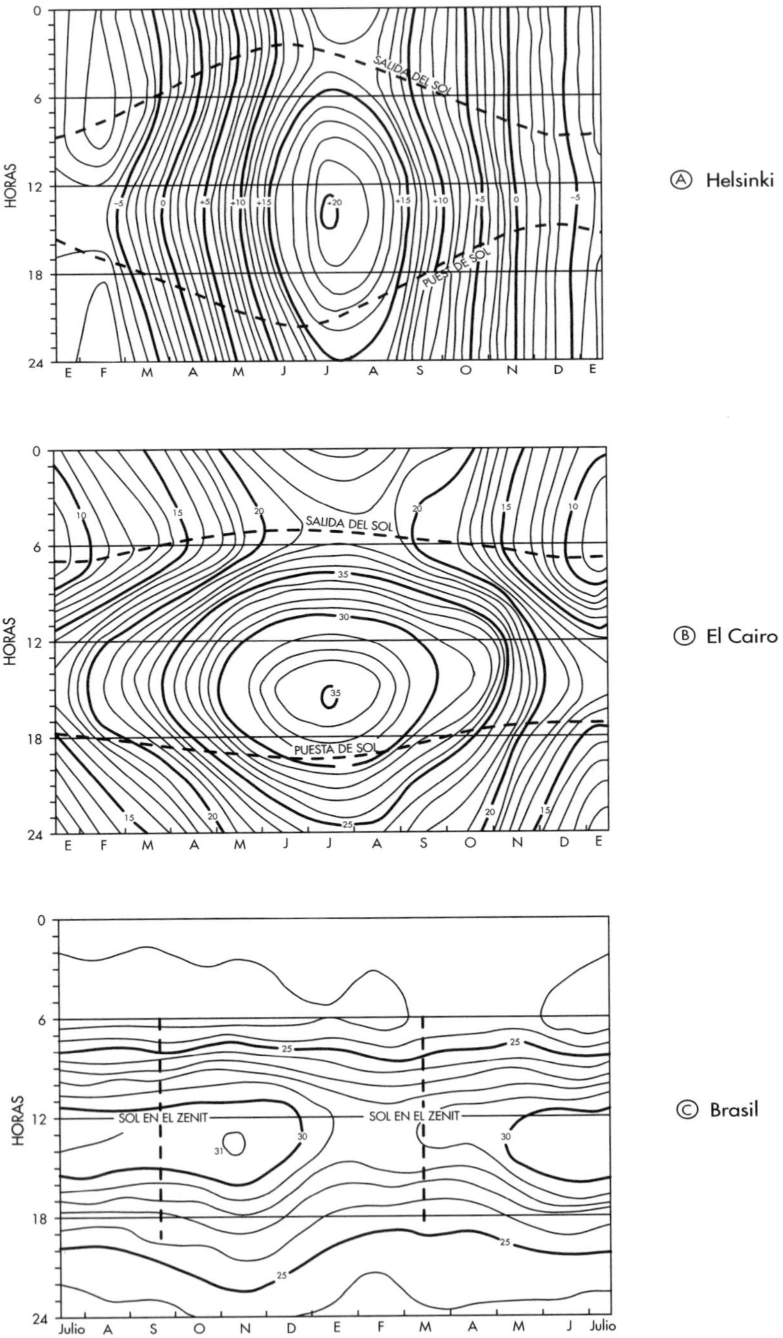

FIGURA 3.29. Termoisopletas correspondientes a distintas latitudes. Las termoisopletas permiten observar simultáneamente el régimen diurno y el régimen anual de las temperaturas. En las latitudes altas hay una gran amplitud térmica anual y muy escasa amplitud diurna, lo cual determina la aparición de líneas con componente vertical. En las latitudes bajas sucede justamente lo contrario y predomina la componente horizontal en las líneas. Fuente: Estienne y Godard, *Climatologie,* París, Armand Colin, 1970

La combinación de ambos ciclos (el anual y el diario) configura los regímenes térmicos de los distintos lugares del planeta, los cuales quedan bien reflejados a partir del trazado de las termoisopletas (véase figura 3.29).

Para su trazado se utiliza un eje cartesiano en cuyas abscisas se representan los doce meses del año, apareciendo las veinticuatro horas del día en las ordenadas. El interior del gráfico permite la representación de la temperatura registrada en cada hora del día y mes del año, en la intersección de la abscisa correspondiente al mes considerado y la ordenada correspondiente a la hora del día. Por último, el trazado de las líneas que unen los puntos de igual valor permite obtener las termoisopletas del lugar estudiado.

En ellas las diferencias latitudinales quedan perfectamente reflejadas. En las latitudes bajas, en las cuales la amplitud térmica anual es muy reducida e inferior a la diurna, las termoisopletas adoptan una configuración predominantemente horizontal. Sin embargo, en las latitudes altas, donde la variación estacional de la temperatura es muy superior a la diurna, esto se refleja en la componente vertical de las termoisopletas. Las latitudes medias, por su parte, adoptan configuraciones intermedias.

CAPÍTULO 4

Humedad atmosférica

JOSÉ M.ª CUADRAT

El agua en todas sus formas y manifestaciones constituye un elemento básico del clima por su papel fundamental en el ciclo energético y como principal responsable de los cambios de tiempo en los distintos climas regionales. Existe de manera natural en los tres estados de agregación de la materia: como sólido en forma de hielo, como gas en forma de vapor y como agua líquida; y se halla repartida entre cinco grandes compartimentos que contienen un volumen total estimado de 1.385×10^6 km^3, que repartidos uniformemente sobre la superficie terrestre alcanzarían un espesor de 2,6 km en el caso del agua de los océanos, 57 m la almacenada en los casquetes polares y glaciares, 16 m la de las aguas subterráneas, 45 cm la de los ríos, lagos y mares interiores, y tan sólo 2,5 cm la existente en la atmósfera.

Aunque la cantidad acumulada en el aire es pequeña, su papel es decisivo para el mantenimiento del balance térmico y balance hidrológico de la Tierra. El vapor de agua al condensarse libera grandes cantidades de energía que condicionan la circulación general atmosférica; además, en el ciclo evaporación-precipitación no sólo hay transporte de humedad, sino también transferencia de calor que mantiene la superficie terrestre más fría y la atmósfera más caliente de lo que cabría esperar de no existir estos procesos.

Los intercambios que de este modo tienen lugar entre la Tierra y el aire forman un sistema abierto de igual importancia que el ciclo energético y enlazado directamente con él mediante el calor latente de los cambios de estado. Representan el encadenamiento de los mecanismos físicos propios del ciclo del agua con los intercambios de energía entre la Tierra y la atmósfera, de tal manera que balance hídrico y balance calorífico pueden ser considerados como componentes de un sistema unificado, relacionado con la materia el primero y con la energía el segundo; conjuntamente forman un enorme sistema planetario a través del cual se relacionan y explican importantes fenómenos climáticos.

1. EL CICLO HIDROLÓGICO

El punto de partida más conveniente para el análisis de la humedad atmosférica es el concepto de *ciclo hidrológico*, que expresa la circulación global del agua entre la superficie terrestre, los océanos y la atmósfera. Una representación del mismo se muestra en la figura 4.1, en la que quedan expresados sus diferentes componentes:

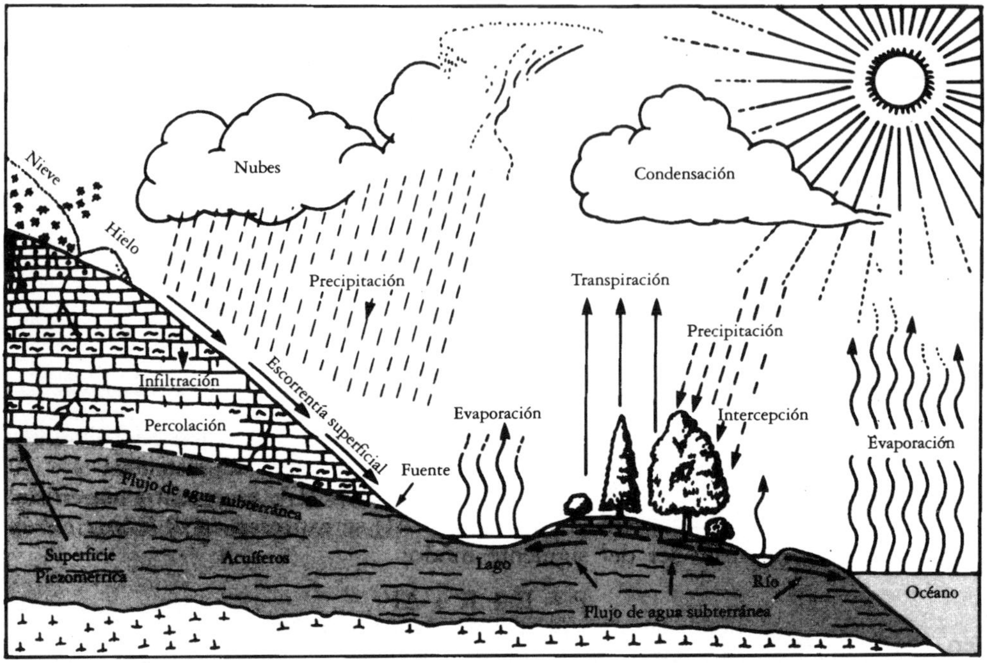

FIGURA 4.1. Esquema del ciclo hidrológico de la Tierra con sus componentes principales. Globalmente constituye un sistema abierto movido por la energía solar y gravitatoria

evaporación, transpiración, condensación, precipitación, acumulación, infiltración y escorrentía.

De las masas de agua oceánicas y continentales se desprende constantemente vapor debido al calentamiento solar, y se incorpora a la atmósfera donde es desplazado por los cinturones de viento del planeta. Al enfriarse, el vapor de agua se condensa en minúsculas gotitas formando la niebla y las nubes, de las cuales se desprende lluvia, nieve o granizo. Durante su caída parte de la precipitación puede ser de nuevo evaporada y mantenerse en el aire; el resto regresa a los océanos y continentes. La fracción de agua que cae sobre las tierras emergidas se almacena temporalmente en el suelo siguiendo varios caminos: una parte queda retenida en superficie (*almacenamiento superficial*) y vuelve pronto a la atmósfera en forma de vapor (es el caso de los pequeños surcos y charcas) o permanece como reservorio largo tiempo (los glaciares, por ejemplo); otra parte circula sobre la superficie del terreno (*escorrentía superficial*), formando los ríos, que llevan el agua a lagos o al mar; el agua restante penetra en el suelo (*infiltración*) a través de poros, agujeros y fisuras, donde circula lentamente (*escorrentía subterránea*) antes de salir al exterior por movimiento ascendente de capilaridad o por alcanzar ríos y océanos.

Este movimiento continuo del agua y su constante transformación configuran un proceso dinámico y complejo donde el equilibrio entre la humedad que sale de la superficie terrestre como vapor y la que regresa como líquido se mantiene. Si seguimos el agua a través de los flujos principales de su ciclo, como se representa en la figura 4.2, observamos que las transferencias entre la Tierra y la atmósfera se establecen según un doble circuito: uno sobre los océanos, donde el agua evaporada sobrepasa el

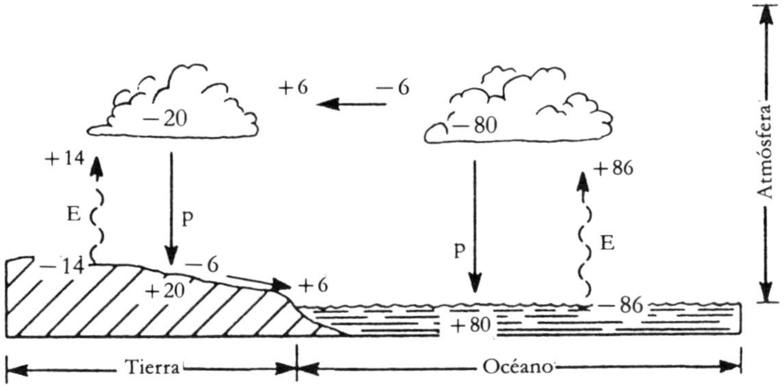

FIGURA 4.2. Esquema de los principales flujos de agua en el sistema Tierra-atmósfera, mostrando el equilibrio hidrológico del planeta. Las letras expresan: E = evaporación y P = precipitación; y las cifras indican porcentajes de la precipitación media anual (según Chow, «Hydrologic cycle», *Encyclopaedia Britannica,* 1975)

volumen de agua precipitada (86 unidades frente a 80, si lo expresamos en porcentajes de la precipitación media anual), y otro sobre los continentes, donde las precipitaciones superan a la evaporación (20 unidades frente a 14); el equilibrio entre ambos se establece por advección horizontal de vapor desde los océanos a los continentes y el retorno del agua hacia los océanos por escorrentía superficial o subterránea.

El ciclo constituye un sistema abierto, con entradas y salidas, flujos reguladores y almacenes, todos unidos entre sí, y movidos por la energía solar que evapora y eleva el agua, y por la gravedad que hace que, una vez condensada aquélla, precipite y circule en superficie hacia las partes más bajas. Sus componentes pueden cuantificarse combinando los datos obtenidos en observatorios con formulaciones, índices y modelos matemáticos para establecer balances a diferentes escalas, como el que se recoge en el cuadro 4.1 para el conjunto de la Tierra.

De los diferentes procesos que intervienen en el ciclo hidrológico, analizamos en este capítulo y el siguiente los que transcurren en el seno del aire.

2. EVAPORACIÓN, TRANSPIRACIÓN Y EVAPOTRANSPIRACIÓN

a) Evaporación

Es el cambio de estado del agua de líquido a vapor, y tiene lugar siempre que se aporte la energía necesaria para vencer la atracción intermolecular de las partículas de agua.

En estado sólido las moléculas de agua se hallan mutuamente atraídas por la fuerza de cohesión interna y mantienen distancias constantes, aun cuando existe siempre cierta vibración. Al añadir calor el movimiento aumenta y las moléculas se desplazan unas sobre otras o colisionan entre sí, y no hay ya posiciones fijas: se ha alcanzado el estado líquido. Si la energía calorífica se incrementa, la agitación de las moléculas es mayor y algunas de ellas adquieren velocidades superiores a las que en promedio tienen las restantes; en este caso, si están próximas a la superficie libre, pueden vencer la fuerte barrera que representa la tensión superficial y pasan al aire convertidas en partículas de vapor.

CUADRO 4.1

Cantidades de agua almacenada en los grandes depósitos o compartimentos del planeta y flujos de agua entre ellos (según Ward-Robinson, 1992)

	Volumen (km^3 x 10^3)	Porcentaje sobre el total	Rango de valores en la bibliografía reciente (km^3 x 10^3)
Depósitos			
océanos	1.350.000,0	97,403	1,32 - 1,37 × 10^6
atmósfera	13,0	0,00094	10,5 - 14,0
continentes	35.977,8	2,596	
ríos	1,7	0,00012	1,0 - 2,1
lagos	100,0	0,0072	30,0 - 150,0
mares interiores	105,0	0,0076	85,4 - 125,0
capas freáticas	70,0	0,0051	16,5 - 150,0
agua subterránea	8.200,0	0,592	7,0 - 330,0 × 10^3
hielo y glaciares	27.500,0	1,984	16,5 - 29,2 × 10^3
biota	1,1	0,00008	1,0 - 50,0
Flujo anual			
evaporación	496,0		446,0 - 577,0
océanos	425,0		383,0 - 505,0
continentes	71,0		63,0 - 73,0
precipitación	496,0		446,0 - 577,0
océanos	385,0		320,0 - 458,0
continentes	111,0		99,0 - 119,0
escorrentía a océanos	41,5		33,5 - 47,0
ríos	27,0		27,0 - 45,0
agua subterránea	12,0		0,0 - 12,0
agua fusión glaciar	2,5		1,7 - 4,5

Una referencia práctica de cómo se origina este proceso podemos tenerla observando lo que ocurre dentro de una caja cerrada que contenga una lámina de agua, a determinada temperatura, y por encima aire seco: como se ilustra en la figura 4.3, enseguida diferentes moléculas adquieren energía cinética suficiente para escapar de la superficie del líquido y pasar al aire (figura 4.3b). De forma progresiva la atmósfera se va enriqueciendo de vapor con nuevas aportaciones, aunque, a la vez, la propia agitación térmica de las moléculas de vapor hará que algunas regresen al seno del agua, es decir, condensen (figura 4.3c, d, e). La evaporación continúa hasta que se alcanza el equilibrio entre el número de moléculas que dejan el líquido y el de las que vuelven a él transformándose en gotas de agua (figura 4.3f); se dice entonces que el aire está *saturado*, y en tal caso en el interior de la caja no tendrá lugar ningún tipo de cambio neto, a menos que modifiquemos la temperatura del agua o levantemos la tapa de la caja. Si la temperatura aumenta, la energía adicional permitirá el incremento de la evaporación; y lo contrario ocurrirá si aquélla disminuye. En cambio, si destapamos la caja las partículas que se evaporan pueden salir de la misma y la saturación no se alcanzará nunca, por lo que la evaporación seguirá hasta que se agote el agua.

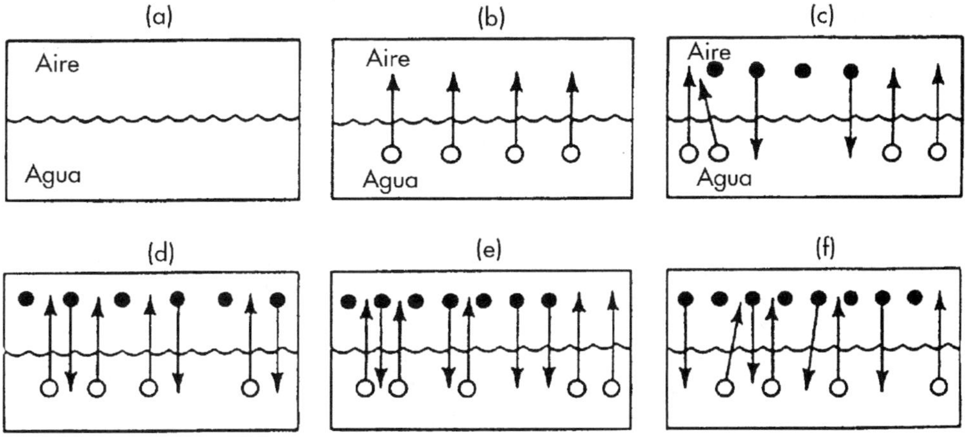

FIGURA 4.3. Evaporación en recipiente cerrado. Al principio del proceso las moléculas de agua que escapan al aire son más numerosas que las que regresan al líquido; progresivamente la diferencia disminuye, y se equilibra cuando el aire está saturado

Trasladado el experimento a la atmósfera, vemos que ésta se comporta como una enorme caja en la que prácticamente no existe techo, de manera que las pequeñas masas de agua pueden evaporarse en su totalidad. Sin embargo, su volumen no es lo suficientemente grande como para contener toda el agua de los océanos y, por tanto, tiene lugar la saturación, que puede deberse al enfriamiento del aire o al aumento excesivo del contenido de vapor.

La medida de la tendencia a evaporarse que tiene el agua nos la proporciona la llamada *tensión de vapor del agua líquida* (e_v), es decir, la presión sobre el aire de las moléculas que se escapan del líquido; en sentido inverso actúa el vapor de agua sobre la superficie líquida, en lo que conocemos como *presión parcial del vapor de agua* (e_p), que nos da una medida de la cantidad de moléculas de vapor que pasan de nuevo al agua. En el momento en que los valores de ambas medidas se igualan el aire ha alcanzado la saturación. La e_v depende de la temperatura del agua líquida; por tanto, a mayor temperatura de ésta, mayor es la energía de agitación de las moléculas y con más facilidad éstas se evaporan; en cambio, e_p es función de la temperatura del gas, del volumen del mismo y del número de moléculas de vapor de agua. Aplicados estos principios a las condiciones naturales de la atmósfera, el volumen no tiene influencia y es escasa la debida al número de moléculas, por lo cual es la temperatura del aire la variable fundamental.

El proceso de vaporización requiere el aporte de gran cantidad de energía. Por ejemplo, a la temperatura de 0 °C, para evaporar 1 g de agua se precisan $2{,}48 \times 10^6$ J, aproximadamente 600 calorías/gramo; cuando el cambio de estado es de sólido a líquido la energía necesaria es de $3{,}33 \times 10^5$ J/kg, u 80 cal/g (cantidad a la que se denomina *calor latente de fusión*), y si el agua está en ebullición se necesitan $2{,}25 \times 10^6$ J/kg, o 539 cal/g. Esta energía calorífica utilizada se transfiere también a la atmósfera, almacenada en el vapor de agua, en forma de *calor latente de vaporización* y, en consecuencia, la superficie del líquido no evaporado se enfría en una cantidad que es proporcional al calor perdido; por esta razón, para que la evaporación se mantenga será necesario un aporte de energía cada vez mayor. Por el mecanismo contrario, el de la condensación, el mismo calor absorbido es ahora liberado y devuelto como *calor la-*

tente de condensación, ya sea a la superficie o a la atmósfera, y como resultado la temperatura del suelo o del aire aumentará. Es necesario subrayar que en estos procesos la temperatura del agua evaporada o condensada no varía; de ahí que el calor que interviene en ellos se le denomine «latente», en contraposición al «sensible», que sí determina el aumento térmico del cuerpo que lo recibe.

Los cambios de calor alcanzados de este modo son muy importantes y contribuyen a regular la temperatura de la Tierra y su oscilación diaria, puesto que durante las horas diurnas se produce evaporación y durante las nocturnas condensación, suavizando de este modo las variaciones térmicas que, de no existir humedad, serían de un centenar de grados. Así se comprende tanto la importancia de la absorción del calor latente para el calentamiento de la atmósfera como el trascendental papel desempeñado por el vapor de agua en el equilibrio del sistema climático.

El ritmo y la velocidad de la evaporación están condicionados por varios factores, entre ellos los cinco que describimos a continuación:

1. La *temperatura*. Por lo explicado antes este factor es sin duda el más importante, siendo la cantidad de agua evaporada tanto mayor cuanto más elevada sea la temperatura. Por este principio la evaporación es lógicamente débil en un clima frío, y alta en un clima cálido.

2. *Grado de saturación*. Puesto que la capacidad del aire para admitir vapor es limitada, el cambio de estado del agua dependerá del grado de saturación de la atmósfera; por este hecho, la evaporación será rápida cuando se produzca en el seno del aire seco y progresivamente más lenta en el aire húmedo, puesto que en este caso el número de moléculas que vuelven al agua es cada vez mayor. Expresado en términos de presión de las moléculas de agua antes mencionados, la evaporación será mayor cuanta mayor sea la diferencia entre la tensión de vapor de la superficie evaporante y la presión parcial de vapor de agua en el aire, y disminuye proporcionalmente con aquélla.

3. El *viento*. Está conectado con la característica anterior y constituye otro factor destacado, porque el aire al desplazarse arrastra el agua evaporada y mantiene el grado de saturación en niveles bajos, con lo que se favorece la continuidad de la evaporación. Su acción es similar, por ejemplo, a la de un secador de pelo o de manos.

4. *Superficie de evaporación*. En igualdad de condiciones el paso de líquido a vapor es más importante cuanto mayor sea la superficie del medio evaporante.

5. *Composición del agua*. También interviene en la evaporación ralentizando el proceso cuando el agua es salada, de modo que el agua de los océanos se evapora en torno a un 5 % más lentamente que el agua normal, pues la sal disminuye la tensión superficial del líquido.

b) Transpiración

Es la emisión o pérdida de agua de las plantas, en forma de vapor, en el desarrollo de sus funciones vitales. El proceso supone la extracción de agua del suelo por las raíces, pasando a través de éstas, para finalmente ser transferida al exterior por las membranas de las células superficiales, principalmente por los pequeños poros de las hojas que llamamos estomas.

La transpiración está controlada por las características de la propia planta y las condiciones de humedad del suelo y atmosféricas. En principio, y como es lógico, su intensidad está ligada a la especie vegetal y a su superficie foliar: los árboles de hoja caduca, por ejemplo, dejan de transpirar casi por completo durante el invierno; y algunas plantas de las regiones áridas pierden sus hojas en la estación seca para protegerse de la excesiva pérdida de agua. En este sentido, el agua adquiere un papel fundamental, porque en el momento en el que ésta disminuye, la vegetación se ve sometida a un progresivo déficit hídrico que puede conducir a su muerte. También es significativa la influencia de la temperatura, pues la transpiración se debilita con el frío y aumenta cuando los valores de aquélla se elevan, aunque está subordinada a ciertos umbrales críticos: aproximadamente a los 30° la pérdida de agua disminuye, pero más allá de los 45° se recupera de nuevo, y en este caso los mecanismos de defensa se deterioran y la planta se marchita.

c) Evapotranspiración

Es la pérdida de humedad del suelo por la evaporación directa y la transpiración de las plantas, es decir, la acción combinada de los dos procesos anteriores. En realidad es a menudo difícil separar uno de otro; dondequiera que la vegetación esté presente ambos intervienen a la vez; de ahí la conveniencia de emplear el término evapotranspiración como el más apropiado, aunque en la práctica sea común englobarlos con el nombre de evaporación.

Entre otros factores condicionantes, la evapotranspiración está limitada por el agua disponible, lo cual obliga a diferenciar dos conceptos básicos desde el punto de vista climático: la *evapotranspiración real* (ETR) y la *evapotranspiración potencial* (ETP). La primera hace referencia a la cantidad de agua realmente perdida; la segunda corresponde a la cantidad máxima de agua que el suelo puede perder, bajo un clima y cobertura vegetal dados, suponiendo una cantidad de agua ilimitada sobre la superficie (por ejemplo, mediante regadío). ETR y ETP pueden ser iguales si en condiciones naturales el suelo está bien provisto de agua.

2.1. *Distribución global de la evaporación*

Conforme a lo explicado, la evaporación en el planeta varía considerablemente en el espacio y el tiempo, y por ese medio influye en los climas. El conocimiento detallado de su reparto es difícil por la complejidad e insuficiencia de los datos, pero sí es posible mostrar los rasgos globales de su distribución. Así se hace en la figura 4.4, donde quedan bien reflejadas las consecuencias relativas de los factores condicionantes mencionados. En efecto, en concordancia general con las temperaturas, la evaporación es escasa en las regiones polares y aumenta hacia las templadas e intertropicales. Entre las latitudes 15° y 20° Norte y 10° y 20° Sur se halla un máximo bien definido, que se relaciona con varios hechos: en principio, con la importante energía disponible en estas regiones, donde la insolación es elevada y la nubosidad escasa; y en segundo lugar, con la presencia del cinturón de vientos alisios que de modo constante renuevan la humedad del aire. Hacia el ecuador la evaporación disminuye, en particular alrededor del cinturón de calmas ecuatoriales, porque aquí los vientos son débiles y el aire se encuentra próximo a la saturación; aunque en las superficies continentales este descenso se compensa en parte con la transpiración de la abundante masa forestal existente.

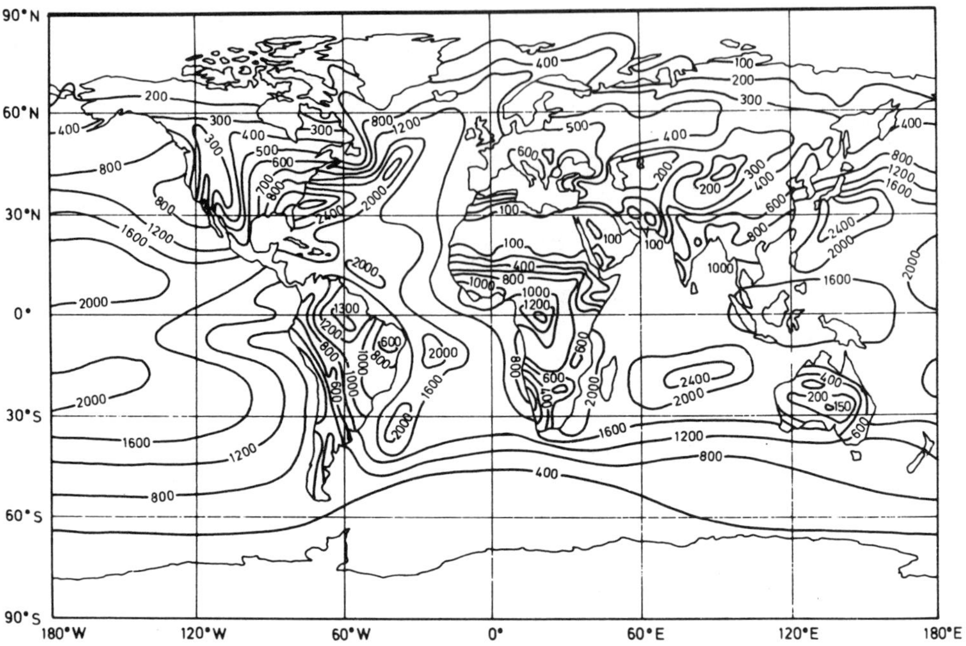

FIGURA 4.4. Distribución global de la evaporación, en milímetros por año, según estimaciones recientes (de Henderson-Sellers y Robinson, 1986)

Diferencias considerables se observan también entre las áreas oceánicas y continentales como causa lógica de la desigual disponibilidad de agua. Las cantidades más altas corresponden naturalmente a los océanos, en particular a las caldeadas aguas del Índico, donde se evaporan más de 2.400 mm de agua por año, y las situadas al oeste del Pacífico y Atlántico, donde el flujo de aire seco del interior de los continentes sobre corrientes marinas cálidas posibilita valores anuales superiores a los 2.000 mm. En los continentes la evaporación es mucho menor, y por el contrario, pueden hallarse en ellos elevadas cifras de evapotranspiración potencial, sobre todo en los desiertos cálidos subtropicales: en el corazón del Sáhara, por ejemplo, donde el aporte de energía calorífica es muy alto y la presencia de agua es casi nula, la ETR es 0, mientras la ETP se estima que puede alcanzar entre 4.000 y 6.000 mm por año.

2.2. *Medida y estimación de la evapotranspiración*

Las pérdidas por evaporación y transpiración que tienen lugar en el medio natural son difíciles de cuantificar; existen para ello diferentes métodos, aunque ninguno es lo suficientemente general para ser aplicado en todas las circunstancias. Estos métodos pueden dividirse en tres categorías: medidas con instrumentos meteorológicos, métodos analíticos y modelos empíricos o semiempíricos.

a) Medición con instrumentos meteorológicos

Los aparatos que miden la evaporación reciben el nombre de *evaporímetros*, y los hay de muy diversos tipos. Uno de los de mayor uso es sin duda el *tanque de evaporación*, que consiste en un recipiente de gran tamaño (normalmente, 122 cm de diámetro y 22,5 cm de profundidad) y boca ancha, colocado sobre el suelo o una parrilla de madera, donde se controlan las variaciones de nivel del agua colocada en su interior. Con este procedimiento se mide tan sólo la evaporación potencial, puesto que no tiene en cuenta las limitaciones de agua del suelo; además, sus resultados parecen variar con el tamaño, profundidad, color y composición del tanque, por lo que no siempre es fácil comparar los datos de diferentes lugares.

Un instrumento alternativo de aproximación a la medida directa de la ETP es el *lisímetro* (figura 4.5). Se trata de una porción de suelo, con drenaje y una muestra de la vegetación del lugar, que se pesa regularmente para determinar las variaciones del contenido de humedad. Si se controlan las entradas y las salidas hídricas, los cambios de peso pueden ser atribuidos a pérdidas por evapotranspiración. Véase al respecto cómo se realiza el cálculo en el ejemplo teórico que se presenta en el cuadro 4.2.

Los aparatos más sencillos para conocer la evaporación potencial son los *atmómetros*, que miden la pérdida de agua de una superficie porosa humedecida. Uno de los más característicos es el *evaporímetro Piché* (figura 4.6), que es un tubo de vidrio graduado, que se llena con agua destilada y se tapa con un papel filtro, a través del cual se produce la evaporación.

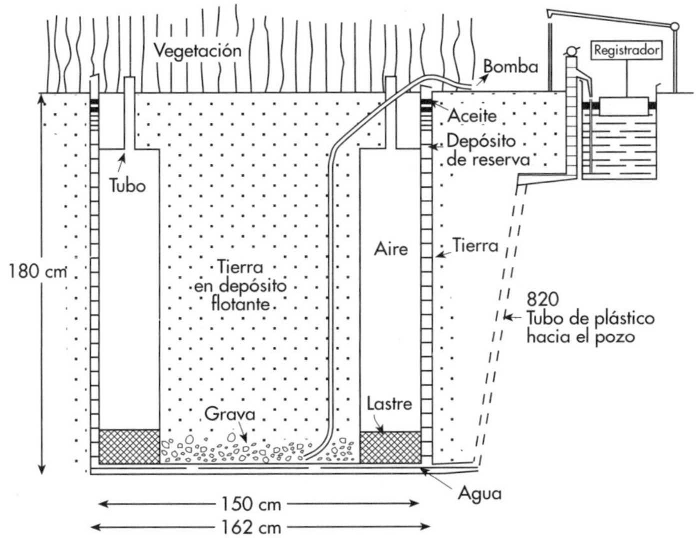

FIGURA 4.5. Lisímetro de flotación. Basa su funcionamiento en la medida del cambio de peso del suelo existente en el interior del contenedor

CUADRO 4.2

Ejemplo de cálculo de la evapotranspiración por medio de un lisímetro. Área del lisímetro: 314 cm²

1 Fecha	2 Precipitación (cm)	3 Peso de la precipitación (g)	4 Peso del lisímetro (g)	5 Peso previo del lisímetro (g)	6 Variación de peso (g) (4-5)	7 Peso transpirado y evaporado (g) (3-6)	8 Agua transpirada y evaporada en cm (7: área)
Día 1	0,35	109,9	9.086,71	9.018,75	+67,96	41,94	0,13
Día 2	–	–	9.074,23	9.086,71	–12,48	12,48	0,04
Día 3	–	–	9.025,19	9.074,23	–49,04	49,04	0,16
Día 4	–	–	8.962,86	9.025,19	–62,33	62,33	0,2
Día 5	0,52	163,28	9.099,21	8.962,86	+136,35	26,93	0,08

A los anteriores se pueden añadir otro tipo de aparatos más orientados a los estudios agroclimáticos e hidrológicos como son los *tensiómetros*, *bloques de yeso* o la *sonda de neutrones*. Normalmente son instrumentos complejos, de mantenimiento bastante exigente, y dirigidos sobre todo a estimar la humedad del suelo.

b) Métodos analíticos

Frente a las mediciones directas estos métodos se basan en las ecuaciones clásicas de conservación de la masa o de la energía, y en la consideración de la evaporación como un componente más del sistema físico; así su cálculo se efectúa a partir de la

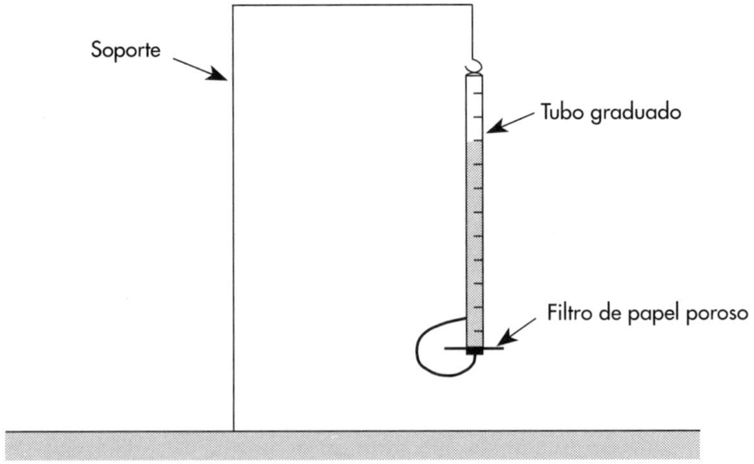

FIGURA 4.6. Evaporímetro Piché. El tubo de vidrio graduado va colgado en el interior de la garita meteorológica y mide la evaporación que tiene lugar sobre la superficie del papel poroso

evaluación de los demás componentes, de modo que satisfaga las ecuaciones básicas. Los procedimientos seguidos son varios:

1. *Teoría de la transferencia turbulenta.* Indiquemos como punto previo que la turbulencia del aire en la capa límite planetaria, con sus remolinos, rachas de viento, cambios de dirección, etc., está claramente condicionada por la rugosidad del suelo y la fuerza del viento; pero, además, depende de la estabilidad atmosférica y sus variaciones diarias: durante el día los movimientos convectivos son más marcados y la turbulencia se acentúa; en cambio, por la noche, en particular con cielo despejado y viento en calma, son frecuentes las inversiones térmicas y el movimiento es bajo. De esta dinámica resulta, en el primer caso, la formación de gradientes de humedad entre el nivel del suelo y sus capas inmediatas, que favorecen la difusión vertical y la transferencia por turbulencia del agua evaporada, y en el segundo, la existencia de concentraciones uniformes de humedad en superficie, que las debilitan.

Apoyados en estas consideraciones, los procedimientos seguidos para el cálculo de la evaporación tienen en cuenta el gradiente de humedad y la intensidad de la transferencia turbulenta. Este planteamiento explica la calificación de enfoque aerodinámico que reciben estos modelos. Uno de ellos es el que relaciona la evaporación media mensual de grandes superficies de agua con la velocidad media del viento y la diferencia media de presión de vapor entre la superficie del agua y del aire, según esta expresión:

$$E = k\, u_v\, (e_s - e_p)$$

donde E = evapotranspiración, k = constante empírica decreciente con el aumento de la velocidad del viento, u_v = velocidad del viento, en m/seg, e_s = presión de vapor saturante y e_p = presión parcial del vapor de agua.

Su uso se ve favorecido por la simplicidad de los cálculos y es bastante empleada en superficies de agua libres.

2. *Ecuación del balance de humedad.* Aplicando el principio de conservación de masas, el balance de humedad sobre una superficie puede expresarse de este modo:

$$P + I = E + R + D + \Delta S$$

donde P = precipitación, I = irrigación, E = evapotranspiración, R = escorrentía, D = percolación y ΔS = variación del contenido de humedad del suelo.

Como en el caso anterior, el agua evaporada se determina a partir del cómputo de los demás elementos de la ecuación. La precipitación e irrigación son dos componentes fácilmente medibles y, hasta cierto punto, podemos decir lo mismo de la escorrentía (el problema principal es que está muy afectada por las fluctuaciones de la capa freática), pero la percolación y la humedad del suelo raramente son conocidas, por lo que el método se justifica cuando se aplica a superficies territoriales amplias y periodos de tiempo largos (un año, por ejemplo), donde se asume que los valores de percolación y variación de humedad en el suelo son muy pequeños en relación a los demás y, por tanto, tienen escasa significación. A pesar de su sencillez, los resultados que se obtienen son con frecuencia bastante decepcionantes por la dificultad de evaluar con precisión todos los elementos del balance y la sucesiva acumulación de errores de medida.

3. *Método del balance de energía.* Este método evalúa la evapotranspiración como un

componente del balance energético y considera que si la radiación neta disponible para el proceso de vaporización es conocida, entonces es sencillo calcular el agua evaporada. Recordemos que la ecuación del balance de energía puede expresarse así:

$$R_n = LE + H + G + D$$

donde R_n = radiación neta o cantidad de radiación solar y terrestre en la superficie, LE = flujo de calor latente (o energía empleada para la evaporación, siendo E = evaporación y L = calor latente de vaporización), H = flujo de calor sensible, G = flujo de calor almacenado en el suelo y en el agua y D = transporte de calor por advección. Los distintos elementos de esta ecuación se obtienen del modo siguiente: R_n se mide con un radiómetro neto, los valores de G y D en la práctica son muy pequeños y se pueden desestimar, y la relación H/LE = β constituye la tasa de Bowen (véase figura 3.20) que se determina experimentalmente midiendo la temperatura y la presión de vapor de agua en niveles próximos a la superficie. De este modo, la evaporación (E) se calcula de la forma

$$E = \frac{R_n}{L\,(1 + \beta)}$$

La solución de esta ecuación exige mediciones precisas de radiación, flujos de calor del suelo y perfiles verticales de temperatura y humedad del aire. Su uso es normal en investigación, pero por lo indicado su aplicación generalizada ofrece notables limitaciones.

c) Métodos empíricos y semiempíricos

Se basan en la relación existente entre el volumen e intensidad de la evapotranspiración en un lugar determinado y uno o más elementos meteorológicos. Estas relaciones se obtienen normalmente bajo un régimen climático particular y pueden no ser aplicables en otro ambiente. Son métodos de amplia y fácil utilización porque se apoyan en los datos disponibles en numerosas estaciones meteorológicas, y aunque su grado de precisión es a veces inferior al conseguido con los procedimientos anteriores, en cambio ganan en generalización espacial; éste es el caso de los métodos de Penman, Turc, Thornthwaite, Blaney-Criddle, Jensen-Haise, etc. Del conjunto de ellos, los más satisfactorios son los que combinan el balance de energía con los enfoques aerodinámicos, como el propuesto por Penman; pero probablemente uno de los más empleados sea el modelo de Thornthwaite, sobre todo cuando los datos utilizables son limitados.

1. *Fórmula de Penman.* Consigue resultados muy ajustados a la realidad bajo condiciones climáticas muy diversas; de ahí que se considere como uno de los métodos más completos; sin embargo, no siempre se dispone de los datos necesarios para su cálculo. La evapotranspiración se obtiene por medio de la siguiente ecuación:

$$E = \frac{\Delta\,(R_n + G) + \gamma\,E_a}{\Delta + \gamma}$$

donde E = evapotranspiración, en mm/día, Δ = pendiente de la curva de presión de saturación del vapor de agua, a la temperatura del aire (figura 4.9), R_n = radiación neta, G = flujo de calor almacenado en el suelo, γ = constante psicrométrica, variable en función de la presión y E_a = poder evaporante del aire, que es función del déficit de saturación y de la velocidad del viento según esta expresión:

$$E_a = 0{,}35\,(e_s - e_p)\,(1 + V/100)$$

siendo e_s = presión de vapor saturante, e_p = la presión parcial del vapor de agua y V = velocidad del viento a 2 metros de altitud, en km/día.

2. *Método de Thornthwaite.* La fórmula empírica desarrollada por este climatólogo se basa en la correlación entre la temperatura del aire y la tasa de transpiración de las plantas, y se expresa como sigue:

$$ETP = 1{,}6\,K\left(\frac{10t}{I}\right)^a$$

donde ETP = evapotranspiración potencial mensual, expresada en cm, K = factor de corrección en función de la latitud y del mes (da la duración posible media del sol, en unidades de treinta días iguales de doce horas cada uno), t = temperatura media mensual del aire en °C e I = índice de calor anual, que es la suma de los 12 índices de calor mensuales (i), calculados a partir de la temperatura media de cada mes (t) mediante la fórmula:

$$i = \left(\frac{ti}{5}\right)^{1{,}514}$$

entonces

$$I = \Sigma\,(i_{1,2,3\,\ldots\ldots\ldots\ldots\,12})$$

y el exponente *a* se calcula a partir de I, según:

$$a = 0{,}492 + (0{,}0179 \times I) - (0{,}0000771 \times I^2) + (0{,}000000675 \times I^3)$$

El método de Thornthwaite, como se observa, sustituye la radiación solar por la temperatura; con ello obtiene resultados muy aceptables cuando existe correlación perfecta entre ambos elementos, como ocurre en las latitudes templadas húmedas, pero en regiones como las tropicales, donde el desfase entre una y otra es significativo, la fórmula subestima los valores de evaporación. No obstante, su relativa sencillez en comparación con las ecuaciones de base física explica su amplio uso en el cálculo de balances de humedad en el suelo, y su aplicación en los estudios sobre necesidades hídricas de las plantas, aunque no fuera concebido para tal fin.

3. Humedad de la atmósfera

3.1. *Contenido de humedad*

La noción física de humedad es plural y tanto el contenido de vapor de la atmósfera como su estado en relación con el de saturación se pueden formular de modos diversos, según las aplicaciones particulares. Los más frecuentes son:

1. *Humedad absoluta.* Se define como la masa total de agua por unidad de volumen de aire, y se expresa en gramos por metro cúbico. En promedio, en la atmósfera son bastante frecuentes concentraciones de vapor de 10-12 g/m^3, pero los valores son muy variables en el espacio y el tiempo, desde cifras cercanas a 0 hasta 40 gramos por metro cúbico.

Un hecho fundamental, ya comentado, es la capacidad limitada que el aire tiene para contener vapor y su estrecha relación con la temperatura; de hecho, para cada valor térmico existe una cantidad máxima de vapor de agua, de manera que cuando este umbral se alcanza se dice que el aire está saturado. Su expresión gráfica se ofrece en la figura 4.7, donde queda de manifiesto que cuanto más caliente está el aire, tanto más vapor de agua admite antes de alcanzar la saturación, y ello de manera exponencial (véase también el cuadro 4.3); de lo cual se deduce asimismo una importante consecuencia climática: la posibilidad de mayores lluvias en las regiones cálidas de la Tierra, donde la humedad absoluta puede ser grande, y las cantidades más débiles que pueden preverse en las regiones frías.

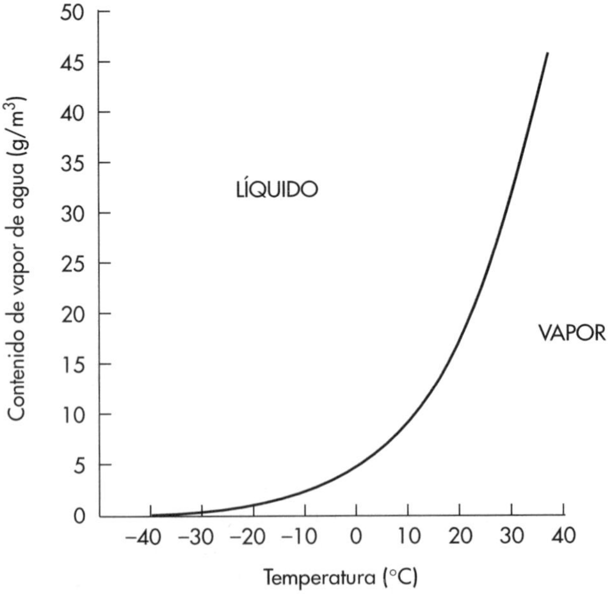

Figura 4.7. Capacidad higrométrica del aire, expresada por el contenido máximo de vapor de agua de la atmósfera en función de la temperatura

2. *Humedad específica* (q). Es la masa de vapor contenido en 1 kilogramo de aire húmedo. Se mide en g/kg, según la relación:

$$q = \frac{M_s}{M_s + M_h}$$

donde M_s = masa de aire seco, M_h = masa de aire húmedo.

3. *Proporción* o *razón de mezcla* (w). Es una medida análoga a la anterior, pero referida a 1 kg de aire seco, conforme a esta expresión:

$$w = \frac{0{,}622 \times e_p}{p - e_p}$$

donde p = presión atmosférica y e_p = presión parcial del vapor.

La diferencia numérica entre la proporción de mezcla y la humedad específica es mínima y en la práctica se utilizan indistintamente (cuadro 4.3).

4. *Presión o tensión de vapor.* Este concepto se define como la presión parcial debida al vapor de agua en el conjunto de la presión atmosférica, y se mide en unidades de presión, ya sea en milímetros de mercurio, milibares o hectopascales.

CUADRO 4.3

Valores de la presión de saturación del vapor, razón o proporción de mezcla, humedad específica y humedad absoluta saturantes para distintas temperaturas

Temperatura (°C)	Humedad absoluta (g/m³)	Humedad específica (g/kg)	Razón de mezcla (g/kg)	Presión de saturación del vapor (hPa)
0	4,85	3,82	3,84	6,11
5	6,82	5,47	5,50	8,72
10	9,41	7,70	7,76	12,27
15	12,87	10,72	10,83	17,04
20	17,30	14,73	14,95	23,37
25	23,29	20,04	20,44	31,67
30	30,37	27,02	27,69	42,43

5. *Presión de saturación del vapor de agua* o *tensión máxima de vapor.* Es la presión del vapor en el aire saturado. Como se explicó más arriba, la presión de saturación es función de la temperatura del aire, existiendo para cada temperatura un límite máximo de presión de vapor que no es posible superar sin que el aire condense. Esta función viene expresada por una curva/ecuación conocida, la de Clausius-Clapeyron, cuya expresión gráfica se muestra en la figura 4.8: la curva representa el lugar de equilibrio entre dos fases del agua; fuera del mismo se produce evaporación (hacia la derecha) o condensación (hacia la izquierda).

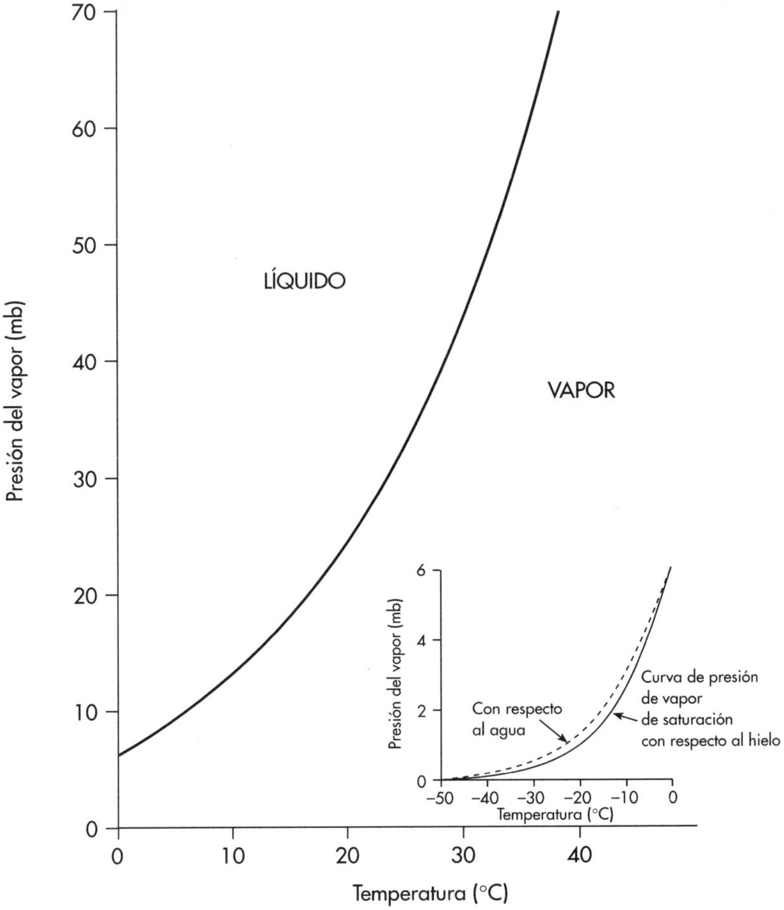

FIGURA 4.8. Presión saturante del vapor de agua en función de la temperatura. Por debajo de los 0 °C la curva se desdobla ligeramente, como muestra el gráfico pequeño

Dos hechos importantes pueden deducirse de la observación de la figura: 1.° Cuando la temperatura desciende por debajo de 0° la presión saturante del vapor es más baja sobre el hielo que sobre el agua. Esta circunstancia es de singular interés en el proceso de la condensación, como explicamos más adelante, porque ello supone que ésta puede tener lugar sobre un cristal de hielo con un contenido de humedad en el aire inferior al que se necesita para condensarse sobre el agua líquida (véase cuadro 5.1). 2.° Por la forma que toma la curva, un mismo descenso de temperatura va acompañado de muy distintos descensos de la presión de vapor, y en consecuencia, aunque el enfriamiento sea igual, la cantidad de agua que condensa en el caso del aire caliente es mayor que en el aire frío, lo que justifica la comparativa copiosidad de las lluvias tropicales (véase la figura 4.9, repetición en parte de la figura 4.8).

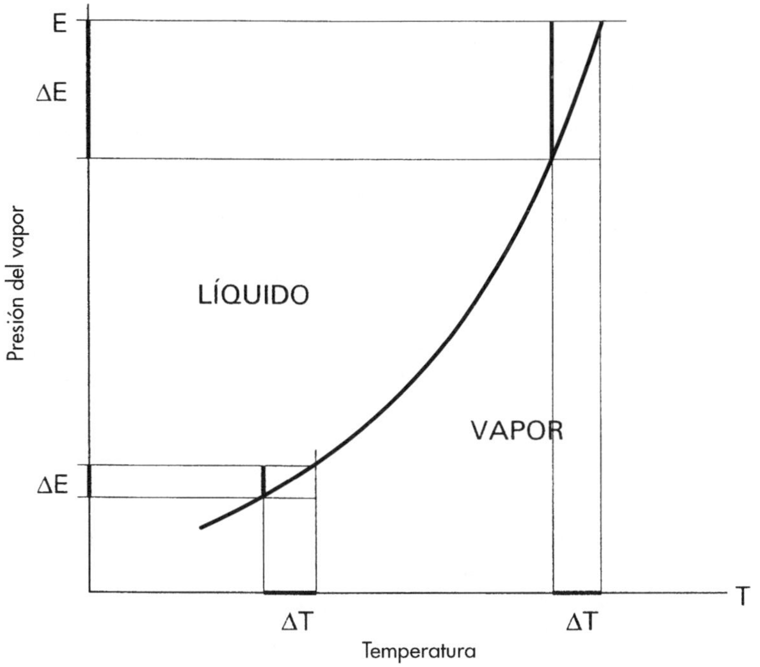

FIGURA 4.9. Interpretación gráfica de la acción del descenso de la temperatura sobre la presión del vapor de agua. Puede observarse sobre la curva de la presión saturante del vapor cómo un idéntico descenso de temperatura (ΔT) supone un descenso mayor de la presión del vapor (ΔE) en el aire caliente que en el aire frío (según Ballester, 1993)

6. *Déficit de saturación*. Es la diferencia entre la presión de saturación y la presión parcial del vapor de agua. Lógicamente, cuanto mayor sea el déficit, con más facilidad se produce la evaporación; de ahí el empleo de esta medida en varias de las fórmulas de cálculo de la evaporación.

7. *Humedad relativa* (HR). Indica la relación, expresada en porcentajes, entre la cantidad de vapor de agua existente en la atmósfera y la que podría contener a la misma temperatura. Puede determinarse de varias maneras, entre ellas mediante

$$HR = \frac{e_p}{e_s} \times 100$$

donde e_p = presión parcial del vapor de agua y e_s = presión de saturación del vapor. El valor 100 caracteriza el aire saturado y el 0 el aire completamente seco, aunque éste sea muy difícil de observar en la Naturaleza (a mediodía en los desiertos cálidos llega a descender hasta el 10 %). Lógicamente, la humedad relativa varía siempre que se modifique la cantidad de vapor presente en el aire o cambie la temperatura; un descenso térmico se traduce en un aumento de la humedad relativa y, a la inversa, cuando la temperatura asciende, aquélla disminuye aunque el vapor de agua no haya variado. Por este mecanismo, al llegar la humedad relativa al 100 % se puede formar la niebla o el rocío (véase el concepto de punto de rocío) y, en último caso, la escarcha, cuando la temperatura desciende por debajo del punto de congelación (al que se conoce como punto de escarcha).

8. *Punto de rocío.* Es la temperatura a la que ha de enfriarse una porción de aire para que sature el vapor de agua que contiene, sin quitarle ni añadirle vapor y a presión atmosférica constante. Cuando se alcanza este punto de saturación la humedad relativa es entonces del 100 %, y la temperatura del aire y la del punto de rocío son iguales. La temperatura del punto de rocío depende del contenido de vapor de agua en la atmósfera: cuanto mayor sea este último, más elevada es la temperatura a la cual se produce la condensación, y por tanto menor el descenso térmico necesario para que aparezca el rocío.

9. *Vapor de agua precipitable* (Pw). Otra forma de medida de la humedad del aire la constituye el vapor de agua precipitable, es decir, la cantidad de agua que se podría obtener si todo el vapor de agua contenido en una columna específica de la atmósfera se condensara y precipitara. El agua precipitable podemos determinarla, aproximadamente, considerando dos altitudes en una columna de aire, su diferencia de presión y la razón de mezcla, mediante esta fórmula:

$$Pw = \frac{w\,(p_1 - p_2)}{9,8}$$

donde Pw = agua precipitable, en mm, p_1 y p_2 = presión atmosférica en el punto altitudinal inferior y superior, respectivamente, expresada en hPa, y w = razón de mezcla media, en g/kg. La expresión es válida siempre que la atmósfera se encuentre en equilibrio hidrostático y no existan movimientos convectivos que aporten humedad desde las capas inferiores y desde el exterior de la columna considerada.

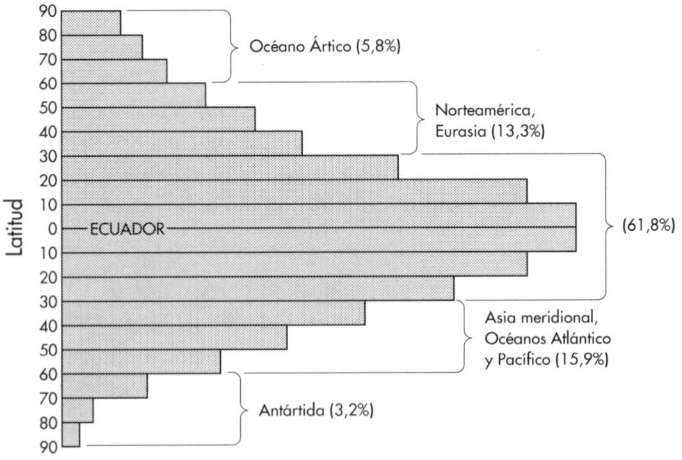

FIGURA 4.10. Vapor de agua precipitable en la atmósfera por franjas latitudinales (según Marsh y Dozier, 1981).

Para el conjunto del planeta ya se ha dicho que si toda el agua existente en el aire precipitara, alcanzaría en superficie una altitud de 25 mm; pero este valor promedio enmascara fuertes desigualdades temporales y espaciales que se relacionan con los factores condicionantes de la evapotranspiración. La figura 4.10 recoge en parte estas diferencias y destaca al menos tres grandes zonas: 1) La forma el cinturón cálido intertropical, entre los paralelos 30° N y 30° S, donde se concentra casi el 62 % de la humedad. Aunque también conviene subrayar aquí la existencia de marcados contrastes regionales, como los existentes entre el sur de Asia durante el monzón de verano, donde la columna de aire contiene de 50 a 60 mm de agua precipitable, y los desiertos tropicales, donde esta cantidad es inferior a 10 mm. 2) Las franjas entre los 30° y 60° de ambos hemisferios almacenan el 29 % del vapor de agua, con mayor presencia en el hemisferio austral por el predominio de superficies oceánicas. 3) Los valores más bajos se encuentran en las latitudes polares, tan sólo el 9 % del vapor de agua susceptible de producir precipitación, por el límite que la temperatura del aire impone al contenido máximo de vapor.

3.2. *Aparatos que miden la humedad*

La humedad del aire se puede medir con sencillos instrumentos denominados, en general, *higrométricos*, que son de diversos tipos: psicrómetros, químicos, eléctricos, de punto de rocío, etc. Entre los más comunes para medidas ordinarias se encuentra el *psicrómetro*, que utiliza dos termómetros, uno común o seco, que indica la temperatura del aire, y otro húmedo, así conocido por llevar una delgada capa de muselina húmeda alrededor de su depósito. La evaporación del agua que impregna dicha muselina produce enfriamiento y el termómetro marcará una temperatura más baja que la del termómetro seco, tanto más baja cuanto más rápida sea la evaporación. La diferencia de lecturas entre ambos termómetros da una medida de la humedad del aire; para ello se han calculado tablas psicrométricas donde, entrando las diferencias de registros y la temperatura de uno de los termómetros, se obtienen de inmediato diferentes funciones de la humedad.

Otro modo de medición lo constituyen los *higrómetros* de cuerda o cabello, que utilizan una cuerda orgánica o cabellos humanos que se estiran o acortan según la humedad relativa, reflejando estos cambios sobre una escala graduada. Este mismo principio mecánico sirve de apoyo al *higrógrafo*, que permite obtener el registro continuo de la humedad. Otros instrumentos como el *higrómetro de punto de rocío* o el *higrómetro químico*, por ejemplo, se basan en principios distintos y adquieren un mayor grado de complejidad.

4. Condensación

La condensación es el proceso opuesto a la evaporación y la causa directa del rocío, la escarcha, la niebla, las nubes y todas las formas de precipitación. El cambio de estado del agua depende del equilibrio entre el volumen del aire, presión, humedad y temperatura; así, por ejemplo, puede originarse la condensación por aumento del contenido de humedad en la atmósfera, por un cambio conjunto de temperatura y volumen de aire, etc.; sin embargo, el parámetro físico más importante es el descenso de la temperatura: cuando la masa de aire se enfría por debajo de su punto de rocío, se satura, y el vapor que contiene se transforma en líquido.

Los mecanismos de este enfriamiento en la atmósfera pueden ser varios: por *mezcla* de dos masas de aire a distintas temperaturas, por *radiación* o *contacto* con una superficie fría y por *enfriamiento adiabático*.

1. La mezcla de dos masas de aire húmedas a distintas temperaturas puede dar origen a una capa de aire que esté saturada a la nueva temperatura, produciendo nubes o niebla en ella. Por ejemplo, en la unión hipotética de dos volúmenes de aire cargados de humedad a 5 y 25 °C, que alcanzan a contener, respectivamente, hasta 6,82 y 23,3 g/m^3 de vapor de agua (véase cuadro 4.3), la humedad de la mezcla resultante sobrepasaría la tensión de saturación, que se fija en 12,85 g/m^3, a la temperatura promedio de 15 °C, y ocasionaría abundante condensación. Gráficamente, el resultado de una mezcla de estas características podemos comprobarla en la figura 4.11. El proceso, como se ve, supone la unión de dos masas de aire con temperaturas muy contrastadas y alto contenido de humedad, y ello es difícil en la naturaleza, por lo cual no es un mecanismo excesivamente eficaz, y además, el enfriamiento suele limitarse a la zona de contacto de las dos masas de aire, como así ocurre a veces en las regiones costeras.

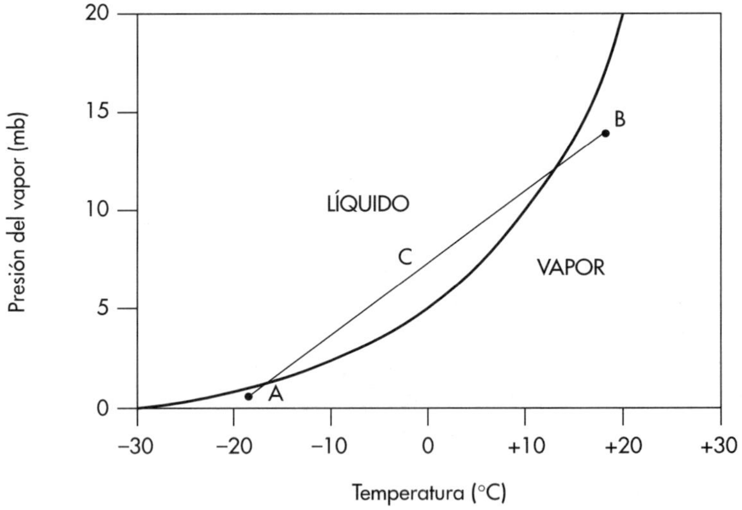

FIGURA 4.11. Condensación del vapor por mezcla horizontal de dos masas de aire no saturadas, una cálida (B) y otra fría (A). La unión de ambas (C) cae dentro de la región húmeda, lo que explica la condensación

2. El enfriamiento por contacto se produce cuando el aire húmedo descansa sobre una superficie fría entonces, la pérdida de calor del suelo por radiación enfría el aire adyacente, y si se alcanza la saturación el vapor se condensa en forma de rocío, escarcha o niebla. Tales circunstancias son muy propias de noches frías de invierno, con viento en calma y cielo despejado, en las que es frecuente la formación de inversiones térmicas.

Formas de condensación similar resultan también de la advección de aire cálido sobre corrientes marinas frías, como ocurre, por ejemplo, en las costas de Chile (corriente de Humboldt) o de Terranova (corriente del Labrador), donde las nieblas llegan a constituir uno de los rasgos característicos del clima.

3. Cualquiera de estos mecanismos es capaz de originar la condensación del vapor de agua contenido en la atmósfera y desencadenar alguno de los fenómenos asociados a ella; pero los procesos de enfriamiento más efectivos capaces de provocar la saturación y, por tanto, la condensación son los debidos a la expansión adiabática, porque afectan de modo uniforme a grandes masas de aire. Ellos son los responsables de la mayor parte de la condensación presente en la atmósfera y de todas las precipitaciones abundantes; por esta razón, nos ocupamos de ellos con más detalle en las páginas siguientes.

5. Movimientos verticales del aire y procesos adiabáticos

El desplazamiento vertical de las masas de aire está controlado por varios de los principios fundamentales de la termodinámica que es conveniente considerar para la comprensión de los procesos que analizamos en esta sección. Sabemos que la atmósfera está animada por movimientos constantes, pero a gran escala podemos equipararla a un fluido en el seno del cual existe equilibrio vertical, que es consecuencia del equilibrio entre dos fuerzas, la que ejerce hacia arriba el progresivo descenso de la presión con la altitud, y la que realiza hacia abajo la fuerza de la gravedad. Esto se conoce como *ley del equilibrio hidrostático,* que, en una atmósfera en reposo, se expresa mediante la ecuación:

$$dp = -\rho \cdot g \cdot dz$$

donde dp = variación de la presión, ρ = densidad del aire (1,29 kg/m^3 en aire seco), g = aceleración de la gravedad (9,8 m/seg^2) y dz = variación de la altitud.

Los movimientos verticales están limitados por este equilibrio y por las condiciones de estabilidad general de la atmósfera, las cuales, a escalas sinóptica e inferiores, dependen del gradiente térmico vertical y de los gradientes adiabáticos. Dos factores básicos en los que nos vamos a detener.

a) Gradiente térmico vertical

Ya dijimos en el capítulo 2 que si se mide la temperatura del aire en la troposfera a diferentes alturas, observamos que normalmente aquélla disminuye conforme ascendemos (recuérdese la figura 2.6); este descenso de la temperatura con la altitud se denomina *gradiente térmico vertical* (α). La razón de este comportamiento es sencilla: la radiación solar calienta la superficie terrestre y ésta transfiere la energía a la atmósfera, que en consecuencia se calienta de forma indirecta a través del suelo; por tanto, la temperatura del aire será mayor cuanto más cerca se esté del foco de calor, y disminuirá al alejarnos de él. A este argumento básico se suman otros dos: primero, que la presencia de importantes gases absorbentes de energía, como por ejemplo el vapor de agua, desciende con la altura, por lo que también será menor el calor que puede ser almacenado en el aire por estos componentes; y por último, que el aire que asciende desde el suelo hacia capas atmosféricas superiores es cada vez más frío, porque en su desplazamiento se expande, al estar sometido a presiones cada vez menores, y como resultado de ello se enfría.

En promedio, el descenso térmico es de 0,65° por cada 100 m de elevación. Pero este valor cambia ampliamente con el tiempo y de un lugar a otro según las condiciones atmosféricas y la influencia de la superficie, de modo que la variación altitudinal de la temperatura puede adoptar formas tan diversas como algunas de las representadas en la figura 4.12 y que conocemos como *curvas de estado:* en el primer caso (curva 1) la curva de estado de la atmósfera muestra un gradiente uniforme; cuando el calentamiento del suelo es muy intenso, el descenso de la temperatura en altitud puede ser entonces muy rápido (curva 2); en cambio, con movimiento turbulento del aire o mezcla por vientos fuertes, el gradiente es débil, al menos en los niveles bajos de la atmósfera (curva 3); en condiciones de subsidencia anticiclónica es frecuente la formación en altura de una inversión térmica, es decir, un área donde se invierte la tendencia normal al descenso de la temperatura y, por el contrario, ésta aumenta (curva 4); en ocasiones, la inversión térmica se origina en superficie debido al acusado enfriamiento del suelo en noches de cielo despejado (curva 5).

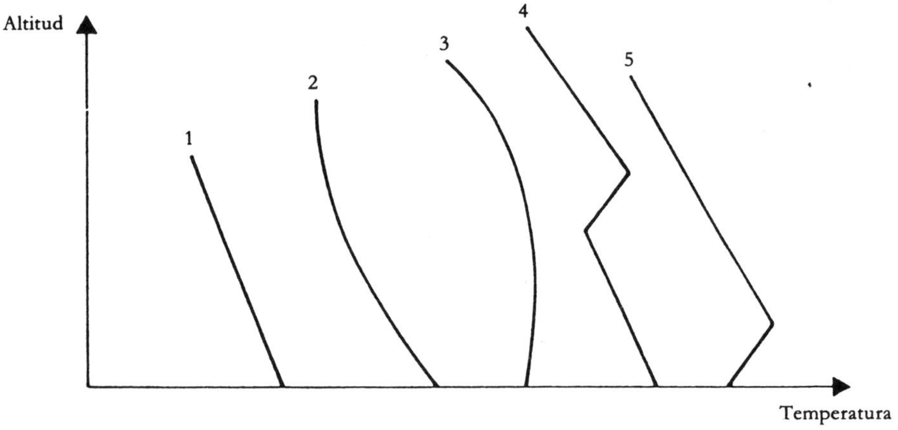

FIGURA 4.12. Representación gráfica, mediante curvas de estado, de algunos tipos comunes de gradientes térmicos verticales de la atmósfera. La escala de la temperatura es distinta para cada curva

Conviene tener presente que el gradiente térmico se refiere a las variaciones de temperatura observadas en cualquier momento a lo largo de la vertical en la atmósfera supuesta en reposo, estática, tal como es registrada, por ejemplo, cuando se realiza un sondeo, y por tanto puede presentar formas muy variadas según las condiciones de temperatura reinantes en el aire, como acabamos de ver. En este sentido, no debe confundirse con los gradientes adiabáticos, los cuales se refieren a los cambios térmicos de las partículas o masas de aire que se mueven verticalmente dentro de la atmósfera, y que describimos a continuación.

b) Procesos adiabáticos

Sabemos que todo gas posee cierta energía interna que depende de la presión y que rige su estado térmico, de modo que si se expande disminuye su temperatura y si se comprime ésta aumenta. Estos cambios térmicos debidos exclusivamente a la variación de la presión que actúa sobre un gas, y realizados sin intercambio o mezcla de calor con el gas circundante, se denominan *adiabáticos*.

Según la primera ley de la termodinámica el calor suministrado a un gas se invierte en producir trabajo e incrementar su energía interna, en el entendido de que el trabajo es puramente de expansión del gas y la energía interna es proporcional a la temperatura. Podemos expresarlo así:

suministro de calor = incremento energía interna + realización de trabajo

Si el proceso es adiabático, por definición no habrá aporte de calor (calor suministrado = 0); luego un aumento de volumen del gas supone un trabajo de expansión, que se produce a expensas del consumo de la energía interna, lo que origina la disminución de la temperatura. Y lo contrario ocurre si el aire desciende. En este caso, la compresión disminuye el trabajo e incrementa la energía interna y, con ello, la temperatura; este fenómeno, conocido como *subsidencia*, va unido al buen tiempo anticiclónico, que describimos más adelante.

La interpretación cualitativa que se ha hecho del proceso anterior se explica mediante dos sencillas leyes mecánicas que gobiernan los cambios de presión de los gases atmosféricos, la de Boyle y la de Charles. La primera dice que, a temperatura constante, el volumen de una masa de gas varía en proporción inversa a su presión, es decir:

$$P = \frac{k}{V}$$

donde P = presión del gas, V = volumen y k = constante. Recordemos que la presión atmosférica disminuye con la altitud; por tanto, cuando una masa de aire se eleva, su volumen aumenta. Este hecho es bien conocido en los globos corrientes, llenos de gas, que al ser lanzados en el aire ascienden y se dilatan de manera constante, hasta que explotan.

La segunda, la ley de Charles, nos dice que, a presión constante, el volumen de una masa de gas es directamente proporcional a la temperatura absoluta, o sea:

$$V = K\,T$$

donde V = volumen del gas, T = temperatura absoluta, en Kelvin, y K = constante.

La combinación de ambas leyes implica a las tres variables mediante la siguiente ecuación:

$$R = \frac{P V}{T}$$

donde R = constante de los gases para el aire seco. La ligazón existente entre presión, temperatura y volumen supone que cualquier cambio en uno de ellos origina cambios de compensación en los otros. Así, resulta que toda porción de aire sometida a un movimiento ascendente, al sufrir una presión cada vez menor con la altura, aumenta su volumen y en consecuencia desciende su temperatura. Y al revés, el aire descendente o subsidente se comprime por incremento de la presión del aire circundante y su temperatura aumenta. Un ejemplo corriente de este proceso ocurre al hinchar un neumático: la compresión rápida de gas produce calentamiento; por el contrario, al abrir la válvula el gas escapa, se expande y se enfría.

En la atmósfera los ascensos y descensos de aire son a menudo adiabáticos. Es bien conocido que el aire es mal conductor del calor y que al desplazarse rápidamente actúa como un sistema cerrado que tiende a conservar su identidad térmica; gracias a ello los cambios de temperatura de las masas de aire que se mueven en la vertical son independientes de la temperatura de la atmósfera a través de la cual se desplaza, al menos en primera aproximación, porque en realidad ningún proceso puede ser considerado rigurosamente adiabático.

La proporción con que varía la temperatura de una masa de aire que se eleva del suelo o que desciende hacia él es conocida como *gradiente adiabático de temperatura*. Existen dos tipos de gradiente, uno seco y otro húmedo.

1. *Gradiente adiabático del aire seco* (γ). Cuando el aire es seco, en el sentido de que no está saturado, la masa de aire se enfría o calienta a razón de 1 °C por cada 100 metros de elevación o descenso (más aproximadamente 0,98 °C/100 m).

2. *Gradiente adiabático del aire saturado* (γ'). Si el aire está saturado los cambios de temperatura ocurren a un ritmo menor, porque en este caso al ascender el aire y enfriarse se produce condensación del vapor de agua, y cuando esto ocurre se libera calor latente que contrarresta en parte el descenso térmico. El gradiente cerca del suelo se cifra alrededor de 0,5 °C por cada 100 m, pero este valor es variable con la temperatura, la presión y el contenido de humedad. Con temperaturas elevadas, el aire saturado lleva abundante humedad y, por tanto, puede desprender mayor cantidad de calor latente, entonces el gradiente se aproxima a 0,4 °C/100 m (a la temperatura de 20 °C y 1.000 mb de presión, la proporción con que varía la temperatura es de 0,43 °C/100 m); pero se hace progresivamente mayor y cercano al gradiente adiabático seco a medida que disminuye la temperatura y el contenido acuoso de las masas de aire, llegando hasta 0,9 °C/100 m cuando la temperatura es de –40 °C y la presión de 300 mb, por lo que con mayor propiedad se denomina *gradiente seudoadiabático* (figura 4.13a).

Naturalmente, cuando una porción de aire se mueve a lo largo de la componente vertical el tipo de gradiente puede verse modificado en altura. El aire seco conforme asciende se enfría en virtud del gradiente adiabático seco; pero en el momento en el que alcanza la saturación, es decir, tan pronto como llega al *nivel de condensación*, su enfriamiento prosigue de acuerdo con el gradiente adiabático húmedo o saturado (figura 4.13b). El nivel de condensación marca la base de las nubes, porque a partir del mismo el vapor de agua pasa al estado líquido y se desarrollan las masas nubosas.

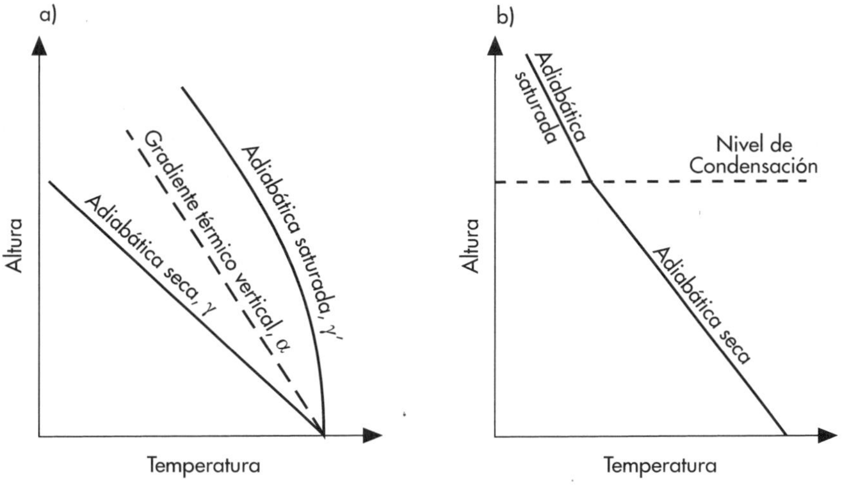

FIGURA 4.13. a) Expresión gráfica del gradiente térmico vertical y de los gradientes adiabáticos. En su valor promedio, la curva de estado de la atmósfera (α) se sitúa entre las curvas adiabáticas (γ, γ'). La pendiente de la curva adiabática saturada aumenta en altura y se aproxima a la adiabática seca. b) Representación de la curva de enfriamiento del aire seco hasta el nivel de condensación y su continuación según la curva adiabática saturada

6. ESTABILIDAD E INESTABILIDAD DEL AIRE

El equilibrio de cualquier sistema puede ser de tres tipos: estable, inestable e indiferente, en función de que, una vez desplazado de su posición inicial por un impulso exterior, tienda a recuperar su nivel de partida, se aleje de él o permanezca en equilibrio en la nueva posición alcanzada. Un ejemplo claro y gráfico de lo expresado nos lo ofrece un cono de revolución: apoyado sobre su base en una superficie horizontal permanece en equilibrio, y si lo levantamos ligeramente, al soltarlo volverá enseguida a su posición primera (estable); si se coloca sobre el vértice, cae (inestable); y tumbado a lo largo de su generatriz está en equilibrio en cualquier posición que sea movido (indiferente).

De igual modo, en la atmósfera se observan los tres tipos de equilibrio en el momento en que una porción de aire es forzada a moverse hacia arriba o hacia abajo. Hablamos de estabilidad cuando el aire se opone al movimiento y vuelve a su posición inicial una vez ha cesado la fuerza causante del desplazamiento; por el contrario, si se aleja de su punto de partida, entonces existe inestabilidad; y se dice que la atmósfera es indiferente o neutra cuando el aire desplazado sigue estando en equilibrio en la nueva posición alcanzada.

En todos los casos, el inicio del movimiento de una partícula o masa de aire exige un impulso exterior que la fuerce a apartarse de su posición. El empuje puede ser provocado por alguno de estos cuatro mecanismos: *orográfico*, *frontal*, *convergencia horizontal* y *convección* (figura 4.14).

1. El ascenso orográfico es ocasionado por la presencia de una barrera montañosa al paso del viento que obliga a éste a elevarse por barlovento mientras desciende por el lado de sotavento. Este proceso es el que genera el efecto *foehn* y el causante de las lluvias orográficas de las que hablaremos más adelante.

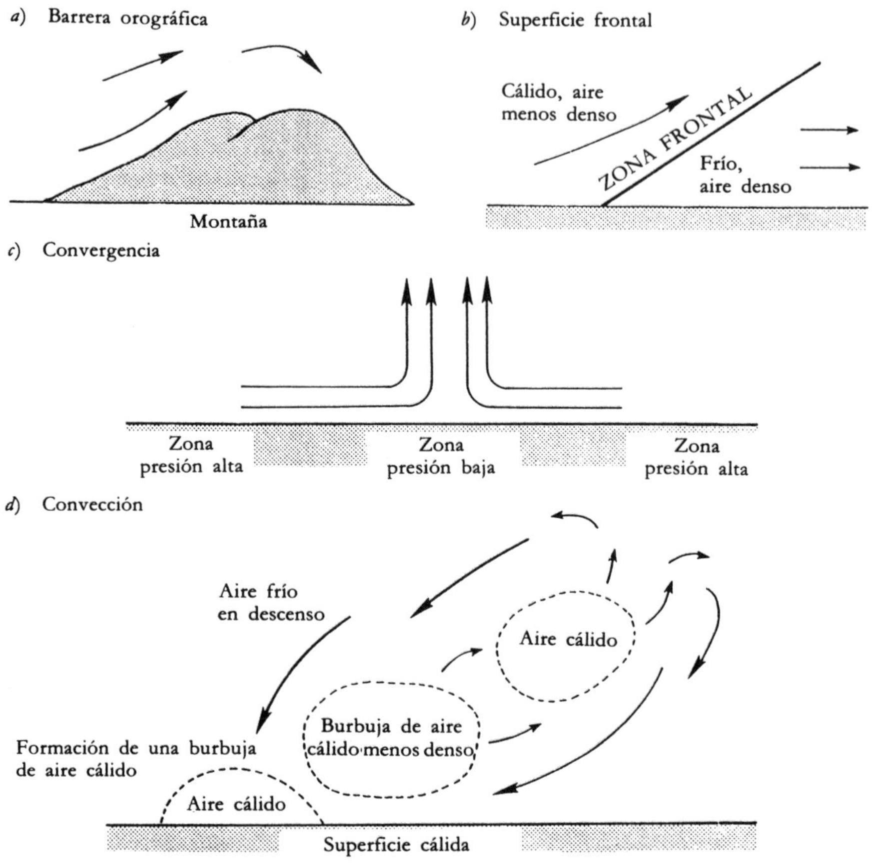

FIGURA 4.14. Mecanismos que impulsan el movimiento ascendente del aire

2. La ascensión frontal es consecuencia del contacto entre dos masas de aire distintas; en la superficie de separación, o frente, el aire frío, más denso, se mete en cuña por debajo del cálido forzándole a su elevación.

3. También la convergencia horizontal del aire hacia los centros de baja presión tiene el mismo efecto: puesto que el aire no puede acumularse en un punto, la respuesta a la convergencia es el movimiento ascendente. Por el proceso inverso, en las altas presiones el aire desciende y diverge.

4. Por último, la convección tiene origen en el calentamiento del aire en contacto con un suelo muy cálido. Al aumentar su temperatura el aire se expande, es más ligero que su entorno y asciende.

6.1. *Tipos de equilibrio en la atmósfera*

A partir del impulso que el aire recibe por alguno o varios de los mecanismos citados, la velocidad y magnitud del movimiento puesto en marcha dependen del tipo de equilibrio existente en la atmósfera, y éste se deduce de la comparación de la temperatura de la masa de aire que se mueve con la del aire ambiente a través del cual se desplaza, ya que la temperatura determina la densidad del aire y, por tanto, su flotabilidad. En este punto es necesario precisar un aspecto básico sobre la densidad del aire que facilitará la comprensión del proceso: para una presión determinada, la densidad es función de la temperatura. Esto es fruto de la ley de los gases perfectos, que se escribe así:

$$P = R \rho T$$

donde P = presión, ρ = densidad, T = temperatura absoluta y R = constante de los gases para el aire seco. Esto implica que, a mayor temperatura del aire, menor es su densidad, y al revés. Por tanto, el aire cálido es ligero, y el frío, pesado.

En consecuencia, las condiciones de equilibrio mecánico de la atmósfera están determinadas por la relación entre la variación de temperatura con la altura alrededor de la masa de aire ascendente o descendente, es decir, del gradiente térmico vertical, y la variación de temperatura de la propia masa de aire, cuya evolución es adiabática. De esta relación resultan varios tipos de equilibrio:

1. *Aire estable*. Cuando el gradiente térmico de la atmósfera es muy débil, inferior a los dos gradientes adiabáticos (es decir, $\alpha < \gamma$), una partícula o porción de aire que es forzada a ascender por alguno de los mecanismos antes citados, en cualquier punto que se sitúe será más fría y lógicamente más densa que su entorno, y volverá a su nivel inicial una vez cese la fuerza causante del desplazamiento. Con esta situación todo movimiento vertical del aire es frenado o bloqueado; se dice entonces que el aire es *estable* (figura 4.15a).

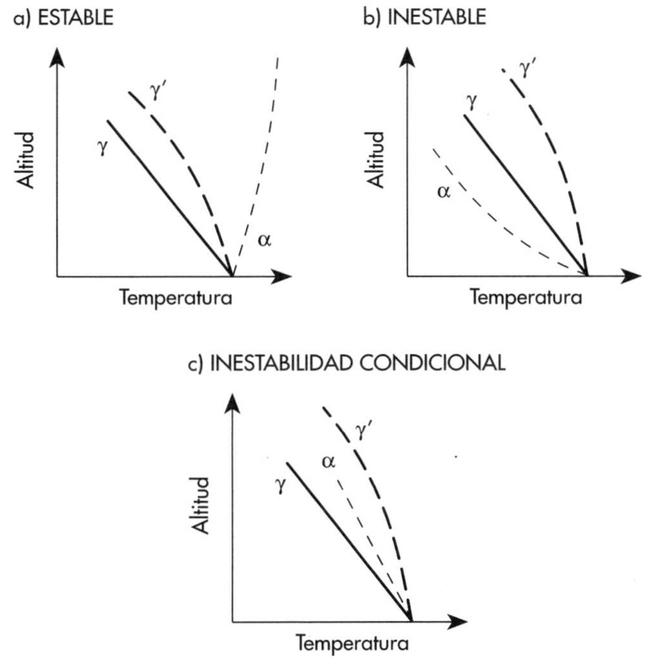

FIGURA 4.15. Diagramas ilustrativos de las condiciones de a) estabilidad, b) inestabilidad y c) inestabilidad condicional. Los signos representan: γ = gradiente adiabático seco; γ' = gradiente adiabático húmedo o saturado y α = curva de estado.

2. *Aire inestable*. En el caso de un gradiente térmico fuerte, superior a los valores adiabáticos ($\alpha > \gamma$), los efectos serán inversos, porque la porción de aire que se eleva es menos fría y menos densa que el aire que le rodea, en particular si alcanza el nivel de condensación. En este caso el aire es *inestable* (figura 4.15b), porque una vez iniciado su movimiento y ser más ligero que el aire ambiente tendrá tendencia a subir y se alejará cada vez más de su nivel original propiciando la formación de nubes. A este respecto cabe decir que si la componente vertical de la masa de aire que se eleva es más débil que la velocidad de traslación horizontal, se producirán nubes de tipo estratiforme, mientras que si la componente vertical es muy acentuada se originarán nubes de gran desarrollo altimétrico.

3. *Equilibrio neutro* o *indiferente*. Se da esta situación cuando la curva de estado y la adiabática saturada son paralelas ($\alpha = \gamma$). Entonces el movimiento de una partícula de aire saturada no se ve ayudada ni frenada por la atmósfera que le rodea; lo mismo ocurre con el aire no saturado cuando la curva de estado y la adiabática seca son paralelas (aunque es inestable para el aire saturado). En tales casos la partícula de aire está en equilibrio en cualquier posición alcanzada y se habla de equilibrio neutro.

El apoyo de varios ejemplos ayudará a completar lo explicado. Supongamos que gracias a sondeos aerológicos conocemos la temperatura vertical de la atmósfera en tres momentos distintos, y los representamos junto a la evolución térmica adiabática de una partícula o burbuja de aire, tal como se ilustra en la figura 4.16. Tomamos como punto de partida el nivel de 200 m, donde la temperatura es de 17°, para considerar tanto el movimiento ascendente como descendente del aire. En el primer ejemplo, si se obliga a ascender a la burbuja hasta los 300 m, allí tendrá una temperatura de 16°, mientras el aire ambiente tiene 16,4°; luego, al ser más fría, volverá a su posición de partida. Lo mismo ocurrirá si es llevada hasta los 400 m. En el caso de que la burbuja de aire fuera obligada a descender hasta los 100 m, entonces su temperatura sería de 18° frente a los 17,6° del entorno, por tanto, más cálida, y en consecuencia ascenderá hasta que su temperatura y la del aire circundante sean iguales. Esta situación es de total estabilidad.

En el siguiente ejemplo la situación es de clara inestabilidad. Si la burbuja es empujada a ascender, en cada nivel que se sitúe será más cálida y menos densa que el aire de su alrededor y por la fuerza flotante seguirá ascendiendo sin necesidad de ningún empuje exterior. De modo similar, si se fuerza su descenso estará siempre más fría que el ambiente y se alejará progresivamente de su nivel inicial hasta alcanzar el suelo.

En el último ejemplo el equilibrio persiste en cualquier nivel, porque tanto si la partícula es forzada a subir como a bajar su temperatura se halla equilibrada con el entorno.

4. *Inestabilidad condicional*. Con mucha más frecuencia la curva de estado del ambiente se sitúa entre la adiabática seca y la adiabática saturada, tal como muestra la figura 4.15c. Existe entonces inestabilidad condicional, ya que las condiciones de equilibrio dependen de la humedad relativa de la porción de aire que se mueve: si el aire es seco, será estable, pero en el caso de que fuera húmedo las condiciones serán de inestabilidad.

La figura 4.17 muestra uno de estos casos. El aire seco, inicialmente estable, forzado a ascender, sube hasta el nivel de condensación donde prosigue su enfriamiento conforme al gradiente adiabático saturado; si persiste el impulso que le empuja hacia arriba puede llegar a alcanzar el denominado *nivel de convección libre*, a partir del cual se hace inestable porque es más cálido y menos denso que el aire ambiente, y continuará su ascenso sin necesidad de apoyos externos.

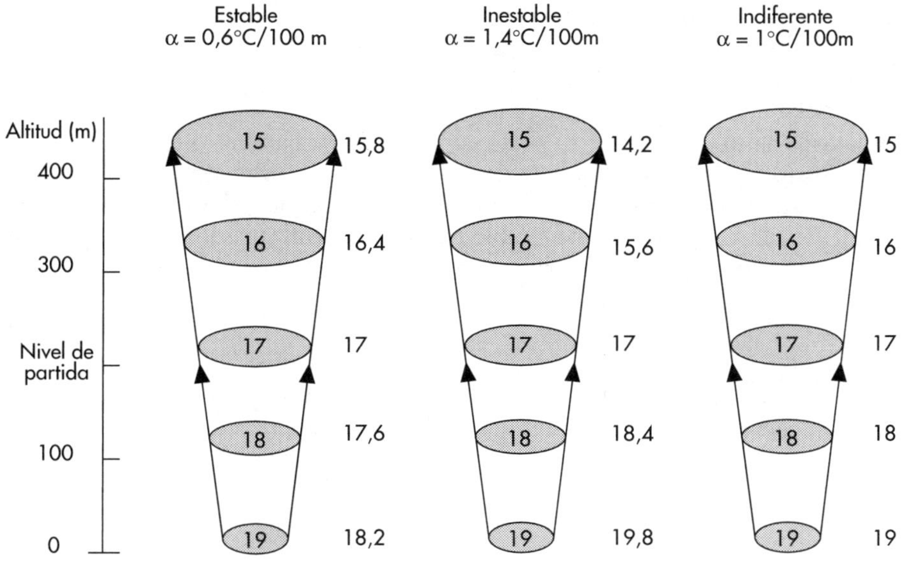

FIGURA 4.16. Ejemplos de estratificación atmosférica. En el interior de la burbuja en expansión figura su temperatura evolucionando conforme al gradiente adiabático seco, y a su derecha la temperatura del aire ambiente en los diferentes niveles altitudinales; α = gradiente térmico vertical (tomado de Martín Vide, 1991, modificado)

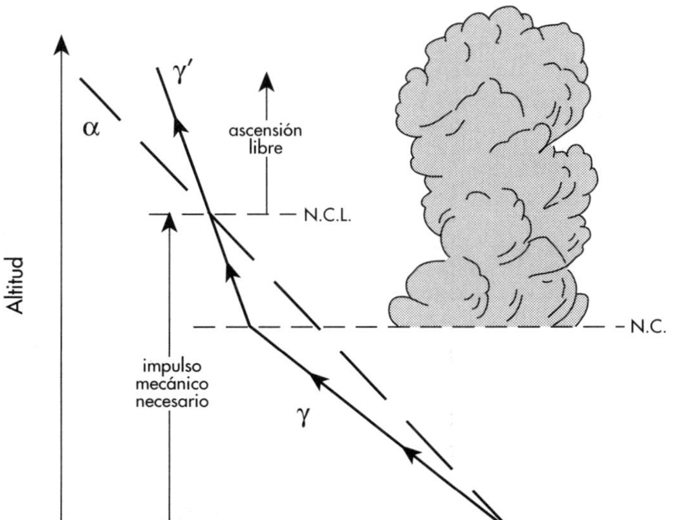

FIGURA 4.17. Ejemplo de inestabilidad condicional. Aire inicialmente estable se convierte en inestable por un ascenso forzado (N.C. = nivel de condensación; N.C.L. = nivel de convección libre)

5. *Inestabilidad convectiva.* Es la causada por el aumento del gradiente térmico entre la parte inferior y superior de una capa de aire que es obligada a ascender en bloque, por ejemplo, sobre una extensa barrera orográfica, o al deslizarse una cuña de aire frío por debajo de un estrato de aire caliente. En el ascenso, si la base de este volumen de aire se satura antes que su parte superior, el enfriamiento entre ambos extremos será distinto, lento en el primer caso y más rápido en el segundo, lo que incrementará el gradiente geométrico en todo el espesor del aire elevado (figura 4.18). Como resultado, el aire inicialmente estable puede inestabilizarse si el nuevo gradiente térmico es superior al gradiente adiabático.

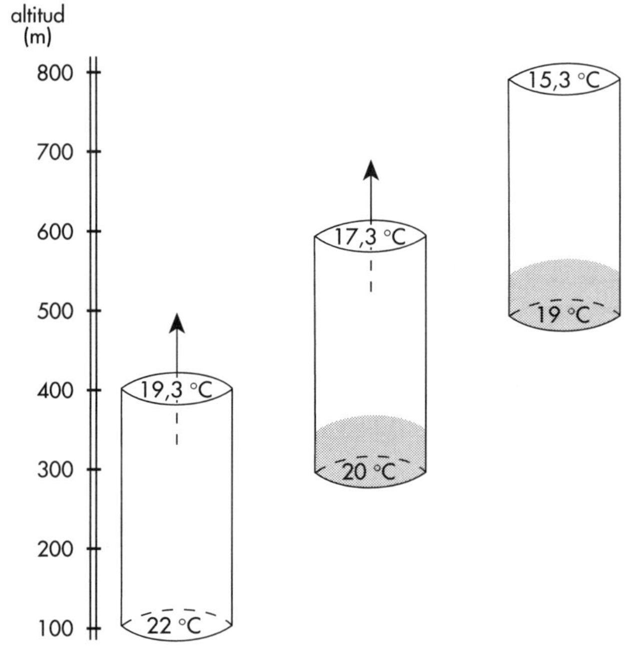

FIGURA 4.18. Ejemplo de inestabilidad convectiva en una columna de aire ascendente de 300 m de espesor. Al saturarse por la base antes que por su parte superior se incrementa la diferencia térmica entre ambos extremos, y se inestabiliza porque el gradiente térmico que se alcanza es superior al gradiente adiabático. El punteado de la figura expresa el aire saturado (tomado de Martín Vide, 1991)

6.2. *Inversiones térmicas y estabilidad*

Lo comentado anteriormente permite deducir que la presencia de inversiones térmicas favorece las condiciones de estabilidad e impide los movimientos verticales. Las situaciones que podemos encontrar son variadas en función de los distintos tipos de inversión existente.

1. *Inversión por subsidencia en altura.* Es debida al calentamiento adiabático de las capas intermedias de la atmósfera provocado por el movimiento descendente del aire

en el seno de los anticiclones (véase el proceso de su formación en el capítulo 8). La figura 4.19a muestra uno de estos casos, con aire inestable en superficie que asciende verticalmente hasta encontrarse con el nivel de inversión; en este momento su temperatura se iguala con la del aire ambiente y detiene su movimiento. Si el aire ascendente hubiera alcanzado el nivel de condensación, también entonces se frena el desarrollo de las nubes, cuya cima se corresponde con el estrato de inversión.

Este tipo de situaciones, cuando afectan a un gran espesor de la atmósfera, llegan a provocar peligrosas situaciones de contaminación del aire porque el polvo y los humos industriales no se elevan y se acumulan cerca de la superficie. En el caso de que la capa de inversión sea débil se suelen formar nubes estratiformes de poco espesor que cubren ligeramente el cielo.

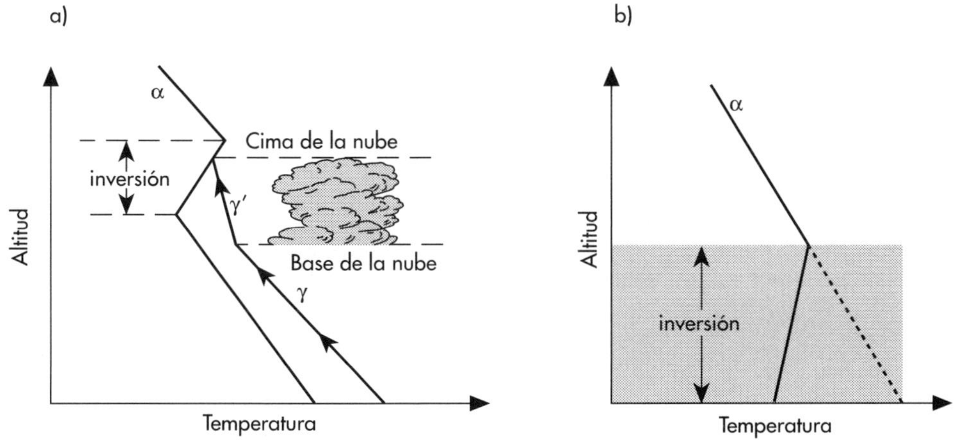

FIGURA 4.19. a) Inversión por subsidencia en altura. b) Inversión de tierra con formación de nieblas. El límite superior de la niebla coincide con el de la capa de inversión.

2. *Estratificación del aire junto al suelo*. Cerca de la superficie la temperatura del aire está muy influida por las variaciones diarias del balance de radiación y, en consecuencia, el gradiente térmico vertical experimenta importantes cambios temporales (véase la figura 4.20). Durante la noche, la pérdida de calor del suelo por radiación terrestre enfría también el aire en contacto con él y origina una inversión térmica, cuyo límite superior aumenta a lo largo de las horas nocturnas. La atmósfera permanece estable y el descenso de temperatura conlleva a menudo la saturación del aire y la formación de brumas y nieblas, especialmente intensas en invierno (figura 4.19b).

Al amanecer la situación cambia. El suelo se calienta por la radiación solar y el calor es transmitido por conducción térmica a las capas de aire inmediatas y la inversión empieza a desaparecer; a lo largo de la mañana y principios de la tarde el gradiente térmico llega a ser *superadiabático*, es decir, el descenso de la temperatura con la altitud es muy rápido, lo que hace que el aire sea muy inestable y se eleve a gran altura. El proceso se conoce como *convección térmica* (recuérdese la figura 4.14d), y es responsable en las regiones húmedas ecuatoriales y durante el verano en las templadas, del desarrollo de nubes de tipo convectivo, que en ocasiones llegan a alcanzar la altura de la tropopausa y que pueden originar intensas precipitaciones al final de la tarde.

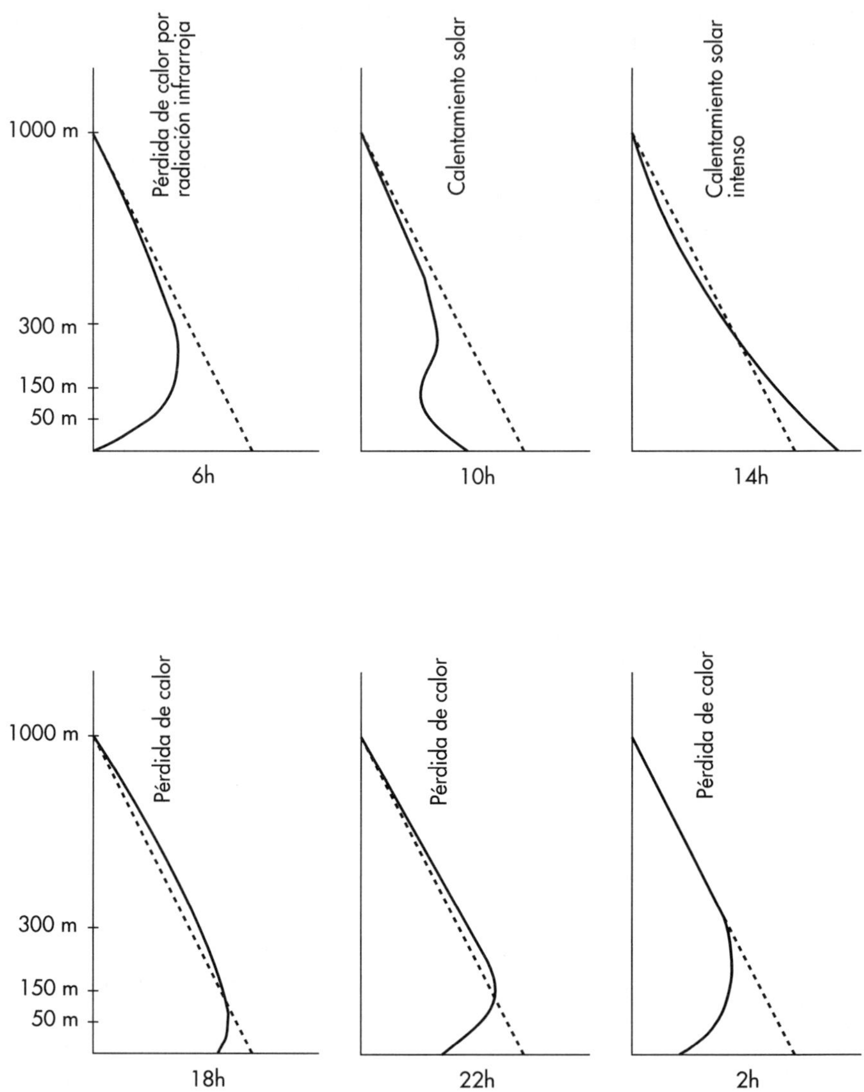

FIGURA 4.20. Variación típica del perfil de temperaturas a diferentes horas en un día soleado, representadas por la línea continua. La línea de trazos dibuja la curva de estado promedio

6.3. *Diagramas aerológicos*

En meteorología, con el propósito de conocer el comportamiento de la atmósfera y llevar a cabo los análisis diarios del tiempo, se utilizan diagramas aerológicos, donde a partir de los datos de presión, temperatura y humedad se expresan los cambios en las propiedades de las masas de aire en movimiento. Dos de estos diagramas de uso común son el *emagrama* y el *tefigrama*. Este último se representa en la figura 4.21, acompañado de una sencilla aplicación al cálculo gráfico del nivel de condensación y formación de nubes. Se trata en este caso de una porción de aire ascendente, en el nivel de 1.000 mb de presión, con una temperatura de 25 °C y 50 % de humedad relativa (punto A). Con el uso del tefigrama determinamos el nivel de condensación y de formación de nubes (punto donde la curva adiabática seca corta la curva de razón de mezcla correspondiente a dicha masa de aire, que es de 10 g/kg), que se sitúa en la cota de 850 mb a 1.500 m, donde su temperatura oscila entre 11° y 12 °C (punto B). Siguiendo ahora la adiabática húmeda, la temperatura de saturación seguirá disminuyendo hasta que se encuentre una inversión de temperatura; este punto determina la cima de la nube (punto C). Si el aire desciende lo hará siguiendo la adiabática seca, y llegará al nivel de 1.000 mb con 35 °C de temperatura (punto E).

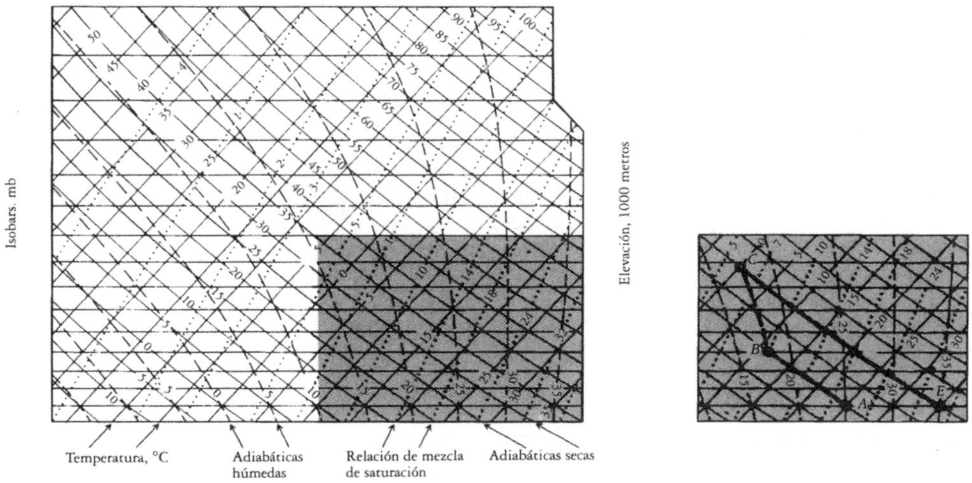

FIGURA 4.21. Diagrama aerológico con expresión de diferentes propiedades de la atmósfera (presión, temperatura, adiabáticas y relación de mezcla de saturación) y representación del ejemplo explicado en el texto

7. Formas de condensación

7.1. *Núcleos de condensación*

Teniendo en cuenta los mecanismos básicos de la condensación hasta aquí comentados, veamos ahora las formas más corrientes que toma la humedad al condensarse. En principio, el vapor de agua cambia de estado cuando el aire se enfría por debajo de la temperatura del punto de rocío; en este momento el excedente de vapor que se produce pasa al estado líquido (excepto en el caso de que la temperatura sea inferior a 0 °C, porque entonces se transforma directamente en hielo, por el proceso conocido como *sublimación*). Sin embargo, para que el agua condense se precisa una segunda condición: la presencia de *núcleos de condensación* sobre los que puedan formarse las gotas de agua, de lo contrario el aire se sobresatura, es decir, alcanza humedades relativas superiores al 100 % sin que la fase líquida se alcance.

En efecto, en el aire absolutamente «limpio», sin partículas en suspensión y presencia exclusiva de vapor de agua, aunque esté muy sobresaturado, el vapor no condensa (la sobresaturación llega a alcanzar en laboratorio valores sucesivos de 200, 300 %, etcétera, hasta un límite experimental superior al teórico). Es necesaria, pues, una superficie ajena al aire para que el proceso tenga lugar. Esta superficie puede ser el suelo o las plantas, como ocurre en el caso del rocío o la escarcha (idéntico papel tienen, por ejemplo, los cristales cuando se empañan); pero en el aire se realiza sobre pequeños núcleos que tengan capacidad para absorber la humedad, es decir, *higroscópicos*, como son la sal marina, el polvo terrestre o las partículas procedentes de incendios, erupciones volcánicas, actividad industrial, etc. Sobre ellas se inicia la condensación y se forman las gotitas en las que finalmente queda disuelta la propia sustancia. Esta capacidad para disolverse facilita el mecanismo de desarrollo de las gotas, porque la presión de saturación del vapor sobre una gota de disolución es menor que sobre una gota pura de igual tamaño y temperatura, lo cual soslaya la exigencia de altas presiones de vapor necesarias para que se formen los núcleos de condensación. Esta cualidad, conocida como *efecto de la disolución* (figura 4.23), posibilita también el comienzo de la condensación antes de que se alcance la saturación; en el caso de los núcleos de cloruro sódico, por ejemplo, comienza cuando la humedad relativa es del 78 %.

El tamaño de los núcleos de condensación es muy variable, desde los que tienen 0,01 μm de radio, cuya efectividad es escasa porque exigen altos niveles de sobresaturación, hasta los que alcanzan los 10 μm, que escasean en el aire porque se mantienen poco tiempo en él. Del conjunto los más activos son los de 0,1 a 1 μm. Normalmente se clasifican en tres tipos (véase el cuadro 4.4):

CUADRO 4.4
Características de los núcleos de condensación

Tipo	Radio (μm)	Concentración media: Número por m³	Concentración media: Número por cc
Núcleos de Aitken	$< 0,2$	4×10^{10}	4×10^{4}
Núcleos grandes	$0,2 - 1$	10^{8}	10^{2}
Núcleos gigantes	> 1	$10^{6} - 10^{3}$	$0,5 - 1$

1. *Núcleos de Aitken*. Poseen radios inferiores a 0,2 μm y se forman sobre todo en los procesos de combustión, tanto naturales como antrópicos; en este último caso su presencia es muy alta en la atmósfera urbana contaminada. Su concentración varía desde un millón por metro cúbico ($10^6/m^3$) sobre el océano y el campo, hasta $10^{12}/m^3$ en las áreas industrializadas.

2. *Núcleos grandes*. Son partículas de sulfato amónico, clorhídrico amónico y ácido sulfúrico, cuyo radio está comprendido entre 0,2 y 1 μm.

3. *Núcleos gigantes*. Superan 1 μm de radio y están constituidos en una elevada proporción por partículas de ácido sulfúrico y partículas de sal generadas por la explosión de las burbujas de aire de la espuma marina.

La concentración de estos núcleos es muy variable. La atmósfera urbana y la de las áreas industriales contiene cantidades muy superiores a las existentes en el campo o sobre los océanos, como se observa en la figura 4.22, y en todos los casos su presencia disminuye con la altitud tanto más rápidamente cuanto mayor sea su tamaño. Pero además depende de las condiciones atmosféricas: la turbulencia y el viento fuerte tienden a dispersar las partículas, mientras el tiempo estable favorece su concentración.

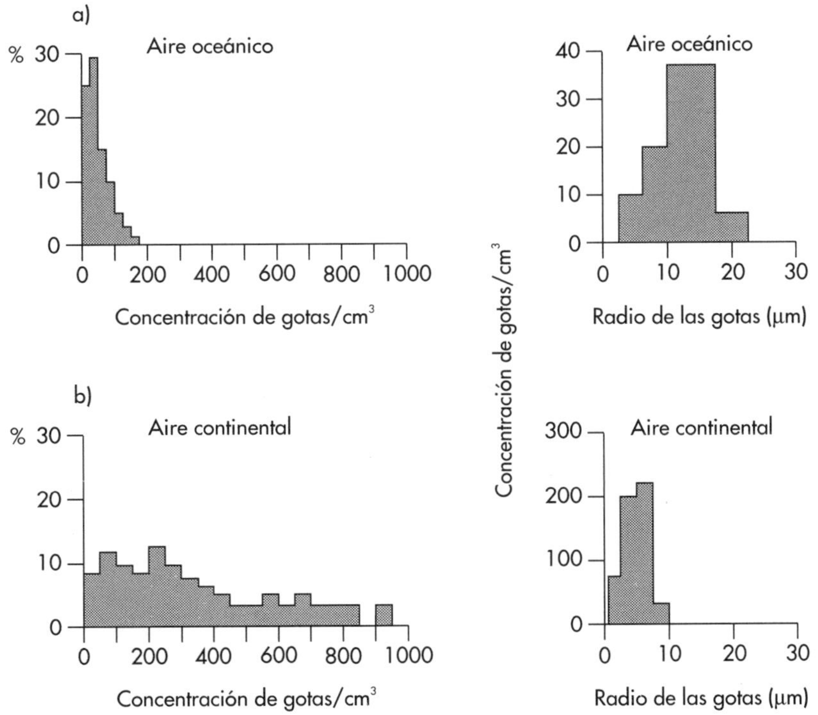

FIGURA 4.22. Distribución, en porcentajes, de la concentración de gotas de agua en nubes tipo cúmulo en el aire oceánico y en el continental (a la izquierda), y concentración de gotas de diferentes tamaños (a la derecha) (según Henderson-Sellers y Robinson, 1986)

Otro fenómeno asociado a la condensación es el que hace referencia al llamado *efecto de la curvatura* de las gotas de agua. Sabemos que la presión de saturación del vapor sobre la superficie curva de una gota es mayor que sobre una superficie plana, a la misma temperatura, y que esta presión es inversamente proporcional al radio de la gota; en consecuencia, si éste es muy pequeño la gotita de agua tenderá a evaporarse de nuevo apenas formada, salvo que la humedad ambiente sea muy elevada, pero en la atmósfera la sobresaturación muy pocas veces supera el 1 %, por lo que las partículas pequeñas se evaporan rápidamente. Esta dependencia humedad-curvatura puede suponer que, en una población de gotas de distinto tamaño, el mismo ambiente donde se encuentran llegue a estar subsaturado para las pequeñas y sobresaturado para las grandes, lo que originaría cierta evaporación de las primeras y condensación sobre las segundas.

El efecto debido a la curvatura interviene en el desarrollo de las gotas de agua simultáneamente con el efecto de la disolución antes comentado. Ambos se han representado en la figura 4.23, junto con las curvas de crecimiento seguidas por gotitas de radios diferentes, en las que se pone de manifiesto que cuanto más pequeñas sean éstas, mayores niveles de sobresaturación se necesitan para que puedan seguir desarrollándose.

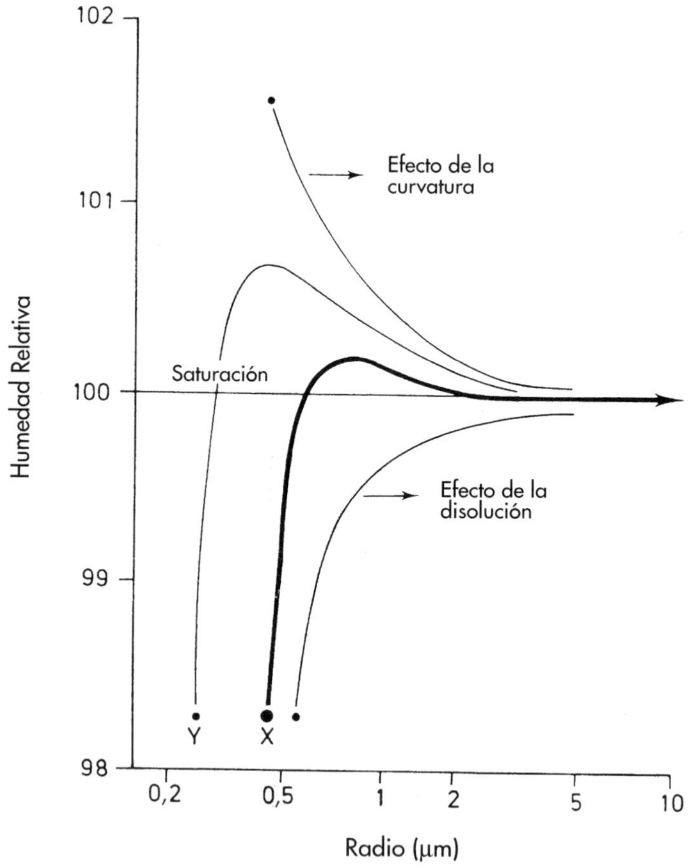

FIGURA 4.23. Representación del efecto de curvatura de las gotas y del efecto de la disolución, junto con las curvas de crecimiento de núcleos de condensación de tamaño normal (línea X) y pequeño (línea Y) (según Pettersen, 1966)

7.2. *Formas principales de condensación*

La humedad al condensarse adquiere formas diversas entre las que están las nubes, niebla, rocío, escarcha, cencellada, etc.; de ellas, las de mayor relevancia como elementos del tiempo son las nieblas y las nubes. Las primeras se originan cerca de la superficie del suelo, y van asociadas a condiciones de estabilidad del aire; las nubes se forman en altitud por los movimientos ascendentes del aire y, en consecuencia, se relacionan con la inestabilidad atmosférica.

7.2.1. Nieblas

La niebla se describe a menudo como una nube en contacto con el suelo; en realidad el aspecto y la estructura de las nieblas y las nubes son los mismos; además, desde la niebla densa hasta las nubes bajas existe una variación continua sin que pueda hacerse ningún distingo; la única diferencia es el mecanismo y el lugar de formación. Constituye un fenómeno que en ocasiones alcanza gran intensidad, pero sólo persiste algunos días; tan pronto como aumenta la evaporación por el calentamiento solar, en unos casos, o se incrementa la velocidad del viento, en otros, aquélla desaparece. Por los procesos físicos de constitución distinguiremos varios tipos: de radiación, de advección e industriales.

1. *Nieblas de radiación.* Es un tipo muy común de niebla, que se forma por descenso de la temperatura del aire en su contacto con el suelo frío por radiación. Son propias de noches claras, con tiempo estable e inversión térmica en superficie, donde el fuerte descenso de la temperatura del suelo origina primero rocío o escarcha y a continuación estratos de niebla, al transmitirse el frío a las capas bajas del aire (recuérdese la figura 4.19). Aunque su formación requiere estabilidad atmosférica, es necesaria la presencia de viento débil, entre 3 y 10 km/h, que agite el aire y por difusión turbulenta facilite la mezcla con las capas superiores. Normalmente durante las horas diurnas, al calentarse la superficie con la radiación solar, la niebla se evapora por la base y desaparece (se dice por ello que la niebla se «disipa» o «levanta»); aunque en ocasiones, cuando el enfriamiento del suelo es intenso y la capa de inversión muy potente, la niebla se refuerza y mantiene durante varios días.

2. *Nieblas de advección.* Se producen por enfriamiento de las capas superficiales del aire cuando se desplazan horizontalmente. Como consecuencia de este movimiento su origen puede ser doble: por deslizamiento de aire cálido y húmedo por encima de una superficie fría o por llegada de una masa fría sobre una superficie cálida. El primer caso es muy frecuente en el mar cuando el aire cálido fluye sobre un área de aguas frías, como ocurre, por ejemplo, cerca de Terranova con la corriente fría del Labrador, o en la costa oriental británica cuando vientos del este soplan sobre el frío mar del Norte; se crea entonces una niebla espesa y estratificada a baja altura, cuya intensidad depende del contraste existente entre las temperaturas del aire y del agua. Por lo general, su pleno desarrollo requiere velocidades del viento entre 6 y 24 km/h, pues con intensidades menores queda reducida a un débil estrato superficial, y con vientos fuertes la capa de niebla asciende y da origen a un cielo encapotado con nubes bajas.

Las nieblas del segundo tipo, a las que se conoce también como *nieblas de evaporación*, son de poco espesor y aspecto vaporoso o humeante. Constituyen un fenómeno frecuente en los lagos de aguas cálidas al pasar aire frío por encima, y lo mismo ocurre sobre las corrientes oceánicas cálidas (como la corriente del Golfo y la rama occidental de Kuroshio, al norte del Japón) o, de modo particular, en las costas árticas durante el invierno, cuando es mayor el contraste térmico entre el mar y las frías tierras de su entorno.

3. *Nieblas industriales.* Son una variedad de nieblas de radiación muy características de fondos de valle y hondonadas topográficas en la vecindad de ciudades y núcleos industriales. En estas áreas la adición excepcional al aire de partículas higroscópicas procedentes de la actividad urbana y fabril favorece la presencia de nieblas frecuentes y anormalmente densas, muy a menudo con humedades relativas inferiores al 100 %. Cuando se mezclan humo y otros contaminantes con niebla muy densa aparece el denominado *smog* (palabra inglesa procedente de la contracción de *smoke fog:* niebla de humo), de naturaleza muy desagradable y de efectos nocivos para la salud.

7.2.2. Nubes

Las principales y más importantes formas de condensación son las nubes, a las que se ha llamado acertadamente «documentos escritos de la atmósfera», porque son los mejores exponentes de los procesos de intercambio de calor y humedad entre la tierra y el aire, además de informar de las condiciones que prevalecen en cada momento en la atmósfera. Casi todas las nubes son consecuencia de los cambios de temperatura y humedad que tienen lugar en el seno de una masa de aire ascendente al enfriarse adiabáticamente, y consisten en masas densas de minúsculas gotas de agua o finos cristales de hielo flotando en el aire, de diámetros comprendidos entre 5 y 25 μm , cuyo número varía de ordinario entre varias decenas y algunas centenas por cm^3.

Por la variedad existente se clasifican según diversos criterios y se describen mediante nombres latinos de significación bien precisa. Así, por su altura se diferencian cuatro categorías, cuyos límites altitudinales van en aumento desde los polos al Ecuador conforme varían la temperatura y el contenido acuoso del aire: a) *nubes altas*, las que se localizan en el llamado nivel o piso superior, que para las latitudes medias es el comprendido entre 6 y 13 km; b) *nubes medias*, en el nivel intermedio, a una altura de 2 a 7 km; c) *nubes bajas*, las situadas en el nivel o piso inferior, cuya altitud no sobrepasa los 2 km; y d) *nubes de desarrollo vertical*, relacionadas con fuertes ascensos verticales del aire que favorecen la extensión de las nubes desde la proximidad del suelo hasta grandes alturas. Al existir mayor cantidad de agua en los niveles bajos de la atmósfera que en las capas superiores, es evidente que cuanto más alta se encuentre la nube, tanto menos densa y más fina o tenue será ésta.

Por su forma se reconocen tres tipos: *cirrus*, *stratus* y *cumulus*. Los cirrus son nubes tenues, constituidas por cristales de hielo, de color blanco y estructura fibrosa, que a menudo tienen aspecto de plumas; los stratus son capas nubosas continuas, de relativo espesor y de gran extensión superficial; y por último, los cumulus son nubes densas, de base plana y contornos bien recortados, cuya estructura recuerda a veces la de la coliflor. Otros nombres que se utilizan son el prefijo *alto* para las nubes de nivel altitudinal medio y *nimbus* (nombre de lluvia en latín) si lleva asociada precipitación.

De la combinación de los mismos se obtienen los diez géneros básicos adoptados por acuerdo internacional, que recoge el Atlas Internacional de Nubes de la OMM editado en 1956, cuyos precedentes se encuentran en la clasificación elaborada en 1902 por el francés Lamarck y completada poco mas tarde, en 1903, por el inglés Howard. Las definiciones, extraídas del citado Atlas, las damos a continuación, junto con un esquema ilustrativo de su forma típica (figura 4.24) y un cuadro resumen de sus características básicas (cuadro 4.5).

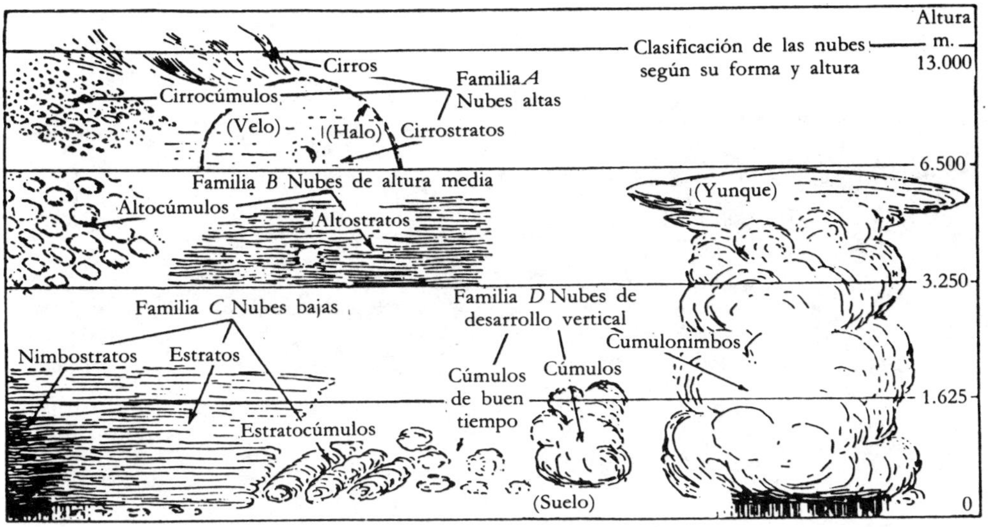

FIGURA 4.24. Formas típicas de los diez géneros básicos de nubes y niveles altitudinales de los mismos (según Strahler y Strahler, 1989)

Cirrus (Ci). Nubes separadas, en forma de filamentos blancos y delicados, de aspecto fibroso o sedoso, o ambas cosas a la vez, y formadas por cristales de hielo, que le dan su peculiar aspecto.

Cirrostratus (Cs). Género de nubes en forma de velo blanquecino y transparente, de estructura fibrosa o lisa, que cubren de modo total o parcial el cielo. Generalmente dan lugar a fenómenos tipo halo.

Cirrocumulus (Cc). Banco, manto o capa delgada de nubes blancas, sin sombras propias, compuesto de elementos muy pequeños en forma de rizos, gránulos, ondas, etcétera, mezclados o separados, dispuestos más o menos regularmente (a veces según bandas que cruzan el cielo, dándole el aspecto de «cielo aborregado»), y de anchura aparente inferior a un grado. Es el género de nubes menos frecuente y suele producirse a partir de la degeneración de cirros originales o cirrostatos, con los que aparecen asociados.

Altostratus (As). Manto o capa nubosa, grisácea o azulada, de aspecto estriado, fibroso o uniforme, que cubre el cielo total o parcialmente, presentando partes delgadas que permiten ver vagamente el Sol, como a través de un vidrio deslustrado. Este género no da lugar a fenómenos de halo.

Altocumulus (Ac). Manto o capa de nubes blancas o grises, o de ambas tonalidades a la vez, con sombras propias, y compuesto por láminas, masas redondeadas, rodillos, etc., que pueden estar soldadas o no, y de aspecto a veces parcialmente fibroso o difuso. La mayor parte de sus elementos pequeños regularmente dispuestos suelen presentar una anchura aparente de uno a cinco grados.

Estratos. Capa nubosa uniforme baja que puede presentar desgarraduras producidas por el viento. Cuando tocan el suelo constituyen la niebla

Cirrocúmulos. Nubes típicas llamadas «borreguitos». Forman bandas de menudísimos copitos, ordenados en filas que semejan un emparedado

Stratus (St). Capa nubosa gris y uniforme, sin forma particular, ni estructura, que por lo general cubre completamente el cielo. En estas nubes no se presenta el fenómeno del halo, salvo de manera eventual a muy bajas temperaturas.

CUADRO 4.5
Características de los diferentes géneros de nubes (según Sumner, 1988)

División altitudinal	Género y abreviatura	Altura de la base (Km)	Dimensión vertical (Km)	Temperatura de la base (°C)	Contenido de agua (g/m³)
alta	cirrus (Ci)	5 – 13	0,6	– 20 a – 60	0,05
	cirrocumulus(Cc)	5 – 13		– 20 a – 60	
	cirrostratus (Cs)	5 – 13		– 20 a – 60	
media	altocumulus (Ac)	2 – 7	0,6	+ 10 a – 30	0,1
	altostratus (As)	2 – 7	0,6	+ 10 a – 30	0,1
baja	stratus (St)	0 – 0,5	0,5	+ 20 a – 5	0,25
	stratocumulus (Sc)	0,5 – 2		+ 15 a – 5	
	nimbostratus(Ns)	1 – 3	2,0	+ 10 a – 15	0,5
vertical	cumulus (Cu)	0,5 – 2	1,0	+ 15 a – 5	1,0
	cumulonimbus (Cb)	0,5 – 2	6,0	+ 15 a – 5	1,5

Stratocumulus (Sc). Banco, manto o capa de nubes grises o blancas, o de ambos tonos al mismo tiempo, que presentan casi siempre partes oscuras, y que tienen forma de pesados rodillos o masas globulares alargadas, de aspecto no fibroso, y dispuestas según largas bandas paralelas que cubren todo o gran parte del cielo. Casi todos los elementos pequeños regularmente dispuestos suelen presentar una anchura aparente superior a cinco grados.

Este género procede a menudo del aplanamiento de otras nubes cumuliformes, dispuestas a veces en bandas, o pueden formarse a partir de la existencia de altocúmulos.

Nimbostratus (Ns). Nubes densas, de color gris oscuro, cuyo aspecto se hace difuso por la caída más o menos continua de precipitación, que en la mayoría de las ocasiones alcanza el suelo. El notable espesor en todas sus partes oculta la visión del Sol. Con frecuencia en la parte inferior de las mismas se observan fragmentos o retazos de nubes de poca extensión y forma irregular (son los llamados *fractostratus* o *nubes errantes*), con los que suelen mezclarse.

Cumulus (Cu). Nubes separadas, por lo general densas, y de contornos bien delimitados, que se desarrollan verticalmente en forma de exuberancias, cúpulas o torres, en las que la protuberosa región superior recuerda con frecuencia a una coliflor. Las partes de estas nubes iluminadas por el Sol son, por lo general, de un blanco brillante; y su base, algo oscura, forma una línea casi perfectamente horizontal que corresponde al nivel del punto de rocío. En ocasiones los cúmulos aparecen desgarrados.

Cumulonimbus (Cb). Género de nubes densas y grandes, de considerable desarrollo vertical, en forma de montaña o de torres gigantescas, cuyo extremo superior, al menos en parte, es liso, fibroso o estriado, y casi siempre achatado. Esta región se ex-

Cirros. Nubes blanquísimas, formadas por filamentos muy tenues y esparcidos a veces en forma de parra o procedentes del yunque de un cumulonimbus.

Altocúmulos. Banco de nubes con forma de guijarros o losas ordenadas en grupos, filas o rollos siguiendo dos direcciones. Con fuertes vientos y a sotavento de sistemas montañosos toman formas lenticulares.

tiende a menudo para tomar forma de yunque o de gran penacho. Bajo su base, que con frecuencia es muy sombría, existen muchas veces otras nubes bajas, desgarradas, unidas o no con ella, y precipitaciones en forma de *virga*, es decir, cortinas de lluvia que alcanzan a llegar al suelo.

Los géneros descritos se excluyen mutuamente y se subdividen a su vez en catorce especies y nueve variedades. Todos ellos se recogen en el apéndice, con la raíz latina con la que se denominan y algunas particularidades suplementarias.

El tipo de nube depende del mecanismo mediante el cual el aire inició su ascenso y de la altura a la que dicha masa alcanzó el punto de rocío; de ahí la espectacular diversidad de formas y modelos. Recordemos que el aire puede verse forzado a ascender en respuesta al calentamiento local, al efecto de frentes o cuñas de aire, a la convergencia horizontal o a la acción de la topografía (véase el apartado 6). Cuando el impulso es debido a una cadena montañosa que se interpone al paso del aire los efectos son varios: el obstáculo puede provocar la inestabilidad si el aire es potencialmente inestable; pero en el caso de que sea estable, volverá a su nivel original a sotavento de la cordillera. Este flujo descendente adquiere por encima y a sotavento de la montaña un movimiento ondulatorio, con presencia de crestas y vaguadas más o menos estacionarias en relación con la barrera, a las que se conoce como ondas a sotavento u ondas estacionarias, en cuyo seno se desarrollan en condiciones de humedad suficiente varias formas de nubes (figura 4.25).

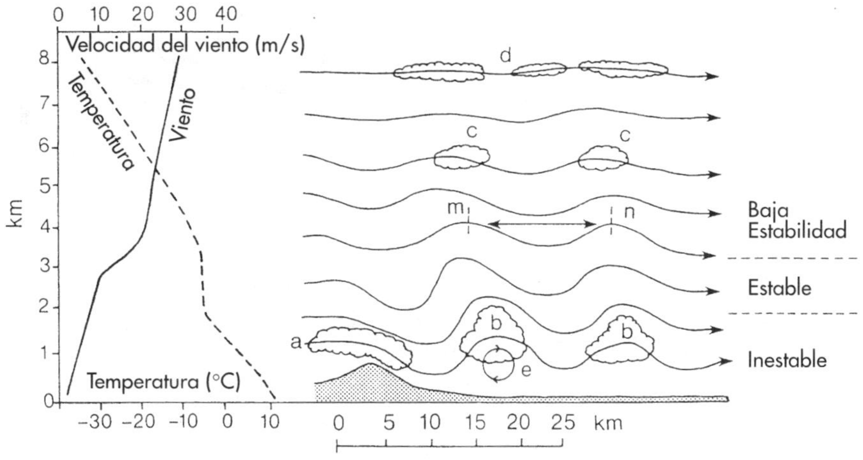

FIGURA 4.25. Tipos de nubes asociadas a las ondas a sotavento y rotores producidos por el flujo de aire que cruza sobre una cadena montañosa: a) nubes en gorro o penacho nuboso, b) nubes de remolino, c) altocúmulos lenticulares, d) cirros, e) rotor principal, m-n) longitud de onda (según O'Hare y Sweeney, 1986)

Junto a la línea de cumbres se observa a veces la existencia de penachos nubosos o *nubes en forma de gorro*, que vistas desde la vertiente a sotavento tienen la apariencia de un muro (es el llamado *muro de foehn)*. Viento abajo, la presencia de las ondas va generalmente seguida de la formación de *nubes lenticulares* (figura 4.26), que surgen cerca de la cresta al ascender y enfriarse el aire, a la vez que se deshacen cuando éste desciende y se calienta; por esta circunstancia la separación entre nubes corresponde a la longitud de onda de la perturbación producida. En ocasiones, por la intensa turbulencia creada, las ondas van acompañadas en las capas bajas de la atmósfera de grandes rotores o remolinos estacionarios, girando alrededor de un eje horizontal, en cuya parte superior surgen *nubes de remolino*, al condensarse el vapor de agua, mientras en la inferior el flujo de aire tiene sentido inverso al resto.

FIGURA 4.26. Nubes lenticulares desarrolladas en la vertiente meridional de los Pirineos

El movimiento ondulatorio que provoca un obstáculo orográfico se proyecta en altura hasta un nivel que llega a ser entre dos y tres veces mayor que la altitud de la montaña, y se extiende en sentido horizontal hasta una distancia de 80-100 km; por su parte, las ondas alcanzan amplitudes de algunas centenas de metros y longitudes variables según la fuerza de la corriente de aire entre 5 y 15 km. Sin embargo, para que estas ondas a sotavento hagan su aparición son necesarias varias condiciones, que se relacionan con el viento y la temperatura. En primer lugar debe existir estabilidad atmosférica en el nivel donde el aire es perturbado por el obstáculo, y estas condiciones se producen cuando aparece una capa de aire isoterma, es decir, sin cambio de temperatura con la altura, o cuando se forma una inversión térmica con estabilidad débil por encima de la capa estable (véase el esquema de la parte izquierda de la figura 4.26). En segundo lugar, el viento debe soplar bastante perpendicular a la alineación montañosa (dentro de un ángulo en torno a 30° respecto de la perpendicular), y mantener esta misma dirección en altura. Por último, para que las ondas inicien su desarrollo se estima necesario que el viento incremente su velocidad con la altitud, y tenga una velocidad horizontal mínima en la línea de cumbres que se estima alrededor de 7 m/s para barreras de 1.000 m de altura y en 15 m/s para montañas de más de 4.000 metros.

Digamos finalmente que a los diferentes tipos de nubes mencionados se pueden añadir las llamadas nubes especiales, entre las que están las siguientes: a) Nacaradas: se producen a gran altitud (21-30 km), y son de color irisado, especialmente brillante cuando el sol se encuentra algunos grados por debajo del horizonte. b) Noctilucientes: localizadas también por encima de la troposfera (a 75-90 km), donde destacan sobre el cielo oscuro durante la noche. Son nubes parecidas a los cirros o cirrostratos, pero que, por lo general, tienen una tonalidad azulada o plateada, y a veces anaranjada o rojiza. c) Nubes de incendios: son densas y oscuras, por su composición de cenizas, de rápido desarrollo vertical, toman la forma de nubes cumuliformes cerca del foco de ignición y estratiformes conforme se alejan de él. d) Nubes debidas a erupciones volcánicas y explosiones: suelen ser cumuliformes, de fuerte y rápido desarrollo vertical hasta grandes alturas, extendiéndose además sobre amplias áreas. e) Estelas de condensación o *contrails*: nubes en forma de líneas o estelas blancas que se forman al paso de un avión cuando la atmósfera a nivel del vuelo se encuentra suficientemente fría y húmeda. Con frecuencia son de corta duración, pero pueden ser persistentes cuando el viento es fuerte y el aire muy húmedo, y extenderse hasta confundirse con cirros y cirrocúmulos.

Capítulo 5

La precipitación: procesos y análisis

José M.ª Cuadrat

El término precipitación expresa todas las formas de humedad caídas directamente sobre el suelo en estado líquido o sólido, aunque, en general, sólo la lluvia y la nieve desprendidas de las masas nubosas contribuyen de modo significativo a los totales pluviométricos. Las nubes son, en consecuencia, la fuente principal de la precipitación, si bien, como es conocido, la mayoría de ellas no originan precipitaciones, porque las diminutas gotitas y cristales de hielo que las forman no alcanzan al suelo hasta que crecen lo suficiente para vencer el empuje de las corrientes de aire ascendentes que las mantiene en suspensión.

Por la precipitación el agua de la atmósfera regresa al suelo y se convierte en la mayor fuente de agua dulce del planeta, de la que depende en buena parte el paisaje vegetal y la actividad humana; sin embargo, tanto su distribución temporal y espacial como su cantidad y frecuencia son muy variables; de ahí la fundamental importancia que para el estudio del clima tienen el conocimiento de los mecanismos de su formación, sus variedades, sus características y los balances de agua. Estos aspectos son los que centrarán el interés de este capítulo.

1. Formación de la precipitación

Cuatro condiciones son necesarias para que se originen precipitaciones: 1.º) ascendencia del aire y su enfriamiento; 2.º) condensación del vapor de agua y formación de nubes; 3.º) fuerte concentración de humedad; y 4.º) crecimiento de las gotitas de agua de la nube. Las dos primeras se dan en la atmósfera sin demasiada dificultad, sin embargo, una vez formadas las nubes, éstas no siempre ocasionan precipitaciones, de lo que se desprende la importancia de los dos últimos requisitos. En efecto, por sí sola, la humedad contenida en las masas nubosas no es suficiente para producir lluvia continuada; en el caso, por ejemplo, de una nube ordinaria, con 2.000 m de espesor, en el supuesto de que precipitara todo su contenido, no se registraría más de 1 litro de agua por m^2, esto es, 1 mm, cantidad mínima comparada con la pluviometría que se suele observar, y por añadidura la nube iba a desaparecer, circunstancias ambas que no se dan porque el mecanismo de la precipitación va acompañado de la regeneración de las nubes con nuevos aportes de vapor de agua de las áreas por donde pasa la lluvia.

La última condición es quizá la más crítica. La razón es que las gotas de lluvia tienen tamaños milimétricos y, en cambio, las gotitas de nube son micrométricas y flotan en el aire en tanto no crezcan y pesen lo suficiente para caer al suelo (aproximadamente el volumen de las gotas de lluvia es un millón de veces mayor que las que forman la nube). Como se refleja en la figura 5.1, en el mecanismo de la condensación la velocidad de crecimiento de las gotitas que constituyen las nubes es inicialmente rápida, pero superada esta fase sus velocidades de desarrollo son limitadas y finitas, alcanzando dimensiones bastante uniformes que no rebasan la magnitud necesaria para convertirse en gotas de lluvia; así, mientras se observa que el radio habitual de estas últimas supera el milímetro, el más común en las gotitas de nube es tan sólo de 5 a 15 micras (figura 5.2), siendo por ello demasiado pequeñas para vencer la resistencia del aire y precipitar.

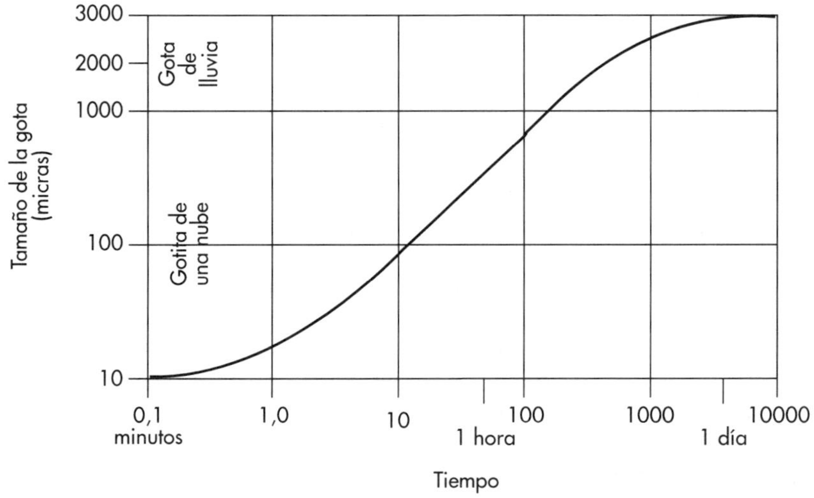

FIGURA 5.1. Velocidad y tamaño de crecimiento de las gotitas de nube por condensación

Por otra parte, y considerando que en la mayoría de las nubes la precipitación se desarrolla en el tiempo aproximado de una hora, el pausado crecimiento de las gotitas por condensación no puede explicar la rápida velocidad de formación de las gotas de lluvia. Por ejemplo, un núcleo de sal activo de 1 micra de diámetro, al iniciarse la condensación tardará 500 segundos en crecer hasta formar una gota de 100 micras de diámetro y tres horas o más en alcanzar el tamaño de una pequeña gota de lluvia de 1 mm; todo ello sin considerar las pérdidas que sufre por evaporación. El proceso es, por tanto, muy lento y no parece suficiente para interpretar el mecanismo de la precipitación, por lo que debe existir algún otro sistema que favorezca el cambio de tamaño de las gotas de la magnitud que tiene lugar en el seno de algunas nubes.

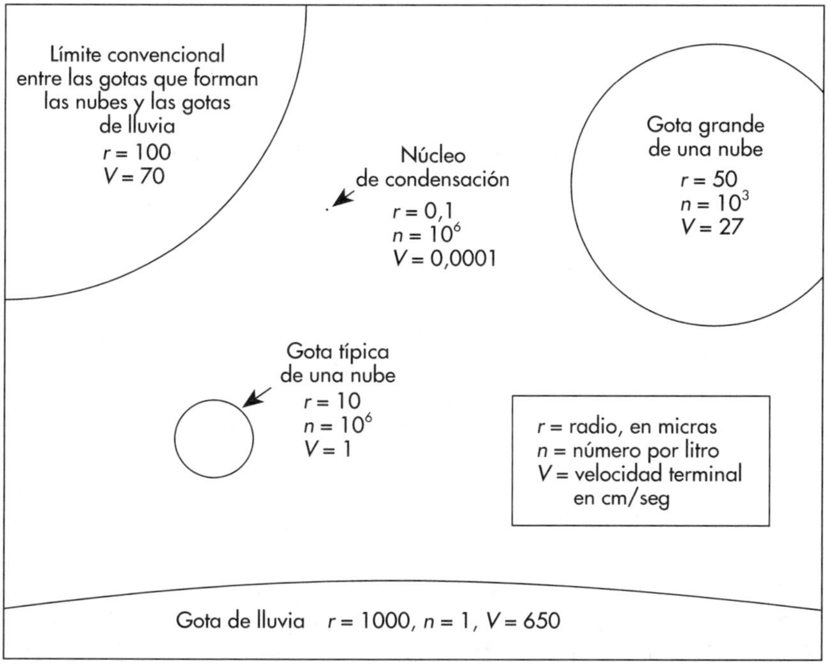

FIGURA 5.2. Comparación de tamaños, concentraciones y velocidades terminales de caída de algunas partículas que intervienen en los procesos de formación de nubes o precipitación

En la actualidad dos teorías, no excluyentes, que explican el crecimiento de las gotas de lluvia, son ampliamente admitidas y contrastadas: la de Bergeron-Findeisen y la de la colisión-coalescencia.

1.1. *Teoría de Bergeron-Findeisen*

La explicación propuesta por el meteorólogo sueco Bergeron en 1933 y completada por el físico alemán Findeisen en 1938 tiene como punto de partida la presencia de nubes en las que coexisten cristales de hielo y gotas de agua en subfusión (es decir, agua líquida con temperatura negativa), y se basa en el hecho de que la presión de vapor de saturación ante el hielo es menor que ante el agua en subfusión a la misma temperatura (véase el capítulo anterior y la figura 4.8). Las diferencias báricas son mínimas, como muestra el cuadro 5.1, pero suficientes para romper la estabilidad de la nube, porque el ambiente atmosférico puede estar saturado con respecto al hielo y no estarlo con respecto al agua. Esto significa que, por lo que se refiere a los cristales de hielo, hay demasiado vapor en el aire y como consecuencia parte de éste se sublima sobre el hielo adyacente haciendo que los cristales crezcan (figura 5.3); a su vez, la reducción del vapor de agua que este proceso origina deja al aire insaturado respecto al agua y nuevas gotas se evaporan para restablecer el equilibrio. Por este mecanismo se transfiere humedad de forma continuada desde el agua al hielo, a través del vapor, y los cristales se desarrollan rápidamente.

CUADRO 5.1

Comparación de la presión saturante del vapor (PSV) ante el agua y ante el hielo, en milibares (mb), para distintas temperaturas

Temperatura (°C)	0°	– 4°	– 8°	– 12°	– 16°	– 20°	– 30°
PSV ante el agua (mb)	6,11	4,55	3,35	2,44	1,76	1,25	0,50
PSV ante el hielo (mb)	6,11	4,37	3,10	2,17	1,51	1,03	0,37
Diferencia	0,00	0,18	0,25	0,27	0,25	0,22	0,13

Esta teoría, denominada también *teoría de los cristales de hielo*, exige la intervención de finas partículas que catalicen el proceso de congelación del agua subfundida, a las que se conoce como *núcleos de congelación o de hielo*, cuya presencia en la atmósfera es, por otra parte, muy escasa; de ahí la frecuente existencia de nubes en subfusión. En efecto, con valores térmicos en el interior de la nube entre 0 y – 10° el número de partículas de hielo es muy escasa; aumentan conforme disminuye la temperatura, pero aun a – 30° es muy probable que nunca alcancen el número de 1.000 por litro; y de hecho, en el aire puro para que una gota de nube congele espontáneamente su temperatura debe descender por debajo de – 40°. Sin embargo, en la atmósfera se encuentran núcleos de congelación que actúan como cristales de hielo, o inducen a la formación de los mismos, a temperaturas más altas; su origen es aún controvertido, pero está muy aceptada la idea de que proceden de finas partículas sólidas de la superficie terrestre. Ésta es la función que realizan ciertos minerales insolubles y determinadas arcillas, algunos de ellos bastante efectivos, como puede verse en el cuadro 5.2. Y éste es también el principio físico en el cual se apoya la estimulación artificial de la precipitación; para ello se recurre a la siembra, en las nubes subenfriadas, de cristales de estructura similar a la del hielo acuoso, como el ioduro de plata, ioduro de plomo, etc., siempre con la finalidad de producir núcleos de hielo sobre los que pueda tener lugar la condensación del agua.

CUADRO 5.2

Temperaturas límites a las cuales diversas sustancias producen cristales de hielo (según Mason, 1972)

Sustancias	Temperatura
Hielo seco	0°
Ioduro de plata	– 4°
Ioduro de plomo	– 6°
Producidas naturalmente:	
Covelita	– 5°
Vaterita	– 7°
Magnetita	– 8°
Caolinita	– 9°
Illita	– 9°
Hematita	– 10°
Dolomita	– 14°
Montmorillonita	– 16°

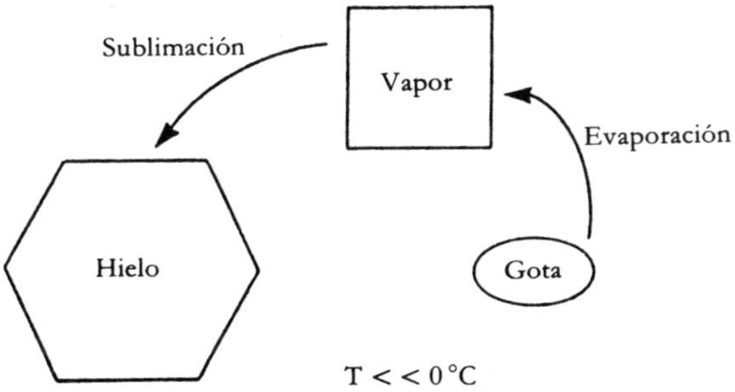

FIGURA 5.3. Modelo de crecimiento de los cristales de hielo según la teoría de Bergeron-Findeisen

El proceso indicado es más activo en nubes con temperaturas entre – 10° y – 30°, y una vez se han formado los cristales de hielo, éstos inician un veloz crecimiento por transferencia continua de vapor, o por unión con otros cristales, hasta alcanzar el peso suficiente para caer en forma de nieve. Las estructuras sólidas que se forman son dendríticas o granuladas, y a la vez son muy frágiles, pudiendo romperse en pedazos que actúan como nuevos núcleos que se suman al mecanismo general en una verdadera reacción en cadena. Si durante el descenso se atraviesa el nivel de 0°, el copo de nieve funde y se convierte en una gota de lluvia (figura 5.4).

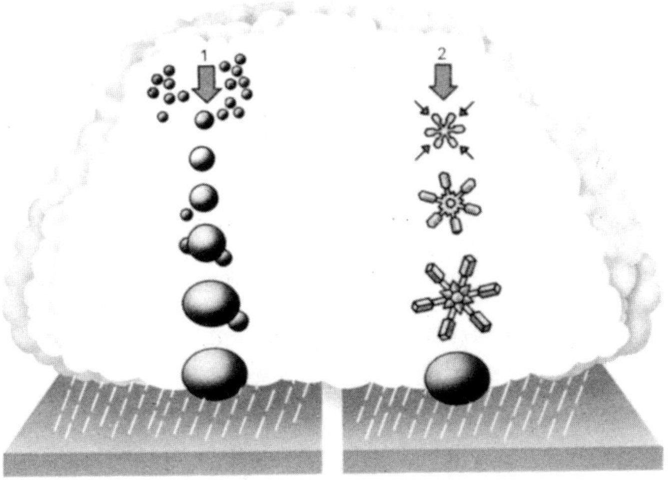

FIGURA 5.4. Las gotas de lluvia se forman dentro de las nubes y crecen por: 1) sublimación de vapor de agua sobre el cristal de hielo, que se derrite cuando la temperatura supera los 0 °C; 2) colisión y coalescencia de una gota grande colectora con otras mas pequeñas

1.2. *Procesos de colisión y coalescencia*

El mecanismo anterior explica la mayoría de la lluvia que cae en las latitudes medias y altas, donde las nubes alcanzan altitudes en las que se rebasa netamente la isoterma de 0°; pero no justifica las precipitaciones procedentes de «nubes cálidas», como las de tipo convectivo de las regiones templadas en verano, o las de las regiones ecuatoriales y tropicales donde no se supera el nivel de congelación y, por tanto, carecen de cristales de hielo. En este caso el crecimiento de la gota de lluvia se supone que se debe a la colisión y coalescencia entre gotas de tamaño distinto. El físico Langmuir puso de relieve que, al caer con diferentes velocidades, las gotas mayores pueden chocar con las pequeñas y aumentar de tamaño por fusión con ellas; a medida que crecen, se incrementa la probabilidad de colisión y por coalescencia ulterior llegan a formar gotas de lluvia (figura 5.4).

El modelo parte de la existencia de gotitas de distintos tamaños, donde las grandes actúan de colectoras, que al caer barren y absorben a las pequeñas; y supone también considerar la existencia de diferentes velocidades de caída en la vertical que permiten a estas gotas de mayor volumen atrapar a las gotitas más diminutas. La velocidad de caída está condicionada por la gravedad y por la resistencia del aire a su avance; cuando ambas fuerzas se equilibran el movimiento deja de ser acelerado y resulta una velocidad de descenso constante conocida como *velocidad terminal* (es la velocidad de caída constante que alcanzan, por ejemplo, los paracaidistas después del salto), que está directamente relacionada con el radio de la gota y que obedece a la *ley de Stokes* (siempre que la gota tenga un radio inferior a 40 micras, como es sensiblemente el caso de las gotitas de nube), cuya expresión es la siguiente:

$$V = 2\, g\, (\rho_p - \rho_a)\, r^2/9\, \eta$$

donde V = velocidad terminal, g = aceleración por la gravedad, r = radio de la partícula, ρ_p y ρ_a = densidades de la partícula y de la atmósfera, y η = viscosidad del aire. Algunos de estos valores, obtenidos para diferentes tipos de gotas, se muestran en el cuadro 5.3 (véase también la figura 5.2).

CUADRO 5.3

Velocidades de caída de diferentes gotas de agua en aire en reposo (según Musk, 1988)

	Diámetro (en mm)	Velocidad terminal (cm/seg)	Tiempo empleado en caer 100 metros
Gota de nube	0,01	0,3	5 días
	0,04	5,4	6 horas
Gota de llovizna	0,10	27	1 hora
	0,40	170	10 minutos
Gota de lluvia	1,00	390	4 minutos
	2,00	690	2,3 minutos
	4,00	930	1,8 minutos

Por otra parte, y teniendo en cuenta que las gotitas ordinarias de nube pesan poco y en su caída se evaporan enseguida, las gotas colectoras deben tener dimensiones superiores a cierto tamaño crítico para que se inicie todo el mecanismo, que parece situarse en torno a las 19 micras de radio. Al principio el crecimiento es lento, pero con gotas mayores la colisión y coalescencia se acelera, y más allá de las 40 micras es muy superior al que resulta de la simple condensación (figura 5.5). En cualquier caso, el proceso depende siempre de tres factores: de la eficiencia de barrido de las gotas colectoras, de la humedad existente y de la velocidad de caída de las gotas.

En nubes frías, este mecanismo actúa conjuntamente y es complementario del proceso de Bergeron-Findeisen.

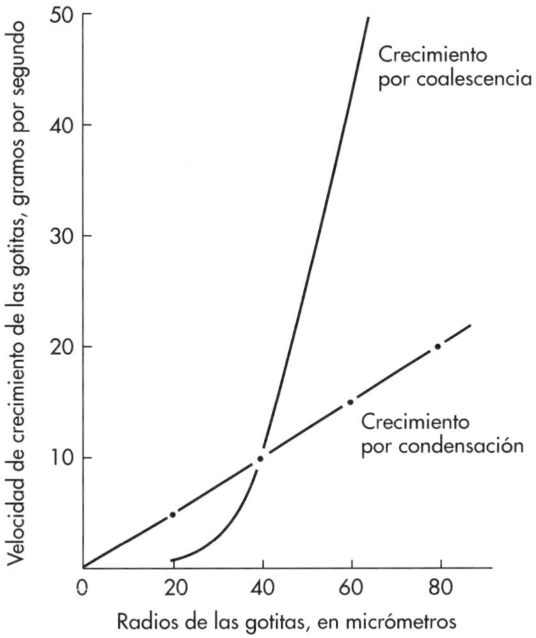

FIGURA 5.5. Crecimiento de las gotitas de agua por coalescencia y condensación. La eficiencia de la coalescencia resulta evidente cuando las gotitas superan las 40 micras

2. Formas de precipitación

A partir de estos mecanismos, las características de la precipitación reflejan las diferentes circunstancias en las que se originó en el interior de la nube, lo cual, como se esquematiza en la figura 5.6, da lugar a una gran variedad de formas. Sin embargo, una vez se ha desprendido de la masa nubosa, la configuración final estará determinada además por la temperatura y la humedad de la capa de aire situada entre la base de la nube y el suelo: por una parte, la estructura térmica concretará si la precipitación que llega a tierra lo hará en forma sólida o líquida (figura 5.7); y por otra, la humedad de dicha capa condicionará la cantidad de evaporación experimentada por las partículas de la precipitación en su descenso y, por tanto, el tamaño final de las gotas. Ambos factores están, a su vez, influenciados por la velocidad de caída de la precipitación, porque de ella depende el tiempo real de intervención de los procesos anteriores.

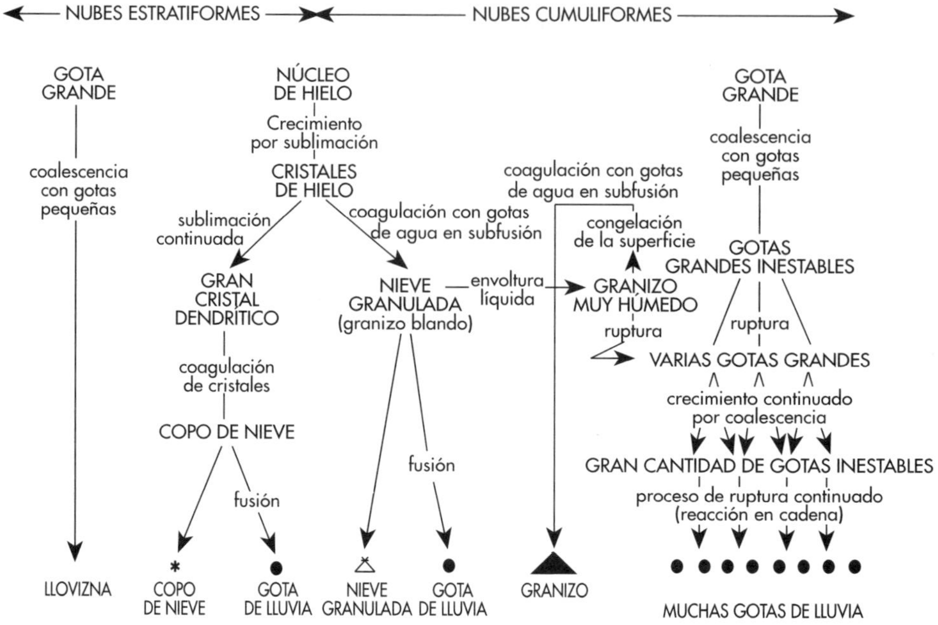

FIGURA 5.6. Ilustración esquemática de los procesos y secuencias de crecimiento que siguen las gotas de nube y los cristales de hielo en la constitución de las diferentes formas de precipitación

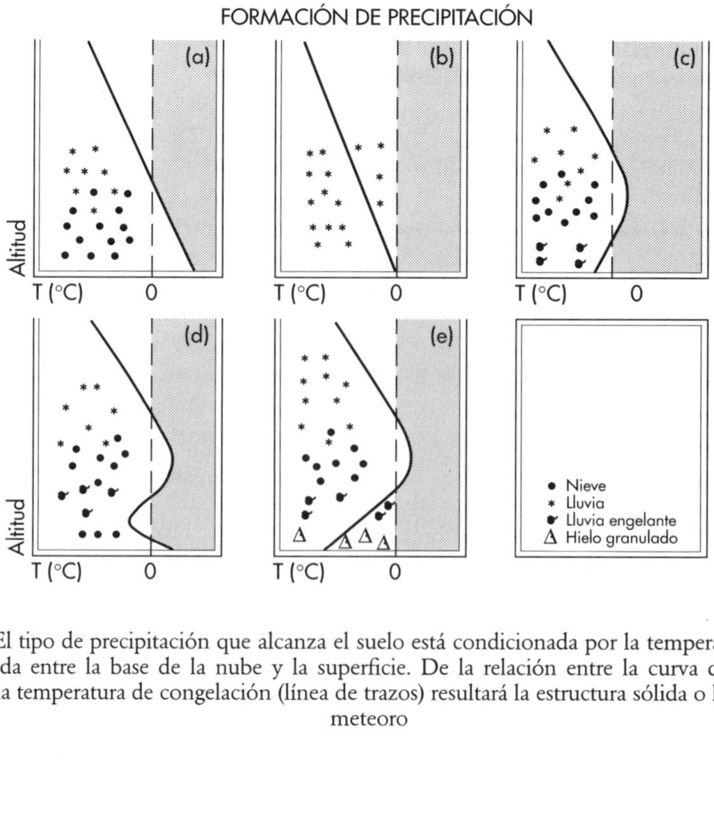

FIGURA 5.7. El tipo de precipitación que alcanza el suelo está condicionada por la temperatura de la capa de aire situada entre la base de la nube y la superficie. De la relación entre la curva de estado (línea continua) y la temperatura de congelación (línea de trazos) resultará la estructura sólida o líquida final del meteoro

Cualquiera que sea su aspecto, a todas las formas de precipitación se les denomina *hidrometeoros*, término genérico que engloba una gran variedad de formas de condensación (aproximadamente unas cincuenta), que a menudo suelen dividirse en dos categorias: 1.º) la principal la forman la lluvia, la nieve y el granizo, desarrollados en los sistemas nubosos, cuya contribución a los totales pluviométricos es la más significativa; 2.º) las demás, de origen y características distintos, constituyen formas menores, entre las que se incluyen el rocío, la escarcha, la cinarra, la cencellada, la niebla goteante, etc. (que dejan un pequeño depósito de gotitas o partículas de hielo en el interior del pluviómetro), a las que se denomina *precipitaciones ocultas*, porque el agua no se ve caer, aunque sí suponen aporte hídrico al suelo (en ocasiones se las llama «horizontales», en contraposición con las «verticales»). De entre ellas describimos las más corrientes y las mostramos en el cuadro 5.4.

CUADRO 5.4

Principales tipos de hidrometeoros y nubes desde las que la precipitación puede caer y alcanzar el suelo

Hidrometeoros	Descripción	Tipo de nubes
Lluvia	Gotas de agua con diámetro superior a 0,5 mm, normalmente de 1 a 2 mm.	Ns, As, Sc Ac castellanus Cu congestus
Llovizna	Finas gotas de agua de diámetro inferior a 0,5 mm.	St, Sc
Chubasco	Gotas o partículas sólidas habitualmente mayores que la lluvia.	Cb
Aguanieve	Copos de nieve parcialmente fundidos, o agua y nieve cayendo juntos.	Las mismas de la nieve
Nieve	Conglomerados de cristales de hielo que se presentan en variedad de formas y maneras.	Ns, As, Sc, Cb
Nieve granulada	Precipitación sólida, blanca y opaca, en forma de granos de hielo, entre 2 y 4 mm de diámetro.	Cb con tiempo frío
Granizo	Pequeños granos de hielo redondeados o bolas, de diámetro variable entre 5 y 50 mm, y mayor a veces.	Cb
Hielo granulado	Granos de hielo, de forma irregular, de diámetro inferior a 5 mm. Existen dos tipos: a) gotas de agua helada o copos de nieve fundidos y vueltos a congelar; b) granos de nieve recubiertos de una delgada capa de hielo.	 Ns, As, Cb Cb
Lluvia engelante o helada	Lluvia cuyas gotas en estado de subfusión se congelan al chocar contra el suelo.	Las mismas de la lluvia

2.1. *Lluvia*

Es la forma más común de precipitación, hasta el extremo de usarse los dos términos como sinónimos en buen número de ocasiones. La forman gotas líquidas de diámetro variable entre 1 y 2 mm, pudiendo alcanzar un máximo de 7 mm, que proceden de la coalescencia de pequeñas gotas, en las nubes del área intertropical, y de la fusión de la nieve en su recorrido por capas más cálidas, en las nubes de latitudes medias y altas.

Cuando la lluvia la constituyen finas gotitas de agua de tamaño inferior a 0,5 mm entonces se habla de *llovizna*. Es un tipo de precipitación muy uniforme, de gotas próximas unas a otras, que precisa la existencia de humedad relativa elevada por debajo de la nube; de lo contrario estas gotas son evaporadas antes de llegar al suelo.

Si la precipitación de agua es simultánea con la de nieve se origina lo que se denomina *aguanieve*. Ocurre cuando existe inversión térmica en superficie y la temperatura es igual o inferior a 0°; con esta situación, las gotas de lluvia que se han creado en capas superiores más cálidas, al caer y pasar a través de una capa de aire más fría se congelan en parte y forman granos de hielo.

Un fenómeno original, de efectos singulares y chocantes, que en ocasiones acompaña a la lluvia, es la caída de objetos raros que previamente habían sido arrastrados hacia arriba por fuertes corrientes de aire. Existe información de muchas partes del mundo de lluvia de ranas, peces, arañas y otros objetos (figura 5.8), pero la más frecuente es la *lluvia de barro*, cuya coloración ocre o rojiza justifica el apelativo de *lluvia de sangre* de la que hablan las antiguas tradiciones. La lluvia de barro se define como una lluvia en sentido lato que arrastra en su descenso partículas finas de tierra o polvo en suspensión en la atmósfera, depositándolas en el suelo. Si la precipitación es de nieve, ésta cae mezclada con el polvo y forma las llamadas *nieves coloradas o manchadas*, cuya presencia es más común en áreas de montaña. Su estudio climático presenta claras limitaciones, que derivan, por una parte, de la falta de información sistemática del acontecimiento y, por otra, de las dificultades para observar un hecho que fácilmente puede pasar inadvertido si se presenta con poca carga sólida, o es seguido por abundante precipitación que limpia el barro caído; no obstante, ha merecido el interés de diferentes investigadores y existen algunas series estadísticas largas, como la presentada en la figura 5.9, sobre Barcelona.

2.2. *Chubasco*

Es una forma de precipitación intensa y de corta duración que cae desde nubes convectivas con fuerte desarrollo vertical. Sus gotas, o en ocasiones partículas sólidas (cuando se originan granizo o pedrisco), alcanzan grandes tamaños, bastante superiores a los observados en los tipos anteriores. En su origen es muy frecuente que en la parte superior de la nube se forme granizo, pero éste no siempre alcanza el suelo, pues por lo general, funde antes de llegar al mismo. El chubasco o aguacero suele caracterizarse por su repentino principio y final, y sus grandes y rápidos cambios de intensidad, que se relacionan con la alternancia de cielos oscuros, cubiertos por nubes tipo cumulonimbos, y momentos despejados de corta duración. Se trata siempre de una precipitación de carácter tormentoso, relacionada con la existencia de intensas corrientes convectivas, debidas a fuertes calentamientos locales o al paso de activos sistemas frontales.

2.3. *Nieve*

Es el tipo de precipitación sólida más común. La constituyen microscópicos cristales de hielo hexagonales que caen individualmente o agrupándose en copos de tamaños y estructuras muy variadas. Se forman a bajas temperaturas, y para que no

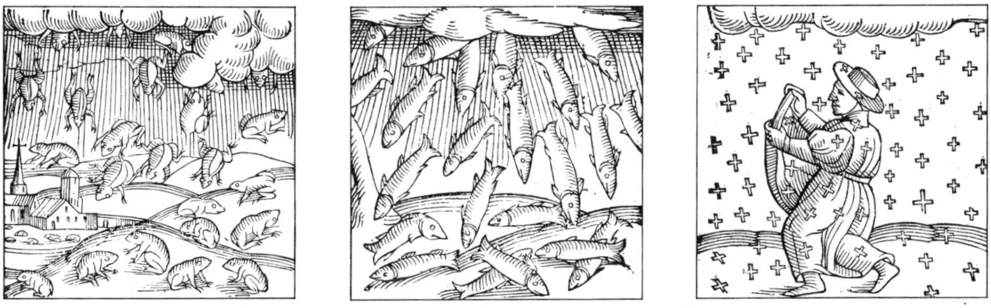

FIGURA 5.8. Lluvia de objetos extraños representados en el trabajo de Conrad Lycosthenes *Prodigiorum ac ostentorum chronicon*, publicado en Basilea en 1557. El primero muestra una lluvia de sapos, registrada en 1345; el segundo es un chaparrón de peces, observado en Sajonia en 989; y el último, una extraña caída de cruces, en Sicilia, en el año 746 (tomado de Hardy, Wright, Gribbin y Kington, 1983)

licuen antes de llegar al suelo es necesario, como decíamos, que entre éste y la nube la temperatura sea inferior a 0°; por esta razón es frecuente en áreas de montaña ver nevar en las cimas y llover en los valles.

Normalmente la precipitación de nieve empieza en la nube como diminutos cristales de hielo creados en altitudes muy frías. Según caen, su tamaño crece por agregación con otros cristales hasta formar grandes copos, siempre que se den dos condiciones: primera, que la humedad sea elevada, pues de lo contrario se pueden evaporar; y segunda, que los valores térmicos se hallen próximos al nivel de congelación, porque con ambiente más frío los cristales están secos y la anexión no llega a producirse. El resultado último está determinado por la relación entre temperatura, grado de saturación del aire y altitud, lo cual explica las variadas formas que la nieve llega a adoptar; por ejemplo, las *dendritas* o *estrellas* necesitan ambiente húmedo para crecer, mientras las *columnas* nacen en ambiente más seco; el desarrollo de *plaquetas* tiene lugar a temperaturas bajas, y por el contrario las *agujas* lo hacen con valores más altos, etc. (véase la figura 5.10). De los diferentes tipos de cristales de nieve se han propuesto varias clasificaciones; una de ellas, la establecida por la OMM, se reproduce en la figura 5.11.

La presencia de nieve es bastante menos frecuente que la lluvia, y con dificultad se encuentran regiones donde la precipitación sea exclusivamente sólida. La propor-

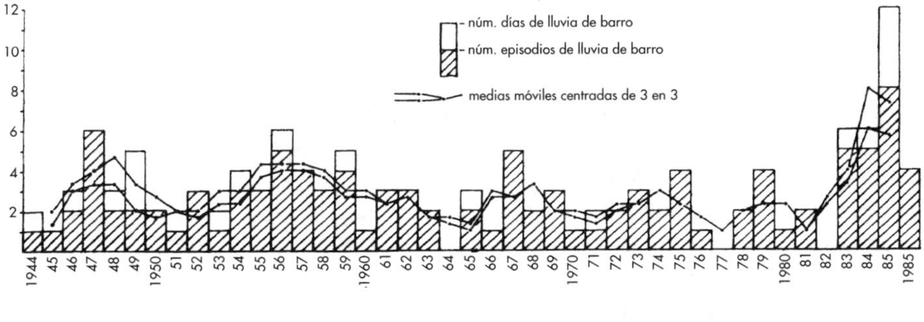

FIGURA 5.9. Número de días de lluvia de barro en Barcelona (según Martín y Llasat, *Geographicalia*, 28, 1991)

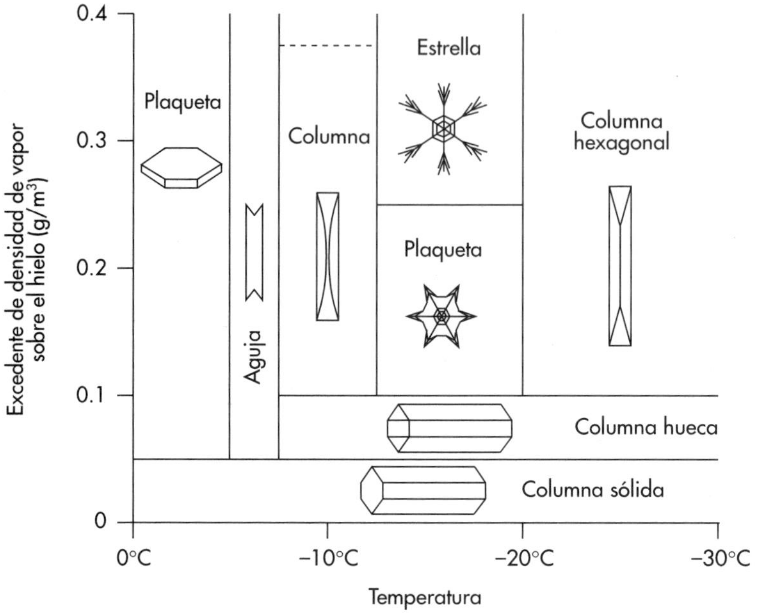

FIGURA 5.10. La estructura y tamaño de los cristales de nieve dependen de la temperatura, el grado de saturación de la nube y la altitud

ción de ésta sobre el total es conocida como *coeficiente nivométrico*, y se expresa del siguiente modo:

$$K = \frac{P'}{P} \times 100$$

donde P′ = cantidad de precipitación de nieve (expresada en altura de agua fundida) y P = precipitación total. En alta montaña y en latitudes polares, donde las temperaturas son frías todo el año, el coeficiente nivométrico alcanza valores altos, pero disminuye rápidamente fuera de estas zonas, y de hecho, aunque no hay datos exactos de las cantidades de nieve recogidas en el mundo, parece probable que éstas no supongan más del 1 % del total de la precipitación registrada.

Al igual que ocurre con la lluvia, la velocidad de caída de la nieve depende de su tamaño, pero los copos son muy ligeros, por su baja densidad (a menudo inferior a 100 kg/m^3, frente a los cerca de 1.000 kg/m^3 de las gotas de lluvia), y con facilidad son desplazados por el viento; por esta razón, el reparto de la nieve durante una nevada está muy influido por las condiciones del viento en superficie, y además cuando alcanza el suelo puede ser redistribuida dejando amplias superficies vacías mientras se acumula en otras.

Una vez depositada en tierra la nieve forma un manto de extensión y espesor variables cuya permanencia está relacionada, por una parte, con la cantidad y distribu-

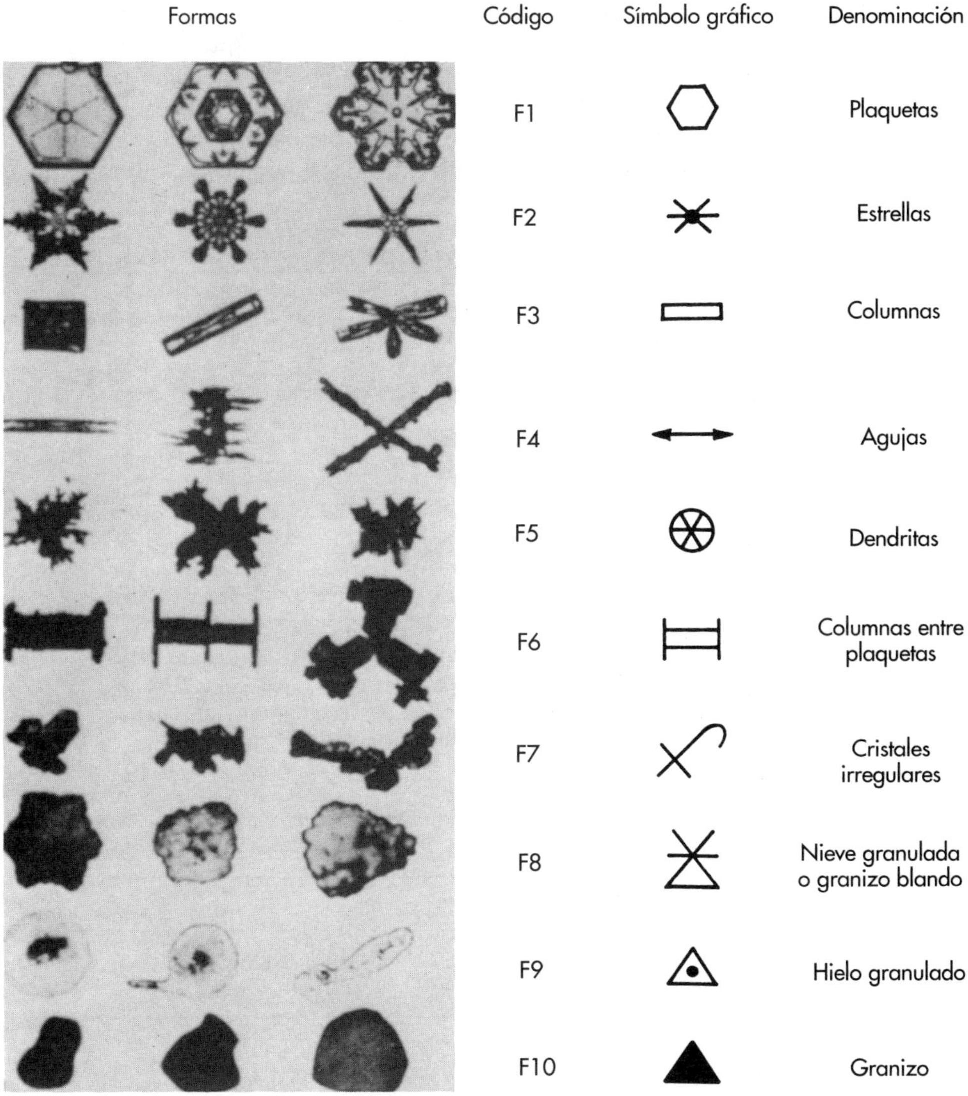

FIGURA 5.11. Formas básicas de precipitación sólida, con indicación de su código y símbolo gráfico (adaptado de Sumner, 1988)

ción de la precipitación, y por otra, con el régimen térmico. En las regiones polares, puesto que el aire frío retiene poca humedad, las nevadas nunca son copiosas; es más, algunas de estas áreas se sitúan entre las más secas del planeta, pero las bajas temperaturas permiten su persistencia durante largo tiempo, a veces cientos o quizá miles de años, incorporándose con gran lentitud al sistema hidrológico. En áreas de montaña, donde por lo general la precipitación es mayor, la duración del manto nival aumenta con la altitud, a la par que descienden las temperaturas, lo que permite trazar una línea ideal, variable de una región a otra, por encima de la cual la nieve precipitada durante el año no desaparece por completo en la estación cálida y se acumula a la existente del año anterior. Esta línea, conocida como *límite climático de la nieve permanente,* se sitúa en la actualidad alrededor de los 5.000 m en el área ecuatorial, se eleva un poco en las latitudes tropicales secas y desciende enseguida hacia las altas latitudes, en particular en el hemisferio Sur, donde por sus condiciones más frescas y húmedas el límite alcanza el nivel del mar hacia la latitud del círculo polar (véanse la figura 5.12 y el cuadro 5.5).

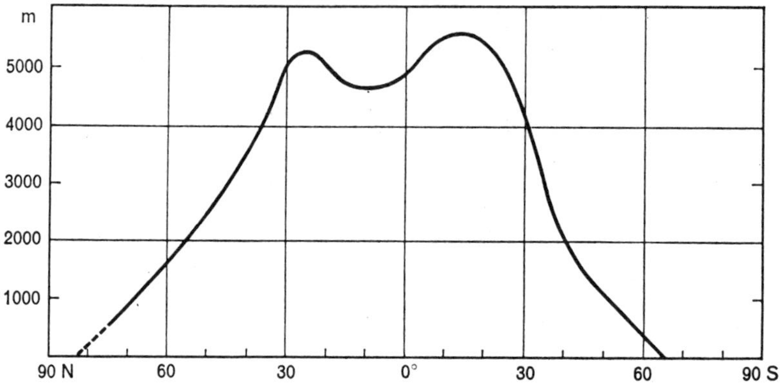

FIGURA 5.12. Variación altimétrica del límite climático de la nieve permanente (según Landsberg, 1969)

CUADRO 5.5

Altitud del límite de la nieve permanente en ambos hemisferios, expresada en metros, según Landsberg, 1969)

Latitud	0°-10°	10°-20°	20°-30°	30°-40°	40°-50°	50°-60°	60°-70°	70°-80°
Norte	4.700	4.700	5.300	4.300	3.000	2.000	1.000	500
Sur	5.300	5.600	5.100	3.000	1.500	800	0	0

Como es lógico, además de la temperatura y la cantidad de precipitación, la localización del manto nival depende también de otros factores, cuyo papel puede ser decisivo, sobre todo a escala local, entre los que debemos mencionar: la orientación, la exposición a los vientos húmedos, la topografía, la naturaleza del sustrato, etc. Estas circunstancias explican que, frente a los valores globales expuestos con anterioridad, encontremos acusadas variaciones altitudinales de las nieves permanentes; por ejemplo, en la umbría de los Alpes el límite se sitúa a 2.800-3.000 m; en la región más continental del Cáucaso oriental, está a 3.700 m; en Noruega desciende hasta los 1.000 m en la vertiente occidental expuesta a las perturbaciones atlánticas, y sube a 2.000 m en la opuesta; en el Kilimanjaro están a 5.400 m en la vertiente sur y a 5.800 m en la norte; y diferencias apreciables hallamos en otras montañas como las Rocosas, los Andes o el Himalaya.

Un último aspecto a tener en cuenta es que el límite de la nieve permanente no es fijo y que cambia conforme varía el clima. Durante este siglo el aumento de temperatura sufrido por el planeta ha hecho retroceder los glaciares y el umbral de las nieves persistentes; en sentido inverso, durante el último periodo glaciar este límite estaba mucho más bajo que el actual y, por ejemplo, se situaba en torno a los 800 m en los Vosgos, a 1.200-1.300 m en los Alpes, o a 1.800 m en los Pirineos.

2.4. *Granizo*

Las piedras de granizo son bolas o esferas de hielo de diámetro variable, entre 5 y 50 mm, y a veces mayores (figura 5.13), cuyo origen son los violentos movimientos de convección, ascendentes y descendentes, en el interior de las nubes de tormenta cumulonimbo, desde donde caen entre intensos chaparrones de corta duración (en torno a quince minutos), acompañados de espectacular aparato eléctrico y truenos.

En su inicio son gotas de lluvia congeladas, arrastradas arriba y abajo por las fuertes corrientes de aire (de hasta 30 m/seg, o más) en el seno de la tormenta, que crecen por acumulación de hielo transparente y opaco en capas concéntricas, hasta que pesan lo suficiente para caer al suelo. Esta estructura en capas (ocho o diez, en ocasiones), que recuerda la de una cebolla, visible al hacer un corte transversal de los granos de hielo (figura 5.14), revela las fases y procesos que ha seguido en su desarrollo: las capas opacas corresponden a fases de rápida congelación de gotitas subenfriadas sobre el granizo en partes de la nube con bajo contenido de agua líquida y temperaturas muy bajas (la rapidez de la congelación atrapa diminutas burbujas de aire que ha-

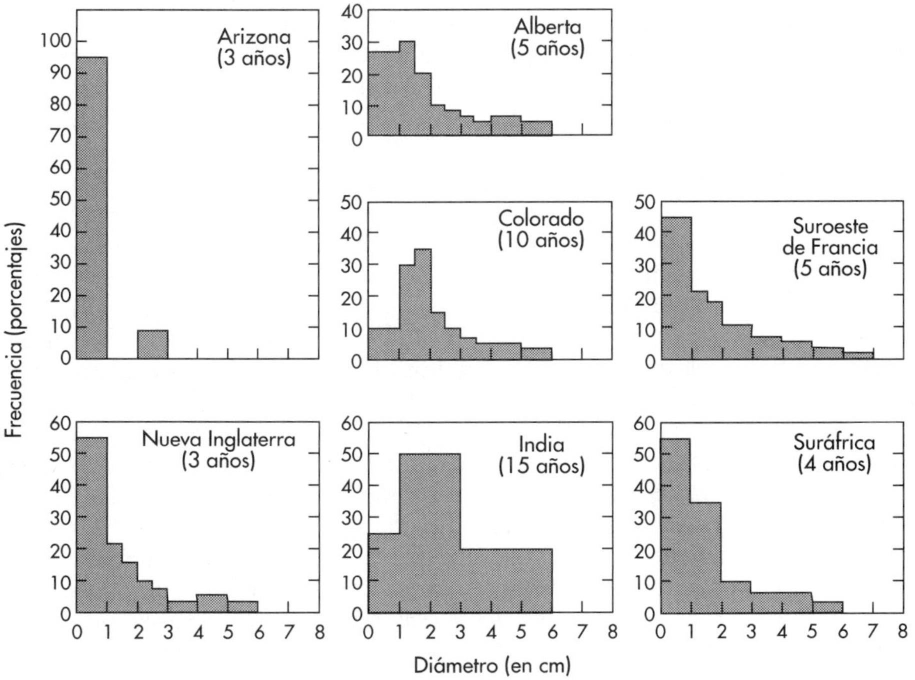

FIGURA 5.13. Distribución de frecuencias de tamaño del granizo en varios observatorios (según Changnon, «A note on hailstone size distributions», *J. Appl. Meteorol.*, 10, 1971)

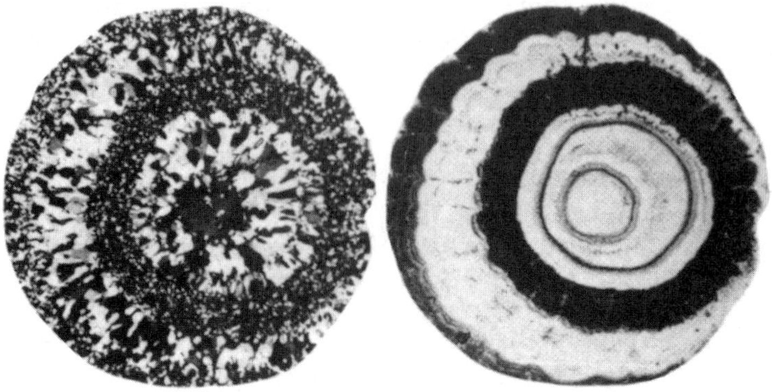

FIGURA 5.14. Sección de una piedra de granizo, fotografiada con luz polarizada a través del microscopio, a la izquierda, y con luz normal, a la derecha

cen blanco al hielo), mientras que el hielo transparente o vidriado se debe a la congelación lenta de la película de gotitas subenfriadas que envuelve el pedrisco en zonas de la nube con alta concentración de agua.

Existen, además, otros dos tipos de precipitación sólida que se asimilan al granizo: la *cinarra* o *gragea* y el *hielo granulado*. La primera es en realidad una forma de nieve que consiste en pequeños gránulos de hielo blanco y opaco, con mucho aire ocluido, por lo general alargados, y de diámetro inferior a 1 mm. El hielo granulado es una especie de cinarra de hielo transparente, con figura irregular, y de diámetro inferior a 5 mm, del que se diferencian dos tipos: 1.º) gotas de lluvia congeladas o copos de nieve fundidos y vueltos a congelar; y 2.º) granos de nieve recubiertos por una delgada capa de hielo, que se origina por la congelación de las gotitas interceptadas al caer en la nube a través de una zona de alto contenido de agua líquida cuya temperatura es superior a 0 °C.

La formación del granizo es rara en las zonas polares. El aire frío contiene poca humedad, y la necesaria liberación de grandes cantidades de calor latente para generar violentas ascendencias impide el desarrollo de las piedras de granizo. Tampoco en los trópicos es muy frecuente. Una condición para que los granos crezcan son los cambios de dirección del viento con la altura en el interior de la nube, con el fin de posibilitar las sucesivas ascendencias del mismo, y en pocas ocasiones los cúmulos tropicales tienen esta estructura de vientos. Por otra parte, las bolas de granizo probablemente se derriten en el aire caliente antes de alcanzar el suelo.

Por el contrario, en las latitudes medias, y en particular en el interior de los continentes, el granizo es frecuente y alcanza gran tamaño. Las granizadas más intensas suelen registrarse a finales de primavera y durante el verano, relacionadas con el incremento de la actividad tormentosa y el alto contenido de humedad de los cumulonimbos, y significativamente la mayor parte de éstas ocurren a comienzos de la tarde, en el momento de máximo calentamiento del suelo y mayor inestabilidad atmosférica. Su frecuencia, en cambio, no se conoce con detalle, y con toda seguridad está subestimada en las estadísticas.

Un aspecto negativo del granizo lo constituye sus efectos destructores sobre cultivos, propiedades e incluso la vida, debidos a la fuerza y velocidades con las que caen, a veces superior a 100 km/h, y el tamaño que logran alcanzar. Referencias más o menos fidedignas sobre pedrisco de volumen excepcional existen en muchas regiones del mundo, y como casos concretos se citan el ejemplar de 19 cm de diámetro caído el 3 de septiembre de 1970 en Cofeyville (Kansas), que pesó 758 gramos, o el recogido el 6 de julio de 1928 en Potter (Nebraska), de 717 gramos de peso y 15 cm de diámetro.

2.5. *Rocío y escarcha*

El rocío es la humedad que se condensa sobre superficies enfriadas por radiación, o por otra causa, a temperaturas superiores a 0 °C. Durante las noches de cielo despejado y viento en calma el suelo pierde rápidamente calor y, al descender su temperatura, enfría a la vez la capa de aire en contacto con él; si la temperatura atmosférica desciende por debajo de su punto de rocío, el vapor de agua del aire se condensa en diminutas gotas que llamamos rocío.

El proceso se realiza dentro de una estrecha franja de aire inmediata a la superficie terrestre de varios milímetros de espesor, y puede actuar de dos modos: el más corriente es por difusión de vapor de agua desde el propio suelo hacia arriba, hasta la superficie expuesta al enfriamiento (el césped, por ejemplo), donde se condensa. Este mecanismo tiene lugar con viento muy débil, inferior a 0,5-1 m/s. Cuando el movimiento del aire es algo mayor, en torno a 3 m/s, la turbulencia aumenta y el vapor de agua desciende por transferencia vertical desde la atmósfera a la superficie fría, donde se depositan las gotas de agua condensadas. Con vientos superiores el contacto del aire con el suelo, o con objetos fríos, es escaso y no logra enfriarse lo suficiente para formar el rocío. Por lo general, con los primeros rayos solares del amanecer el suelo se calienta y las gotitas desaparecen rápidamente por evaporación.

La escarcha se origina de modo idéntico, pero sobre superficies cuya temperatura sea inferior a 0 °C, y constituye una masa de hielo, en forma cristalina, que adopta aspectos muy variados: escamas, agujas, plumas o abanicos. El depósito con frecuencia está compuesto por gotitas de rocío congeladas y por hielo formado directamente a partir de la propia sublimación del vapor del aire.

2.6. *Cencellada blanca*

Se trata de niebla congelada sobre la superficie de objetos sólidos cuya temperatura es inferior a 0 °C. Cuando estos objetos se encuentran inmersos en niebla, las gotitas de agua en subfusión se colocan sobre ellos en forma de cristales de hielo irregulares, que contienen gran cantidad de aire atrapado que le dan su tonalidad blanca (figura 5.15). El depósito se acumula y crece de tamaño a sotavento del obstáculo, originando banderolas de llamativas formas, pero a la vez de mucho espesor, que pueden tener efectos destructivos en las superficies más expuestas (tendidos eléctricos o ramas de árboles, por ejemplo).

Tanto la cencellada como el conjunto de las llamadas precipitaciones ocultas, por lo general, forman un débil depósito de agua cuya importancia cuantitativa en los totales pluviométricos es, de forma global, muy pequeña. No obstante, a escala local y en ciertas regiones climáticas, la contribución de algunas de ellas puede ser del mismo orden e incluso superior al cómputo de las precipitaciones visibles. En el caso del rocío, por

FIGURA 5.15. Cencellada blanca. Las gotitas de agua de la niebla se congelan tan pronto como entran en contacto con objetos a temperaturas por debajo de 0 °C, como en estos olivos

ejemplo, el aporte de precipitación es reducido: entre 30 y 40 mm en las circunstancias más favorables; pero a pesar de su pequeñez supone una apreciable fuente de agua en las zonas áridas y semiáridas durante los periodos secos. A este respecto son conocidos los sistemas de cultivos enarenados de las islas Canarias (figura 5.16), que aprovechan la capacidad higroscópica de las cenizas volcánicas y su naturaleza para reducir la evaporación y aumentar la disponibilidad de agua de las plantas; por desgracia, no tenemos mediciones directas, pero estas prácticas ponen en evidencia el valor de esta precipitación.

Mucho más importante es la captación del agua de las nubes y nieblas, y la humedad contenida en el aire saturado, por árboles y superficies expuestas a los vientos húmedos en algunas regiones del planeta, en particular en los márgenes occidentales de los continentes de la zona templada (noroeste de Europa, Canadá, Nueva Zelanda), y en las costas orientales de los trópicos (noreste de Australia, islas Canarias, Hawai) cubiertas por el llamado «mar de nubes» que originan los vientos alisios (véase la figura 5.17). Estudios en todas las áreas indican que las cantidades de agua medidas en los pluviómetros convencionales no son representativas de la cuantía real de humedad que llega al suelo, y que la intercepción directa del agua de las nubes y de las nieblas por la vegetación contribuye sustancialmente a las cantidades totales de precipitación. En Hawai las observaciones realizadas en la masa forestal existente a unos 800 m de altitud prueban que los árboles captan agua de las nubes a razón de 4 mm por día; sin esta precipitación sería muy difícil la supervivencia del bosque. La misma acción se repite en las islas Canarias, como lo demuestra la localización de casi todas las nacencias naturales de agua en zonas arboladas, y de la que existen descripciones históricas, algunas desde el si-

FIGURA 5.16. La absorción de la humedad atmosférica hecha por tierras higroscópicas, en este caso cenizas volcánicas, posibilita el desarrollo de cultivos como este viñedo de Lanzarote, en las islas Canarias

glo XVI, que explican cómo el agua que goteaba de las hojas era recogida en cisternas para el suministro de la población y del ganado (figura 5.18); las observaciones actuales han permitido comprobar que el volumen recogido debajo de los árboles de los bosques de lauráceas representa unas tres o cuatro veces el registrado en los pluviómetros.

Particular interés adquiere este tipo de precipitación en las costas occidentales de los continentes en las regiones tropicales bañadas por corrientes marinas frías. Estas tierras poseen climas muy secos y casi toda el agua que recogen procede de las densas y continuas nieblas de advección que bañan el litoral y que son arrastradas en parte tierra adentro por la brisa marina que genera el intenso calentamiento terrestre (figura 5.36). El clima fresco y brumoso de San Francisco, en California, se explica en parte por este proceso. En Chile, la costa del extremado desierto de Atacama está cubierta gran parte del año y casi de forma completa por una espesa niebla oceánica, conocida como *camanchaca* (nombre aimara que significa niebla costera), que al penetrar hacia el interior da vida a la vegetación y a pequeños acuíferos que con toda probabilidad son fruto de la captación de agua por las plantas (véase la figura 5.33). Condiciones similares se dan en otras regiones, como en Table Mountain, cerca de Ciudad del Cabo, donde la persistente capa de nubes que cubre la montaña proporciona una precipitación equivalente a 3.300 mm por año, cuando la pluviometría total anual medida es de 1.940 mm.

FIGURA 5.17. La extensa capa de estratocúmulos que forma el «mar de nubes» en Tenerife proporciona abundante humedad al suelo por captación directa del agua por parte de la vegetación (foto M. V. Marzol)

FIGURA 5.18. El árbol santo o «Garoe» del Hierro, en las islas Canarias, según un antiguo grabado inglés

3. Medida de la precipitación

La precipitación es uno de los elementos del clima más difícil de medir con exactitud, y probablemente muchos de los acontecimientos registrados sólo podamos considerarlos como estimaciones razonables. En principio, los datos que proporcionan los instrumentos ordinarios tan sólo son representativos de las condiciones de precipitación de una pequeña superficie, pero que a su vez pueden verse afectados por factores distorsionadores, como la propia ubicación del aparato de medida, el viento y su turbulencia, la evaporación, etc., que en casos muy concretos pueden significar un 20 o un 30 % de error en la medición. No obstante, cuando se promedia información de varios observatorios de una misma área el resultado es aceptable estadísticamente y tiene muchas aplicaciones prácticas.

La cantidad de precipitación se indica en milímetros de altura (mm), o en litros por metro cuadrado (l/m^2), caídos por unidad de tiempo. Ambas expresiones son correctas, pues el número de litros vertidos en un cuadrado de un metro de lado alcanza el mismo número de milímetros de altura ($1\ m^2 \times 1\ mm = 1\ dm^3 = 1$ litro). Y se mide con un receptáculo especial llamado pluviómetro, que se instala alejado de obstáculos que puedan influir sobre la cantidad de agua recogida, y en lugares poco afectados por remolinos de aire que perturben la lectura. A la vez es necesario disponer de una importante red de pluviómetros, cuya densidad debe permitir obtener una idea representativa de la distribución espacial de las precipitaciones. En este sentido es evidente que los errores al estimar los promedios del agua caída aumentan cuando el número de observatorios es débil; y además se ha comprobado que tienden a incrementarse cuando la precipitación es abundante, y que en verano son mayores que en invierno, por la mayor variación espacial de las lluvias.

3.1. *Instrumentos de medición convencionales*

El pluviómetro más tradicional y simple consiste en un embudo de varios centímetros de diámetro, conectado por medio de un tubo estrecho con un depósito graduado que permite realizar la medida de la precipitación. Pero hay mas de 40 diseños de aparatos (figura 5.19), con diferentes diámetros, y con la boca del embudo situada a distintas alturas: en España el diámetro es de 20 cm y se coloca a 1,5 m de altura; en Estados Unidos también tiene 20 cm, pero está a 78 cm del suelo; en Alemania, Holanda, Rusia y buena parte de Iberoamérica, Asia y África el diámetro del embudo es de 160 mm; en Gran Bretaña es de 126 cm y está a 30 cm, etc. Lógicamente, los registros obtenidos están afectados por estas diferencias y, como muestra el cuadro 5.6, presentan significativas variaciones. A esta problemática se unen otras dificultades como las derivadas de la intervención de otros factores, como la velocidad del viento, que con su acción reduce considerablemente la cantidad de agua recogida en el pluviómetro (véase el cuadro 5.7). En áreas de montaña de acceso difícil se instalan pluviómetros totalizadores, que se controlan cada cierto tiempo; son instrumentos de gran capacidad, que contienen una cierta cantidad de líquido anticongelante y otro que evita la evaporación del agua precipitada. En regiones donde la nieve es abundante se recurre para su registro a aparatos algo más complejos llamados nivómetros, donde

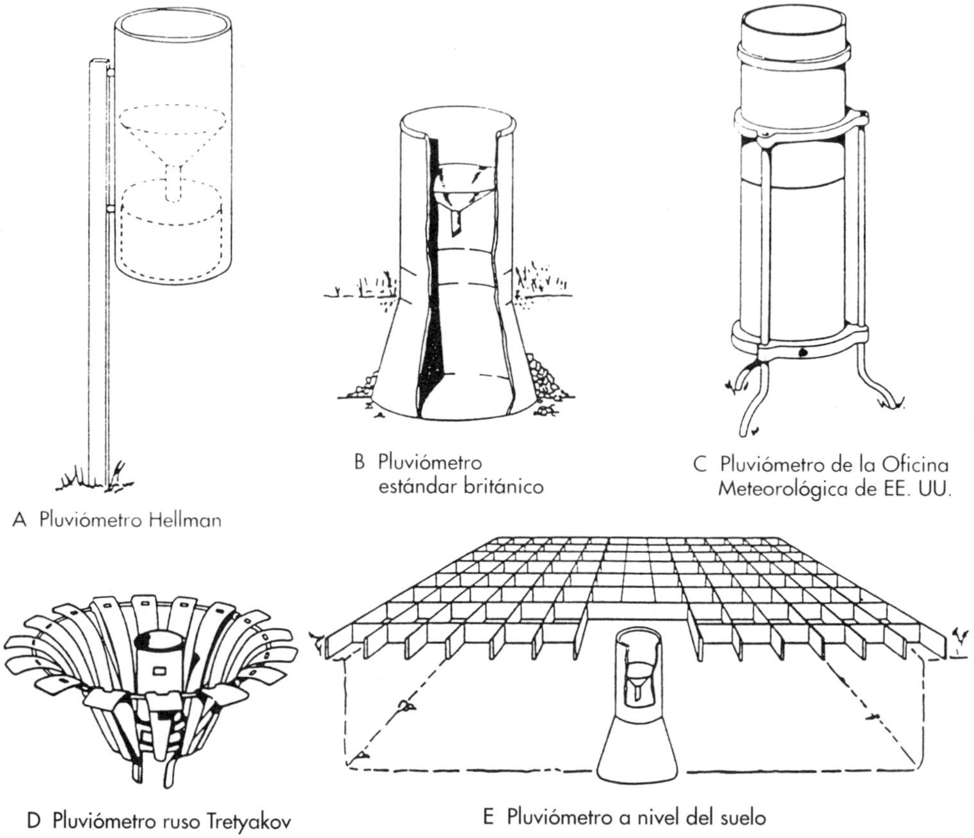

FIGURA 5.19. Tipos diferentes de pluviómetros (según Rodda, en Chorley, 1969)

la medida se realiza en función del peso de la nieve, o directamente tras haberla fundido.

De las principales formas de precipitación, la nieve es particularmente difícil de medir, y en su registro se pueden cometer errores de hasta un 50 %, relacionados con las características descritas de este meteoro. Por su parte, el manto nival y su equivalente en agua tampoco son fáciles de observar. Es sabido que la masa de nieve ocupa un volumen mucho mayor que la misma masa de agua: en promedio se indica que 10 cm de nieve recién caída equivalen a 1 cm de agua; aunque esta proporción puede ser de 30 a 1 si la nieve es muy poco densa, o de 2 a 1 si es vieja y en parte fundida. Con frecuencia, para conocer la nieve acumulada en el suelo se realizan levantamientos topográficos, y se mide el espesor y densidad de la capa de nieve por medio de jalones y sondeos que hacen posible saber su grosor y su correspondencia en líquido en el lugar de observación. También, y desde hace pocos años, existen experiencias de medida del manto de nieve por procedimientos fotogramétricos (tanto foto aérea como imágenes de satélite), con buenos resultados. Pero cualquier aproximación usada para calcular la equivalencia de la nieve en agua ha de superar muchas dificultades, y de hecho los modelos de fusión elaborados tienen validez aceptable para superficies reducidas, pero su utilidad disminuye cuando se aplican a grandes extensiones.

CUADRO 5.6

Variación de la precipitación según la altitud de la boca del pluviómetro, expresada en porcentajes respecto a la cantidad registrada en un pluviómetro situado a 30 cm de altitud (según Bruce y Clarke 1966)

Altitud de la boca del pluviómetro (en cm)	5	10	15	20	30	46	76	152	610
Cantidad (en %) respecto a la altitud de 30 cm	105	103	102	101	100	99,2	97,7	95,0	90,0

CUADRO 5.7

Efecto de la velocidad del viento sobre la cantidad de agua recogida en el pluviómetro (según Sumner, 1988)

Velocidad del viento (m/seg)	0	2	4	6	8	10	12
Déficit de agua medida (%)	0	4	10	19	29	40	51

La medida del granizo es aún más dificultosa, porque a su irregular reparto une la considerable energía cinética con la que cae y, en ocasiones, rebota fuera del pluviómetro haciendo imposible su estimación. Por fortuna no es muy frecuente y tampoco es importante su contribución a los totales de agua precipitada, por lo que es común registrar del mismo tan sólo el número de días en los que se observa su presencia.

3.2. *Estimación de la precipitación mediante radar y satélites meteorológicos*

A los diferentes instrumentos convencionales de medida de la precipitación en superficie se han venido a sumar más recientemente los radares meteorológicos de alta resolución, como complemento muy eficaz, que proporcionan valiosa información tanto de las estructuras y sistemas nubosos como de la intensidad, naturaleza, distribución, posición y movimiento de la precipitación. El radar transmite un pulso de energía electromagnética en una dirección predeterminada por una antena móvil; la onda irradiada, que viaja a la velocidad de la luz, es reflejada parcialmente por las nubes y por las partículas de precipitación y regresa al radar, donde es recibida por la misma antena. Por este procedimiento se obtiene información tanto de la estructura como de la altura de la precipitación (figuras 5.20 y 5.21). Su aplicación no está exenta de problemas, siendo el mayor de ellos la dificultad de conseguir una buena calibración de los aparatos, que se relaciona con las interferencias de la orografía y la eliminación de los ruidos de tierra; pero la aplicación de soluciones que incluyen la modelización numérica de los campos de precipitación y el uso de sistemas expertos en tiempo real hacen cada vez mas precisos los resultados obtenidos.

FIGURA 5.20. Radar meteorológico, sistema Doppler, integrado en la red de observación meteorológica SIRAM puesta en marcha en España desde 1991 por el INM

Al uso del radar se añade la observación y evaluación de las lluvias mediante satélites meteorológicos, que permiten la utilización de datos casi de forma inmediata y suponen un nuevo paso en el uso de la electrónica, con la posibilidad de su rápido empleo en aplicaciones climáticas. Aunque el desarrollo de nueva instrumentación y la aplicación de nuevas técnicas están permitiendo estimaciones razonables de la precipitación, el problema principal de los satélites es que no pueden medir las lluvias directamente y su cuantificación requiere el cálculo de coeficientes de precipitación en función de la cantidad y el tipo de nubosidad, la probabilidad de lluvia y su intensidad, aspectos éstos no resueltos aún de forma satisfactoria.

3.3. *Precipitación oculta*

En cuanto a la llamada precipitación oculta, los instrumentos para su medida son poco comunes y en la mayoría de los servicios meteorológicos no se realiza una observación sistemática de la misma, ni siquiera en zonas áridas donde este tipo de precipitación tiene a veces un papel importante. Por otra parte, y dada la dificultad para su registro, siempre existe incertidumbre sobre la precisión de los datos obtenidos.

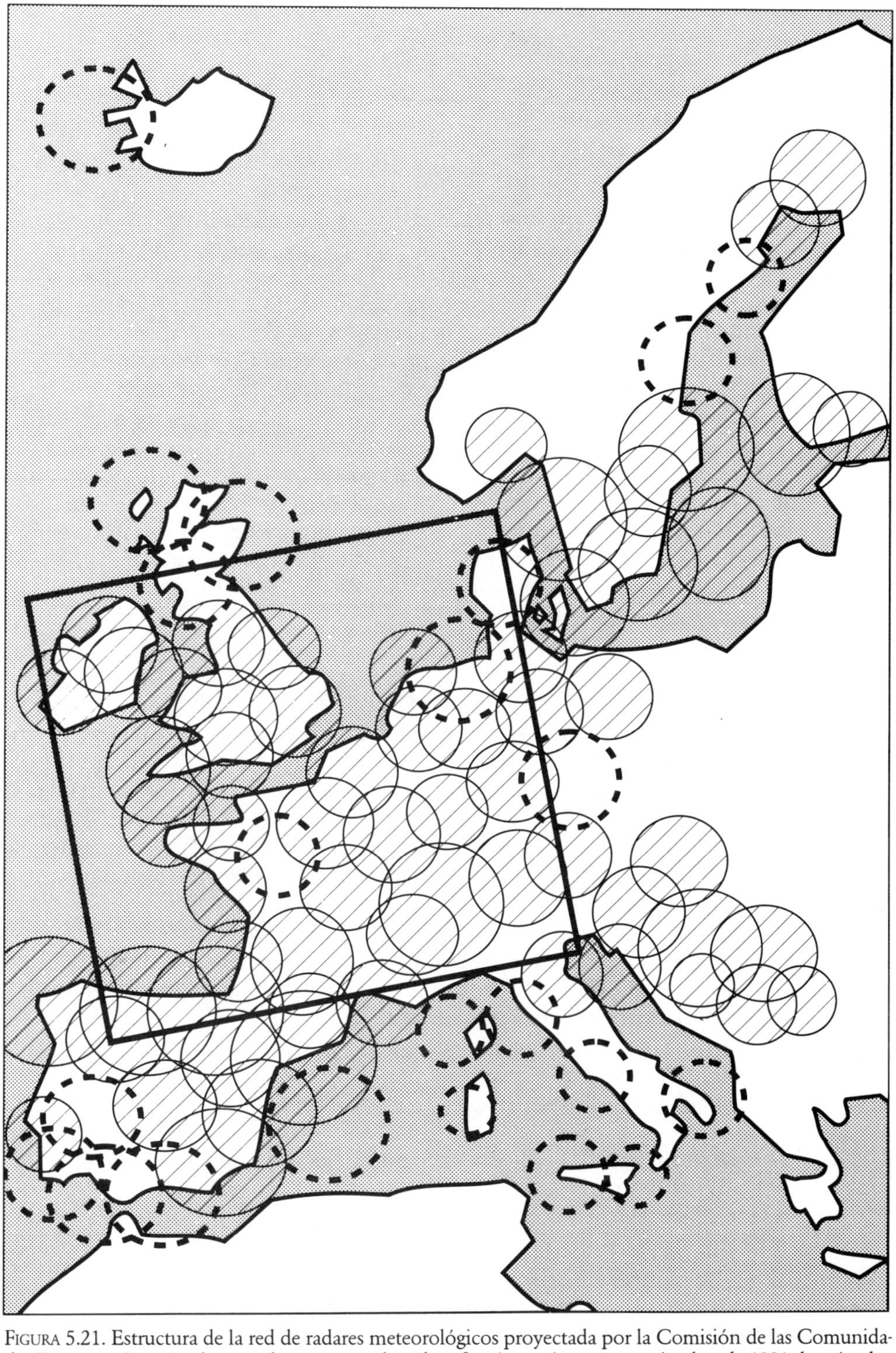

FIGURA 5.21. Estructura de la red de radares meteorológicos proyectada por la Comisión de las Comunidades Europeas. Los círculos rayados muestran la red en funcionamiento en septiembre de 1991; los círculos en blanco indican la cobertura prevista (OMM, 1991)

4. Características de la precipitación

Desde un punto de vista metodológico las observaciones pluviométricas se diferencian de las termométricas fundamentalmente en el hecho de que las precipitaciones son discontinuas en el espacio y en el tiempo; esto significa que las lluvias sólo afectan en el mismo momento a superficies reducidas del planeta, y supone también la existencia de diferentes tipos de reparto espacial de las mismas, relacionados con los mecanismos de la precipitación y la organización de los sistemas nubosos.

Esta consideración es básica en el estudio estadístico de las características de las precipitaciones, que se apoya en el empleo de un buen número de parámetros cuyo uso depende de los objetivos de cada aplicación (climática, hidrológica, geomorfológica, diseño de redes de drenaje, obras de ingeniería, estudios de erosión de suelos, etcétera). Tradicionalmente el interés se ha puesto en determinar las cantidades medias anuales, estacionales y mensuales, la variabilidad con respecto a los promedios, las tendencias de las series, los periodos lluviosos y secos, la frecuencia, irregularidad e intensidad, etc., referidos a distintos periodos de tiempo y a diferentes tipos de precipitación. Varias de estas características son analizadas a continuación.

4.1. *Cantidad*

La precipitación se expresa como altura de agua recogida a nivel del suelo o cerca de él, indicada en mm o l/m^2. Por lo general, la medición de la lluvia se efectúa una vez al día, y se agrupan esos resultados por meses o por años. En el caso de episodios de lluvia inferiores a 0,1 mm se considera que la precipitación es inapreciable (ip) porque es demasiado pequeña para ser medida por el pluviómetro. Cuando 0,1 mm de agua o más caen en el espacio de veinticuatro horas, empezando su medida a las 9,00 horas, el periodo se conoce como *día de lluvia*.

Las características pluviométricas de un lugar se consideran con frecuencia como el valor medio de las cantidades anuales de agua recogidas, pero cada vez más, especialmente en hidrología, se mide la precipitación en intervalos de tiempo cortos, como el correspondiente a la duración de una tormenta, o durante el paso de una borrasca, como en el caso que ilustra la figura 5.22.

4.2. *Intensidad, duración y frecuencia*

Otro dato de sumo interés es el conocimiento de la intensidad o cantidad de lluvia caída por unidad de tiempo, sea diaria, horaria o en intervalos más cortos (para ello es necesario tener registros continuos o pluviográficos). Normalmente se expresa en milímetros por hora (mm/h), aunque conviene diferenciar entre la cantidad de agua recogida en el transcurso de un episodio lluvioso y la referida al periodo de una hora: así, un registro de 34 mm en tres horas, representa una intensidad media de 11,3 mm/h, o 12 mm en cinco minutos supone una intensidad de 144 mm/h. Según sea su intensidad, las distintas formas de precipitación se clasifican como se expresa en el cuadro 5.8.

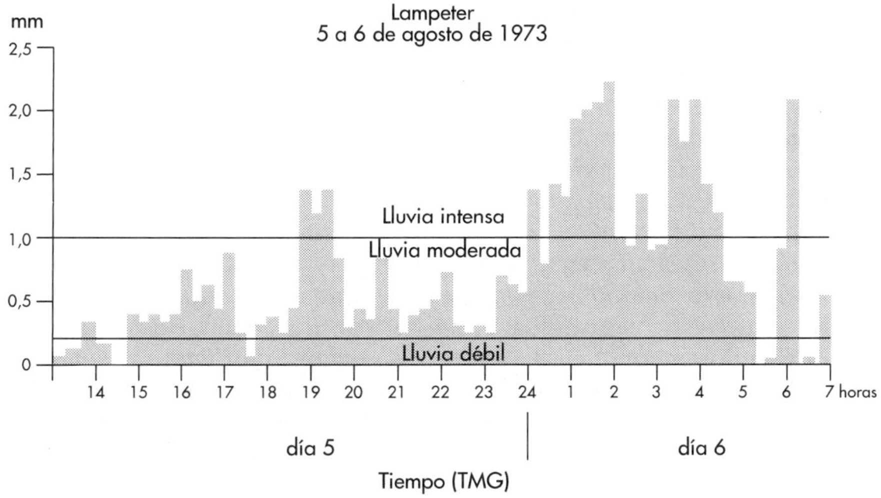

FIGURA 5.22. Distribución temporal de la precipitación registrada en Lampeter (Gran Bretaña) durante el paso de una perturbación atmosférica. Las cantidades se presentan con intervalos de quince minutos. El primer episodio de lluvia fuerte corresponde al paso del frente cálido, el segundo coincide con el de un frente frío muy activo (según Sumner, 1988)

CUADRO 5.8

Distinción de intensidades y sus características para diferentes formas de precipitación (según el Instituto Nacional de Meteorología, 1992)

Forma	Intensidad	Características
lluvia y chubasco	débil	< 2 mm/h.
	moderado	entre 2,1 y 15 mm/h.
	fuerte	entre 15,1 y 30 mm/h.
	muy fuerte	entre 30,1 y 60 mm/h.
	torrencial	> 60 mm/h.
nieve	débil	copos pequeños y dispersos. Con viento en calma el espesor de la cubierta de nieve aumenta en cantidades no superiores a 0,5 cm/h.
	moderada	copos de mayor tamaño, con importante pérdida de visibilidad. La cubierta de nieve aumenta su espesor en una proporción de hasta 4 cm/h.
	fuerte	reduce la visibilidad a un valor bajo y aumenta la cubierta de nieve en proporción superior a 4 cm/h.
granizo	débil	granos de hielo disperso de pequeño tamaño, a menudo mezclado con gotas de lluvia.
	moderado	precipitación copiosa, suficiente para cubrir el suelo de una capa blanquecina, y proporcionar agua abundante una vez fundido.
	fuerte	comprende tamaños de granos superiores a 6,5 mm de diámetro.

La intensidad varía según sea la superficie que se considere. Por ejemplo, en el centro de una violenta tormenta la cantidad total de lluvia medida puede ser alta, pero cuanto más se amplía el área estimada, el promedio de intensidades decae. El modelo más sencillo para ilustrar esta relación puede ser el de una elipse que encierra otras más pequeñas, como la representada en la figura 5.23, que muestra el progresivo descenso de la lluvia hacia el exterior del núcleo tormentoso al mismo tiempo que se incrementa la extensión del área.

Variaciones importantes se establecen también entre intensidad y tiempo: las intensidades medias registradas en periodos cortos son mucho mayores que las observadas en intervalos de tiempo largos (véase el ejemplo de la figura 5.24). Y cuando se trata de cantidades extremas, si se analizan los registros de diferentes estaciones del planeta, observamos que la intensidad observada durante diez minutos es casi tres veces mayor que la registrada en cien minutos y ésta supera en la misma proporción a la obtenida durante mil minutos (véase la figura 5.25). A la vez existe cierta relación entre tamaños de gotas e intensidad de lluvia, de manera que las precipitaciones más intensas se caracterizan por gotas de mayor diámetro (figura 5.26), al menos hasta cifras de 80-100 mm/h, a partir de las cuales la tendencia se invierte.

Otro dato de interés, tanto teórico como práctico, lo constituye el conocimiento de los valores máximos de intensidad de precipitación, cuyas cifras son a veces sorprendentes como muestra el cuadro 5.9. Cuando se dispone de largas series de datos es frecuente considerar el *periodo de retorno o recurrencia* de ciertas intensidades máximas o críticas, entendiendo como tal el número de años que en promedio han de transcurrir para que se origine un fenómeno de magnitud igual o superior al de referencia. Para esta previsión estadística de lluvias excepcionales o de gran intensidad se estudia el ajuste de los datos mediante ciertas leyes de probabilidad de máximos, que permiten obtener, sobre el cálculo a partir de la muestra, valores aproximados para periodos de retorno superiores al formado por la propia muestra.

CUADRO 5.9

Precipitaciones máximas observadas en el mundo (adaptado de Hobbs, 1980 y Sumner, 1988)

Duración	Cantidad (mm)	Localidad	Fecha
1 minuto	38	Brot, Guadalupe	26 noviembre 1970
5 minutos	63	Portobelo, Panamá	29 noviembre 1911
8 minutos	126	Füssen, Baviera	25 mayo 1920
15 minutos	198	Plumb Point, Jamaica	12 mayo 1916
42 minutos	305	Holt, Misuri	22 junio 1947
2 h 45 min	559	D'Hanis, Texas	31 mayo 1935
9 horas	1.087	Belouve, La Reunión	28 febrero 1964
12 horas	1.340	Belouve, La Reunión	28-29 febrero 1964
24 horas	1.870	Cilaos, La Reunión	15-16 marzo 1952
2 días	2.500	Cilaos, La Reunión	15-17 marzo 1952
5 días	4.301	Commerson, La Reunión	23-27 enero 1980
15 días	6.433	Commerson, La Reunión	24 junio-8 julio 1931
1 mes	9.300	Cherrapunji, India	julio 1861
6 meses	22.454	Cherrapunji, India	abril-septiembre 1861
11 meses	22.990	Cherrapunji, India	enero-noviembre 1861
12 meses	26.470	Cherrapunji, India	agosto 1860-julio 1861

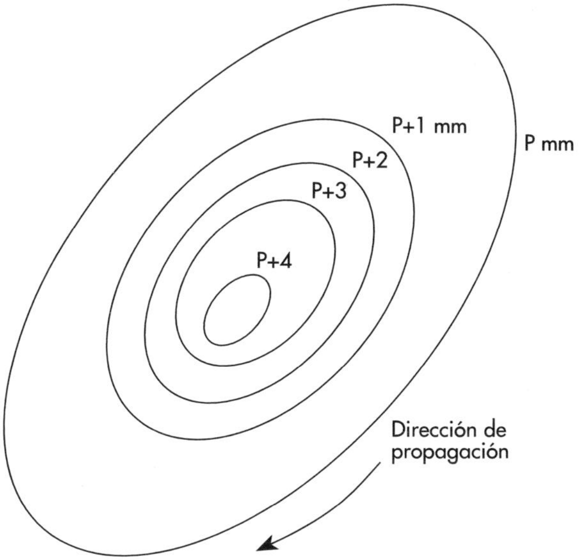

FIGURA 5.23. Distribución espacial de la precipitación en un núcleo tormentoso ideal. La intensidad disminuye hacia el exterior de la tormenta a la vez que aumenta la superficie considerada

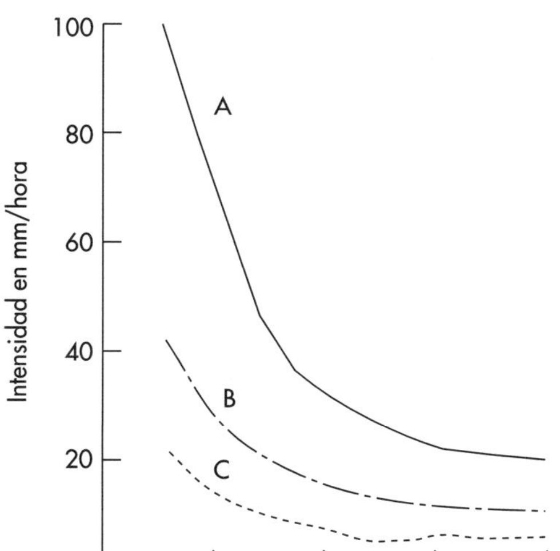

FIGURA 5.24. Relación entre la intensidad y la duración de la precipitación en Túnez. A = intensidad máxima; B = intensidades decenales; C = intensidades anuales (según Péguy, 1970)

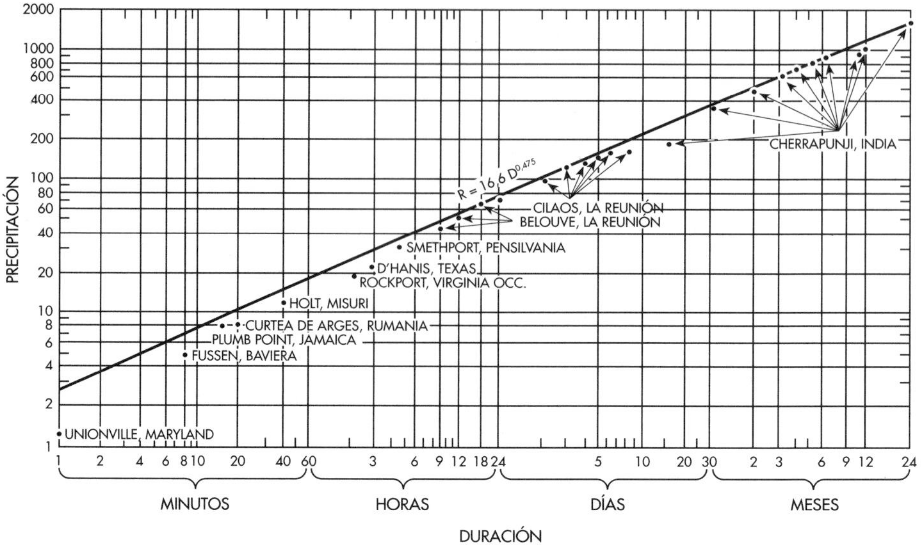

FIGURA 5.25. Relación entre las cantidades extremas de precipitación registradas en diferentes observatorios y tiempo de duración, con indicación de la línea envolvente de los máximos esperados en cada caso (según J. Paulus, «Indian Ocean and Taiwan Rainfall», *Monthly Weather Review,* núm. 93, 1965)

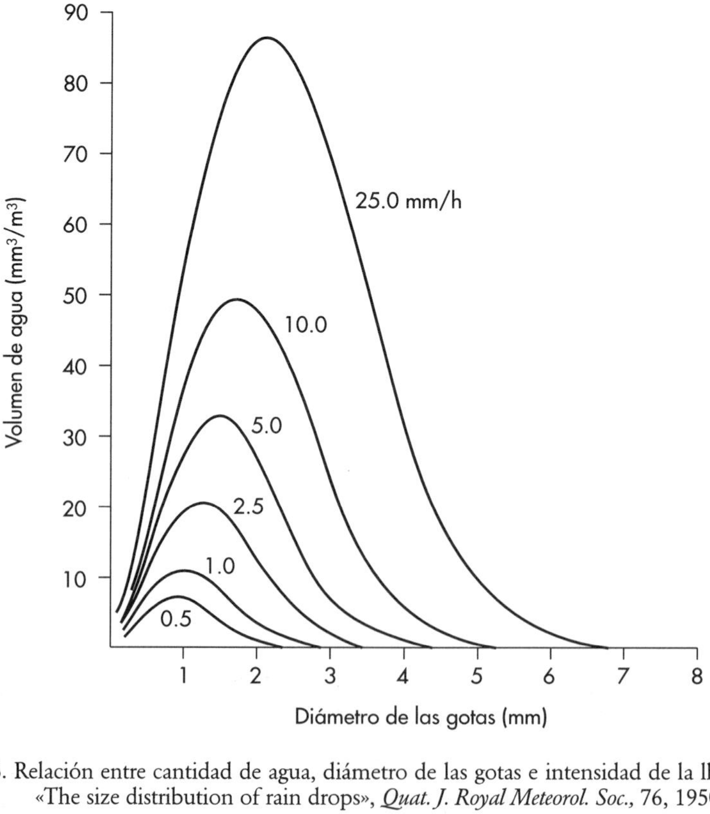

FIGURA 5.26. Relación entre cantidad de agua, diámetro de las gotas e intensidad de la lluvia (según Best, «The size distribution of rain drops», *Quat. J. Royal Meteorol. Soc.,* 76, 1950)

Este tipo de información, calculada por el método de distribución de máximos de Gumbel, para dos estaciones africanas, se muestra en la figura 5.27. De ella se desprende, por ejemplo, que podemos esperar una fuerte precipitación de 95 mm/día una vez cada diez años en Mizugu Mgeta y de 150 mm/día en Bunduki (dos observatorios de Tanzania), o de 120 y 170 mm/día, respectivamente, cada veinte años. Desde luego, estas estimaciones son tan sólo promedios, y la lluvia que se espera cada siglo puede producirse en el primer año; además hay que asumir que el modelo de fuertes precipitaciones no experimenta ningún tipo de cambio cíclico; pero la relación teóricamente lineal que aparece en los gráficos proporciona una primera aproximación útil de la magnitud que puede alcanzar la pluviometría en un clima determinado.

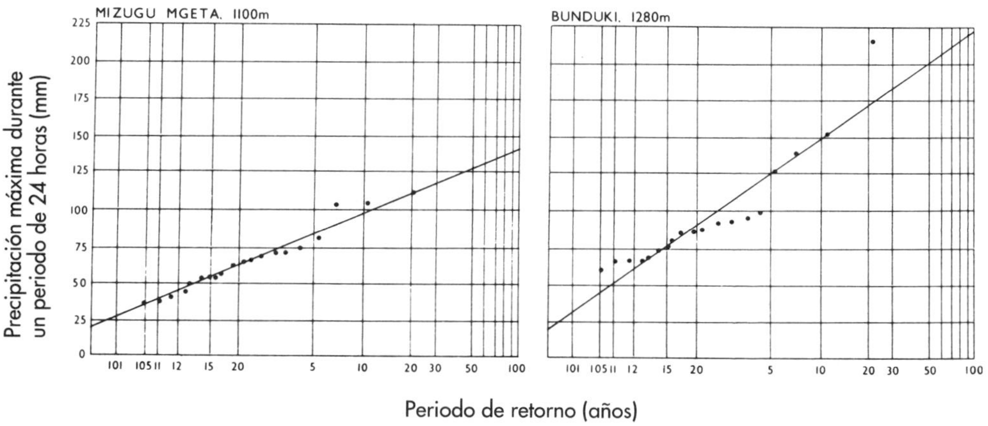

FIGURA 5.27. Periodos de retorno de lluvias extremas en veinticuatro horas en Mizugu Mgeta y Bunduki (Tanzania) (según Jackson, 1989)

4.3. *Variabilidad*

Las considerables diferencias de precipitación de un año a otro obligan, junto con las cantidades medias, a evaluar también la variabilidad de los valores sobre las que se han calculado. Los promedios son indicativos de las condiciones pluviométricas normales sobre un lugar en sentido global, pero enmascaran la realidad y pueden resultar muy engañosos; sobre todo en regiones secas, que tienden a poseer un gran número de valores bajos y sólo ocasionalmente se observan cantidades muy altas. Esta situación puede verse en la figura 5.28a, donde se presenta la lluvia registrada en el mes de julio durante cuarenta años en Anuradhapuraya, en el centro norte de Sri Lanka. Durante quince años no se contabilizó lluvia alguna en este mes, mientras en un solo año cayeron cerca de 200 mm. Es evidente que los datos de unos pocos años distorsionan la media aritmética en sentido ascendente de tal manera que se sobrestima la precipitación probable de un año típico. En tales condiciones, la *mediana*, es decir, el punto medio de la distribución, es sin duda un indicador mucho más significativo de las lluvias de julio en esta localidad, porque no está influida por las cifras extremas.

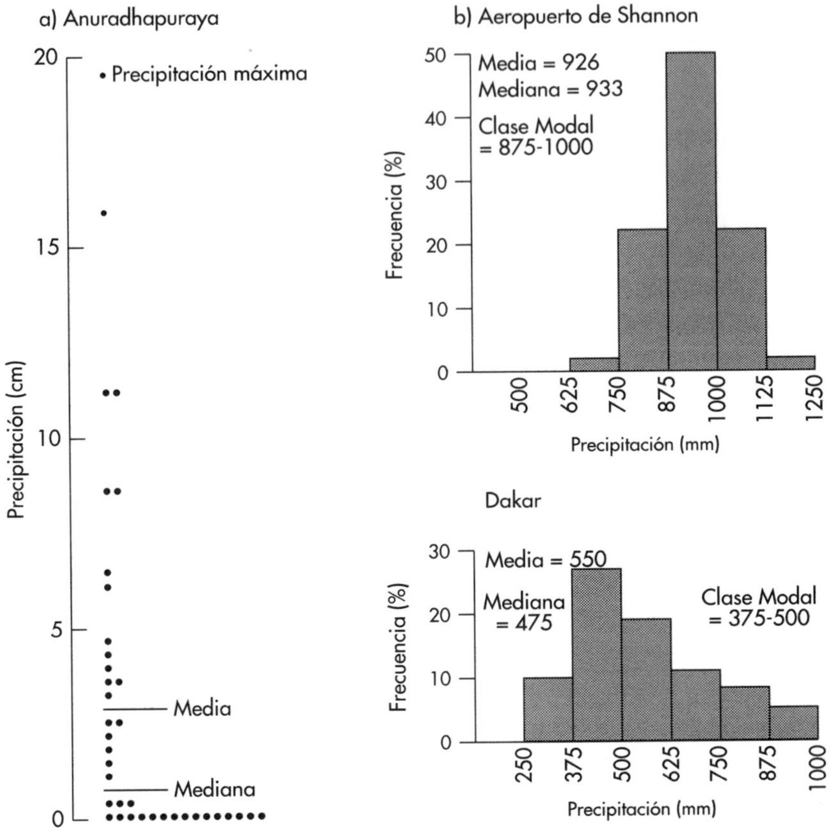

FIGURA 5.28. a) Variaciones anuales de la precipitación en Anuradhapuraya (Sri Lanka), entre 1906 y 1945, y b) Diagramas de frecuencias anuales de precipitación comprendidos en intervalos prefijados, en Shannon Airport (Irlanda), entre 1946 y 1981, y Dakar (Senegal), entre 1900 y 1975

Cuando se usa la mediana, es frecuente determinar también los *quartiles* primero y tercero, que son los valores centrales del intervalo comprendido entre la mediana y los extremos superior e inferior respectivamente.

El campo de variación de las precipitaciones puede observarse también mediante el análisis de la distribución de frecuencias, como las representadas en los histogramas de la figura 5.28b, correspondientes al aeropuerto de Shannon, al oeste de Irlanda, y Dakar, en Senegal. Como permiten constatar los gráficos, las diferencias entre ellos son notables. En el primer observatorio, situado en una región húmeda, la pluviometría anual presenta una distribución simétrica de frecuencias, con valores decrecientes a uno y otro lado del intervalo central, en el cual quedan englobadas la media, la mediana y la modal. Por el contrario, en Dakar, dentro de un territorio semiárido, la agrupación de los datos es más irregular y su elevada variabilidad se muestra en una fuerte asimetría positiva, con la máxima frecuencia de valores situados por debajo de la precipitación media, y la mediana desplazada hacia un intervalo distinto al correspondiente al valor medio.

Entre los diferentes procedimientos de medida del grado de dispersión de un conjunto de datos, uno de los más empleados para expresar la variabilidad es la *desviación típica* (σ). Ésta se obtiene sumando los cuadrados de las desviaciones de cada uno de los valores con respecto a la media aritmética ($x_i - \bar{x}$), dividiendo por el número de casos (n), y extrayendo por último la raíz cuadrada del cociente:

$$\sigma = \sqrt{\frac{\Sigma (x_i - \bar{x})^2}{n}}$$

Si la desviación típica la expresamos como porcentaje de la media aritmética ($\bar{x}$) obtenemos entonces el *coeficiente de variación* (C.V.), que permite establecer comparaciones sobre la dispersión de las series estadísticas de diferentes observatorios, aun teniendo éstos cifras de magnitud muy distintas entre sí. Su cálculo se realiza a partir de la media aritmética y la desviación típica mediante la fórmula:

$$C.V. = \frac{\sigma}{\bar{x}} \times 100$$

Aplicado el cálculo a las precipitaciones mundiales (figura 5.29), se advierten coeficientes bajos de variabilidad, inferiores al 25 %, en las regiones húmedas de Suramérica y África centrales, Europa y parte de Norteamérica, frente a valores superiores al 40 % en los desiertos del Sáhara, Arabia y Asia, en los cuales pequeñas modificaciones en la frecuencia de las lluvias suponen cambios importantes en los totales anuales. Si comparamos esta información con la distribución de las lluvias en el planeta

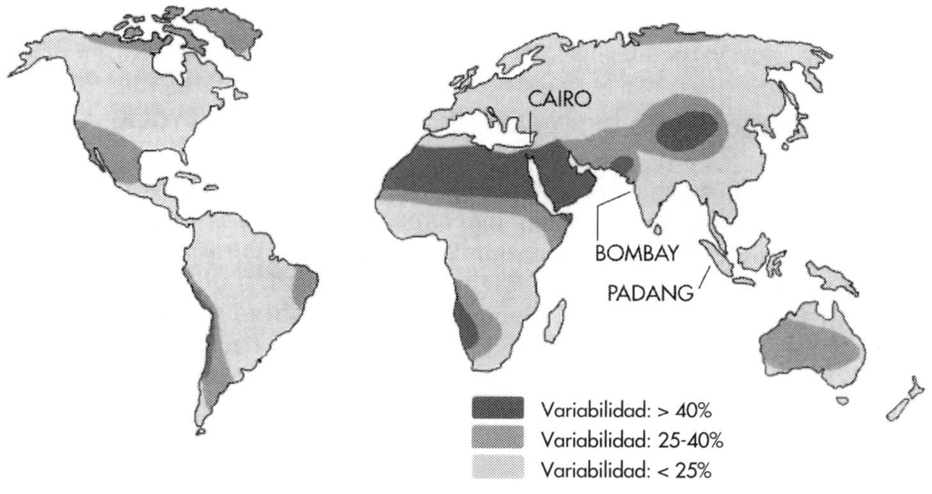

FIGURA 5.29. Mapa mundial de distribución de la variabilidad de la precipitación anual durante el periodo 1880-1925 (según Marsh y Dozier, 1981)

(figura 5.34) observamos una relación inversa muy aproximada entre variabilidad y cantidad de precipitación, aunque conviene precisar que en un análisis de mayor detalle esta correspondencia no siempre es tan clara.

5. Tipos de precipitación

El enfriamiento del aire al ascender verticalmente origina no sólo la condensación y el desarrollo de nubes, sino también, en las circunstancias explicadas, la precipitación; en consecuencia, es común reconocer varios tipos de precipitación según el modo por el cual el aire adquirió el movimiento ascendente (véase la figura 4.14), y son: *ciclónica* o *frontal, convergente, convectiva* y *orográfica.*

1. *Precipitación ciclónica o frontal.* Está asociada a los *frentes* o superficies de contacto entre masas de aire cálido y frío, y las borrascas o ciclones que en ellos se generan. Recordemos del capítulo anterior que cuando se encuentran dos masas de aire de temperaturas distintas, la fría penetra en cuña por debajo de la cálida y la levanta del suelo; al ascender se enfría adiabáticamente y forma nubes y precipitaciones. La naturaleza de éstas dependerá del contenido de humedad del aire y de las características del área frontal, pero generalmente son lluvias continuas sobre superficies muy extensas en la dirección de avance del frente. La acción frontal es la responsable de la mayoría de las precipitaciones en las latitudes media y alta, pero particularmente entre los paralelos 40° y 65°, más afectados por las perturbaciones del llamado *frente polar.*

2. *Precipitación por convergencia.* Este tipo de precipitación tiene su origen en el ascenso del aire que converge hacia las zonas de bajas presiones. Es característica del cinturón de bajas presiones ecuatoriales, en la denominada *Zona de Convergencia Intertropical (ZCIT),* donde el ascenso del aire por confluencia de los vientos alisios se ve reforzado por los movimientos convectivos del aire en el área ecuatorial.

3. *Precipitación convectiva.* Se relaciona con las intensas corrientes ascendentes que tienen lugar en las células de convección y suelen ser lluvias de tipo tormentoso, con chubascos y fuertes aguaceros, procedentes de nubes cúmulos y cumulonimbos. El mecanismo desencadenante de su formación es el desigual calentamiento del suelo, que actúa como «efecto de disparo» para iniciar el movimiento ascendente; a partir de aquí el aire adyacente se inestabiliza y asciende en forma de columnas aisladas o contiguas, que dan lugar a la formación de nubes tipo cúmulos; si continua la liberación de calor latente por condensación del vapor de agua, el empuje ascensional se mantiene y la nube sigue creciendo hasta convertirse en un cumulonimbo del cual pueden desprenderse intensas lluvias.

Este tipo de precipitación es propio de áreas cálidas y húmedas, como son las regiones ecuatoriales y tropicales, y van perdiendo intensidad y frecuencia hacia las latitudes medias, donde quedan limitadas a cuatro o cinco meses durante el verano. Su distribución espacial y características son variables. Así, la convección a pequeña escala y con aire relativamente estable origina pequeñas nubes cúmulo (conocidas como «cúmulos de buen tiempo»), o efímeras tormentas de verano de apenas diez minutos de duración y escasa extensión; por el contrario, con aire inestable las corrientes convectivas ascienden rápida y libremente formando imponentes cumulonimbos con sus torreones y yunques, de los que cae torrencialmente el agua acompañada a menudo de granizo; este chaparrón de tipo tormentoso puede durar hasta una hora y afecta a superficies limitadas entre 25 y 50 km^2. A gran escala, las células convectivas suelen agruparse en amplias estructuras de algunos cientos de kilómetros de ancho, particularmente en la ZCIT, donde, unidas a los movimientos ascendentes por convergencia del aire hacia la vaguada ecuatorial, ocasionan precipitaciones fuertes y prolongadas que afectan a miles de kilómetros cuadrados (figura 9.6).

4. *Precipitación orográfica.* Se produce cuando una masa de aire es forzada a ascender por encima de una barrera montañosa; al elevarse por la ladera de barlovento, el aire se enfría adiabáticamente, condensa y precipita. A sotavento el efecto es contrario. Las nubes ahora se disipan, mientras el aire desciende y se calienta de forma adiabática, dando origen a un viento cálido y seco, conocido como *foehn* o *chinook* , y a la generación de una *sombra pluviométrica* que se proyecta sobre este lado de la montaña, con la frecuente creación de climas desérticos, como el de la Patagonia o el del oeste californiano, denominados desiertos *orográficos* o *de barrera,* por la oposición que el sistema montañoso ejerce a la penetración de los vientos lluviosos dominantes (figura 3.22).

El incremento pluviométrico en las áreas de montaña es en realidad una consecuencia de las modificaciones que la orografía puede ocasionar sobre las precipitaciones de tipo frontal y convectiva y que fundamentalmente son éstas: 1.º) El relieve frena la velocidad de desplazamiento de los sistemas frontales y la precipitación aumenta por prolongación de la actividad ciclónica. 2.º) La montaña representa una barrera para el movimiento de los flujos de aire, que unido al efecto de embudo de los valles obliga a las masas de aire a elevarse y enfriarse. 3.º) En días soleados, especialmente en verano, son fuente de calor que provoca inestabilidad y el nacimiento de células convectivas que aportan lluvias de tipo tormentoso. Por estas razones, las áreas montañosas reciben más precipitación que las tierras circundantes, situándose algunas de ellas entre las regiones más lluviosas del globo, como son los flancos expuestos a las masas de aire marítimas de los Andes chilenos, las montañas Rocosas o, sobre todo, la vertiente sur del Himalaya, donde la localidad india de Cherrapunji constituye sin duda el ejemplo más citado por los climatólogos por lo extraordinario de sus registros (véase el cuadro 5.9).

El aumento de la precipitación con la altitud es una constante de todas las montañas, pero el *gradiente pluviométrico altitudinal,* o relación entre lluvia y altura, dista mucho de ser regular, y en cualquier caso lo es mucho menos que el gradiente térmico. En realidad, cada montaña, cada vertiente, tiene su coeficiente de aumento pluviométrico; en los Alpes, por ejemplo, puede variar entre 50 y más de 200 mm por cada 100 m de elevación según los puntos, y valores también muy diferenciados tienen el resto de las montañas, como se indica en el cuadro 5.10.

CUADRO 5.10

Efecto del incremento altitudinal sobre las precipitaciones anuales (según Linacre, 1992)

Lugar	Elevación (metros)		Precipitación (mm)		Gradiente
	desde	hasta	desde	hasta	mm/100
Gran Bretaña	0	500	714	1.924	242
Alemania	150	850	580	1.000	60
Alpes	600	2.600	900	1.800	45
Washington	60	900	880	2.450	187
Arizona	0	2.100	127	508	18
S. África	10	925	69	229	17

Pero además la precipitación se incrementa hasta determinado nivel, llamado *óptimo pluviométrico*, donde la pluviosidad es máxima, y disminuye a partir de aquí a medida que se asciende hacia las cumbres. La altitud del mismo varía según la exposición a los vientos húmedos, y también a lo largo del año; pero las mayores variaciones se establecen en función de la latitud. En las latitudes medias este máximo puede alcanzarse, según los lugares y la estación del año, entre los 3.000 y 4.000 m, mientras en las latitudes intertropicales se sitúa en un nivel relativamente poco elevado: a 1.200 m en Java, entre 1.000 y 1.200 m en Colombia y Guatemala, a 2.200 en África centro-oriental (véase la figura 5.30 y el cuadro 5.11). Las causas de este diferente comportamiento parecen ser función sobre todo de la estratificación aerológica y de la variación del espesor de la capa húmeda. En las montañas tropicales gran parte de la precipitación proviene de nubes de desarrollo vertical que concentran buena parte de su humedad en los niveles superficiales de la atmósfera; en cambio, las lluvias del área templada se asocian generalmente a depresiones ciclónicas, con nubes estratiformes de gran espesor que generan lluvias desde una mayor altura.

CUADRO 5.11

Variación de la precipitación con la altitud en diferentes áreas de montaña del África tropical (según Leroux, 1983)

MONTE KILIMANJARO: 5.963 metros. Vertiente sureste							
metros	2.200	2.850	3.800	4.250	5.800		
milímetros	1.854	1.691	645	203	15		
KARISIMBI: 4.506 metros. Vertiente sur							
metros	1.300	2.400	3.000	3.500	3.800	4.300	4.506
milímetros	1.500	2.200	1.600	1.250	1.100	900	890
MONTE KENIA: 5.202 metros. Vertiente oeste-suroeste							
metros	2.450	3.050	3.650	4.250			
milímetros	1.315	1.722	1.374	960			
MUHENDE: 3.198 metros. Vertiente norte y oeste							
metros	1.300	2.100	2.600	2.800	3.198		
milímetros	1.900	1.600	1.200	1.000	800		
RUWENZORI: 5.125 metros. Vertiente oeste							
metros	2.200	2.700	3.800	4.500			
milímetros	3.950	3.000	1.900	1.600			

6. Acción del hombre en las precipitaciones

Aunque la historia es rica en ejemplos de cómo el hombre ha intentado modificar el tiempo e intervenir en las precipitaciones, sólo se puede hablar de logros de cierta importancia a partir de los años 40, cuando se demuestra que el dióxido de carbono sólido podía ser utilizado para producir cristales de hielo en nubes suben-

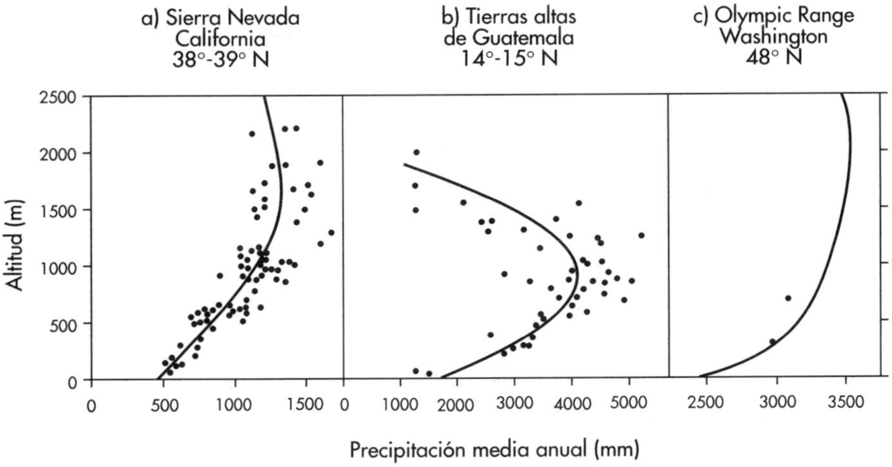

FIGURA 5.30. Curvas generalizadas que expresan la relación entre la precipitación media anual y la altitud en las vertientes montañosas orientadas al oeste en América septentrional y central (según Barry y Chorley, 1992)

friadas. Desde hace mucho más tiempo, sin embargo, se están provocando alteraciones involuntarias, relacionadas con la actividad humana, a las que se presta cada vez más atención tanto por su alcance espacial como por su repercusión medioambiental.

La modificación voluntaria del tiempo se ha orientado preferentemente a conseguir incrementos de lluvia, reducir los efectos negativos de los huracanes, suprimir el granizo o disipar las nieblas, pero los resultados, tanto económicos como sociales o ecológicos, en el estado actual de nuestros conocimientos aún no son bien conocidos. Además, las actividades desarrolladas dentro de una determinada región pueden ser consideradas adversas en la vecina (en lo que se conoce como «efectos fuera de zona»), y de ello derivan problemas jurídicos, que han conducido a algunos países a promulgar disposiciones para reglamentar la realización de este tipo de actividades, y a la comunidad internacional a preparar directrices para resolver los posibles conflictos entre naciones. Aunque los avances han sido sorprendentes, excepto en la dispersión de la niebla subenfriada, la posibilidad de influir en la estructura de las nubes sigue siendo un sector del dominio de la investigación.

6.1. *La «lluvia artificial»*

Gran parte de los esfuerzos por cambiar el tiempo se han orientado a buscar el modo de aumentar las precipitaciones, como fórmula para resolver el problema del incremento de la demanda de agua o para luchar contra la sequía. En 1891 el americano Gothmann patentó un procedimiento que consistía en sembrar las masas nubosas con ácido carbónico líquido, que debía ser disparado con un cañón. En 1922 un berlinés, Berg, propuso lanzar aire líquido en las nubes, y tras un único intento fallido no consiguió realizar nuevas experiencias. En cambio, sí logró resultados positivos el holandés Veraart, en 1930, con el empleo de dióxido de carbono sólido (hielo seco), por lo que se le puede considerar el verdadero inventor de la lluvia artificial, pero su imposibilidad para explicar el proceso físico del experimento le restó credibilidad y no atrajo el interés de los científicos. Es Findeisen, a partir de la teoría de los cristales de hielo (véase su explicación *supra),* quien demuestra la posibilidad de estimular la lluvia y de combatir el granizo y la formación de hielo en los aviones; entre 1942 y 1944 realizó con éxito varios vuelos empíricos que le acreditan la paternidad de la lluvia artificial. En 1946 son los americanos Langmuir y Schaefer los que, con el patrocinio de la General Electric, provocaron lluvia con la siembra de CO_2 sólido en las nubes; sus ensayos de laboratorio y experimentos, ampliamente divulgados, ensancharon el conocimiento de los mecanismos de la precipitación y demostraron el valor científico del invento. A estos avances se unen poco después los de un colega suyo, Vonnegut, el cual descubrió que otras sustancias, como el yoduro de plata o el yoduro de plomo, constituían efectivos núcleos de hielo; pero también puso en evidencia la complejidad de las aplicaciones prácticas y la dificultad para su posible comercialización.

Básicamente los métodos para intensificar la precipitación consisten, cuando se trata de nubes frías, en introducir en ellas núcleos artificiales de hielo, de estructura cristalina similar a éste, para que catalicen el desarrollo y formación de la precipitación. Con la siembra se persiguen dos metas: por una parte, aumentar la presencia de núcleos glaciógenos para acelerar la creación de la precipitación dentro de la nube y convertir más agua en lluvia. Ya se ha indicado en páginas anteriores que los núcleos naturales de congelación crecen a expensas de las gotas subenfriadas y, por tanto, tienden a iniciar la precipitación; si la concentración de éstos es pequeña, el proceso de creación de la lluvia puede ser muy lento; de ahí que en estos casos la introducción de núcleos artificiales se considere un sistema eficaz. En segundo lugar, con la formación y crecimiento de gran número de partículas de hielo se quiere potenciar la liberación del calor latente de congelación y conseguir así un mayor desarrollo vertical de la nube.

Uno de los sistemas empleados consiste en sembrar las nubes con partículas de hielo seco (CO_2 en estado sólido), aunque se ha mostrado poco activo. Otro procedimiento, sin duda el más eficiente, es emplear yoduro de plata (AgI) en forma de humo tenue; éste posee una configuración cristalina muy parecida a la del hielo y además tiene la ventaja de comenzar a ser activo como núcleo glaciógeno a partir de temperaturas del orden de – 5°, esto es, mucho antes que los núcleos naturales, que se hacen efectivos a temperaturas bastante más bajas (véase el cuadro 5.2). Respecto al orden de magnitud de la masa mínima de reactivo necesario para producir lluvia, en ausencia de otros núcleos, los informes de la OMM hacen la siguiente valoración: un gramo de yoduro de plata se puede dividir en unos 10^{14} cristales; suponiendo que estos cristales puedan ser ampliamente distribuidos en el espacio y que cada uno de ellos se transforme en el núcleo de una partícula que después crecerá hasta formar una gota de lluvia de 2,5 mm de diámetro, se produciría más del millón de metros cúbicos de lluvia, y distribuir ésta en un área de 1.000 km^2 equivaldría a una cantidad de lluvia de 1 mm.

Cuando se trata de nubes cálidas, la posibilidad de estimular la lluvia se basa en aumentar la eficacia del proceso de colisión-coalescencia con la introducción de núcleos gigantes de condensación o de gotas de agua, para compensar el posible déficit de gotas grandes, y ocasionar una secuencia acelerada de choques y crecimiento del tamaño de las gotas de lluvia. Uno de los problemas que plantea esta técnica es que necesita emplear cantidades muy elevadas de material de siembra; por ejemplo, si ésta se realiza con partículas de sal de 10 mm de diámetro que tengan una densidad de 2 g/cm^3, y teniendo en cuenta que cada partícula crece hasta transformarse en una gota de lluvia de 2,5 mm de diámetro, serían necesarios más de 100 kg de sal para producir un millón de metros cúbicos de precipitación (equivalentes a 1 mm de lluvia) sobre un área de 1.000 km^2. A pesar de las limitaciones, se han realizado unos pocos experimentos alentadores, aunque no concluyentes.

Cualquiera que sea el método empleado, el éxito de la siembra responde siempre a su aplicación en un momento concreto y en nubes adecuadas, que son aquellas que se presentan cuando las condiciones meteorológicas son favorables para originar lluvias por causas naturales, y que tienen capacidad para regenerarse a medida que se disipan por la precipitación; esto quiere decir que no todas las nubes son idóneas y que lo que se intenta por estos procedimientos es hacer que llueva más de lo que llovería de forma natural. En función de lo comentado, en los casos de sequía, por ejemplo, resulta prácticamente imposible mejorar las condiciones, porque las nubes aptas para ser sembradas son muy escasas. Pero aun cuando la situación es propicia, tampoco es seguro un resultado positivo, pudiendo suceder que el efecto se limite a adelantar el comienzo de la precipitación, o a intensificar la misma sobre el lugar de actuación a costa de reducirla en áreas vecinas; lo cual significa también que la intervención sobre las nubes debe hacerse en el momento oportuno para evitar consecuencias contrarias a las deseadas, porque una siembra prematura puede destruir las corrientes ascendentes de aire dentro de la nube y causar la disipación de ésta antes de que se regenere.

Se han realizado muchas pruebas con gran rigor científico en distintas partes del mundo (Estados Unidos, Australia, Israel, Arabia Saudí, entre otros países), comparando las precipitaciones producidas en parejas de nubes similares, una sembrada (a la que se llama *área blanco)* y otra sin sembrar (conocida como *área de control),* con efectos espectaculares en algunos casos: en Israel, dos pruebas llevadas a cabo entre 1961 y 1975 ocasionaron un aumento aparente de precipitación de un 15 %; y en Australia, experiencias realizadas en diferentes áreas han mostrado incrementos del 15 al 20 %. Pero si se comparan los resultados positivos con los que han tenido final dudoso o negativo el balance es claramente desfavorable, en particular desde el punto de vista económico. Uno de estos ensayos se realizó en la cuenca del Duero (España), entre 1979 y 1981, con el nombre de «Proyecto de Intensificación de la Precipitación» (PIP), planteado y ejecutado por la OMM; del mismo sólo llegó a concluirse la primera fase, con resultados poco prácticos, y del optimismo inicial se pasó a la necesidad de profundizar en el conocimiento de los procesos de física de las nubes y de la estructura de los sistemas nubosos antes de emprender nuevos proyectos operacionales.

Los resultados más efectivos se han logrado en nubes convectivas tipo cumulonimbo y en nubes orográficas desarrolladas a barlovento de las montañas, siendo en apariencia escasos los alcanzados en las formaciones nubosas que acompañan a los sistemas frontales. Pero en todos los casos la cuestión que se plantea es cómo evaluar y obtener una medida de la evidencia o ausencia de los efectos ejercidos por la siembra. Aunque la capacidad y alcance de las valoraciones estadísticas aumentan continuamente, en lo que respecta al análisis de la siembra de nubes existen todavía algunas dificultades insospechadas, y la mayoría de los experimentos no son considerados como definitivos, por lo que se estima que es obligatorio llevar a cabo evaluaciones cuidadosas donde se tenga en cuenta tanto una amplia serie de medidas físicas de las nubes y de la precipitación como el análisis estadístico de dichas medidas, para poder llegar a conclusiones bien fundadas.

6.2. *Dispersión de nieblas*

Menos discutidos son los métodos ensayados para la dispersión artificial de nieblas, por la eficacia que han demostrado algunos de ellos. En la Segunda Guerra Mundial la Royal Air Force británica empleó quemadores de petróleo distribuidos a lo largo de los laterales de las pistas para evaporar la niebla y permitir el aterrizaje de los aviones militares; el sistema, conocido como FIDO *(Fog, Intensive, Dispersal, Of)*, fue abandonado poco después de finalizar la guerra por su elevado costo, su peligrosidad y el humo que producía. Otro método, también térmico, consistía en generar calor por medio de turbomotores, como los instalados en 1970 en el aeropuerto de Orly (París), pero a lo costoso del sistema se une la turbulencia originada que puede perjudicar a los aviones pequeños. Bajo situaciones anticiclónicas y con inversión térmica, un procedimiento que ha logrado buenos resultados ha sido el empleo de helicópteros más o menos estacionarios, que mezclan el aire más cálido y seco de las capas superiores con el más frío y con niebla situado junto al suelo.

En el caso de nieblas cálidas se ha recurrido en ocasiones a la siembra con sustancias higroscópicas, como el NaCl, que dan lugar a la formación de algunas gotas que cuando caen al suelo eliminan muchas gotículas de niebla. Los principios físicos en los que se fundan estos métodos son conocidos y se han obtenido algunos éxitos, pero no se recomienda su uso por el efecto corrosivo de las sales sobre los metales. Cuando se trata de nieblas subenfriadas las técnicas más eficaces para su disipación son las mismas que se emplean en la lluvia artificial. Generalmente se recurre a la siembra con AgI, bien desde el suelo con quemadores, o desde el aire, y se obtienen muy buenos resultados en poco tiempo (en menos de media hora se consigue abrir en la niebla un canal de 3 km de largo).

6.3. *Supresión del granizo*

Los intentos por reducir los efectos destructivos del granizo cuentan con una larga historia, aún no concluida, porque, al igual que con la lluvia artificial, los métodos para su supresión suscitan muchas dudas. Las referencias de las prácticas empleadas para combatir las granizadas son abundantes, y a veces con algunos ilustrativos ejemplos, como el grabado reproducido en la figura 5.31 que representa a unos soldados lanzando sus flechas a las nubes. En ocasiones se ha intentado ahuyentar el granizo tocando las campanas o con disparos de artillería para alejar las tormentas. En el siglo XVIII tienen lugar en Centroeuropa las primeras pruebas con cohetes, cuya eficacia se estimaba residía en la onda expansiva creada por la explosión; tras algunas prácticas, en Austria acabaron siendo prohibidos por las disputas que surgieron entre propietarios de tierras colindantes sobre los efectos de los disparos. Será a finales del siglo XIX y principios del XX cuando se desarrollen experiencias antigranizo de modo sistemático y se generalice el uso de cañones granífugos. Francia fue la primera nación en legalizarlos instalando una amplia red al sur del país, y actuaciones similares se realizaron en Italia, Suiza, Austria, España, Rusia o Gran Bretaña. A estas actuaciones se añadió también la idea de la defensa a partir de la deselectrización de las nubes; pero es muy dudoso que algunos de estos métodos haya surtido algún efecto práctico en el granizo.

FIGURA 5.31. Arqueros lanzando flechas contra las nubes para ahuyentar la tormenta y el granizo. Grabado de la obra de Olaus Magnus *De gentibus septentrionalibus,* Roma, 1555 (copia de la Biblioteca Nacional de París)

El avance de las técnicas de modificación artificial de la precipitación favoreció la utilización de nuevos métodos de intervención, basados en la siembra de nubes con núcleos glaciógenos, como los yoduros de plata, de plomo o de aluminio y el cloruro sódico, entre otros, que se trasladan al interior de la nube por medio de avionetas, disparo de cohetes o quemadores desde el suelo (figura 5.32). Los resultados son complejos y difíciles de interpretar. En la Unión Soviética es donde parece que se han conseguido los mayores éxitos, bombardeando las nubes desde tierra con apoyo de la artillería y el empleo del radar para seleccionar las áreas críticas de formación del granizo. Fórmulas parecidas se han aplicado en Estados Unidos, Suiza, Bulgaria o Hungría, aunque con resultados poco afortunados.

El objetivo común de estas prácticas es sustituir la formación de granizo peligroso por la producción de un elevado número de gránulos de hielo pequeños e inofensivos, mediante la creación de una mayor competencia entre los gránulos de pedrisco y sus embriones. La base teórica sobre la que se fundamentan estas actuaciones puede formularse del siguiente modo: el número de embriones de pedrisco en desarrollo puede aumentarse hasta una concentración umbral donde la competición por el agua líquida disponible impide que las partículas de hielo crezcan demasiado, de modo que el granizo resultante sea inocuo o funda antes de llegar al suelo. Sin embargo, debe observarse que, a menos que se supere el umbral crítico, esta técnica puede causar un incremento de la granizada; por otra parte, el agente de siembra debe actuar en el momento y lugar donde se formen los embriones, lo cual puede ocurrir a cierta distancia de la región de constitución del pedrisco. Lo que es evidente es que la siembra de nubes a ciegas no sólo puede ser ineficaz, sino incluso contraproducente, sobre todo si además se tiene en cuenta la elevada variabilidad natural del granizo tanto espacial como temporal. Por esta razón es complicada la evaluación estricta de la eficacia de estos procedimientos.

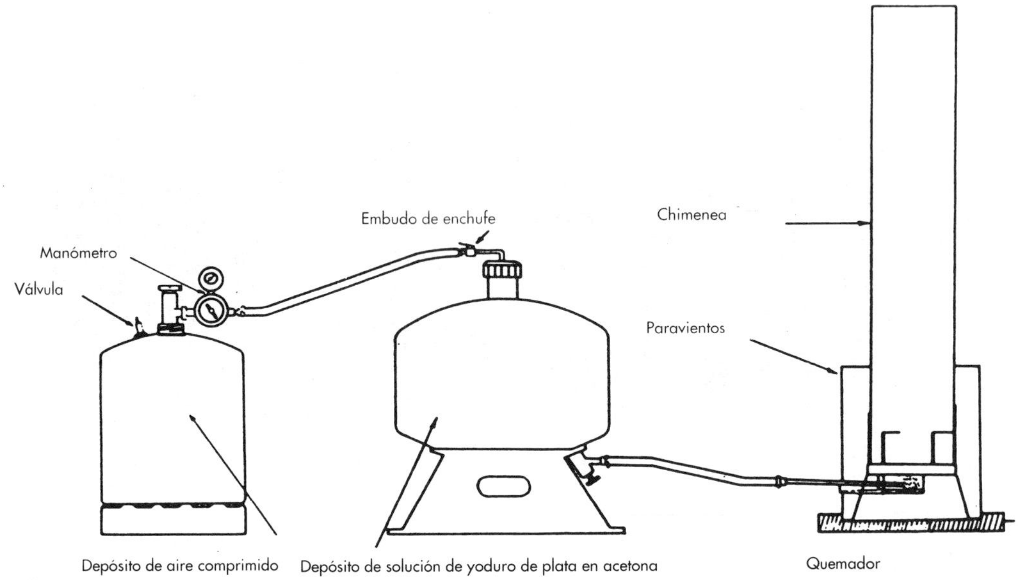

FIGURA 5.32. Generador de núcleos de yoduro de plata modelo «Dessens». El yoduro de plata sublimado en el generador es arrastrado por las corrientes convectivas hacia el seno de la nube, donde vuelve a su estado sólido formando millones de cristales, cada uno de los cuales se constituye en un núcleo de congelación

Como ha expresado en varias ocasiones la OMM, el problema de la supresión del granizo ha llegado a un punto en el que cualquier otro progreso significativo en materia de aplicaciones deberá esperar a que se resuelvan varios problemas científicos fundamentales. Entre ellos figuran una mejor predicción de la aparición del granizo, una mejor comprensión de la estructura y dinámica de las tormentas de granizo, el origen y desarrollo de los embriones de pedrisco y la evolución en el espacio y en el tiempo del mismo.

6.4. *Captación de agua de la atmósfera*

En aquellas regiones donde los recursos hídricos son muy escasos tienen interés las experiencias de captación de agua de las nieblas y de las nubes rasantes, cuando éstas son frecuentes y persistentes. Los procedimientos empleados son relativamente sencillos y la actuación sobre la atmósfera tiene lugar a una escala mucho más local que las intervenciones realizadas para producir lluvia o reducir el granizo.

Imitando la función que realiza la vegetación, la humedad de las nieblas puede ser capturada por medio de un obstáculo vertical dirigido hacia el viento dominante, de modo que las gotitas de agua se acumulen en él y escurran hacia el suelo. Este sistema es el que se está empleando en uno de los desiertos más secos del planeta, el de Atacama, donde las lluvias son prácticamente inexistentes (entre 0 y 1 mm de lluvia anual), pero que está ocupado de manera casi permanente por la niebla (la camanchaca). Para ello se emplean unos artefactos voluminosos y a la vez ligeros, como el de la figura 5.33, o de otros tipos, construidos con malla plástica cuadriculada, que atra-

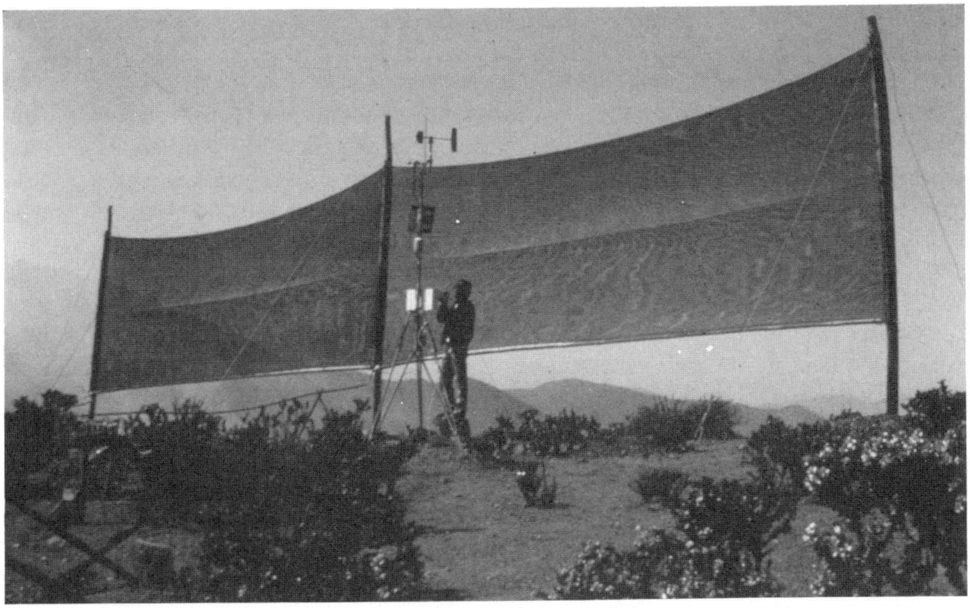

FIGURA 5.33. Modelo de atrapanieblas usado en el desierto de Atacama para captar el agua de las nieblas costeras (foto: B. Schemenauer)

pan las gotas de agua y las conducen hacia un recipiente colector. En los modelos actualmente instalados, con este procedimiento se consiguen precipitaciones artificiales promedio de 380 litros de agua diarios, lo que ha permitido iniciar un ambicioso programa de reforestación. Fruto de estos favorables resultados, las investigaciones se están extendiendo a otras regiones de condiciones similares como Namibia, islas de Cabo Verde, zonas del Caribe, Omán, etcétera.

6.5. *Modificaciones derivadas de la actividad humana: la lluvia ácida*

El hombre a través de sus actividades se ha convertido en un agente perturbador del ambiente físico y de manera inconsciente interfiere en la precipitación al menos de dos maneras muy claras: edificando ciudades y por medio de los contaminantes que vierte a la atmósfera. Aunque la influencia de las superficies urbanas es difícil de precisar, parece observarse un incremento de las lluvias con respecto al campo circundante, que se relaciona con el efecto de turbulencia de los edificios, la convección térmica y la mayor presencia de núcleos de condensación; los ejemplos son numerosos y volveremos sobre ellos más adelante al tratar el clima urbano. Respecto a la contaminación atmosférica la consecuencia más conocida es la *lluvia ácida*, así llamada por la elevada acidez del agua precipitada.

La acidez de las precipitaciones viene determinada por la concentración de iones de hidrógeno (H^+) presentes en el agua, y se expresa en términos de valor del pH, según una escala de 0 a 14, donde el valor 7 es considerado como solución neutra (el agua destilada, por ejemplo), los valores inferiores indican soluciones ácidas (vinagre, zumo de limón), y las superiores, soluciones básicas (bicarbonato sódico). Esta escala es logarítmica y cada descenso del pH en una unidad supone un aumento diez veces mayor en la acidez.

Algunos de los contaminantes emitidos a la atmósfera por las industrias los componen el dióxido de azufre (SO_2) y los óxidos de nitrógeno (NO y NO_2); esos gases, además de actuar como núcleos higroscópicos, se convierten fácilmente en ácido nítrico (HNO_3) y ácido sulfúrico (H_2SO_4), ambos solubles en agua, lo cual ocasiona la acidificación del agua de lluvia. En su estado puro el pH del agua de lluvia es 5,6, menor que el valor 7 del pH neutro, debido a la absorción natural del CO_2, pero mediciones recientes en amplias zonas del oeste de Europa y del este de Estados Unidos dan valores por debajo de 5, e incluso inferiores a 4, lo que supone niveles de acidez en la precipitación 30 ó 40 veces superior a la correspondiente a una atmósfera no contaminada.

El fenómeno de la lluvia ácida, en el que se inscriben también la nieve, las nieblas y los rocíos ácidos, tiene consecuencias medioambientales claramente negativas porque no sólo afecta a la calidad del agua, sino tambien a los suelos, a los ecosistemas y de modo particular a la vegetación: indiquemos que bastan 0,01-0,02 ppm de ácido (que corresponden a 10-20 mm/m^3 en la atmósfera) para matar los líquenes, y las coníferas no sobreviven a concentraciones mayores de 0,07-0,08 ppm.

7. Distribución mundial de las precipitaciones

7.1. *El reparto zonal*

Cada año una cantidad promedio estimada en 973 mm de agua se precipita sobre la superficie terrestre, repartidos espacial y temporalmente de forma muy desigual, con valores de 0 mm en algunos casos (en el desierto de Atacama la media anual es de 0 a 1 mm), hasta más de 11.000 mm en otros (11.455 mm es el promedio en el monte Waialeale, en Hawai, a 1.569 m de altitud). Las causas de estas diferencias obedecen a distintos factores entre los cuales debemos mencionar los siguientes: 1.°) La capacidad higrométrica del aire; muy débil en las regiones polares y en invierno en el interior de los continentes. 2.°) Las zonas de movimiento ascendente y descendente del aire en la atmósfera general, reflejo, respectivamente, de las áreas de bajas y altas presiones que circundan el globo. 3.°) El balanceo estacional de los centros de acción que rigen la circulación general atmosférica. 4.°) Las grandes superficies continentales, donde se agrava la sequedad al reducirse las posibilidades de llegada del aire marítimo, y cuyo reparto presenta un claro desequilibrio entre ambos hemisferios. 5) La localización y disposición de los relieves montañosos con respecto a los vientos dominantes.

Estas circunstancias se contemplan en la figura 5.34, donde las líneas que unen los puntos de igual precipitación, o isoyetas, dibujan, en una primera interpretación zonal, las siguientes grandes franjas latitudinales:

1. Un cinturón de fuertes lluvias en torno al Ecuador, que se sigue desde la Amazonia hasta Nueva Guinea, pasando por la cuenca del río Congo y las islas de la Sonda. Aquí las altas temperaturas y la convergencia de los alisios aportan la humedad necesaria para alcanzar más de 2.000 mm de lluvia anual.

2. Otras dos franjas, situadas en las latitudes medias entre los 40° y 50°, se distin-

FIGURA 5.34. Precipitación media anual, en milímetros

guen igualmente por sus intensas precipitaciones, aunque mantengan notables diferencias entre ellas: la franja septentrional recibe copiosas lluvias en las costas occidentales y disminuyen progresivamente hacia el interior del continente; en cambio, la extensión oceánica del hemisferio Sur hace que aquí las lluvias sean más regulares y abundantes. En ambos casos, las precipitaciones tienen su origen en las ascendencias del aire a lo largo del frente polar.

3. Por el mecanismo contrario, es decir, el movimiento descendente del aire en las células anticiclónicas, encontramos varios cinturones secos coincidentes con las latitudes tropicales y polares. Alrededor de los 30° N y 30° S aparecen los desiertos del Sáhara, Arabia, Calahari, Australia y América del Sur, con menos de 250 mm de lluvia anual y fuerte evaporación, que se ven reforzados en el litoral occidental de los continentes por los efectos de las corrientes costeras frías. En latitudes polares el déficit es aún mayor, porque a la estabilidad atmosférica se une la reducida cantidad de humedad disponible.

7.2. *Variaciones en el modelo zonal*

El modelo zonal es bastante más complejo que el esquema trazado, y con frecuencia se superponen al mismo marcadas variaciones longitudinales que lo desfiguran. Así, el cinturón seco de los trópicos desaparece al este de los continentes por la acción de los vientos alisios de procedencia oceánica y originan importantes regiones húmedas como en América Central o Madagascar; las barreras orográficas crean asimismo notables disimetrías; y las regiones monzónicas o las corrientes marinas son otras claras manifestaciones de tipo no zonal. En ellas nos detenemos a continuación.

1. *Las regiones monzónicas de Asia.* El extenso cinturón seco de las regiones tropicales se interrumpe en la fachada este de los continentes, en particular en el sureste asiático, donde a la misma latitud del desierto del Sáhara se halla una de las áreas más lluviosas del planeta. Durante el verano la vaguada ecuatorial asciende anormalmente hacia el norte hasta localizarse cerca de los 25° de latitud en las tierras meridionales del continente asiático (véase el comentario sobre los monzones en el capítulo siguiente), hacia donde se dirigen los vientos húmedos del océano Índico, que aportan abundantes lluvias sobre la India, sureste de Asia y tierras más al sur de Japón (figura 5.35).

2. *El cinturón húmedo de las latitudes medias.* La disimetría pluviométrica que se observa al comparar las fachadas continentales en las regiones tropicales se reproduce también en las templadas, pero de forma invertida. En las latitudes medias las depresiones se desplazan de oeste a este y descargan copiosas precipitaciones en las costas occidentales de los continentes, pero se desnaturalizan rápidamente conforme penetran hacia el interior de los mismos. Así ocurre en Eurasia, donde las húmedas costas de Irlanda, Gran Bretaña o Noruega contrastan con las más secas de los mares de Ojotsk o de Bering; y la misma oposición encontramos entre el litoral pacífico de Canadá y la península del Labrador, o entre la costa meridional de Chile y las superficies esteparias de Argentina.

3. *La influencia del relieve.* El efecto de la orografía sobre las precipitaciones se ha comentado con anterioridad y se refleja claramente en los mapas pluviométricos. En las vertientes a barlovento de los vientos dominantes los procesos de ascendencia forzada de las masas de aire originan un fuerte incremento de las lluvias, cuyos registros

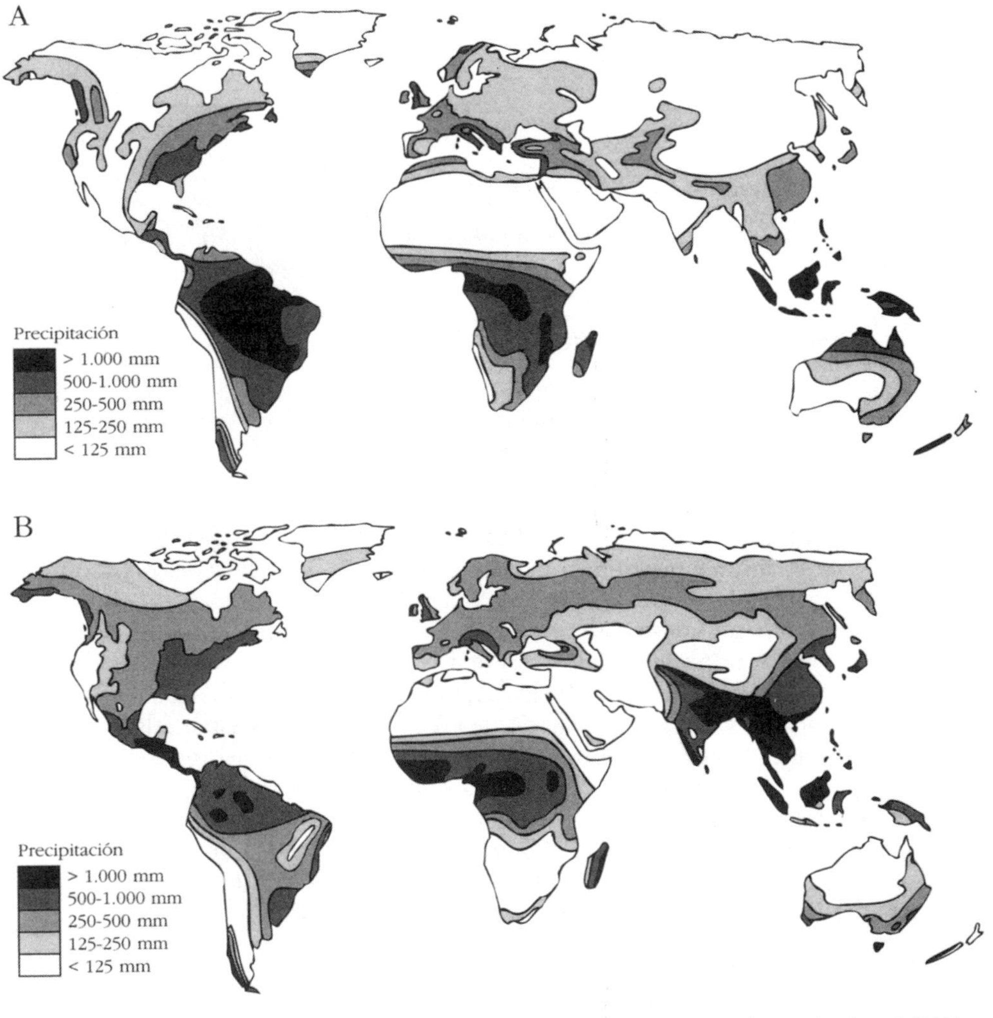

FIGURA 5.35. Distribución de la precipitación media, en milímetros, en los periodos noviembre-abril (A) y mayo-octubre (B) (según Chandler, 1981)

superan con amplitud a los de su entorno llano; pero a sotavento de los mismos las cantidades decrecen y, por la acción de abrigo de la montaña, pueden llegar a formarse verdaderos desiertos. La influencia del relieve es mayor cuanto más perpendicular sea la disposición de la barrera montañosa respecto de los vientos húmedos. Éste es, sobre todo, el caso de las montañas Rocosas y de los Andes patagónicos, donde la franja litoral recibe cuantiosos aportes de humedad, pero se hacen prácticamente nulos a sotavento de las montañas donde surgen desiertos orográficos como los de Nevada, Sonora o la Patagonia.

4. *Las corrientes oceánicas.* Las corrientes marinas son responsables de situaciones pluviométricas opuestas según sean sus características térmicas; las corrientes cálidas, como las del Golfo o Kuroshio, favorecen el incremento de las lluvias en las costas

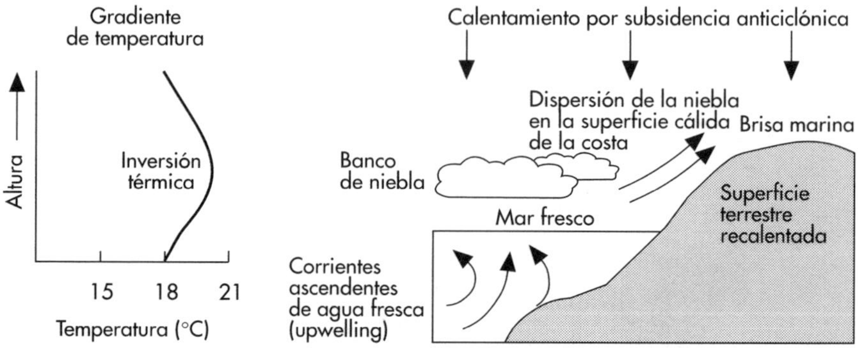

FIGURA 5.36. Efecto de las corrientes marinas frías sobre las capas de aire en contacto con la superficie de las aguas. La niebla costera fría que se forma es desplazada tierra adentro, donde por su bajo contenido de humedad puede disiparse rápidamente (Flohn, 1968)

que bañan, pero las corrientes frías contribuyen a aumentar la aridez de los desiertos tropicales. Esto último ocurre en la zona de los alisios de la fachada occidental de cada continente, debido a que estos vientos desplazan el agua cálida superficial próxima a la costa (con temperaturas entre 26° y 27°) y crean un movimiento compensatorio de aguas del fondo mucho más frías (entre 14° y 20°). A causa de ello, el aire en contacto con el agua se enfría y se forma una inversión térmica a baja altura que evita las ascendencias de aire y la formación de precipitaciones. La estabilidad creada induce la formación de persistentes nieblas por debajo del nivel de inversión, que son arrastradas tierra adentro por la brisa marina que se crea entre las aguas frías y la superficie terrestre más cálida (figura 5.36). Estas condiciones son responsables de extensas zonas desérticas en las costas de Chile y Perú, California, Namibia, noroeste de Australia y costa marroquí; no obstante, aunque las lluvias son muy débiles, el suelo recibe humedad procedente de la niebla, que ayuda a mantener un cierto grado de vegetación.

8. El régimen pluviométrico

8.1. *Régimen diario*

El reparto temporal de las precipitaciones está sujeto a cambios periódicos, cuya constancia es mucho menor que la mantenida por las temperaturas, porque sobre ellas influyen buen número de factores meteorológicos de extrema variabilidad. En el caso de la precipitación diaria el régimen no es fácil de precisar, pues las variaciones observadas son en general débiles y muy a menudo dependen de la estación en la que se producen; no obstante, en algunas regiones el ritmo que aquéllas siguen, al menos en una parte del año, aparece claramente individualizado.

En la zona intertropical, donde dominan los procesos convectivos, la lluvia se produce sobre todo durante la tarde, en forma de chubascos de tipo tormentoso que van cesando hacia el atardecer. El observatorio de San José de Costa Rica, representado en la figura 5.37, es uno de los ejemplos más conocidos: aquí el 48 % de la lluvia

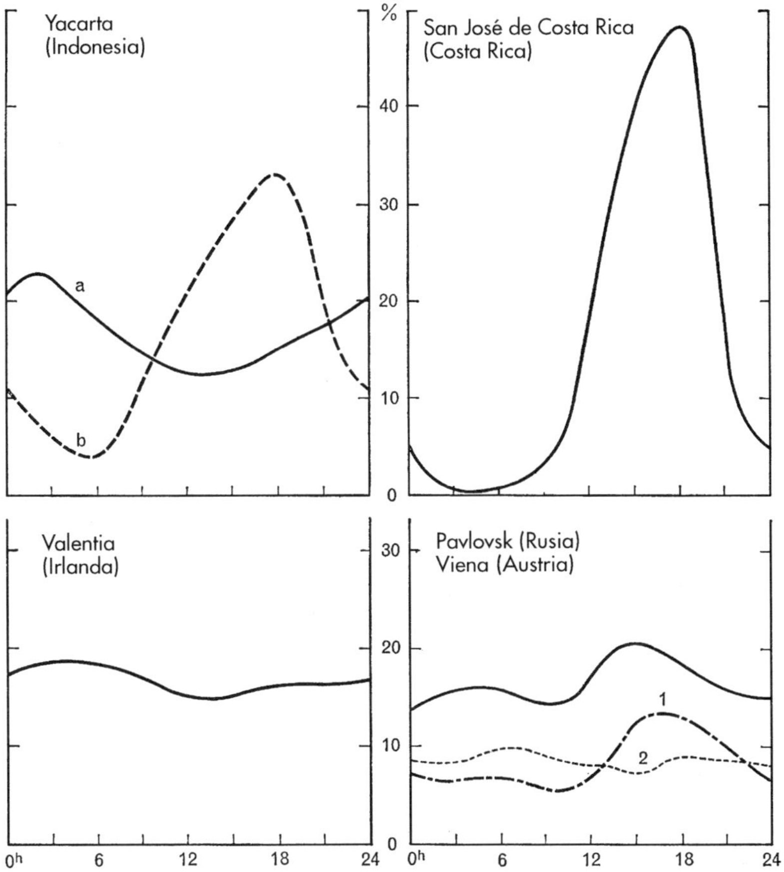

FIGURA 5.37. Tipos de régimen diario de la precipitación en varios observatorios. En Yakarta (Indonesia): a) curva de la precipitación diaria durante la estación húmeda, correspondiente a los meses de enero y febrero; y b) en el periodo menos lluvioso, de julio a septiembre. En Viena: 1) durante el semestre estival; y 2) en el semestre invernal (según Pinna, 1977)

se registra entre las 16 y las 20 horas, y el 34 % entre las 12 y las 16 horas. Pero estos casos tan sencillos no son los más comunes; cuando cambia el tipo de precipitación o los procesos que la originan, la organización espacial de la misma sufre también modificaciones. En Yakarta, por ejemplo, durante el periodo menos lluvioso las cantidades más abundantes se recogen entre las 16 y las 18 horas; pero durante la estación húmeda el máximo se presenta de 4 a 6 horas de la mañana.

En las latitudes templadas se llega a diferenciar un régimen marítimo, con máximo pluviométrico nocturno, y un régimen continental, que concentra sus lluvias al final de la tarde. En general, en las regiones litorales, como es el caso de Valentia (Irlanda) de la misma figura 5.37, el porcentaje más alto de precipitación se origina por la noche, relacionado con la conservación del calor de la superficie del mar hasta varias horas después de la puesta del Sol y el empuje ascensional que el mismo transmite a las capas bajas del aire. Hacia el interior del continente, y sobre todo en verano,

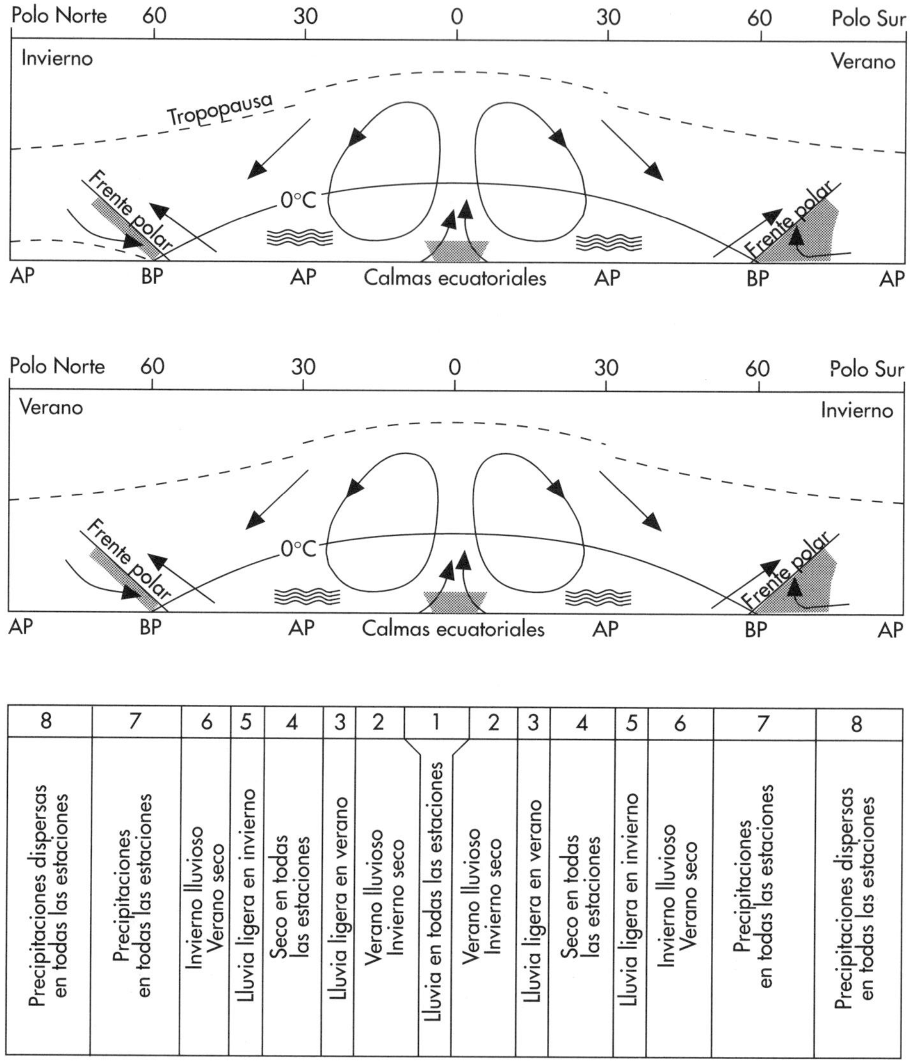

AP: Alta Presión
BP: Baja Presión; depresiones asociadas al Frente Polar

FIGURA 5.38. Corte longitudinal esquematizado de la atmósfera, en invierno y verano mostrando las principales regiones de convección y subsidencia atmosféricas, y su asociación con la precipitación (adaptado de Petterssen, 1969)

la mayor frecuencia se alcanza por la tarde (véase el caso de Paulovsk), sin duda porque buena parte de las lluvias están ligadas a fenómenos tormentosos que tienen su mayor incidencia al atardecer. Un caso interesante, en la transición entre uno y otro régimen, es el de Viena: durante el invierno la manifiesta influencia oceánica traslada el máximo pluviométrico hacia las horas nocturnas; por el contrario, en verano el ritmo diario de las lluvias es decididamente de tipo continental.

8.2. *Régimen anual*

El reparto mensual o estacional de la precipitación responde básicamente a la dinámica de la circulación general atmosférica y a las variaciones en latitud que experimentan los cinturones zonales de vientos a lo largo del año (figura 5.38); el resultado es la existencia de diferentes regímenes pluviométricos cuyos tipos principales son los siguientes (véase también la figura 5.39):

A. Ecuatorial. Con precipitaciones abundantes y bien repartidas en todos los meses del año, con dos máximos que coinciden con el paso del Sol por su cenit.

B. Tropical. En el que se suceden periodos lluviosos y secos, a menudo muy acentuados, cuyas causas varían según las regiones, lo cual permite distinguir varios grupos:

— Subecuatorial. Próximo al régimen ecuatorial, con dos estaciones húmedas y dos secas, debidas a la sucesión del cinturón de lluvias de la zona de convergencia intertropical y la estabilidad de las células de altas presiones tropicales.

— De los alisios. A lo largo de las costas expuestas a estos vientos, que les proporcionan lluvias todo el año.

— Tropical de estación lluviosa y estación seca, la primera en verano y la segunda en invierno. La duración de ambos periodos progresa en sentido

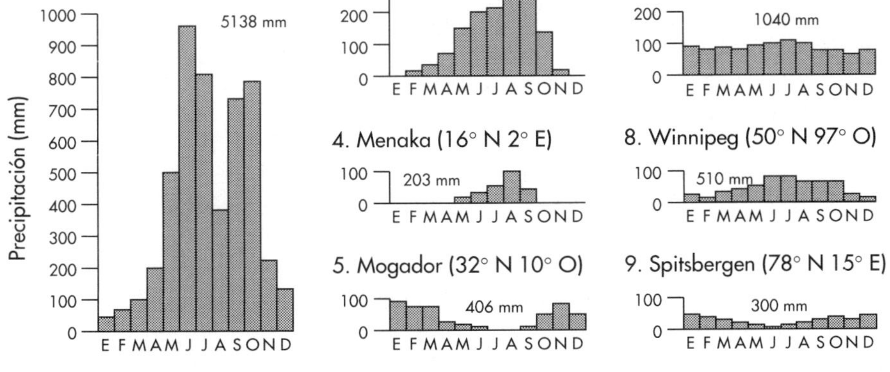

FIGURA 5.39. Precipitación media anual y mensual de diferentes observatorios representativos de los principales regímenes pluviométricos en el mundo: 1) Monzónico. 2) Ecuatorial. 3) Tropical de estación seca y húmeda. 4) Desértico. 5) Mediterráneo. 6) Oceánico. 7) Continental de fachada este. 8) Continental. 9) Polar

opuesto, y a medida que se asciende en latitud los totales disminuyen y se dilata cada vez más el periodo seco.

— Monzónico. Con intensas lluvias en verano por la acción del flujo cálido y muy húmedo del monzón.

C. Desértico. De lluvias insignificantes e irregulares en toda época, en áreas dominadas por la estabilidad atmosférica.

D. Templado. Propio de las latitudes afectadas por las perturbaciones del frente polar, donde se diferencian varios subtipos:

— Mediterráneo. Con lluvias invernales y veranos secos, por la acción alternativa de los frentes templados y los anticiclones tropicales.

— Oceánico. Característico de la fachada occidental de los continentes, con precipitaciones bien repartidas en todos los meses, aunque más importantes en invierno.

— Continental. Es la transformación del régimen oceánico hacia el interior de los continentes, con registros pluviométricos cada vez más débiles y dominantes en verano.

— Continental de fachada este. De inviernos lluviosos por la acción de las borrascas del frente polar, y veranos húmedos debidos a la proximidad de la vaguada ecuatorial.

E. Polar. Las precipitaciones son siempre débiles por la escasa cantidad de vapor de agua que contiene la atmósfera. Son algo mayores en verano, y con frecuencia caen en forma de nieve.

9. Acontecimientos pluviométricos extremos

9.1. *Precipitaciones extraordinarias e inundaciones*

Uno de los rasgos característicos ya indicados de la precipitación es su irregularidad espacial y temporal, y la posibilidad de que se alcancen valores extremos, tanto de abundancia como de escasez, que por sus consecuencias catastróficas y su impacto sobre la sociedad forman parte destacada de los llamados riesgos naturales. Los episodios de lluvias extraordinarias constituyen uno de estos acontecimientos cuando desembocan en importantes inundaciones, con graves daños materiales y humanos en ocasiones.

Los factores que intervienen en los momentos de lluvias torrenciales e inundaciones son variados, porque a las causas meteorológicas se unen diferentes componentes del medio físico y la naturaleza de la acción humana en relacion con los anteriores. En efecto, la existencia de precipitaciones intensas es la causa inicial de buen número de inundaciones; pero otros aspectos del medio resultan igualmente determinantes para explicar el desbordamiento de los ríos de sus cauces naturales, destacando entre ellos las características de la red de drenaje y de los cauces específicos que la componen, y ciertos caracteres generales de la cuenca tales como las pendientes, el grado de permeabilidad de los materiales y la densidad de la cubierta vegetal. Todos ellos conjuntamente determinan la respuesta que el territorio ofrece ante unas lluvias abundantes que sólo se convierten en catastróficas en virtud de esta propia respuesta.

Y todo ello sin olvidar el destacado papel desempeñado por la acción antrópica en la distorsión de este medio, la cual, por otro lado, la mayoría de las veces se traduce en un aumento del riesgo de inundación. Es el caso de las deforestaciones y gran parte de las prácticas agrícolas al uso, así como de los numerosos obstáculos que se interponen a la circulación natural del agua, merced a las obras de infraestructura viaria, a la implantación de núcleos urbanos e industriales en llanuras de inundación o márgenes de los ríos, etcétera.

Normalmente las potentes perturbaciones atmosféricas de movimiento lento son las principales responsables de lluvias copiosas. Así ocurre con frecuencia con los ciclones tropicales; pero también los sistemas de bajas presiones de las regiones templadas propician periodos de lluvias intensas capaces de provocar inundaciones. La figura 5.40 hace referencia a una de estas situaciones, durante la cual una depresión monzónica causó lluvias generalizadas en Australia oriental; la precipitación diaria superó los 100 mm y el río Warrego excedió en más de un metro su anterior nivel más alto, causando importantes pérdidas.

Desde la perspectiva del riesgo natural, los factores determinantes de las inundaciones son los que imponen también sus rasgos básicos, que podemos resumir de este

FIGURA 5.40. Inundaciones registradas en el estado de Queensland (Australia) en abril de 1990. La foto recoge la ciudad de Charleville en el momento de máxima inundación. En el mapa se han sombreado las zonas mas afectadas, que cubren aproximadamente una décima parte de Australia (Boletín OMM, 1994)

modo: son desastres de corta duración, pudiendo prolongarse desde unas horas a un mes, y tienen extensión espacial limitada a las márgenes de los ríos o a zonas mas extensas cuando el territorio es llano o con mal drenaje.

9.2. *La sequía*

La noción de sequía nunca ha sido definida con exactitud y se ha descrito de muchas maneras por la dificultad que presenta el fenómeno y el concepto. Puede definirse como un déficit hídrico inusual, intenso y prolongado, que genera impactos adversos en la sociedad que la padece, alterando el normal desenvolvimiento de su vida colectiva. En este sentido, una primera diferenciación parece necesaria de otro concepto, próximo pero no sinónimo, el de *aridez*. Éste alude a un estado habitual deficitario del balance de agua, propio de determinados climas; la sequía, por el contrario, responde a un déficit hídrico coyuntural y anómalo, que puede originarse en cualquier tipo de clima, incluso en aquellos caracterizados por su abundante precipitación. Es precisamente este carácter ocasional e irregular el que otorga a la sequía su capacidad para generar perjuicios, ya que supone una ruptura de las condiciones naturales habituales en las que se desarrolla la sociedad.

En su origen es un fenómeno climático provocado por alguno de los mecanismos que destacamos a continuación; aunque es evidente que los periodos secos mas intensos y prolongados son fruto de la combinación de varios de ellos:

1. La mayor persistencia de las altas presiones subtropicales, con predominio de la estabilidad atmosférica que frena las ascendencias de aire. Las principales sequías africanas se asocian claramente con el desplazamiento del anticiclón de las Azores hacia el ecuador; y los mismos efectos tiene para la península Ibérica cuando esta célula anticiclónica se extiende hacia el norte, abrazando con sus dorsales el suroeste europeo.

2. El enfriamiento de la superficie del mar debido a cambios en la circulación de las corrientes oceánicas, o por un mayor afloramiento de aguas frías del fondo marino, con la consiguiente estabilización del aire y la merma de posibles precipitaciones.

3. Cambios en la circulación atmosférica de las latitudes medias, con desplazamiento hacia el sur de las perturbaciones del frente polar por expansión en esa dirección del vórtice circumpolar, o con alejamiento de aquéllas hacia el norte por el desarrollo de formas persistentes de bloqueo. Esta última fue la principal causa de la severa sequía que padeció Europa occidental entre 1975 y 1976, cuando un potente anticiclón de bloqueo impedía el normal movimiento hacia el este de las borrascas atlánticas.

a) La sequía y su conexión con diferentes mecanismos

La sequía está ante todo determinada por el dinamismo de la atmósfera superior y se relaciona siempre con las anomalías del campo de presión; pero la permanencia y reiteración en años sucesivos puede deberse a varios mecanismos que han sido motivo de interpretaciones diferentes y que pueden concretarse en dos grupos: aquellos que analizan los efectos de las modificaciones de la superficie, y los que pretenden conocer los grandes ritmos, cíclicos o no, de la dinámica atmosférica.

Para algunos investigadores las condiciones de sequía desencadenan a su alrededor toda una serie de procesos en cascada que tienden a acentuarla y mantenerla. Así, en una área afectada por un largo dominio anticiclónico y ausencia de lluvias el aire se vuelve progresivamente más seco y la evapotranspiración aumenta; por esta causa la vegetación se degrada de forma más o menos acentuada, lo cual modifica el albedo de la superficie y al mismo tiempo el balance de radiación. El resultado final es el refuerzo de la subsidencia existente y el consiguiente al recalentamiento adiabático. Es decir, la sequía se autoalimenta; existe un *feedback* por el cual la falta de precipitación es capaz de poner en marcha cierto número de mecanismos que aseguran su reproducción durante un tiempo dilatado.

Sin ser excluyentes, otros planteamientos prestan más interés a las llamadas *teleconexiones* entre la circulación atmosférica de un periodo dado y la de periodos precedentes, y a los ciclos y equilibrios energéticos. El conjunto de la atmósfera, y más aún el sistema océano-atmósfera, está dotado de una cierta «memoria» por la cual un fenómeno que se produce, por ejemplo, durante el verano, puede tener sus orígenes en las características circulatorias del invierno anterior. En consecuencia, no se comprende plenamente una sequía hasta examinar sus relaciones inmediatas con la circulación atmosférica y las conexiones de ésta con hechos alejados tanto en el tiempo como en el espacio. En el ejemplo citado del largo momento seco europeo de 1976 la causa inmediata del mismo fue el área de altas presiones instalada en Europa occidental, tanto en superficie como en altura, que estabilizaban el aire. Al mismo tiempo, a escala del hemisferio Norte las ondulaciones de la corriente del oeste trazaban anomalías de presión positivas o anticiclónicas sobre el sur de Europa y el Pacífico oriental, y negativas o ciclónicas sobre el este de América, Siberia y Pacífico occidental. La alternancia del campo de presión se explica por la propia dinámica de la atmósfera, de forma tal que una onda ciclónica tiende a engendrar por delante una ondulación anticiclónica, y ésta, a su vez, otra de tipo ciclónico, y así sucesivamente. Por este encadenamiento, el anticiclón de altitud sobre el este de Europa es, al menos en parte, una repercusión a larga distancia de las ondas anticiclónicas sobre el Pacífico. Las causas atmosféricas de las sequías europeas se integrarían, pues, en un sistema de circulación que afecta a todo el hemisferio, y no se pueden comprender sin recurrir a mecanismos de interacción extendidos sobre vastas regiones del globo.

b) Factores agravantes

Al déficit pluviométrico que acompaña un largo tiempo sin lluvias se unen otros factores que pueden contribuir a reforzarlo, como son el mayor número de horas de sol, el incremento de la temperatura y de la evaporación o la recurrencia del fenómeno; pero, sin duda, el más importante se relaciona con la estructura socioeconómica del área afectada y la toma de conciencia de la población. En efecto, en sociedades poco desarrolladas, con marcada especialización regional y fuerte rigidez productiva, la vulnerabilidad ante acontecimientos azarosos aumenta, dada su escasa flexibilidad económica frente a este riesgo natural. Éste es el caso de los países del Sahel africano, donde el prolongado déficit de agua padecido durante los años 70 tuvo para la región repercusiones catastróficas. Por el contrario, en los países desarrollados, con sistemas económicos más evolucionados, los problemas derivados de la menor disponibilidad de agua son menores gracias a los continuos ajustes que se realizan para disminuir los efectos adversos.

10. Balance de agua

El conocimiento de los procesos de condensación y precipitación nos permiten ahora volver de nuevo al ciclo del agua y al balance energético del planeta. En la figura 4.1 se contempla en esquema el ciclo del agua como un sistema abierto donde el agua circula a través de la atmósfera, los continentes y los océanos. Si iniciamos el comentario por la atmósfera, observamos que el agua penetra en ella en forma de vapor procedente de la evaporación de las superficies oceánicas y de la evapotranspiración de las áreas continentales, en cantidades anuales estimadas de 425.000 y 71.000 km^3, respectivamente; a través de la precipitación el agua regresa al suelo, repartida de modo desigual entre los continentes, que reciben 111.000 km^3, y los océanos, adonde van a caer 385.000 km^3; por escorrentía, el excedente de agua de los continentes se transfiere a los océanos y se compensa así el desequilibrio entre ambos subsistemas. El balance podemos establecerlo como sigue:

$$P = E + R + \Delta I$$

siendo P = precipitación, E = evaporación, R = escorrentía, ΔI = agua infiltrada almacenada en el suelo, que en condiciones promedio anuales normalmente es cero. Utilizando las cantidades dadas, los valores de escorrentía anuales se compensan y la precipitación iguala a la evaporación; en consecuencia, el balance hídrico como promedio para todo el globo y para el periodo de un año está equilibrado: las cantidades de agua precipitada, en forma sólida o líquida, equivalen al total de agua evaporada.

Sin embargo, el equilibrio existente a escala planetaria y el énfasis puesto en la componente vertical del ciclo no deben enmascarar las diferencias existentes de unas zonas a otras (véase el cuadro 5.12) y los importantes intercambios horizontales de humedad en la atmósfera. Como refleja la figura 5.41, en el área ecuatorial y en las latitudes superiores a 40° aproximadamente, la precipitación supera a la evaporación, y lo contrario ocurre en las latitudes tropicales; por esta razón surgen desde los trópicos flujos meridianos de vapor que compensan estas diferencias. El conocimiento de este balance tiene un interés creciente en las áreas oceánicas porque son un importante componente de las interacciones tierra-aire y por su profunda repercusión sobre el clima, pero la preocupación mayor ha existido siempre sobre las áreas terrestres por el interés inmediato que para el hombre tiene la disponibilidad o la ausencia del agua, y las relaciones entre ésta y otros aspectos geográficos.

Añadamos, por último, que la alternancia evaporación-condensación-precipitación representa el encadenamiento de los mecanismos físicos que forman el ciclo del agua con el intercambio de energía latente entre la Tierra y la atmósfera; en consecuencia, el transporte de vapor de agua a través de los paralelos significa no sólo el trasvase de materia, sino también el de energía. Desde los trópicos, el agua evaporada transporta enormes cantidades de energía en forma de calor latente, que es liberada en la región ecuatorial a medida que se produce la condensación; y de igual modo ocurre en las regiones templadas y polares a partir de las ondas que trazan los vientos del oeste y las perturbaciones ciclónicas que en ellas se forman. En todos los casos las transferencias de energía y de humedad tienden a compensar los desequilibrios existentes en el planeta, responsables a su vez de los movimientos atmosféricos, que serán objeto del próximo capítulo.

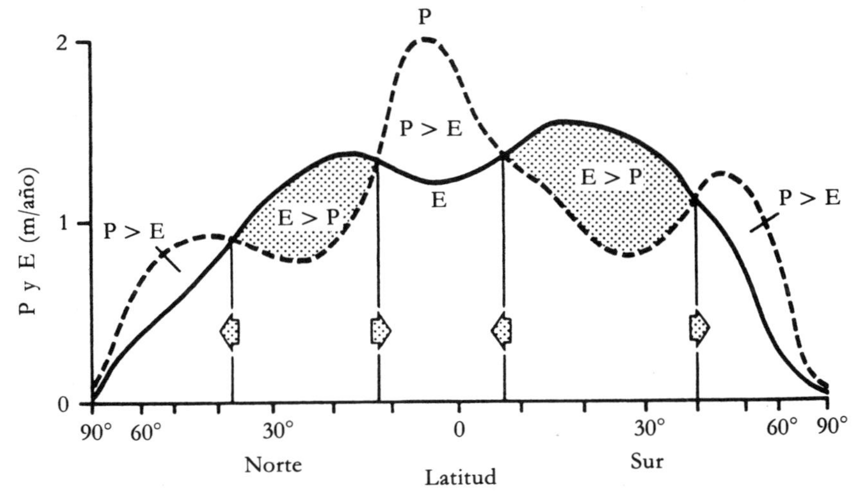

FIGURA 5.41. Distribución media anual, según la latitud, de la precipitación (línea de trazos) y de la evaporación (línea continua). Las flechas indican el transporte meridiano de vapor de agua en la atmósfera

CUADRO 5.12

Balance anual de agua de los continentes, de los océanos y del planeta (P = precipitación, E = evaporación, R = escorrentía) (según Peixoto y Oort, 1992)

Región	Superficie (10^6 Km^2)	Volúmenes de agua (10^3 Km^3)			Alturas de agua (mm)		
		P	E	R	P	E	R
Europa	10,0	6,6	3,8	2,8	657	375	282
Asia	44,1	30,7	18,5	12,2	696	420	276
África	29,8	20,7	17,3	3,4	696	582	114
Australia	8,9	7,1	4,7	2,4	803	534	269
(íd. sin las islas)	7,6	3,4	3,2	0,2	447	420	27
América Norte	24,1	15,6	9,7	5,9	645	403	242
América Sur	17,9	28,0	16,9	11,1	1.564	946	618
Antártida	14,1	2,4	0,4	2,0	169	28	141
Total tierras	148,9	111,1	71,4	39,7	746	480	266
Ártico	8,5	0,8	0,4	0,4	97	53	44
Atlántico	98,0	74,6	111,1	– 36,5	761	1.133	– 372
Índico	77,7	81,0	100,5	– 19,5	1.043	1.294	– 251
Pacífico	176,9	228,5	212,6	15,9	1.292	1.202	90
Total océanos	361,1	385,0	424,7	– 39,7	1.066	1.176	– 110
Totales	510,0	496,1	496,1	0	973	973	0

Capítulo 6

La presión atmosférica y el viento

M.ª Fernanda Pita

La presión y el viento son dos magnitudes atmosféricas estrechamente relacionadas entre sí. El principal motor que impulsa al aire a moverse es la diferencia de presión existente entre los distintos lugares del planeta, de forma tal que el aire se pone en movimiento precisamente para paliar estos desequilibrios de presión. A su vez el viento, al desplazar masas de aire desde unos lugares a otros, genera vacíos y agolpamientos de aire que contribuyen a alterar la distribución de las presiones. Debido a esta conexión se suele abordar conjuntamente el estudio de ambas magnitudes. Ahora bien, la atmósfera es un fluido y como tal se desplaza en todas direcciones (en horizontal y en vertical) en respuesta a los desequilibrios de presión; por eso existe también una relación muy estrecha entre los movimientos horizontales y verticales del aire.

Por todo ello en este capítulo abordaremos en primer lugar el estudio detallado de la presión atmosférica; a continuación analizaremos el comportamiento de los movimientos horizontales del aire, del viento y, por último, dedicaremos un epígrafe a los movimientos verticales que se desarrollan en el seno del aire. Todo ello nos pondrá en disposición de abordar y comprender el comportamiento de la circulación general atmosférica, la cual, como tendremos ocasión de precisar más adelante, tiene un papel fundamental en el clima del planeta.

Este papel se concreta, por un lado, en la enorme influencia que ejerce en la distribución de los distintos tipos climáticos mundiales, los cuales son en gran medida consecuencia de los movimientos tanto horizontales como verticales que el aire desarrolla en su ámbito. Pero además la circulación atmosférica ejerce un papel clave en el equilibrio climático mundial, al redistribuir la energía planetaria desde las excedentarias latitudes bajas a las deficitarias latitudes altas. Sin esta redistribución el desequilibrio energético daría lugar a un progresivo calentamiento de las latitudes bajas y a un enfriamiento de las altas, rompiéndose así la estabilidad de los climas. Resulta, pues, fundamental prestar especial atención a estos temas relativos al movimiento del aire.

1. La presión atmosférica

1.1. *Concepto y medición de la presión atmosférica*

En términos físicos la presión se define como el resultado de una fuerza ejercida sobre una superficie (P = F/S). A su vez, la fuerza de un cuerpo se define como el producto de su masa por la aceleración que lo impulsa (F = m · a), y recibe el nombre de peso cuando esta aceleración es la aceleración de la gravedad.

La atmósfera terrestre, con sus componentes sólidos, líquidos y gaseosos, está dotada de una masa y es atraída hacia la Tierra por la aceleración de la gravedad; en consecuencia, ejerce una presión sobre ésta que recibe el nombre de «presión atmosférica» y puede definirse como el peso que ejerce la columna de aire sobre la superficie terrestre.

Las primeras evaluaciones de la presión atmosférica se realizaron en el siglo XVII por parte de Torricelli, el cual utilizó para ello un famoso experimento que lleva su nombre. El experimento de Torricelli consiste en la introducción de un tubo de 1 m. de longitud lleno de mercurio en un recipiente cargado con la misma sustancia (véase figura 6.1). Cuando se procede a esta operación, el mercurio del tubo desciende introduciéndose en el recipiente, pero este descenso no es total, siendo precisamente la presión atmosférica ejercida sobre el mercurio del recipiente la que impide que el del tubo descienda por completo. De este modo, la altura alcanzada por el mercurio en el tubo refleja y evalúa la presión atmosférica, de forma tal que para fuertes valores de presión la altura del mercurio será elevada, y viceversa.

El experimento de Torricelli permitió la evaluación de la presión atmosférica y constituyó la base de los principales instrumentos de medición de esta magnitud: los barómetros de mercurio. Estos instrumentos son muy similares al tubo inicial de Torricelli, si bien se han introducido en él algunas pequeñas variaciones para solucionar algunos de sus inconvenientes. El principal de éstos radica en que para medir la altura del mercurio en la columna hay que partir de un nivel 0, que es el nivel del mercurio en la cubeta. Ahora bien, al subir o bajar el mercurio en el tubo, sale o entra líquido de la cubeta, con lo cual varía el nivel y se modifica continuamente la posición del 0. Para solucionar este problema se ha ideado el barómetro de Fortín, que sustituye el fondo de la cubeta por una gamuza que se puede subir o bajar hasta que la superficie de mercurio toca en una punta de marfil que corresponde al 0 de la escala. Otra solución es la ofrecida por los barómetros de cubeta fija o de escala compensada, en los cuales el mercurio de la cubeta no debe ser ajustado, ya que la escala graduada en el barómetro ha sido trazada de tal forma que compensa los cambios de nivel del mercurio de la cubeta.

En cualquier caso, ninguna de las modificaciones realizadas sobre el experimento inicial consigue evitar algunos errores en la medición de la presión, los cuales habrán de corregirse antes de dar su lectura como definitiva. Estos errores son esencialmente de tres tipos: en primer lugar, errores de medición ligados a la construcción de los aparatos y entre los cuales destacan los derivados de la existencia de cierta capilaridad en el tubo por muy ancho que éste sea. En segundo lugar, hay que tener en cuenta que la columna de mercurio se dilata por el calor, lo cual altera la evaluación de la presión. Para evitarlo hay que reducir la lectura a la que marcaría el barómetro si es-

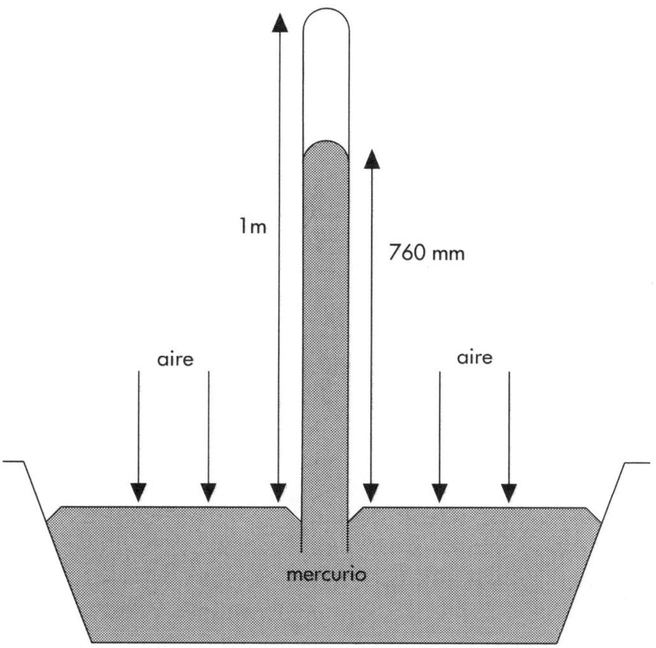

FIGURA 6.1. El experimento de Torricelli. La altura alcanzada por el mercurio en el tubo de Torricelli está en función de la presión ejercida por el aire sobre el recipiente que lo contiene. Cuando la presión atmosférica es grande, el mercurio sube mucho; cuando es reducida, sube muy poco. Fuente: Martín Vide, *Fundamentos de climatología analítica,* Madrid, Síntesis, 1991, pág. 126

tuviera a 0 °C. Por último, una tercera corrección alude al hecho de que el mercurio no pesa igual en todas partes dado que la fuerza de la gravedad varía con la latitud. Para ello se corrigen las lecturas hasta hacerlas equivalentes a la situación de la gravedad que existe al nivel del mar y a una latitud de 45°.

En la actualidad existen también otro tipo de barómetros: los barómetros anaeroides, los cuales se fundamentan en el aplastamiento que experimenta una cápsula metálica en cuyo interior se ha hecho el vacío, en función de la presión atmosférica. Tales barómetros, cuando se conectan a una banda de papel continuo que va girando y recoge las variaciones de la presión, constituyen los barógrafos.

El experimento de Torricelli, además de conseguir evaluar la presión atmosférica, determinó que esta evaluación se realizara en mm de mercurio, con lo cual a partir de entonces la presión comenzó a expresarse en unidades de longitud. En la actualidad esta unidad va siendo progresivamente desterrada y sustituida por nuevas unidades específicas de la presión tales como el milibar (mb) o el hectopascal (HPa).

Un mb es equivalente a 1.000 barias, definiéndose la baria como la presión ejercida por la fuerza de una dina sobre una superficie de 1 cm^2. En consecuencia:

$$1 \text{ mb} = 1.000 \text{ barias} = 1.000 \text{ dinas/cm}^2$$

Por su parte, el HPa es equivalente a 100 pascales, definiéndose el pascal (Pa) como la presión ejercida por una fuerza de 1 newton sobre una superficie de 1 m^2.

Así pues:

$$1 \text{ Pa} = 1 \text{ Nw/m}^2 = 10^5 \text{ dinas}/10^4 \text{ cm}^2 = 10 \text{ barias};$$
$$1 \text{ mb} = 100 \text{ Pa} = 1 \text{ HPa}$$

Es decir, los milibares y los hectopascales son unidades equivalentes y pueden utilizarse indistintamente, si bien en la actualidad tiende a imponerse cada vez más el hectopascal.

En condiciones normales, a nivel del mar y a una latitud de 45°[1], la presión atmosférica se evalúa en 760 mm de Hg, equivalentes a 1.013,2 mb o HPa (véase anexo I al capítulo 6), considerándose estos valores como los expresivos de la «presión normal». Sin embargo, estos valores sólo se registran en momentos y lugares muy concretos, dado que la presión atmosférica se caracteriza precisamente por experimentar grandes variaciones espaciales, tanto en la dimensión vertical como en la horizontal.

2. *Variación vertical de la presión atmosférica*

Dado que la presión atmosférica en un punto mide el peso de la columna de aire en ese punto, es lógico deducir que ésta debe disminuir con la altura. En la superficie terrestre es toda la columna de aire la que está ejerciendo la presión; a medida que nos elevamos en altura, la columna de aire va siendo progresivamente menor y su peso también es inferior.

Pero este proceso de disminución de la presión con la altura no es un proceso lineal. La masa atmosférica es atraída por la fuerza de la gravedad hacia las proximidades de la superficie terrestre; por otro lado, las capas bajas de la atmósfera tienden a comprimirse por el peso de las capas superiores que descansan sobre ellas. El resultado es que la mayor parte de la masa atmosférica se concentra en sus capas inferiores, en las cuales la densidad del aire es muy elevada, en tanto que ésta disminuye cuando ascendemos en altura (véase figura 6.2).

Ello determina que la disminución de la presión con la altura sea muy brusca en las capas bajas de la atmósfera y vaya haciéndose más suave y gradual a medida que ascendemos hacia los niveles más altos. En consecuencia, la curva que dibuja las relaciones existentes entre la presión y la altura presenta una disminución exponencial (véase figura 6.3), en la cual conviene destacar el hecho de que aproximadamente la mitad del peso de toda la columna de aire (505 mb) se concentra sólo en los primeros 5.500 m de altura (véase anexo II al capítulo 6).

No obstante, hay que reseñar que esta configuración de las presiones no refleja las situaciones atmosféricas reales que se van produciendo a lo largo de los sucesivos días, sino las condiciones existentes en la *atmósfera standard*[2]. En la atmósfera real las

---

[1] Se especifica una latitud concreta porque la aceleración de la gravedad varía ligeramente con la latitud.

[2] La *atmósfera standard* es una atmósfera tipo, ampliamente utilizada por los meteorólogos, y que se define por los siguientes rasgos:

— La temperatura y la presión son uniformes al nivel del mar, con valores constantes de 15 °C y 1.013,3 hPa, respectivamente.

— La temperatura disminuye 0,65 °C por cada 100 m de elevación en la troposfera, siendo constante en la estratosfera.

— La densidad del aire es constante para todos los puntos situados a la misma altitud.

variaciones de la presión con la altura no son rígidas ni fijas, sino cambiantes, siendo uno de los factores determinantes de ese cambio la temperatura del aire, de forma tal que la disminución de la presión con la altura es más brusca en el aire frío y más suave en el aire cálido. La razón de este fenómeno estriba en el carácter gaseoso de la atmósfera, el cual determina que el aire atmosférico se ajuste a la ecuación de estado de los gases. Con arreglo a esta ecuación, la presión, el volumen y la temperatura de un gas (los parámetros definitorios de su estado) no son independientes, sino que están ligados por medio de la expresión:

$$P \cdot V = m \cdot R \cdot T$$

donde:

P es la presión del gas en pascales,
V es el volumen expresado en m^3,
m es la masa del gas en kg,
R es una constante específica para cada gas y
T es la temperatura del gas expresada en grados Kelvin.

Si pasamos el volumen al segundo término de la ecuación y teniendo en cuenta que la masa de un gas dividida por su volumen es igual a su densidad (ρ), la ecuación de estado puede escribirse también bajo la forma

$$P = \rho \cdot R \cdot T$$

Por último, y dado que R es una constante, las ecuaciones anteriores pueden transcribirse también bajo la forma

$$P \cdot V \sim T, \text{ o}$$

$$P \sim T \cdot \rho$$

atribuyéndose al símbolo ~ el significado de «es proporcional».

Así pues, la ecuación de estado de un gas, en este caso el aire, establece que la presión debe ser proporcional al producto de la temperatura por la densidad, siendo las tres variables interdependientes.

Partiendo de estos supuestos, veamos qué sucede con una columna de aire cuando se ve sometida a un proceso de calentamiento o de enfriamiento. Imaginemos para ello dos columnas de aire atmosférico A y B con valores idénticos de presión, temperatura y densidad (véase figura 6.4). Si sometemos la columna A a un proceso

— Las superficies isobaras y las superficies isotermas son paralelas a la superficie media del mar.
— La tropopausa se sitúa en un nivel fijo de 11 km y presenta una presión de 225 hPa, y una temperatura de –36,5 °C.

Se trata de una atmósfera con un estado ideal de equilibrio estático, en la cual todos los puntos de un mismo nivel tendrían la misma presión, la misma temperatura y la misma densidad. En realidad, es el estado al cual tiende la atmósfera real, si bien los continuos aportes de energía que le llegan a través del Sol le impiden alcanzarlo (Medina, 1976, pág. 33).

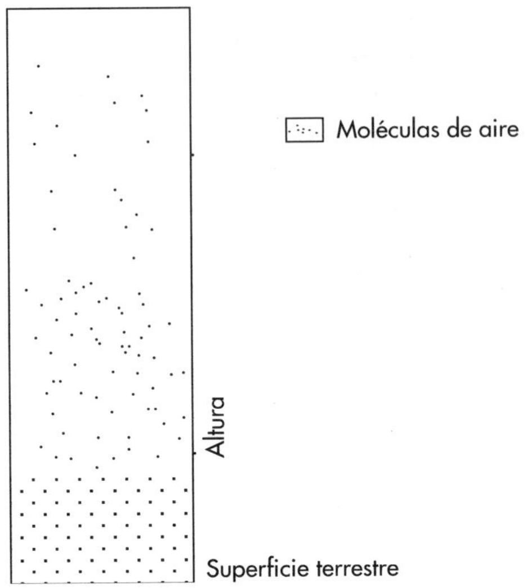

FIGURA 6.2. Disminución de la densidad del aire con la altura. La fuerza de la gravedad atrae a las moléculas de aire hacia las capas bajas de la atmósfera de forma tal que en estas capas la densidad del aire es muy grande, en tanto que va disminuyendo a medida que ascendemos en altura

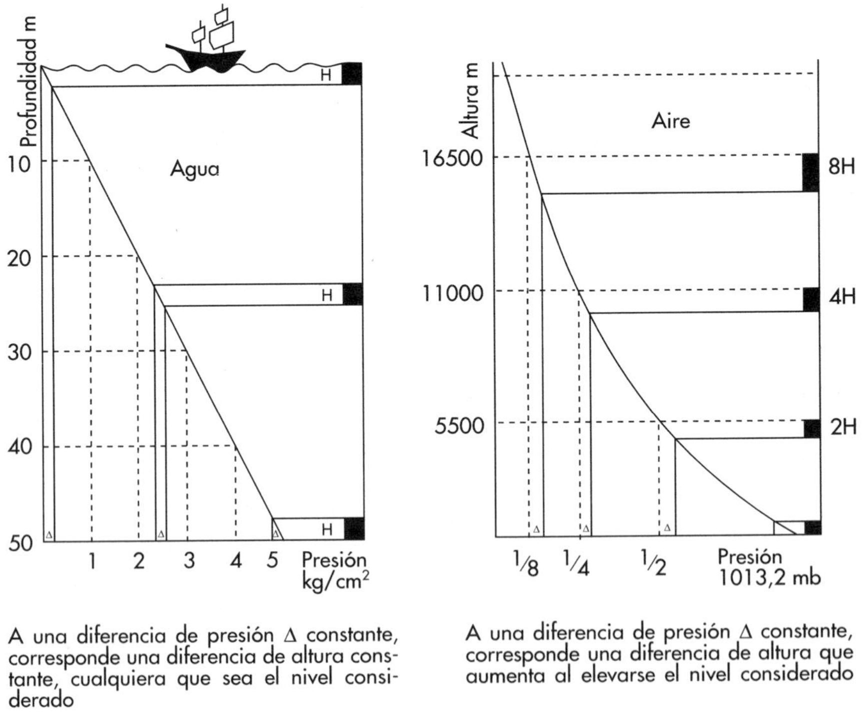

FIGURA 6.3. Disminución de la presión atmosférica con la altura. En un fluido como el agua la densidad es constante independientemente de la altura considerada y, en consecuencia, la disminución de la presión con la altura es lineal. En el aire, sin embargo, la densidad es más grande en las capas bajas que en las altas y la disminución de la presión con la altura es exponencial. Fuente: Eichenberger, *Meteorología para aviadores,* Madrid, Paraninfo, 1987, pág. 42

de enfriamiento y supuesto que su presión permanezca constante, esta columna deberá aumentar su densidad; para ello, y dado que la masa no debe cambiar, lo que hace es comprimirse y reducir su volumen, pasando al estado representado en la columna A'.

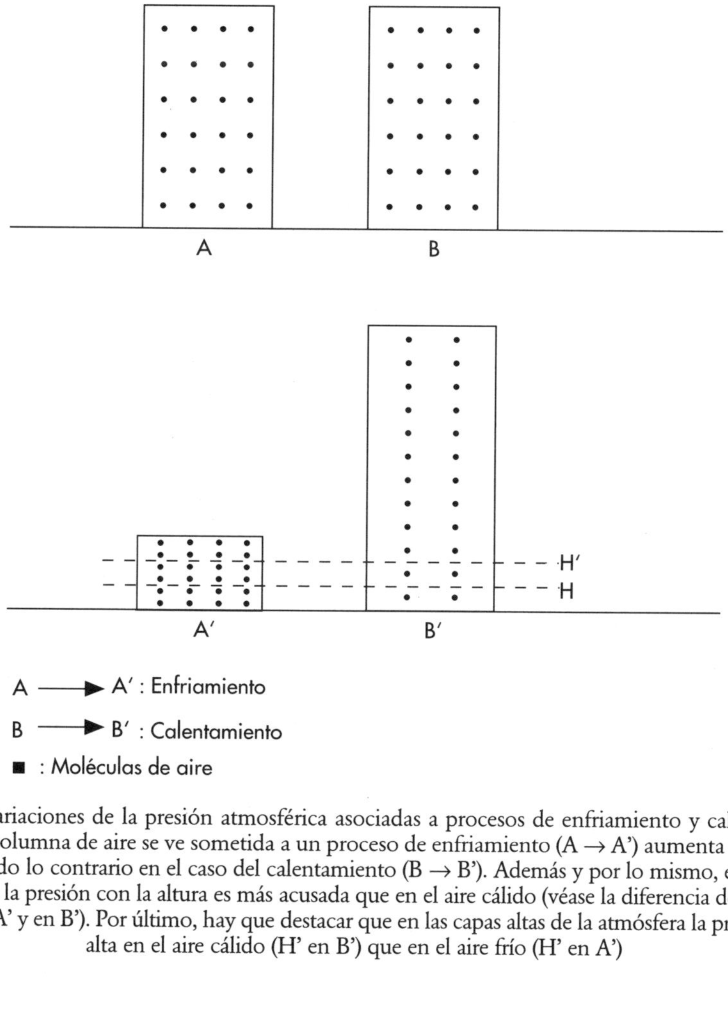

FIGURA 6.4. Variaciones de la presión atmosférica asociadas a procesos de enfriamiento y calentamiento. Cuando una columna de aire se ve sometida a un proceso de enfriamiento (A → A') aumenta su densidad, ocurriendo todo lo contrario en el caso del calentamiento (B → B'). Además y por lo mismo, en el aire frío la variación de la presión con la altura es más acusada que en el aire cálido (véase la diferencia de presión entre H y H' en A' y en B'). Por último, hay que destacar que en las capas altas de la atmósfera la presión es más alta en el aire cálido (H' en B') que en el aire frío (H' en A')

La columna B se ve sometida, por el contrario, a un proceso de calentamiento. En este caso, y supuesta también una constancia en la presión, la densidad del aire deberá disminuir, para lo cual la columna se expansionará aumentando su volumen y pasando al estado representado en B'.

La primera conclusión que podemos extraer de estos procesos es que, a presión constante, el aire es tanto más denso cuanto más frío y tanto más ligero cuanto más cálido.

La segunda conclusión es que, efectivamente y como anunciábamos hace un momento, la variación de la presión con la altura es mucho más acusada en el aire frío (denso) que en el aire cálido (ligero). Para verificar esta afirmación basta con comprobar en la figura 6.4 cómo al ascender una altura idéntica en las columnas A' y B' y situarnos en el nivel H sobre ambas, la disminución del peso de la columna de aire ha sido mucho más brusca en A' que en B'.

La tercera conclusión que podemos extraer, y que se deriva de las dos anteriores, es que si nos elevamos suficientemente en altura sobre las dos columnas y medimos la presión en ambas para un mismo nivel, ésta es más alta en el aire cálido que en el aire frío; de ahí que el aire cálido genere zonas de alta presión en altura y el aire frío zonas de baja presión[3].

Con respecto a esta conclusión conviene aclarar algunos aspectos que podrían parecer en principio contradictorios. En primer lugar, podría resultar paradójico que el aire cálido, supuestamente menos denso, genere altas presiones en altura, en tanto que el aire frío, más denso, genere bajas presiones. La paradoja no es tal; basta con recordar que la asociación entre aire denso-alta presión y aire ligero-baja presión sólo se produce a igualdad de temperatura, pero una vez que las temperaturas son diferentes la asociación no tiene por qué verificarse. En nuestro caso las columnas A' y B' no tienen la misma temperatura; de ahí que pueda concluirse que en el nivel H la presión sea más alta en B' que en A' (véase figura 6.4).

También conviene insistir en el hecho de que la asociación aire frío-aire denso y aire cálido-aire ligero sólo se produce a igualdad de presiones; por eso esta relación sólo se aplica para los mismos niveles atmosféricos y no para niveles diferentes. Ello nos permite entender, por ejemplo, que dentro de una columna de aire las capas superiores estén más frías que las inferiores y, sin embargo, sean menos densas que éstas; la razón es que la presión no es la misma en ambos niveles. Por eso, cuando se habla de altas o bajas presiones y se realizan comparaciones entre ellas, se hace referencia siempre a un mismo nivel atmosférico: el nivel superficial, el de 1.000 m, de altura, el de 5.000 m, etcétera.

Todo ello nos permite concluir sin riesgo de contradicción que la variación de la presión con la altura responde a los siguientes caracteres: De modo general, la presión atmosférica disminuye con la altura, siendo esta disminución exponencial y no lineal. No obstante, esta disminución depende de la temperatura del aire, siendo más intensa en el aire frío y más suave en el aire cálido, de forma tal que en las capas altas de la atmósfera el aire cálido genera presiones más altas que el aire frío.

1.3. *Variación horizontal de la presión atmosférica*

Las variaciones de la presión en horizontal, aunque no son tan marcadas como en la vertical, también son relevantes y tienen consecuencias fundamentales para el movimiento del aire. Estas variaciones se deben esencialmente a dos tipos de mecanismos: térmicos y dinámicos. Los mecanismos térmicos determinan que en las capas de aire inmediatas a la superficie terrestre los procesos de calentamiento se acompañen de bajadas de presión y los procesos de enfriamiento de subidas, justo al contrario de lo que sucedía en las capas altas de la atmósfera.

---

[3] La altura depende de las situaciones, pero tales altas suelen situarse por encima de 1 km del suelo como mínimo.

Retomemos la imagen de dos columnas de aire con idéntico estado y que se ven sometidas en un caso a un proceso de calentamiento y en el otro a un proceso de enfriamiento (véase figura 6.5). La columna enfriada se comprime en tanto que la calentada se expansiona, de forma tal que en la primera (A') los 500 hPa de presión se sitúan a un nivel más bajo que en la segunda (B'). Llamando H al nivel en que A' alcanza los 500 hPa, podemos comprobar que a ese nivel en B' hay una presión superior a 500 hPa (no olvidemos que la presión disminuye con la altura y que en B' los 500 hPa se sitúan por encima de H). Así pues, en el nivel H la presión es más alta en B' que en A'. Esta diferencia de presión determina la existencia en ese nivel de un movimiento de aire dirigido desde B', donde la presión es alta, hacia A', donde la presión es menor, lo que provoca un aumento de la presión en la base de la columna A' y una disminución en la de la columna B'. El resultado final es la configuración de una alta presión en la base de la columna enfriada y una baja presión en la de la columna recalentada.

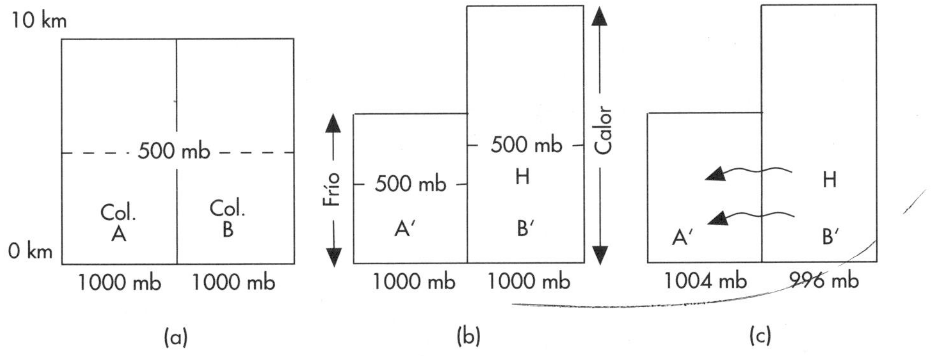

FIGURA 6.5. Variación de la presión superficial en función de la temperatura del aire. Cuando una columna de aire se enfría, se comprime (A → A'), y cuando la columna se calienta, se expansiona (B → B'). El resultado es que en las capas altas de la atmósfera (H) la presión es más alta sobre el aire cálido (B') que sobre el frío (A'). Como consecuencia de ello en ese nivel se producen flujos de aire que van de B' a A' haciendo que en superficie la presión aumente en A' (la columna fría) y disminuya en B' (la columna caliente). Fuente: Ahrens, *Meteorology today. An introduction to weather climate and the environment,* Minnesota, West Publishing Co., 1982, pág. 36

Por eso, en ausencia de otros mecanismos, la presión atmosférica en superficie es más alta en el aire frío y más baja en el aire cálido.

Pero también los mecanismos dinámicos, los mecanismos asociados al movimiento del aire, contribuyen a configurar variaciones horizontales de la presión, dado que estos movimientos pueden conducir a agolpamientos de aire en ciertos puntos (éstos aumentarían su presión) o a vacíos de aire en otros (que verían disminuir su presión). El resultado de todo ello es que la distribución horizontal de las presiones en los distintos niveles de la atmósfera no es nunca homogénea, sino que dibuja zonas de altas y bajas presiones de gran trascendencia en climatología.

Para el análisis de estas distribuciones barométricas se acude a su representación gráfica en algunos niveles seleccionados como especialmente significativos. A su vez, la consideración conjunta de las distribuciones encontradas en estos distintos niveles nos permite obtener una idea muy aproximada del estado de la presión en todo el volumen atmosférico, lo que se conoce como el «campo de presiones». Lógicamente, un nivel con significación muy especial es el nivel superficial, el nivel del mar, y los mapas que representan la distribución de la presión en este nivel se denominan «mapas de superficie». Los restantes niveles atmosféricos dan lugar a los denominados genéricamente como «mapas de altura».

A. *Los mapas de superficie.*—La representación gráfica de la distribución de las presiones al nivel del mar se realiza mediante el trazado de mapas de isobaras a ese nivel. El procedimiento de trazado consiste en la medición de la presión superficial en los distintos observatorios de la red y en la unión mediante líneas de todos aquellos puntos que registran un mismo valor.

El proceso exige la medición de la presión en todos los puntos al mismo nivel atmosférico, el nivel del mar, pero dado que esto es imposible porque los observatorios se encuentran a distintas altitudes, lo que se hace es calcular, para cada punto y en función de sus valores medidos de presión, el valor correspondiente que debería haber si ese punto estuviese situado al nivel del mar. Esta operación se conoce con el nombre de «reducción» de la presión al nivel del mar y consiste en añadir a la presión leída en el barómetro la presión suplementaria ejercida por una columna de aire de espesor equivalente a la altitud del lugar (véase figura 6.6).

Para el cálculo se utiliza la fórmula de Laplace, según la cual:

$$\log \rho_0 = \frac{h}{18.400 \cdot \left(1 + 0{,}00367 \cdot \frac{t_0 + t}{2}\right)} + \log \rho$$

donde:

p_0 es la presión reducida al nivel del mar en hPa,
p es la presión atmosférica registrada en el lugar en hPa,
h es la altitud del lugar en m,
t_0 es la temperatura calculada al nivel del mar en °C y
t es la temperatura registrada en el lugar en °C.

Como puede apreciarse en la fórmula, la reducción se realiza teniendo en cuenta la temperatura media de la capa de aire que se supone que existe por debajo de la estación, calculándose esta temperatura media a partir de la temperatura registrada en el observatorio (t) y suponiendo la existencia de un gradiente térmico vertical normal, el cual se utiliza para calcular t_0. Lógicamente, estas suposiciones introducen un margen de error en el procedimiento, el cual es tanto mayor cuanto más elevada sea la altitud del observatorio. Por ello la reducción de la presión no se suele realizar nunca para estaciones de montaña ni, en general, para los puntos situados por encima de los 500-600 m de altura, prescindiéndose de los valores registrados en estos observatorios para el trazado de los mapas.

Una vez que se han cartografiado los valores de presión en los distintos puntos, se procede al trazado de las isobaras a intervalos regulares, intervalos que en unos casos son de 4 en 4 hPa (es el caso del Instituto Nacional de Meteorología español) y en otros de 5 en 5 hPa. En ambos casos el resultado es similar y conduce a los mismos tipos de configuraciones isobáricas, las cuales tienden a repetirse de unos mapas a otros (véase figura 6.7). Entre estas configuraciones más usuales destacan:

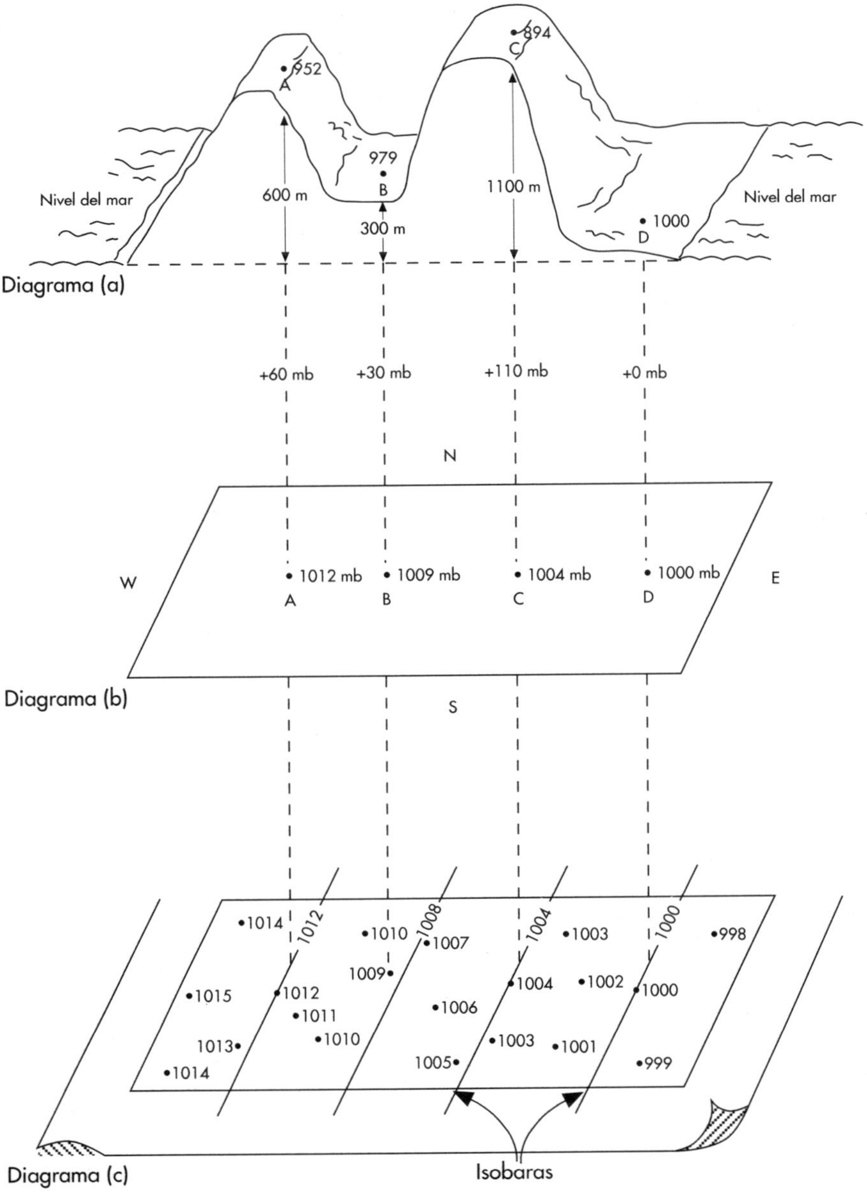

Diagrama (a): Cuatro observatorios (A, B, C, D) con distintas altitudes y distintos valores de presión.
Diagrama (b): La presión al nivel del mar de los cuatro observatorios.
Diagrama (c): Mapa de isobaras al nivel del mar.

FIGURA 6.6. La reducción de la presión al nivel del mar. Para realizar los mapas de presión atmosférica en superficie y obtener resultados homogéneos en todos los observatorios se deben eliminar los efectos que la altura ejerce sobre la presión. Dado que la presión atmosférica disminuye con la altura, a los valores de presión obtenidos en los observatorios de montaña hay que añadirles un valor suplementario para hacerlos equivalentes a los obtenidos al nivel del mar. Fuente: Ahrens, *Meteorology today. An introduction to weather, climate and the environment,* Minnesota, West Publishing Co., 1982, pág. 261

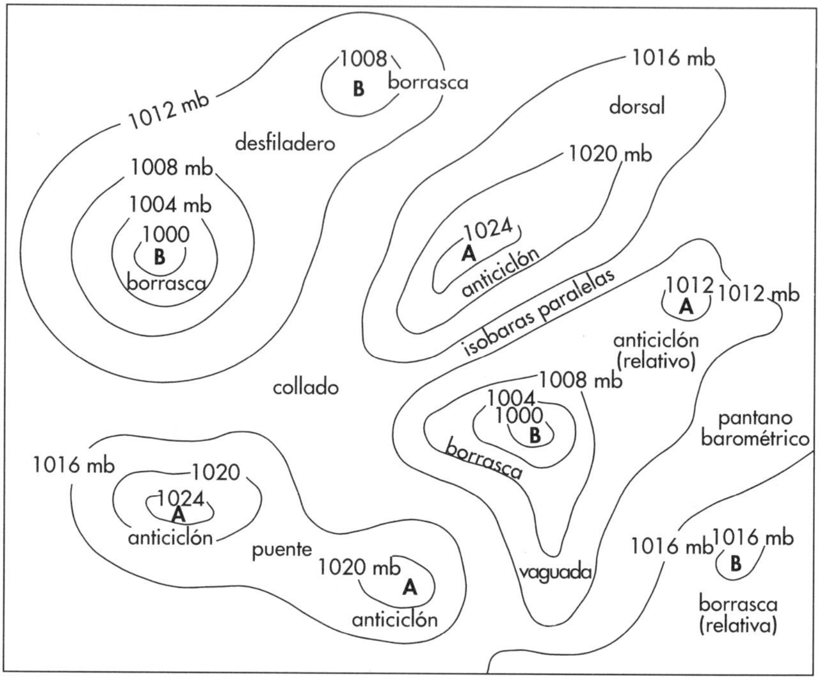

FIGURA 6.7. Configuraciones isobáricas al nivel del mar. Los mapas de presiones al nivel del mar presentan configuraciones isobáricas que tienden a repetirse con bastante frecuencia. Los anticiclones y las depresiones son algunas de estas configuraciones más características. Fuente: Martín Vide, *Fundamentos de climatología analítica,* Madrid, Síntesis, 1991, pág. 134

a) Los *anticiclones* o *altas,* definidas como zonas de alta presión (> 1.013 hPa), en torno a las cuales las isobaras se cierran en círculos y en los que la presión aumenta de la periferia al centro. Aparecen marcados con una A en los mapas españoles y con una H en los anglosajones.

b) Las *depresiones*, *borrascas* o *bajas*, que son zonas de baja presión (< 1.013 mb) en torno a las cuales las isobaras se cierran en círculo, disminuyendo la presión de la periferia al centro. Aparecen marcados con una B en los mapas españoles y con una L en los anglosajones.

c) Las *dorsales*, *cuñas*, *lomas* o *crestas*, que son apófisis que prolongan un anticiclón.

d) Los *talweg*, *valles*, *vaguadas*, *senos* o *surcos*, que prolongan una depresión.

e) Los *cuellos* o *collados*, que son regiones situadas entre dos depresiones o valles, por una parte, y dos anticiclones o dorsales, por otra.

f) Los *pantanos barométricos*, que se definen como zonas del mapa en las que las presiones, próximas al nivel normal, están mal organizadas y con isobaras muy separadas entre sí.

B. *Los mapas de altura.*—Para la representación de las presiones en los niveles altos de la atmósfera se utiliza un procedimiento inverso al anterior, pero que en último término arroja los mismos resultados. En estos niveles no se cartografían los valores de presión registrados a una altura fija, sino que en cada observatorio se marca la altura sobre el nivel del mar en la que se sitúa una presión fija (800 hPa, 500 hPa, etcétera), uniendo luego mediante líneas los puntos que consignan una misma altura. Así pues, lo que se cartografía es la topografía de una superficie isobara, es decir, los desniveles de altura registrados en una superficie en la cual reina una misma presión. Por eso estas líneas no reciben el nombre de isobaras, sino el de isohipsas, porque en realidad son líneas que unen puntos de igual altura, son curvas de nivel similares a las utilizadas para la representación del relieve en un mapa topográfico, si bien en este caso lo que se representa no es el relieve de la superficie terrestre, sino el de una determinada superficie isobara. Por eso también las unidades utilizadas en estos mapas no son milibares, sino metros.

En realidad hay que precisar que los mapas de altura no cartografían exactamente la altura en metros sobre el nivel del mar a la que se encuentran las distintas superficies isobaras; lo que cartografían es la altura geopotencial a la que éstas se encuentran, expresada en metros geopotenciales, y aunque la altura geométrica y la altura geopotencial no difieren apenas cuantitativamente, sí existen importantes diferencias conceptuales entre ellas.

Para comprender el concepto de altura geopotencial hay que apelar a la propia noción de geopotencial, y antes de ello conviene recordar algunos conceptos relativos a la energía contenida en un cuerpo.

Por definición, la energía de un cuerpo es su capacidad para desarrollar un trabajo y, en ese sentido, la cantidad total de energía almacenada en un objeto (su energía interna) determina la cantidad de trabajo que ese objeto puede realizar. En tanto esa energía no se pone en funcionamiento para la realización del trabajo constituye sólo lo que se denomina energía potencial porque, en efecto, es sólo un potencial que en un momento determinado puede ponerse en movimiento.

Todos los cuerpos, en función de su posición en la Tierra, poseen una energía potencial gravitacional o energía geopotencial, porque su mera posición les otorga un potencial importante de realización de trabajo. Para comprender esta idea basta con imaginar la energía potencial que contiene un embalse; si la presa se rompe, el agua almacenada generaría un enorme trabajo destructivo solamente en virtud de su posición, siendo este trabajo tanto mayor cuanto mayor fuera la masa de agua almacenada y cuanto más elevada fuera la ubicación de la presa.

En el seno del aire, y por las mismas razones, cada volumen de aire contiene una energía geopotencial en virtud de su posición. Esta energía es mayor en el aire superior que en el aire en contacto con la superficie terrestre, siendo esto así porque el aire superior tiene el potencial de descender y calentarse a través de una capa más espesa de atmósfera.

Pues bien, se entiende por geopotencial «la energía potencial que posee un cuerpo en virtud de hallarse en el campo de gravitación terrestre, referido a un nivel arbitrario o cero, que se toma correspondiendo al nivel medio del mar. Numéricamente es igual al trabajo que habría que realizar contra la gravedad para elevar la unidad de masa desde el nivel medio del mar hasta la cota en la que está situada la masa» (Catalá de Alemany, 1986).

En consecuencia, el geopotencial vendría dado por la expresión:

$$\Phi = \int_0^z g \cdot dz$$

es decir, la integral, desde el nivel del mar hasta la altura *z,* del producto de la aceleración de la gravedad *(g)* por la altura *(z),* expresándose en julios/kg.

Si la fuerza de la gravedad fuera idéntica para todos los lugares del planeta, la energía geopotencial sería idéntica para todos los puntos de una misma superficie de nivel: 1.000 m, 2.000 m, etc. Sin embargo, la aceleración de la gravedad varía con la latitud, de forma tal que una superficie geométrica no es al mismo tiempo una superficie equigeopotencial.

Desde un punto de vista dinámico y para los fines del análisis meteorológico, el geopotencial es una mejor medida de la altura del aire que la altura geométrica y ello es así porque cuando el aire se desplaza sobre una misma superficie geométrica generalmente pierde o gana energía, mientras que esto no sucede cuando los desplazamientos tienen lugar sobre una superficie equigeopotencial.

Para reflejar este hecho se ha creado el metro geopotencial (mgp) como unidad de altura geopotencial, siendo la relación entre la altura geopotencial (Z) y la altura geométrica *(z)*:

$$Z = (g \cdot z) / 9{,}8$$

Dado que la aceleración de la gravedad *(g)* es siempre muy cercana a 9,8 m/seg^2, los metros geopotenciales y los geométricos son casi coincidentes, aunque en realidad sólo son estrictamente coincidentes en la banda latitudinal en la cual la aceleración de la gravedad es exactamente de 9,8. De todos modos, en cualquier punto del planeta las diferencias son tan reducidas que pueden hacerse coincidir los metros geopotenciales con los geométricos sin que de ello se deriven grandes errores. Por eso en la mayoría de los casos para aludir a las unidades de estos mapas se recurre indistintamente a metros o a metros geopotenciales.

Pero, en uno y otro caso, lo importante es resaltar que el trazado de estos mapas lo que refleja con toda fidelidad es la distribución de las presiones en los distintos niveles atmosféricos.

Imaginemos, por ejemplo, que estamos trazando la topografía de la superficie de 500 hPa, para lo cual vamos a consignar en cada observatorio la altura a la cual se localiza este valor de presión. Como ya sabemos, la presión disminuye con la altura y con un gradiente vertical tal que, en condiciones normales, los 500 hPa se alcanzan a una altura de 5.560 m (véase anexo II al capítulo 6). Al trazar nuestro mapa nos encontraremos con que, efectivamente, en algunos puntos los 500 hPa se localizarán a 5.560 m; en esos lugares diremos que reina una presión normal en ese nivel atmosférico. Sin embargo, habrá puntos en los cuales los 500 hPa aparecerán por encima de 5.560 m y otros en los que aparecerán por debajo de esta altura; en el primer caso los puntos registrarán una alta presión y en el segundo una baja presión.

La columna B de la figura 6.8 ejemplifica el caso correspondiente a una presion normal. En la columna C hemos situado los 500 hPa a 5.600 m de altura; ello implica que en dicha columna al nivel de 5.560 m de altura existe una presión superior a 500 hPa, existe una alta presión. Por último, la columna A, en la cual los 500 hPa se sitúan a 5.500 m, registra una baja presión, puesto que a 5.560 m consignará una presión superior a 500 hPa.

Por eso, en último término, las topografías de las distintas superficies isobaras nos informan acerca de la configuración de la presión en los niveles altos de la atmósfera.

Las topografías que suelen realizarse cada día con fines meteorológicos son las que aparecen consignadas en el cuadro 6.1, obteniéndose a partir de ellas una imagen

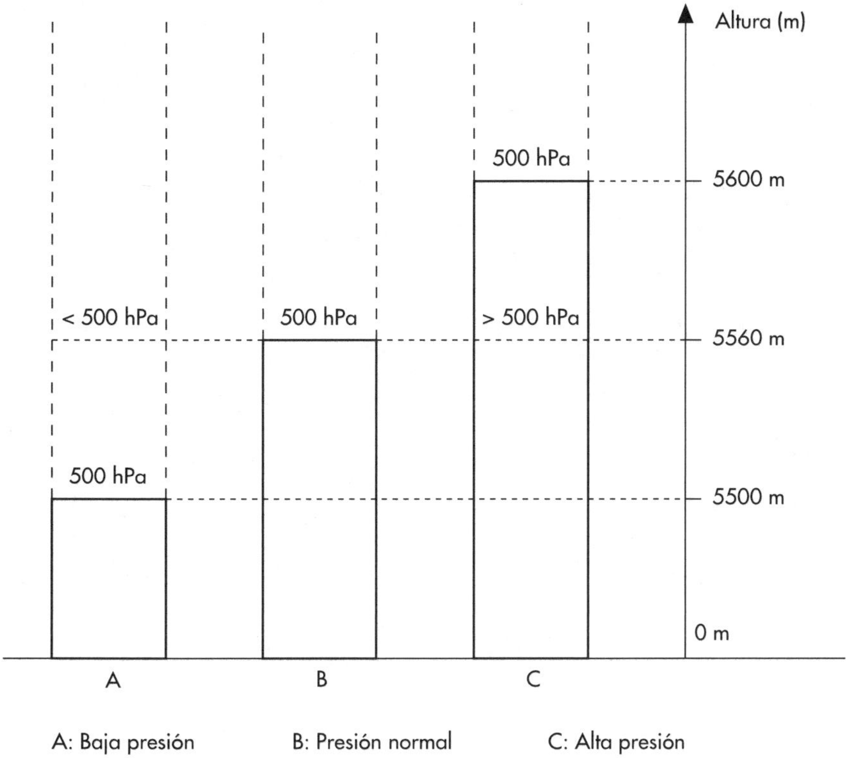

FIGURA 6.8. La presión atmosférica en la topografía de 500 hPa. La columna B, en la cual los 500 hPa se localizan a 5.560 m de altura, registra una presión normal en las capas altas de la atmósfera. En la columna A reina una baja presión dado que en ella a 5.560 m de altura la presión es inferior a 500 hPa. Por el contrario, la columna C presenta alta presión dado que en ella hay más de 500 hPa a 5.560 m de altura

bastante fidedigna del comportamiento de la presión en todo el espesor de la atmósfera. Hay dos de ellas que resultan especialmente útiles: la topografía de la superficie isobara de 500 hPa, que divide a la atmósfera en dos partes iguales, y la topografía de la superficie de 300 hPa, que suele coincidir con el nivel de la tropopausa en las latitudes medias.

CUADRO 6.1
Mapas de altura más usuales en Meteorología

Superficies isobaras (hPa)	Altura sobre el nivel del mar en condiciones normales	Intervalo de las isohipsas (mgp)
850	1.440	80
700	3.000	80
500	5.560	60
300	9.200	60
200	11.760	160
100	16.240	140

La elaboración de estos mapas conduce a unas configuraciones similares a las encontradas en los mapas de superficie (véase figura 6.9), con anticiclones, depresiones, dorsales y talvegs, si bien en los niveles altos de la atmósfera las distribuciones de la presión suelen ser menos complejas y más esquemáticas que en superficie.

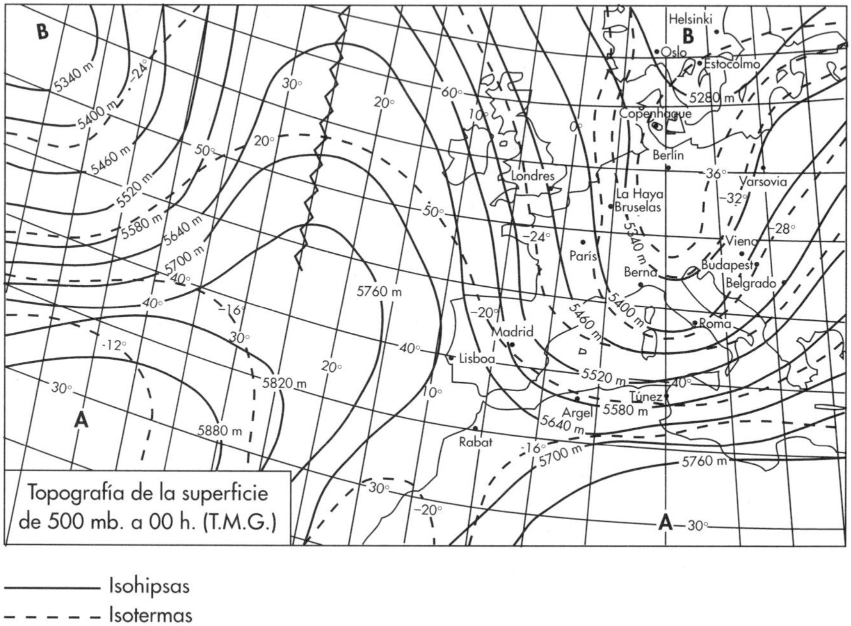

FIGURA 6.9. Mapa de la superficie isobara de 500 hPa. En este mapa, elaborado por el Instituto Nacional de Meteorología, se representa la distribución de la presión en las capas altas de la atmósfera a través de la altura alcanzada en los distintos lugares por la superficie isobara de 500 hPa. En él aparecen, como en los mapas de superficie, altas, bajas, vaguadas, crestas, etc. Además, en trazo discontinuo, aparecen representadas también las isotermas a fin de conocer el comportamiento de las temperaturas en altura. Fuente: INM

1.4. *El campo de presiones de la atmósfera*

El conocimiento combinado de las variaciones horizontales y verticales de la presión nos permite conocer el campo de presiones en la atmósfera, el cual se define como el conjunto de todos los valores alcanzados por la presión en el seno de la atmósfera en un instante dado. Naturalmente, el conocimiento exhaustivo de todos estos valores en todo el volumen atmosférico es imposible, pero la disposición adoptada por las principales superficies isobaras nos permite obtener una imagen muy aproximada de este campo.

En el caso hipotético de que la atmósfera fuera un fluido en reposo, tal como un recipiente lleno de agua, cualquier plano horizontal dentro de ella englobaría puntos con idéntica presión. Ello supone que no habría variaciones horizontales de la presión, con lo cual el trazado de mapas de isobaras para una superficie fija carecería de sentido, y supone, además, que en esa hipotética atmósfera las superficies isobaras serían planos horizontales (véase figura 6.10).

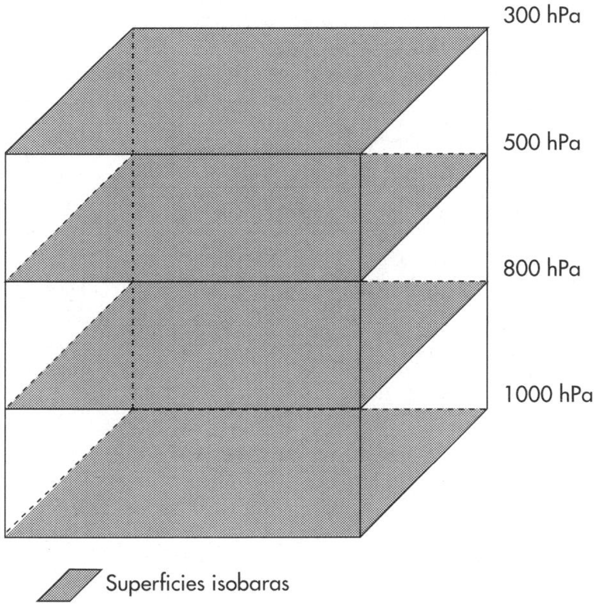

FIGURA 6.10. La atmósfera en equilibrio estático. En una atmósfera en equilibrio estático no existen variaciones horizontales de la presión de forma tal que en ella las superficies isobaras son horizontales

Un fluido semejante goza además de la particularidad de que en él las temperaturas y las densidades son también constantes para un mismo nivel, con lo cual las superficies isobaras, además de ser horizontales, coinciden con las superficies isotermas y las superficies isopícnicas (superficies donde todos los puntos presentan la misma densidad). Tal fluido se dice que está en equilibrio estático y, efectivamente, el fluido contenido en un recipiente, si no se le somete a movimientos ni a cambios de temperatura, está en reposo.

No sería imposible que la atmósfera, un fluido más, alcanzara este equilibrio (en realidad existe en ella una tendencia constante hacia él), pero los aportes permanentes de energía que recibe y los desequilibrios energéticos que continuamente se crean en su interior le impiden alcanzarlo. De hecho, las variaciones horizontales de la presión para un nivel fijo, el superficial u otro, son un fenómeno cotidiano, con lo cual en la atmósfera real las superficies isobaras no suelen ser nunca planas, sino curvas, presentando amplias ondulaciones.

Estas ondulaciones cambian de sentido cuando nos situamos sobre un anticiclón o sobre una depresión (véase figura 6.11). Sobre un anticiclón las superficies isobaras presentan forma de campana, en tanto que sobre una depresión aparecen conformando embudos, y en ambos casos las isobaras no son sino las intersecciones entre las superficies isobaras y la terrestre.

Pero estas superficies isobaras no presentan siempre la misma pendiente, dependiendo ésta de la temperatura del aire, de forma tal que el campo de presiones y su variación con la altura dependerán de que nos encontremos ante anticiclones o depresiones cálidos o fríos. Surgen así cuatro posibilidades diferentes (véase figura 6.12).

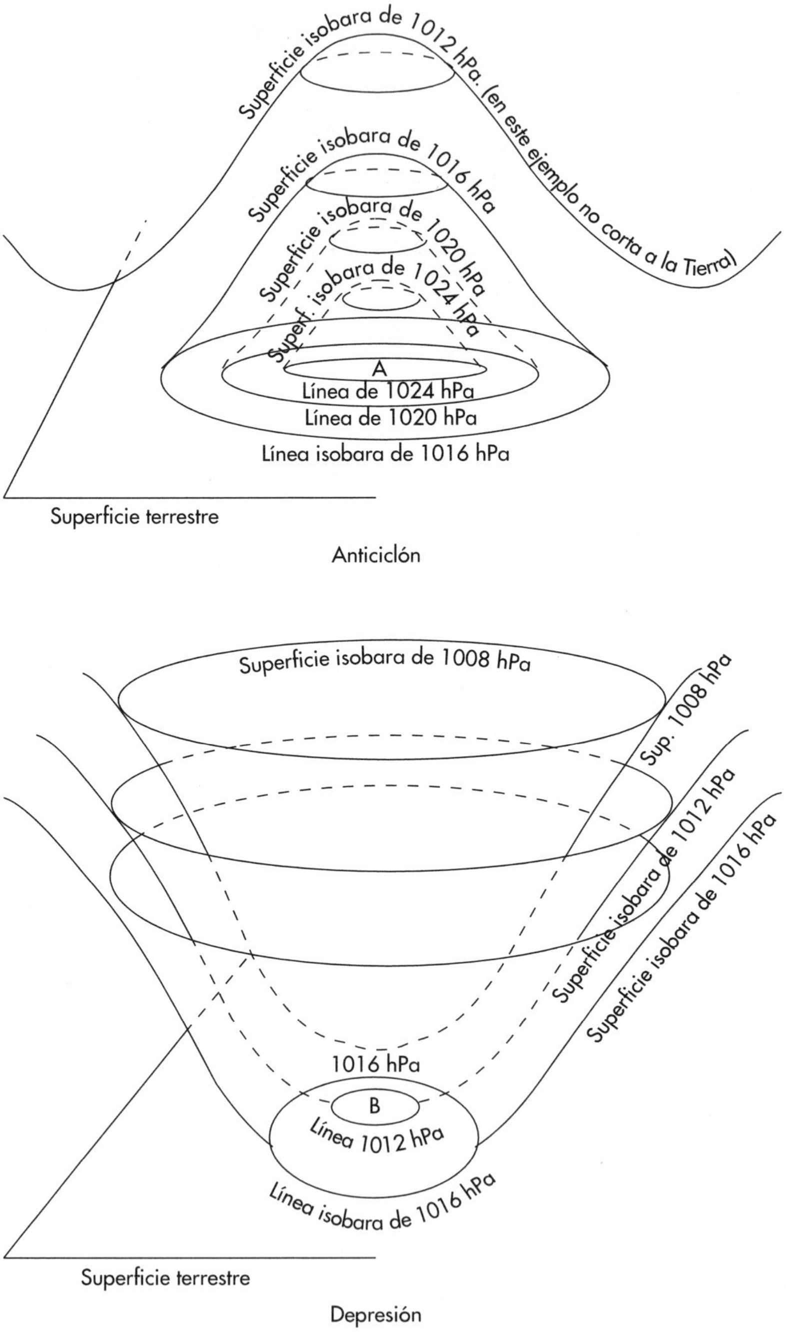

FIGURA 6.11. Las superficies isobaras en los anticiclones y en las depresiones. En los anticiclones las superficies isobaras tienen forma de campana mientras que en las depresiones se asemejan a embudos. En ambos casos las líneas isobaras no son sino la intersección entre las superficies isobaras y la superficie terrestre. Fuente: Medina, *Meteorología básica sinóptica,* Madrid, Paraninfo, 1976, págs. 36-37

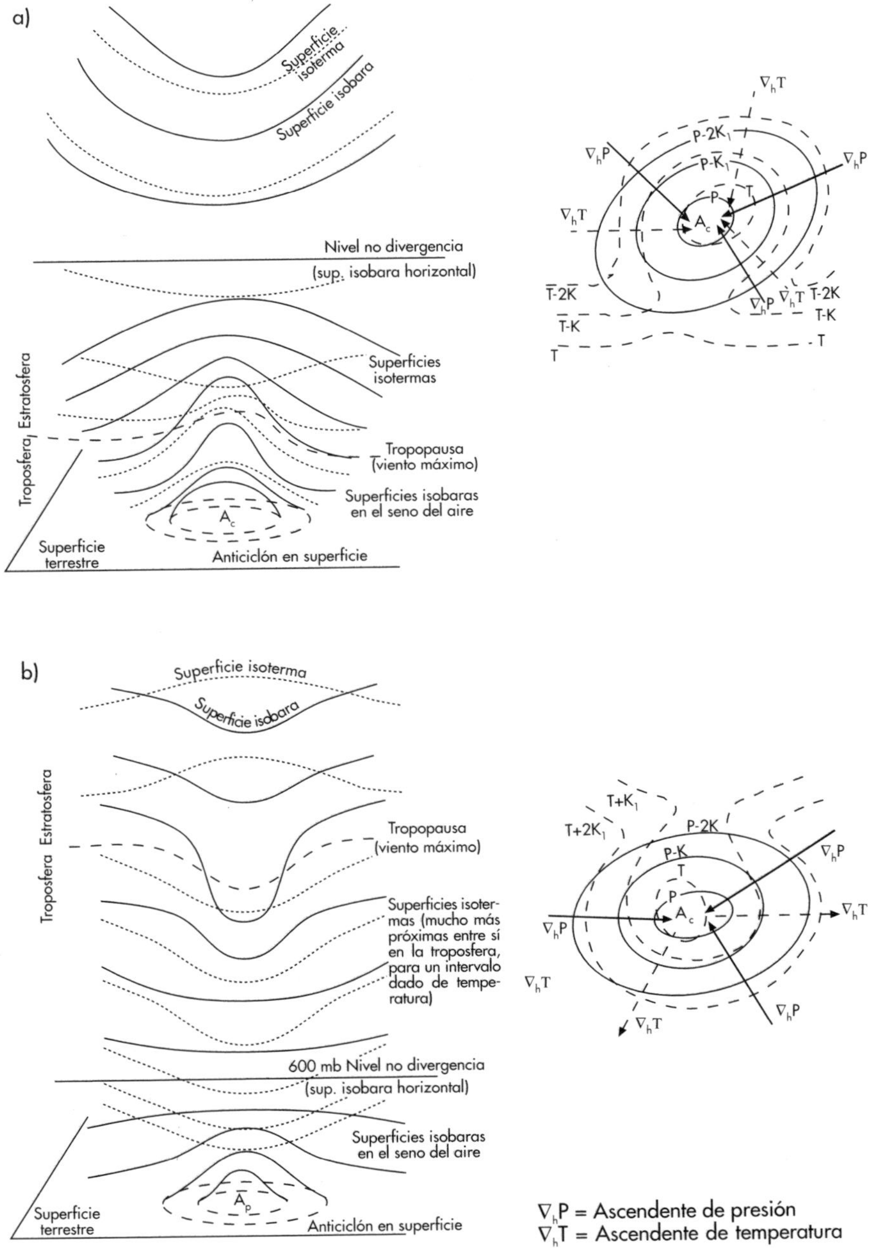

FIGURA 6.12. Estructura de los anticiclones y las depresiones fríos y cálidos. En las borrascas frías y los anticiclones cálidos el gradiente de presión y el de temperatura apuntan en la misma dirección. En estos casos la pendiente de las superficies isobaras se mantiene idéntica en toda la extensión de la troposfera y es sólo en la estratosfera (por encima de la tropopausa) cuando se alcanza el nivel de no divergencia y se invierte el sentido de estas pendientes. En los anticiclones fríos y las depresiones cálidas sucede todo lo contrario. Aquí el gradiente de presiones y el de temperaturas tienen sentido contrario. En consecuencia, las pendientes de las superficies isobaras se invierten en el nivel de la troposfera. Fuente: Medina, *Meteorología básica sinóptica*, Madrid, Paraninfo, 1976, págs. 70-77

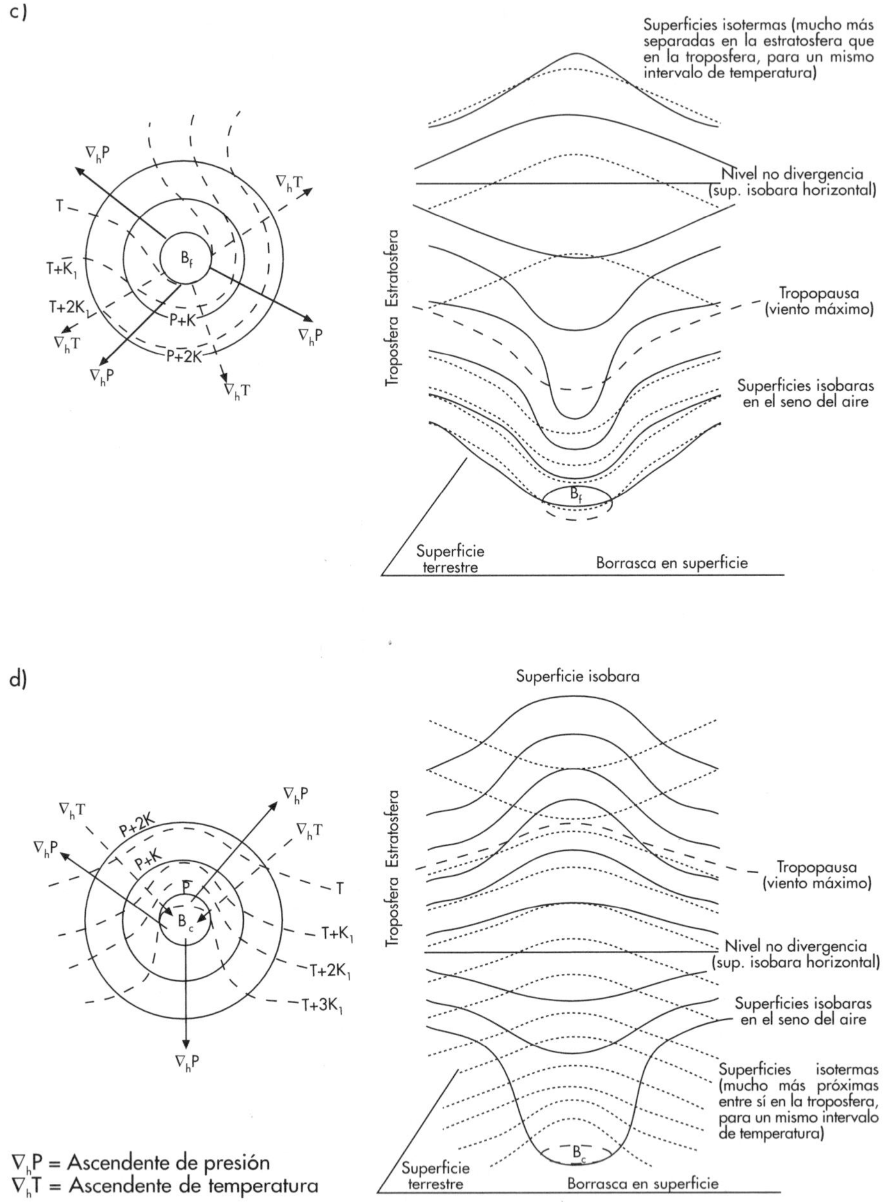

FIGURA 6.12

A. *Anticiclones cálidos*. En un anticiclón cálido, es decir, un anticiclón constituido por una masa de aire más cálida que la que existe a su alrededor, el núcleo del anticiclón es el que presenta la máxima presión y también la máxima temperatura, de forma que el gradiente de presión y el de temperatura apuntan en la misma dirección. Sobre él las superficies isobaras se organizan en forma de campana, pero además la pendiente de las superficies isobaras se acrecienta con la altura, puesto que en el aire frío (en este caso el situado en los alrededores del núcleo del anticiclón) la disminución de la presión con la altura es mucho más acusada que en el aire cálido (el núcleo del anticiclón en este caso). El resultado es la configuración de una campana cada vez más acusada con la altura y que se prolonga hasta la tropopausa. Así pues, existe anticiclón en todos los niveles de la atmósfera (obsérvese que en cualquier nivel el núcleo es la zona dotada de mayor presión).

B. *Anticiclones fríos.* En los anticiclones fríos (formados por una masa de aire más fría que la de los alrededores), el núcleo del anticiclón es también el punto de máxima presión, pero ahora reinan en él temperaturas más bajas que las de los alrededores, con lo cual los gradientes de presión y temperatura apuntan en dirección contraria. Como consecuencia de ello las superficies isobaras van a reducir progresivamente su pendiente a medida que subimos en altura (véase figura 6.12 b). Dichas superficies estarán cada vez menos inclinadas; en un determinado nivel llegarán a ser horizontales y, por último, en los niveles altos de la atmósfera se invertirá su inclinación, pasando a disponerse en forma de embudo. Ello supone que estos anticiclones con núcleo frío se invierten en altura y dan lugar a la aparición de una depresión (obsérvese que a la altura de la tropopausa, sobre el núcleo del anticiclón superficial, tenemos ahora la zona de mínima presión rodeada por superficies isobaras de valores más altos).

C. *Depresiones frías.* En estas depresiones el núcleo goza de la mínima presión y de la mínima temperatura, con lo cual el gradiente térmico y el barométrico son coincidentes. Las superficies isobaras se disponen en forma de embudo y su pendiente se va incrementando con la altura (véase figura 6.12 c). Como consecuencia de ello la disposición en embudo permanece hasta la tropopausa y en altura nos encontramos con una prolongación de la depresión.

D. *Depresiones cálidas.* Aquí el núcleo de la depresión goza de la mínima presión y de la máxima temperatura, siendo contrarios los gradientes térmico y barométrico. Las pendientes de las superficies isobaras se van reduciendo a medida que ascendemos hasta un nivel dado en el que se hacen horizontales, para invertirse a partir de dicho nivel y configurarse en forma de campana (véase figura 6.12 d). El resultado es que sobre la vertical de la depresión nos encontramos con un anticiclón.

Así pues, los anticiclones cálidos y las depresiones frías se mantienen hasta los niveles altos de la atmósfera, hasta la tropopausa, lo cual les otorga una gran potencia. Por el contrario, los anticiclones fríos y las depresiones cálidas se invierten en altura, gozando de muy poca potencia y espesor; de hecho suelen recibir el nombre de anticiclones y depresiones «peliculares» porque sólo se mantienen en una delgada capa de la atmósfera.

Todo ello confirma la idea que antes apuntábamos de que el aire cálido genera altas presiones en altura mientras que el aire frío da lugar a la aparición de bajas presiones en las capas altas de la atmósfera. Además, todo ello refuerza la idea de que el campo de presiones en la atmósfera está estrechamente ligado a la temperatura del aire.

Esta idea se pone claramente de manifiesto a partir de otro de los instrumentos más utilizados para conocer las variaciones tridimensionales de la presión: los mapas de espesor o topografías relativas.

Estos mapas cartografían el espesor o la diferencia de altura existente entre dos superficies isobaras, por ejemplo, entre 1.000 y 500 hPa, o entre 850 y 500 hPa, etc. En ese sentido, las isolíneas que configuran dichos mapas son también líneas isohipsas, si bien en este caso no son alturas absolutas lo que unen, sino alturas relativas de una superficie isobara respecto a la otra. Por eso también estas isolíneas vienen expresadas en metros geopotenciales.

Para el trazado de estos mapas se parte de las topografías absolutas de las dos superficies isobaras que se quieren relacionar. Imaginemos que queremos trazar la topografía relativa 850/500 hPa (véase figura 6.13). Para ello basta con superponer las dos topografías absolutas, resultando de la superposición una serie de puntos en los cuales se cortan las isolíneas correspondientes a ambas. En esos puntos, en los cuales se conoce con precisión la altura correspondiente a cada superficie isobara, se resta al valor hallado en la topografía de 500 hPa el correspondiente a la de 850 hPa. El resulta-

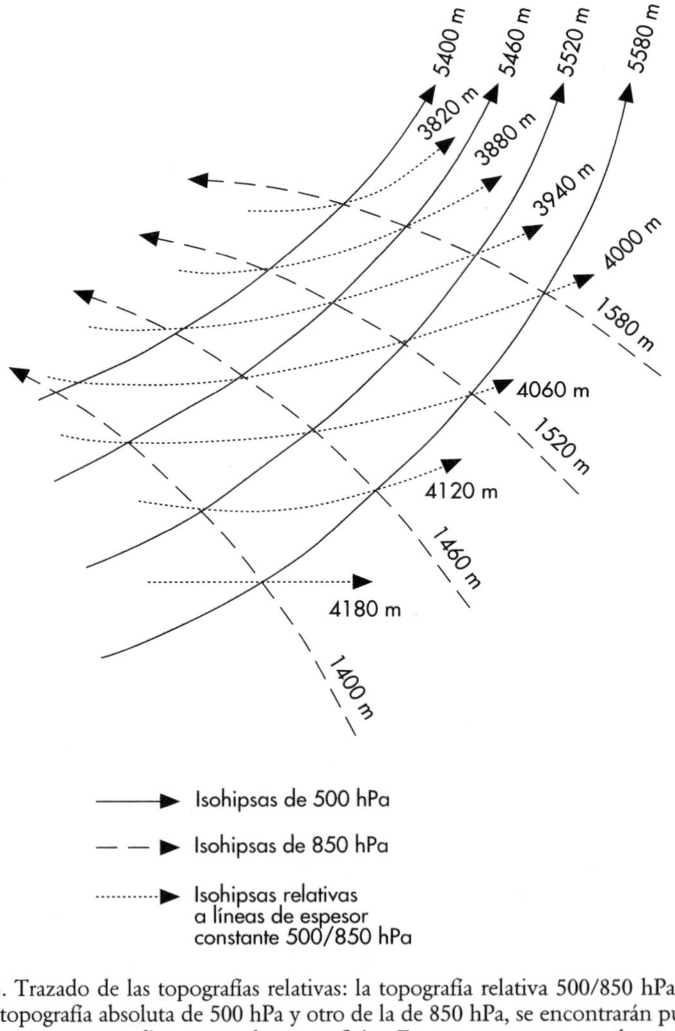

FIGURA 6.13. Trazado de las topografías relativas: la topografía relativa 500/850 hPa. Si se superpone un mapa de la topografía absoluta de 500 hPa y otro de la de 850 hPa, se encontrarán puntos en los cuales se cortan las líneas correspondientes a ambas superficies. En estos puntos se puede conocer con precisión la diferencia de altura existente entre ambas topografías. Si se unen mediante líneas los puntos que tienen igual valor se puede construir el mapa de la topografía relativa 500/850 hPa. Fuente: Medina, *Meteorología básica sinóptica,* Madrid, Paraninfo, 1976, pág. 186

do de la resta nos expresa el espesor o la distancia existente entre ambas superficies. Una vez que se han calculado todos los puntos del mapa, basta con unirlos mediante isolíneas y se obtiene el mapa de espesor 850/500 hPa.

Una de las topografías relativas más utilizadas en meteorología es la que relaciona las superficies isobaras de 1.000 y 500 hPa (el nivel del mar y el punto medio de la atmósfera). El problema en este caso es que la topografía de la superficie de 1.000 hPa no se suele trazar, sino que se sustituye por el mapa de isobaras al nivel del mar. Para obviar este problema lo que se hace es convertir el mapa de isobaras al nivel del mar en topografía absoluta de 1.000 hPa. Para ello se parte de la base de que la isobara 1.000 hPa corresponde al nivel del mar (0 m de altura) y se asume también la idea de que a medida que aumentamos 8 hPa en el mapa de isobaras, incrementamos 60 m en la topografía absoluta (véase figura 6.14). Hecha esta operación sólo nos queda restar ambas topografías y obtenemos la topografía relativa 1.000/500 hPa, cuyo aspecto en un día cualquiera puede ser similar al que aparece en la figura 6.15.

Para la interpretación de estos mapas basta con partir de la base de que la disminución de la presión con la altura es tanto más acusada cuanto más denso es el aire,

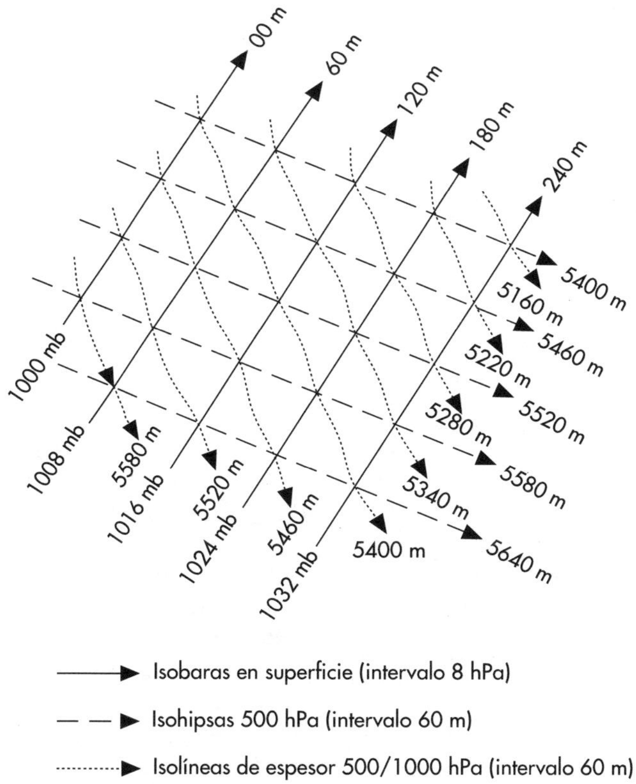

FIGURA 6.14. Las topografías relativas 500/1.000 hPa. La construcción de la topografía 500/1.000 hPa exige la conversión previa del mapa de isobaras en superficie en la topografía absoluta del nivel 1.000 hPa. Para ello se parte de que la isobara 1.000 hPa corresponde al nivel del mar (0 m de altura) y de que a medida que aumentamos 8 hPa en el mapa de isobaras, incrementamos 60 m en la topografía absoluta. Fuente: Medina, *Meteorología básica sinóptica,* Madrid, Paraninfo, 1976, pág. 187

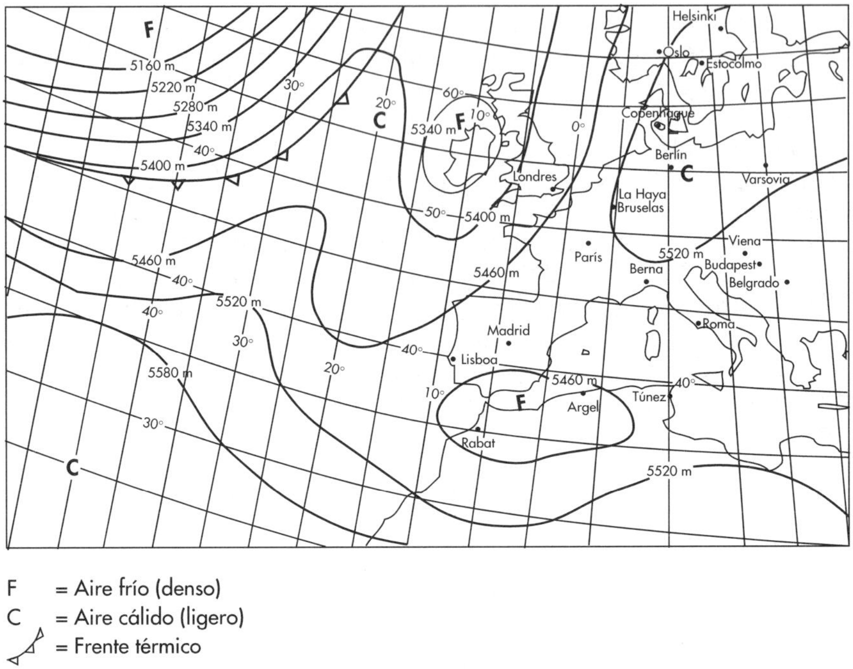

FIGURA 6.15. Mapa de espesor entre 500 y 1.000 hPa con el trazado de frentes térmicos. Las topografías relativas 500/1.000 hPa muestran con claridad las zonas de aire muy denso y frío, en las cuales el espesor entre las dos topografías absolutas es muy reducido, y las zonas de aire ligero y cálido, en las que el espesor es muy importante. En las áreas de máximo gradiente térmico horizontal aparecen los frentes térmicos.
Fuente: INM

y viceversa. En consecuencia, en zonas de aire muy denso el espesor entre las dos superficies isobaras será muy reducido y en las zonas de aire ligero habrá mucha altura separando las dos superficies isobaras. Ello supone que, en último término, las isohipsas de las topografías relativas son en realidad líneas que unen puntos de igual densidad o líneas isopícnicas. De hecho, las topografías relativas muestran muy bien la distribución de la densidad del aire, situándose las altas densidades en los valores bajos de espesor, y viceversa.

Pero sabemos que la densidad del aire está estrechamente relacionada con su temperatura, siendo el aire cálido más ligero y el aire frío más denso, con lo cual este mapa nos refleja también adecuadamente la distribución de las masas de aire frías y cálidas, correspondiendo las primeras a los valores más bajos de espesor y las segundas a los valores más altos. En el mapa de espesores de la figura 6.15 puede apreciarse muy bien la distribución de las masas, embolsamientos y lenguas de aire cálido y frío que se distribuyen el espacio europeo en el momento de su realización.

El mapa muestra también la existencia de zonas con gradientes térmicos horizontales muy diversos. Las áreas en las que las isolíneas aparecen muy separadas entre sí reflejan una transición suave y gradual entre las masas cálidas y frías; por el contrario, las áreas en las que las isolíneas aparecen muy juntas reflejan un fuerte contraste entre el aire cálido y el frío. Estas zonas de máximo gradiente térmico se denominan frentes térmicos y aparecen representados como tales en el mapa (véase margen noroccidental de la figura 6.15). Suelen coincidir —como se verá más adelante— con el trazado de los frentes en superficie; de ahí que su identificación en las topografías relativas sea de gran ayuda para el análisis meteorológico.

Todos estos instrumentos nos ayudan, en suma, a conocer la estructura de la atmósfera en sus tres dimensiones y nos ponen de relieve el hecho fundamental de que ésta no es nunca un fluido en equilibrio estático. Sin embargo, además de este estado ideal, hay distintas posibilidades de estructuras atmosféricas que reflejan a su vez diferentes grados de estabilidad o inestabilidad. En este sentido resulta fundamental la distinción entre las estructuras barotropas y las estructuras baroclinas.

Se dice que la atmósfera presenta una estructura barotropa cuando en ella cualquier variable depende sólo de la presión, en cuyo caso las superficies isobaras son paralelas a las superficies isotermas y a las isopícnicas, lo que supone que toda superficie de igual presión registra a su vez una misma temperatura y densidad. Un caso especial de barotropía es el equilibrio estático, en el cual las superficies isobaras, isotermas e isopícnicas, además de ser paralelas entre sí, son horizontales (véase figura 6.16). Es el estado de máximo equilibrio en la atmósfera y se asiste en ella a una ausencia total de movimiento en ninguna dirección.

Si el paralelismo entre las superficies isobaras, isotermas e isopícnicas se mantiene, pero estas superficies no son horizontales, se habla simplemente de barotropía (véase figura 6.16). En este caso hay diferencias horizontales de presión y temperatura, con lo cual el equilibrio de la atmósfera es menos acusado.

Por último, cuando las superficies isobaras no son paralelas a las isotermas e isopícnicas, se dice que la atmósfera presenta una estructura baroclina, siendo el índice de baroclinidad tanto mayor cuanto más acusado sea el ángulo formado por estas superficies (ver figura 6.16). Es el estado más inestable de la atmósfera e implica la existencia de amplios movimientos del aire y de vientos fuertes en las capas altas de la atmósfera, como veremos más adelante.

2. El viento

2.1. *Concepto y medición del viento*

El viento se define como el movimiento horizontal o parahorizontal del aire, no incluyéndose en él los movimientos verticales del mismo, los cuales, por otro lado, tienen una componente mucho menor que aquéllos a pesar de su gran importancia para la comprensión de numerosos fenómenos meteorológicos. Sin embargo, conviene aclarar que estos movimientos horizontales constitutivos del viento se entienden como movimientos relativos respecto a la superficie terrestre y no como movimientos absolutos. Como ya sabemos, la Tierra realiza un movimiento de rotación alrededor de su eje en dirección W-E y la atmósfera, solidaria con ella, realiza simultáneamente ese mismo movimiento. Para nosotros tal desplazamiento del aire no resulta apreciable porque es sincrónico con nuestro propio desplazamiento; de ahí que no lo califiquemos como viento. Sólo cuando el movimiento horizontal del aire es diferente en dirección o velocidad al realizado por la superficie terrestre, adquiere para nosotros la categoría de viento. Así, un viento del W debe entenderse como un desplazamiento del aire en dirección W-E a velocidad superior a la de la rotación terres-

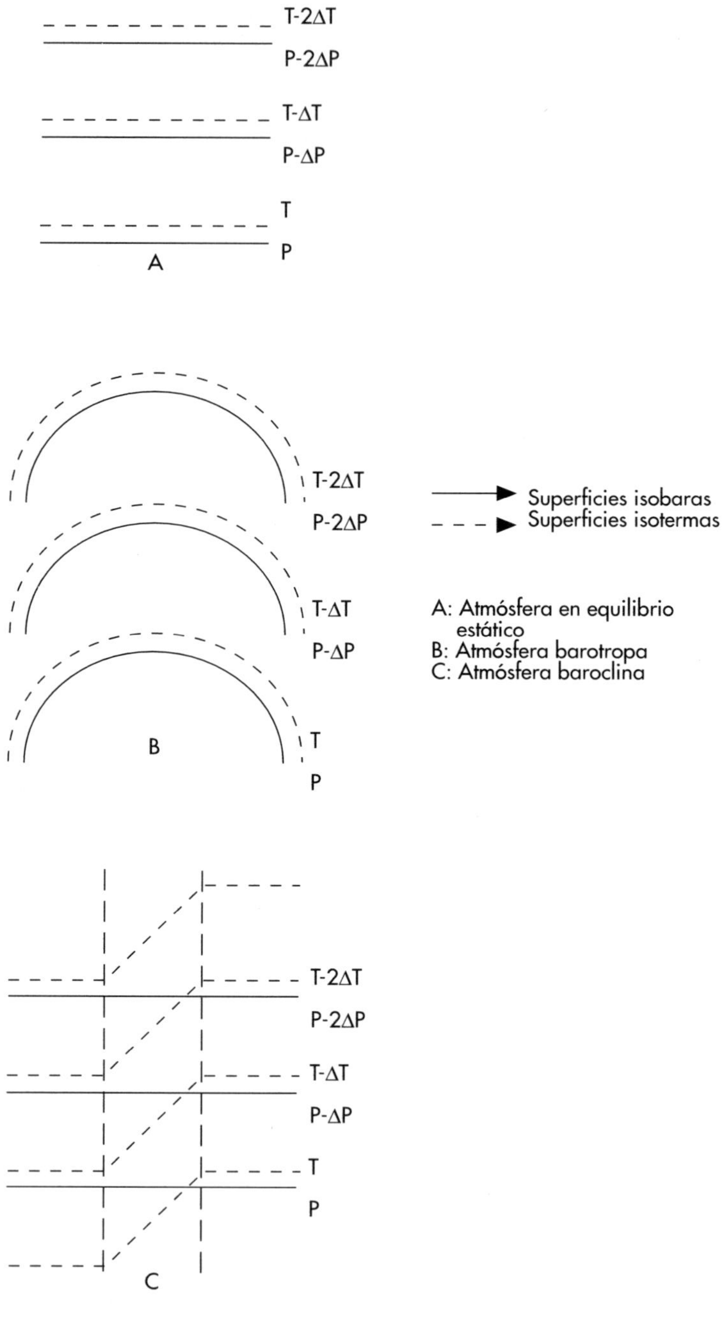

FIGURA 6.16. Estructuras atmosféricas estable, barotropa y baroclina. El equilibrio estático (A) supone el estado de máxima estabilidad en la atmósfera, implicando en ella la ausencia total de movimiento. Las atmósferas barotropas (B), con superficies isobaras e isotermas paralelas, pero no horizontales, son menos estables. Por último, en las atmósferas baroclinas, en las cuales las superficies isobaras e isotermas se cortan, la inestabilidad es máxima, teniendo lugar continuos movimientos tanto horizontales como verticales en el aire

tre. Por su parte, un movimiento del aire en dirección W-E, pero a menor velocidad que la de la rotación, sería calificado por nosotros como un viento del E. Por último, si este movimiento W-E se realiza a idéntica velocidad que la de la rotación terrestre, será calificado como una situación de aire en calma.

El viento se mide a partir de dos magnitudes: su dirección y su intensidad. La dirección se mide a partir del punto desde el cual sopla el viento (un viento del W es un viento que viene del W y va hacia el E) y se expresa a partir de las 32 direcciones recogidas en la rosa de los vientos, o bien en grados, medidos sobre un círculo graduado en el sentido de giro de las agujas del reloj y supuesto que el valor 360° se sitúa en la dirección Norte (véase figura 6.17).

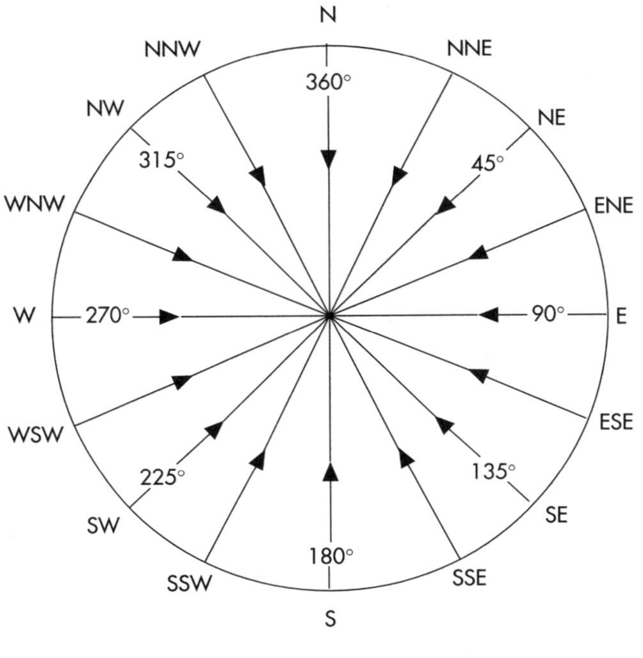

FIGURA 6.17. La rosa de los vientos. La dirección del viento suele expresarse a partir de las 32 direcciones recogidas en la rosa de los vientos o bien en grados medidos sobre un círculo graduado en el sentido de giro de las agujas del reloj y supuesto que el valor 360° se sitúa en la dirección Norte. Fuente: Ahrens, *Meteorology today. An introduction to weather, climate and the environment,* Minnesota, West Publishing Co., 1982, pág. 252

La intensidad expresa la velocidad del viento y se mide en unidades de velocidad tales como los m/seg, los km/h o los nudos, siendo el nudo equivalente a una milla marina por hora o, lo que es lo mismo, 1,853 km/h. En algunas ocasiones, aunque cada vez con menos frecuencia, puede encontrarse especificada la velocidad del viento en grados Beaufort, los cuales resultan de la apreciación de los efectos generados por el viento sobre los objetos (véase cuadro 6.2).

CUADRO 6.2

Escala de Beaufort para la medición del viento. Adaptada a las condiciones de lagos y estanques, que difieren de las encontradas sobre el mar

Grado Beaufort	Velocidad media (nudos)	Calificación	Características
0	1	Calma	El humo sube verticalmente.
1	2	Ventolina	La dirección del viento apenas puede deducirse de la inclinación del humo.
2	5	Flojito	Perceptible en la cara; agita ligeramente las hojas de los árboles. Rizos sobre el agua de lagos y estanques.
3	9	Flojo	Hojas y ramitas, así como banderines ligeros, en movimiento continuo. Pequeñas olas de aspecto cristalino sobre lagos y estanques.
4	13	Bonancible o moderado	Levanta polvo y papeles; agita ramitas, incluso sin hojas.
5	18	Fresquito	Agita árboles pequeños, hojas y ramas medianas sin hojas; banderines y gallardetes ondean extendidos. Se forman olas medianas sobre las aguas; en los lagos, cabrilleo de borreguillos esparcidos.
6	24	Fresco	Mueve ramas gruesas y árboles pequeños; se oye el viento soplar alrededor de las casas y otros objetos fijos. Sobre las olas, crestas de espuma blanca, algunos rociones.
7	30	Frescachón	Agita fuertemente árboles medianos. Formación de numerosas crestas blancas sobre las olas. Es molesto avanzar contra el viento. La espuma blanca comienza a ahuecarse, siendo arrastrada por el viento en forma de rastros espumosos.
8	37	Temporal	Mueve árboles gruesos, desgajando pequeñas ramas; se hace difícil caminar contra el viento.
9	44	Temporal fuerte	Desgaja ramas medianas; produce ligeros daños en las casas, arrancando tejas. Numerosos rastros de espuma en la dirección del viento sobre los lagos.
10	52	Temporal duro	Troncha o arranca árboles enteros; produce graves daños en las casas.
11	60	Temporal muy duro	Grandes destrozos.
12	68	Temporal huracanado	Destrucciones catastróficas.

Fuente: Eichenberger, *Meteorología para aviadores,* Madrid, Paraninfo, 1987, pág. 85.

La dirección del viento se mide con la veleta, que consta de una pieza horizontal que puede girar libremente sobre otra vertical en la que está inserta. La pieza horizontal termina por un lado en una punta de flecha u otra forma aguda y por el otro en una o en dos piezas planas. Cuando el viento sopla, la pieza horizontal gira hasta situarse en la posición en que ofrece menor resistencia al aire, es decir, ofreciéndole el extremo agudo y, en consecuencia, señalando la dirección de la que procede el viento. La veleta puede convertirse en registradora cuando, por procedimientos mecánicos o eléctricos, las direcciones sucesivas se van registrando en una banda de papel.

La velocidad del viento se mide con el anemómetro, el cual puede ser de diversos tipos. Uno de los más frecuentes es el de cazoletas, que consta de un eje vertical al que se le superponen tres brazos perpendiculares en cuyos extremos se sitúan sendas cazoletas que marcan el mismo sentido de rotación. Cuando el viento sopla hace girar los brazos con las cazoletas y las vueltas se registran en un contador traducidas a metros o recorrido del viento. De hecho, el recorrido del viento en km durante veinticuatro horas es un parámetro climático frecuentemente utilizado.

También existen anemómetros de presión, como el tubo de Pitot o el tubo de Venturi, que aprovechan los efectos de presión y succión sobre ciertos cuerpos orientables. Las mangas que existen en los aeropuertos, que no son más que troncos de cono de tela con las bases abiertas, que se orientan e hinchan según la velocidad y la dirección del viento, se inspiran en estos principios.

Los anemómetros, al igual que las veletas, pueden conectarse a una banda registradora a fin de que los valores de la velocidad del viento se vayan consignando en ella a medida que se producen. También en ambos casos conviene instalar los aparatos a 10 m del suelo para evitar el efecto de la superficie terrestre (frenado, turbulencia, etc.) sobre los flujos de aire. Asimismo hay que reseñar que, tanto en la dirección como en la velocidad del viento, nunca se consignan los valores instantáneos registrados por las magnitudes, sino valores medios de un periodo de varios minutos (normalmente diez). La razón de ello estriba en las continuas fluctuaciones que el viento experimenta por el hecho de ser un flujo turbulento y no laminar.

2.2. *Fuerzas determinantes de la dirección y la velocidad del viento*

Todo cuerpo que se pone en movimiento lo hace en respuesta a una fuerza que lo impulsa, dado que, con arreglo a la ley de Newton, si un cuerpo está en reposo permanecerá en reposo hasta que una fuerza se ejerza sobre él. Cuando no hay una sola fuerza impulsora, sino varias, el movimiento dependerá de la composición de todas estas fuerzas en su conjunto; dependerá, en suma, de la fuerza resultante total.

En la génesis del viento intervienen cuatro fuerzas impulsoras fundamentales: la fuerza del gradiente de presión, la fuerza de Coriolis, la fuerza del rozamiento terrestre y la fuerza centrífuga, actuando esta última sólo en el caso de trayectorias curvas.

2.2.1. La fuerza del gradiente de presión

La primera fuerza que impulsa al aire a moverse es la fuerza del gradiente de presión, según la cual entre dos puntos A y B dotados de diferente presión, el aire se dirigirá desde el punto de mayor presión al de menor presión, y a una velocidad tanto mayor cuanto más acusado sea el gradiente barométrico existente entre ambos puntos. Se entiende por gradiente barométrico entre los puntos A y B la diferencia de presión que se registra entre ambos puntos en relación con la distancia horizontal que los separa (véase figura 6.18).

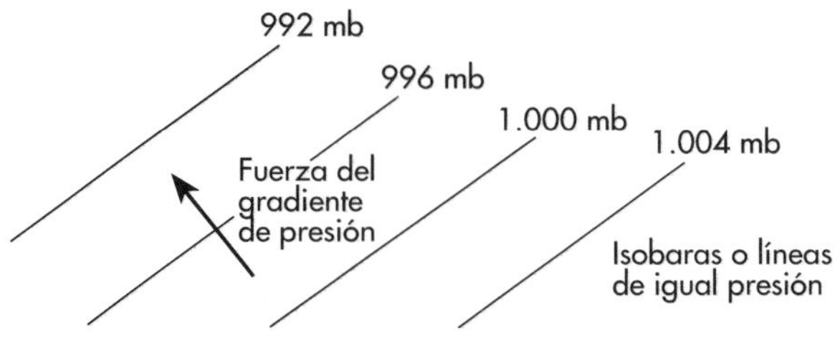

FIGURA 6.18. La fuerza del gradiente de presión. La fuerza del gradiente de presión impulsa al aire a dirigirse desde el punto de mayor presión al de menor presión por el camino más corto y a una velocidad que es tanto mayor cuanto más fuerte sea el gradiente de presión existente entre ambos puntos. Fuente: López Bermúdez, Rubio Recio y Cuadrat, *Geografía Física*, Madrid, Cátedra, 1992, pág. 304

La fuerza del gradiente de presión responde a la expresión:

$$F_G = 1/\rho \cdot dp/dh$$

donde:

ρ es la densidad del aire,
dp es la diferencia de presión existente entre los puntos A y B,
dh es la distancia horizontal que separa ambos puntos.

En consecuencia, esta fuerza (y también la velocidad del viento) es directamente proporcional al gradiente de presión existente entre los puntos A y B e inversamente proporcional a la densidad del aire.

Ello supone que el motor primero que impulsa al aire a moverse es el desequilibrio de presión existente entre los distintos lugares del planeta. En las zonas de alta presión existe una acumulación de aire que ejerce presión hacia el exterior; las bajas presiones, por el contrario, acusan un «déficit» de aire. Ante esta situación, la atmósfera, impulsada por la fuerza del gradiente, se va a poner en movimiento para intentar paliar estos desequilibrios y trasvasar el aire excedentario de las altas presiones hacia las zonas de baja presión, deficitarias en aire.

Pero este trasvase no se realiza de una manera tan simple y lineal como la descrita hasta aquí, porque a la fuerza del gradiente de presiones habrá que añadir la influencia ejercida por las restantes fuerzas.

2.2.2. La fuerza desviadora de Coriolis

La fuerza de Coriolis es una fuerza que actúa modificando la trayectoria inicial del viento. Tal modificación fue observada por Coriolis en el siglo XIX (de ahí que lleve su nombre), aunque más tarde fue Ferrel quien la explicitó mediante una ley que se expresa como sigue: «Cualquier fluido que se mueva horizontalmente en el hemisferio Norte tiende a ser desviado hacia la derecha de su trayectoria, independientemente de la orientación que ésta tenga. En el hemisferio Sur se produce una desviación similar, pero a la izquierda.»

El origen de esta fuerza se encuentra en el movimiento de rotación de la Tierra alrededor del eje de los polos. Este movimiento determina que cualquier porción de la superficie terrestre (a excepción de las situadas en el ecuador), además de girar continuamente alrededor del eje de los polos, gire también continuamente alrededor de su propia vertical.

Cuando se inicia un viento con una trayectoria determinada y la superficie subyacente gira alrededor de su propia vertical, se genera una discordancia entre ambos movimientos, que es la que da origen a la desviación. Así pues, la fuerza de Coriolis se origina por el hecho de que las distintas porciones de la superficie terrestre están continuamente girando alrededor de su vertical respectiva. Este giro alrededor de la propia vertical pasa inadvertido para nosotros, porque participamos de él, somos solidarios de la Tierra y vamos girando con ella, pero desde cualquier punto de referencia exterior a la Tierra este giro es perfectamente perceptible.

Vamos a situarnos en un punto exterior a la Tierra y trataremos de visualizar este fenómeno. En ciertas latitudes esta visualización será inmediata; en otras quizá resulte más dificultosa; por ello recomendamos al lector que en esta parte del capítulo nos siga acompañado de una bola del mundo; sus propios ojos, observándola girar, serán un magnífico punto de referencia exterior a la Tierra.

Comenzaremos por analizar la situación del polo Norte, que es la que resulta más obvia (véase figura 6.19). La Tierra está realizando su movimiento de rotación alrededor del eje de los polos con dirección W-E. Si nos situamos en un punto P exterior a la Tierra, al norte de la misma, y desde él observamos lo que sucede en el polo Norte, vemos cómo este enclave no sólo está girando alrededor del eje de la Tierra, sino que también gira alrededor de su propia vertical y con sentido de giro contrario a las agujas del reloj. En este caso, desde luego, la visualización no es muy compleja porque aquí el eje de la Tierra y la vertical del lugar son coincidentes.

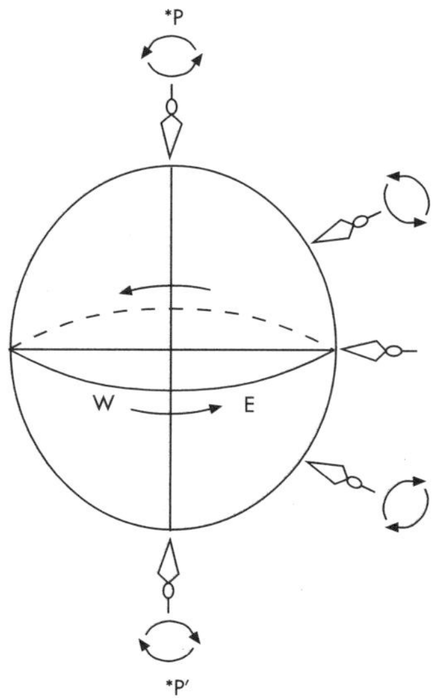

FIGURA 6.19. Giro de las distintas porciones de la superficie terrestre alrededor de su propia vertical. Todas las porciones de la superficie terrestre, a excepción de las situadas en el ecuador, giran alrededor de su propia vertical, teniendo este giro sentido horario en el hemisferio Norte y antihorario en el Sur. Fuente: elaboración propia a partir de Miller, *Meteorología,* Barcelona, Labor, 1972

Observemos ahora lo que sucede en el polo Sur. Si la Tierra sigue haciendo su movimiento de rotación habitual, pero ahora la observamos desde el punto P', situado en la vertical del polo Sur (el lector puede hacer girar su bola del mundo y observarla desde abajo), vemos cómo esta porción de la Tierra gira alrededor de su propia vertical, pero ahora el giro se produce en el sentido de las agujas del reloj. La Tierra no ha alterado su movimiento de rotación, que sigue siendo un movimiento W-E, pero su observación desde P' conduce a resultados diferentes de los encontrados desde P.

Observemos ahora desde cualquier punto de referencia exterior a la Tierra lo que sucede en el ecuador. Mientras la Tierra rota vemos que cualquier porción de la superficie terrestre situada en el ecuador gira alrededor del eje de los polos, pero ahora no gira alrededor de su propia vertical.

Ya sólo nos resta visualizar lo que sucede en las latitudes intermedias entre los polos y el ecuador. En estas latitudes también se produce un giro alrededor de la propia vertical, siendo este giro antihorario en el hemisferio Norte y horario en el hemisferio Sur.

Situémonos en un punto exterior a la Tierra sobre el hemisferio Norte y observemos lo que sucede en el espacio delimitado por los puntos A y B de la figura 6.20. Los puntos A y B están situados de forma tal que A se sitúa al norte de B; el observador exterior situado en el punto P, al mirar hacia la Tierra, ve primero a A y luego a B. Como la Tierra gira alrededor del eje de los polos, al cabo de doce horas los puntos A y B han pasado a ocupar las posiciones A' y B', respectivamente. Cuando ahora el observador de P mira hacia la Tierra, encuentra que los puntos han cambiado de posición: ahora ve primero a B' y más lejos a A'. Si de nuevo pasaran otras doce horas, los puntos de nuevo pasarían a ser A y B y nos encontraríamos como al inicio.

Así pues, observado el movimiento desde la Tierra, no se detecta ningún cambio

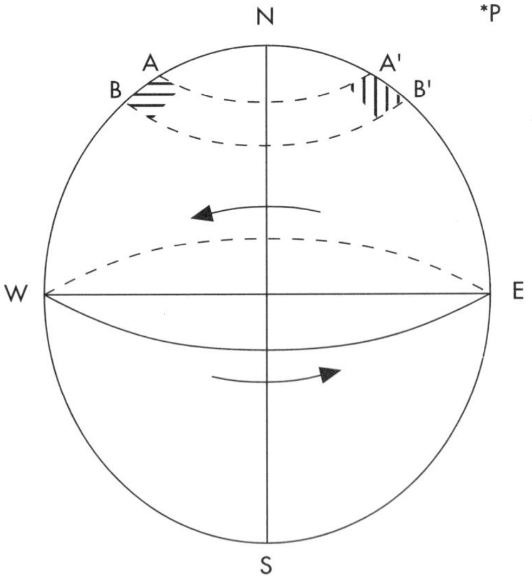

FIGURA 6.20. La fuerza desviadora de Coriolis en las latitudes medias del hemisferio Norte. A lo largo de doce horas el espacio delimitado por los puntos A y B pasa a ocupar la posición indicada por los puntos A' y B'. Este cambio, observado desde el punto P exterior a la Tierra, se contempla como si dicho espacio estuviera girando alrededor de su propia vertical y B diera vueltas incesantes en torno a A

de posición entre A y B: A está más cerca del polo Norte que B, como A' está más cerca del polo Norte que B'. Sin embargo, observado el fenómeno desde fuera, desde P, ha habido un cambio de posición entre A y B. Al inicio A se encontraba entre B y P; al cabo de doce horas es B' el que está entre A' y P. Para el espectador situado en P lo que sucede es que este espacio, delimitado por los puntos A y B, está girando alrededor de su propia vertical y B da vueltas incesantes en torno a A. (Si a algún lector le siguen quedando dudas en torno a este hecho, puede verificarlo haciendo girar su bola del mundo y observando el movimiento de la isla de Irlanda desde arriba; observará cómo, en efecto, la isla da vueltas alrededor de sí misma. Para verificar lo que sucede en el hemisferio Sur, Madagascar, Nueva Zelanda o Australia pueden constituir buenos escenarios, si bien en este caso el giro que se detecta es un giro en el sentido de las agujas del reloj, al contrario de lo observado para el hemisferio Norte.)

En consecuencia, se puede afirmar que cualquier porción de la superficie terrestre situada en una latitud intermedia entre el polo y el ecuador gira alrededor de su propia vertical, siendo el sentido de giro antihorario en el hemisferio Norte y horario en el Sur.

Este movimiento giratorio será el que provoque la desviación de los vientos de su trayectoria inicial y el que propicie, en suma, la aparición de la fuerza de Coriolis. En efecto, la superficie terrestre gira alrededor de su propia vertical, pero el viento, el aire que inicia su desplazamiento por encima de la superficie, no realiza ese mismo movimiento giratorio. Nos encontramos con una masa de aire que inicia un movimiento en una determinada dirección, pero sobre una plataforma (la superficie terrestre) que no está quieta. De este doble movimiento simultáneo surge la desviación.

Podemos ejemplificar la situación por medio de un disco que girara en sentido contrario a las agujas del reloj (véase figura 6.21). Desde el interior de ese disco (el punto O) vamos a lanzar un proyectil hacia el punto P exterior al disco, viajando el proyectil por encima del disco e independientemente de él.

En un principio, cuando lanzamos el proyectil en dirección OP su trayectoria es tal que el proyectil debe pasar primero por A y luego llegar a P. El problema es que en el tiempo empleado por el proyectil en recorrer la distancia OA el disco ha ido girando, con lo cual el proyectil en lugar de llegar a A llegará a B; A se ha desplazado y su lugar lo ocupa ahora B. Un observador exterior al disco, situado, por ejemplo, en el punto P, observará con claridad que el disco ha girado y que el proyectil ha mantenido constante su trayectoria, pero para un observador situado en el punto O, y supuesto que el disco fuera tan grande que él no tuviera ningún sistema de referencia exterior, el disco no ha girado; lo que ha sucedido es que el proyectil se ha desviado de su trayectoria inicial y en lugar de seguir la trayectoria OA ha seguido la trayectoria OB; se ha desviado, pues, a la derecha de su trayectoria.

Pues bien, el disco puede ser el equivalente de cualquier porción de la superficie terrestre situada en el hemisferio Norte y el proyectil equivale al viento. El viento conserva su trayectoria fija (como el proyectil), pero la Tierra se desvía entre tanto (como el disco) y el resultado es que el viento no llegará a su punto de destino, sino a un punto diferente. Pero ahora la Tierra sí constituye una plataforma lo suficientemente grande como para que nosotros no tengamos ningún punto de referencia exterior, con lo cual somos inconscientes de este movimiento de giro y lo que apreciamos es que el viento se ha desviado hacia la derecha de su trayectoria. (En el hemisferio Sur lo que se aprecia es una desviación hacia la izquierda porque la superficie terrestre gira en el sentido de las agujas del reloj.)

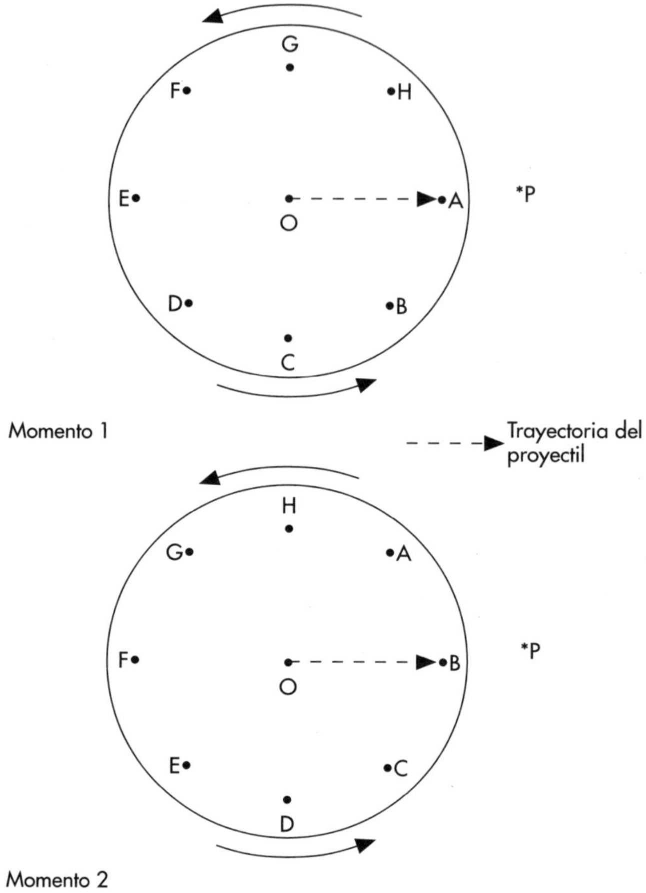

FIGURA 6.21. Ejemplificación de la desviación de Coriolis mediante un disco giratorio. Un proyectil lanzado en el momento 1 y en un disco giratorio desde O hasta A nunca conseguirá llegar a su destino dado que en el tiempo invertido por el proyectil en hacer la trayectoria OA el punto A se habrá desplazado con el disco, de forma que en el momento 2 el proyectil alcanzará el punto B

Volvamos ahora a nuestro disco y analicemos con más detalle lo que ha sucedido, olvidándonos ya de cualquier punto de referencia exterior y asumiendo, pues, que es el proyectil el que se ha desviado de su trayectoria (véase figura 6.22). Para que el proyectil se desvíe desde su trayectoria inicial OA y llegue desde O hasta B tiene que haber una fuerza, una aceleración que lo impulse.

Para calcular cuánto vale esa aceleración basta con recordar algunas fórmulas elementales de mecánica de fluidos, entre las cuales la primera a retener es:

$$a = 2\ e/t^2 \qquad [6.1]$$

donde:

a es la aceleración que impulsa a un cuerpo,
e es el espacio recorrido por ese cuerpo, y
t es el tiempo empleado por el cuerpo en realizar ese recorrido.

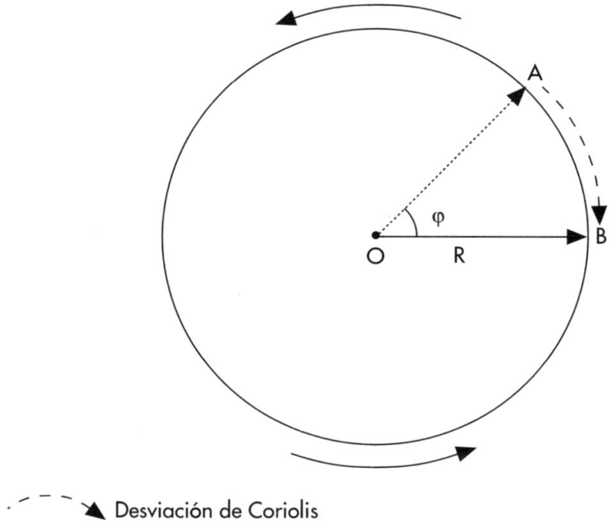

FIGURA 6.22. La aceleración de Coriolis. La aceleración de Coriolis es la fuerza que desvía el aire desde el punto A hasta el B. Conociendo el arco de círculo delimitado por los puntos A y B y el radio de la plataforma giratoria, esta aceleración puede evaluarse con precisión

En nuestro caso nosotros queremos calcular cuánto vale *a*, la aceleración que ha desviado a nuestro proyectil, sabiendo que la magnitud de esta desviación es AB (el proyectil en lugar de llegar a A ha llegado a B). En consecuencia, podemos escribir la ecuación [6.1] bajo la forma:

$$a = 2\ AB/t^2 \qquad [6.2]$$

Pero AB no es sino un arco de círculo y como tal puede expresarse bajo la forma:

$$AB = \varphi \cdot R \qquad [6.3]$$

donde:
φ es el ángulo conformado por el arco del círculo, y
R es el radio del círculo.

A su vez, φ no es sino el ángulo recorrido por el disco en su movimiento giratorio y en el tiempo t; luego podemos escribir:

$$\varphi = \omega \cdot t \qquad [6.4]$$

siendo:
ω la velocidad angular con que gira el disco, y
t el tiempo empleado por el disco en recorrer el ángulo.

Si llevamos las ecuaciones [6.3] y [6.4] a la expresión [6.2], ésta podría sustituirse por:

$$a = (2 \cdot \omega \cdot t \cdot R)/t^2 = (2 \cdot \omega \cdot R)/t \quad [6.5]$$

Pero R, el radio del disco, equivale a la distancia lineal recorrida por el proyectil; es, pues, el espacio recorrido por el proyectil con una velocidad lineal dada; luego podemos escribir:

$$R = v \cdot t \quad [6.6]$$

siendo:
v la velocidad lineal del proyectil en su desplazamiento, y
t el tiempo empleado por el proyectil en recorrer la distancia R.

Si llevamos la ecuación [6.6] a la [6.5] obtenemos que:

$$a = (2 \cdot \omega \cdot v \cdot t)/t = 2 \cdot \omega \cdot v \quad [6.7]$$

Ello equivale a afirmar que la aceleración que ha desviado el proyectil desde A hasta B es igual al doble de la velocidad angular de giro del disco por la velocidad lineal de desplazamiento del proyectil.

Si quisiéramos calcular el valor de la aceleración de Coriolis para el viento que se genera sobre la superficie terrestre, bastaría con que sustituyéramos ω por la velocidad angular de giro de la Tierra y *v* por la velocidad lineal del viento.

La velocidad lineal del viento es variable de unas situaciones a otras, pero la velocidad angular de giro de la superficie terrestre sobre su propia vertical no cambia de unos momentos a otros, sino que es fija para una latitud dada. En los polos la velocidad angular de rotación de la Tierra alrededor de su vertical (denotada por Ω) es igual a la velocidad de rotación alrededor del eje de los polos y vale 360°/24 h. Por convenio a esta rotación se le asigna un signo positivo ($+\Omega$) cuando el giro se hace en sentido antihorario, como sucede en el polo Norte, y un signo negativo ($-\Omega$) cuando el sentido de giro es horario, como en el polo Sur.

En cualquier otra latitud del planeta, la velocidad angular de giro alrededor de la propia vertical (denotada por ω) responde a la expresión:

$$\omega = \Omega \cdot \text{sen } \varphi \quad [6.8]$$

siendo φ la latitud del lugar.

En consecuencia, la aceleración o la fuerza de Coriolis para cualquier punto del planeta se puede calcular mediante la expresión:

$$F_c = 2 \cdot v \cdot \Omega \cdot \text{sen } \varphi \quad [6.9]$$

siendo:
v la velocidad lineal del viento,
Ω la velocidad angular de giro de la Tierra alrededor de los polos, y
φ la latitud del lugar.

Si suprimimos de la expresión la velocidad lineal del viento (v), obtenemos lo que se denomina el parámetro de Coriolis, el cual se denota por *f* y equivale a:

$$f = 2 \cdot \Omega \cdot \text{sen}\ \varphi$$

con lo cual también podría afirmarse que

$$F_c = f \cdot v \qquad [6.10]$$

En el ecuador $\varphi = 0$ y sen $\varphi = 0$, con lo cual la fuerza de Coriolis es nula, lo que, por otro lado, no es sorprendente, dado que ya vimos hace un momento que en el ecuador la superficie terrestre no gira alrededor de su propia vertical.

En los polos, donde $\varphi = 90°$, sen $\varphi = 1$, con lo cual $F_c = 2 \cdot v \cdot \Omega$, alcanzándose aquí los valores máximos de la fuerza de Coriolis.

En cualquier latitud intermedia entre ambos, $0° < \varphi < 90°$, y $0 <$ sen $\varphi < 1$, con lo cual la fuerza de Coriolis alcanza un valor intermedio entre el ecuador y los polos.

En consecuencia, la fuerza de Coriolis depende esencialmente de la latitud —siendo máxima en los polos y nula en el ecuador— y de la velocidad lineal del viento, siendo tanto más intensa cuanto más veloz sea el viento. En todos los casos (salvo el ecuador, obviamente) actúa como un vector perpendicular a la trayectoria del viento y orientado hacia la derecha de éste en el hemisferio Norte y hacia la izquierda en el hemisferio Sur.

Esta fuerza comienza a actuar sobre el viento desde el mismo momento en que éste se inicia impulsado por el gradiente de presión. En la figura 6.23 aparece ilustrada su actuación para un enclave del hemisferio Norte, en el cual existe una diferencia de presión entre los puntos A y B.

En la posición 1 la fuerza del gradiente comienza a actuar acelerando el viento hacia el punto B, pero inmediatamente la fuerza de Coriolis, que actúa con un ángulo de 90° respecto a la trayectoria del viento, empieza a desviarlo hacia su derecha. A medida que el viento va acelerándose en las posiciones 2, 3 y 4 (y se acelera porque la fuerza del gradiente no deja de actuar en ningún momento), la fuerza de Coriolis va aumentando, pero siempre actuando hacia la derecha de la trayectoria y con un ángulo de 90° respecto a ésta. Hasta que llega un momento (posición 5) en que la fuerza de Coriolis y la fuerza del gradiente consiguen anularse mutuamente, al adoptar la misma intensidad, pero direcciones opuestas. Esta situación se produce cuando el viento fluye paralelo a las isobaras, y a partir de entonces el viento seguirá fluyendo en esa dirección y sin sufrir nuevas aceleraciones, sino con un movimiento uniformemente acelerado, que resulta precisamente de la anulación de la fuerza del gradiente por la fuerza de Coriolis.

Tal flujo de viento se denomina viento geostrófico, y se produce siempre que las isobaras sean rectilíneas y las fuerzas actuantes sobre el viento sean la del gradiente y la de Coriolis. En esos casos el viento fluye paralelo a las isobaras, dejando las altas presiones a su derecha y las bajas a su izquierda en el hemisferio Norte (véase figura 6.23) o a la inversa (altas presiones a la izquierda y bajas presiones a la derecha) en el hemisferio Sur.

La velocidad alcanzada por el viento geostrófico puede evaluarse fácilmente sabiendo que este viento resulta de la equilibración de las fuerzas del gradiente y de Coriolis ($F_g = F_c$), luego:

$$2 \cdot v \cdot \Omega \cdot \text{sen}\ \varphi = 1/\ \rho \cdot (dp/dh)$$

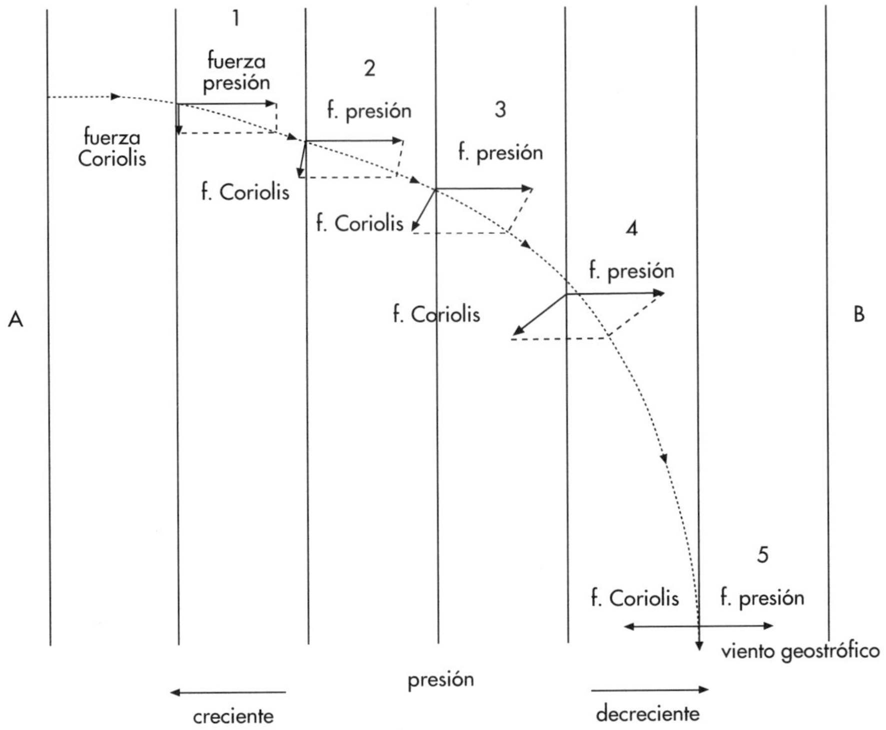

FIGURA 6.23. El viento geostrófico. El viento geostrófico (posición 5) se produce siempre que las isobaras son rectas y la fuerza del gradiente y la de Coriolis se hacen iguales y de sentidos opuestos. Esta situación de equilibrio entre ambas fuerzas se produce tras un proceso en el que la fuerza de Coriolis —siempre perpendicular a la trayectoria del viento— se va intensificando progresivamente a medida que el viento se acelera. Fuente: Martín Vide, *Fundamentos de climatología analítica*, Madrid, Síntesis, 1991, pág. 131

Si en esta ecuación despejamos la velocidad, obtenemos una evaluación del viento geostrófico, el cual respondería a la expresión:

$$V_g = (1/2 \cdot \Omega \cdot \text{sen } \varphi \cdot \rho) \cdot (dp/dh)$$

Esta expresión también podría escribirse como:

$$V_g = (1/f \cdot \rho) \cdot (dp/dh)$$

De ahí se deduce que este viento, para una latitud dada, será directamente proporcional al gradiente de presión e inversamente proporcional a la densidad del aire y al parámetro de Coriolis.

En la realidad este viento nunca suele generarse porque es muy raro encontrar un campo de presiones en que las isobaras sean estrictamente rectilíneas, pero constituye una buena aproximación del viento cuando las isobaras no están muy curvadas y en las capas altas de la atmósfera, en las cuales no actúa la fuerza del rozamiento terrestre. En las capas bajas de la atmósfera el rozamiento efectuado por la superficie terrestre sobre el aire interfiere en este sistema de fuerzas e impide la aparición de vientos geostróficos.

2.2.3. La fuerza del rozamiento terrestre

En las capas bajas de la atmósfera, la circulación del aire se ve sometida al efecto ejercido sobre ella por el rozamiento de la superficie terrestre. Este rozamiento, sobre todo en zonas continentales con relieve accidentado y fuerte rugosidad, implica que existe una cierta adherencia entre esta superficie rugosa y el aire que va circulando por encima de ella; el aire y la superficie terrestre ya no son absolutamente independientes. Si tenemos en cuenta que la fuerza desviadora de Coriolis se originaba precisamente porque el movimiento de la superficie terrestre era independiente del movimiento del viento suprayacente, podemos comprender que el efecto fundamental de la fuerza de rozamiento terrestre sea la debilitación de la fuerza de Coriolis.

En las capas bajas de la atmósfera, cuando existe rozamiento, el aire está parcialmente adherido a la superficie, con lo cual, si ésta gira alrededor de la propia vertical, el aire suprayacente se verá en alguna medida arrastrado por ese movimiento, siendo la «potencia del arrastre» tanto mayor cuanto mayor sea el rozamiento.

Para ejemplificar esta situación podemos retomar el disco y el proyectil de la figura 6.21. Si ahora, en lugar de lanzar el proyectil desde A hacia B por el aire, lo lanzamos deslizándolo por el suelo del disco, el proyectil no conservará su trayectoria inicial totalmente independiente del movimiento giratorio del disco, sino que se verá afectado en cierta medida por este movimiento giratorio, y tanto más cuanto más rugosa sea la superficie del disco. En el caso de una rugosidad máxima (imaginemos que la superficie del disco está cubierta de miel), el proyectil quedará totalmente adherido al disco y girará con él manteniendo la trayectoria OA. Si la rugosidad no fuera máxima, la adherencia no sería total y el proyectil, al final del recorrido, llegaría a algún punto intermedio entre A y B.

Así pues, la fuerza del rozamiento terrestre, además de ralentizar el viento, debilitará el efecto de la fuerza de Coriolis, de forma tal que cuando compongamos las tres fuerzas actuantes sobre el aire el viento fluirá oblicuo a las isobaras (véase figura 6.24).

Efectivamente, la fuerza del rozamiento, que ralentiza el movimiento del aire, actúa en dirección contraria a la trayectoria de éste . Al componer esta fuerza de rozamiento con la fuerza del gradiente obtenemos la fuerza resultante, la cual será anulada por la fuerza de Coriolis, originándose un viento oblicuo a las isobaras, uniformemente acelerado también, y que se dirigirá desde las altas a las bajas presiones.

Lógicamente, el grado de oblicuidad del viento dependerá de la intensidad que presente la fuerza de rozamiento. Cuando el rozamiento es máximo, la adherencia entre el aire y el suelo es total y el viento formará un ángulo de 90° con las isobaras (la fuerza de Coriolis queda totalmente anulada y el viento sigue la trayectoria marcada por la fuerza del gradiente); cuando el rozamiento es nulo, la fuerza de Coriolis equilibra a la fuerza del gradiente y se producen vientos geostróficos paralelos a las isobaras; en los casos intermedios son posibles todo tipo de oblicuidades.

La primera situación, de viento perpendicular a las isobaras, sólo suele producirse en las capas de aire inmediatamente en contacto con el suelo y cuando éste es de

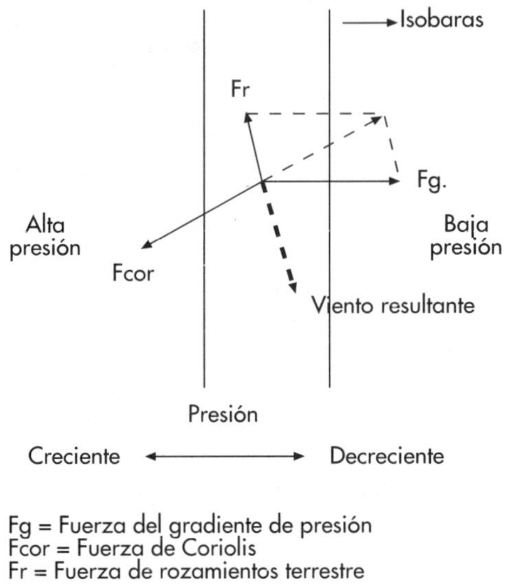

FIGURA 6.24. La fuerza del rozamiento terrestre y su intervención en la génesis del viento. La combinación de la fuerza del gradiente y la fuerza del rozamiento da lugar a una fuerza resultante a la cual se opone la fuerza de Coriolis para determinar, junto con ella, la dirección final del viento. Fuente: Martín Vide, *Fundamentos de climatología analítica,* Madrid, Síntesis, 1991, pág. 132

carácter continental y rugoso. En las superficies oceánicas, menos rugosas, el rozamiento es siempre considerablemente más débil y el ángulo formado por las isobaras y el viento mucho menor; por último, en las capas altas de la atmósfera, donde el rozamiento es nulo, los vientos suelen fluir como vientos geostróficos[4].

2.2.4. La fuerza centrífuga en las trayectorias curvas

Hasta ahora hemos aludido siempre a isobaras rectilíneas y, consecuentemente, a vientos también rectilíneos, pero en la realidad estas distribuciones isobáricas son bastante infrecuentes; lo habitual es que las isobaras sean onduladas, formando incluso círculos cerrados como en el caso de las depresiones y los anticiclones.

En estos casos, las partículas de aire, además de verse sometidas a la fuerza del gradiente y a la de Coriolis (en el supuesto de que no hubiera rozamiento), se ven sometidas al efecto de la fuerza centrífuga, una fuerza que tiende a alejar a estas partículas de su centro de giro y que es directamente proporcional al cuadrado de la velocidad de dichas partículas e inversamente proporcional al radio de giro, de forma tal que:

$$F_{cga} = v^2/R$$

[4] En general, se considera que a una altura aproximada de unos 500 m sobre el nivel del mar desaparece el efecto del rozamiento, y a partir de ese nivel, denominado nivel del gradiente, se puede admitir el equilibrio geostrófico (Huerta, 1984, pág. 36).

En estos casos, el movimiento del aire es el resultante del equilibrio entre las tres fuerzas en presencia (gradiente, Coriolis y centrífuga), denominándose a este viento viento del gradiente. Lo que sucede es que el resultado es ligeramente diferente en el caso de los anticiclones y de las depresiones (véase figura 6.25).

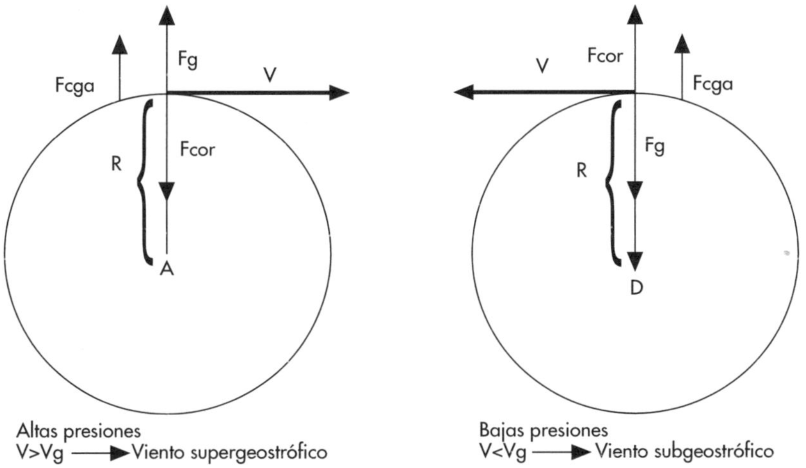

FIGURA 6.25. La fuerza centrífuga en las trayectorias curvas. En ausencia de fuerza de rozamiento el viento en las depresiones es inferior al viento geostrófico (se llama viento subgeostrófico), dado que en él la fuerza del gradiente se ve contrarrestada, no sólo por la fuerza de Coriolis, sino también por la fuerza centrífuga. En los anticiclones los vientos son supergeostróficos porque en ellos la fuerza del gradiente se ve apoyada por la fuerza centrífuga. Fuente: elaboración propia a partir de Huerta, *Apuntes de meteorología sinóptica. Análisis escalar,* Madrid, INM, 1984, pág. 37

En las depresiones, la fuerza del gradiente se dirige hacia el centro de la baja y a ella se oponen tanto la fuerza de Coriolis como la centrífuga, que actúa siempre hacia fuera del centro de giro. El equilibrio entre las tres fuerzas se produce bajo la forma:

$$F_c + F_{cga} = F_g \qquad [6.1]$$

donde:

$$F_c = f \cdot v \qquad [6.2]$$

$$F_{cga} = v^2/R \qquad [6.3]$$

$$F_g = (1/\rho) \cdot (dp/dR) \qquad [6.4]$$

dado que aquí la distancia horizontal que configura el gradiente de presiones coincide con el radio de la depresión.

En consecuencia, la ecuación [6.1] quedaría como sigue:

$$f \cdot v + v^2/R = (1/\rho) \cdot (dp/dR) \qquad [6.5]$$

Si dividimos los dos términos de la ecuación por el parámetro de Coriolis (f) obtenemos:

$$v + v^2/R \cdot f = (1/f \cdot \rho) \cdot (dp/dR) \qquad [6.6]$$

Pero $(1/f \cdot \rho) \cdot (dp/dR)$ es el viento geostrófico; luego podemos escribir:

$$v + v^2/R \cdot f = V_g \qquad [6.7]$$

Si despejamos en esta ecuación la velocidad del viento obtenemos:

$$v = V_g - v^2/f \cdot R \qquad [6.8]$$

o, lo que es lo mismo:

$$v < V_g$$

En consecuencia, en una depresión el viento del gradiente es inferior al viento geostrófico y, de hecho, se le suele llamar subgeostrófico.

En el anticiclón la situación es justamente la inversa de la anterior:

$$F_g + F_{cga} = F_c \qquad [6.9]$$

Realizando en esta expresión el mismo proceso que en el caso anterior obtenemos:

$$1/\rho \cdot dp/dR + v^2/R = f \cdot v \qquad [6.10]$$

$$v = (1/f \cdot \rho) \cdot (dp/dR) + v^2/f \cdot R \qquad [6.11]$$

$$v = V_g + v^2/R \cdot f \qquad [6.12]$$

luego $v > V_g$.

Aquí el viento del gradiente es superior al viento geostrófico y se le suele denominar supergeostrófico.

Todo ello determina diferencias sustanciales en la circulación del viento en torno a los anticiclones y en torno a las depresiones (véase figura 6.26). En ausencia de rozamiento, en un anticiclón el aire circula paralelo a las isobaras, girando en torno a él en el sentido de las agujas del reloj en el hemisferio Norte y en sentido contrario en el hemisferio Sur. En una depresión el movimiento es justamente inverso.

Además, en un anticiclón el viento actuará como un viento supergeostrófico, en tanto que en la depresión lo hará como un viento subgeostrófico. Ello supone que, a igualdad de gradiente de presiones, el aire circula a más velocidad en torno a los anticiclones que en torno a las depresiones.

En las capas bajas de la atmósfera esta afirmación no suele tener mucha relevancia porque, en general, en ellas el gradiente de presión suele ser más brusco en las depresiones que en los anticiclones. Sin embargo, en los niveles altos de la atmósfera es

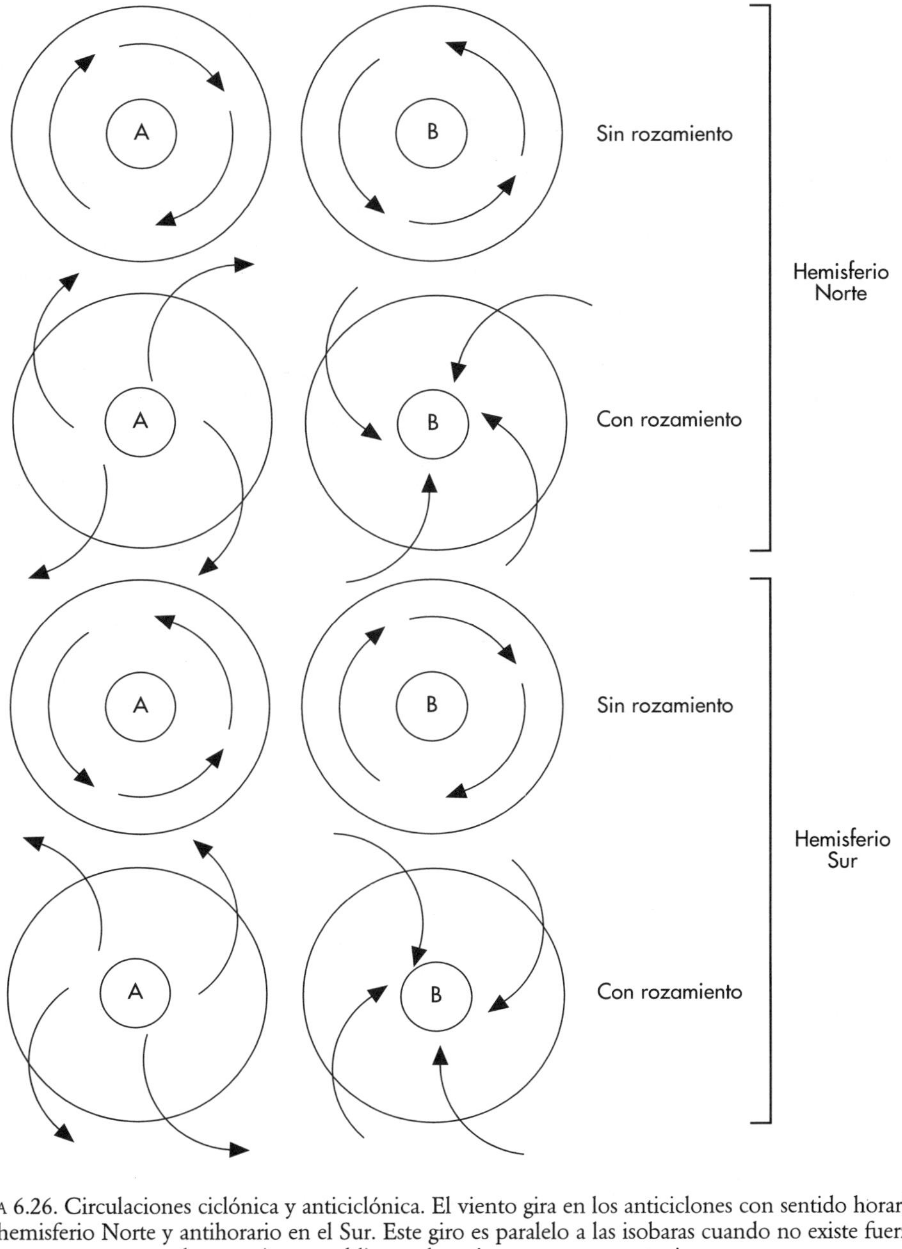

FIGURA 6.26. Circulaciones ciclónica y anticiclónica. El viento gira en los anticiclones con sentido horario en el hemisferio Norte y antihorario en el Sur. Este giro es paralelo a las isobaras cuando no existe fuerza de rozamiento y oblicuo a las mismas en caso contrario

fácil encontrar gradientes similares en torno a ambas figuras, y en esos casos la mayor velocidad del viento en torno a los anticiclones tendrá importantes repercusiones sobre la dinámica atmosférica, como veremos más adelante.

Cuando la fuerza de rozamiento no es despreciable, ha de añadirse a las tres fuerzas restantes. En este caso los vientos fluyen oblicuos a las isobaras, alejándose de las altas presiones y dirigiéndose hacia las bajas presiones, pero manteniendo el mismo sentido de giro que en el caso anterior (véase figura 6.26).

Lógicamente, en cada caso se produce una combinación diferente de estas fuerzas actuantes, lo que motiva la existencia de grandes variaciones del viento tanto en dirección como en intensidad. La dimensión vertical es la que acusa con más intensidad estas variaciones, dado que es en esta dimensión donde se producen, a su vez, las mayores variaciones en la densidad del aire y en el efecto del rozamiento. Por eso examinaremos con especial detalle las variaciones del viento con la altura.

2.3. *Variación vertical del viento*

De modo general puede afirmarse que el viento se intensifica con la altura por dos razones básicas: en primer lugar, por el proceso de disminución de la densidad del aire que se registra al subir, lo cual contribuye a que aumente la fuerza del gradiente; en segundo lugar, por la disminución de la fuerza del rozamiento terrestre. Este último efecto determina además un ligero cambio en la dirección del viento a medida que se asciende, cambio que se traduce en un giro paulatino de éste hacia la derecha conforme la fuerza del rozamiento va debilitándose, y que culmina con la configuración de un viento geostrófico una vez que la fuerza del rozamiento ha desaparecido totalmente, lo cual sucede normalmente en torno a los 600-1.000 m de altura (véase figura 6.27). Ello permite establecer una distinción bastante neta entre los vientos superficiales, más débiles y oblicuos a las isobaras, y los vientos del aire superior, más fuertes y geostróficos.

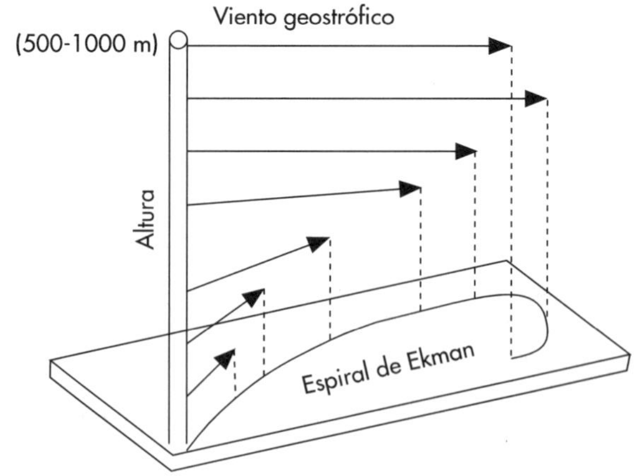

FIGURA 6.27. Variación del viento con la altura. La espiral de Ekman. A medida que se asciende en altura, la fuerza de rozamiento se va debilitando. Ello determina, además de una aceleración del viento, un desplazamiento del mismo hacia su derecha hasta alcanzar el estado del viento geostrófico. Fuente: Barry y Chorley, *Atmósfera, tiempo y clima*, Barcelona, Omega, 1972, pág. 130

Pero esta afirmación general debe ser matizada, especialmente en lo que concierne a las capas de aire inmediatas a la superficie, en las cuales la naturaleza de ésta puede imponer modificaciones sustanciales en el flujo de viento, y a las capas de aire superior, que también acusan importantes variaciones en el flujo de viento, que no quedan suficientemente explicadas por medio de esta afirmación general.

2.3.1. El viento en las capas de aire inmediatas a la superficie

En estas capas de aire la fuerza de rozamiento adquiere tal relevancia que los vientos, además de reducir en gran medida su velocidad, suelen fluir guiados por la fuerza del gradiente, lo que se traduce en la existencia de vientos perpendiculares a las isobaras y orientados desde las altas a las bajas presiones.

Pero a esta modificación general cabe añadir las modificaciones derivadas de dos hechos importantes: por un lado, la aparición de distribuciones isobáricas específicas originadas por fenómenos térmicos de escala local derivados de la naturaleza de la superficie y, por otro lado, el efecto ejercido por los obstáculos que se oponen localmente al viento. Entre los primeros destacan las circulaciones térmicas que se originan a lo largo de las líneas de costa o entre los valles y laderas de una cadena montañosa. Entre los segundos merecen destacarse las modificaciones impuestas en el viento cuando atraviesa una cadena de montañas o cuando experimenta un proceso de encajamiento en un valle.

a) Las brisas costeras

El diferente comportamiento térmico existente entre el mar y la tierra determina que en las líneas de costa se generen habitualmente diferencias de temperatura muy acusadas: durante el día la tierra se recalienta mucho más que el mar, en tanto que por la noche el mar conserva su calor mucho más que la tierra. Estas diferencias térmicas originan diferencias de densidad que propician la aparición de circulaciones del aire a las que se denomina circulaciones térmicas (véase figura 6.28).

Durante el día, el aire más frío y denso del océano se dirige hacia la superficie terrestre, en la cual el aire cálido y ligero tiene tendencia a subir. Se organiza así una circulación dirigida desde el mar a la tierra en superficie y contrarrestada por una circulación de sentido opuesto en las capas más altas del aire. Se trata de la brisa marina o «virazón», que se inicia después de la salida del sol y alcanza su máxima intensidad en las horas centrales del día. Puede penetrar varios kilómetros tierra adentro y determina en la costa la existencia de vientos racheados, con frecuentes cambios de dirección y una suavización notable de las temperaturas.

Durante la noche la situación es justamente inversa de la descrita. Ahora las máximas temperaturas se sitúan sobre la superficie oceánica y las mínimas sobre la continental. En consecuencia, se establece una circulación dirigida en superficie de la tierra al mar y sobremontada en altura por la inversa de ésta (véase figura 6.28). Estamos en este caso ante la brisa de tierra, que se desarrolla durante la noche y alcanza su máxima intensidad antes de amanecer. Pero ahora las diferencias térmicas entre la tierra y el mar no suelen ser tan marcadas como durante el día; de ahí que la brisa de tierra presente en general menos intensidad y potencia.

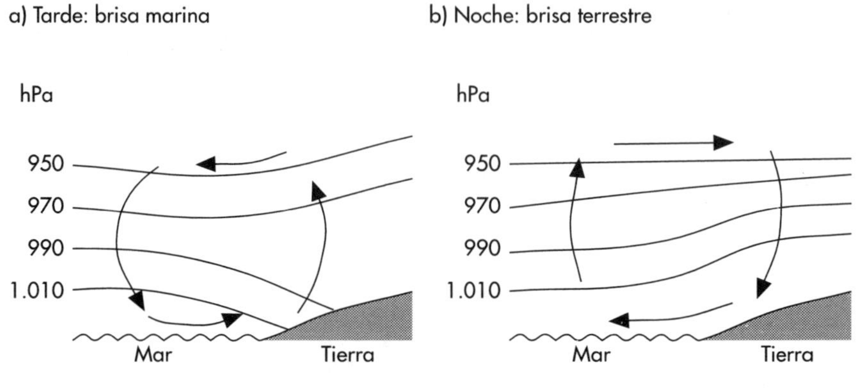

FIGURA 6.28. Las brisas costeras. Durante el día la tierra se recalienta mucho más que el mar, expandiéndose el aire que se sitúa por encima. En ese caso el gradiente de presión apunta hacia la tierra y se genera la brisa marina. Durante la noche sucede todo lo contrario, produciéndose brisas terrestres. Fuente: López Bermúdez, Rubio Recio y Cuadrat, *Geografía Física,* Madrid, Cátedra, 1992, pág. 311

De todos modos, hay que reseñar que el fenómeno de las brisas costeras no es un fenómeno cotidiano ni se presenta siempre que existe la misma intensidad. Conviene señalar que para que tenga lugar debe haberse producido una diferencia térmica importante entre la tierra y el mar, y esto sólo es posible con cielos predominantemente despejados y en ausencia de fuertes vientos que comporten advecciones de calor desde unos lugares a otros. Por otro lado, tampoco hay que olvidar que este régimen, cuando se produce, se combina con el flujo de vientos determinado por el campo general de las presiones; de ahí que su efecto sea especialmente notorio en situaciones de débil flujo general de viento.

b) Las brisas de montaña

Los valles encajados entre montañas también generan circulaciones térmicas derivadas del distinto calentamiento experimentado por cada una de sus partes. Durante el día, las laderas de solana, que reciben la radiación solar con un elevado ángulo de incidencia, son las que experimentan un calentamiento más intenso. El fondo del valle permanece frío porque apenas recibe ninguna radiación solar, y el aire situado en el mismo plano horizontal que la ladera de solana, pero lejos de ella, también permanece más frío dado que el aire se calienta esencialmente a partir de la radiación de onda larga emitida por el suelo. En consecuencia, se genera un gradiente de presiones que orienta al viento hacia las laderas, más caldeadas, remontándolas y dando lugar a los denominados vientos anabáticos. Simultáneamente tiene lugar un flujo de vientos que remonta el valle (se denomina precisamente viento de valle) y que es sobremontado por un viento de retorno de sentido contrario (véase figura 6.29).

Durante la noche las laderas sufren un intenso proceso de enfriamiento como consecuencia de las pérdidas de calor por irradiación nocturna, y el gradiente de presiones entonces apunta hacia el fondo del valle. En ese caso el aire, ayudado además por la fuerza de la gravedad, desciende por las laderas dando lugar a los denomina-

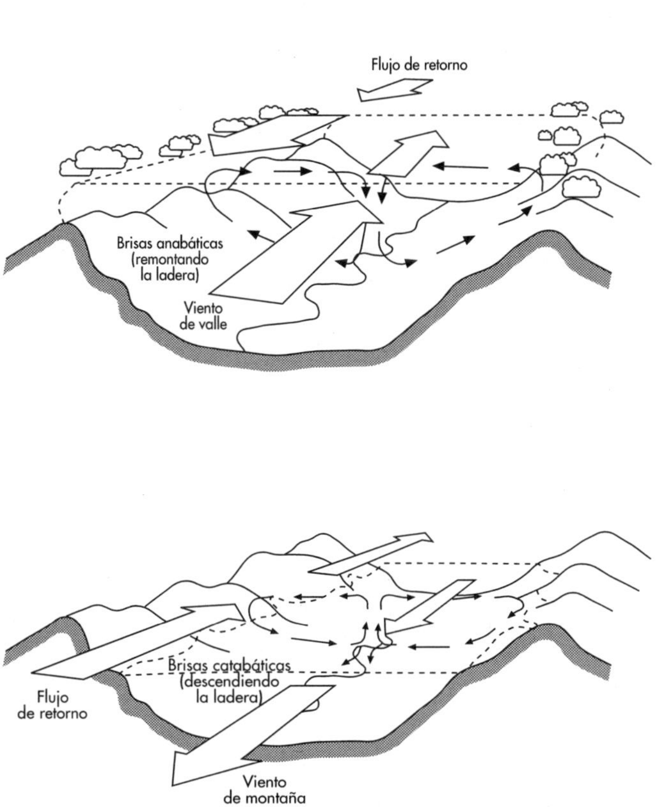

FIGURA 6.29. Las brisas de montaña. Durante el día los vientos en las laderas son vientos anabáticos y el viento del valle remonta éste dirigiéndose hacia el curso alto del río. Por la noche existen vientos catabáticos en las laderas y el viento en el valle discurre hacia las zonas bajas. Fuente: OKE, *Boundary layer climates,* Londres, Methuen, pág. 178

dos vientos catabáticos. Este aire, al confluir en el fondo del valle, genera un flujo de viento que se desliza desde la cabecera hasta las zonas bajas del valle y que se denomina viento de montaña, estando sobremontado por un viento igual, pero de sentido contrario. En consecuencia, durante el día asistimos en las zonas de montaña a brisas de ladera anabáticas acompañadas de vientos de valle. Por la noche la situación se invierte produciéndose brisas catabáticas de ladera acompañadas de vientos de montaña (véase figura 6.29).

c) Modificaciones originadas en el viento por una barrera orográfica

Cuando un flujo de viento superficial encuentra en su recorrido un obstáculo, tiene que remontarlo adhiriéndose en cierta medida al perfil de dicho obstáculo. Ello origina corrientes ascendentes en la ladera de barlovento y descendentes en la de sotavento, acompañadas de desviaciones horizontales de los flujos de aire tendentes a rodear el obstáculo.

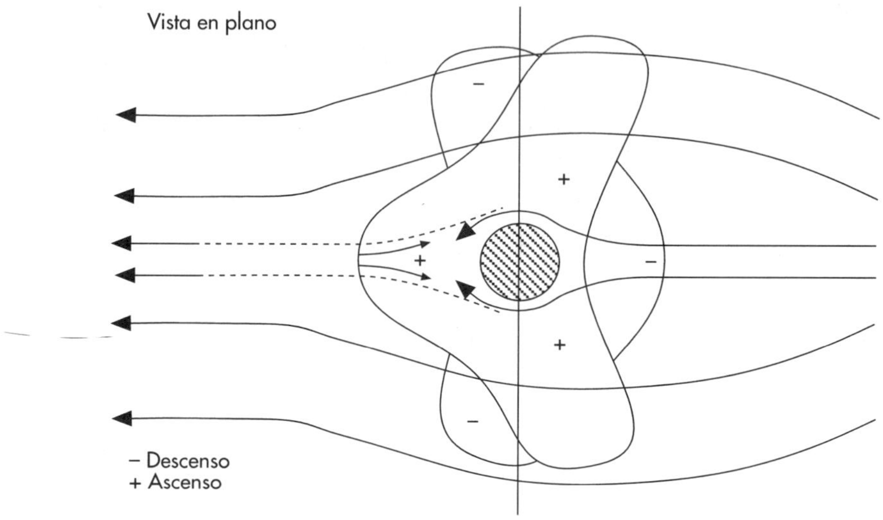

FIGURA 6.30. Comportamiento del aire al rodear un obstáculo de reducidas dimensiones. Cuando el aire tiene que atravesar un obstáculo de reducidas dimensiones predominan en él los movimientos horizontales, tendiendo a contornear dicho obstáculo. Fuente: Triplet y Roche, *Météorologie Générale,* París, École Nationale de la Météorologie, 1977, pág. 292

Cuando el obstáculo tiene unas dimensiones reducidas, los movimientos horizontales son los predominantes y el viento tiende a contornear el trazado del obstáculo (véase figura 6.30). Cuando es amplio, sobre todo en anchura, los movimientos verticales se imponen y con ellos ciertas modificaciones en el flujo de viento. Estas modificaciones determinan la aparición de remolinos de eje horizontal en la ladera de barlovento, que conducen a flujos descendentes en dicha ladera, y a remolinos similares en sotavento, pero esta vez con flujos ascendentes (véase figura 6.31). Estos remolinos hacen su aparición cuando las pendientes de las laderas son suficientemente marcadas (más de 40º), estando ausentes en los casos de pendientes suaves.

Pero, además, el flujo se ondula al atravesar la cresta, generando un conjunto de ondas sucesivas que poco a poco van amortiguándose. El número de ondas es variable, dependiendo del grado de estabilidad del aire, pero pueden encontrarse hasta cinco o seis ondas espaciadas horizontalmente de 5 a 10 kilómetros. En la proximidad del suelo las ondas degeneran dando lugar a torbellinos de eje horizontal denominados rotores. Cuando la humedad del aire es elevada estos rotores pueden ir acompañados de nubes cumuliformes en su borde ascendente. Asimismo aparecen cúmulos lenticulares en las zonas ascendentes de las ondas.

d) Modificaciones originadas en el viento por los valles encajados

Los valles estrechos y encajados constituyen auténticos pasillos por los que el viento se canaliza modificando su dirección y su intensidad.

En la zona de máximo estrangulamiento se produce una acumulación de aire que conduce a una aceleración de los vientos y a una ondulación con ascenso vertical.

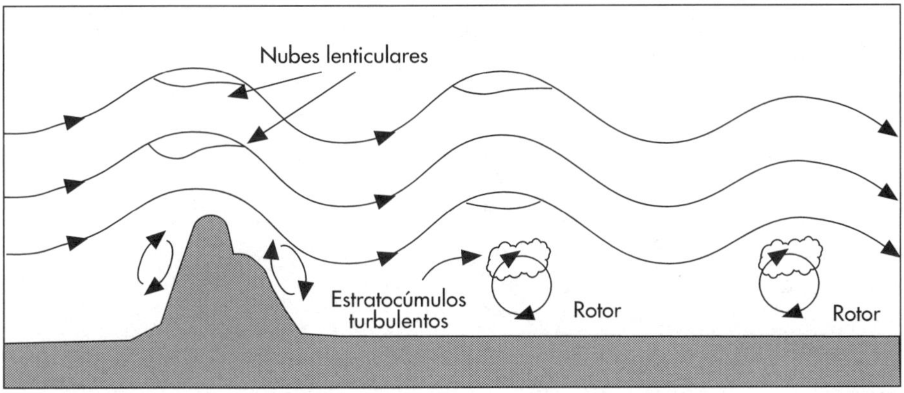

FIGURA 6.31. El comportamiento del aire al atravesar un obstáculo montañoso importante. Cuando el aire atraviesa un obstáculo montañoso importante predominan los movimientos verticales, siendo éstos en general de carácter ondulatorio. En las laderas se producen remolinos de eje horizontal, descendentes en la ladera de barlovento y ascendentes en la de sotavento. Fuente: Triplet y Roche, *Météorologie Générale*, París, École Nationale de la Météorologie, 1977, pág. 295

Cuando el valle se abre se produce un descenso compensatorio y una expansión horizontal del aire que da lugar a remolinos dirigidos hacia las laderas del valle (véase figura 6.32).

2.3.2. El viento en las capas altas de la atmósfera

Por encima de un determinado nivel, que hemos establecido en los 600-1.000 m, los vientos se comportan aproximadamente como vientos geostróficos, dado que la fuerza de rozamiento se hace nula. En consecuencia, en cualquier nivel atmosférico puede calcularse la velocidad y la dirección del viento a partir de la distribución de las presiones existente en ese lugar, utilizando para ello la ecuación del viento geostrófico [$V_g = (1/f \cdot \rho) \cdot (dp/dh)$].

Pero esta expresión puede también transcribirse de forma diferente si en lugar de partir de las isobaras para su cálculo, partimos de la consideración de las superficies isobaras.

Situándonos en la figura 6.33, imaginemos que en un nivel atmosférico dado tenemos dos puntos A y B con presiones diferentes (*p* y *p'*, respectivamente) y queremos calcular la velocidad del viento geostrófico en ese nivel atmosférico. En nuestro caso, dp/dh (el gradiente horizontal de presiones) equivaldría a p-p'/h. Ahora bien, *p'* (la presión reinante en ese nivel en B) coincide con la presión reinante en A', un punto situado en la vertical de A y separado de éste por una altura *z*. En consecuencia, podemos afirmar que la presión de A (p) es igual a *p'* más el peso de la columna de aire situada entre A y A'.

El peso de esta columna se puede expresar como: $\rho \cdot g \cdot z$, siendo ρ la densidad del aire, *g* la fuerza de la gravedad en ese punto y *z* la altura de la columna. Así pues, podemos escribir:

$$p = p' + \rho \cdot g \cdot z$$

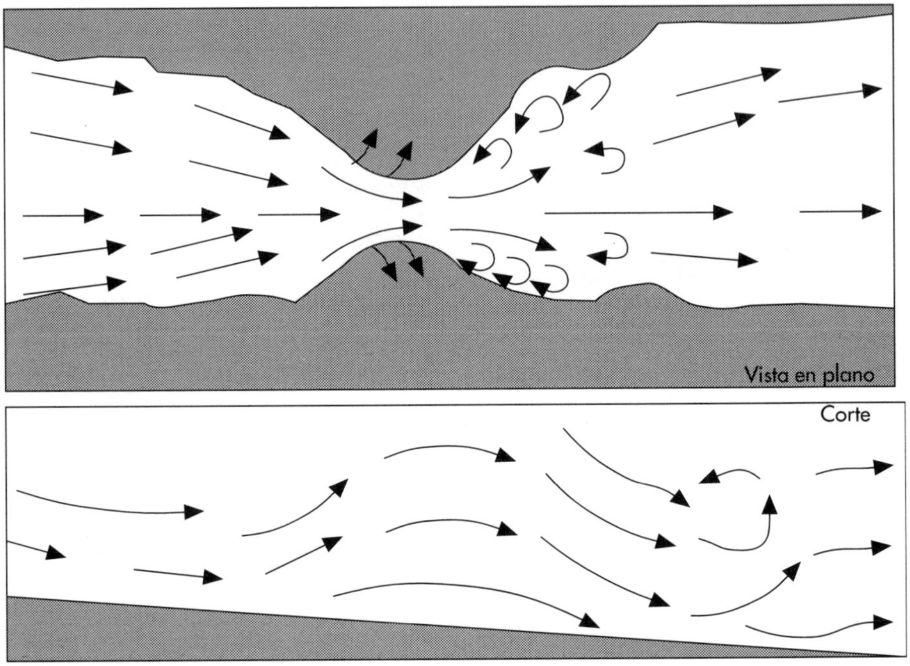

FIGURA 6.32. El comportamiento del viento al atravesar un valle encajado. Los valles encajados producen una aceleración de los vientos y una ondulación vertical de los mismos. A la salida se producen la deceleración y el descenso. Fuente: Triplet y Roche, *Météorologie Générale,* París, École Nationale de la Météorologie, 1977, pág. 296

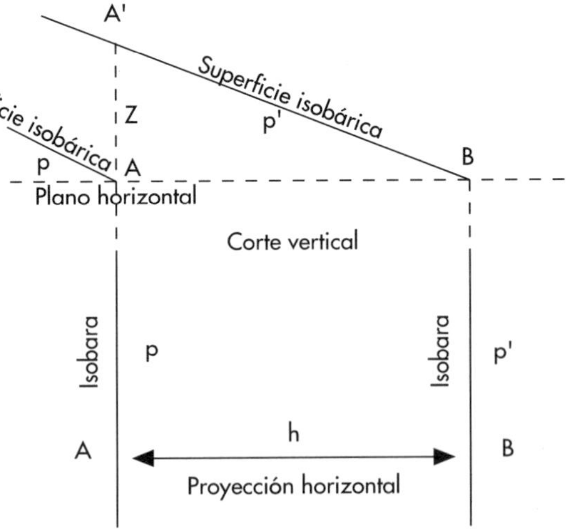

FIGURA 6.33. Cálculo del viento geostrófico en las capas altas de la atmósfera. En las capas altas de la atmósfera los vientos, que pueden considerarse como vientos geostróficos, se pueden calcular a partir de la pendiente de las superficies isobaras (z/h para el caso de la superficie isobara *p'*), siendo tanto más intensos cuanto más abruptas sean estas pendientes. Fuente: Eichenberger, *Meteorología para aviadores,* Madrid, Paraninfo, 1987, pág. 109

de donde se deriva que:

$$p - p' = \rho \cdot g \cdot z$$

Si transcribimos esta expresión en la ecuación del viento geostrófico obtenemos:

$$V_g = (1/f \cdot \rho) \cdot (\rho \cdot g \cdot z/h)$$

con lo cual, si eliminamos la densidad en ambos términos del cociente obtenemos:

$$V_g = (g/f) \cdot (z/h)$$

Pero z/h no es sino la pendiente de la superficie isobara *p';* por tanto, podemos deducir que en un nivel dado de la atmósfera el viento geostrófico tendrá una magnitud proporcional a la pendiente de las superficies isobaras que cortan ese nivel, siendo tanto mayor cuanto más abrupta sea esa pendiente.

Como ya sabemos, en los niveles altos de la atmósfera la distribución de las presiones se expresa a través del trazado de las isohipsas, las cuales no muestran sino la altura alcanzada en los distintos puntos del mapa por una superficie isobara. Esto facilita mucho el cálculo del viento geostrófico en esos niveles, porque a partir de estos mapas «z» no es sino la diferencia de magnitud existente entre dos isohipsas consecutivas y *h* es la distancia horizontal que separa esas dos isohipsas (véase figura 6.34).

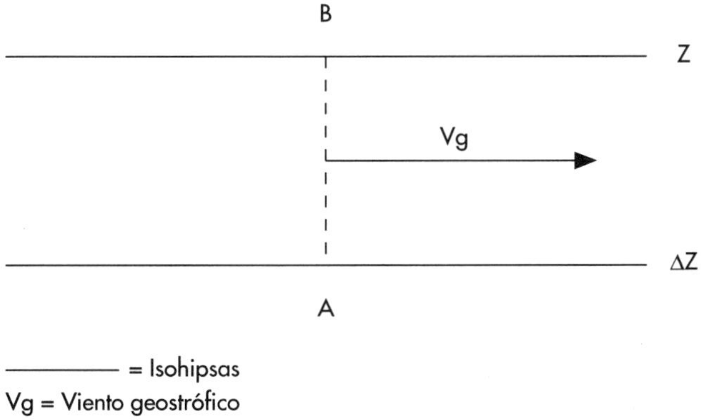

FIGURA 6.34. El viento geostrófico en las capas altas de la atmósfera. El viento geostrófico en las capas altas de la atmósfera fluye paralelo a las isohipsas dejando las altitudes más elevadas a su derecha y las más bajas a su izquierda en el hemisferio Norte

Así pues, el viento geostrófico en altura, conocida la distribución de las isohipsas, respondería a la expresión:

$$V_g = (g/f) \cdot (z–z'/AB) \text{ (véase figura 6.34)}$$

siendo un vector perpendicular al vector gradiente de altitudes y desviado hacia la derecha de éste, de modo que el viento fluye paralelo a las isohipsas y dejando las altitudes más elevadas a su derecha y las más reducidas a su izquierda en el hemisferio Norte (a la inversa en el Sur).

Siendo ello así, la diferencia de viento existente entre dos capas de aire situadas a diferente altitud puede calcularse a partir de la diferencia vectorial existente entre los vectores del viento representativos de ambas capas.

Consideremos, por ejemplo, una capa atmosférica comprendida entre los niveles de presión P_B (la base) y P_C (la cumbre) (véase figura 6.35), en cada una de las cuales reinan los vientos geostróficos V_{gB} y V_{gC}, respectivamente. Pues bien, la diferencia vectorial entre ambos vientos, que se conoce como viento térmico, expresa la diferencia de viento existente entre ambos niveles.

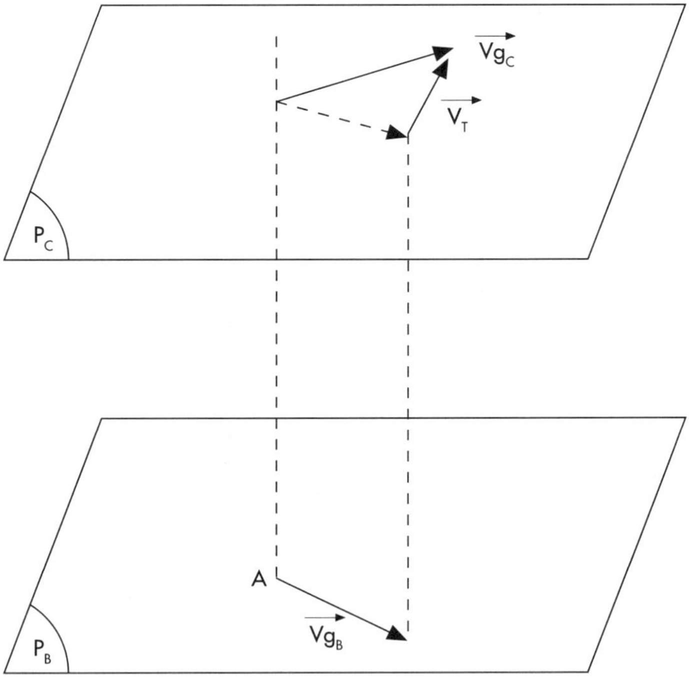

FIGURA 6.35. Esquema del viento térmico en una columna de aire. Se denomina viento térmico a la diferencia vectorial existente entre los vientos reinantes en dos niveles atmosféricos determinados. Su cálculo se realiza mediante una simple diferencia vectorial. Fuente: Triplet y Roche, *Météorologie Générale,* París, École Nationale de la Météorologie, 1977, pág. 150

Esta diferencia vectorial puede calcularse mediante la expresión:

$$V_T = V_{gC} - V_{gB}$$

Pero

$$V_{gC} = (g/f) \cdot (\text{grad } z_c) \text{ , y}$$
$$V_{gB} = (g/f) \cdot (\text{grad } z_b),$$

donde:

g es la fuerza de la gravedad,
f es el parámetro de Coriolis,
grad z_c es el vector gradiente de altitudes en el nivel P_C, y
grad z_B es el vector gradiente de altitudes en el nivel P_B.

En consecuencia, se puede escribir:

$$V_T = (g/f) \cdot \text{grad } z_C - (g/f) \cdot \text{grad } z_B = (g/f) \cdot [\text{grad } z_C - \text{grad } z_B]$$

Ahora bien, grad z_C – grad z_B = grad ($z_C - z_B$), siendo $z_C - z_B$ la diferencia de altitud existente entre el nivel P_C y el nivel P_B, es decir, el espesor existente entre ambos niveles. Con lo cual puede escribirse que:

$$V_T = (g/f) \cdot \text{grad } (z_C - z_B)$$

lo que implica que el viento térmico sería directamente proporcional al gradiente de espesores existente en el punto A.

Efectivamente, si trazamos los mapas de isohipsas correspondientes a dos niveles atmosféricos, por ejemplo, el nivel 700 hPa y el nivel 500 hPa, y el mapa de espesores existente entre ambas superficies, podemos dibujar los vectores correspondientes al gradiente de altitudes en el nivel 700 hPa ($\text{grad}_{700}z$), al gradiente de altitudes en el nivel 500 hPa ($\text{grad}_{500}z$), y al gradiente de espesores de la capa 700/500 hPa [grad ($z_{500} - z_{700}$)] (véase figura 6.36), y se puede comprobar enseguida que la diferencia entre los vectores $\text{grad}_{500}z$ y $\text{grad}_{700}z$ da el vector grad ($z_{500} - z_{700}$). De hecho, si se adicionan gráficamente los vectores $\text{grad}_{700}z$ y grad ($z_C - z_B$) se obtiene el vector $\text{grad}_{500}z$.

La figura 6.36 nos permite también comprobar cómo, en efecto, el vector viento térmico (V_T) no es sino la diferencia entre V_{500} y V_{700}. Si adicionamos gráficamente V_T y V_{700} obtenemos el vector V_{500}. Por tanto, puede afirmarse que el vector viento térmico es proporcional al gradiente de espesores existente en el punto considerado, siendo un vector tangente a las isolíneas de igual espesor y dejando los espesores mayores a su derecha y los menores a su izquierda. En realidad, el vector viento térmico responde a la misma fórmula que el vector viento geostrófico, pero partiendo del gradiente de espesores en lugar del gradiente de altitudes. Es, pues, un vector perpendicular al gradiente de espesores y que deja los mayores espesores a su derecha y los menores a su izquierda (véase figura 6.36).

Pero sabemos por los epígrafes anteriores que el espesor de una capa atmosférica es proporcional a la temperatura media de esa capa, siendo tanto mayor cuanto más elevada sea la temperatura. En consecuencia, el gradiente horizontal de espesores es equivalente al gradiente horizontal de temperaturas, con lo cual también podría escribirse que:

$$V_T = (g/f) \cdot \text{grad } T_m$$

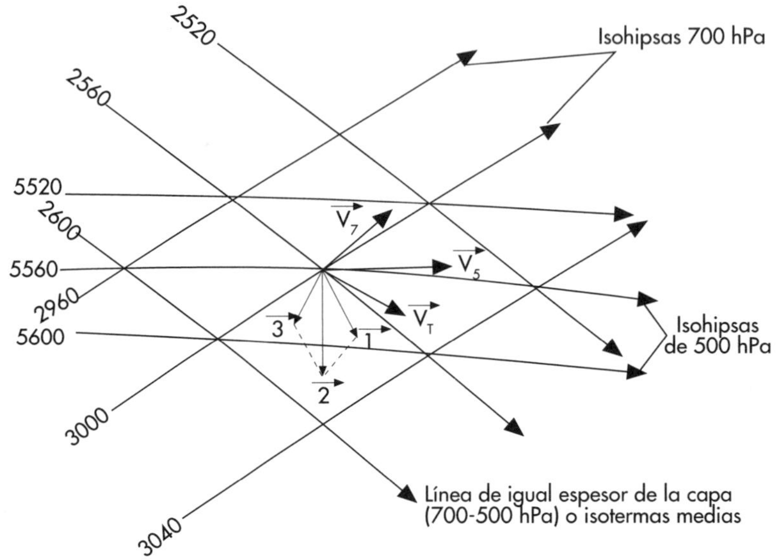

$$\vec{1} = \overrightarrow{grad_{700} Z}$$

$$\vec{2} = \overrightarrow{grad_{500} Z}$$

$$\vec{3} = \overrightarrow{grad(Z_{500} - Z_{700})} = \overrightarrow{grad_{500} Z} - \overrightarrow{grad_{700} Z}$$

$$\overrightarrow{V_{500}} = \overrightarrow{V_{700}} + \overrightarrow{V_T}$$

FIGURA 6.36. El cálculo del viento térmico a partir de las topografías relativas. El viento térmico existente entre dos niveles atmosféricos es paralelo a las líneas de igual espesor delimitadas por dichos niveles, dejando los mayores espesores a su derecha y los menores a su izquierda en el hemisferio Norte. Fuente: Triplet y Roche, *Météorologie Générale,* París, École Nationale de la Météorologie, 1977, pág. 151

Por lo mismo, puede también afirmarse que el viento térmico es proporcional al gradiente horizontal de temperatura existente en la capa atmosférica considerada, siendo máximo cuando estos gradientes son fuertes y mínimo en las zonas en que apenas existe gradiente térmico.

No obstante, hay que advertir que el viento térmico no es un viento real medible con un anemómetro; expresa sólo la variación del viento con la altura en la vertical de un punto dado, y su denominación de viento térmico le viene de su estrecha asociación con la temperatura del aire, dado que, como hemos visto, son las diferencias de temperatura existentes entre columnas de aire yuxtapuestas las que dan origen a esta fuerte variación del viento con la altura, las que originan, en suma, al viento térmico.

Una vez dicho esto podemos pasar ya a considerar las diferentes situaciones que se pueden presentar en la atmósfera a este respecto:

A. *Ausencia de gradiente térmico horizontal.* En una atmósfera homogénea térmicamente y sin gradiente térmico horizontal, los espesores existentes entre las distintas superficies isobaras son idénticos en todos los puntos, las superficies isobaras son paralelas y no existe, por tanto, gradiente horizontal de espesores. En consecuencia, el viento térmico es nulo, lo que indica que no hay variación del viento con la altura. Esta afirmación, por otro lado, no es sorprendente; en una atmósfera con estas características las pendientes de las superficies isobaras no varían en todo el espesor de la capa de aire, con lo cual el viento tiene que conservarse idéntico en todo el espesor porque ya hemos visto que en cualquier nivel atmosférico el viento es proporcional a la pendiente de las superficies isobaras en ese nivel (véase figura 6.37).

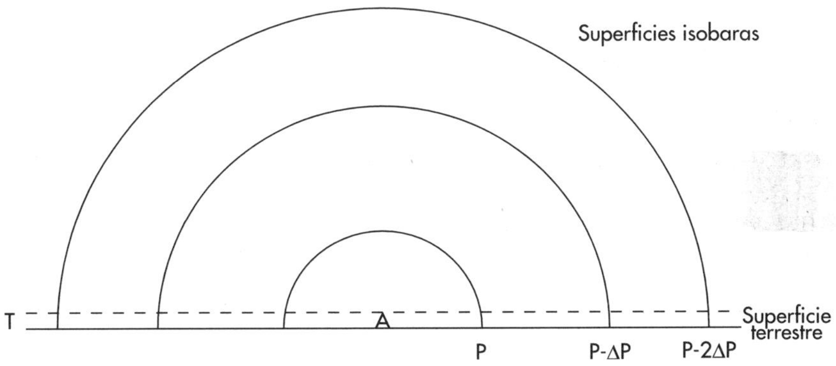

FIGURA 6.37. Ausencia de variación del viento con la altura. En una atmósfera en la cual no hubiese gradiente horizontal de temperatura las superficies isobaras serían paralelas, no existiendo tampoco gradiente horizontal de espesores. En ese caso la variación del viento con la altura, es decir, el viento térmico, sería nulo

B. *Gradiente horizontal de temperaturas, pero superficies isobaras e isotermas paralelas entre sí.* Cuando existe un gradiente horizontal de temperaturas, pero las superficies isobaras y las isotermas son paralelas entre sí, el viento en altura va a modificar su intensidad, pero no su dirección. Dos tipos de situaciones ejemplifican este caso: una atmósfera en la que el gradiente de presión y el de temperatura apuntan en la misma dirección, y una atmósfera en la que ambos gradientes presentan direcciones opuestas.

El primer caso aparece ilustrado en la figura 6.38, en la cual las altas presiones ($z + \Delta z$) y las altas temperaturas ($E + \Delta E$) aparecen al sur, en tanto que los bajos valores de presión y temperatura (z y E) se sitúan en el norte. Así pues, el gradiente de temperatura y el de presiones se dirigen del sur al norte. En este caso las líneas de igual espesor no cortan a las isohipsas, sino que ambas son paralelas, con lo cual el viento en los diferentes niveles atmosféricos apunta siempre en la misma dirección (W-E), así como el viento térmico, que es paralelo a las líneas de igual espesor. En consecuencia, el viento se mantiene con la misma dirección, pero va arreciando con la altura, de forma que en el nivel de presión P_2, $VP_2 = VP_1 + V_T$.

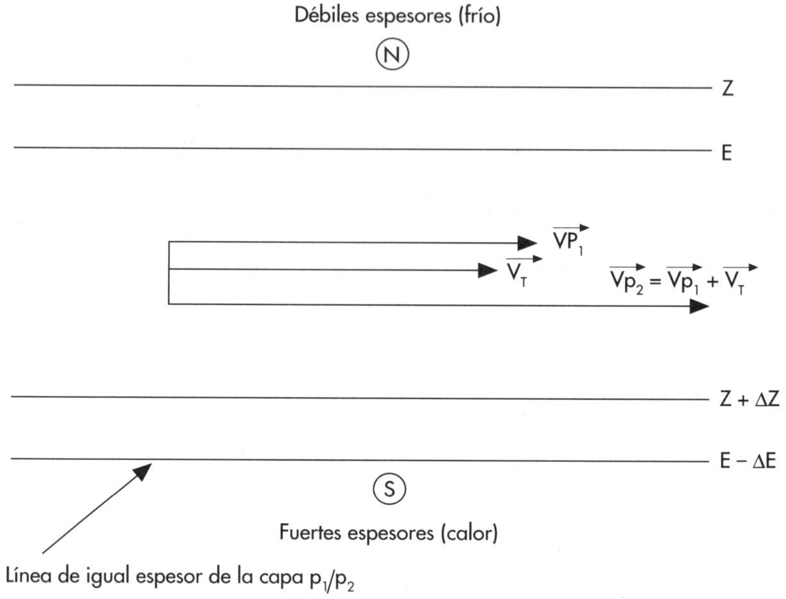

FIGURA 6.38. Viento arreciando con la altura sin cambio de dirección. Cuando hay gradiente térmico horizontal, pero las superficies isobaras e isotermas son paralelas entre sí, el viento no cambia de dirección, sino sólo de intensidad. Cuando, como en este caso, el gradiente térmico y el barométrico apuntan en la misma dirección, el viento arrecia con la altura. Fuente: Triplet y Roche, *Météorologie Générale,* París, École Nationale de la Météorologie, 1977, pág. 152

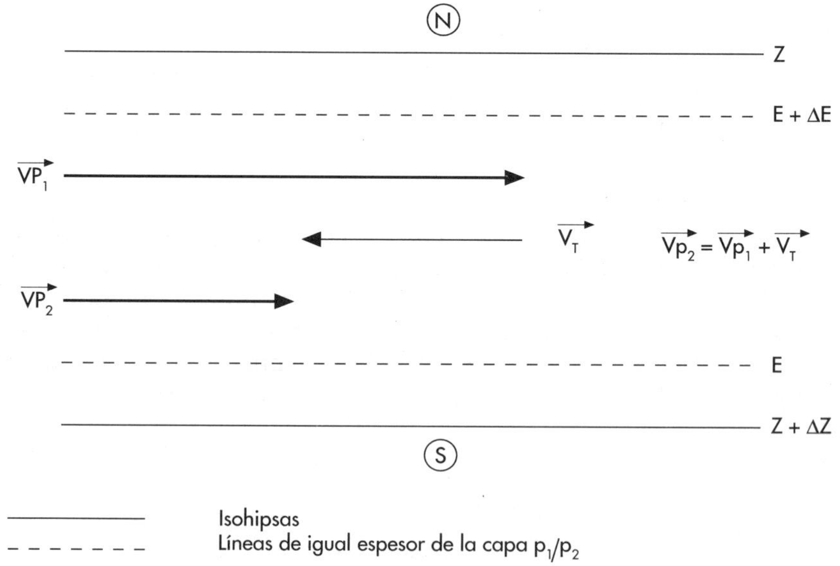

FIGURA 6.39. Proceso de disminución de la velocidad del viento con la altura sin cambio de dirección. Con superficies isobaras e isotermas paralelas y gradientes térmico y barométrico con sentidos contrarios el viento mantiene su dirección con la altura, pero va amainando dado que el viento térmico es de sentido contrario al viento reinante en la capa inferior de la atmósfera. Fuente: elaboración propia a partir de Triplet y Roche, *Météorologie Générale,* París, École Nationale de la Météorologie, 1977, pág. 152

El segundo caso sería aquel en que las superficies isobaras e isotermas son paralelas, pero con gradientes de presión y de temperatura inversos (véase figura 6.39). Ahora las zonas de máxima presión siguen situándose al sur, pero las de máxima temperatura se ubican en el norte. El viento en los distintos niveles atmosféricos presenta una dirección W-E, pero el viento térmico, paralelo a las líneas de igual espesor, tiene una dirección E-W. Si sumamos al vector viento en el nivel P_1 el viento térmico, que tendría signo negativo al llevar la dirección opuesta, obtenemos un vector VP_2 inferior a VP_1.

En consecuencia, en estos casos el viento va reduciéndose con la altura, pudiendo incluso llegar a hacerse nulo e invertirse en los niveles más altos de la atmósfera.

Ambas situaciones presentan, sin embargo, ciertos rasgos en común: el primero es que el viento con la altura sólo varía en su intensidad, pero no en su dirección (las direcciones opuestas pueden considerarse como una misma dirección, pero con signo contrario), el segundo es que el viento va paralelo a las superficies isotermas, no las corta, con lo cual no se produce transporte de calor con el flujo de viento, éste no comporta advecciones cálidas ni frías de unos lugares a otros.

Estas situaciones que hemos presentado hasta ahora con isohipsas rectilíneas se producen también en el caso de isohipsas curvas, sean éstas anticiclónicas o ciclónicas, de forma que a través de ellas se puede deducir el comportamiento registrado por la circulación del aire en los anticiclones y depresiones cálidos y fríos.

a) *Anticiclones cálidos* (figura 6.12). En un anticiclón cálido el aire dotado de mayor presión y temperatura se encuentra en el núcleo, en tanto que en la periferia se sitúa el aire más frío y dotado de menor presión. El gradiente de presión y el de temperatura registran la misma dirección y el mismo sentido, con lo cual los vientos arreciarán con la altura manteniendo la misma circulación anticiclónica. Ello permite entender la potencia de estos anticiclones, que se mantienen como tales, intensificándose, hasta el nivel de la tropopausa.

Ello es perfectamente lógico si recordamos que en un anticiclón cálido los espesores mayores se sitúan en el centro del anticiclón (donde está el aire cálido) y los más delgados están en la periferia (en el aire frío). En consecuencia, a medida que subimos van aumentando las pendientes de las superficies isobaras, con lo cual también se incrementa la velocidad del viento geostrófico. También es coherente esta afirmación con el hecho de que al subir en la vertical de un anticiclón cálido, los gradientes horizontales de presión aumentan, con lo cual el viento debe ir intensificándose.

b) *Anticiclones fríos* (figura 6.12). En un anticiclón frío el núcleo está compuesto por el aire de mayor presión, pero más frío. El gradiente de presión y el de temperatura presentan sentidos opuestos, con lo cual los vientos se van a ir debilitando con la altura.

En efecto, en el anticiclón frío los mayores espesores se encuentran en la periferia y los más débiles en el núcleo, con lo cual las pendientes de las superficies isobaras van a ir disminuyendo con la altura hasta un determinado nivel en el cual la pendiente se hará nula y aparecerá una superficie isobara horizontal. Por encima de ese nivel las pendientes de las superficies isobaras se invierten para adoptar la forma de embudo típica de una depresión. En consecuencia, el flujo de viento se va a invertir adoptando una circulación ciclónica, en consonancia con el nuevo gradiente horizontal de presiones que se ha generado en estos niveles altos de la atmósfera. Sobre la circulación anticiclónica de superficie nos encontramos con una circulación ciclónica en altura, lo que explica la escasa potencia de estos anticiclones.

c) *Depresiones cálidas* (figura 6.12). En la depresión cálida el núcleo es cálido y depresionario. Los gradientes de presión y de temperatura van en sentidos opuestos y los vientos amainarán en altura hasta llegar a invertirse en un determinado nivel, dado que las pendientes de las superficies isobaras van disminuyendo con la altura. Por encima de la depresión superficial nos encontramos con un anticiclón.

d) *Depresiones frías* (figura 6.12). En este caso los gradientes de presión y de temperatura apuntan en la misma dirección y hacia el núcleo de la depresión, en el cual se encuentra el aire más frío y de menor presión. Las pendientes de las superficies isobaras se van incrementando con la altura y los gradientes horizontales de presión se van intensificando. Los vientos arrecian con la altura y la circulación ciclónica es cada vez más rápida. La depresión se mantiene y se intensifica hasta el nivel de la tropopausa.

Podemos, pues, concluir que los anticiclones cálidos y las depresiones frías se refuerzan con la altura, intensificándose las respectivas circulaciones anticiclónica y ciclónica. Por el contrario, en los anticiclones fríos y las depresiones cálidas los vientos van amainando con la altura hasta invertirse. Sin embargo, en todos los casos, y dado que las superficies isobaras y las isotermas son paralelas, el viento fluirá paralelo a estas superficies, con lo cual no se producirá advección de calor desde unos lugares a otros.

C. *Gradiente horizontal de temperaturas y superficies isobaras e isotermas no paralelas.* Cuando existe un gradiente horizontal de temperaturas, pero además las superficies isobaras e isotermas no son paralelas entre sí (la atmósfera es baroclina), el viento modificará su dirección y su intensidad con la altura, dado que en este caso los gradientes de presión y de temperatura no coinciden en sentido ni en dirección.

La figura 6.36 ejemplifica bien esta situación. En ella vemos que el gradiente de temperaturas (marcado por las líneas de igual espesor) apunta del NE al SW, de forma que el aire más cálido se sitúa al SW de la figura, en tanto que el aire más frío se sitúa al NE de la misma. Sin embargo, los gradientes de presión no apuntan en esta dirección en ninguno de los niveles atmosféricos. En el nivel de 700 hPa las altas presiones se sitúan al SE y las bajas al NW; en el nivel de 500 hPa las altas presiones se sitúan al SW y las bajas al NE.

En consecuencia, el viento cambia su dirección y su intensidad a lo largo de la vertical, siendo la variación del viento con la altura (V_T) proporcional al gradiente de espesores y dejando los máximos valores a su derecha y los mínimos a su izquierda en el hemisferio Norte. Pero además, el hecho distintivo de estas situaciones es que en ellas el viento no fluye paralelo a las superficies isotermas, sino que las corta, con lo cual atraviesa zonas térmicamente diferentes, lo que implica que se producen advecciones de aire frío o caliente de unos lugares a otros.

En el caso representado en la figura 6.36 vemos cómo el aire en ambos niveles circula de la zona más cálida a la más fría, con lo cual comporta una advección de calor hacia las zonas situadas al NE de la figura. Estas situaciones de advección de aire cálido se producen siempre que el viento rola en sentido anticiclónico con la altura, como es nuestro caso (obsérvese que V_{500} se ha desplazado anticiclónicamente respecto a V_{700}).

Por el contrario, las advecciones de aire frío se producen cuando los vientos rolan en sentido ciclónico con la altura (véase figura 6.40).

Estas advecciones de energía asociadas a las atmósferas baroclinas pueden llegar a ser muy importantes, desencadenando movimientos verticales del aire (las advecciones de aire cálido, muy ligero, suelen generar movimientos ascensionales del aire, en

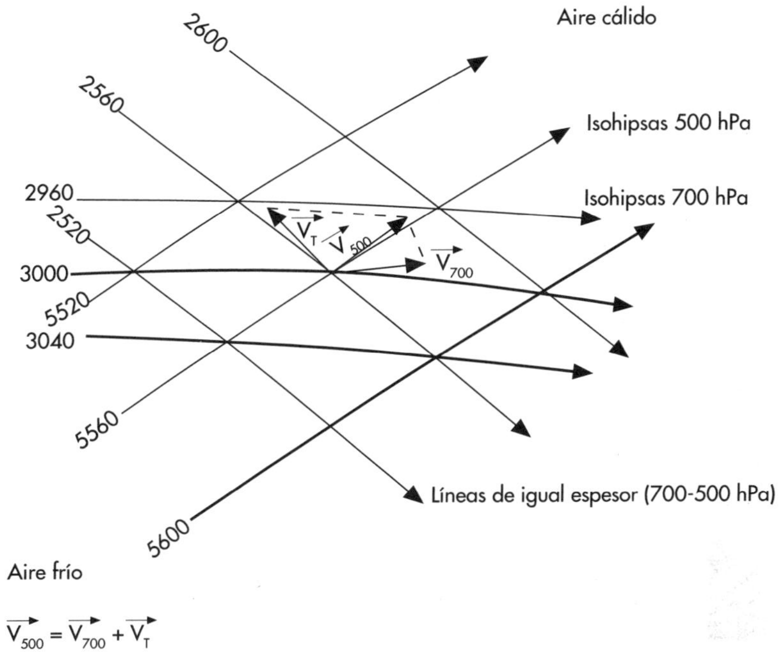

FIGURA 6.40. Advección de aire frío en una atmósfera baroclina. Cuando las superficies isobaras e isotermas no son paralelas entre sí, el viento con la altura cambia de dirección y de intensidad. Cuando los vientos rolan en sentido ciclónico con la altura suponen advecciones de aire frío de unos lugares a otros. Fuente: elaboración propia a partir de Triplet y Roche, *Météorologie Générale,* París, École Nationale de la Météorologie, 1977, pág. 151

tanto que las advecciones de aire frío y denso tienden a propiciar movimientos descendentes) y aumentos en los gradientes térmicos horizontales.

Imaginemos una atmósfera baroclina como la representada en la figura 6.41 y situémonos en los puntos A y B de esa figura. El flujo de viento (que es paralelo a las isohipsas) comporta una advección de aire frío del norte hacia el punto A (el flujo reinante entre las isohipsas z' y z' – δz' transporta hasta A aire cuya temperatura es próxima a T – δT). En el punto B, sin embargo, hay una advección de aire cálido del sur (el flujo reinante entre las isohipsas z' + 2δz' y z' + δz' lleva hasta B aire cuya temperatura es T + 2δT).

Como resultado de estas advecciones, las temperaturas de A y B, que eran muy similares en la situación inicial, se van a convertir en mucho más contrastadas. Este aumento del contraste térmico entre A y B puede dar lugar a importantes movimientos verticales en el aire, al desarrollo de frentes y, en suma, a un aumento de la energía potencial del sistema que se liberará como energía cinética de movimiento, pudiendo desarrollarse importantes perturbaciones en la atmósfera.

Así pues, puede concluirse que en general el viento varía con la altura, pero estas variaciones pueden ser de muy diversa índole en función de la estructura térmica y barométrica de la atmósfera en el momento considerado. En ese sentido caben situaciones muy distintas, que oscilan desde el mantenimiento del viento con la altura, hasta su variación en intensidad, pero no en dirección, o su variación en ambas magnitudes.

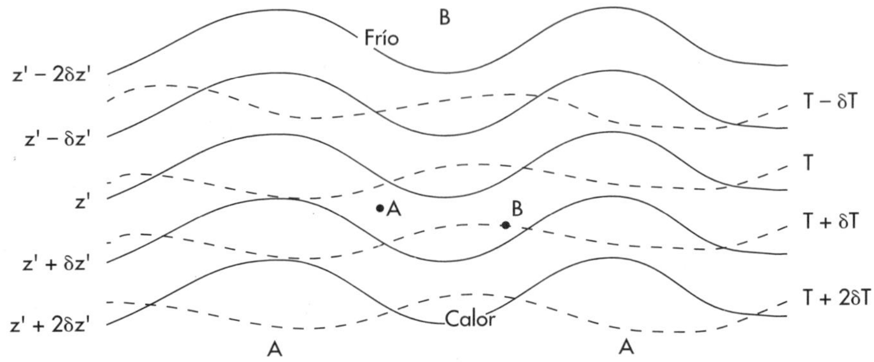

FIGURA 6.41. Esquema de una onda baroclina en el hemisferio Norte vista en plano. El gráfico nos muestra una atmósfera baroclina en la que las superficies isobaras e isotermas no son paralelas. Esta situación puede agudizar los contrastes de temperatura entre distintos puntos, como sucede entre los puntos A y B, de los cuales el primero recibe una advección fría y el segundo una advección cálida, lo que hará que en poco tiempo sus temperaturas sean más contrastadas que en el momento inicial. Fuente: Henderson-Sellers y Robinson, *Contemporary Climatology*, Longman, Scientific and Technical, 1986, pág. 173

3. CONEXIÓN ENTRE EL VIENTO Y LOS MOVIMIENTOS VERTICALES DEL AIRE. CONVERGENCIA Y DIVERGENCIA

En la atmósfera todos los movimientos se encuentran conectados y son estrechamente interdependientes, de forma tal que cualquier movimiento horizontal conduce a un movimiento vertical, y viceversa. Esta interdependencia es atribuible al carácter de fluido incompresible que el aire presenta dadas las enormes dimensiones de la atmósfera, y al hecho de que en ésta se verifica la ecuación de la continuidad, según la cual la masa atmosférica debe permanecer constante en los desplazamientos. En consecuencia, si como resultado de un movimiento horizontal el aire tiende a agolparse en un punto determinado del planeta, este aire tenderá a escapar a través de movimientos verticales; por lo mismo, cuando los movimientos horizontales generen un vacío de aire en un punto dado, habrá siempre un movimiento vertical que tienda a restaurar el equilibrio.

Estos casos de vacío o agolpamiento de aire en un lugar dado se conocen en meteorología con los términos de divergencia y convergencia. Así, se dice que hay divergencia de aire en un punto cuando en ese punto se registran más salidas que entradas de aire. Por su parte, la convergencia, que no es sino una divergencia negativa, se registra cuando en un punto dado el flujo entrante de aire es superior al flujo de salida. Estos procesos de divergencia y convergencia, que se pueden producir en cualquier nivel atmosférico, se originan básicamente por dos tipos de mecanismos: la disfluencia o confluencia de líneas de flujo hacia un punto dado, o los cambios de velocidad que se registren en estos mismos flujos (véase figura 6.42).

Efectivamente, la divergencia de aire en un punto se puede producir, bien porque el flujo de viento tienda a escapar de ese punto (a), bien porque el viento se acelere en ese punto manteniéndose ralentizado el que circula detrás (b); en ese caso el aire que circula delante del punto se escapa de éste a gran velocidad y el que circula de-

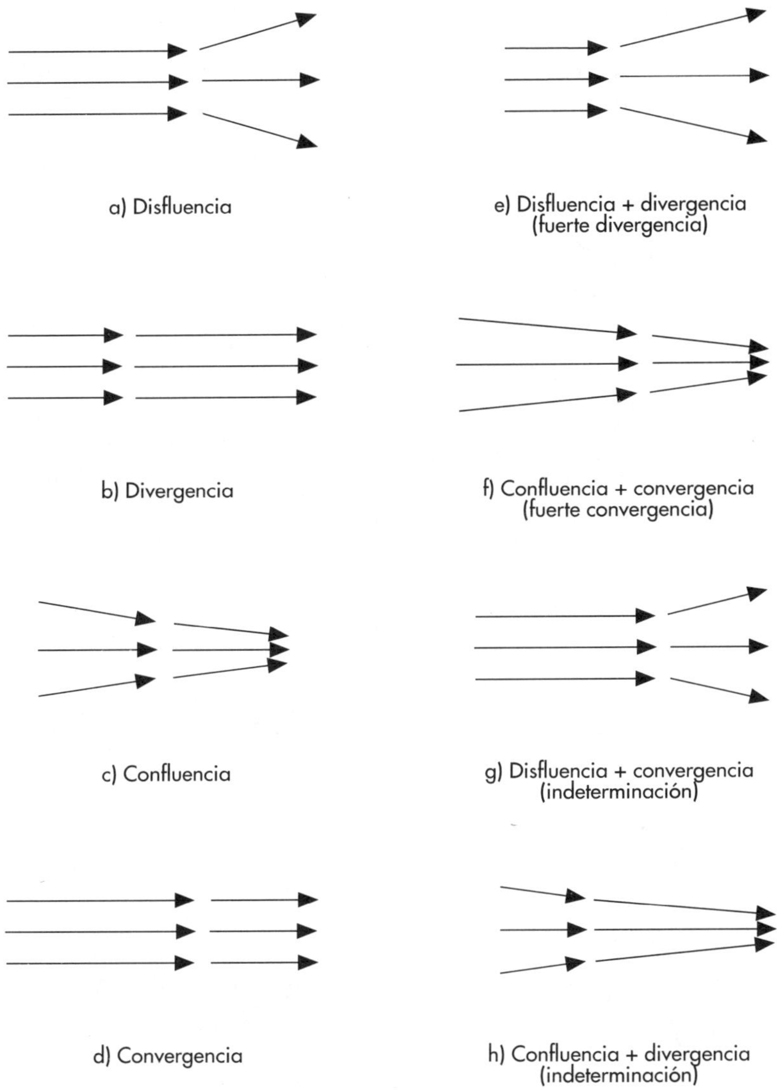

FIGURA 6.42. Situaciones de convergencia y divergencia del aire. Los cambios de dirección y de velocidad en el viento pueden dar lugar a fenómenos de divergencia (pérdida de masa en un punto) o convergencia (acumulación de masa). Si estos fenómenos se producen en superficie la divergencia se resuelve mediante descensos de aire y la convergencia mediante ascensos. Fuente: Pédélaborde, «Les données de la climatologie», en *Encyclopédie de la Pléiade,* París, Gallimard, 1966, pág. 33

trás, mucho más lento, no consigue alcanzarlo, generándose así una pérdida de aire en el punto afectado (este proceso es el que recibe en meteorología el término estricto de divergencia).

La convergencia se genera en las situaciones contrarias, es decir, cuando los flujos de viento confluyen en un punto, o cuando en ese punto se ralentiza la velocidad del aire, con lo cual en él se va agolpando todo el aire que circula detrás a mayor velocidad (este proceso es el que recibe en meteorología el término estricto de convergencia).

Los casos máximos de divergencia y convergencia se producen, respectivamente, cuando coinciden disfluencia y divergencia o confluencia y convergencia (e y f). Por su parte, la mezcla de disfluencia y convergencia (g) o confluencia y divergencia (h) resultan *a priori* indeterminadas, dependiendo el resultado final de la magnitud que alcancen cada uno de los dos términos.

Los procesos de divergencia en superficie conducen a un vacío de aire en ese nivel que tiende a rellenarse con aire procedente de las capas altas de la atmósfera; se genera así una columna de aire descendente que compensa la pérdida de masa en superficie. Por su parte, la convergencia en el suelo produce un agolpamiento de aire que se resuelve mediante una columna de aire ascendente que escapa hacia los niveles más altos de la atmósfera.

Ahora bien, en el primer caso esto conduciría a su vez a un vacío de aire en altura, y éste se resolverá mediante la génesis de un proceso de convergencia en ese nivel. Por su parte, el aire ascendente desde la convergencia superficial agolpa gran cantidad de aire en las capas altas, el cual genera divergencia en ese nivel (véase figura 6.43).

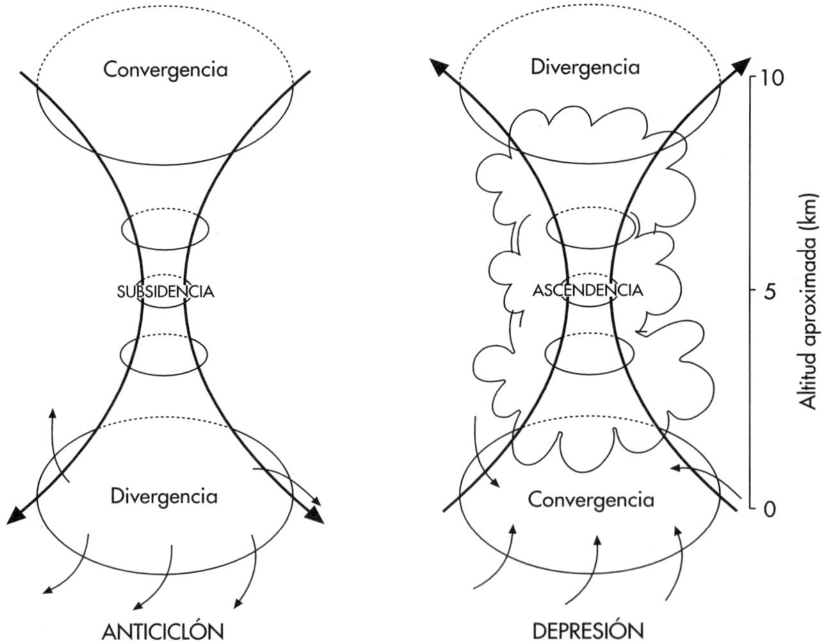

FIGURA 6.43. Convergencia y divergencia en superficie y altura. Los procesos de convergencia y divergencia en superficie se compensan siempre mediante sus contrarios en altura. En medio existe un nivel de no divergencia en el cual no se pierde ni se gana masa. Fuente: López Bermúdez, Rubio Recio y Cuadrat, *Geografía Física*, Madrid, Cátedra, 1992, pág. 309

Así pues, los procesos de divergencia en el suelo se compensan con convergencia en altura y, a la inversa, la convergencia superficial es contrarrestada por una divergencia en altura. En el primer caso se registrará descenso o subsidencia del aire y en el segundo caso ascenso de éste.

Estos procesos de compensación permiten que en el conjunto del volumen del aire no se gane ni se pierda masa, manteniéndose así la ecuación de la continuidad. Además, y como consecuencia lógica de lo anterior, en las capas intermedias de la atmósfera en ambos casos se registrará un nivel de no divergencia (entendiendo aquí la divergencia en el sentido genérico de variación de masa por pérdida o ganancia).

Los casos más notorios de convergencia y divergencia superficial con sus opuestos en altura son las depresiones y los anticiclones, en los cuales la convergencia y divergencia respectiva se originan por confluencia y disfluencia de flujos. En un anticiclón los flujos de viento cortan a las isobaras oblicuamente escapando del núcleo del mismo. Se produce en consecuencia un movimiento descendente del aire o subsidencia que tiende a compensar esta divergencia superficial. En altura una convergencia compensa esta divergencia superficial y alimenta el movimiento subsidente. En la depresión sucede todo lo contrario; en superficie el aire converge hacia el núcleo generando un movimiento ascendente del aire que culmina con la divergencia en las capas altas de la atmósfera.

Así pues, los anticiclones van asociados a divergencia de aire superficial y subsidencia, en tanto que las depresiones se asocian a convergencia superficial y ascenso del aire. A su vez, la relación entre estos procesos y la presión es evidente. Los procesos de convergencia y divergencia en el suelo se desarrollan con más lentitud que en altura por la ralentización del viento que impone la fuerza de rozamiento. En consecuencia, en el anticiclón tendremos una convergencia en altura que se desarrolla libremente y una divergencia en el suelo ralentizada por el rozamiento; la emisión de aire desde las capas altas de la atmósfera supera a su salida en las capas inferiores, con lo cual el aire se acumula en el suelo y sube la presión. En las depresiones el proceso es similar aunque inverso. La convergencia en el suelo se ve dificultada, en tanto que en la cumbre el aire escapa libremente desde el núcleo de la divergencia; sale más aire desde la cumbre del que entra por la base de la columna y la presión baja.

Así pues, el anticiclón se constituye como una columna de aire descendente en espiral anticiclónica (sentido de las agujas del reloj en el hemisferio Norte), divergente en el suelo y dotada de alta presión. La depresión, por el contrario, se constituye como una columna de aire ascendente en espiral ciclónica (sentido contrario a las agujas del reloj en el hemisferio Norte), convergente en el suelo y dotada de baja presión.

Hay que reseñar, además, que en uno y otro caso estos procesos están estrechamente asociados y son interdependientes. Así, el anticiclón puede generarse en el suelo (por divergencia de flujos, por aumento de la presión asociada a un enfriamiento, etcétera) y ello inmediatamente provocará el sentido de giro anticiclónico en el viento, la columna de aire descendente y la convergencia en altura. Pero también puede generarse a partir de una convergencia de aire en las capas altas de la atmósfera, la cual inmediatamente propiciará la columna descendente de aire, la acumulación de éste en superficie y su divergencia en sentido anticiclónico. Y algo similar puede establecerse para las depresiones.

Por ello se suele establecer una distinción entre los anticiclones y las depresiones generados por mecanismos térmicos (se les suele denominar centros térmicos) y aquellos que responden al movimiento del aire (se les denomina centros dinámicos). Los centros térmicos serían anticiclones fríos y depresiones cálidas porque, en efecto, un enfriamiento del aire en superficie da lugar a un aumento en su densidad que puede traducirse a su vez en un aumento de la presión, del mismo modo que un recalentamiento del aire superficial disminuye su densidad y puede dar lugar a una bajada de presión. Los centros dinámicos serían, por el contrario, aquellos generados por el movimiento del aire (convergencia en altura y descenso en los anticiclones, y divergencia en altura y ascenso en las depresiones) e independientes, por tanto, de la temperatura, pudiendo ser cálidos o fríos indistintamente.

La propia estructura de los anticiclones y las depresiones nos permite explicar las diferencias tan notorias de tiempo que se registran entre uno y otro. En el anticiclón el aire al descender se calienta adiabáticamente, con lo cual se aleja progresivamente del punto de saturación y ello determina la aparición de un tiempo seco, despejado y soleado. La depresión, por el contrario, determina un ascenso de aire que da lugar a un enfriamiento adiabático del mismo. Este enfriamiento puede conducir a la saturación y condensación del aire, provocando abundante nubosidad e incluso precipitaciones; de ahí que la depresión se asocie a tiempo nublado y lluvioso.

Sin embargo, estos efectos dependen del espesor alcanzado en la atmósfera por el respectivo anticiclón o depresión, siendo fundamental en este sentido la diferencia existente entre los centros fríos y cálidos. Como vimos en el epígrafe anterior, los anticiclones y depresiones peliculares (anticiclones fríos y depresiones cálidas) se invierten rápidamente en altura. En ellos la inversión ya se ha producido normalmente en el nivel de 500 hPa, encontrándose el nivel de no divergencia en torno a los 600-700 hPa. Los anticiclones cálidos y las depresiones frías, por el contrario, se mantienen como tales hasta el nivel de la tropopausa. En ellos la inversión y el nivel de no divergencia se sitúan en la estratosfera, con lo cual mantienen una potencia y un espesor mucho más acusados (véase figura 6.44).

Así pues, un anticiclón cálido es una columna descendente de aire en todo el nivel troposférico, con lo cual en él está garantizado el tiempo estable, seco y soleado. En la depresión fría ocurre algo similar; su carácter de columna ascendente de aire hasta los niveles más altos de la troposfera determina que en ella las condensaciones sean un hecho garantizado por poca humedad que contenga el aire. En los anticiclones fríos la columna descendente de aire sólo abarca los primeros kilómetros de la atmósfera, registrándose convergencia y ascenso del aire por encima de este nivel. En consecuencia, es posible encontrar en ellos la aparición de nubes altas e incluso de precipitaciones provocadas por el movimiento del aire superior. Las depresiones cálidas, por su parte, al determinar ascensos muy limitados del aire, con frecuencia (sobre todo cuando el aire contiene poco vapor de agua) no dan lugar a los fenómenos de saturación y condensación, con lo cual pueden registrarse cielos despejados en presencia de depresiones de este tipo.

Existe, por último, un tercer tipo de situación que se caracteriza por su máxima potencia y es aquella en la cual el anticiclón cálido se acompaña de un enfriamiento superficial o la depresión fría se asocia a un calentamiento superficial. En un anticiclón de este tipo, el gran espesor de la columna de aire descendente se ve reforzado por la presencia de aire frío y muy denso en superficie, lo que inhibe cualquier movimiento ascensional. Además, la estratificación de la atmósfera, con aire cálido en las capas altas y frío en las bajas, favorece la estabilidad. El resultado es un predominio absoluto de la subsidencia y, por ende, del buen tiempo. En la depresión los ascen-

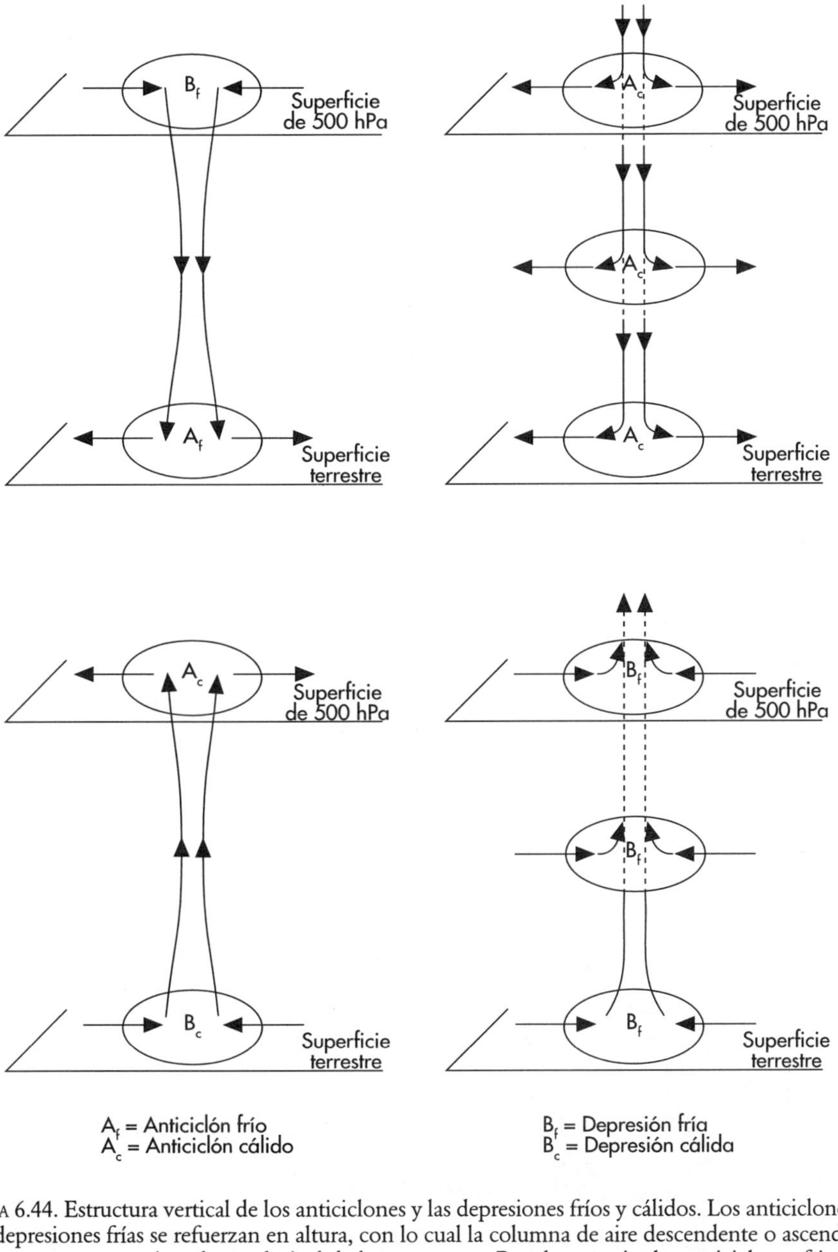

FIGURA 6.44. Estructura vertical de los anticiclones y las depresiones fríos y cálidos. Los anticiclones cálidos y las depresiones frías se refuerzan en altura, con lo cual la columna de aire descendente o ascendente, respectivamente, se mantiene hasta el nivel de la tropopausa. Por el contrario, los anticiclones fríos y las depresiones cálidas se invierten en altura, con lo cual sólo afectan a una pequeña película atmosférica. Fuente: Medina, *Meteorología básica sinóptica,* Madrid, Paraninfo, 1976, pág. 126

sos del aire se ven intensificados por la existencia en la base de un aire recalentado y muy ligero, que presenta tendencia a subir y por un gradiente térmico vertical muy inestable como resultado de la superposición de aire frío en las capas altas y cálido en la superficie. En este caso las lluvias y el mal tiempo son un hecho seguro.

Capítulo 7

La circulación general atmosférica

M.ª Fernanda Pita

En este capítulo pretendemos abordar el comportamiento de los movimientos del aire a gran escala en el planeta, lo que se conoce con el término de *circulación atmosférica general.* No obstante, dadas las profundas interconexiones existentes entre los movimientos del aire y el campo de presiones en la atmósfera, tendremos que mostrar también las configuraciones más habituales que adopta dicho campo de presiones.

Comenzaremos por la descripción de ambas magnitudes sobre la superficie terrestre (el campo de presiones y el campo de vientos); a continuación intentaremos dar una explicación satisfactoria de estos comportamientos, enfatizando además las interrelaciones que se registran entre ambos; por último, trataremos de mostrar el importante papel que la circulación general atmosférica tiene en el funcionamiento del sistema climático mundial.

1. Los cinturones de presión y de viento medios en el planeta

Tanto la presión como el viento son magnitudes extraordinariamente fluctuantes de unos instantes a otros, como hemos tenido ocasión de comprobar en el capítulo anterior. Pero, al igual que sucede con las restantes magnitudes atmosféricas, dentro de estas fluctuaciones se puede encontrar un cierto «orden», una cierta regularidad, una determinada pauta que es la que caracteriza el comportamiento «habitual» de las presiones y los vientos sobre el planeta. Este comportamiento «habitual» es el que pretendemos describir en las líneas que siguen. Para ello vamos a recurrir al empleo de mapas que cartografíen la distribución de las presiones y los vientos «medios» sobre la superficie terrestre, lo cual no deja de suscitar problemas importantes. Si en cualquier magnitud atmosférica el valor medio constituye una abstracción carente, en la mayoría de los casos de una realidad concreta, en las magnitudes que ahora nos ocupan a este problema se añaden otros nuevos.

Por lo que respecta al viento, la propia consideración de vientos «medios» carece de sentido, con lo cual en este caso por vientos medios hemos de entender los vientos más frecuentes y habituales en una zona dada. Éstos, además, se conciben para una escala determinada de actuación, la escala más general y globalizadora, lo que implica que en su seno y a escalas inferiores pueden producirse modificaciones sustanciales de este esquema general[1].

En cuanto a la presión, uno de los mayores problemas que se derivan del empleo de mapas medios es el de que tales mapas, en tanto que configuraciones estadísticas, pueden enmascarar situaciones muy diversas, desde aquellas que reflejan la persistencia de una determinada figura isobárica sobre un lugar (es el caso, por ejemplo, del anticiclón siberiano durante el invierno boreal), hasta aquellas otras que resultan del paso sucesivo sobre el lugar de figuras isobáricas no permanentes (las depresiones que muestran los mapas medios sobre Islandia o las Aleutianas ejemplifican bien este caso, siendo el resultado de que estos enclaves se sitúen en las trayectorias más frecuentemente seguidas por las perturbaciones del frente polar).

A pesar de todo, si se toman las oportunas precauciones en la interpretación de tales mapas, pueden suministrar una primera aproximación muy fidedigna del comportamiento habitual de la presión y el viento en nuestro planeta. Nosotros los utilizaremos con este fin, si bien estableceremos una distinción entre las situaciones representativas del verano y el invierno, ligeramente diferentes entre sí, en respuesta al distinto régimen que también presenta en ambas estaciones la incidencia de la radiación solar sobre la superficie terrestre.

La situación que nos muestran estos mapas (véase figura 7.1) permite establecer distintas bandas latitudinales por lo que respecta a la presión y el viento.

Aproximadamente en los paralelos 20°-30° de latitud Norte y Sur aparece una franja de núcleos de alta presión en torno a los cuales el aire gira lentamente en sentido anticiclónico (sentido horario en el hemisferio Norte y antihorario en el hemisferio Sur). No se trata de una banda rigurosamente continua, sino que aparece fragmentada por la existencia de cuellos que separan los distintos núcleos anticiclónicos, y que suelen situarse en el límite entre los océanos y los continentes.

La regularidad de este cinturón de altas presiones —al que se conoce genéricamente como *las altas presiones subtropicales*— está mucho más marcada en el hemisferio Sur, eminentemente oceánico, que en el hemisferio Norte, donde la alternancia de grandes masas oceánicas y continentales determina la aparición de configuraciones de presión mucho más complejas e irregulares (véase figura 7.1).

Tampoco es idéntica la situación existente en invierno y en verano. En invierno los cinturones de alta presión —como, de hecho, todo el sistema de la circulación atmosférica general— se encuentran desplazados hacia el sur, en respuesta al propio desplazamiento que experimenta la incidencia de la radiación solar sobre la superficie terrestre (no olvidemos que en esta estación los rayos solares inciden con un ángulo de 90° en el trópico de Capricornio y el polo Norte experimenta la larga noche polar), de forma tal que las altas presiones subtropicales se sitúan aproximadamente en los paralelos 20°-25° de latitud Norte y 30°-40° de latitud Sur.

El invierno es además la estación en la que esta banda anticiclónica presenta su mayor potencia y continuidad. En el hemisferio Norte los anticiclones oceánicos se prolongan por extensos núcleos anticiclónicos situados sobre los continentes americano y euroasiático, que ahora experimentan un intenso enfriamiento que contribu-

[1] Las perturbaciones que se desarrollan en el seno de una corriente general de vientos, tales como las perturbaciones frontales que recorren los vientos del oeste de las latitudes medias o los ciclones tropicales que se generan dentro de la corriente de los alisios, constituyen buenos ejemplos de esta afirmación.

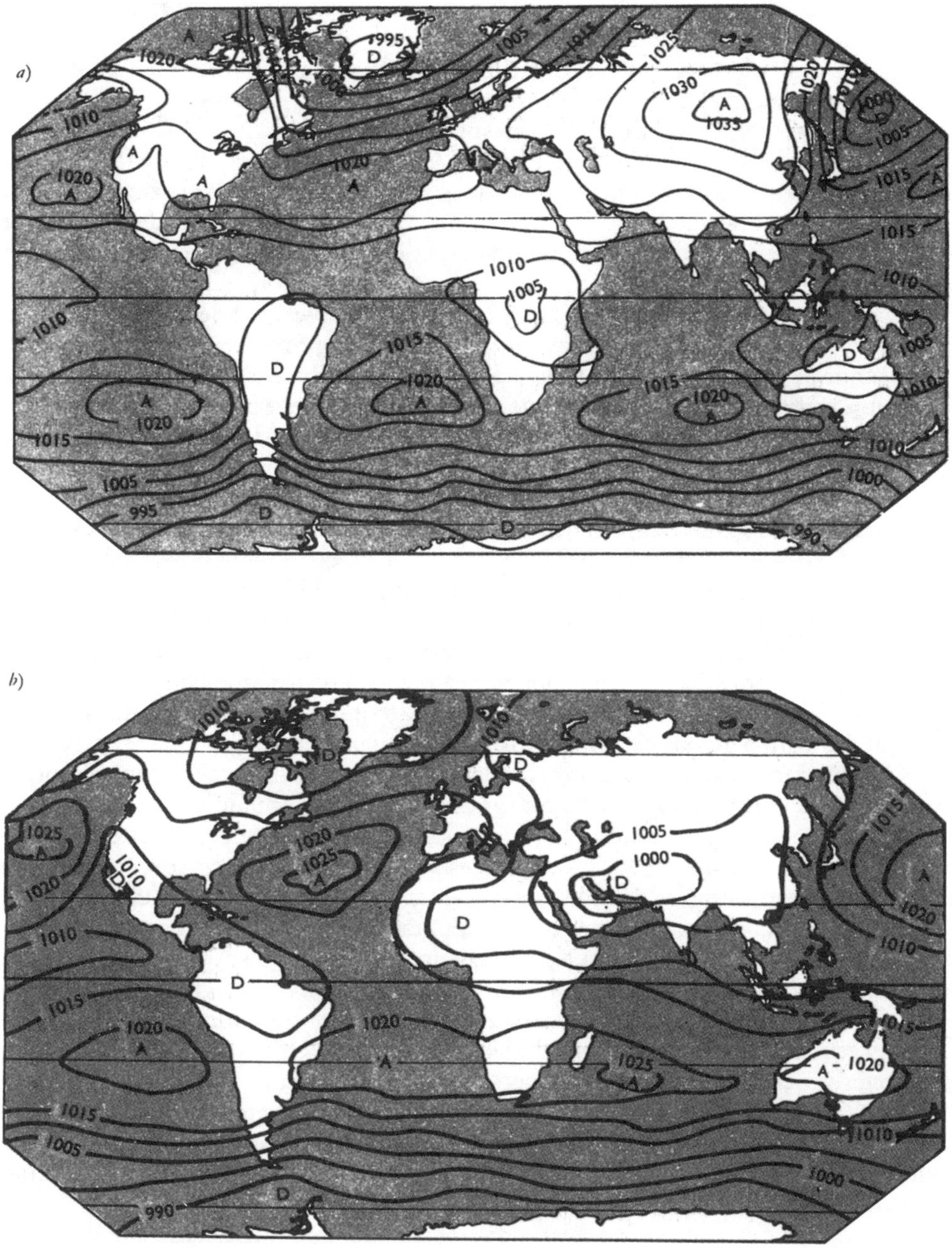

FIGURA 7.1. Presiones y vientos medios al nivel del mar en los meses de enero y julio. Al nivel del mar las presiones y los vientos dibujan *grosso modo* grandes bandas latitudinales. Este comportamiento latitudinal es mucho más evidente en el hemisferio Sur, eminentemente oceánico, que en el hemisferio Norte, donde la alternancia entre mares y continentes impone rupturas y discontinuidades en estas bandas. Asimismo se producen diferentes situaciones entre el verano y el invierno, entre las cuales la más destacada es el desplazamiento en latitud de las bandas de presión y viento. Fuente: López Bermúdez, Rubio Recio y Cuadrat, *Geografía Física*, Madrid, Cátedra, 1992, pág. 301

ye a incrementar la densidad del aire. Por su parte, en el hemisferio Sur, que ahora experimenta su estación cálida, la ausencia de grandes masas continentales impide la formación de depresiones térmicas lo suficientemente importantes como para fragmentar la continuidad de la banda anticiclónica.

Durante el verano se asiste a un desplazamiento del cinturón de altas presiones subtropicales hacia el Norte, ocupando así los paralelos 30°-40° de latitud Norte y 20°-25° de latitud Sur. Pero se asiste además a una fragmentación importante de este cinturón en el hemisferio Norte, en el cual aparecen importantes depresiones de origen térmico en los bloques continentales americano y euroasiático, ahora fuertemente recalentados.

El continente americano, menos extenso, genera también una depresión menos potente; el continente euroasiático, sin embargo, dada su enorme extensión, es capaz de generar una intensa y extensa depresión térmica con centro en el norte de la India, pero que cubre todo el corazón de Asia y que se prolonga mediante una dorsal a lo largo del golfo Pérsico y el África sahariana. En consecuencia, la banda de altas presiones subtropicales queda ahora reducida a la existencia de dos grandes células anticiclónicas en los océanos Atlántico (anticiclón de las Azores) y Pacífico (anticiclón de las Hawai).

Los mapas de altura también muestran la existencia de altas presiones en esta banda latitudinal, las cuales, por otro lado, apenas aparecen fragmentadas por cuellos, presentando por el contrario una gran continuidad que refleja la ausencia en estos niveles de la influencia perturbadora de la superficie terrestre (véase figura 7.2). También es destacable el hecho de que en altura los núcleos anticiclónicos se encuentran ligeramente desplazados hacia el ecuador respecto a la posición que ocupan en el nivel superficial, siendo ello atribuible a la relación existente entre la variación de la presión atmosférica con la altura y la temperatura del aire.

Como vimos en el capítulo anterior, la disminución de la presión con la altura es mucho más acusada en el aire frío que en el aire cálido, generándose en las capas altas de la atmósfera anticiclones sobre las masas de aire cálido y depresiones sobre las masas de aire frío. En nuestro caso el proceso no es diferente y, en consecuencia, las altas presiones en altura se desplazan hacia el lado cálido de los anticiclones y no a la inversa. Así pues, en los niveles altos de la atmósfera las altas presiones subtropicales se prolongan hasta las proximidades del ecuador, presentando sus principales núcleos en torno a los paralelos 15° Norte y Sur.

Alrededor de estos núcleos el aire gira en sentido anticiclónico constituyendo vientos geostróficos, lo cual determina vientos del oeste en el flanco polar de los anticiclones y vientos del este en su flanco ecuatorial.

La persistencia de los anticiclones hasta los niveles más altos de la atmósfera nos los sitúa como potentes anticiclones cálidos de origen dinámico, sólo interrumpidos por las dos depresiones térmicas que se configuran en los continentes boreales durante el verano.

Estos caracteres dotan a estas latitudes de un alto grado de estabilidad atmosférica que viene determinada por la subsidencia generalizada del aire desde las capas altas de la atmósfera. En consecuencia, el tiempo en ellas es calmado[2], estable, seco y

---

[2] De hecho, estas latitudes se han conocido durante mucho tiempo como las «latitudes de los caballos» *(horse latitudes)*, denominación impuesta durante los periodos de predominio de la navegación a vela, en los cuales los barcos quedaban paralizados al llegar a estas latitudes, viéndose sus tripulantes obligados a arrojar los caballos al mar para aligerar el peso de las naves.

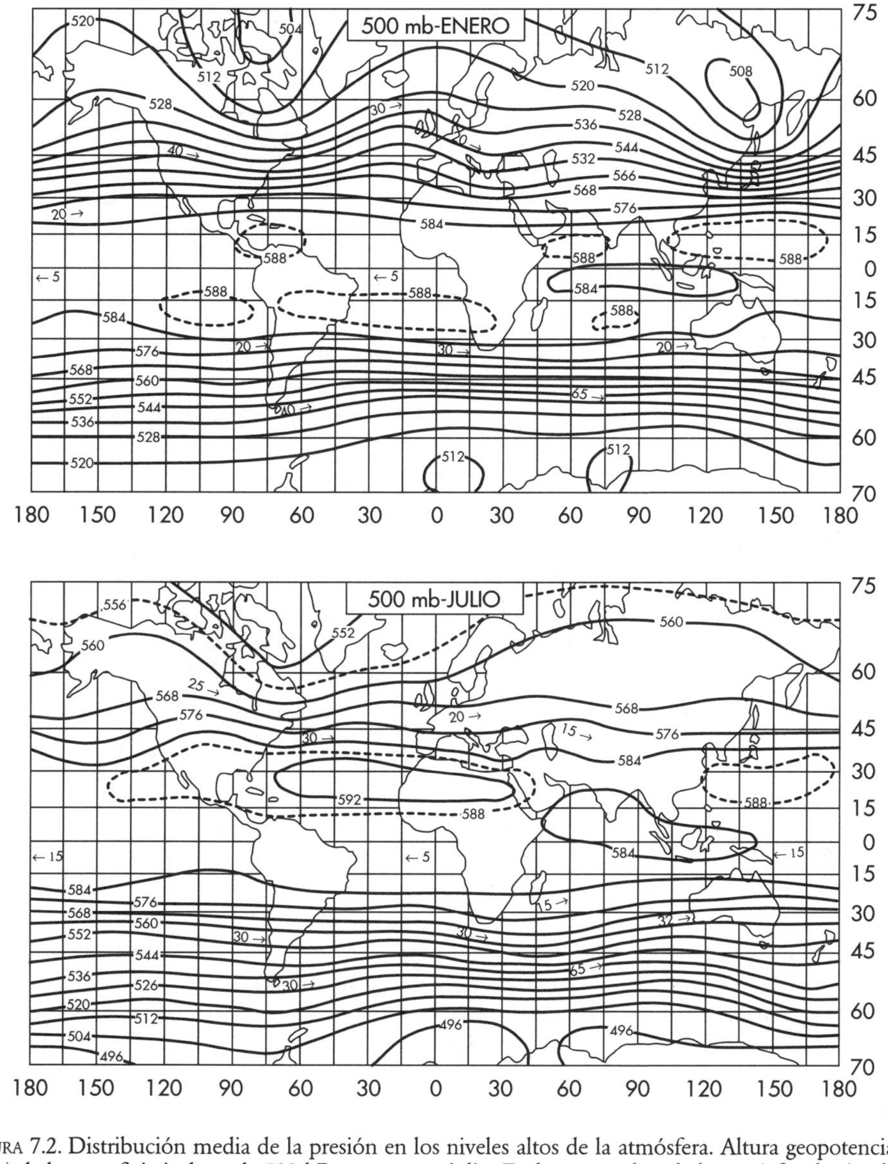

FIGURA 7.2. Distribución media de la presión en los niveles altos de la atmósfera. Altura geopotencial (en Dms) de la superficie isobara de 500 hPa en enero y julio. En las capas altas de la atmósfera la circulación del aire es mucho más regular que en los niveles superficiales dado que ahora no intervienen las influencias perturbadoras de los mares y continentes. Aquí el comportamiento latitudinal es evidente, con altas presiones en las latitudes tropicales, bajas presiones en las polares y flujos del oeste entre ambas, en las latitudes medias. Fuente: Queney, *Éléments de Météorologie*, París, Masson, 1974

soleado. No es extraño, pues, que sea en estas latitudes donde se sitúan los grandes desiertos cálidos del planeta.

En las latitudes intertropicales, entre las altas presiones subtropicales y el ecuador, se sitúa una franja de claro predominio de vientos de componente este, nordeste en el hemisferio Norte y sudeste en el hemisferio Sur (véase figura 7.1). Se trata de los vientos *alisios,* vientos bastante constantes y regulares que recorren estas latitudes a una velocidad media de unos 20 km/h. Están constituidos por aire divergente desde las altas presiones subtropicales y su estructura vertical refleja claramente este hecho.

El alisio se compone, en efecto, de dos capas verticales claramente diferenciadas: una capa inferior, muy humidificada por su trayecto oceánico, y otra superior, más cálida y seca, que se separa de la anterior a través de una inversión térmica. Esta inversión no separa dos masas de aire diferentes, sino que es interna al propio alisio y traduce la subsidencia generalizada del aire en la región manantial de estos vientos: los anticiclones subtropicales.

El mecanismo generador de la inversión térmica a partir de la subsidencia es el siguiente: cuando el aire desciende en vertical se va calentando adiabáticamente, pero, además, se va comprimiendo en las capas bajas, con lo cual el aire superior desciende más que el inferior. Así pues, el proceso de calentamiento de las capas superiores es más intenso que el de las inferiores y, en consecuencia, el gradiente térmico vertical se va haciendo cada vez menos acusado y por ende más estable. Cuando el descenso del aire es lo suficientemente importante, esta progresiva estabilización del gradiente puede dar lugar a la aparición de una inversión térmica, que se situará precisamente en el nivel en el que se detiene la subsidencia, nivel en el que se va agolpando el aire procedente de las capas superiores.

Lógicamente, la inversión será tanto más marcada y tanto más baja cuanto más importante sea el movimiento subsidente del aire. Por el contrario, si el movimiento subsidente es débil y los procesos convectivos desarrollados desde la superficie son importantes, la inversión se elevará en altura y perderá intensidad (véase figura 7.3).

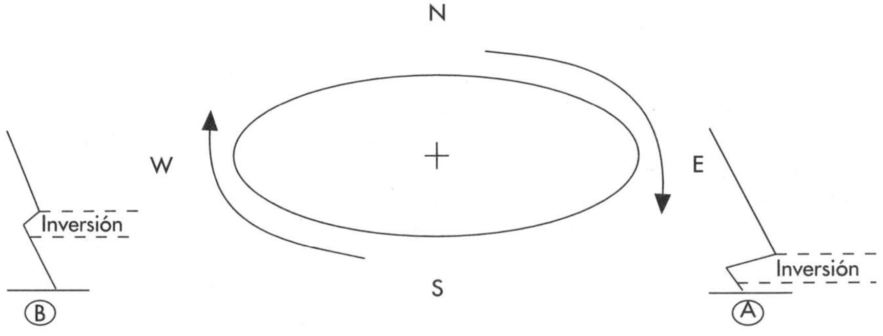

A) Flanco E del anticiclón con fuerte inversión térmica próxima a la superficie terrestre. Subsidencia acusada.
B) Flanco W del anticiclón con inversión térmica débil y elevada. Subsidencia poco acusada y fuerte convección superficial.

FIGURA 7.3. Disimetría entre el flanco este y el flanco oeste de los anticiclones subtropicales. En el flanco oriental de los anticiclones subtropicales la inversión térmica del alisio es muy intensa y cercana a la superficie terrestre. Ello se explica por la baja temperatura del aire superficial (con procedencia norte y recorriendo corrientes marinas frías) y por el hecho de que el aire circula desde las zonas continentales a las oceánicas. En el flanco occidental sucede lo contrario; aquí el aire es más cálido por su procedencia tropical y su trayectoria sobre corrientes cálidas y, además, se dirige desde el océano hacia áreas continentales, en las que los relieves montañosos ejercen un efecto de disparo sobre él, obligándolo a elevarse. Como consecuencia de todo ello la estructura del alisio es diferente en uno y otro flanco

Pues bien, en el alisio tiene lugar un mecanismo de este tipo, que es el que propicia la formación de la inversión que separa sus dos capas verticales. Sin embargo, esta inversión no es constante a lo largo de todo su recorrido, sino que varía en latitud y longitud. La inversión es especialmente intensa al este de los océanos y cerca de los trópicos, donde se suele situar en torno a los 500 m de altura y alcanza una magnitud de unos 5 °C. A medida que nos desplazamos hacia el oeste de los océanos y hacia el ecuador la inversión va elevándose en altura y perdiendo intensidad; de hecho, al oeste de los océanos (o, lo que es lo mismo, al oeste de las células anticiclónicas) la inversión suele situarse por encima de los 2.000 m y rara vez supera la magnitud de 1° o 2 °C.

La variación latitudinal de la inversión se explica por el alejamiento progresivo que el alisio experimenta en su recorrido hacia el ecuador respecto a su fuente de origen. Lógicamente, en las inmediaciones de los núcleos de alta presión la subsidencia es fuerte y generalizada; sin embargo, a medida que el alisio se dirige hacia el ecuador y se aleja de estos núcleos anticiclónicos, la subsidencia se va debilitando y van incrementándose, por el contrario, los movimientos convectivos superficiales (no olvidemos que nos encontramos en unas latitudes muy recalentadas), con lo cual la inversión térmica será cada vez menos intensa y más elevada.

Para explicar las variaciones longitudinales hay que recurrir a causas termodinámicas y orográficas. En el flanco este de las células anticiclónicas el aire superficial es considerablemente más frío que el que se sitúa en el flanco oeste; en primer lugar, por su procedencia polar y con vientos de componente norte, frente a la procedencia tropical y con vientos de componente sur que caracterizan al flanco occidental; en segundo lugar, por la naturaleza de las corrientes marinas que se sitúan en cada uno de los flancos, corrientes frías al este de los anticiclones (Canarias y California), frente a corrientes cálidas en el extremo oeste (Gulf Stream y Kuro-Chivo).

La consecuencia inmediata que se deriva de estos hechos es que en el flanco oriental del anticiclón el aire superficial, más frío, se densifica y se estabiliza, lo cual inhibe los movimientos convectivos y facilita el pleno desarrollo de la subsidencia. Todo lo contrario sucede en el flanco occidental, donde el calor superficial favorece el desarrollo de la convección y la inestabilización del aire, lo cual debilita los movimientos subsidentes desde las capas altas de la atmósfera.

A ello además hay que añadir las diferentes circunstancias orográficas que se registran en cada uno de los flancos del anticiclón. En el flanco oeste el alisio, cargado de humedad tras su recorrido oceánico, se enfrenta a áreas continentales con cadenas montañosas que interceptan este flujo de aire y lo hacen elevarse, favoreciendo su inestabilización. Este fenómeno no tiene lugar en el flanco este, donde los vientos siguen una trayectoria orientada desde el continente hacia el océano.

Todo ello es lo que permite entender las marcadas disimetrías que se registran en estas latitudes entre las fachadas orientales y occidentales de los continentes, siendo las primeras mucho más húmedas y lluviosas que las segundas.

En cualquier caso, en conjunto y prescindiendo de estos matices, el alisio constituye un viento predominantemente estable e inhibidor de la precipitación. Por ello en las latitudes recorridas por estos vientos suelen predominar los cielos despejados o la presencia de bandas de estratocúmulos, que traducen el desarrollo de brotes convectivos que quedan detenidos en el nivel en el que se registra la inversión térmica (el «mar de nubes» del Teide, en Tenerife, ejemplifica bien este proceso).

Sin embargo, en ocasiones la inversión térmica puede llegar a desaparecer, predominando entonces los ascensos del aire hasta las capas más altas de la atmósfera y la aparición consecuente de grandes cumulonimbos y lluvias abundantes. Esto suele suceder con frecuencia en las costas orientales de los continentes cuando están dotadas de barreras montañosas que interceptan perpendicularmente el flujo del alisio. En estos casos el efecto de disparo ejercido sobre el aire por el relieve se une a los procesos convectivos superficiales y puede desencadenar la ruptura de la inversión. También sucede en las cercanías del ecuador, cuando ya la subsidencia del aire superior es muy débil o inexistente. Ocurre, por último, con ocasión de las perturbaciones que pueden desarrollarse en el interior de este flujo general de los vientos alisios, perturbaciones que responden a diversos mecanismos genéticos (ondas del este, ciclones tropicales, etc.) y que en todos los casos alteran el comportamiento «habitual» de la atmósfera en estas latitudes.

En las capas altas de la atmósfera y sobre estos alisios superficiales pueden registrarse muy diversas situaciones, en función del desplazamiento latitudinal que experimentan los cinturones de presión y viento a lo largo del año. Así, los alisios pueden estar sobremontados tanto por vientos del este como por vientos del oeste, correspondientes en cada caso a los límites ecuatorial y polar de las células anticiclónicas de los niveles altos de la atmósfera (véase figura 7.2).

Entre los cinturones de vientos alisios correspondientes a ambos hemisferios, y en la latitud en que tienden a confluir, se sitúa un cinturón de bajas presiones que se conoce con el nombre genérico de las *bajas presiones ecuatoriales.*

Este cinturón se origina precisamente por la confluencia de los alisios de los dos hemisferios, la cual se resuelve mediante el ascenso masivo del aire en vertical, al que también contribuye la importante convección térmica que se desarrolla en este aire cálido y húmedo. Así pues, en estas latitudes ecuatoriales la inversión térmica del alisio ha desaparecido ya totalmente y lo que predominan son los movimientos de ascenso del aire en el seno de toda la atmósfera. Esta confluencia, sin embargo, no se desarrolla de un modo homogéneo a lo largo de toda la franja ecuatorial, sino que adopta dos formas básicas diferentes:

A. En el centro de los océanos, la oposición simétrica entre los dos anticiclones subtropicales norte y sur determina una confluencia brutal de los alisios de ambos hemisferios, dando lugar a lo que se conoce como la *zona de convergencia intertropical* (ZCIT). En ella tienen lugar ascensos muy bruscos del aire hasta el nivel de la tropopausa y se asiste a la formación de importantes torres de cumulonimbos que producen lluvias abundantes y violentas.

B. Al este de los océanos (o, lo que es lo mismo, de las células anticiclónicas), en lo que constituyen las regiones manantial de los alisios, la oposición entre los vientos de ambos hemisferios no es tan brutal, registrándose un encalmamiento del viento y un ascenso más suave y sostenido del aire, el cual también da lugar a la formación de nubes y lluvias, pero no con la intensidad de las situaciones anteriores (véase figura 7.4). A estas zonas se las conoce genéricamente con el nombre de los *doldrums.*

El cinturón de bajas presiones ecuatoriales, en cualquiera de sus dos formas más frecuentes, cambia de posición a lo largo del año en consonancia con el desplazamiento de todo el sistema de la circulación atmosférica general. Durante el invierno ocupa aproximadamente la posición ecuatorial, si bien en los continentes australes, especialmente América del Sur y África, se incurva hacia el hemisferio Sur, siguiendo las depresiones térmicas que entonces se configuran en estos continentes recalentados (véase figura 7.1).

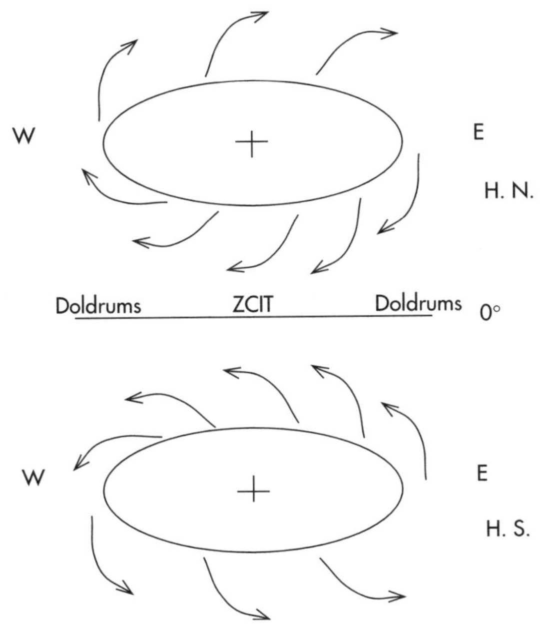

FIGURA 7.4. Zona de convergencia intertropical y *doldrums* en la confluencia de los alisios de los dos hemisferios. El cinturón de las bajas presiones ecuatoriales reviste dos formas fundamentales: la zona de convergencia intertropical (ZCIT), con enfrentamiento violento de los alisios de los dos hemisferios, que se suele producir en la zona central de los dos anticiclones, y los *doldrums,* con ausencia de enfrentamiento y encalmamiento del aire. Éstos se suelen registrar en el flanco oriental de los anticiclones

Durante el verano el cinturón de bajas presiones se desplaza hacia los 10° de latitud Norte, siendo este desplazamiento especialmente marcado en el continente euroasiático, en el cual puede aparecer por encima de los 15°-20° de latitud, coincidiendo con el núcleo de la importantísima depresión que ahora se genera en este continente extraordinariamente recalentado (véase figura 7.1).

Hay que señalar, no obstante, que el fenómeno registrado en los continentes africano y euroasiático durante el verano es algo más que un mero desplazamiento hacia el norte de la ZCIT. En primer lugar, porque se registra además una alteración profunda de todo el sistema de la circulación atmosférica en estas latitudes, en las cuales y en estos momentos los alisios del hemisferio Sur atraviesan el ecuador y se encaminan, ya como vientos del SW, hacia las depresiones térmicas continentales. Existe, pues, una migración del sistema de vientos del hemisferio Sur hacia el hemisferio Norte, lo cual constituye precisamente el rasgo más característico y distintivo de este fenómeno, conocido con el nombre de *monzón.*

Pero, además, no todos los autores coinciden en señalar la posición de la ZCIT en el eje de las depresiones continentales. En opinión de Durand-Dastés (1982), el monzón del SW, cálido y húmedo, contornea la depresión india y vuelve hacia el oeste por el borde norte de esa misma depresión. Por su parte, el aire continental bordea la depresión por el norte, dirigiéndose progresivamente hacia el sur. En consecuencia, la convergencia de ambos flujos no coincide con el eje de la depresión, sino que se aleja notablemente de ella, tal como se refleja en la figura 7.5.

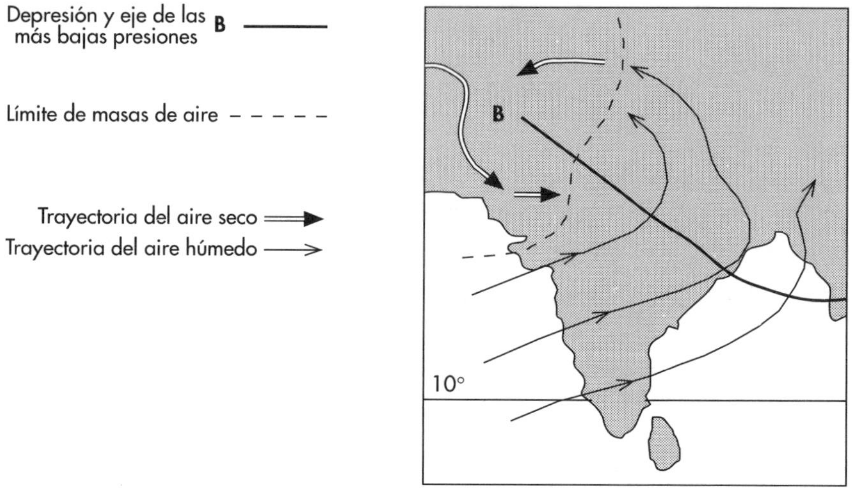

FIGURA 7.5. Representación esquemática del monzón de la India durante el verano. Durante el verano los alisios del hemisferio Sur atraviesan el ecuador y se dirigen, ya como vientos del SW, hacia la potente depresión continental que se constituye entonces en el continente euroasiático. Ello supone un importante desplazamiento de la ZCIT en estas latitudes. Fuente: Durand-Dastés, *Geografía de los aires,* Barcelona, Ariel, 1982, pág. 72

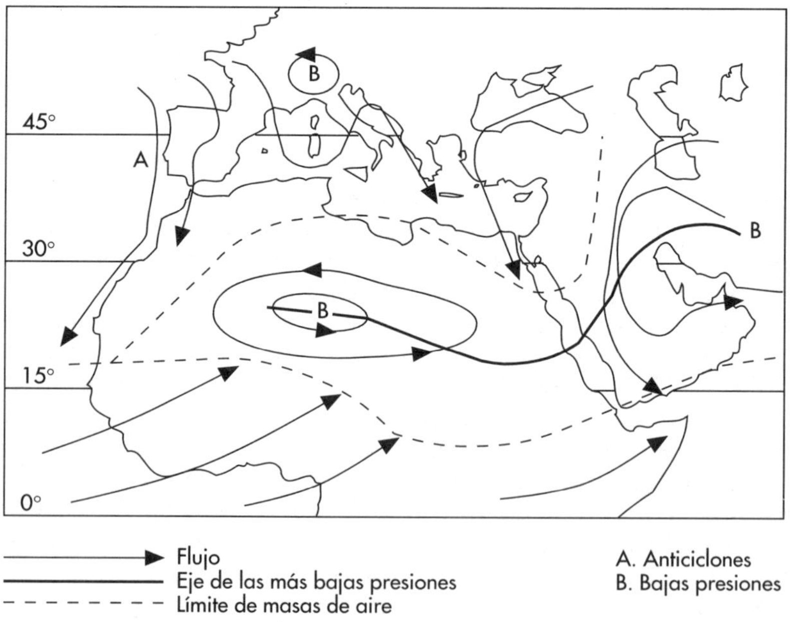

FIGURA 7.6. Representación esquemática del monzón africano durante el verano. En el continente africano también se constituye durante el verano una depresión térmica lo suficientemente importante como para generar un fenómeno de monzón, con atracción de los alisios del hemisferio Sur. En este caso, sin embargo, el enfrentamiento entre masas de aire parece ser más complejo que en el caso de la India. Fuente: Durand-Dastés, *Geografía de los aires,* Barcelona, Ariel, 1982, pág. 72

En África tiene lugar un fenómeno similar, si bien ahora lo que parece detectarse es la coexistencia de dos líneas de discontinuidad entre masas de aire: la que separa el monzón del SW del aire sahariano, al sur de la depresión, y la que por el norte separa este mismo aire sahariano del aire atlántico y mediterráneo que accede hacia esta región (véase figura 7.6).

De cualquier forma, en ambos casos los procesos térmicos y dinámicos conducen a una marcada inestabilidad que determina la aparición de lluvias extraordinariamente intensas y abundantes, las cuales regulan el devenir de las estaciones en estas áreas del planeta.

En las latitudes medias la circulación del aire superficial se organiza en torno a dos franjas anticiclónicas fundamentales: las altas presiones subtropicales, de las que hemos hablado hace unos momentos, y las *altas presiones polares,* peor definidas que aquéllas, pero centradas sobre las cuencas polares de ambos hemisferios y originadas por el intenso frío que reina en estas latitudes. Se trata, pues, de anticiclones de origen térmico y que, por tanto, no se reflejan en los mapas de altura.

Las altas presiones subtropicales emiten vientos de componente oeste hacia las latitudes medias; a su vez, las altas presiones polares, también zonas con fuerte divergencia, emiten coladas de aire polar hacia estas mismas latitudes, las cuales, aunque mayoritariamente son del este en función del sentido de giro anticiclónico del viento, pueden pasar a constituir coladas del oeste en su desplazamiento hacia las latitudes más bajas. Resulta así en esta zona un flujo general de vientos de componente oeste a los que se conoce con el nombre de los *westerlies.* Son vientos más intensos que los alisios y bastante constantes, especialmente en el hemisferio Sur, si bien en su interior están agitados por continuos remolinos y torbellinos que perturban el flujo general del viento.

Estos torbellinos resultan de la continua formación de frentes y perturbaciones frontales que tiene lugar en esta zona como consecuencia de los contrastes térmicos que se producen entre masas de aire diferentes. En primer lugar, entre las masas cálidas procedentes de las altas presiones subtropicales y las masas muy frías procedentes de las cuencas polares; de ahí que a estas perturbaciones se las conozca genéricamente como las perturbaciones del *frente polar.* Pero, además, contrastes entre masas de aire oceánicas y continentales, con caracteres térmicos muy diferentes entre sí, particularmente por lo que concierne al hemisferio Norte.

Estas perturbaciones viajan en sentido W-E arrastradas por el flujo general del oeste predominante en esta zona, y su paso repetido por esta franja latitudinal genera en ella un cinturón de bajas presiones conocido como las *bajas presiones polares.* Un cinturón que se sitúa justo en medio de las dos bandas anticiclónicas antes mencionadas y como zona de convergencia de las masas de aire procedentes de aquéllas.

Durante el invierno el desplazamiento estacional de todo el sistema de la circulación determina que este cinturón de bajas presiones se sitúe en una posición muy meridional: hacia el paralelo 45° en el hemisferio Norte y hacia el paralelo 60° en el Sur. Además, las perturbaciones se muestran muy intensas y activas en el hemisferio invernal; en primer lugar, porque la cuenca polar, muy enfriada y con un anticiclón muy potente, envía continuas coladas de aire frío que presionan sobre el aire tropical de las latitudes más bajas; en segundo lugar, porque ahora son más bruscos los contrastes térmicos entre el aire frío continental y el aire oceánico, que permanece con temperaturas más suaves.

De hecho, el intenso enfriamiento que experimentan durante el invierno las masas continentales determina la aparición en ellas de vastos anticiclones de origen térmico (véase figura 7.1 correspondiente al mes de enero). Estos anticiclones interrumpen la circulación de los vientos del oeste e impiden el paso hacia el interior de los continentes de las perturbaciones del frente polar. Así pues, en esta estación y en el hemisferio Norte las bajas presiones polares quedan reducidas a los enclaves oceánicos, constituyendo dos depresiones muy persistentes que se conocen como el *mínimo de Islandia* y el *mínimo de las Aleutianas,* situadas en el Atlántico y el Pacífico, respectivamente.

Durante el verano las bajas presiones polares se elevan en latitud, situándose en torno a los paralelos 55°-60° N, y al mismo tiempo pierden intensidad. El anticiclón de la cuenca ártica pierde ahora potencia y envía menos coladas de aire frío hacia el sur; por otro lado, el contraste térmico entre el océano y el continente se suaviza durante el verano. La consecuencia es que se originan menos perturbaciones frontales para alimentar a estas bajas presiones polares. A pesar de ello su extensión superficial aumenta, dado que ahora se prolongan hacia el interior de los continentes en virtud de las depresiones térmicas que se originan en ellos (véase figura 7.1, correspondiente al mes de julio).

Así pues, la fragmentación entre océanos y continentes existente en el hemisferio Norte impone una diferenciación muy palpable entre el verano y el invierno en estas latitudes. Durante el invierno las perturbaciones del frente polar y las bajas asociadas a ellas registran su máxima actividad, pero su mínima extensión espacial, quedando limitadas a los enclaves oceánicos y a las fachadas costeras inmediatas. En verano, por el contrario, la actividad de las perturbaciones frontales es mínima, pero ahora éstas pueden penetrar hasta el interior de los continentes canalizadas por las depresiones térmicas que se instalan sobre ellos.

Lógicamente, el hemisferio Sur, que apenas cuenta con enclaves continentales en estas latitudes, no registra una variación estacional similar. En este ámbito la diferencia entre el invierno y el verano se limita a un desplazamiento latitudinal y a un ligero cambio en la actividad de las perturbaciones de una estación a la otra (véase figura 7.1).

En las capas altas de la atmósfera lo que se registra sobre estas latitudes es un gran flujo circumpolar del oeste en ambos hemisferios (véase figura 7.2). Este flujo resulta de la circulación del aire en torno a los dos grandes centros de acción que ocupan estos niveles atmosféricos: las altas presiones que se sitúan sobre las latitudes bajas y las bajas presiones que sobremontan los casquetes polares. Así pues, la circulación atmosférica en estos niveles es bastante simple: sobre el aire cálido de las latitudes bajas se configuran potentes núcleos de alta presión, sobre las masas frías de los polos se instalan núcleos depresionarios, y entre ambos se organiza un viento geostrófico que recorre el planeta de oeste a este. Pero dentro de este flujo general del oeste conviene destacar dos hechos relevantes:

A. En primer lugar, la existencia en él de ciertas latitudes en las cuales el viento se acelera extraordinariamente, pasando a formar lo que se denominan *corrientes en chorro* o *jets,* los cuales constituyen flujos de viento muy rápidos (superiores en la mayoría de los casos a los 200 km/h) y con el eje de sus máximas velocidades en el nivel de la tropopausa.

Estas corrientes son muy variables en posición de unos días a otros, pero se pueden establecer dos corrientes en chorro fundamentales: *la corriente en chorro subtropical,* que se sitúa en el flanco polar de las altas presiones subtropicales, aproximadamente en torno al paralelo 30°, y la *corriente en chorro polar* o *jet stream,* situada en torno al paralelo 50°, sobremontando las perturbaciones del frente polar en superficie y separando el aire frío y depresionario de las latitudes altas del aire cálido y anticiclónico de las latitudes bajas.

De hecho, esta corriente en chorro se sitúa precisamente en la zona de discontinuidad que separa la tropopausa de las masas de aire tropicales de la tropopausa del aire polar. Esta discontinuidad, que en el suelo se manifiesta por la existencia de una zona fuertemente baroclina correspondiente al frente polar, en altura se traduce en este flujo de vientos intensos constituyentes del jet stream (véase figura 7.7). En consecuencia, frente polar y jet stream resultan estrechamente asociados y coprotagonistas de la circulación atmosférica en las latitudes medias del planeta.

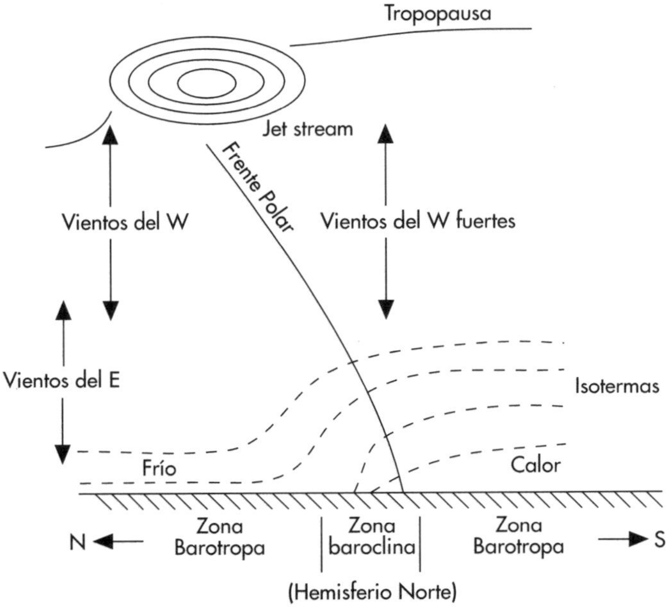

FIGURA 7.7. Corte esquemático de la atmósfera de las latitudes medias: posición del frente polar y del jet *stream.* Uno de los hechos más relevantes de la circulación en las latitudes medias es la existencia en ellas de frecuentes perturbaciones frontales, conocidas genéricamente como perturbaciones del frente polar, sobremontadas en altura por la corriente en chorro polar o *jet stream.* En la génesis de ambos fenómenos, que están estrechamente relacionados, interviene el gran contraste térmico que se produce en estas latitudes entre el aire polar y el aire tropical. Fuente: Henderson-Sellers y Robinson, *Contemporary climatology,* Londres, Longman Scientific and Technical, 1986, pág. 182

B. El segundo hecho destacable es que este flujo circumpolar del oeste no siempre es rectilíneo, sino que configura ondas de longitud y frecuencia variables, a las que se denomina *ondas de Rossby.* El flujo suele oscilar entre dos tipos de circulaciones extremas:

a) Un *alto índice de circulación,* que se caracteriza por un flujo zonal intenso y con pocas ondas de gran longitud. En estos casos en superficie se asiste a un régimen de fuertes vientos del oeste y al paso rápido y sucesivo de perturbaciones, las cuales barren estas latitudes en esa misma dirección W-E (véase figura 7.8).

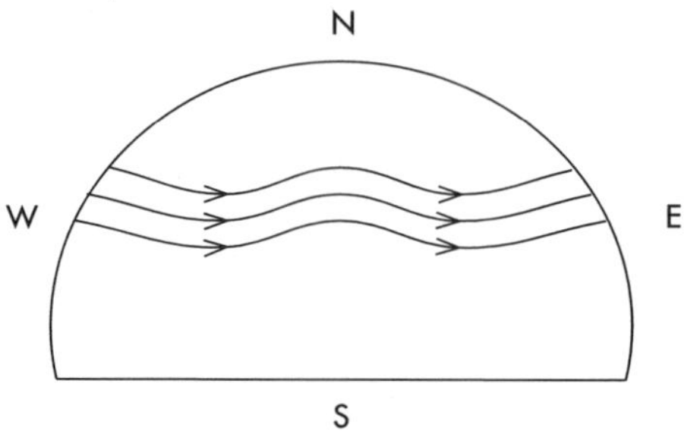

FIGURA 7.8. Alto índice de circulación en el flujo del oeste en altura. El índice de circulación en la corriente en chorro es alto cuando se registran potentes flujos zonales del oeste sin apenas ondulaciones. En superficie este fenómeno se acompaña de intensos vientos del oeste y del paso rápido y sucesivo de perturbaciones fuertes

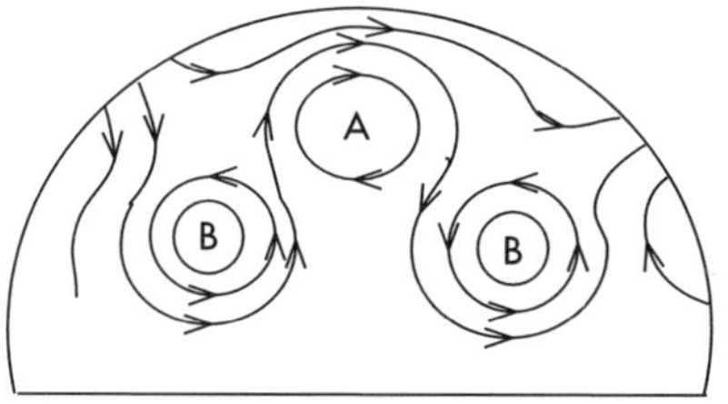

A: Anticiclón de bloqueo.
B: Bajas asociadas a gotas frías.

FIGURA 7.9. Bajo índice de circulación en el flujo del oeste en altura. Cuando el índice de circulación en la corriente en chorro es bajo, éste forma profundas ondulaciones (ondas de Rossby) que constituyen anticiclones en sus crestas y marcadas depresiones en sus vaguadas

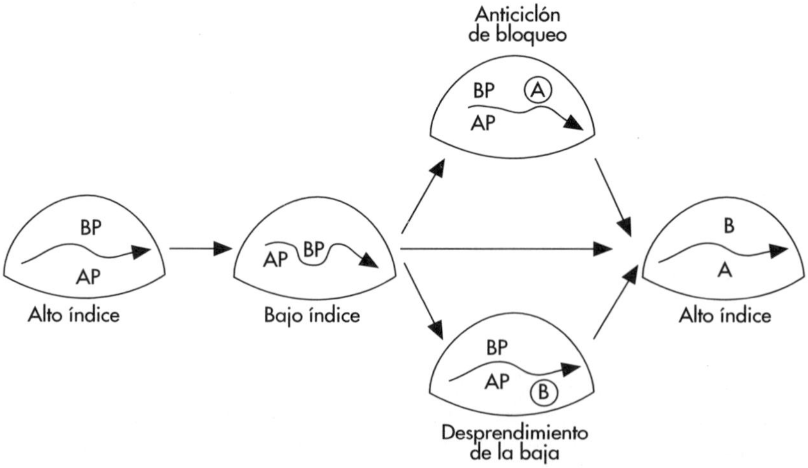

FIGURA 7.10. Esquema de los cambios en las ondas de Rossby desde altos índices de circulación a bajos índices, y viceversa. La circulación del flujo zonal del oeste en altura oscila entre índices de circulación altos y bajos en un lapso de veinte a sesenta días, lo cual origina importantes cambios en el tiempo en las zonas afectadas por esta oscilación. Fuente: Henderson-Sellers y Robinson, *Contemporary climatology*, Londres, Longman Scientific and Technical, 1986, pág. 182

b) Un *bajo índice de circulación,* que se traduce en la formación de ondas muy profundas y con pequeña longitud. En estos casos cada cresta del flujo constituye en altura un potente anticiclón cálido que se conoce con el nombre de *anticiclón de bloqueo;* a su vez, las vaguadas generan depresiones frías que pueden, en casos extremos, desprenderse del flujo general, constituyendo núcleos depresionarios muy potentes en latitudes muy bajas, alimentados con aire muy frío procedente de las latitudes superiores (véase figura 7.9).

Ambos fenómenos se traducen rápidamente en el nivel superficial y dan lugar también a anticiclones y depresiones muy potentes que interrumpen el paso de las perturbaciones frontales y alteran el flujo zonal de vientos del oeste, determinando flujos meridianos que comportan advecciones frías o cálidas según la dirección del flujo.

Normalmente el sistema oscila de un estado a otro en un lapso de veinte a sesenta días (véase figura 7.10) y ello origina importantes cambios de tiempo en las zonas afectadas por esta oscilación. No obstante, hay que señalar que existen lugares preferenciales para la formación de crestas y vaguadas en el flujo zonal. En el hemisferio Norte las crestas tienden a constituirse con máxima frecuencia sobre los continentes americano y euroasiático, en tanto que las vaguadas encuentran su lugar preferencial en el borde occidental de los océanos Atlántico y Pacífico, coincidiendo aproximadamente con el trazado en el suelo de los mínimos de Islandia y las Aleutianas respectivamente (véase figura 7.2).

En síntesis, pues, y si simplificamos algo este esquema presentado hasta ahora, nos encontramos con una circulación atmosférica general que presenta una clara componente latitudinal, fragmentando el planeta en distintas zonas, cada una de las cuales adopta un comportamiento específico (véase figura 7.11).

Al nivel superficial, y por lo que respecta al viento, la fragmentación conduce a dos zonas extremas en las que predominan los vientos del este (la zona intertropical y la zona polar) y una zona central en la que predominan los vientos del oeste (las latitudes medias). En cuanto a la presión, ésta se distribuye entre zonas anticiclónicas y con predominio de la subsidencia del aire (latitudes subtropicales y polares) y zonas depresionarias y de ascenso del aire en vertical (las bajas presiones ecuatoriales y las bajas presiones polares).

En altura el comportamiento es también latitudinal, pero algo más simple que el registrado en superficie. Aquí la presión sólo configura dos grandes anillos, uno anticiclónico en las latitudes bajas y otro depresionario en las altas. Entre ambos se instalan vientos circumpolares del oeste acelerados en ciertas latitudes privilegiadas, de forma tal que sólo aparecen vientos del este dominantes en las latitudes ecuatoriales.

2. Los mecanismos reguladores de la circulación general atmosférica

El mecanismo fundamental de génesis de la circulación general atmosférica es la radiación solar, que es la fuente de energía primordial que mueve al sistema. De hecho, sin esa energía y sin los desequilibrios de calor que se registran entre las distintas latitudes, el aire no se pondría en movimiento. Pero no pretendemos ahora profundizar en esos mecanismos tan lejanos y básicos; se trata más bien de intentar com-

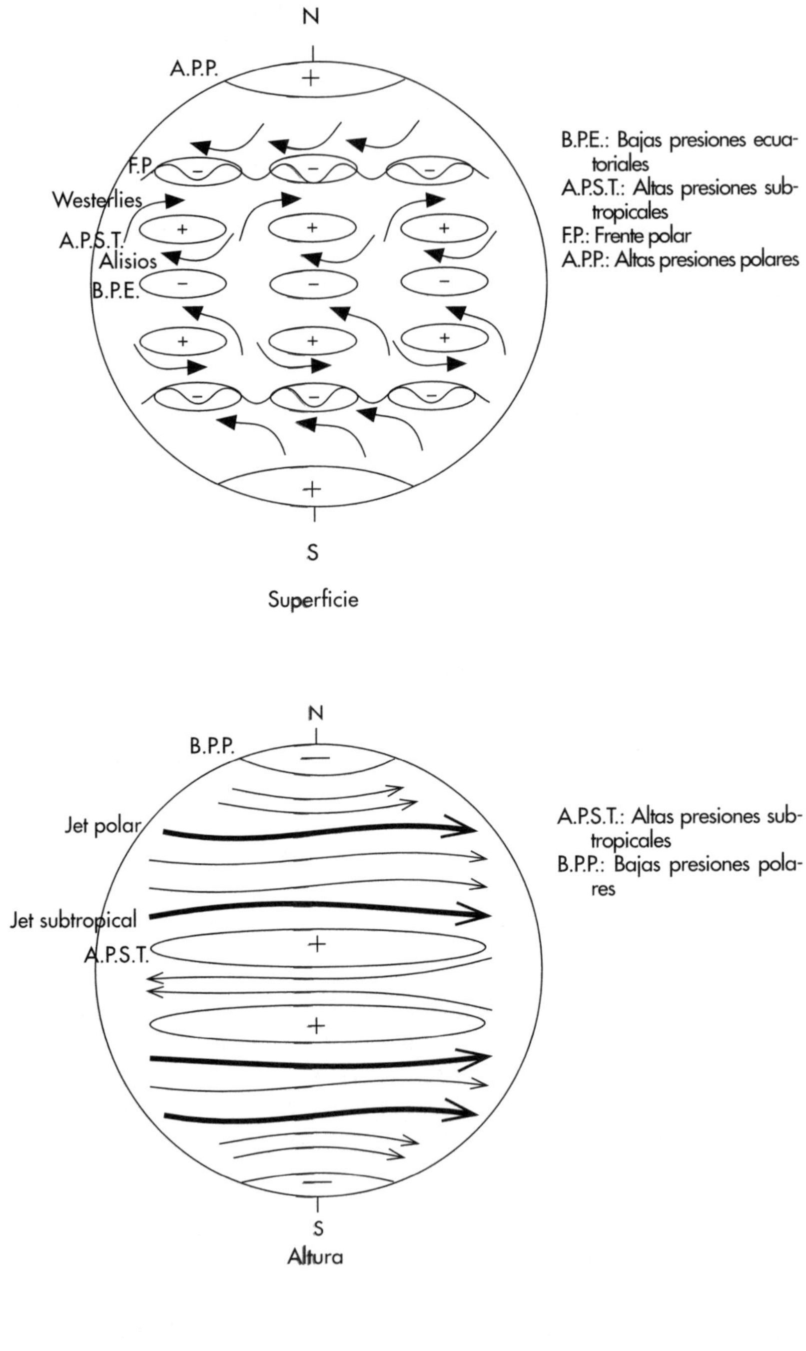

FIGURA 7.11. Esquema simplificado de la circulación general atmosférica en superficie y en altura. La simplificación del esquema de la circulación general atmosférica conduce a una clara fragmentación del planeta en bandas latitudinales. En estas bandas alternan las zonas anticiclónicas con las depresionarias y las que registran un predominio de vientos del este con las que registran vientos del oeste. En altura esta simplificación es aún más evidente al no existir la influencia perturbadora de la naturaleza de la superficie

prender los mecanismos concretos que dan lugar a los movimientos atmosféricos que hemos descrito en el epígrafe anterior.

Entre estos mecanismos ocupan un lugar relevante las fuerzas que actúan sobre el viento y que hemos analizado en el capítulo 6. Pero los movimientos del aire a gran escala (y éste es el caso que nos ocupa ahora) se ajustan también a determinados principios que conviene conocer si se pretenden entender estos movimientos. Entre estos principios destacan el principio de conservación del momento de rotación alrededor del eje de los polos y el de conservación del torbellino absoluto.

Examinaremos en primer lugar ambos principios y, a continuación, trataremos de integrarlos con los restantes mecanismos para explicar el mantenimiento de la circulación atmosférica general.

2.1. *El principio de conservación del momento de rotación alrededor del eje de los polos*

Cuando un cuerpo está animado de un movimiento de rotación uniforme alrededor de un eje se denomina *momento de rotación* o *momento angular* de ese cuerpo al producto de su velocidad lineal por su radio de giro (m.r. $= v \cdot r$), y en virtud del principio de inercia todos los cuerpos tienden a mantener constante su momento de rotación, de forma tal que si su radio de giro se acorta, su velocidad lineal aumenta, y viceversa[3].

Como ya sabemos, la Tierra realiza un movimiento de rotación alrededor del eje de los polos, y la atmósfera, que es solidaria de ella, realiza ese mismo movimiento, lo cual determina que cualquier masa de aire esté dotada de un determinado momento de rotación. Dado que el radio de giro de la Tierra disminuye a medida que avanzamos en latitud, la velocidad lineal de giro también varía en esa dimensión. Así, la máxima velocidad lineal de giro se alcanza en el ecuador, donde puede cifrarse en 465 m/s, y la velocidad mínima, en este caso nula, se produce en el polo, donde el radio de la Tierra es 0 y, en consecuencia, el espacio recorrido durante la rotación también puede cifrarse en 0.

Pero las masas de aire no permanecen estáticas sobre la Tierra, sino que se desplazan sobre ella y en estos desplazamientos tenderán a conservar constante el momento de rotación adquirido en su posición inicial.

Imaginemos qué sucede cuando una masa de aire ecuatorial se desplaza hacia latitudes más elevadas. Esa masa de aire, que en principio está estancada en el ecuador, no registra ningún movimiento relativo respecto a la Tierra, pero, lógicamente, gira en sentido W-E con la velocidad de rotación de la Tierra en esa latitud, es decir, 465 m/s. A medida que la masa de aire se desplaza hacia el polo va acortando su radio de giro, con lo cual, para mantener constante su momento de rotación, tiende a incrementar su velocidad W-E. Pero, además, como se dirige hacia latitudes donde la velocidad de giro de la Tierra es inferior a la velocidad ecuatorial, el resultado es que esta masa adquiere progresivamente un movimiento relativo hacia el oeste, convirtiéndose, pues, en un viento del oeste (véase figura 7.12).

---

[3] El hecho se puede comprobar experimentalmente haciendo girar con la mano una bolita atada a un hilo. Cuando la velocidad de giro de la bolita es pequeña, el radio de giro es grande. Si damos más impulso a la bolita y aumentamos su velocidad de giro, el hilo se enrolla en el dedo para acortar el radio de giro.

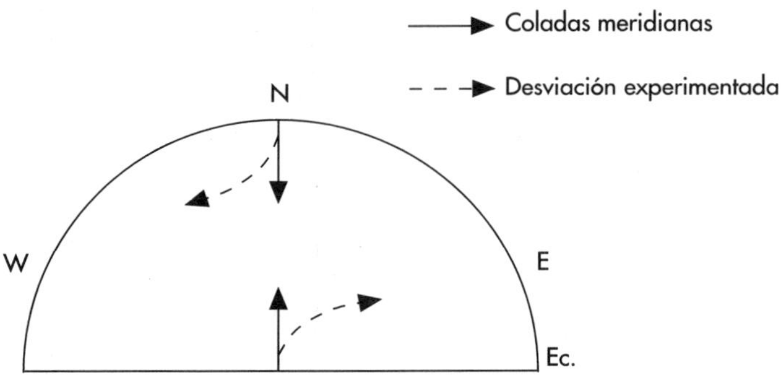

FIGURA 7.12. Modificación de las coladas meridianas como consecuencia del principio de conservación del momento de rotación alrededor del eje de los polos. Las coladas meridianas, tanto polares como ecuatoriales, tienden a mantener constante su momento de rotación alrededor del eje de los polos en su desplazamiento. Como en estos desplazamientos cambia su radio de giro, se modifica también su velocidad lineal de giro W-E, aumentando en el caso de las coladas ecuatoriales y disminuyendo en el caso de las polares. El resultado es que adquieren un movimiento relativo respecto al de la Tierra, que hace que se conviertan en coladas del W en el caso de las coladas ecuatoriales y del E en el de las polares

Un proceso inverso tiene lugar en el caso de las coladas polares en su desplazamiento hacia latitudes más bajas. En este caso la colada parte con una reducidísima velocidad W-E; al dirigirse hacia el ecuador reduce aún más esta velocidad para compensar el aumento del radio de giro y además se sitúa en latitudes en las cuales la atmósfera tiene una velocidad W-E cada vez más elevada. La consecuencia es que la masa de aire se convierte progresivamente en un viento del este.

Así pues, en virtud del principio de conservación del momento de rotación alrededor del eje de los polos, las coladas ecuatoriales deberían tender a constituir coladas del oeste, en tanto que las coladas polares deberían convertirse en coladas del este. No obstante, hay que señalar que para el cumplimiento de este principio debe existir un alto grado de simetría en el movimiento de giro en torno al eje; de ahí que en la atmósfera terrestre, y sobre todo en las latitudes elevadas, donde la circulación atmosférica está fragmentada en continuos remolinos, no siempre se efectúe su cumplimiento.

2.2. *El principio de conservación del torbellino absoluto*

Se denomina *torbellino absoluto* de un cuerpo (ω) al movimiento de rotación que éste realiza alrededor de su propia vertical, y *vorticidad* (ζ) al doble del torbellino ($\zeta = 2\omega$).

Como vimos en el capítulo anterior, el movimiento de rotación de la Tierra determinaba que cualquier porción de ésta (a excepción de las situadas en el ecuador) girara alrededor de su propia vertical con un sentido de giro ciclónico en el hemisferio Norte (sentido contrario a las agujas del reloj) y anticiclónico en el hemisferio Sur (sentido de las agujas del reloj). Ello supone que todas las porciones de la superficie terrestre, salvo las ecuatoriales, y, consecuentemente, todas las porciones de la atmósfera (recordemos que la atmósfera es solidaria de la Tierra) gozan de un determinado torbellino absoluto. Por convención los torbellinos ciclónicos se designan con signo positivo (+ω) y los anticiclónicos con signo negativo (–ω). En consecuencia, el torbellino de la Tierra en el hemisferio Norte será siempre positivo y en el hemisferio Sur negativo, permaneciendo nulo en el ecuador.

Pero la magnitud del torbellino varía con la latitud, siendo máximo en los polos y disminuyendo a medida que nos aproximamos hacia el ecuador. Al torbellino de la Tierra en el polo, que se evalúa en 360°/24 h, se le designa mediante la letra Ω (+Ω en el polo Norte y –Ω en el polo Sur). Además, como ya sabemos, en cualquier otra latitud este torbellino se puede evaluar mediante la expresión:

$$\omega = \Omega \cdot \text{sen}\ \varphi \qquad [7.1]$$

siendo:

ω el torbellino de la Tierra en una latitud dada,
Ω el torbellino de la Tierra en el polo, y
φ la latitud del lugar expresada en grados.

En el ecuador $\varphi = 0$, con lo cual $\text{sen}\ \varphi = 0$ y $\omega = 0$, lo que corrobora nuestra afirmación inicial de que el torbellino de la Tierra en el ecuador es nulo.

En los polos $\varphi = 90°$, $\text{sen}\ \varphi = 1$ y $\omega = \Omega$, lo que también corrobora nuestras afirmaciones iniciales.

En cualquier latitud intermedia entre el polo y el ecuador $0 < \omega < 90$, con lo cual $0 < \text{sen}\ \omega < 1$; de ahí que $\omega < \Omega$, es decir, que en estas latitudes intermedias el torbellino adoptará un valor inferior al adoptado en el polo.

Pues bien, el principio de inercia determina que los cuerpos tiendan a mantener constante su torbellino absoluto inicial, el que adquirieron en su punto de partida, y este hecho es también aplicable a la atmósfera terrestre.

Partiendo de estos supuestos, veamos qué sucede cuando una masa de aire estancada en el polo Norte inicia una trayectoria hacia una latitud más baja (φ). En principio esta masa de aire tiene un torbellino absoluto que coincide con el torbellino de la Tierra en el polo (Ω) y de carácter ciclónico. Cuando llega a la latitud φ el torbellino de la Tierra en ese lugar es $\omega = \Omega \cdot \text{sen}\ \varphi$, el cual es menor que Ω. En consecuencia, la rotación ciclónica de la masa de aire es más rápida que la de la Tierra en ese lugar, con lo cual ya no está inmóvil con respecto a la Tierra, sino que tiene un movimiento ciclónico con respecto a ella, movimiento cuya velocidad angular es $\omega' = \Omega - \omega$, y que se denomina con el término de *torbellino relativo* de la masa de aire.

Un proceso inverso tiene lugar cuando el flujo de aire se dirige desde el ecuador hacia latitudes más altas. Como ya sabemos, el torbellino absoluto (ω) de la Tierra en el ecuador es 0. Cuando la masa de aire llega a la latitud φ, se encuentra con un torbellino local $\omega = \Omega \cdot \text{sen}\ \varphi$, que es superior a 0. La masa de aire adquiere así un torbellino relativo $\omega' = 0 - \omega = -\omega$, es decir, un torbellino relativo negativo o, lo que es lo mismo, anticiclónico.

El resultado de estos procesos es que las coladas meridianas polo-ecuador se descomponen en una serie de columnas turbillonares ciclónicas, en tanto que las coladas ecuador-polo se descomponen en columnas turbillonares anticiclónicas. En ambos casos estas coladas tenderán a desviarse hacia el este, convirtiéndose en vientos del oeste (véase figura 7.13).

En efecto, en las coladas polo-ecuador y con columnas turbillonares ciclónicas se produce una disimetría entre los vientos que se registran en sus dos flancos: oeste y este. En el flanco oeste el impulso norte-sur de la colada coincide con el impulso del

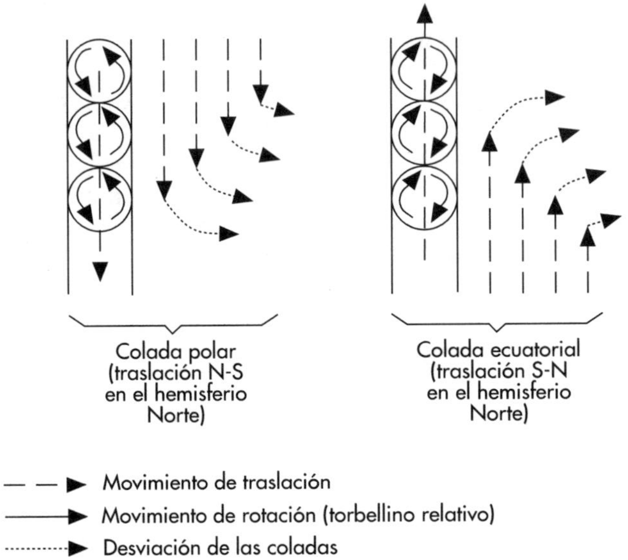

FIGURA 7.13. Efectos de la conservación del torbellino absoluto sobre la trayectoria meridiana de las corrientes atmosféricas. El principio de conservación del torbellino absoluto determina que las coladas meridianas se descompongan en columnas turbillonares, anticiclónicas en el caso de las coladas ecuatoriales y ciclónicas en las polares. En ambos casos esto se traduce en una velocidad diferente del viento entre el flanco E y el flanco W de las coladas, las cuales se desvían hacia el E. Fuente: Hufty, *Introducción a la climatología,* Barcelona, Ariel, 1984

torbellino relativo ciclónico, que también apunta hacia el sur. En el lado este, por el contrario, el impulso norte-sur de la colada es contrarrestado por el impulso sur-norte propio del torbellino ciclónico. En consecuencia, los vientos son más rápidos en el lado oeste que en el lado este y la colada en su conjunto acaba desviándose hacia el este, convirtiéndose en un viento general del oeste.

Un proceso similar se registra en las coladas ecuatoriales. En ellas también hay velocidades mayores en la fachada oeste (donde se adicionan los impulsos de la colada y del torbellino) que en la este (donde los dos impulsos se contrarrestan) y el resultado es también en este caso una desviación del aire hacia el este y la constitución de un viento general del oeste (véase figura 7.13).

Así pues, en virtud del principio de conservación del torbellino absoluto, todas las coladas meridianas, tanto las polares como las ecuatoriales, deben tender a convertirse durante su trayectoria en coladas del oeste.

2.3. *El efecto de los cambios experimentados por las columnas turbillonares en su trayectoria*

Los procesos que acabamos de describir sólo tienen lugar cuando no se registran cambios en las columnas turbillonares a lo largo de su recorrido; si tuvieran lugar tales cambios la situación podría variar, dado que estas columnas han de ajustarse también a ciertos principios básicos de funcionamiento.

Cuando una columna turbillonar se desplaza a lo largo de la superficie terrestre debe conservar constantes tres magnitudes: en primer lugar, su torbellino absoluto; además, su volumen; por último, su momento de rotación alrededor de su propia vertical, porque no hay que olvidar que una columna turbillonar no es sino un volumen de aire realizando un movimiento de rotación alrededor de su propio eje y, como tal, tiene su correspondiente momento de rotación. Veamos la implicación de cada uno de estos procesos.

Si el torbellino relativo (ω') de una columna de aire se define como la diferencia entre su torbellino absoluto (ω) y el torbellino de la tierra en ese lugar ($\Omega \cdot \text{sen}\ \varphi$), podemos escribir el torbellino absoluto mediante la expresión:

$$\omega = \omega' + \Omega \cdot \text{sen}\ \varphi \qquad [7.2]$$

Dado que este torbellino absoluto debe permanecer constante, podemos asumir que:

$$\omega' + \Omega \cdot \text{sen}\ \varphi = K \qquad [7.3]$$

Por su parte, el volumen de la columna de aire, dado que son columnas cilíndricas, se puede expresar como:

$$\text{vol} = \pi \cdot R^2 \cdot H \qquad [7.4]$$

siendo:

R el radio de la columna, y
H la altura de la columna.

La constancia de este volumen nos permite escribir:

$$R^2 \cdot H = K \qquad [7.5]$$

pudiendo omitirse de la expresión el término π por ser el mismo constante.

Por último, el momento de rotación de las columnas turbillonares se expresaría como:

$$\text{m.r.} = v \cdot R \qquad [7.6]$$

siendo:

v la velocidad lineal del aire y
R el radio de la columna.

Pero sabemos que:

$$v = \omega \cdot R \qquad [7.7]$$

siendo ω la velocidad angular del aire de las columnas; por tanto, si sustituimos la velocidad lineal de la expresión [7.6] por la expresión [7.7], obtenemos:

$$\omega \cdot R^2 = K \qquad [7.8]$$

Pero en realidad la velocidad angular de giro de las columnas turbillonares no es sino su torbellino absoluto, con lo cual, sustituyendo la expresión [7.2] en la [7.8], ésta última puede escribirse:

$$(\omega' + \Omega \cdot \text{sen } \varphi) \cdot R^2 = K \qquad [7.9]$$

Si dividimos la expresión [7.9] por la ecuación [7.5] obtenemos:

$$[(\omega' + \Omega \cdot \text{sen } \varphi) \cdot R^2]/[R^2 \cdot H] = K/K \qquad [7.10]$$

lo que conduce al resultado de:

$$(\omega' + \Omega \cdot \text{sen } \varphi)/H = K \qquad [7.11]$$

Multiplicando los dos términos de esta ecuación por 2 obtenemos:

$$(2\omega' + 2 \cdot \Omega \cdot \text{sen } \varphi)/H = 2 \cdot K = K \qquad [7.12]$$

Pero 2ω' es la vorticidad relativa de la columna (ζ) y $2 \cdot \Omega \cdot \text{sen } \varphi$ es el parámetro de Coriolis (f), con lo cual podemos afirmar que:

$$(f + \zeta)/H = K \qquad [7.13]$$

Ello nos conduce a la afirmación de que la suma del parámetro de Coriolis más la vorticidad relativa de la columna turbillonar partida por su altura, debe permanecer constante en los desplazamientos de ésta. Existe, pues, una relación muy estrecha entre la vorticidad de las columnas —y por ende, su torbellino absoluto— y su forma, definida aquí a través de su altura, de forma tal que cualquier aumento de la altura de las columnas turbillonares suele acompañarse de un aumento de la vorticidad, y viceversa, cuando la altura disminuye, la vorticidad lo hace también de modo que la expresión [7.13] permanezca constante.

El aumento de la altura de las columnas turbillonares se asocia a la convergencia. Así, cuando una columna de aire como la columna 1 de la figura 7.14 se expansiona en vertical por presiones laterales, adopta la forma de la columna 2, con el mismo volumen, pero mayor altura y menor radio. Esta disminución del radio de la columna se acompaña de un aumento de su velocidad de giro ciclónico o, lo que es lo mismo, de su torbellino absoluto inicial.

Por su parte, la disminución de la altura de las columnas se asocia a la divergencia, la cual determina un descenso del aire y una expansión en horizontal de las columnas turbillonares (véase columna 3 de la figura 7.14). Cuando tiene lugar este proceso, la nueva columna de aire adquiere una altura menor y un radio mayor, el cual propicia una ralentización de su velocidad de giro ciclónico, una disminución, en suma, de su torbellino absoluto inicial.

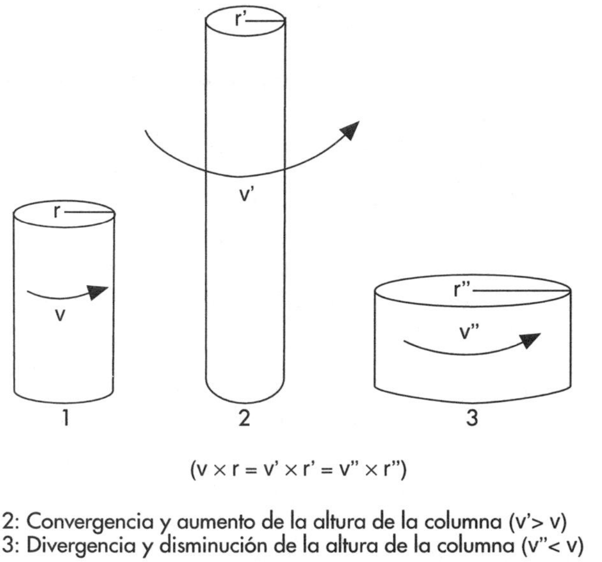

FIGURA 7.14. Variaciones en el torbellino absoluto como consecuencia del cambio en las columnas de aire. La convergencia determina ascensos del aire con una consecuente disminución del radio de las columnas turbillonares. Ello se traduce de inmediato en un aumento de su velocidad de giro ciclónico. En el caso de la divergencia tienen lugar, por el contrario, descensos de aire que conducen a un aumento del radio de giro de las columnas turbillonares, las cuales, para mantener constante su momento de rotación, tienden a reducir su velocidad de giro ciclónico. Fuente: Hufty, *Introducción a la climatología,* Barcelona, Ariel, 1984

Estos principios nos permiten comprender que no todas las coladas polares adquieran un torbellino relativo ciclónico, como tampoco todas las coladas ecuatoriales adquieren siempre torbellino relativo anticiclónico. Así, una colada polar, dotada en principio de un torbellino absoluto ciclónico elevado, si en su trayectoria hacia el ecuador diverge y desciende fuertemente, puede reducir su movimiento giratorio ciclónico hasta valores tan bajos que lleguen a ser inferiores al torbellino de la Tierra en la latitud de llegada. En ese caso la columna adquirirá un torbellino relativo anticiclónico y se desviará hacia el oeste en lugar de hacerlo hacia el este. Por lo mismo, una colada ecuatorial, si se ve sometida a un fuerte proceso de convergencia y ascenso, puede incrementar su torbellino ciclónico inicial hasta hacerlo superior al de las latitudes a las que se dirige; adquiere entonces un torbellino relativo ciclónico y puede desviarse hacia el oeste, convirtiéndose en una colada del este.

Así pues, como norma general, el principio de conservación del torbellino absoluto provoca una desviación de las coladas meridianas hacia el este, pero los movimientos verticales de las columnas turbillonares (ascensos y descensos) pueden acentuar, debilitar o anular estas tendencias dependiendo de su tipo y de su intensidad, con lo cual son posibles todo tipo de situaciones.

Una vez conocidos todos estos principios, veamos cómo se combinan para determinar el mantenimiento de la circulación atmosférica general que hemos descrito en los epígrafes anteriores.

3. La integración de todos los mecanismos en el mantenimiento de la circulación atmosférica general

Dada la interconexión existente entre los diversos cinturones de presión y viento que componen la circulación atmosférica general, resulta difícil seleccionar un primer componente que sirva de punto de arranque para la explicación de todo el conjunto. Nosotros partiremos del cinturón intertropical y más concretamente de las bajas presiones ecuatoriales, pero queremos resaltar que ello no supone en absoluto que le otorguemos la categoría de primer motor. Se trata de una opción impuesta por las exigencias del discurso escrito, el cual forzosamente ha de ser lineal, aunque la realidad tenga un comportamiento de carácter mucho más sistémico.

Una vez hecha esta aclaración podemos situarnos, efectivamente, en la latitud ecuatorial donde se instalan de manera casi permanente las bajas presiones ecuatoriales. Unas bajas presiones que resultan de un efecto triple: en primer lugar, de la convergencia de los alisios de los dos hemisferios, la cual se resuelve mediante ascensos bruscos del aire en vertical; en segundo lugar, de la convección térmica que tiene lugar en estas latitudes, dotadas de un balance de radiación excedentario; por último, de las grandes cantidades de calor latente que se liberan en la atmósfera de esta zona como consecuencia de las condensaciones de humedad que tienen lugar a raíz de los ascensos del aire.

Así pues, la convergencia de los alisios y la convección térmica inician un potente movimiento de ascenso del aire en esta zona, que se traduce en importantes condensaciones y en el desarrollo de inmensas torres de cumulonimbos. A su vez, a medida que tiene lugar este proceso, se van liberando ingentes cantidades de calor latente que elevan aún más la temperatura del aire, contribuyendo a inestabilizarlo. El resultado es que estos ascensos se perpetúan hasta el nivel de la tropopausa acompañándose de fuerte nubosidad y de lluvias abundantes.

Pero el proceso también se traduce en la acumulación de grandes cantidades de aire muy caliente en los niveles altos de la atmósfera. Este aire se verá obligado a diverger desde estas zonas, en primer lugar, porque todo agolpamiento de aire en un determinado sitio se resuelve mediante la divergencia; además, porque esta acumulación de aire caliente en las capas altas de la atmósfera genera inmediatamente un potente anticiclón desde el cual diverge el aire.

Así pues, las altas presiones subtropicales de los niveles altos de la atmósfera encuentran su justificación en esta acumulación de aire caliente procedente de la convergencia superficial de los alisios. Pero estas altas presiones tienen también una causa dinámica: el aire superior ecuatorial, en su divergencia hacia las latitudes polares, tiende a conservar su momento de rotación alrededor del eje de los polos (muy fuerte) y su torbellino absoluto inicial (muy débil), y ambos fenómenos lo obligan a desviarse hacia el este con fuerte curvatura anticiclónica, convirtiéndose en un potente viento del oeste.

Se explican así la constitución del anticiclón subtropical de altura y la formación de la corriente en chorro subtropical, que inhiben la consecución de la trayectoria hasta el polo del aire ecuatorial superior y lo obligan a descender en espiral anticiclónica hacia las capas bajas de la atmósfera en estas latitudes.

Esta subsidencia generalizada del aire es la responsable de la formación de las altas presiones subtropicales de superficie aproximadamente a la misma latitud, y éstas, a su vez, determinan la aparición de los vientos alisios como vientos divergentes desde estos núcleos anticiclónicos. Cuando los alisios de los dos hemisferios convergen en el ecuador se generan de manera inmediata las bajas presiones ecuatoriales que ya hemos comentado.

Se forma así en las latitudes intertropicales una especie de circuito de aire que conecta todos los niveles atmosféricos y según el cual el aire superficial converge en el ecuador y asciende hasta las capas altas de la atmósfera; desde ellas diverge hacia las latitudes subtropicales donde desciende, agolpándose en el suelo y divergiendo de nuevo hacia el ecuador (véase figura 7.15). Este circuito, que recibe la denominación de *célula de Hadley,* sintetiza bastante bien lo esencial del comportamiento del aire en estas latitudes intertropicales.

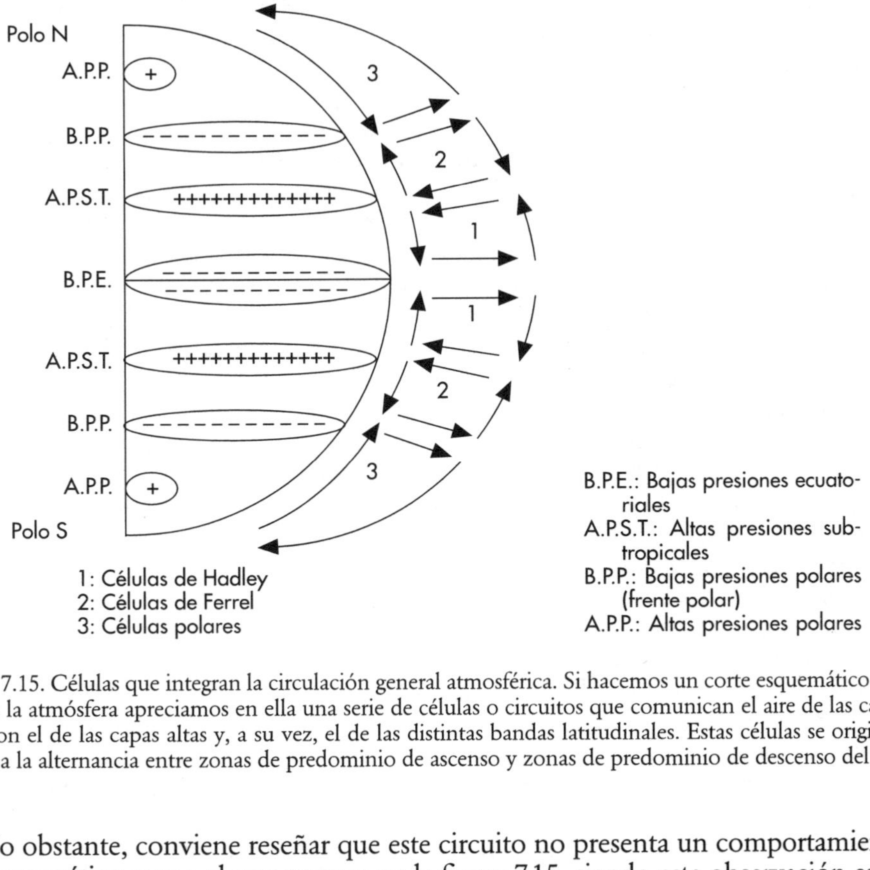

FIGURA 7.15. Células que integran la circulación general atmosférica. Si hacemos un corte esquemático vertical de la atmósfera apreciamos en ella una serie de células o circuitos que comunican el aire de las capas bajas con el de las capas altas y, a su vez, el de las distintas bandas latitudinales. Estas células se originan gracias a la alternancia entre zonas de predominio de ascenso y zonas de predominio de descenso del aire

No obstante, conviene reseñar que este circuito no presenta un comportamiento tan esquemático como el que aparece en la figura 7.15, siendo esta observación especialmente válida para las capas altas de la atmósfera. En estas capas, en efecto, el aire no se dirige linealmente hacia las latitudes subtropicales en sentido ecuador-polo; lo que predomina en altura en esta zona es un flujo de vientos del este correspondiente al flanco ecuatorial de las altas presiones subtropicales. Ahora bien, por término medio, este flujo comporta una advección de aire desde el ecuador hacia los trópicos, realizándose esta advección a través de los cuellos que a veces se instalan entre los núcleos anticiclónicos y a través de las ondulaciones que se originan en este flujo del este, las cuales permiten los intercambios meridianos del aire. Por ello sí cabe afirmar, en último término, la existencia de esta célula, de este circuito de aire que intercomunica los distintos ámbitos de las latitudes intertropicales, tanto en superficie como en altura, dotándolas de una cierta individualidad. Sin embargo, esta individualidad no debe interpretarse como aislamiento; las distintas bandas latitudinales se comunican entre sí y, de hecho, hay continuos trasvases de aire entre esta banda intertropical y la banda de las latitudes medias, como tendremos ocasión de comprobar más adelante.

En las latitudes medias y altas, como hemos visto en los epígrafes anteriores, toda la circulación atmosférica se organiza alrededor de los grandes centros de acción que se sitúan en las latitudes polares y subtropicales. En los polos el intenso frío reinante se traduce en la aparición de un anticiclón de origen térmico en el suelo, que se halla sobremontado por un núcleo de bajas presiones. En las latitudes subtropicales los núcleos de alta presión son la nota dominante tanto en superficie como en altura.

Esta configuración de las presiones determina en el suelo un predominio de los vientos de componente oeste, recorridos por las perturbaciones del frente polar, y en altura, la existencia de un flujo circumpolar del oeste especialmente acelerado en torno al paralelo 50°, justo por encima de las trayectorias más frecuentemente seguidas por estas perturbaciones, lo que traduce el estrecho acoplamiento que existe entre ambos fenómenos. Y es que, efectivamente, los dos responden a mecanismos genéticos comunes y traducen los mismos hechos de partida: la existencia en esa zona de una agudización del gradiente térmico horizontal y de un torbellino relativo ciclónico muy elevado en el aire.

La intensificación del gradiente térmico en esta banda latitudinal es atribuible a las perturbaciones del frente polar. Éstas resultan precisamente de los profundos contrastes térmicos que se producen entre el aire tropical procedente de las altas presiones subtropicales y el aire muy frío elaborado en las cuencas polares y en los grandes bloques continentales durante el invierno. La puesta en contacto de estas dos masas de aire genera zonas frontales fuertemente baroclinas en las que el gradiente térmico horizontal es muy acusado.

Pero, además, estas perturbaciones constituyen remolinos de carácter ciclónico que contribuyen muy eficazmente a la mezcla del aire en estas latitudes. Las coladas polares se mezclan así con el aire de las latitudes medias y dotan a toda esta zona de una temperatura muy fría en conjunto. Ello explica que las temperatura no registren un aumento suave y gradual del polo a los trópicos, sino que muestren una estrecha banda de concentración del gradiente térmico en torno al paralelo 50°, banda que delimita la zona de influencia de las coladas polares y de la mezcla del aire ejercida por las perturbaciones del frente polar.

Por encima de esta zona baroclina y con intenso gradiente térmico se genera, lógicamente, una aceleración de los vientos del oeste que da lugar a la aparición de la corriente en chorro polar. Y es que el gradiente térmico horizontal se traduce en altura en un fuerte gradiente barométrico y en la aparición de un viento térmico muy potente. Como resultado de ambos fenómenos los vientos se van acelerando a medida que ascendemos hacia las capas altas de la atmósfera y alcanzan su culmen en el nivel de la tropopausa, en el cual, efectivamente, es donde se registran las aceleraciones más fuertes del jet stream, gran corriente tubular que separa el aire frío y depresionario de las latitudes altas del aire cálido y anticiclónico de las latitudes bajas. Pero esta aceleración de los vientos del oeste responde también al fuerte torbellino ciclónico que el aire presenta en estas latitudes y del que son responsables las coladas de aire polar. Estas coladas están dotadas de un torbellino ciclónico inicial muy fuerte y, en su desplazamiento hacia las latitudes medias, dotan a toda esta zona de un potente torbellino relativo ciclónico. Resulta de ello la aceleración de los vientos y su conversión en vientos del oeste, como hemos visto hace un momento.

Se explican así tanto las corrientes en chorro del oeste en altura como el hecho de que numerosas coladas polares en superficie se conviertan en coladas del oeste y no del este, como cabría esperar del giro anticiclónico del aire en torno a las altas presiones polares.

De lo expuesto en los párrafos anteriores puede deducirse la existencia de una relación muy estrecha entre el frente polar de superficie y la corriente en chorro superior. Aquél dotaría a todo el aire de las latitudes medias de un intenso contraste térmico y de un fuerte torbellino ciclónico que contribuirían al mantenimiento de éste. Pero también son muy importantes las relaciones de dirección contraria, es decir, la influencia que la corriente en chorro polar ejerce sobre los fenómenos de superficie. Esta influencia se ejerce, sobre todo, a partir de las ondulaciones que el chorro presenta en su trayectoria, y que se van a reflejar inmediatamente en el comportamiento del aire en el suelo. Los anticiclones de bloqueo asociados a las crestas del chorro y las depresiones asociadas a sus vaguadas son algunos de los ejemplos más característicos (véase figura 7.9).

El anticiclón de bloqueo en altura constituye un embolsamiento de aire cálido y con sentido de giro anticiclónico. Ambos fenómenos producen una subsidencia generalizada y una estabilización progresiva de toda la columna de aire, y el resultado es la formación subsecuente de un potente anticiclón en superficie. Por su parte, las bajas asociadas a las vaguadas constituyen embolsamientos de aire frío con sentido de giro ciclónico; la columna atmosférica se inestabiliza y los ascensos del aire no se hacen esperar, excavándose una depresión profunda en el nivel superficial al cabo de poco tiempo.

Pero las ondulaciones del chorro comportan además fenómenos de convergencia y divergencia en altura que ejercen también una fuerte repercusión en los niveles bajos de la atmósfera. La convergencia en altura se resuelve mediante descensos del aire que determinan altas presiones en superficie; la divergencia, por el contrario, al generar un vacío de aire en altura, ejerce un efecto de succión sobre el aire de las capas bajas, obligándolo a ascender y excavando una depresión superficial.

Ambos fenómenos tienen lugar en el chorro en virtud de dos tipos de mecanismos distintos: la confluencia o disfluencia de los vientos en su interior, y los cambios de velocidad que se producen en su recorrido.

Los fenómenos de confluencia y disfluencia se originan siempre que el chorro en sus ondulaciones se bifurca en dos ramales (véase figura 7.16). La confluencia de los ramales propicia la subsidencia y la subida de presión en superficie, en tanto que la disfluencia favorece el fenómeno contrario: el ascenso del aire y la bajada de presión superficial.

Pero aún más importantes se revelan los cambios de velocidad registrados en el flujo de viento cuando éste ondula. Como ya sabemos, las ondulaciones del jet stream generan depresiones en sus vaguadas y anticiclones en sus crestas, y sabemos, además, que a igualdad de gradiente de presión el viento fluye más deprisa en torno

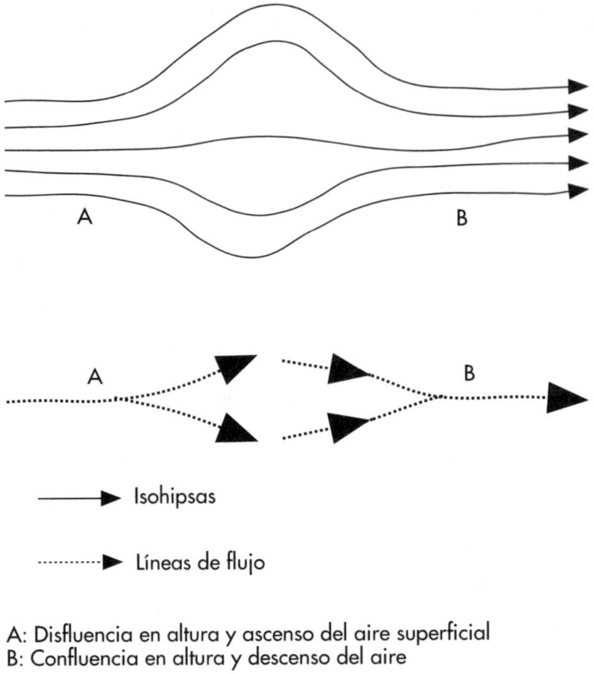

FIGURA 7.16. Bifurcación de la corriente en chorro. La disfluencia de la corriente en chorro (A) determina la bifurcación de éste en dos ramales; ello genera un vacío de aire en altura que tiende a rellenarse con aire ascendente desde las capas bajas. En el punto B, sin embargo, hay una confluencia de la corriente en chorro que produce un agolpamiento de aire y su consecuente descenso hacia las capas bajas de la atmósfera.
Fuente: Medina, *Meteorología básica sinóptica,* Madrid, Paraninfo, 1976, pág. 119

a los anticiclones (vientos supergeostróficos) que en torno a las depresiones (vientos subgeostróficos). Como consecuencia de estos hechos se va a producir una marcada disimetría en el comportamiento del aire en los flancos oriental y occidental de las vaguadas (véase figura 7.17).

En el flanco oriental de las vaguadas el aire circula lentamente en torno a la depresión, en tanto que el anticiclón situado en la cresta que la precede genera vientos supergeostróficos más rápidos. La consecuencia es que el aire delantero escapa rápidamente mientras que el que circula detrás va ralentizado y no puede alcanzarlo, generándose así una divergencia importante en este flanco oriental de la vaguada. Esta divergencia atrae al aire situado en las capas bajas de la atmósfera, el cual comienza a ascender en espiral ciclónica, excavando inmediatamente una depresión en el suelo. Cuando este fenómeno se superpone a una zona de fuerte contraste térmico superficial —y ello es frecuente dado que estamos en unas latitudes muy proclives a la frontogénesis— la espiral ciclónica dibujada por el aire en su ascenso determina una ondulación del frente y la aparición consecuente de una perturbación a dos frentes (véase figura 7.18). De hecho estas perturbaciones suelen ubicarse siempre en la parte delantera de las vaguadas, viajando con ellas en dirección W-E, como veremos con más detalle en los capítulos posteriores.

El flanco occidental de las vaguadas asiste a un fenómeno inverso del anterior.

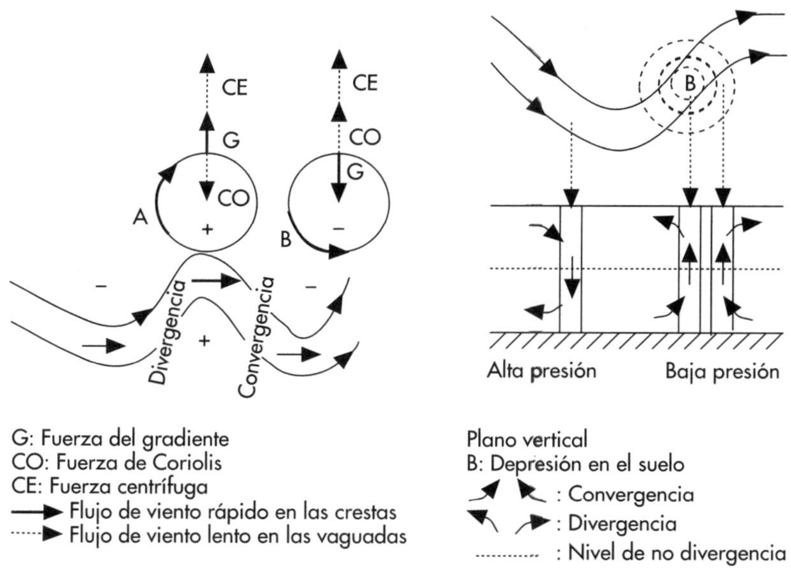

FIGURA 7.17. Fenómenos de convergencia y divergencia en la corriente en chorro por cambios en la velocidad del viento. A igualdad de gradiente de presiones el viento fluye más deprisa en torno a los anticiclones que en torno a las depresiones. Ello genera un fenómeno de divergencia (sale más aire del que entra) en la zona oriental de las vaguadas y otro de convergencia (entra más aire del que sale) en su zona occidental. El resultado final es que en la zona oriental de las vaguadas se generan depresiones con fuerte ascenso del aire, frente a la zona occidental, en la que predomina la subsidencia. Fuente: Hufty, *Introducción a la climatología*, Barcelona, Ariel, 1984

Aquí lo que se genera es un agolpamiento de aire, una convergencia, como consecuencia de la lenta circulación que se registra en torno a la depresión y la circulación más rápida que genera el anticiclón de la cresta que le sucede (véase figura 7.17). Por ello en esta zona suele predominar la subsidencia del aire acompañada de estabilidad atmosférica y alta presión en el suelo.

En consecuencia, se puede afirmar que, si bien las perturbaciones superficiales son fundamentales para explicar la aceleración de la corriente en chorro superior, ésta a su vez contribuye a generar esas mismas perturbaciones. De hecho, las perturbaciones del frente polar tienden a constituirse allí donde son predominantes las vaguadas de la corriente en chorro, es decir, en la costa este de los Estados Unidos y del continente euroasiático (véase figura 7.2).

En efecto, la corriente en chorro superior tiende a configurar crestas sobre los continentes americano y euroasiático y vaguadas en sus costas orientales respectivas, estando el origen de esta persistencia en causas orográficas y térmicas simultáneamente. El efecto hidrodinámico del relieve es el primer agente de este tipo de ondulación y se deriva del hecho de que, cuando un flujo de aire atraviesa perpendicularmente una cadena montañosa suficientemente importante, se ve obligado a comprimirse en la cumbre, expansionándose en horizontal (véase figura 7.19). La columna de aire, que en el inicio de su recorrido presentaba una altura elevada, en la cumbre reduce considerablemente su altura y aumenta su radio de giro. Sufre, en suma, una divergencia que disminuye su velocidad de giro ciclónico, dotándola de un torbellino re-

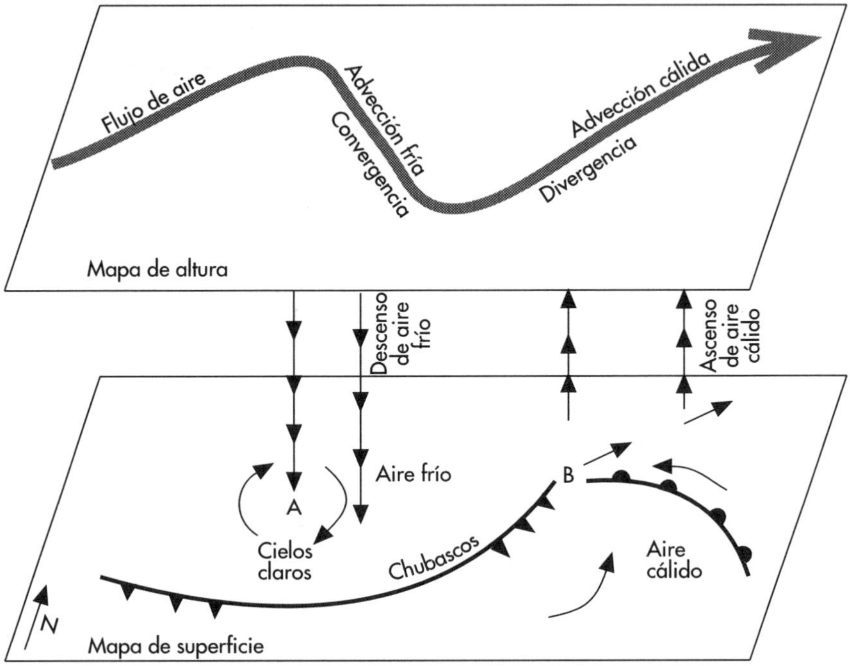

FIGURA 7.18. Génesis de las perturbaciones frontales en el flanco este de las vaguadas de la corriente en chorro. Cuando una divergencia en la corriente en chorro se superpone a una zona frontal, la espiral ciclónica dibujada por el aire superficial en su ascenso determina la ondulación del frente, surgiendo así una perturbación a dos frentes. Fuente: Ahrens, *Meteorology today. An introduction to weather, climate and the environment,* Minnesota, West Publishing Co., 1982, pág. 359

lativo anticiclónico. En respuesta a este hecho la columna adopta una curvatura anticiclónica y configura una cresta.

Tras el paso de la cadena montañosa la columna de aire gana de nuevo altura, disminuyendo su radio de giro. Esto le obliga a incrementar su velocidad de giro ciclónico y la dota de un torbellino relativo ciclónico, que se traduce en una curvatura ciclónica para la corriente y en la configuración de una vaguada.

Pues bien, las montañas Rocosas en el continente americano y la cadena del Himalaya en el euroasiático ejercen este efecto hidrodinámico sobre la corriente de aire superior y ello explica la formación muy frecuente de crestas anticiclónicas sobre ambos continentes y de vaguadas depresionarias en sus extremos orientales (véase figura 7.2). Por otro lado, circunstancias de origen térmico contribuyen también a la aparición de este fenómeno. Así, las corrientes cálidas que bañan las costas orientales de estos continentes (Gulf Stream y Kuro Chivo respectivamente) propician la inestabilidad en las columnas de aire que se sitúan sobre ellas. Esta inestabilidad provoca ascensos del aire que aumentan aún más la altura de las columnas y, por ende, su rotación ciclónica. La vaguada se ve así reforzada mediante este mecanismo térmico.

Se da además la circunstancia de que estos enclaves constituyen áreas típicamente frontogenéticas, dado que en ellas tienden a enfrentarse el aire frío emitido por los anticiclones continentales y el aire cálido y húmedo procedente de los anticiclones

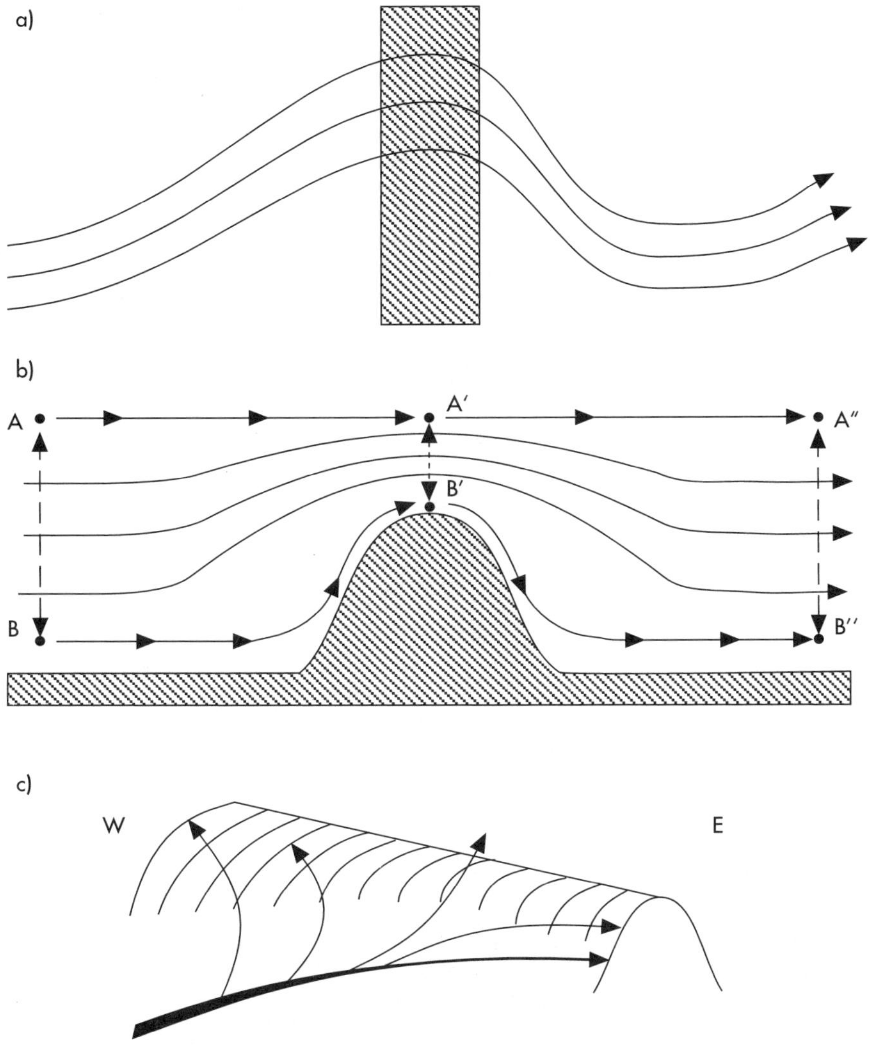

a) Curvatura de la corriente al atravesar perpendicularmente una cadena de montañas.
b) Compresión vertical de la columna de aire en la cumbre de la cadena y expansión vertical en la ladera de sotavento.
c) Expansión horizontal de la columna de aire en la cumbre de la cadena montañosa.

FIGURA 7.19. Efecto hidrodinámico del relieve sobre una corriente de aire. La compresión vertical que sufre la columna de aire en la cumbre de la cadena montañosa hace que aumente su radio de giro y, en consecuencia, disminuye su velocidad de giro ciclónico, lo que propicia la aparición de un torbellino relativo anticiclónico y, en suma, de una cresta anticiclónica. En sotavento la columna de aire aumenta su altura y disminuye su radio de giro. Esto le hace aumentar su velocidad, adquiriendo torbellino relativo ciclónico y curvatura también ciclónica. Fuente: Pédélaborde, «Les données de la climatologie», en *Encyclopédie de la Pléiade. Géographie Générale,* París, Gallimard, 1966, pág. 80.

subtropicales oceánicos (véase figura 7.20). En este caso la vaguada de la corriente superior se limita a ondular el frente y a generar la perturbación. Por ello no es extraño que la mayor parte de las perturbaciones frontales se generen en las costas orientales de los continentes y viajen acopladas a las vaguadas de la corriente en chorro en sentido W-E, terminando por bañar las costas occidentales de los continentes.

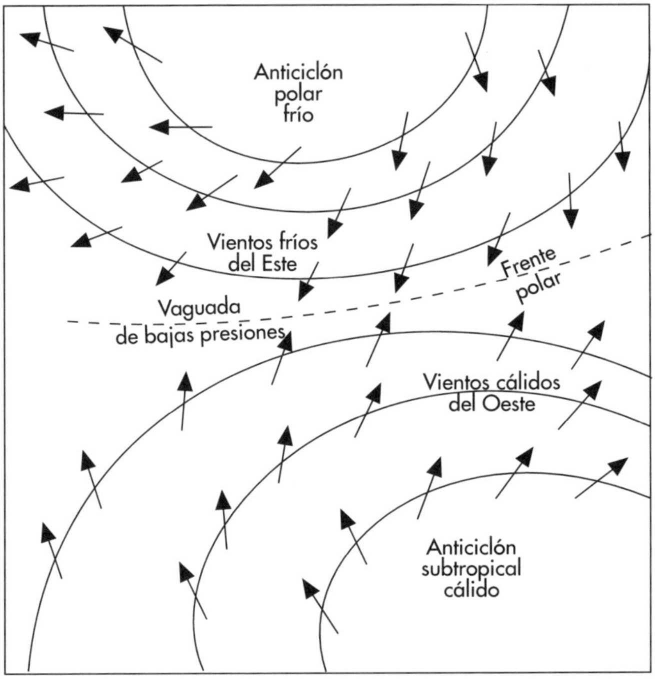

FIGURA 7.20. Frontogénesis en las costas orientales de los continentes del hemisferio Norte en las latitudes medias. Las costas orientales de los continentes en las latitudes medias del hemisferio norte son zonas típicamente frontogenéticas porque en ellas se enfrentan la masa de aire polar procedente de los anticiclones continentales y la masa de aire tropical procedente de las altas presiones subtropicales. Fuente: Strahler, *Geografía Física,* Barcelona, Omega, 1974, pág. 174

Si sintetizamos el comportamiento de la circulación atmosférica en esta banda latitudinal nos encontramos también, al igual que en las latitudes intertropicales, con una alternancia entre zonas donde predomina el ascenso del aire y otras en las que lo habitual es el descenso. En este caso el ascenso se registra en la banda correspondiente a las perturbaciones del frente polar, las cuales generan abundante nubosidad y lluvias, así como una gran acumulación de aire en altura. Sin embargo, esta acumulación no se traduce ahora en la aparición de un cinturón de altas presiones, sino en la formación de una veloz corriente en chorro que traduce la estructura fuertemente baroclina que reina en la atmósfera de esta zona.

En cualquier caso, el aire acumulado en estas latitudes diverge, tanto hacia los polos, donde desciende sobre los anticiclones polares de superficie, como hacia las latitudes subtropicales, en las que reforzará la subsidencia generalizada del aire. El resultado es que en estas latitudes medias y altas se constituyen dos nuevas células atmosféricas (la célula de Ferrel y la célula polar respectivamente) similares a las que ya hemos descrito para el ámbito intertropical (véase figura 7.15).

Naturalmente, tampoco en este caso los trasvases de aire hacia el polo y los trópicos en las capas altas de la atmósfera son tan esquemáticos como los representados en la figura 7.15. El aire en altura no fluye linealmente en dirección norte y sur, aunque por término medio se registre una advección de aire desde las latitudes medias hacia las tropicales y las polares, siendo el agente de esta advección las ondulaciones de la corriente en chorro superior. Así, cada cresta de la corriente implica una advección de aire cálido desde las latitudes bajas hacia las altas y cada vaguada, por el contrario, transporta grandes cantidades de aire frío polar hacia las latitudes bajas.

Por otro lado, es éste el momento de insistir en las profundas interconexiones que ligan a las distintas células atmosféricas. Como puede apreciarse en la figura 7.15, las altas presiones subtropicales están alimentadas simultáneamente por aire tropical y por aire polar, y algo parecido sucede en las bajas presiones polares, que resultan de perturbaciones en las que intervienen masas de aire tropicales y polares. El resultado final es la existencia de una estrecha intercomunicación entre las distintas bandas latitudinales, la cual es atribuible a tres protagonistas principales: los cuellos que separan las distintas células anticiclónicas subtropicales, por los cuales son posibles los flujos N-S y S-N que intercambian el aire entre las bandas intertropicales y medias, las perturbaciones del frente polar, que constituyen un importante mecanismo de mezcla de aire procedente de distintas latitudes, y las ondulaciones de las corrientes en chorro superiores, que ejercen el mismo efecto, aunque por mecanismos diferentes.

Lo mismo cabe afirmar en cuanto a las conexiones que ligan a la atmósfera con las distintas envolturas de la superficie terrestre. Los fenómenos climáticos se desarrollan en la atmósfera, pero responden a influencias que se ejercen en todo el conjunto del sistema climático, en el cual intervienen todas las envolturas planetarias. En este sentido, los océanos ocupan un papel especialmente relevante y su influencia sobre la circulación atmosférica general ha quedado bien patente al analizar la génesis de las depresiones que ocupan de modo preferencial las costas orientales de los continentes en las latitudes medias (bañadas por corrientes cálidas), o las disimetrías que se registran entre las fachadas este y oeste de los anticiclones subtropicales, en las cuales desempeña un papel importante la distinta temperatura oceánica que se registra en cada caso.

Algo similar cabe afirmar de la criosfera, responsable de la aparición de las altas presiones polares y de la constitución de los anticiclones térmicos que ocupan los continentes boreales durante el invierno. La litosfera, por su parte, se ha revelado también muy importante por su contribución en la génesis de las ondas de la corriente en chorro superior, con crestas sobre los continentes y vaguadas en sus costas orientales. En cuanto a la biosfera, es la principal responsable, junto con los océanos, de las transferencias de calor latente hacia la atmósfera, cuyas repercusiones sobre la circulación atmosférica hemos tenido ocasión de comprobar en el análisis de las bajas presiones ecuatoriales.

De este modo, la circulación atmosférica general se nos muestra como un claro reflejo de las interdependencias existentes entre todos los componentes del sistema climático mundial, siendo además la responsable última de su equilibrio global y, por ende, de la estabilidad de los climas de la Tierra.

4. La funcionalidad de la circulación general atmosférica. Su papel en el equilibrio del sistema climático

La circulación atmosférica general, además de condicionar el tiempo y el clima existentes en los distintos lugares del planeta, es la responsable última de la estabilidad de estos climas, estabilidad que refleja la existencia de un sistema climático equilibrado. Pero para la consecución de este equilibrio final, la circulación atmosférica ha tenido que corregir numerosos desequilibrios de partida, los cuales afectan esencialmente a las cantidades de energía, agua y momento angular contenidos en las diferentes latitudes del globo.

La consecución del equilibrio energético implica la existencia de continuos trasvases de calor entre las latitudes bajas, excedentarias en radiación, y las latitudes altas, deficitarias. Sin estos trasvases las temperaturas planetarias no podrían permanecer constantes, asistiéndose a un progresivo recalentamiento de las latitudes tropicales y a un enfriamiento de las polares.

Algo similar puede afirmarse con respecto al balance de agua, que también presenta profundos desequilibrios espaciales. De hecho, los lugares que registran los máximos valores de evaporación no coinciden con los que contabilizan los mayores volúmenes de precipitación. A pesar de ello, por término medio, la humedad contenida en el aire de los distintos lugares del planeta permanece constante, siendo de nuevo la circulación atmosférica la responsable de este equilibrio, al transferir el vapor de agua excedentario de las latitudes bajas y oceánicas hacia las latitudes altas y continentales.

En cuanto al momento angular, también presenta grandes desequilibrios a nivel planetario: desequilibrios entre latitudes y entre la Tierra y la atmósfera, los cuales se resuelven mediante intercambios que son llevados a cabo por la circulación atmosférica.

En las latitudes intertropicales, los alisios se desplazan desde los trópicos hacia el ecuador, con una velocidad W-E inferior a la de la rotación de la Tierra (de ahí que sean considerados como vientos del este). En este desplazamiento van aumentando progresivamente su radio de giro, y, para mantener constante su momento angular, deberían reducir su velocidad. Ahora bien, en este caso una reducción de la velocidad implicaría que el flujo de aire se moviera más despacio hacia el este, con lo cual, para un observador situado en la superficie terrestre, deberían aparecer como vientos del este progresivamente más intensos, siendo ya muy fuertes en las proximidades del ecuador. Sin embargo, este fenómeno no se produce, dado que permanecen más o menos constantes a lo largo de todo su recorrido. La razón de este hecho es que la fricción de la Tierra arrastra al aire hacia el este y le impide ralentizar su movimiento. La Tierra, en suma, mediante esta interacción friccional, cede parte de su momento angular al aire tropical suprayacente.

En las latitudes medias tiene lugar un fenómeno inverso del anterior. Aquí predominan vientos del oeste (es decir, flujos de aire que se desplazan en dirección W-E a velocidad superior a la de la rotación terrestre) que se dirigen desde los trópicos hacia las latitudes polares. En su desplazamiento acortan considerablemente su radio de rotación, lo que debería impulsarles a aumentar mucho su velocidad. Sin embargo, en el nivel superficial esta aceleración no tiene lugar, y ello se debe de nuevo a la fricción con la superficie terrestre, que ralentiza los westerlies, reduciendo el momento angular del aire. Así pues, en esta zona es la atmósfera la que cede parte de su momento a la Tierra.

Pero si la atmósfera pierde continuamente momento en las latitudes medias y lo gana en las bajas, en uno y otro caso ello debería conducir a una ralentización de los vientos, tanto los westerlies como los alisios, hasta provocar su paralización. Es evidente que esta paralización no tiene lugar, y ello se debe precisamente a la intervención de la circulación general atmosférica, que continuamente trasvasa el momento angular ganado por la atmósfera de las latitudes bajas hacia la atmósfera de las latitudes medias. Se establece así un circuito de momento angular según el cual la tierra en las latitudes bajas cede parte de su momento a la atmósfera; desde ésta es transferido hacia la atmósfera de las latitudes medias, y ésta, a su vez, restituye de nuevo ese momento a la Tierra. El resultado es que, tanto los vientos como la velocidad de rotación de la Tierra, permanecen por término medio constantes, sin ralentizarse ni acelerarse.

En consecuencia, la circulación atmosférica consigue transferir, desde las latitudes bajas hacia las altas, el calor, el vapor de agua y el momento angular necesarios para garantizar el equilibrio del sistema climático, el cual a su vez posibilita la estabilidad de los climas.

Los agentes fundamentales de estas transferencias son los remolinos anticiclónicos y ciclónicos que se desarrollan en las capas bajas de la atmósfera, los cuales permiten los flujos N-S y S-N capaces de trasvasar aire desde unas latitudes a otras, además de constituir norias muy potentes en las que tiene lugar la mezcla de estas masas de aire con procedencia diferente. Naturalmente, la mezcla y trasvase de aire implican a todos sus caracteres, como calor, vapor y momento. En las capas altas de la atmósfera este papel lo ocupan las ondas que se desarrollan en las corrientes en chorro superiores, siendo esencialmente las crestas las responsables del trasvase de calor, agua y momento desde las latitudes bajas hacia las altas.

Lógicamente, este equilibrio no es instantáneo, dado que se consigue a partir de las respuestas atmosféricas ante las anomalías energéticas, hídricas o de momento que se van produciendo en los distintos lugares de la Tierra, anomalías en las que intervienen todas las envolturas planetarias, cada una de las cuales presenta tiempos de respuesta diferentes ante dichas anomalías. Pero, por término medio y a escala planetaria, el equilibrio acaba consiguiéndose en un lapso más o menos dilatado.

No obstante, estos mecanismos de consecución del equilibrio determinan la gran variabilidad que caracteriza al tiempo atmosférico, en la que se incluye el acaecimiento de fenómenos extremos y «anómalos» (tales como sequías, inundaciones, olas de frío y calor, ciclones devastadores, etc.), que no son sino reacciones bruscas del sistema ante fuertes desequilibrios que hay que corregir. Por otro lado, dado que el equilibrio es un equilibrio global y a escala planetaria, su existencia no impide, e incluso propicia, la aparición coyuntural de anomalías compensatorias entre los distintos lugares del planeta. Así, una ola de calor en un determinado lugar —normalmente asociada a una cresta de la corriente en chorro, con advección de aire caliente en dirección sur-norte— implica la existencia en otro de una ola de frío, generada en este caso por la presencia de una vaguada con advección norte-sur; las sequías prolongadas en ciertos ámbitos se acompañan y se compensan por la existencia de lluvias torrenciales en otros; a núcleos importantes de baja presión se yuxtaponen otros de alta, etc., con lo cual el equilibrio global se logra, pero a costa de anomalías compensatorias y coyunturales entre los distintos lugares de la Tierra.

Por eso en realidad los garantes del equilibrio son precisamente las «anomalías», siempre que estas anomalías sean compensatorias entre los distintos lugares y envolturas del sistema. De hecho, el tema de las correlaciones existentes entre las condiciones atmosféricas reinantes en una parte del globo y las que están ocurriendo o han ocurrido en otras partes —lo que se conoce con el nombre de *teleconexiones*— no es nuevo para la climatología.

Gracias a Walker, por ejemplo, se conoce la existencia de tres amplias oscilaciones en las cuales la presión en una región varía en relación inversa a la existente en otra: la oscilación del Atlántico Norte o *North Atlantic Oscillation* (NAO), que relaciona las bajas presiones del mínimo de Islandia con el anticiclón de las Azores, la oscilación del Pacífico Norte o *North Pacific Oscillation* (NPO), que implica al mínimo de las Aleutianas y al anticiclón de las Hawai, y la Oscilación Sur o *Southern Oscillation* (SO), que implica los campos de presión reinantes en el Pacífico Sur y el océano Índico.

Esta última, por su gran extensión (véase figura 7.21) y por sus repercusiones sobre el comportamiento de las corrientes marinas, produce alteraciones en el comportamiento de numerosas áreas del planeta y genera impactos socioeconómicos de extraordinaria magnitud.

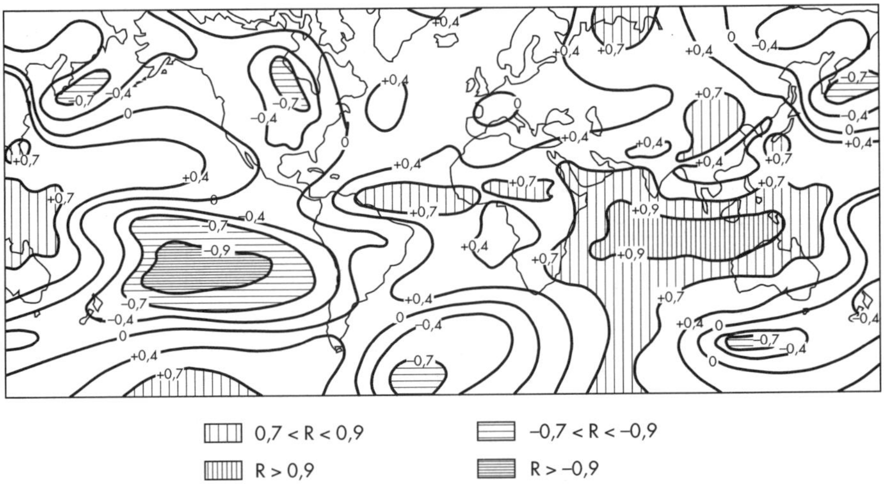

FIGURA 7.21. La Oscilación Sur. Coeficientes de correlación existentes entre la presión registrada en Yakarta (Indonesia) y la registrada en otros lugares de la superficie terrestre (julio 1947-julio 1959). Los fenómenos atmosféricos no están aislados, sino que son interdependientes. La Oscilación Sur es una buena muestra de esta interdependencia, destacando la fuerte correlación negativa que existe entre la presión superficial en el Índico y la registrada en el Pacífico Sur. Fuente: Barry y Perry, *Synoptic climatology. Methods and applications*, Londres, Methuen and Co., 1973, pág. 415

Habitualmente el Pacífico se encuentra ocupado en las latitudes subtropicales por células anticiclónicas de las que surgen vientos alisios que se dirigen al ecuador (véase figura 7.1). En su flanco ecuatorial comportan vientos que se desplazan de este a oeste, los cuales transportan con ellos a las aguas oceánicas, creando dos corrientes paralelas al ecuador y también de dirección E-W (las corrientes norecuatorial y surecuatorial). Estas corrientes van cargadas de aguas muy cálidas que se van acumulando al oeste del Pacífico y, como resultado de esta acumulación, se crea una contracorriente ecuatorial que se dirige de Asia hacia América a una latitud aproximada de unos 5° o 6° N, acumulándose en las costas de América central y México. Las costas sudamericanas suelen quedar fuera de este circuito; en ellas lo que predomina es un flujo de aguas frías. En las costas chilenas estas aguas proceden de las latitudes altas y son arrastradas por los vientos del SW que se sitúan en el flanco suroriental del anticiclón del Pacífico; más al norte estos vientos se desvían hacia el NW y originan en las costas peruanas un fenómeno de *up welling* que propicia la aparición en ellas de aguas muy frías, especialmente entre las latitudes 15°-5° S.

Durante el verano austral (enero-marzo) el anticiclón del Pacífico sur desciende hacia el SW. Esto debilita los alisios de las costas de Chile-Perú y, en consecuencia, debilita también la subida de aguas frías desde las profundidades marinas. En esos momentos la contracorriente ecuatorial puede penetrar más hacia el sur, bañando las costas peruanas y generando en ellas una depresión que puede originar lluvias en países como Perú y Ecuador.

A este fenómeno se le conoce con el término de *El Niño* en alusión al Niño Jesús y dada su coincidencia temporal con la Navidad, y, como acabamos de ver, está asociado estrechamente a la Oscilación Sur, hasta el punto de denominarse conjuntamente a todo el fenómeno como *El Niño-Southern Oscillation (ENSO).* De todos modos, su intensidad no suele ser muy marcada ni sus impactos muy graves, salvo algunos años (por término medio, uno de cada siete años) en los cuales estas alteraciones se exacerban y consiguen trastocar todas las condiciones atmosféricas reinantes en el hemisferio Sur.

El año 1982-83 fue uno de ellos. Durante ese año el anticiclón del Pacífico sur se desplazó tanto hacia el SW, que dejó fuera de su influencia a todo el Pacífico oriental y central, instalándose por el contrario sobre el continente australiano (normalmente ocupado por una depresión térmica en esta época del año), Indonesia y el mar del Coral. En estas circunstancias, las aguas cálidas de la contracorriente ecuatorial descendieron en latitud y ocuparon ampliamente las costas peruanas, arrasando las pesquerías que alimentan a gran parte de la población de este país. Además, la depresión instalada sobre estos mares cálidos ocasionó lluvias torrenciales en Perú y Ecuador, generando también cuantiosas pérdidas. Algo similar tenía lugar en el Pacífico central, donde el debilitamiento del anticiclón redujo notablemente la evaporación, lo que propició un aumento de la temperatura del mar hasta rebasar los 27 °C, generándose así una profusión de ciclones tropicales que asolaron todas las islas situadas entre los 12° y los 30° de latitud Sur. En el extremo occidental del Pacífico se instalaba, sin embargo, una fuerte sequía que azotaba al territorio australiano, sequía que era también compartida por África y América del Sur en sus sectores orientales, como consecuencia del desplazamiento hacia el SW que también experimentaron los anticiclones del Índico y del Atlántico sur.

Se registró, en suma, una alteración completa del funcionamiento de la circulación atmosférica en el hemisferio Sur (véase figura 7.22) y una anomalía de repercusiones catastróficas, la cual, en virtud de las fuertes teleconexiones existentes en todo el hemisferio (véase figura 7.21), acabó afectando a todo su espacio.

Sin duda debieron ser desequilibrios importantes los que dieron lugar a una anomalía de tal envergadura, pero una vez concluida el equilibrio quedó de nuevo restaurado, lo que pone claramente de manifiesto los mecanismos de que se vale la circulación atmosférica para mantener el equilibrio del sistema climático, tarea que constituye la razón última de su existencia.

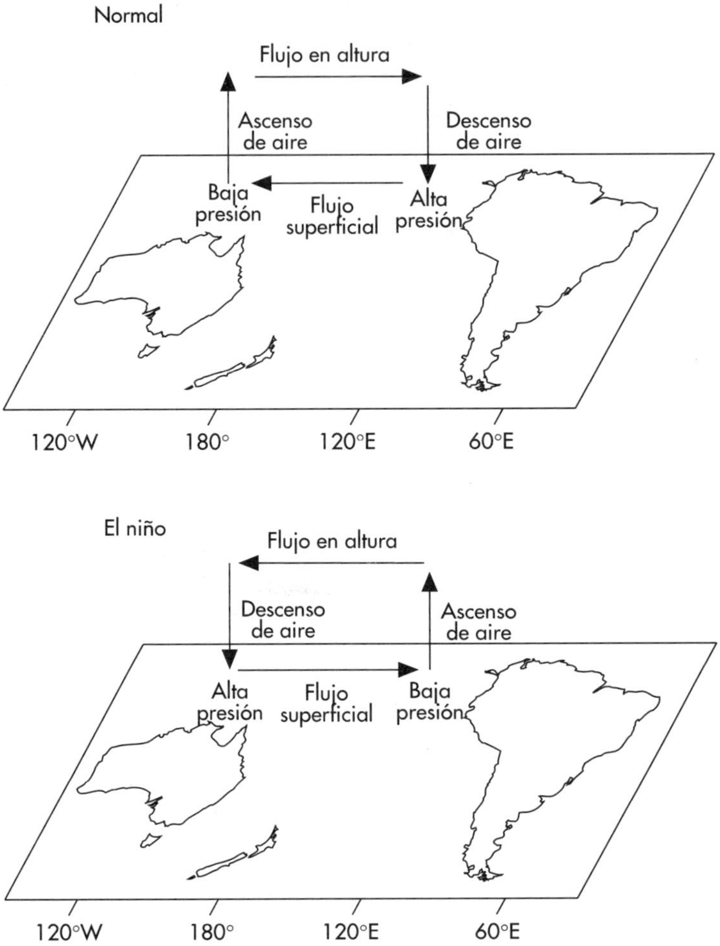

FIGURA 7.22. Inversión del comportamiento habitual de la circulación atmosférica en el hemisferio Sur durante el acaecimiento de El Niño. En los años en los que el fenómeno de El Niño se exacerba se llega a invertir el comportamiento habitual de la circulación atmosférica en el Pacífico. En estas ocasiones se instalan bajas presiones con lluvias abundantes en el Pacífico oriental, en tanto que en el Pacífico occidental reina una alta presión generadora de sequías importantes en Australia. Fuente: Henderson-Sellers y Robinson, *Contemporary climatology,* Londres, Longman Scientific and Technical, 1986, pág. 188

CAPÍTULO 8

Masas de aire, frentes y perturbaciones atmosféricas

JOSÉ M.ª CUADRAT

La circulación general de la atmósfera, tal como se acaba de explicar, se compone en su mayor parte de amplios flujos de aire en movimiento sobre extensas zonas del planeta, de estructura bastante uniforme y permanentes en el tiempo. Sobrepuesta a esta circulación global o *circulación primaria*, y a escala geográfica de mayor detalle, como es la *sinóptica* (llamada a veces, frente a la anterior, *circulación secundaria),* contemplamos la existencia de sistemas meteorológicos móviles, en continua evolución, y efímeros, a los que se asocian importantes perturbaciones atmosféricas, responsables de los cambios de tiempo diarios de las regiones sobre las que se desplazan.

El comportamiento de estos sistemas y las variaciones de tiempo que originan han sido constante objeto de interés de las ciencias atmosféricas, tanto por la preocupación que el hombre tiene en comprender los fenómenos naturales como por la necesidad de protección ante los efectos a veces adversos de los mismos. Para ello se han creado redes de observación en superficie y altura, básicas para el estudio del clima, que permiten realizar análisis precisos y rápidos de la atmósfera, en los que los mapas de tiempo constituyen un instrumento fundamental de trabajo.

Los conocimientos que de este modo se han adquirido demuestran que sobre la mayor parte del planeta las condiciones del tiempo están lejos de ser constantes, lo cual responde a la continua variación de los sistemas meteorológicos, que, en definitiva, son los responsables de toda la gama de estados instantáneos de la atmósfera. Su evolución en las distintas latitudes y sus cambios se explican en términos de masas de aire, frentes y perturbaciones, cuyo estudio será objeto de este capítulo, así como los procesos que conducen a su formación.

1. MASAS DE AIRE

El concepto de masa de aire fue desarrollado originariamente en Noruega por Bergeron, Bjerknes y sus colaboradores, en los años 20, como parte de su Teoría del Frente Polar, y ha sido durante años soporte básico de la predicción del tiempo en las latitudes medias y altas. Sin embargo, la moderna Meteorología ha limitado mucho su uso, entre otras razones porque: 1.º los caracteres de los distintos tipos de masas difieren mucho de unos continentes a otros; 2.º el modelo de masa de aire se ha sustentado fundamentalmente en los datos de temperatura y humedad superficiales, prescindiendo con frecuencia de rasgos dinámicos más importantes; 3.º las condiciones atmosféricas pocas veces son uniformes en las regiones fuente, y 4.º la formación de las precipitaciones está más relacionada con la dinámica de la atmósfera (inestabilidad, convergencia, divergencia, etc.) que con el tipo de masas de aire. A pesar de estas observaciones, desde el punto de vista de los estudios sinópticos y climáticos constituye todavía un concepto muy útil, por su valor práctico para el estudio del tiempo y su evolución.

Una masa de aire se define como un volumen de aire de gran extensión cuyas propiedades físicas, sobre todo temperatura y humedad, son uniformes en el plano horizontal. Su tamaño cubre por lo general centenares e incluso miles de kilómetros cuadrados, verticalmente pueden alcanzar espesores de varios kilómetros, y sus caracteres los adquiere por contacto prolongado sobre extensas áreas oceánicas o continentales con unas condiciones superficiales homogéneas, a las que se denomina *regiones manantial* o *fuente*.

Considerando el volumen grande de las masas de aire y la débil conductividad calorífica que éste posee, se comprende que la uniformidad en las propiedades de tales masas se consigue lentamente, después de permanecer estancadas por algún tiempo o en ligero movimiento sobre regiones estables, con mínimas modificaciones superficiales. Por esta razón es difícil la formación de masas de aire en las latitudes medias, donde el tiempo experimenta continuos cambios; por el contrario, son regiones manantial ideales aquellas donde se encuentran sistemas barométricos casi estacionarios, como, por ejemplo, el cinturón subtropical, dominado por potentes células anticiclónicas, las tierras de Siberia y norte de Canadá, donde se forman en invierno persistentes anticiclones continentales, o las regiones ártica y antártica, cuando en ellas imperan las altas presiones (figura 8.1).

1.1. *Clasificación de las masas de aire*

Las masas de aire se clasifican con arreglo a dos criterios que definen con claridad las características de la región manantial sobre la que se han creado. El primero es la temperatura, que estará determinada por la posición latitudinal sobre el globo, y que da origen a las masas de aire ártico, antártico, polar, tropical y ecuatorial. El segundo de ellos es la naturaleza continental u oceánica de la superficie de la región origen, de la que dependerá la humedad del aire, por lo que tendremos masas continentales y masas marinas. De la combinación de los tipos definidos con estos criterios se obtiene la clasificación de las principales masas de aire, que se han reflejado en el cuadro 8.1 con los símbolos que las identifican y sus principales propiedades.

A menudo, las condiciones de las masas de aire guardan estrecha conexión con la temperatura existente en la superficie y algunas clasificaciones suelen considerarlo en sus interpretaciones. Así, cuando el aire está más frío que la superficie que atraviesa se identifica con la letra *k* (del alemán *kalt*, frío), y cuando está más caliente, con la letra *w* (de *warm*, cálido). Por ejemplo, una masa de aire polar continental que avanza hacia tierras más cálidas se designará Pck, y otra tropical marítima que se traslada sobre un continente frío, Tmw. En general, una masa de aire del tipo *k* tiende a ser inestable porque la superficie cálida acentúa el gradiente térmico vertical, lo que conlleva

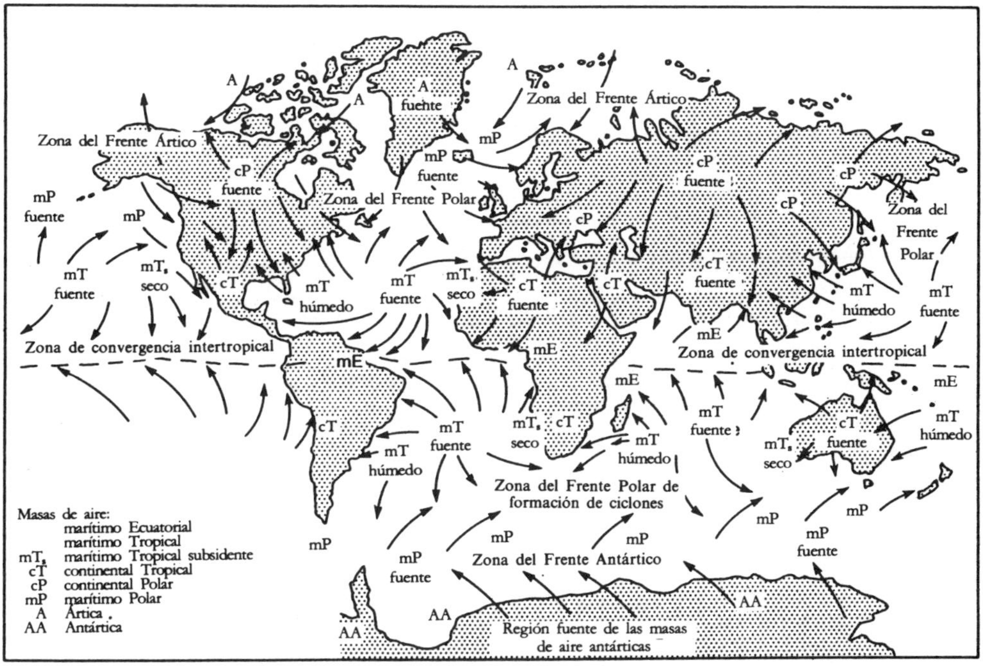

FIGURA 8.1. Localización de las regiones fuente y trayectorias de las masas de aire primarias, junto con las principales zonas frontales o de convergencia

CUADRO 8.1.

Características de las masas de aire primarias (según O'Hare y Sweeney, 1986, ampliado)

Masa de aire	Símbolo	Temperatura (°C)	Humedad específica (g/kg)	Propiedades
Ártica continental y	Ac			
Antártica continental	AAc			
invierno		– 55 a – 35	0,05 a 0,2	muy fría, muy seca, estable
Polar continental	Pc			
invierno		– 35 a – 20	0,2 a 0,6	fría, seca y muy estable
verano		5 a 15	4 a 9	fría, seca y estable
Polar marítima	Pm			
invierno		0 a 10	3 a 8	fresca, húmeda e inestable
verano		2 a 14	5 a 10	fresca, húmeda e inestable
Tropical continental	Tc	30 a 42	5 a 10	cálida, seca e inestable
Tropical marítima	Tm			
verano		22 a 30	15 a 20	cálida, húmeda, estabilidad variable
Ecuatorial marítima	Em	Aprox. 27	Aprox. 19	cálida, muy húmeda e inestable

fenómenos convectivos y fuerte turbulencia, acompañados de mezcla vertical del aire y alto grado de visibilidad (figura 8.2a). En el otro extremo, las masas de aire del tipo *w* son estables en las proximidades del suelo y van acompañadas de inversiones térmicas, escasa mezcla vertical y concentración de aerosoles, con posible formación de brumas, nieblas y nubes estratiformes (figura 8.2b).

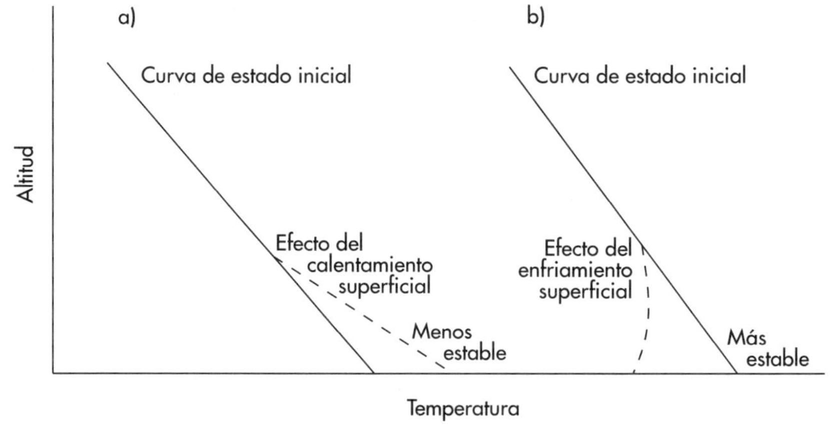

FIGURA 8.2. Efectos del calentamiento y enfriamiento superficial de las masas de aire sobre la curva de estado. En el primer caso (curva a) el aire se calienta por la base y, en consecuencia, tiende a inestabilizarse; en el segundo (curva b) el enfriamiento superficial conduce al aumento de su estabilidad

1.2. *Características y evolución de las masas de aire*

En sus regiones manantial las masas de aire son un ejemplo de atmósfera barotrópica, donde las superficies de presión y temperatura son paralelas, pero cuando abandonan el lugar de origen en virtud de la circulación atmosférica, sus propiedades se modifican gradualmente a consecuencia de los intercambios de temperatura y humedad con la superficie situada por debajo de ellas y por los movimientos del aire en sentido vertical. A lo largo del recorrido las capas inferiores sufren una lenta transformación con calentamiento o enfriamiento, pérdida o ganancia de humedad, variaciones de su grado de estabilidad, etc., que las convierten en *masas de aire secundarias*, cuya magnitud de alteración depende de la velocidad de desplazamiento del aire y de las características atmosféricas y geográficas de la región sobre la que se mueven.

Fruto de las propiedades iniciales y los posteriores cambios que experimentan, derivan las características del tiempo atmosférico de las regiones por las cuales se desplazan. Lógicamente, aquellas áreas que se encuentran de modo permanente dentro de los límites de las masas de aire, como son las tropicales o polares, mantendrán condiciones de tiempo bastante uniformes; pero las áreas situadas fuera de las regiones fuente, en las latitudes medias, tendrán variaciones continuas de tiempo, por el paso de masas de aire cálidas o frías y por los efectos del encuentro de ambas. Los aspectos básicos de las modificaciones de las masas de aire los resumimos a continuación.

1.2.1. Masas de aire ártico y antártico

Se originan en la proximidad de los polos, sobre las aguas heladas del océano Ártico y los casquetes de hielo de Groenlandia y la Antártida. Se caracterizan por sus bajas temperaturas y su débil contenido de humedad, de apenas 0,05-0,2 g/kg, a consecuencia de lo cual la nubosidad es escasa y la posibilidad de precipitaciones muy reducida. Constituyen también masas de aire muy estables, debido a la marcada inversión térmica que crea el fuerte enfriamiento de los estratos inferiores de la atmósfera y la propia subsidencia del aire en las regiones de altas presiones. A medida que se trasladan hacia latitudes más bajas el grado de transformación que sufren depende de las condiciones reinantes en la superficie sobre la que se mueve. Por ejemplo, las invasiones de aire ártico que a menudo afectan a Europa occidental a finales de invierno o comienzos de primavera se inestabilizan en su recorrido por el océano Atlántico y ocasionan fuertes nevadas además de anormales descensos de temperatura; si su trayectoria es continental, experimenta pocos cambios y la precipitación nivosa es mucho más limitada.

1.2.2. Masas de aire polar

A pesar de su nombre, las regiones fuente de estas masas de aire se localizan en zonas alejadas de los polos, en una franja aproximada entre los 55° y 70 ° de latitud. Las masas continentales son frías, secas y de estratificación estable porque se forman en las regiones de altas presiones del interior de Asia central y Canadá. Las áreas de procedencia alcanzan su máxima amplitud en invierno, en correspondencia con la importancia de los anticiclones continentales; durante el verano, en cambio, el aumento de temperatura de las tierras asiáticas y norteamericanas limita considerablemente su extensión y la superficie ocupada por las masas de aire polar queda muy reducida. No existen manantiales en el hemisferio austral por el dominio del océano en estas latitudes. Cuando abandonan sus focos de origen y fluyen hacia el Sur, sobre regiones terrestres más cálidas, aumentan su temperatura y tienden a inestabilizarse, lo que da lugar a la formación de cúmulos, a veces densos, pero sin aporte de precipitaciones, porque el contenido de humedad apenas cambia. Por el contrario, cuando avanzan sobre las superficies oceánicas del Atlántico o del Pacífico, llevadas por los vientos generales del Oeste, la naturaleza de los cambios es mucho mayor, y el aire inicialmente seco puede llegar a transformarse en aire polar marítimo. En contacto con aguas relativamente frescas tienden a formar bancos de nieblas o nubes de tipo estratiforme de las que se desprenden ligeras lloviznas. Sobre zonas más cálidas, el progresivo calentamiento del aire por sus capas inferiores genera en el seno del mismo movimientos convectivos y turbulencia, que lleva asociada el desarrollo de nubes cumuliformes y frecuentes precipitaciones de tipo tormentoso.

El aire polar marítimo se crea en las latitudes septentrionales del Atlántico y del Pacífico, y en las regiones oceánicas frías del hemisferio Sur donde forma un cinturón continuo alrededor de la Antártida. El movimiento de estas masas de aire frescas y relativamente húmedas hacia las superficies más cálidas de las latitudes inferiores acrecienta su inestabilidad y da lugar a nubes de desarrollo vertical y precipitaciones. Pero cuando avanzan tierra adentro sobre un suelo frío, como ocurre en invierno en el interior de Eurasia o Norteamérica, las condiciones del tiempo son entonces diferentes porque el aire se estabiliza progresivamente por la base y termina por continentalizarse.

1.2.3. Masas de aire tropical

Sus manantiales son las células oceánicas y continentales de altas presiones que circundan ambos hemisferios en las latitudes tropicales. El aire de tipo continental procede de las extensas áreas desérticas que crea la subsidencia anticiclónica y es por ello seco, estable y cálido. En verano, el intenso calor que desprende el suelo propicia la aparición de remolinos y tormentas de arena (ejemplo frecuente en Australia y el Sahara), pero las ascendencias del aire son limitadas porque la inestabilidad queda restringida a las capas superficiales de la atmósfera. Sin embargo, en el momento en el que estas masas de aire abandonan el continente y discurren sobre superficies marinas, rápidamente se cargan de humedad y se inestabilizan. Así, por ejemplo, el aire que atraviesa el mar Mediterráneo procedente del norte de África, en contacto con las aguas cálidas absorbe gran cantidad de vapor y adquiere fuerte predisposición a la inestabilidad convectiva, lo que conduce a la formación de chubascos tormentosos, especialmente violentos cuando en las capas medias de la troposfera coincide con la presencia de gotas frías. También es frecuente que estas masas continentales arrastren en suspensión polvo desértico que acaba por precipitarse como lluvia de barro. El fenómeno es bien conocido en la península Ibérica (véase la figura 5.9), donde las invasiones de aire sahariano son responsables de la característica *calina* o *calima.*

A diferencia del anterior, el aire tropical marítimo es muy húmedo. Por esta razón, cuando es arrastrado por los vientos del oeste hacia latitudes superiores, el enfriamiento en superficie tiende a producir nieblas de advección, asociadas a nubes estratiformes de poca altitud y, ocasionalmente, lluvias débiles, como ocurre con frecuencia en el canal de La Mancha o frente a las costas de Terranova y California, en primavera y verano. Distintas son las características del tiempo cuando el aire se mueve en dirección al ecuador, porque conforme se aleja de las regiones dominadas por la inversión de los alisios, se hace cada vez menos estable y el nuevo gradiente vertical permite el progresivo desarrollo de nubes de tipo convectivo y chubascos tormentosos. Finalmente, se convierte en aire ecuatorial.

1.2.4. Masa de aire ecuatorial

En las latitudes bajas los contrastes térmicos son débiles y la noción de masa de aire es de difícil empleo porque no es sencilla su identificación con los criterios usados corrientemente; por esta razón el aire ecuatorial no siempre se incluye en las clasificaciones. Se caracteriza por tener elevadas temperaturas, alto contenido de humedad y, sobre todo, por su inestabilidad, circunstancia esta última que le diferencia del aire tropical, sujeto como se ha indicado a la inversión en altitud que crea la subsidencia anticiclónica, y que desaparece en dirección a la Zona de Convergencia Intertropical. Esta circunstancia posibilita ascensos de enorme desarrollo vertical, que dan origen a grandes torres de nubes cumulus y cumulonimbus, de las que caen lluvias intensas a causa del elevado contenido de humedad absoluta que posee el aire cálido.

2. Frentes

Es conocido que cuando se juntan dos fluidos con densidades distintas, difícilmente se juntan; así ocurre, por ejemplo, con el aceite y el agua. Lo mismo sucede cuando dos masas de aire que difieren en temperatura y, por tanto, en densidad, se encuentran en el curso de sus desplazamientos. Las masas de aire tienen unos límites muy bien definidos y la más fría se desliza por debajo de la más cálida, generando entre ambas una superficie de discontinuidad o separación, a la que llamamos *frente*. El término se introdujo durante la Primera Guerra Mundial por los meteorólogos noruegos de la escuela de Bergen (donde figuraban Bjerknes, Solberg y Bergeron), cuando los periodistas hacían continuas referencias a los «frentes de guerra» y a sus avances y retrocesos, estableciendo cierto paralelismo con el permanente conflicto y las bruscas variaciones del tiempo (temperatura, presión, humedad, viento, etc.) que tienen lugar a lo largo de la línea de separación entre las masas de aire tropical y polar.

La palabra frente tiene dos acepciones que difieren ligeramente: 1.ª En sentido amplio, sirve para describir cualquier límite entre masas de aire (el frente polar, por ejemplo). 2.ª En sentido más restringido, se refiere a las zonas de separación de las masas de aire que conforman las borrascas ondulatorias, a las que nos referiremos en el apartado 3.

El conocimiento de los frentes ha ido aumentando con la información suministrada por los radiosondeos, radares y aviones de reconocimiento meteorológico, pudiendo resumirse su estructura como sigue: 1.º El frente no es exactamente una superficie matemática, aunque la hayamos considerado como tal; en realidad constituye una zona de transición de 1 a 2 km de espesor en la vertical, según sea el contraste entre las masas de aire (cuanto mayor sea éste, menor es el espesor), y cuya anchura horizontal en su intersección con la superficie del suelo es aún más grande, entre 80 y 320 km, debido a la suave pendiente que el frente posee. 2.º La región frontal es fuertemente baroclina y tiene un acusado gradiente de temperatura que depende de la disparidad térmica existente entre las dos masas contiguas. Además, puesto que el aire frío penetra en cuña por debajo del cálido, se deduce que a lo largo de una línea vertical trazada a través del frente, como la que muestra la figura 8.3, debe existir una inversión térmica, cuya potencia estará relacionada igualmente con la diferencia exis-

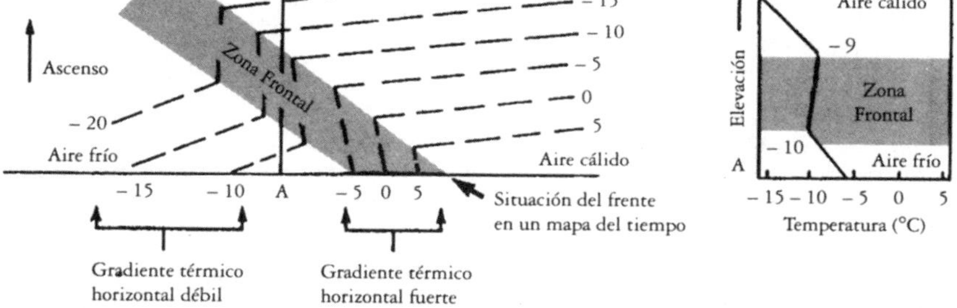

Figura 8.3. Corte esquemático de las características térmicas de una zona frontal.

tente entre las masas de aire. 3.º Entre ambos márgenes limitantes de la zona frontal, y por encima de los 700-800 hPa, se observa la presencia de una lengua de aire subsidente y muy seco (se han llegado a registrar humedades relativas cercanas al 5 %), cuyo origen se sitúa probablemente en la baja estratosfera (véase la figura 8.9).

A su vez, los frentes difieren entre sí, según sea el movimiento de las masas involucradas, lo que permite clasificarlos en varios tipos: fríos, cálidos, ocluidos y estacionarios.

1. *Frente frío.* Corresponde a la separación de dos masas en la que el aire frío avanza y empuja al aire cálido por delante de él. La masa fría, al ser más densa, permanece pegada al suelo, y la masa cálida es obligada a ascender por encima suyo a lo largo de la superficie inclinada de separación, de pendiente variable entre 1/50 y 1/100, por la que el aire se eleva violentamente, dando lugar a nubes tipo cúmulus congestus y cumulonimbus, que producen chubascos y tormentas en una estrecha banda de mal tiempo (figura 8.4a).

2. *Frente cálido.* Expresa la zona de separación de dos masas en la que el aire cálido avanza y fuerza al aire frío a retirarse. En este caso la superficie frontal configura una rampa de ligerísima pendiente, en torno a 1/300, por la que es de nuevo el aire cálido, menos denso, el que asciende, lo cual provoca la formación de nubes estratiformes de extenso desarrollo horizontal, que llegan a cubrir distancias superiores a los 1.000 km por delante del propio frente junto al suelo. Desde los 10 km de altitud hasta la superficie se sucede una secuencia de capas, con espesor progresivo, de cirros, cirrostratos, altostratos, estratos y nimbostratos, con formación de precipitaciones

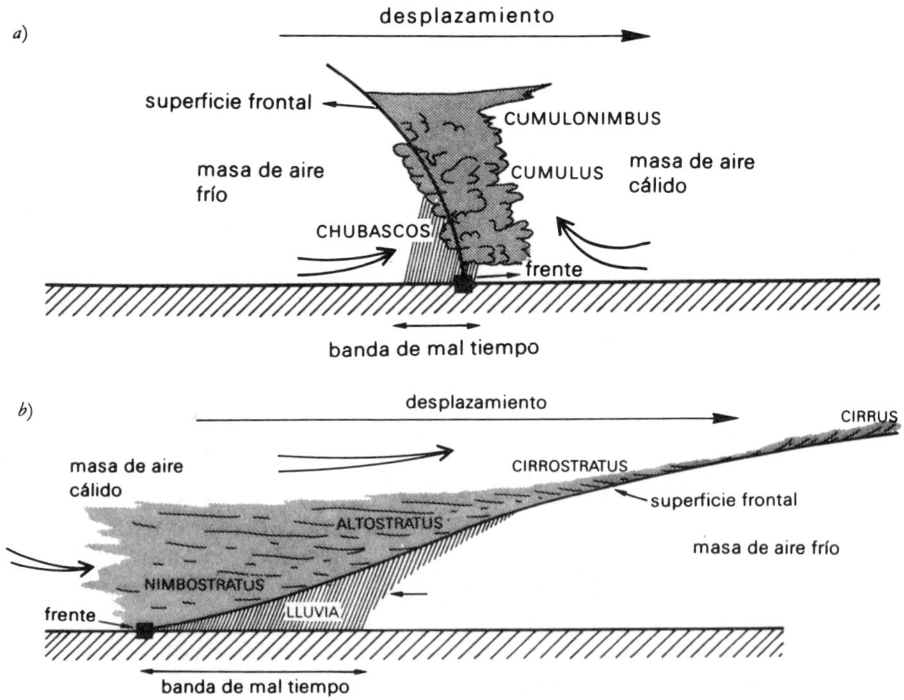

FIGURA 8.4. Cortes transversales, en la vertical, de un frente frío (a) y de un frente cálido (b), con la sucesión de nubes típicas que se forman en el aire cálido ascendente. Nótese que para mayor claridad se ha exagerado la pendiente de ambas zonas frontales (según Martín Vide, 1984, ampliado)

continuas en una banda de mal tiempo mucho más amplia que la observada en los frentes fríos (figura 8.4b).

Conviene precisar, no obstante, que los sistemas nubosos y la precipitación que se asocian al frente cálido son fruto básicamente de la inestabilidad condicional generada en la troposfera media. Es evidente que la débil inclinación que presenta la zona frontal no es suficiente por sí misma para provocar ascensos rápidos de aire y lluvias constantes y fuertes; en cambio, sí puede considerarse como el mecanismo de disparo de la inestabilidad a gran escala que se crea en el seno del aire cálido.

3. *Frente ocluido*. Constituye el solapamiento de un frente frío y otro cálido. Los frentes fríos suelen desplazarse con mayor velocidad que los frentes cálidos, razón por la cual cuando ambos existen simultáneamente en el mismo lugar el frente frío llega a alcanzar al cálido y se forma un frente ocluido, en donde la masa de aire cálido es elevada y desplazada totalmente del suelo, mientras se origina nubosidad de tipo cumuliforme y chubascos. Como se aprecia en los cortes de la figura 8.5, la oclusión puede ser cálida o fría, según sea la relación de temperaturas entre las dos masas de aire frío que ahora entran en contacto: si el aire que sucede al frente frío es más caliente que el que antecede al frente cálido, entonces tenemos una oclusión de carácter frío; cuando ocurre a la inversa, la oclusión tiene carácter cálido.

4. *Frente estacionario*. Los tres tipos anteriores constituyen frentes móviles, que, meteorológicamente, son los más importantes; pero con ellos existen también frentes estacionarios que se forman cuando las superficies frontales que separan dos masas de aire están en reposo y ninguna de ellas empuja a la otra. Si se ponen en movimiento, pueden convertirse en frentes fríos o cálidos, según que sea la masa de aire fría o la cálida la que se hace activa y desplace a la otra.

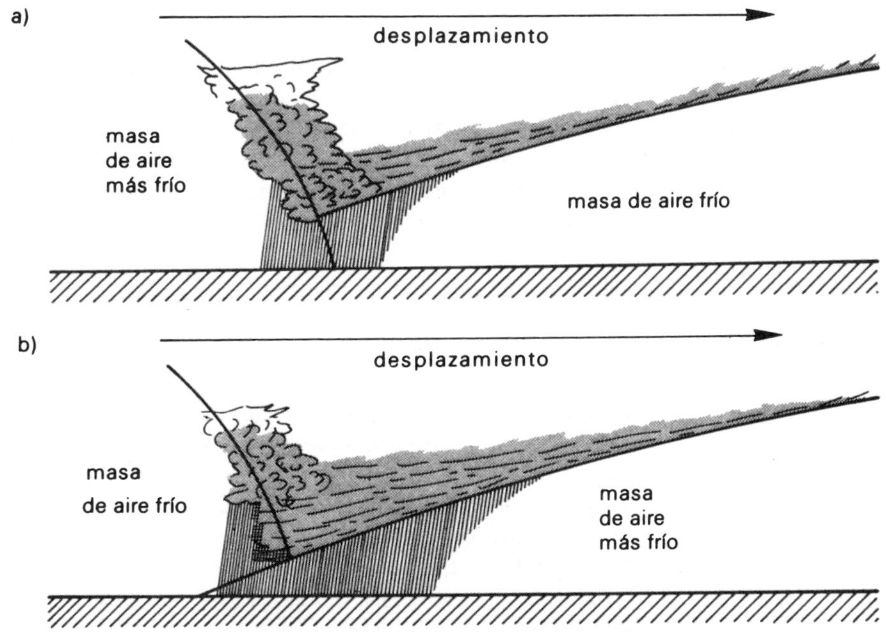

FIGURA 8.5. Cortes transversales, en la vertical, de un frente ocluido de carácter frío (a) y de un frente ocluido de carácter cálido (b) (según Martín Vide, 1984)

3. Perturbaciones atmosféricas en las latitudes medias y altas

Desde el punto de vista clásico, se habla de perturbación atmosférica cuando en una región dada y en un momento determinado los elementos meteorológicos como la temperatura, humedad y dirección e intensidad del viento se alejan de sus valores normales. A ellas van unidas estrechamente las variaciones del tiempo en nuestro planeta, siendo básicamente distintas en las latitudes tropicales y ecuatoriales de las latitudes medias. En estas últimas, el tiempo atmosférico y sus cambios se asocian a las masas de aire y sus movimientos, con la formación de superficies frontales y torbellinos circulares de diverso sentido giratorio, como son las depresiones y los anticiclones móviles, que se desplazan de oeste a este dentro del sistema de vientos dominantes de Poniente, entre el cinturón de altas presiones tropicales y el de bajas subpolares.

3.1. *Depresiones frontales*

Las depresiones, borrascas, bajas o ciclones (este último término parece restringirse cada vez más a los ciclones tropicales) son áreas de presión relativamente baja, constituida por isobaras cerradas, en forma circular o elíptica y de diámetro variable entre 1.000 y 2.000 km, que se originan a partir del crecimiento y ampliación de las ondulaciones existentes en la superficie frontal que separa dos masas de aire distintas.

Las depresiones nacidas de estas ondas atmosféricas siguen un ciclo evolutivo, a lo largo del cual pasan desde pequeñas perturbaciones a grandes ondas de cientos o miles de kilómetros de amplitud. Para ello son necesarias condiciones favorables en la troposfera superior, como luego veremos, y contrastes acentuados entre las masas de aire, de modo que, cuanto mayores sean sus diferencias físicas y más opuestos sus movimientos, más activas serán las depresiones. Si consideramos el conjunto de la atmósfera, evidentemente, el sistema frontal de mayor importancia por el marcado contraste de sus masas de aire es el *Frente Polar*, donde se forman las ondas inestables de las que nacen la mayor parte de las depresiones que afectan a las latitudes medias, a las que se conoce como *borrascas ondulatorias* o *borrascas ondulatorias del frente polar* o incluso *borrascas extratropicales.*

3.1.1. Génesis y evolución de las borrascas ondulatorias

La *ciclogénesis*, o proceso de desarrollo de las borrascas a lo largo de la zona frontal, tiene un ciclo de vida bien definido, con sus etapas de *frontogénesis* (formación y madurez) y *frontolisis* (oclusión y desaparición), que se han esquematizado en la figura 8.6.

1. *Etapa de formación.* El torbellino ciclónico se inicia con una leve onda en el frente preexistente en estado de equilibrio, donde los vientos convergen en direcciones opuestas. La ondulación surge por impulso del aire frío hacia el sur y empuje del aire cálido hacia el norte, de modo que cada uno penetra en el dominio del otro; la combinación de los dos flujos esboza entonces el movimiento giratorio depresivo alrededor del centro de la onda, que dará nacimiento a un núcleo de baja presión. La posible causa primera de tal perturbación puede radicar en irregularidades de tipo

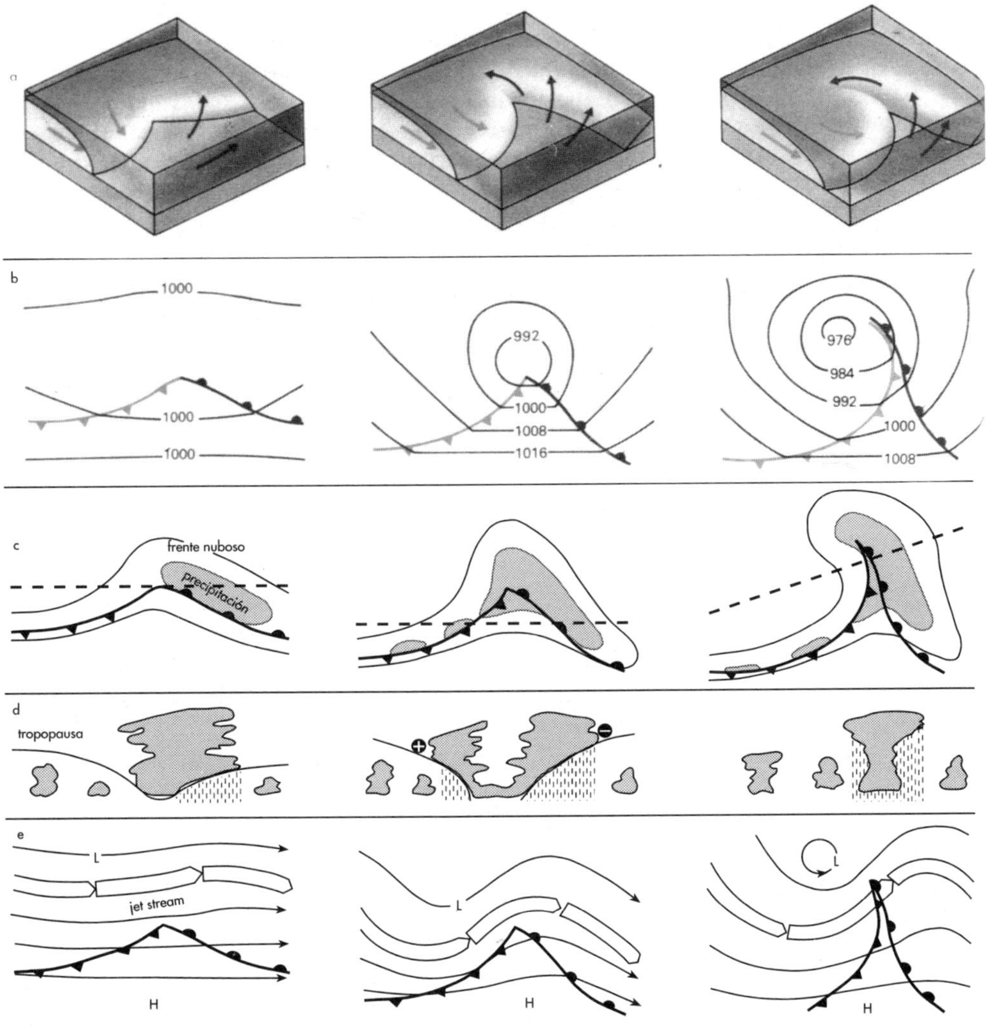

FIGURA 8.6. Estructura de una borrasca ondulatoria, con sus etapas de formación, madurez y oclusión. a) Bloque diagrama con la evolución de una onda inestable en la superficie de separación del aire cálido y del frío, y sentido de los vientos. b) Desarrollo del frente cálido en la parte anterior de la onda y del frente frío en la parte posterior, junto con la distribución de la presión atmosférica en superficie. c) Reparto horizontal de nubes y precipitación en relación con los frentes. d) Sección vertical a lo largo de la línea de trazos que aparece en el esquema anterior. e) Relación entre los vientos en altura y los frentes en superficie (según Burroughs, 1991).

orográfico, como una cordillera montañosa, remolinos de origen térmico o en factores que afectan al aire superior; cualquiera de ellos puede retrasar localmente el desplazamiento del frente. Ahora bien, como este último en realidad es una superficie, la perturbación produce sobre ella una ondulación que afecta no sólo el suelo, sino que se propaga también a lo largo y hacia arriba de la pendiente de la superficie frontal. Este paso del estado de equilibrio a la ondulación y después a la depresión puede realizarse en veinticuatro horas.

2. *Etapa de madurez.* En los días siguientes la amplitud de la onda aumenta, a la vez que va descendiendo la presión atmosférica en su centro (figura 8.6b). Por otra parte, el dinamismo de las dos masas de aire termina por establecer distinción entre un frente cálido y un frente frío, que limitan una lengua de aire cálido encajada en forma de cuña en el aire frío. A esta tendencia en el plano horizontal se une otra en el plano vertical que consiste en el ascenso del aire cálido por encima del aire frío situado más al este de la depresión, a la vez que el aire del sector frío posterior se hunde en cuña bajo el aire cálido central (figura 8.6d).

3. *Etapa de oclusión.* Mientras la depresión sigue evolucionando y moviéndose hacia el este, el frente frío atrapa al cálido y se produce un frente ocluido. La oclusión se inicia cerca de la cima de la onda, donde la distancia entre ambos frentes es menor, y gradualmente se extiende al resto, hasta que el aire cálido es obligado a ascender y pierde contacto con el suelo (figura 8.7). En esta etapa final, la depresión se convierte en un torbellino de aire frío que al faltarle el aporte de energía y humedad de su región de origen, se colmata gradualmente hasta restablecerse la forma original del frente.

La vida media de una borrasca ondulatoria aislada viene a ser de cuatro a siete días y sus etapas de desarrollo en realidad pueden diferir en muchos detalles del modelo idealizado descrito. También es frecuente que en las últimas fases de la oclusión se forme otra nueva baja por detrás de la primera, de modo que a lo largo de un frente estacionario extenso es habitual la sucesión de tres o cuatro borrascas en diferentes estados de evolución, lo que en conjunto recibe el nombre de *familia de borrascas* (figura 8.8). Las depresiones «secundarias» que suceden a la depresión original suelen madurar rápidamente, a menudo a expensas de la anterior, a lo largo de la extensa cola del frente frío; a la vez, cada una de ellas sigue una trayectoria situada más al sur de la primera, debido al progresivo empuje del aire polar subsidente, de manera que el último individuo de la familia es seguido por la invasión de una amplia cuña anticiclónica de aire frío en dirección de las altas presiones subtropicales (a la que se conoce como «descarga de fin de familia»), con la que se interrumpe la serie.

3.1.2. Estructura y actividad meteorológica de las borrascas

La actividad de las depresiones es muy variable, por su dependencia tanto del movimiento vertical de las masas de aire como de las características de las mismas, o también del grado de desarrollo en que se encuentra, pero lo cierto es que imponen grandes variaciones de tiempo, que se manifiestan sobre todo en la formación de nubes y precipitaciones, en los cambios rápidos de temperatura y en la modificación de los sistemas de vientos al existir una clara diferencia de presión y de gradiente en los dos lados opuestos de una superficie frontal.

La esquematización de los fenómenos meteorológicos que se suceden al paso de un frente en etapa de madurez, recogida en el cuadro 8.2, es muy representativa de lo comentado: un observador colocado en el eje de desplazamiento de la depresión que se mueve hacia el este, verá cómo el cielo, al principio despejado, se va cubriendo de nubes altas (son los cirros de la parte delantera del frente cálido), a continuación siguen nubes medias, cada vez más extensas (altostratos), y por último nubes bajas de notable extensión vertical (nimbostratos), de las que se desprende pre-

FIGURA 8.7. Característica espiral nubosa de una borrasca ondulatoria en fase de oclusión, observada por el satélite meteorológico NOAA-9 en agosto de 1987

cipitación moderada y continua. Al mismo tiempo, la presión atmosférica desciende suave y gradualmente hasta la llegada del frente, a partir del cual aquélla se mantiene estacionaria. La temperatura sube, y el viento, hasta entonces fresco y de dirección SW, gira ahora al W. Tras la bonanza del sector cálido, aparecen nubes de gran desarrollo vertical, alternando con claros, de un cielo azul intenso, que pronto se cubre con potentes cumulonimbos que descargan intensos chubascos, acompañados a veces de fenómenos tormentosos. Este paso del frente frío se traduce asimismo en un aumento rápido de la presión, brusco enfriamiento térmico y salto del viento más fuerte e irregular hacia el NW. Detrás del frente los claros empiezan a predominar sobre las nubes y en poco tiempo la atmósfera se vuelve limpia y transparente.

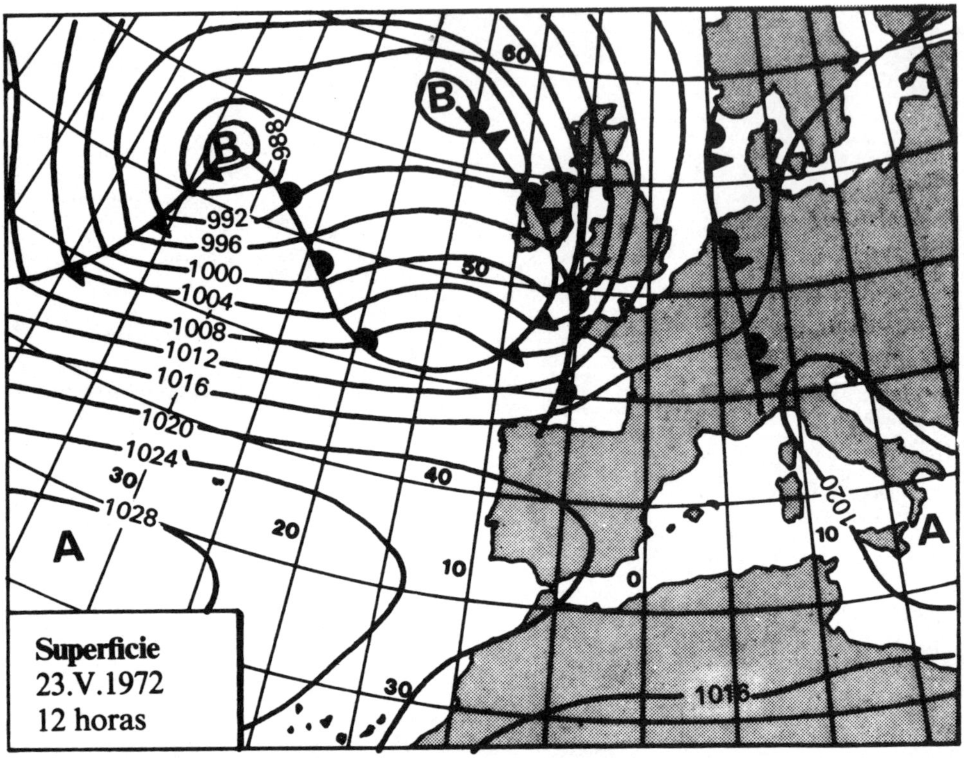

FIGURA 8.8. Mapa del tiempo del día 23 de mayo de 1972, donde se observa una familia de borrascas del frente polar sobre el Atlántico medio y Europa occidental, con distintas etapas de evolución, más jóvenes cuanto más hacia el oeste

3.1.3 Anafrentes y catafrentes

La descripción anterior responde perfectamente al comportamiento de una depresión en la que el movimiento vertical del aire dentro del sector cálido se halla en movimiento ascendente con respecto a cada superficie frontal. Cuando esto ocurre, los frentes tienden a ser muy activos y la precipitación es fuerte y prolongada. A estos sistemas frontales se les denomina *anafrentes* o *frentes anabáticos* (figura 8.9a).

Por el contrario, cuando en los niveles medio y alto de la troposfera existe aire seco subsidente y relativamente cálido, la actividad de los frentes es mucho menor debido a que el movimiento descendente del aire provoca la estabilidad de la atmósfera y limita el crecimiento vertical de las nubes hasta el nivel de la inversión térmica creada. Los frentes de este tipo son llamados *catafrentes* o *frentes catabáticos* (figura 8.9b), y aparecen cuando el sistema frontal se está moviendo cerca de la periferia de un anticiclón. Tanto en el frente catabático cálido como en el frío la precipitación es débil y, por lo general, en forma de llovizna, originada por coalescencia de gotitas de nube, porque el nivel de congelación suele estar situado por encima de la altura de la inversión.

CUADRO 8.2.
Fenómenos meteorológicos que se suceden al paso de los frentes fríos y cálidos de una borrasca ondulatoria madura

Posición	Viento	Visibilidad	Presión	Temperatura
Delante del frente cálido	Retrocede. Si es S, gira al SE. Aumenta la velocidad	Buena (fuera de las precipitaciones)	Baja continuamente	Sube lentamente
Al paso del frente cálido	Gira bruscamente. Se hace SW. Disminuye la velocidad	Mala	Se mantiene	Sube
Sector cálido	Se mantiene la dirección y la velocidad	Mala o muy mala	Se mantiene	Se mantiene
Delante del frente frío	Retrocede Si es SW gira S. Aumenta la velocidad. Rachas	Mala	Baja	Se mantiene
Al paso del frente frío	Gira bruscamente al NW. Aumenta la velocidad. Fuertes rachas	Regular	Sube bruscamente	Baja bruscamente
Detrás del frente frío	Retrocede ligeramente. Disminuyen las rachas	Buena	Sube lentamente	Se mantiene

3.1.4. Zonas de formación y trayectorias

Los frentes y las borrascas a ellos asociadas se desarrollan en áreas muy determinadas, que coinciden con las zonas de confluencia habitual de masas de aire (recuérdese la figura 8.1), y se desplazan hacia el este siguiendo los flujos dominantes de la circulación atmosférica en las latitudes medias. Poseen también trayectorias bien definidas que varían en latitud con las estaciones, siguiendo el dinamismo del conjunto de las masas de aire y la influencia de las propias fluctuaciones de las corrientes en chorro de la troposfera superior.

Por su relevancia sobre las variaciones del tiempo, la más importante zona frontal de las latitudes medias es, sin duda, el *Frente Polar*, que divide el aire frío polar del aire cálido tropical. En el hemisferio Norte su actividad es particularmente destacada a lo largo de la costa oriental de Norteamérica y de Asia, donde existe fuerte oposi-

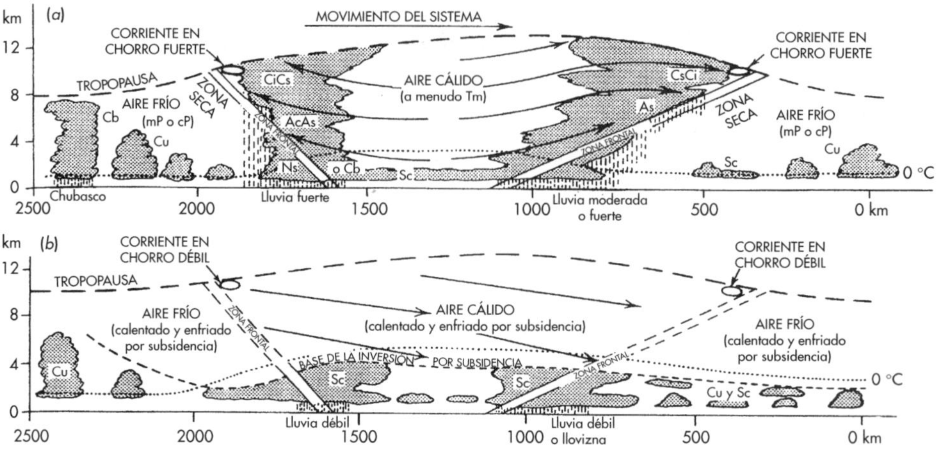

Figura 8.9. Sección vertical de una depresión frontal que ilustra: a) Modelo de una depresión con anafrentes, donde el aire del sector cálido se eleva a lo largo de cada una de las zonas frontales. b) Modelo de una depresión con catafrentes en la que el aire caliente desciende en cada zona frontal (según Pedgley, *A Course in Elementary Meteorology*, HMSO, 1962)

ción entre las tierras frías continentales y las corrientes cálidas próximas al litoral. Las borrascas aquí formadas se desplazan en dirección nordeste, trazando amplias diagonales sobre el océano (a veces desdobladas, como ocurre en el Pacífico cuando el anticiclón subtropical se divide en dos grandes células) y llegan a Europa y América del Norte, respectivamente, en muchas ocasiones en fase avanzada de oclusión (figura 8.8). Su posición es variable, con clara tendencia a progresar hacia latitudes bajas en invierno, momento en el que las trayectorias de las depresiones se sitúan unos 10°

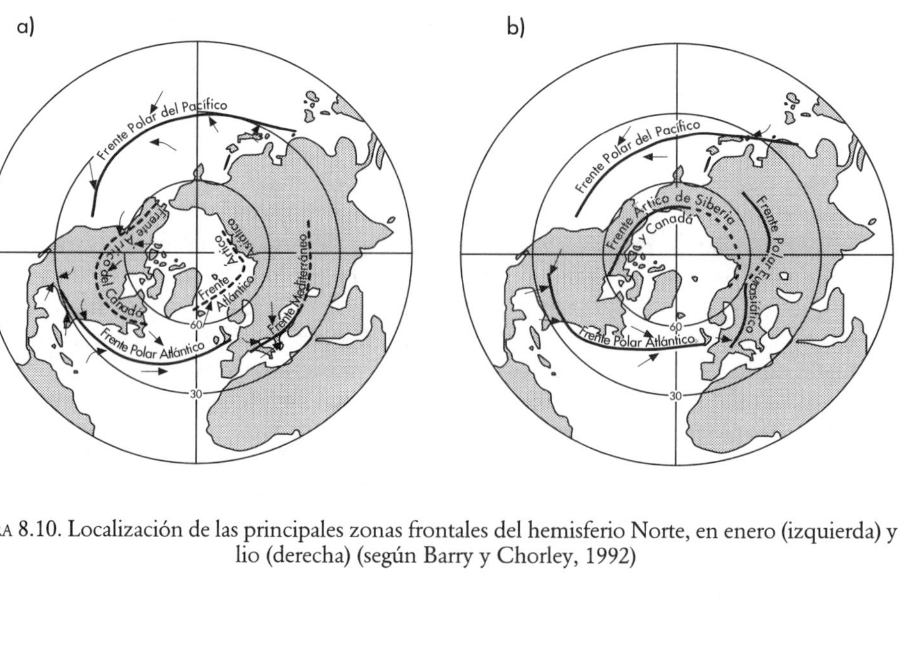

Figura 8.10. Localización de las principales zonas frontales del hemisferio Norte, en enero (izquierda) y julio (derecha) (según Barry y Chorley, 1992)

más al sur que en verano. Durante el periodo estival los contrastes térmicos latitudinales se reducen y los sistemas frontales aparecen desplazados hacia las regiones polares, donde se conserva parte del frío invernal, y adquieren además importancia los frentes que se desarrollan en el interior de Asia y América, como consecuencia del gradiente meridiano de temperatura y la influencia del propio sustrato geográfico. En el hemisferio Sur, en cambio, la intensidad de las depresiones frontales es fuerte, tanto en verano como en invierno, a causa del predominio oceánico y el manantial permanente de aire frío que representa el continente antártico.

Al frente polar se asocian, más o menos estrechamente, discontinuidades secundarias, a las que se da el nombre de *frentes polares derivados*. Uno de ellos es el *Frente Mediterráneo*, que se forma sobre los mares Mediterráneo y Caspio al confluir aire polar de procedencia continental o marítima y aire cálido norteafricano, transformado en contacto con la superficie marina. Su presencia es común en invierno, y desaparece prácticamente en verano cuando toda la cuenca queda bajo dominio del anticiclón de las Azores (figura 8.10).

En altas latitudes se localiza otra zona frontal destacable, el *Frente Ártico* (en el hemisferio Sur, *Frente Antártico*), que divide el aire ártico o antártico del aire polar. En invierno las borrascas que en él se forman dibujan largas trayectorias, una sobre América del Norte y otra que se extiende entre Islandia y norte de Asia. En verano se desplazan más al Norte siguiendo el litoral canadiense y siberiano. En todos los casos, la energía de la ciclogénesis es menor que la existente en el frente polar, porque también lo es el contraste entre las masas de aire enfrentadas.

3.1.5. Relación entre las perturbaciones en superficie y los flujos de aire en altitud

La formación de altas y bajas presiones y el tiempo reinante en superficie guarda estrecha relación con el flujo de vientos del oeste y las ondas de Rossby de la troposfera media y alta. Al superponer una amplia vaguada de las capas superiores sobre una zona frontal, como se realiza en la figura 8.11, se comprueba que la parte anterior de las dorsales en altitud se corresponde con un anticiclón al nivel del suelo y que delante de las vaguadas se desarrollan las depresiones en superficie.

Recordemos del capítulo 7 que, a igualdad de gradiente de presión, el aire circula a más velocidad en los anticiclones que en las depresiones, porque en el primer caso el viento del gradiente es supergeostrófico y, en el segundo caso, subgeostrófico. De este hecho resulta que el aire que fluye horizontalmente en el tramo entre la dorsal y la vaguada se desplaza a velocidad cada vez menor y se agolpa en este sector, porque es alcanzado por el aire más rápido que circula detrás; en cambio, en el tramo entre la vaguada y la dorsal el aire se desplaza más veloz que el situado detrás, por lo que aquí disminuye su cantidad neta. Estos procesos dan lugar, respectivamente, a situaciones de convergencia y divergencia del aire. La convergencia horizontal del aire en altura obliga a éste a descender hacia niveles inferiores, a la vez que genera una espiral anticiclónica; por el contrario, cuando en las capas altas existe divergencia, en compensación asciende aire desde el suelo hacia el eje del flujo superior con desarrollo de una espiral ciclónica. Se entiende así que la divergencia en altura es la causa principal de la ciclogénesis en superficie; y también que el movimiento del aire superior controla tanto la formación e intensidad de los sistemas atmosféricos como su dirección y movimiento.

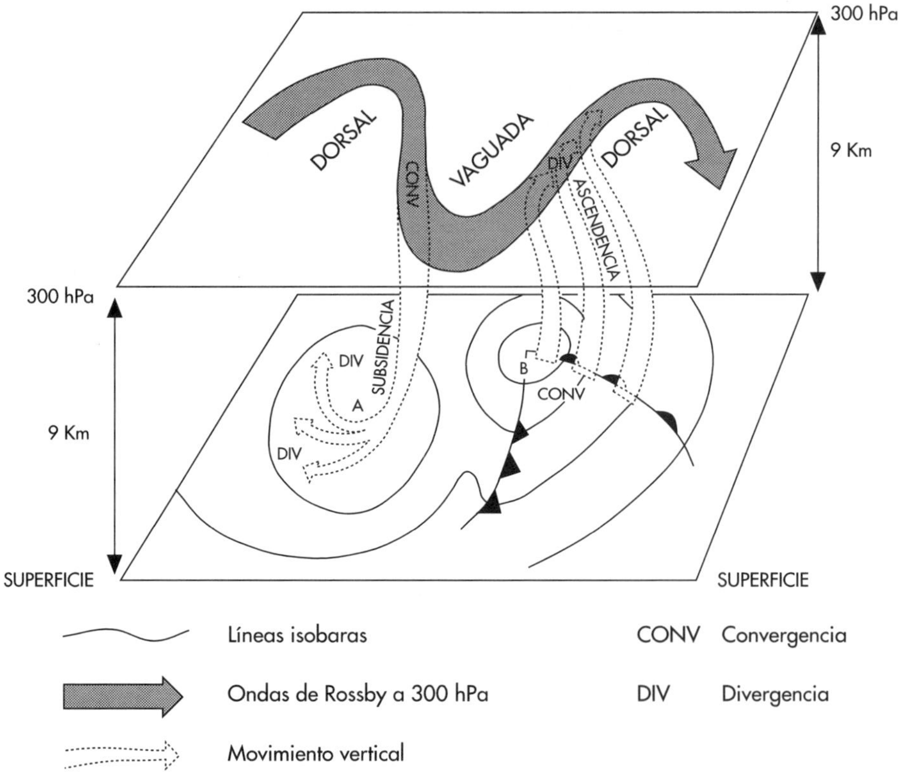

FIGURA 8.11. Esquema representativo de la relación entre los sistemas frontales y las altas y bajas presiones en superficie y la localización de las vaguadas y dorsales en las ondas de Rossby en la troposfera superior

Todo el proceso guarda también estrecha conexión con la corriente en chorro polar porque a ella va asociado el frente polar y las vaguadas principales de las ondas de Rossby. En la figura 8.12 se ilustra esta relación con un esquema representativo de las diferentes fases de evolución de una borrasca nacida delante de una vaguada, donde las condiciones de divergencia del chorro propician el desarrollo e intensificación de las depresiones.

3.2. *Depresiones no frontales*

No todas las depresiones que se forman en las latitudes medias y altas tienen origen frontal. De naturaleza bien distinta son las depresiones a sotavento, las bajas polares, las bajas térmicas o las gotas de aire frío, cuya presencia es más ocasional y, sin embargo, responsables también de importantes cambios de tiempo.

1. *Depresiones a sotavento* o *depresiones orográficas*. Estas borrascas se forman a sotavento de un obstáculo montañoso que se interpone al paso del viento. Mencionemos del capítulo 4 que cuando un flujo de aire en superficie atraviesa una barrera orográfica experimenta fuertes cambios; en principio, el ascenso forzado en la vertiente a

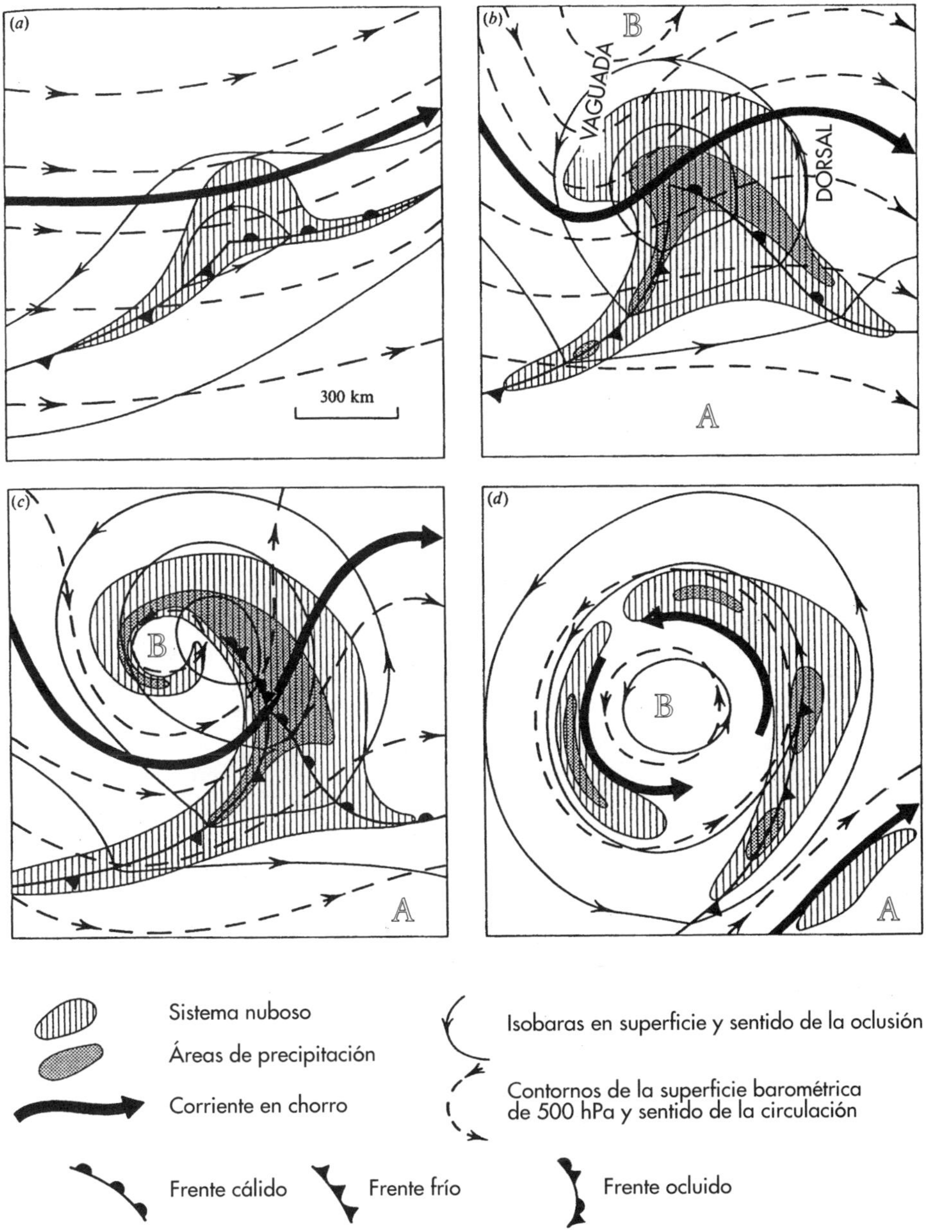

FIGURA 8.12. Relación de la circulación de los vientos superiores y la corriente en chorro polar con la formación y desarrollo de una borrasca ondulatoria (según Riley y Spolton, 1981)

barlovento origina la contracción vertical del flujo de aire en la cima, mientras se expande y diverge lateralmente; en la vertiente contraria, en cambio, el movimiento descendente permite la expansión vertical del flujo, al mismo tiempo que sufre contracción y convergencia lateral. Se crea así convergencia con formación de circulación anticiclónica en la parte superior de la cordillera, y divergencia con curvatura ciclónica a sotavento (figura 4.25). El desarrollo de estas depresiones orográficas está condicionado por el propio flujo de aire y las características del obstáculo, pero en cualquier caso, al adquirir componente descendente tras la barrera montañosa, pocas veces presentan el dinamismo característico de las bajas presiones, salvo en el caso de coincidir con el paso de un sistema frontal.

2. *Bajas polares.* Se desarrollan sobre superficies oceánicas relativamente cálidas, durante los meses de invierno y primavera, cuando masas de aire polar o ártica marítimas, inestables, se mueven hacia el sur a lo largo del borde oriental de una cuña de alta presión extendida en sentido de los meridianos. Constituyen sistemas subsinópticos o mesoescalares, de varios centenares de kilómetros de extensión y uno o dos días de permanencia, que pueden tener circulación cerrada o formar una sencilla vaguada dentro de la circulación general. En el hemisferio septentrional es común su presencia al este de los océanos Atlántico y Pacífico cuando las coladas de aire frío descienden de latitud y coinciden con un flujo ascendente del sudoeste desplazando aguas marinas cálidas de bajas latitudes; con esta situación se acentúa la inestabilidad general del aire frío y se registran abundantes precipitaciones que, por lo general, son de nieve.

3. *Bajas térmicas.* Son depresiones casi exclusivas del periodo estival, que resultan de las elevadas temperaturas del aire provocadas por el fuerte calentamiento de la superficie terrestre bajo el influjo de la radiación solar. Tienen siempre escasa profundidad y un centro bastante difuso cuyos valores de presión son tan sólo unos milibares más bajos que las áreas vecinas; por esta razón, en los mapas sinópticos frecuentemente no llegan a marcarse isobaras cerradas y constituyen vaguadas superficiales o bajas relativas dentro del modelo general; por otra parte, su presencia se limita a las capas de aire próximas al suelo y desaparecen pronto con la altura, donde son sustituidas por un anticiclón (véase el capítulo 6). Las características descritas permiten incluir un buen número de depresiones dentro de esta categoría, desde las pequeñas bajas térmicas que se crean en los núcleos urbanos, o aquellas de origen litoral que causan las brisas marinas, a las bajas presiones que se asocian con la formación de los monzones de verano; sin embargo, el término se restringe normalmente a las borrascas con una extensión de varios cientos de kilómetros, como es el caso de las que se originan a menudo en el interior de la península Ibérica, NW de India, Irán o el desierto de Arizona. Cuando esto ocurre, y si existe humedad suficiente, la inestabilidad que genera la depresión puede llegar a provocar chubascos y tormentas.

4. *Gotas de aire frío.* Consisten en depresiones cerradas con aire frío que se encuentran en las capas medias y altas de la troposfera, y que son escasamente perceptibles en superficie, donde el campo de presión es poco definido o incluso presenta situación anticiclónica. Su génesis va asociada a índices de circulación bajos (recuérdese la figura 7.9), y tiene lugar cuando la corriente general del Oeste se ondula acusadamente, trazando una amplia vaguada con aire polar que acaba por estrangularse; en este momento el aire frío pierde contacto con su masa original de latitudes más bajas y forma una depresión aislada y con circulación cerrada (véanse las diferentes etapas en la figura 8.13), que persiste, por lo general, de uno a tres días antes de su desaparición por absorción de aire caliente de alrededor. Estas borrascas se mueven a poca velocidad, con predominio de la componente Este y, en menor grado, Sur, y provocan mal tiempo persistente, con chubascos y tormentas, que son especialmente intensos si el aire en superficie es muy cálido y húmedo. Estas condiciones suelen

registrarse con cierta frecuencia en la región mediterránea en otoño, y originan precipitaciones a veces torrenciales responsables de graves inundaciones y riadas (en la península Ibérica, por ejemplo, han llegado a medirse más de 500 mm en tan sólo veinticuatro horas).

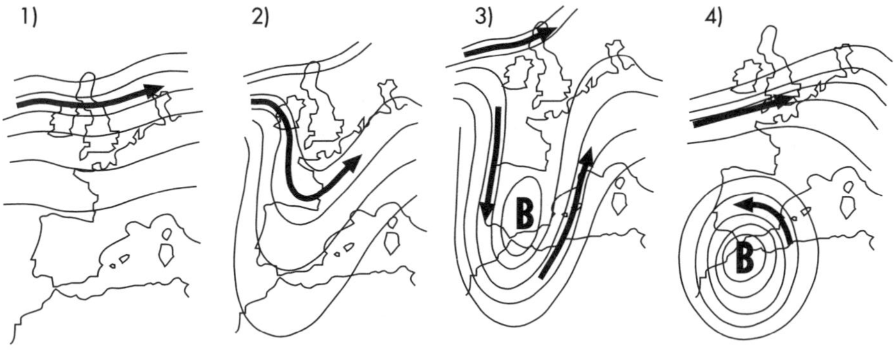

FIGURA 8.13. Génesis de una gota de aire frío: 1) Vientos del oeste y chorro polar con índice de circulación alto. 2) Ondulación del chorro y de la corriente general del oeste, con formación de una amplia vaguada. 3) Profundización de la vaguada, con progresivo descenso hacia el sur del aire frío de latitudes superiores. 4) Estrangulación de la vaguada y aislamiento de la gota fría dentro del aire cálido, y reconstrucción del chorro hacia el norte (según Llasat, 1991)

3.3. *Anticiclones*

Los anticiclones, altas presiones o, simplemente, altas, constituyen regiones de la atmósfera en donde la presión es más elevada que la de sus alrededores a la misma altura. El término anticiclón fue introducido por Galton en 1861 para significar características opuestas a las que existen en las depresiones (véase la comparación entre ambos sistemas en el cuadro 8.3); así, su movimiento es lento y su persistencia mayor que la de las bajas presiones, el gradiente de presión en la zona central es débil y la circulación del viento en torno al núcleo es divergente y en el sentido de las agujas del reloj en el hemisferio Norte (en sentido opuesto en el Sur), normalmente va acompañado de cielos despejados y el tiempo, por lo general, es bueno y estable.

La estructura dinámica de un anticiclón presenta convergencia horizontal en niveles altos y divergencia horizontal en las capas inferiores, con subsidencia o lento movimiento descendente del aire a través de buena parte de la troposfera, especialmente en la zona central, entre 6 y 1,5 km. Esta subsidencia tiene lugar a un ritmo promedio de 1 km por día, aunque puede llegar a ser de 30 metros o menos, dependiendo de la potencia del sistema. En su descenso el aire se comprime y, por tanto, se calienta adiabáticamente, lo cual lleva consigo la disminución de la humedad relativa y la frecuente formación de una potente inversión térmica en altura, con base a unos 500 metros (si el anticiclón es muy persistente, la inversión puede acabar a unos 200 m sobre el suelo). Esta acción puede observarse en el dibujo de la figura 8.14, que muestra los cambios de la curva de estado en un área bajo dominio anticiclónico: una partícula que estuviera situada en el punto A, por efecto de la subsidencia des-

CUADRO 8.3

Análisis comparado de las características principales de los anticiclones y las depresiones

Características	Anticiclón	Depresión
Presión en superficie	Alta	Baja
Dirección del viento	Anticiclónica (en el sentido agujas del reloj)*	Ciclónica (sentido contrario a las agujas del reloj)*
Flujo del aire	Divergencia en superficie (convergencia en altura)	Convergencia en superficie (divergencia en altura)
Movimiento vertical del aire	Subsidencia	Ascendencia
Velocidad del viento	Débil	Entre moderado y fuerte
Precipitación	Generalmente seco	Húmedo
Nubosidad	Estratiforme o sin nubes	Nuboso
Estratificación de la atmósfera	Aire estable. Inversión por subsidencia en altura	Inestable
Gradiente de temperatura	Débil contraste térmico	Fuerte contraste térmico, sobre todo en los frentes
Velocidad de movimiento	Débil o estacionario	Movimiento oeste-este

*En el hemisferio Norte. Al revés en el hemisferio Sur

ciende y se calienta, y en uno o dos días alcanzaría el estado representado por el punto A′, más bajo y de mayor temperatura que el inicial; la partícula del punto B estaría en B′, y el mismo proceso seguiría cualquier otra que tomemos como ejemplo. El movimiento es singularmente apreciable en la parte central del anticiclón, como se dijo antes; en cambio, el descenso se hace cada vez menos perceptible cerca del suelo porque la proximidad de éste entorpece el hundimiento del aire, y lo mismo ocurre en niveles muy altos donde la convergencia inicia su transformación en subsidencia. El resultado es una nueva curva de estado con acusada inversión térmica en altura. El aire de esta capa de inversión es más caliente que el situado por encima y por debajo, y se enfría por emisión de radiación infrarroja; sin embargo, en la fase final de formación de la inversión, el enfriamiento radiativo que experimenta se compensa con el calentamiento por descenso del aire y la curva de estado evoluciona poco.

Estos procesos son el origen de la acusada estabilidad atmosférica que imponen las altas presiones, unido al tiempo bueno y calmado, con ausencia de precipitaciones, soleado de día y estrellado de noche. No obstante, estas situaciones siempre incluyen matizaciones, a veces importantes, que debemos considerar: en verano, las altas presiones formadas sobre el océano suscitan frecuentes brumas o nieblas en las regiones costeras, por su alto contenido de humedad; pero las situadas en áreas continentales originan tiempo muy seco y cálido, que llega a hacerse tórrido en latitudes cercanas a los trópicos. En estos casos el fuerte y continuado calentamiento del suelo llega a provocar las depresiones térmicas superficiales antes comentadas.

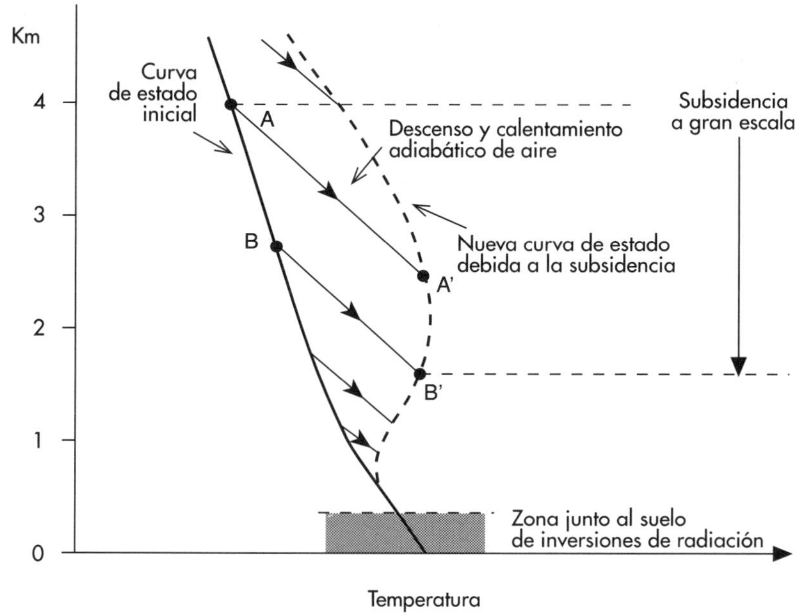

FIGURA 8.14. Efecto de la subsidencia anticiclónica sobre la curva de estado (línea continua). El descenso en bloque del aire produce compresión y calentamiento adiabático, de modo que una partícula que estuviera en el punto A pasa en uno o dos días al estado A′, la partícula del punto B alcanza el estado B′, y así sucesivamente. El efecto es más acusado en la zona central y se hace cada vez menos perceptible en altura y cerca del suelo. De la construcción punto a punto de la nueva situación se obtiene otra curva de estado (línea de trazos) con clara inversión térmica en altura

En invierno la presencia de un anticiclón supone tiempo seco y frío, acentuado por la radiación nocturna, con frecuentes nieblas y heladas, a las que se une muchas veces la presencia de inversiones de radiación en superficie ocasionadas por el considerable enfriamiento del suelo (figura 8.14). La situación anticiclónica crea, además, condiciones propicias para que se alcancen altos valores de contaminación, especialmente cuando la inyección de partículas contaminantes a la atmósfera es muy elevada y éstas quedan retenidas bajo la inversión, como ocurre en las grandes ciudades o áreas industriales. Cuando en superficie el aire es húmedo, por debajo de la inversión se puede formar una capa de nubes estratos o estratocúmulos, en ocasiones bastante persistente y difícil de dispersar, debido en parte a que la circulación es débil, pero también porque la cima de las nubes pierde calor por radiación al espacio y contribuye de este modo al mantenimiento de los estratos cálidos que constituyen la inversión térmica.

El origen de los anticiclones, como se ha puesto ya de relieve en el capítulo 6, puede ser dinámico o térmico; del primer tipo son las potentes células permanentes de alta presión que circundan los trópicos, y del segundo son claros ejemplos las altas que en invierno se originan sobre Siberia y norte de Canadá. Su tamaño es también variable, y permite diferenciar los grandes centros anticiclónicos que forman parte de los sistemas de presión planetarios, vistos con anterioridad, de las altas presiones a escala sinóptica, donde merecen especial consideración los anticiclones móviles que evolucionan con los sistemas frontales y los anticiclones de bloqueo.

1. *Anticiclones móviles*. Aparecen de manera embrionaria entre los miembros individuales de las familias de borrascas, dando lugar a un periodo de tiempo claro y despejado detrás de cada uno de ellos. Como se ha explicado más arriba, la formación de altas y bajas presiones en superficie mantiene estrecha correspondencia con las ondulaciones del flujo de aire superior, de modo que, delante de las vaguadas en altitud, donde el viento diverge, se desarrollan células de baja presión, y en el sector anterior de las dorsales, donde el flujo es convergente, se originan altas presiones (véase la figura 8.11), que se mueven con la corriente general de los vientos del oeste. Es un proceso continuo de formación y desaparición, en el que, mientras se crea y profundiza una borrasca, simultáneamente se refuerza un anticiclón.

2. *Anticiclón de bloqueo*. Se forman en las latitudes medias cuando el índice de circulación es bajo y las grandes ondas que trazan los vientos del oeste se fragmentan en un conjunto de células (véase la figura 7.9). Aquellas que nacen en las vaguadas componen profundas depresiones frías, y las que surgen en las dorsales constituyen potentes anticiclones cálidos, a los que se denomina *anticiclones de bloqueo*, porque la localización de los mismos en latitudes altas y su lento movimiento constituyen un obstáculo que impide la evolución normal de oeste a este de las perturbaciones atmosféricas.

La presencia de un alta de bloqueo afecta a la circulación del viento en altura de modo que la corriente en chorro se bifurca en dos ramas, una que se dirige hacia latitudes altas y otra hacia las bajas, desplazando consigo las trayectorias de las borrascas en superficie. A ambos lados del anticiclón aparecen activas vaguadas o centros de baja presión, y se establece una clara circulación meridiana con ascenso de aire cálido por su lado izquierdo hacia el norte y descenso de aire frío por su lado derecho hacia el sur (figura 8.15). Con esta situación los valores meteorológicos presentan grandes contrastes, con temperaturas excepcionalmente cálidas o frías, según la procedencia de las masas de aire, y la presencia de lluvias muy abundantes en algunas regiones, mientras su ausencia se hace persistente en otras, en las que los registros pluviométricos pueden llegar a ser muy inferiores a los normales. Éste fue el caso, por ejemplo, de la excepcional sequía que se produjo en 1975-1976 en las islas Británicas, o la más reciente de 1989-1990 en España y Francia, causadas por un persistente bloqueo sobre el oeste de Europa.

Este tipo de situaciones atmosféricas se presenta en cualquier época del año, aunque es más frecuente en primavera y otoño, y cuando aparecen tienen tendencia a mantenerse durante varias semanas, siendo por ello un componente significativo del clima de las latitudes medias. En el hemisferio Norte las principales zonas de bloqueo se encuentran de modo preferente sobre superficies continentales, como son la península Escandinava, Alaska, Groenlandia o NW del Pacífico, lo que sugiere la posibilidad de cierto control de la orografía en el desarrollo de los anticiclones de bloqueo, mientras en el hemisferio Sur se localizan en el área de Australia-Nueva Zelanda, el océano Índico y el SE de Sudáfrica.

4. Perturbaciones meteorológicas en los trópicos y el ecuador

La atmósfera de las latitudes intertropicales no forma una entidad claramente distinta de las latitudes templadas y entre ambas no se pueden establecer límites precisos; además, las interacciones meteorológicas son continuas, y manifestaciones del

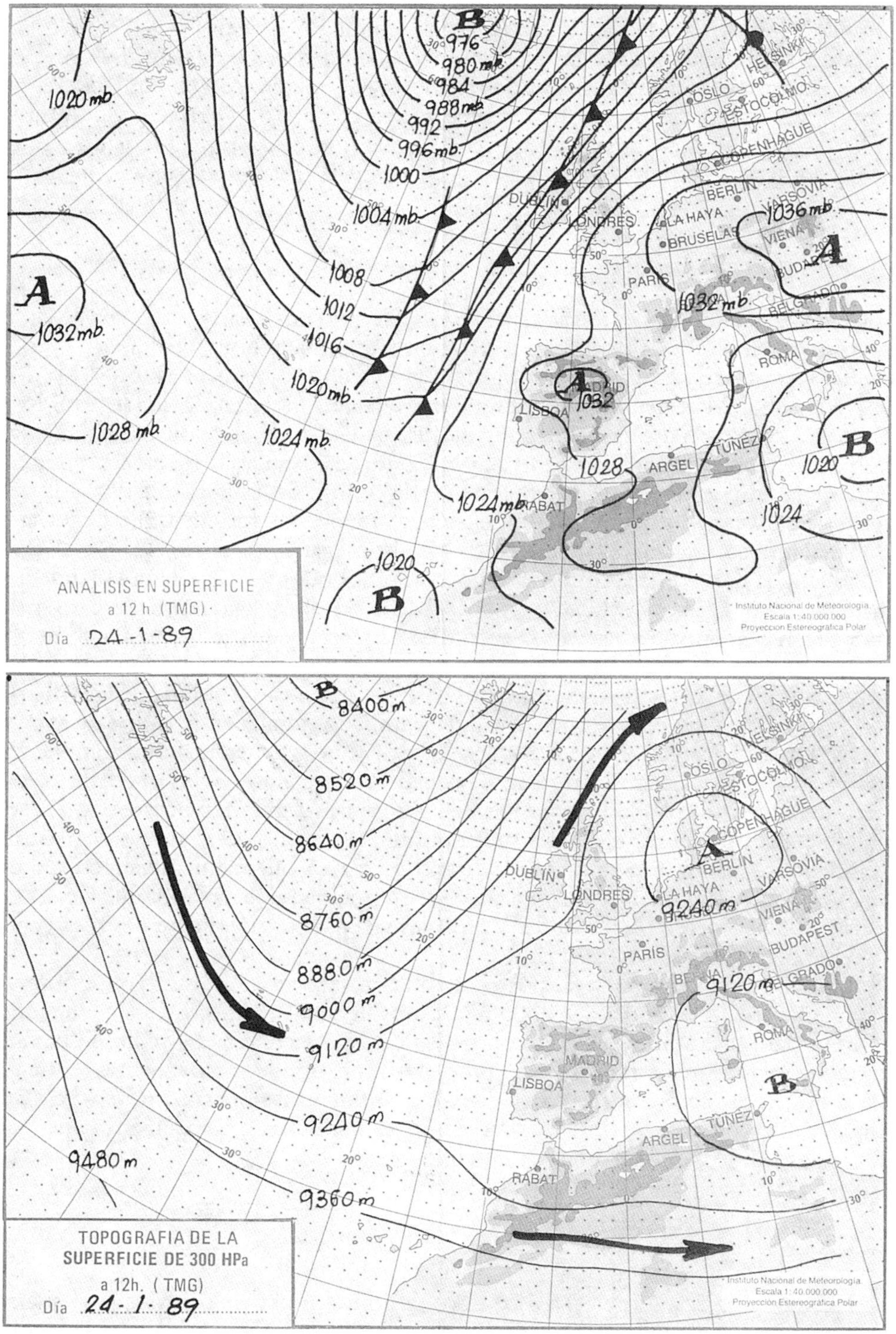

FIGURA 8.15. Ejemplo de situación de bloqueo anticiclónico en Europa occidental. El fenómeno va asociado a la bifurcación de la corriente en chorro en dos ramas (véase la topografía de 300 hPa) y desplaza los sistemas frontales hacia altas latitudes (mapa de superficie)

tiempo de los trópicos se trasladan a las zonas templadas, y viceversa. Sin embargo, a causa de la debilidad de los contrastes térmicos, de humedad y de densidad entre las masas de aire, las perturbaciones en los trópicos y el ecuador son bastante diferentes de las zonas templadas porque no tienen carácter frontal y van ligadas a discontinuidades de origen esencialmente dinámico. A escala sinóptica, las perturbaciones principales son causadas por las *ondulaciones de los vientos del Este* y a los *ciclones.*

4.1. *Ondas del Este*

Son vaguadas de baja presión en el seno de los vientos alisios, junto con los cuales se desplazan, que se identifican por las discontinuidades observadas en el movimiento normal de estos vientos tropicales del Este. Sus dimensiones son del orden de 2.000 a 4.000 km de longitud, se mueven de este a oeste a velocidades entre 5 y 9 m/seg, y presentan divergencia de aire delante de la depresión y convergencia detrás de la misma, que ocasiona la perturbación. Como se ilustra en la figura 8.16, por delante de la onda existe una componente de flujo dirigida hacia el ecuador, a la vez que el aire diverge y experimenta un lento movimiento de subsidencia, que lo hace cada vez más seco y sitúa la inversión de los alisios a muy poca altitud, entre 1.200 y 1.800 m, de modo que las dispersas nubes cúmulos que se desarrollan se mantienen aplanadas, son de escasa entidad y provocan débil o nula precipitación. Al paso de la ondulación el viento adquiere componente polar, mientras se produce convergencia y ascenso del aire que da lugar a la formación de potentes masas nubosas de cúmulos y cumulonimbos, con sus chubascos tormentosos, que localmente se pueden intensificar por la acción del relieve o los contrastes térmicos litorales entre la tierra y el mar.

Las ondas se forman entre los 5° y los 20° de latitud y tienen una duración de una a dos semanas; su origen, sin embargo, no es del todo preciso. Sobre el Atlántico parecen desarrollarse cuando la inversión de los alisios es débil; esto ocurre hacia el sur y oeste de los potentes anticiclones subtropicales, al alejarnos de sus áreas de máxima subsidencia, y sobre todo durante el periodo de mayor calentamiento superficial en verano y otoño. También se ha señalado que su inicio se debe a las ondulaciones de la corriente del oeste de las latitudes templadas y la penetración de frentes fríos cuando se desplazan muy hacia el sur.

La amplitud de la onda está poco marcada en superficie; en cambio, se observa claramente en altura, entre 700 y 500 hPa (equivalente a 3-5 km), y decrece más arriba. A su paso los cambios de tiempo carecen de espectacularidad y se hacen bastante graduales; por otra parte, en áreas como el Caribe, donde son frecuentes (entre junio y septiembre su presencia es casi diaria), su influencia sobre las características del clima es determinante, porque una parte importante de las precipitaciones que reciben proceden de perturbaciones de este tipo.

4.2. *Ciclones tropicales*

Existen en la zona tropical varios tipos de formaciones ciclónicas que se suelen identificar según su intensidad en tres categorías: *depresiones tropicales*, si la velocidad de sus vientos no alcanza los 60 km/h; *tormentas tropicales*, si oscila entre 60 y 120 km/h, y *ciclones tropicales,* cuando los vientos superan esta última cifra. De ellas, las

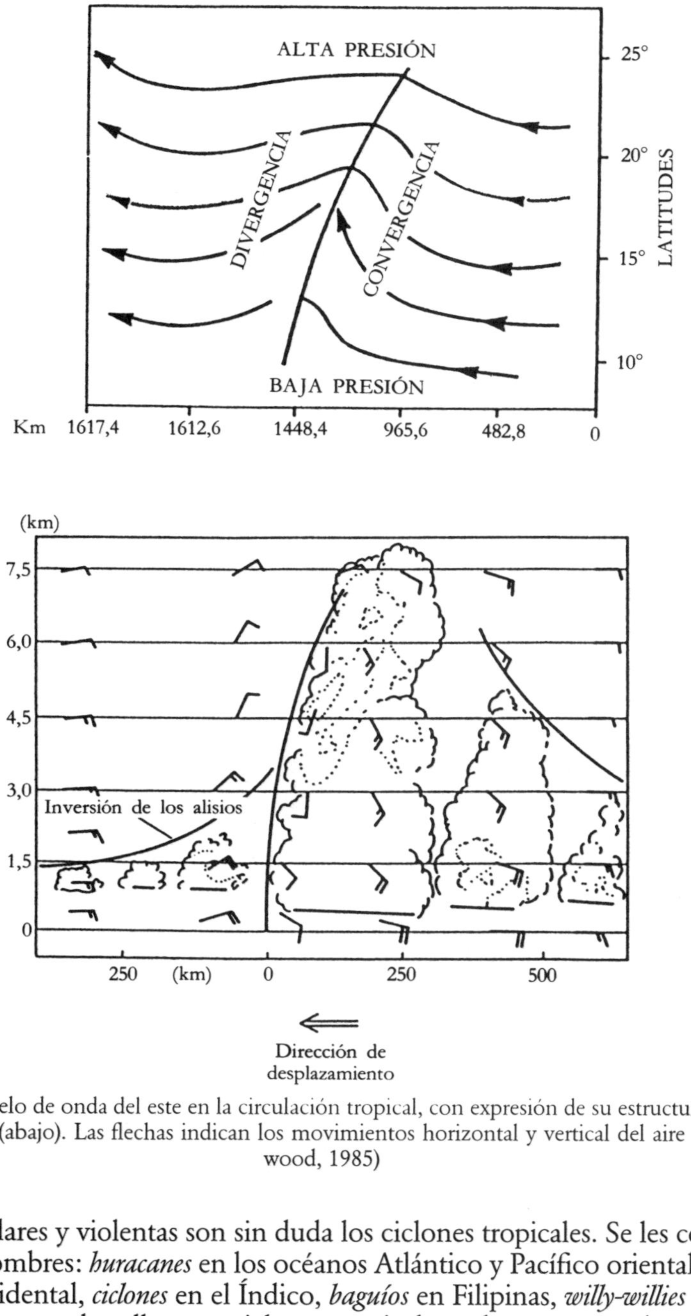

FIGURA 8.16. Modelo de onda del este en la circulación tropical, con expresión de su estructura horizontal (arriba) y vertical (abajo). Las flechas indican los movimientos horizontal y vertical del aire (según Lockwood, 1985)

más espectaculares y violentas son sin duda los ciclones tropicales. Se les conoce con variedad de nombres: *huracanes* en los océanos Atlántico y Pacífico oriental, *tifones* en el Pacífico occidental, *ciclones* en el Índico, *baguíos* en Filipinas, *willy-willies* en Australia. Técnicamente todos ellos son ciclones tropicales, a los que se suele poner nombre de persona, cuya inicial indica el orden entre los ciclones del año. Su estructura típica es la de una borrasca circular, de 200 a 500 km de diámetro, con una presión en su centro inferior a los 950 hPa, que excepcionalmente desciende a menos de 900 hPa, y vientos superiores a 120 km/h, que en ocasiones han sobrepasado los 500 km/h. En los huracanes maduros se forma en la zona central un núcleo cálido, de aire subsidente que disipa las nubes, donde los vientos permanecen en calma, llamado *ojo del huracán,* cuyo diámetro oscila entre 10 y 50 km. En torno a este centro, la enorme actividad convectiva del sistema crea un anillo de nubes de desarrollo vertical, con células normalmente organizadas en bandas arrolladas en forma de espiral, cuya cima se sitúa por encima de los 12.000 m de altitud (figura 8.17).

Los fuertes vientos, las lluvias torrenciales y las grandes olas son el cortejo del huracán, cuyas acciones son devastadoras sobre islas y costas habitadas. El oleaje oceánico puede superar los 6 m sobre el nivel normal del mar, y la irrupción en las costas de olas gigantes es uno de los efectos más temidos de este fenómeno. En abril de 1991, el terrible ciclón «023» que azotó la costa este de Bangladesh, produjo nada

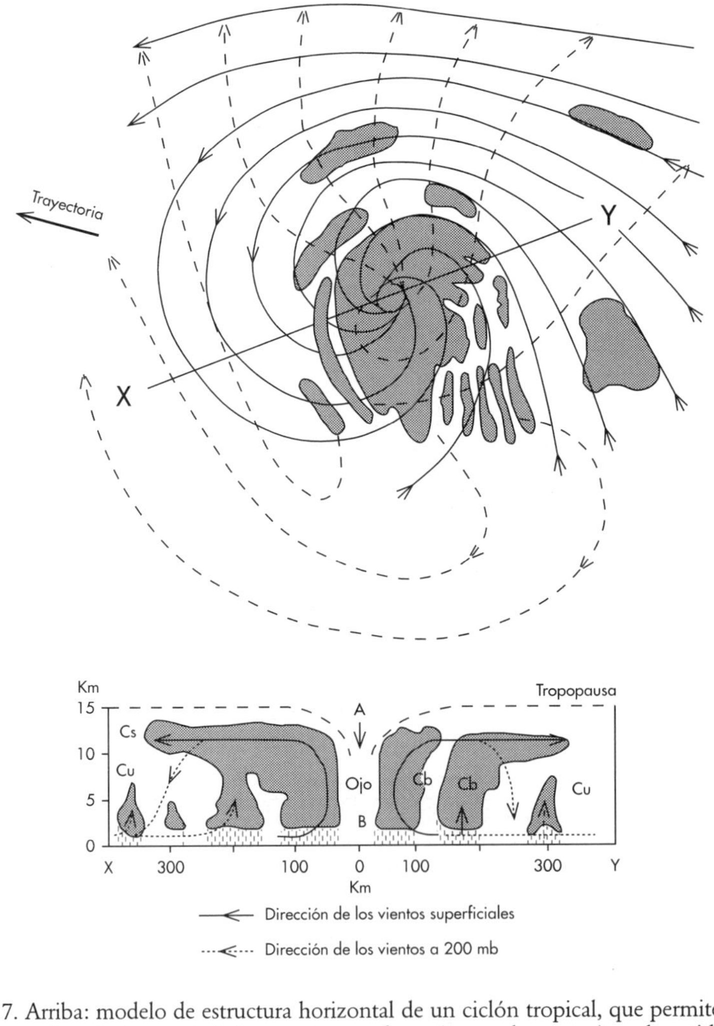

FIGURA 8.17. Arriba: modelo de estructura horizontal de un ciclón tropical, que permite apreciar la característica forma de nebulosa espiral de su sistema nuboso (trama de puntos), y el sentido convergente (ciclónico) de los vientos en superficie y divergente (anticiclónico) en altura. Abajo: sección vertical, según corte X-Y, con representación de los movimientos vertical y horizontal del viento, y de las torres de nubes, con sus chaparrones, que rodean el ojo del huracán (según Barry y Chorley, 1992)

menos que 500.000 víctimas; vientos de 250 km/h empujaron olas de hasta 8 metros, sepultando más de 10 islas situadas en la bahía de Bengala y algunas de las ciudades costeras más pobladas del país. Relacionada con la presencia de un ciclón, la pluviosidad puede alcanzar también cantidades sorprendentes, y una buena prueba son los 1.168 mm registrados en un solo día, en el mes de julio de 1911, en Baguío (Filipinas). Por fortuna, otros son mucho más moderados y no alcanzan tal grado de intensidad; apoyándose en este criterio, en Estados Unidos se han diferenciado hasta cinco categorías, que se muestran en el cuadro 8.4.

CUADRO 8.4

Clasificación de los huracanes que afectan a Estados Unidos, según su grado de intensidad

Grado de intensidad	Presión en el centro (hPa)	Velocidad del viento (m/seg)	Altura del oleaje (m)	Peligrosidad
1	980	33-42	1-1,5	mínima
2	965-979	43-49	1,5-2,5	moderada
3	945-964	50-58	2,5-3,7	extensa
4	920-944	59-69	3,7-5,5	extrema
5	<920	>69	$>5,5$	catastrófica

Fuente: Hebert, P. y Taylor, G., «Hurricanes», *Weatherwise,* 32, 1979, págs. 60-67.

Los intentos por mitigar los daños de los huracanes explican la puesta en marcha de proyectos para su control y la creación de centros de detección y previsión de sus trayectorias; sin embargo, a pesar del peligro y destrucción que ocasionan, no se conocen con exactitud sus orígenes. Las investigaciones realizadas indican que en su nacimiento y existencia se conjugan la intervención de varios factores: 1.° el huracán es un fenómeno exclusivamente oceánico que necesita la presencia de grandes extensiones marinas con temperaturas superficiales superiores a 26°-27°C, que faciliten tanto la convección como el constante aporte de calor y de grandes cantidades de humedad. 2.° Los ciclones son inexistentes en latitudes inferiores a 5° donde el parámetro de Coriolis es prácticamente nulo y no puede impulsar el desarrollo del remolino ciclónico. Lejos del ecuador, cualquier flujo de aire que converge hacia una depresión es desviado por la fuerza de Coriolis y crea en seguida una estructura espiral. 3.° Contrariamente a las depresiones frontales de las latitudes medias, que se asocian a condiciones atmosféricas baroclinas, el huracán requiere atmósfera barotrópica, donde la temperatura, presión, gradiente térmico y humedad sean uniformes en áreas muy extensas. 4.° Se sabe también que precisa fuerte convergencia de aire y flujo ciclónico en superficie, así como divergencia y flujo anticiclónico en altura, por lo que es probable que el ciclón nazca a expensas de una perturbación inicial (se trataría esencialmente de las ondas del este), a partir de la cual empieza su crecimiento, que puede culminar en la formación del huracán o, por el contrario, desaparecer en pocos días.

Su ciclo evolutivo permite diferenciar tres etapas: *inicio*, *madurez* y *decadencia*:

1. *Inicio*. El ciclón comienza con una perturbación de tipo ondulatorio que crece

hasta convertirse primero en una depresión tropical y después en una tormenta tropical. En estos primeros momentos el viento en torno a la baja presión es moderado y las nubes y precipitaciones no presentan todavía una organización bien definida. La progresiva intensificación del vórtice ciclónico, con descenso de la presión en su interior, incrementa la velocidad del viento, que puede alcanzar los 120 km/h, y conduce a la formación de un sistema de nubes en bandas espirales cada vez más potente. Simultáneamente se liberan grandes cantidades de calor latente por condensación del vapor de agua, que constituyen la fuente de energía básica de la perturbación. Como si de una reacción en cadena se tratara, con la liberación de calor el aire se hace todavía más caliente, razón por la cual se eleva muy deprisa, y esto a su vez atrae nuevo aire húmedo desde la superficie, que se eleva y libera más calor. De este modo se pone en marcha un proceso dinámico, alimentado por la constante aportación de aire muy húmedo, en el que se contempla la continua generación de energía potencial a partir del calor latente y su transformación en energía cinética de movimiento de la tormenta.

2. *Madurez*. Durante esta fase el ciclón experimenta un rápido crecimiento, adquiere una configuración básicamente circular, y el centro activo del mismo alcanza su máxima violencia. En el interior del vórtice se forma ahora una zona tranquila y sin ascendencia de aire, conocida como el ojo de la tormenta, en torno al cual se disponen las nubes girando en espiral. Es una etapa que muchas perturbaciones nunca llegan a completar, pues se extinguen en pocos días; sólo algunas alcanzan la potencia del huracán.

Cuando está bien formado, el ciclón presenta una caída brutal de la presión desde la periferia al interior, que origina un acentuado gradiente bárico y vientos de gran velocidad, cada vez más violentos hacia el núcleo, donde su intensidad puede ser sorprendentemente alta (figura 8.18). A la vez que el viento gira alrededor de la perturbación, el aire sube casi en vertical por el centro, al igual que una chimenea con fuerte tiro, lo que motiva el rápido enfriamiento de la masa de aire húmeda ascendente y su inmediata condensación en forma de nubes, tipo cumulonimbos en el interior, y nimbostratos, altoestratos y cirroestratos, sucesivamente hacia los márgenes. La fuerte actividad convectiva de este momento se refleja en el extraordinario desarrollo vertical de las nubes hasta la proximidad de la tropopausa, y en las grandes cantidades de vapor de agua que se elevan, superiores a 15×10^9 toneladas/día, la mitad de las cuales pueden caer de nuevo al suelo, bajo el aspecto de verdaderas cortinas de agua casi continuas.

En el ojo del ciclón, en cambio, domina la calma, el cielo está despejado o con algunas nubes y el aire es húmedo y cálido, con temperaturas que en sus capas medias (en el nivel aproximado de 500 hPa) son de 10° a 18 °C más altas que en el aire

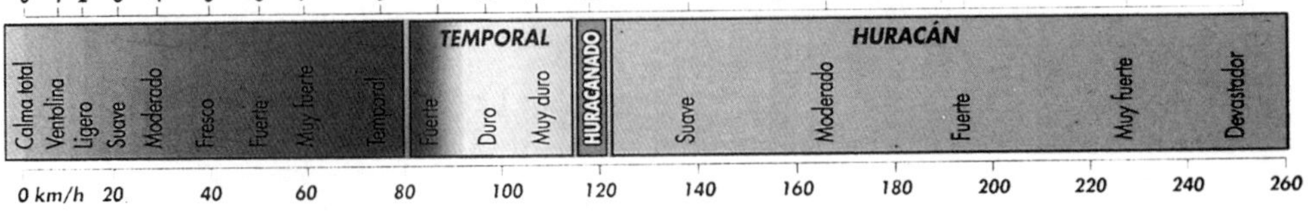

FIGURA 8.18. Fuerza del viento según las escalas Beaufort y Saffir-Simpson

circundante. La presencia de este núcleo cálido, creado por el calor latente de condensación, parece ser fundamental en la existencia del huracán, básicamente por dos razones: en primer lugar, supone la existencia de divergencia en la troposfera superior, que ejerce el efecto de bomba de succión, llevándose el aire que asciende y haciendo que la convergencia a nivel del mar sea más intensa y continua. Segunda, al ser aire cálido (reforzado, además, por el calentamiento adiabático del aire descendente en su interior) y, por tanto, de densidad inferior al frío, constituye un núcleo de bajas presiones que mantiene la afluencia de vientos de gran velocidad a la base del mismo. La figura 8.17 permite apreciar esta estructura nubosa del ciclón y los movimientos horizontal y vertical alrededor de su núcleo.

Las isobaras que delimitan un ciclón maduro crecen progresivamente y la zona de tormenta se expande hasta alcanzar su máxima extensión; sin embargo, la intensidad de la tormenta no crece más, e incluso comienza a disminuir.

3. *Decadencia.* Una vez desarrollado puede persistir alrededor de una semana, mientras se mueve a velocidades inferiores a 25 km/h a través de la corriente de los alisios en dirección oeste o noroeste en el hemisferio Norte y sureste en el hemisferio Sur. Si permanece en los trópicos y se desplaza sobre superficies continentales, se desvanece por colmatación; en caso de alcanzar latitudes de 20°-30° suele curvarse hacia el polo, pudiendo entrar en el dominio de los vientos del oeste, donde desaparece o se transforma en una depresión de latitudes medias. Tengamos de nuevo presente que el ciclón tropical constituye una máquina térmica que funciona en virtud de las diferencias de temperatura existentes entre un núcleo cálido y una periferia más fría, y que la energía necesaria para que se transforme en un sistema de tan inmenso potencial procede del continuo suministro de calor latente de condensación aportado por los vientos cargados de humedad, que impulsan su desarrollo y al mismo tiempo le mantienen activo. Por esta razón, mientras persiste el abastecimiento de calor y aire húmedo, el ciclón se autoalimenta, pero en el momento en que avanza hacia el interior del continente o sobre la superficie de un océano frío, se debilita rápidamente y desaparece.

La formación de ciclones tropicales se concentra sobre todo a finales de verano y primeros de otoño. Las áreas de desarrollo, como sugiere la figura 8.19, mantienen clara correspondencia con las temperaturas del agua del mar, y además se vinculan a la situación estacional de la Zona de Convergencia Intertropical, coincidiendo su aparición en el hemisferio boreal o austral según la localización de aquélla al norte o sur del ecuador. De esta relación se explica la inexistencia de huracanes en el Atlántico

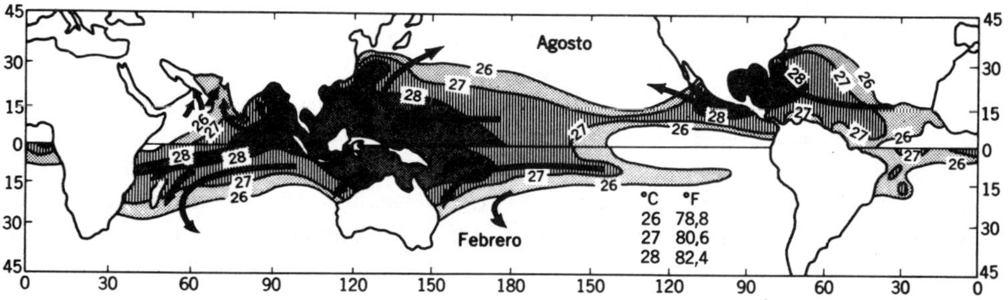

FIGURA 8.19. Áreas de formación y trayectorias más corrientes de los ciclones tropicales en relación con la temperatura de la superficie del mar (expresada en °C) en el verano de cada hemisferio (según Strahler, 1989)

sur o en el Pacífico suroriental, donde la ZCIT nunca se sitúa al sur de los 5°, siendo frecuentes, en cambio, en la parte occidental de los océanos Atlántico, Pacífico e Índico.

5. Sistemas atmosféricos mesoscálicos

Los sistemas mesoscálicos tienen tamaño y duración inferiores a las perturbaciones de escala sinóptica, pero llevan también asociadas importantes variaciones del tiempo atmosférico. Aparecen tanto en las latitudes medias como en los trópicos, a veces como componentes de sistemas mayores, como los ciclones tropicales, la zona de convergencia intertropical o los frentes fríos activos, e incluyen fenómenos de gran intensidad y potencia, tales como las tormentas y los tornados.

5.1. *Tormentas*

Son violentas y espectaculares manifestaciones de convección atmosférica, que han sido definidas por esta razón como borrascas de convección. Su resultado más visible es la presencia de grandes nubes de desarrollo vertical, del género cumulonimbo-incus, densas y oscuras, de las que se desprenden intensos chubascos de agua y granizo, acompañados de vientos fuertes y racheados, y de gran aparato eléctrico. Se trata, además, de un fenómeno frecuente. Se estima en más de 16 millones las tormentas que se producen cada año en el planeta, y es probable que cada hora se estén formando cerca de 2.000 en distintas partes de su superficie. Sin embargo, su distribución no es uniforme, pues pocas son las que se observan por encima de los 60° de latitud, mientras tienden a incrementarse hacia el ecuador; y reducido es también su número sobre las superficies oceánicas frías o en las regiones de acentuada estabilidad atmosférica, como son las áreas anticiclónicas subtropicales.

Varios son los mecanismos que pueden actuar como desencadenantes de este vigoroso movimiento de convección: 1.° la inestabilidad atmosférica creada por fuerte calentamiento del suelo. El proceso tiene una notable variabilidad diaria y estacional, alcanzando su máxima intensidad en las tardes calurosas del verano. 2.° La inestabilidad condicional generada por la elevación sobre cadenas montañosas. 3.° La convergencia del viento por causas térmicas o dinámicas. 4.° La ascendencia frontal delante de un frente frío, en particular cuando la masa de aire es muy inestable (por ejemplo, la presencia de un frente frío después de una ola de calor).

A partir de aquí son necesarias varias condiciones para que crezcan las grandes torres de las nubes cumulonimbos: 1.ª acusada inestabilidad atmosférica debida a la existencia de aire cálido y húmedo en las capas inferiores de la atmósfera, y aire frío y denso en los niveles superiores; 2.ª abundante suministro de vapor de agua; y 3.ª vientos fuertes en la troposfera superior. A la concurrencia de estos factores hay que añadir el concurso de otros dos: por una parte, la nube debe alcanzar altitudes con niveles térmicos entre – 20° y – 40 °C para que puedan formarse grandes cantidades de núcleos glaciógenos, y por otro, la existencia de una débil cizalladura del viento (es decir, cambio de dirección y velocidad) en las capas altas para favorecer la expansión vertical de la corriente convectiva.

Al observar la estructura de una tormenta se comprueba que ésta se compone de uno o varios centros activos denominados *células*, que tienen un ciclo de vida corto, de media hora a dos horas, en el que es posible diferenciar tres fases: *cúmulo*, *madurez* y *disipación*, que se han representado en la figura 8.20.

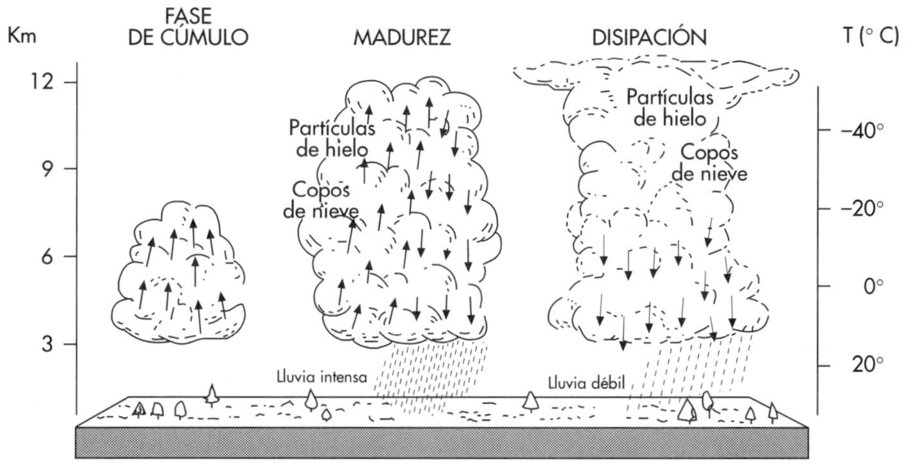

FIGURA 8.20. Ciclo de vida de una tormenta con sus fases de cúmulo, madurez y disipación. Las flechas indican el sentido de desplazamiento de las corrientes de aire

1. *Fase cúmulo*. En la fase inicial o de desarrollo de la torre cúmulo. Durante la misma las corrientes ascendentes dominan toda la nube, con velocidades en la base de 3-5 m/seg, y en progresivo aumento hacia la cima, donde llegan a superar los 10 m/seg. La fuerte inestabilidad es alimentada por el continuo aporte de calor latente de condensación, que contribuye a dar más energía cinética a las ascendencias, y se mantiene mientras la temperatura en el interior de la nube sea superior a la del aire que la rodea. Este movimiento vertical eleva las gotitas por encima del nivel de 0° y comienza la formación de cristales de hielo y el rápido crecimiento de las gotas de agua, aunque no consiguen precipitar al suelo porque los sostienen las poderosas ráfagas ascendentes. Con el aumento de tamaño de los núcleos de hielo y agua, el eco del radar puede empezar a detectarlos; cuando esto ocurre, la nube tiene un diámetro entre 1 y 2 km, y se extiende tan sólo unos 600 a 900 m por encima del punto de congelación; desde este momento hasta que alcanza el estado maduro transcurren cerca de quince minutos, intervalo en el que puede crecer hasta los 8.000-9.000 m de altitud.

2. *Fase de madurez*. Se inicia con las primeras lluvias y es la de mayor actividad y turbulencia de la tormenta. La nube sigue creciendo hacia arriba, a velocidades que sobrepasan en niveles altos los 30 m/seg, creando imponentes cumulonimbos de color blanco brillante en la cumbre, pero de amenazador gris plomizo en la base. El peso de las partículas de hielo y gotas de agua supera ahora la fuerza que las mantiene en suspensión y precipitan torrencialmente, en forma de lluvia o granizo, acompañados de truenos y relámpagos, y corrientes de aire descendentes provocadas por el efecto de arrastre de los granos de hielo y gotas de agua al caer. Asociados a estas

corrientes se producen los aguaceros más intensos y la mayor rafagosidad del viento; pero además comportan la disminución de la temperatura (a veces más de 5 °C) y el aumento de la presión (entre 2 y 4 hPa), provocado por la mayor densidad del aire frío. El movimiento descendente está mucho mejor organizado en la parte delantera de la nube, y cuando se aproxima al suelo se extiende en sentido horizontal, alejándose de la tormenta en la dirección de desplazamiento de ésta, constituyendo lo que se denomina *ráfaga frontal*. La célula tormentosa alcanza su máxima anchura, en torno a 8 km de diámetro, y su mayor altitud, unos 10-12 km (excepcionalmente, 18-20 km en la tropopausa tropical), de manera que los fuertes vientos de estos niveles distorsionan y aplanan la cima de la nube dándole la clásica forma de yunque, compuesto por bancos de cirros, de hielo y nieve, que se extienden algunas decenas de kilómetros en la dirección del flujo dominante.

3. *Fase de disipación*. Tiene lugar cuando las corrientes descendentes predominan sobre las ascendentes y se interrumpe el suministro de aire caliente y húmedo que alimenta la tormenta. A medida que la célula pierde humedad, disminuye el aporte de energía por liberación de calor latente y entra en fase de desaparición, con cese de movimientos ascendentes y gradual predominio de rachas descendentes. En este momento final la precipitación se debilita progresivamente, y con ella los movimientos descendentes, con lo cual la nube cumulonimbo se desvanece, permaneciendo tan sólo en los niveles superiores capas de nubes altocúmulos y los cirros que formaban el yunque.

Casi tan rápidamente como empieza, desaparece. En menos de una o dos horas, durante las cuales puede recorrer de 15 a 30 kilómetros, la tormenta se desarrolla, precipita torrencialmente agua o granizo y desaparece, dejando el cielo claro y despejado, mientras el destello de los relámpagos y el sonido de los truenos se pierde en la lejanía. Se estima que sólo el 20 % del vapor de agua que se condensa con las corrientes ascendentes regresa de nuevo a la superficie como precipitación; el resto se evapora de nuevo al descender o permanece en la atmósfera como parte de la nube; aun así, una célula normal que hubiera descargado 6 mm de lluvia sobre un área de 64 km^2 representaría la puesta en circulación en el sistema nuboso de una masa total de agua aproximada de 400.000 toneladas.

Con frecuencia, la precipitación que acompaña la tormenta adopta la forma de granizo, aunque en general se licua antes de llegar al suelo, desapareciendo de este modo los efectos destructivos que puede ocasionar. El granizo crece por arrastre repetido arriba y abajo a través del nivel de congelación (véase el capítulo 5); en consecuencia, cuanto más potentes sean las corrientes verticales y más alto el techo alcanzado por la nube, mayor será la probabilidad de que el granizo consiga gran tamaño y llegue al suelo; y, en efecto, así ocurre cuando las tormentas son muy fuertes (véase la clasificación del cuadro 8.5).

Otra característica familiar de las tormentas son los *relámpagos* y *truenos*. Ambos son fruto de la agitada turbulencia que tiene lugar en el interior de la nube, que hace que ésta se comporte como un generador electrostático gigante. Mediante la generación de cargas por inducción y generación de cargas por efecto termoeléctrico, entre otros procesos, se origina en el interior del cumulonimbo la concentración de cargas eléctricas positivas en la parte superior y negativas en la inferior, juntamente con un área positiva más pequeña cerca de la base de la nube; cuando la diferencia de potencial del campo eléctrico llega a ser muy alta y sobrepasa un nivel umbral, cercano al medio millón de voltios, se origina una súbita descarga eléctrica luminosa a la que

CUADRO 8.5

Clasificación de las tormentas según su intensidad. La división es independiente de la cantidad de precipitación que producen, y sólo tiene en cuenta la actividad convectiva

Categoría	Características
Tormenta	Relámpagos poco frecuentes (menos de 10 en 10 minutos). No producen granizo.
Tormenta moderada	Relámpagos frecuentes (más de 10 en 10 minutos). Granizo de menos de 1cm de diámetro.
Tormenta fuerte	Relámpagos prácticamente continuos, o turbonada violenta (más de) 60 km/h de racha), o granizo de más de 1 cm de diámetro, o trombas marinas.

Fuente: Instituto Nacional de Meteorología.

denominamos relámpago. De forma inmediata, a lo largo del canal de conducción de sólo unos centímetros de sección seguido por la descarga, el aire se calienta a más de 30.000 °C y sufre una violenta expansión que da como resultado una detonación sónica conocida como trueno, que viaja a unos 340 m/seg, y que rara vez se percibe a distancias superiores a 22 km.

Las descargas pueden tener lugar dentro de la propia nube, entre nube y nube o entre nube y suelo; en todos los casos, los centros de carga de signo opuesto son neutralizados tras cada descarga. Cuando se produce entre la parte inferior de la nube y el suelo (normalmente con carga positiva), se le llama *rayo*, y consta al menos de dos fases: una primera descarga traslada hacia tierra cargas negativas de la nube, siguiendo una trayectoria a menudo sinuosa y con bifurcaciones a partir de un canal principal; al instante se produce una descarga de retorno que transporta hacia la nube cargas positivas desde el suelo; como resultado deja una senda de aire ionizado que siguen las descargas inmediatamente posteriores (figura 8.21).

Ahora bien, la célula tormentosa aislada que acabamos de describir es poco frecuente; la mayoría de las tormentas están compuestas por un conjunto de células individuales, cada una de las cuales tiene su propia circulación y su propio ciclo de actividad; por esta razón, durante un periodo de tiempo que puede durar varias horas las nubes van formándose y deshaciéndose, dando la impresión de que la tormenta sufre altibajos a medida que cada una de las células madura y se extingue. Estas tormentas con varias células constituyen sistemas organizados, donde es posible reconocer por sus diferentes tamaños y estructuras los siguientes tipos:

5.1.1. Tormentas de masa de aire

Son tormentas individuales o agrupaciones de aquéllas, que tienen lugar en el seno de masas de aire cálido y húmedo, como consecuencia de la inestabilidad condicional provocada por el fuerte calentamiento de la superficie, la orografía o la convergencia de aire. Constituyen un tipo común en los trópicos, y forman las clásicas tormentas locales de las cálidas tardes de verano en las latitudes medias, cuando, tras un largo día caluroso, las altas temperaturas que alcanza el suelo ocasionan un elevado gradiente térmico vertical que desata la inestabilidad y fuerza el movimiento con-

FIGURA 8.21. Espectaculares destellos de varios rayos observados durante una tormenta nocturna (foto: E. Ruiz)

vectivo del aire (aunque no todos los incipientes núcleos que se forman acaban evolucionando hacia nubes tormentosas). En regiones costeras o mar adentro son más frecuentes en las primeras horas matinales, coincidiendo con el momento de mayor contraste térmico entre el aire enfriado de niveles altos y el más caliente situado sobre el mar. Las tormentas de masas de aire también pueden gestarse a partir de efectos advectivos, como cuando el aire frío en altura se mueve sobre una masa de aire superficial cálida y húmeda, o con la advección de aire cálido junto al suelo; en ambos casos se crea un gradiente de temperatura elevado, muy favorable a la iniciación de la tormenta.

5.1.2. Tormentas multicelulares

Consisten en una sucesión de células individuales, cada una de las cuales puede hallarse en distinto estado de desarrollo, pero que presentan cierto grado de organización, de modo que dentro de cada célula madura se encuentra el mecanismo que originará la siguiente. Una secuencia de la misma puede verse en la figura 8.22: partiendo de una célula desarrollada, las fuertes corrientes descendentes frías que en ella existen, cuando alcanzan la superficie desplazan el aire cálido y lo elevan, poniendo así en marcha la evolución de la siguiente célula de tormenta. Esta nueva célula se forma en el lado derecho de la anterior, al mismo tiempo que las células viejas tienden a extinguirse en el izquierdo, donde la disponibilidad de aire cálido ascendente es limitada. La consecuencia de esta dinámica es que todo el sistema tormentoso tiende a moverse hacia la derecha de la dirección del viento en la troposfera media, con un ángulo aproximado de 20°.

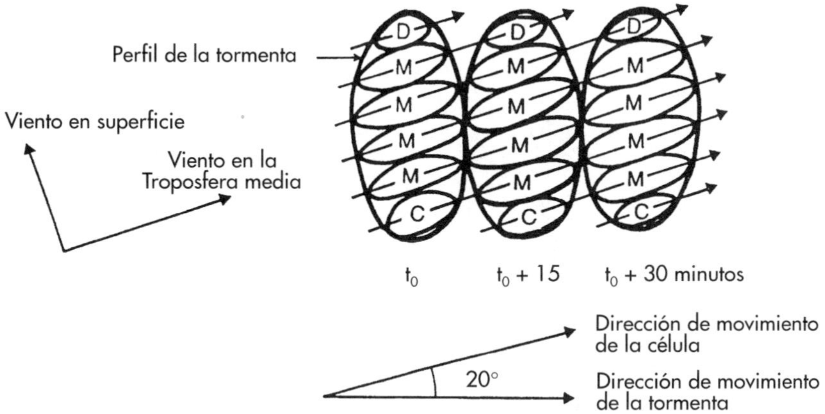

FIGURA 8.22. Esquema de la organización de una tormenta multicelular. Las células nuevas van creciendo a la derecha de una célula madura, mientras se extinguen a su izquierda; como consecuencia, todo el sistema se mueve hacia la derecha de la dirección del viento en la troposfera media. El perfil de la tormenta se ha trazado a intervalos de quince minutos, y con desplazamiento de izquierda a derecha (C: fase cúmulo, M: fase de madurez, D: fase de disipación) (según Musk, 1988)

Normalmente una tormenta multicelular se extiende a lo largo de 30 ó 50 km, y se ha estimado que el periodo de existencia de cada célula oscila alrededor de cuarenta y cinco minutos. Se cree también que el intervalo que transcurre entre células sucesivas es de unos quince minutos, es decir, una vez iniciado el crecimiento de un nueva nube cumulonimbo a partir de otra desarrollada, éste es aproximadamente el tiempo que tarda en convertirse en un cumulonimbo claramente diferenciado del primero. Se ha estimado que durante su ciclo de vida se pueden formar unas 30 células o más; el proceso termina cuando las condiciones a escala sinóptica impiden su autopropagación.

5.1.3. Tormenta supercelular

Consiste en una activa y violenta perturbación dominada por una potente célula o supercélula, que aparece en el estado maduro del desarrollo de una tormenta multicelular, de la cual se diferencia sobre todo por su estructura interna y propagación. Es más extensa, persistente y compleja que cualquier otra tormenta, y parece tener una circulación interna muy organizada (figura 8.23), con permanente alimentación de aire desde las capas inferiores y continua expansión en altura, a la vez que se mueve hacia la derecha de la dirección del viento en la troposfera media (en el hemisferio Norte). En general, para que se formen deben reunirse las siguientes condiciones: 1.ª Fuerte inestabilidad; 2.ª Convergencia en superficie y divergencia en altura; 3.ª vientos fuertes bajo la nube (con promedios superiores a 10 m/seg); y 4.ª Cizalladura del viento a través de la capa de nubes, y bruscos cambios del mismo con la altura de hasta 90°. La estructura de una supertormenta normalmente presenta una forma variable, de circular a elíptica, y suele tener dimensiones horizontales de unos 20 a 30 km. En ocasiones, en las latitudes templadas adquieren posiciones estables durante varias horas, descargando intensos aguaceros sobre una misma zona, mientras a pocos kilómetros de distancia la precipitación es nula.

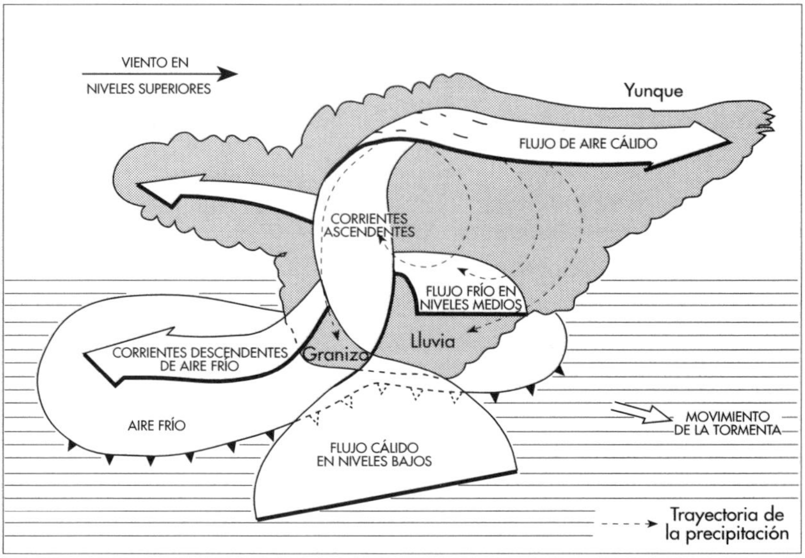

FIGURA 8.23. Modelo tridimensional de una tormenta supercelular moviéndose hacia la derecha de la dirección del viento en la troposfera media (según Musk, 1988)

5.1.4. Línea de turbonada

Grupo de tormentas organizadas en estrechas líneas o bandas de varios centenares de kilómetros, paralelas y en la parte anterior de un frente frío, donde se registran importantes fenómenos de turbonada, esto es, movimientos convectivos violentos y marcados cambios en la dirección del viento, con lluvias intensas, granizo y en ocasiones tornados. El mecanismo que dispara la inestabilidad atmosférica es el propio frente frío; una vez que se ha originado la línea de tormentas, ésta avanza en la misma dirección que el frente, y se mantiene como perturbación autopropagada. El sistema tiene una configuración cambiante, pero a pesar de ello la estructura básica del mismo está bien organizada, con divergencia en altura y convergencia en superficie, junto con procesos de ascendencia y descendencia de aire complementarios, donde las corrientes de aire que descienden se meten en cuña por debajo del aire cálido de niveles inferiores y lo elevan para formar potentes cumulonimbos, de los que surgen, a su vez, las ráfagas descendentes. El fenómeno es frecuente en verano en las áreas continentales de las latitudes medias, particularmente en las llanuras de Norteamérica, cuando coinciden la presencia de aire cálido y húmedo delante de un frente frío activo y una vaguada en altura responsable de la divergencia en las capas altas de la troposfera. En los trópicos las líneas de turbonada están bien documentadas en África occidental, al sur del Sahara.

5.2. *Tornados*

En las latitudes medias merecen ser destacados los tornados por su extraordinaria violencia y peligrosidad. Son pequeñas depresiones locales, con vientos girando en sentido ciclónico a enormes velocidades, que les convierten probablemente en el fenómeno de mayor capacidad destructiva del mundo meteorológico. Consisten en una nube en forma de gigantesco embudo que se extiende desde la base de un cumulonimbo, y llega hasta el suelo mediante una especie de manga larga y estrecha; su color es oscuro o negro a causa de la humedad, polvo y escombros que son levantados del suelo por las fuertes corrientes ascendentes, y se acompaña de aguaceros y granizadas que tienen lugar momentos antes y tras su paso. Los tornados, como se resume en el cuadro 8.6, son de corta duración, suelen tener diámetros inferiores a 100 m y las velocidades del viento se estiman en 400 km/h, lo cual explica su capacidad devastadora; pero además, la presión en su centro es extraordinariamente inferior a la de la atmósfera que la rodea (en ocasiones hasta 100 o más hPa), de modo que en las áreas de su recorrido los edificios cerrados, por ejemplo, explotan en el sentido literal de la palabra, ante la repentina y acusada diferencia bárica entre el interior y el exterior de las casas. Con el movimiento de la nube madre, el tornado serpentea y, a menudo, su trayectoria es errática; de igual modo, la parte final del embudo puede separarse momentáneamente del suelo durante su desplazamiento y luego volver a él, continuando su acción destructiva.

CUADRO 8.6

Principales características de los tornados

Característica	Magnitud	Intervalo de variación
Diámetro	100 metros o menos	2 m a 3 km
Distancia recorrida	3 km	Desde unos metros a centenares de kilómetros
Duración	4 minutos	Desde unos segundos a varias horas
Velocidad del viento	90 m/seg	80 a 225 m/seg
Velocidad de movimiento	10-20 m/seg	0 a 20 m/seg
Dirección	Sudoeste a Noreste	Variable
Descenso de la presión	25 hPa	20 a 200 hPa

Los mecanismos de su formación no se conocen del todo. Casi todos se producen asociados a tormentas y teóricamente cabe decir que se trata de la última fase de concentración de energía cinética y giro ciclónico que surge en el desarrollo de un cumulonimbo, cuando el aire húmedo que converge hacia su base, en su rápido ascenso y condensación, libera el calor latente que proporciona la extraordinaria energía cinética que interviene en el proceso. Aunque surgen en cualquier momento del año, las condiciones atmosféricas más favorables se crean en los meses de primavera y principios de verano. Se forman en muchas partes del mundo, no siendo desconocidos en Europa o Australia, pero el mayor número de ellos se localiza en las llanuras interiores de Estados Unidos, debido a que en estas latitudes las corrientes de aire tropical húmedo procedentes del golfo de México y las de aire seco del desierto del Suroeste originan la frecuente yuxtaposición de capas de aire con fuertes contrastes de temperatura, humedad y vientos.

Un fenómeno similar al tornado, aunque de proporciones más reducidas y formado sobre el mar, lo constituye la *tromba marina*. Va asociada a una densa nube tipo cúmulo, de la que se desprende la tromba en forma de cono oscuro y estrecho, que succiona el agua del mar hasta una cierta altura, bastante reducida. La tromba es más débil que el tornado y a menudo no es más intensa que los clásicos remolinos observados junto a la superficie del suelo; pero ocasionalmente contienen vientos de gran intensidad capaces de producir daños en pequeñas embarcaciones o frágiles edificios si llega a la costa.

6. La predicción del tiempo

El interés del hombre por predecir el tiempo es tan antiguo como su propia existencia, y ha sido tanto más fuerte cuanto más dependiente de las condiciones atmosféricas han estado sus actividades. Las prácticas seguidas para pronosticar los acontecimientos meteorológicos han cambiado gradualmente desde sus comienzos, poco claros e inmersos a veces en la mitología y la superstición, hasta los actuales métodos científicos que emplean avanzada tecnología y realizan aproximaciones cada vez más precisas del estado futuro de la atmósfera.

En el pasado, las predicciones se fundamentaban en observaciones locales de signos y señales como el aspecto del cielo y de la naturaleza, las variaciones del viento, sucesos fenomenológicos tales como la llegada de la primera ave migratoria o la foliación de los árboles, etc., todos ellos intuitivamente analizados por la experiencia y transmitidos de generación en generación.

Con el descubrimiento y empleo de los primeros instrumentos de medida, en particular del termómetro y del barómetro, la ciencia meteorológica da un paso decisivo; con ellos empezaron en el siglo XVII observaciones sistemáticas de diferentes elementos del clima, y años más tarde, con la invención del telégrafo hacia 1850, estos datos pudieron comunicarse de forma instantánea y fue posible la confección de mapas sinópticos dirigidos a la predicción diaria del tiempo.

Simultáneamente a estos logros, los avances en el conocimiento de la dinámica atmosférica fueron incorporando a la cartografía del tiempo las relaciones entre campos de presión y vientos, la identificación de las diferentes masas de aire, la trayectoria de las depresiones y la circulación en los niveles superiores de la troposfera. Ya metidos en este siglo, los nuevos hallazgos, tanto en el campo de la teoría (dinámica del frente polar, formulación de modelos con inclusión de las ondas de Rossby, definición de las atmósferas barotrópicas y baroclina, etc.) como en el de la instrumentación (radiosondas, radar), han marcado una nueva etapa, a la que se ha venido a sumar en los últimos años el importante apoyo de los satélites meteorológicos y, sobre todo, los ordenadores electrónicos, que permiten manejar una enorme cantidad de información y formular rápidos pronósticos del tiempo.

6.1. *Fuentes de datos*

La predicción actual y los diferentes servicios que presta la meteorología se apoyan en la información que proporciona la red de estaciones sinópticas (superficie) y aerológicas (altura) integrada en el Programa de Vigilancia Meteorológica Mundial dependiente de la Organización Meteorológica Mundial (OMM). Diariamente, alrededor de 10.000 estaciones terrestres y unos 7.000 barcos en mares y océanos realizan mediciones simultáneas de superficie a las 00, 06, 12 y 18 horas Tiempo Medio de Greenwich (TMG), y cerca de 700 estaciones hacen sondeos dos veces al día, a las 00 y 12 h TMG, para conocer la temperatura, presión, humedad y viento de las capas altas de la atmósfera. A estas observaciones se unen las imágenes obtenidas desde el espacio por los satélites meteorológicos (Meteosat, NOAA, TIROS, GOES, Meteor), que aportan información global y continua de la posición y estructura de los sistemas atmosféricos, así como de la distribución de la temperatura, vapor de agua y nubosidad (figura 8.24), lo cual las convierte en documentos de inestimable valor en su conjunto, y más particularmente cuando corresponden a regiones con pocas observaciones convencionales.

Los datos obtenidos se recogen, analizan y procesan en centros especializados que forman parte del Sistema Mundial de Proceso de Datos. El sistema descansa sobre tres Centros Mundiales situados en Melbourne, Moscú y Washington, que llevan a cabo el análisis de la situación atmosférica en superficie y altura a escala hemisférica dos veces al día, y la predicción meteorológica para los días siguientes, además de controlar la calidad de los datos obtenidos y emitidos. En un segundo escalón se sitúan 24 Centros Meteorológicos Regionales, cuyas funciones son parecidas a las de los centros globales, pero circunscritas a su ámbito territorial y más claramente orientadas al apoyo de los servicios nacionales. Finalmente, los análisis y pronósticos se transmiten a los Centros Meteorológicos de los 157 países miembros de la OMM, que realizan análisis y previsiones más detalladas para el propio Estado y las regiones del mismo.

A su vez, y para que esta inmensa información sea eficaz y llegue a todos los centros meteorológicos del mundo, la OMM ha desarrollado el Sistema Mundial de Telecomunicaciones, que comprende dispositivos e instalaciones para la recopilación y distribución de las observaciones y los datos procesados. Los diversos tipos de documentación sobre el tiempo son transmitidos de acuerdo con un código numérico internacional, que permite enviar gran cantidad de datos en forma condensada y breve, que es fácilmente descifrable por los meteorólogos. Un ejemplo de estos mensajes cifrados se representa en la figura 8.25, y en los anexos al capítulo 8 pueden verse los símbolos utilizados para representar los distintos datos.

6.2. *La predicción*

Desde la primera cartografía meteorológica sinóptica elaborada a principios del siglo XIX hasta el momento presente los avances en el pronóstico del tiempo han sido notables y se han sucedido al mismo tiempo que los descubrimientos científicos y técnicos. En la actualidad, la predicción se realiza para distintos periodos de tiempo: 1) corto plazo, referida a las veinticuatro horas siguientes, con anticipo de las condiciones atmosféricas para el segundo y tercer día; 2) medio plazo, que se elabora para tres o cuatro días; y 3) largo plazo, que cubre periodos superiores a cinco días o incluso mensuales y estacionales.

1. *Predicción a corto y medio plazo.* Hasta 1950 prácticamente todas las técnicas científicas de predicción seguían el llamado *método sinóptico*, que consiste en tratar de elaborar a partir de un mapa sinóptico del tiempo otro mapa similar válido para las horas siguientes (llamado *mapa previsto*), y deducir del mismo las condiciones meteorológicas que cabe esperar de la nueva situación. El predictor utiliza mapas de superficie y altura sobre los que previamente se han trasladado los mensajes cifrados, e intenta determinar el desplazamiento y evolución de los sistemas atmosféricos identificados en el análisis apoyándose en el conocimiento de los modelos sinópticos y el uso de

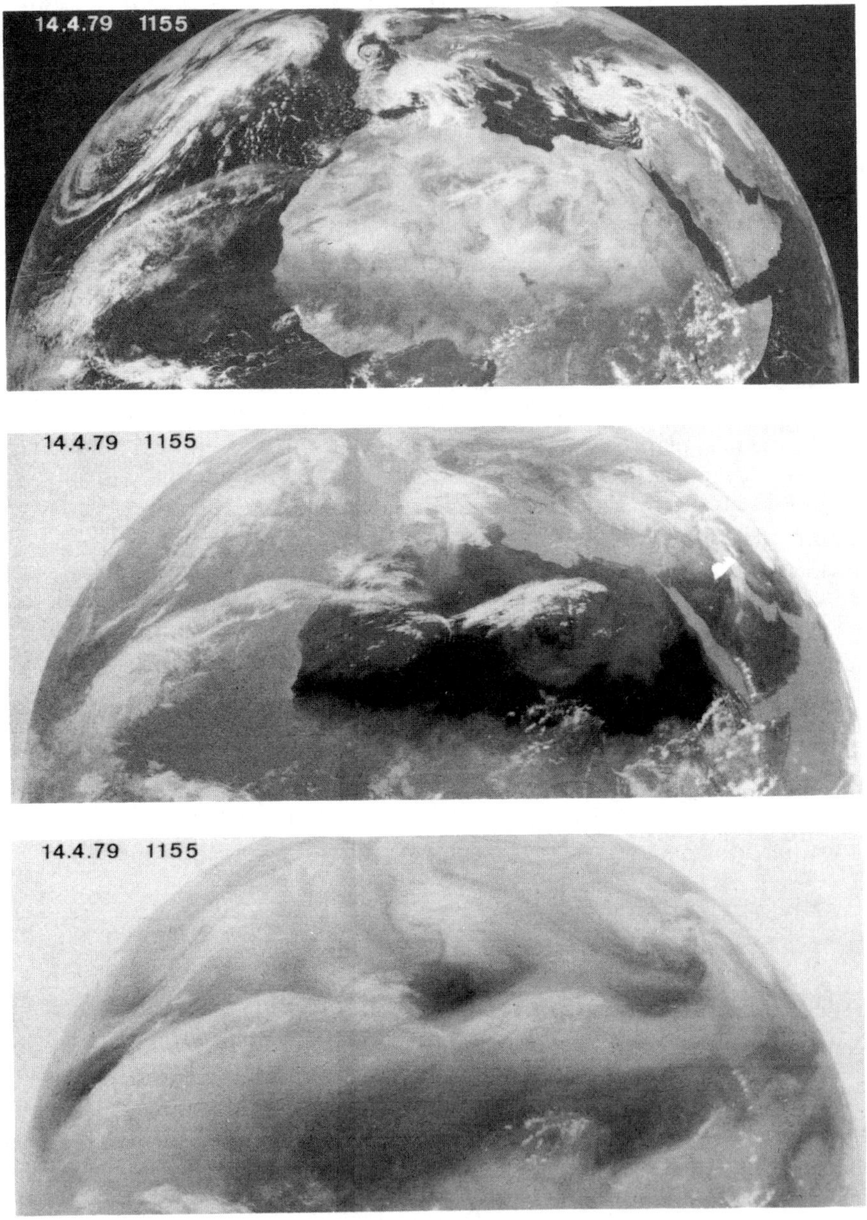

FIGURA 8.24. Tres vistas del tiempo tomadas por el satélite meteorológico geoestacionario Meteosat desde aproximadamente 36.000 km de altitud: 1.ª Imagen visible, VIS (figura superior): la tonalidad oscura de reflectores pobres como las superficies marinas y zonas con vegetación proporcionan un excelente fondo para observar los tonos grises y blancos de las nubes. 2.ª Imagen infrarrojo, IR (centro): constituye un mapa térmico, donde el color oscuro identifica las superficies cálidas de los desiertos del Sahara y Arabia, frente al tono más claro de las frías superficies del agua marina y de las masas nubosas. 3.ª Vapor de agua, VA (figura inferior): las áreas blancas se identifican con zonas de alta humedad, mientras las mas oscuras indican un bajo contenido de humedad atmosférica (Brimacombe, 1991)

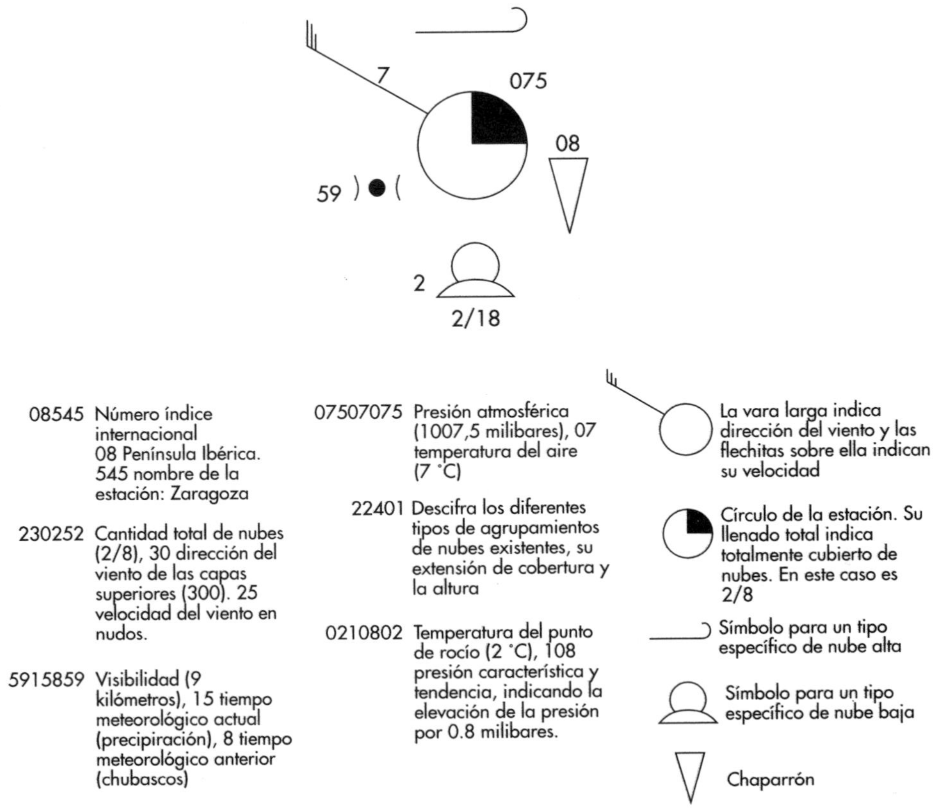

FIGURA 8.25. Ejemplo de mensaje cifrado siguiendo el código meteorológico internacional, y representación del mismo. El modelo está transmitido en la forma 08545 23025 59158 07507 22401 02108 82818, cuyo significado se indica en la ilustración (véanse más detalles en el apéndice)

reglas teórico-prácticas, junto con una buena dosis de pericia y experiencia personal.

El desarrollo en los años 50 de los modelos matemáticos, unido a los progresos teóricos y la aplicación de nuevas técnicas, han ido desplazando los viejos procedimientos para abrir camino a la *predicción numérica*. El principio básico de este método de tipo objetivo es considerar la circulación atmosférica como un problema termodinámico y de mecánica de fluidos, donde el fluido a examinar, en este caso el aire, es de densidad variable, tiene un calentamiento desigual y, además, está sometido al influjo de la rotación terrestre y al rozamiento con el suelo. El pronóstico tiene como punto de partida el análisis detallado sobre una extensa área geográfica del estado de la atmósfera en un momento determinado (esto es lo que corresponde al tiempo $t = 0$), y a partir de él, sin hacer referencia a las condiciones previas existentes antes de este instante, se predice el estado correspondiente a veinticuatro horas más tarde ($t = 24$) mediante la resolución numérica de ecuaciones básicas de la física del aire, que permitan conocer los futuros valores de temperatura, presión, densidad y velocidad del viento.

Para conocer la evolución futura del tiempo se emplean varios modelos atmosféricos que difieren entre sí por su grado de complejidad. El más sencillo es el *modelo barotrópico*, que intenta obtener un esquema del comportamiento de la atmósfera con el análisis de lo que ocurre en la superficie isobárica de 500 hPa, la cual es tomada como representativa del flujo atmosférico global. En un escalón superior se sitúan los *modelos baroclínicos*, donde la atmósfera ya no está representada por una única superficie, sino por varias, cuyo número ha ido en progresivo aumento conforme mejoraban los métodos de resolución de ecuaciones diferenciales; éste es el caso, por ejemplo, del Centro Europeo de Predicciones Meteorológicas, donde en 1986 ya se introducía información de 19 niveles, y ha aumentado a 31 en el año 1991 (figura 8.26). Lógicamente, el cómputo de datos es cada vez más complejo, y la obtención de un mapa sinóptico sólo es posible con ordenadores de gran capacidad de almacenamiento de información y extraordinaria rapidez de cálculo.

2. *Predicción a largo plazo*. Las evaluaciones teóricas indican que el pronóstico a más largo plazo que puede hacerse con los métodos numéricos es del orden de dos semanas. En la práctica, los límites actuales son inferiores: en las latitudes medias del hemisferio Norte giran alrededor de cinco días, como consecuencia de la capacidad de los modelos presentes y de los datos disponibles para los modelos; en el hemisfe-

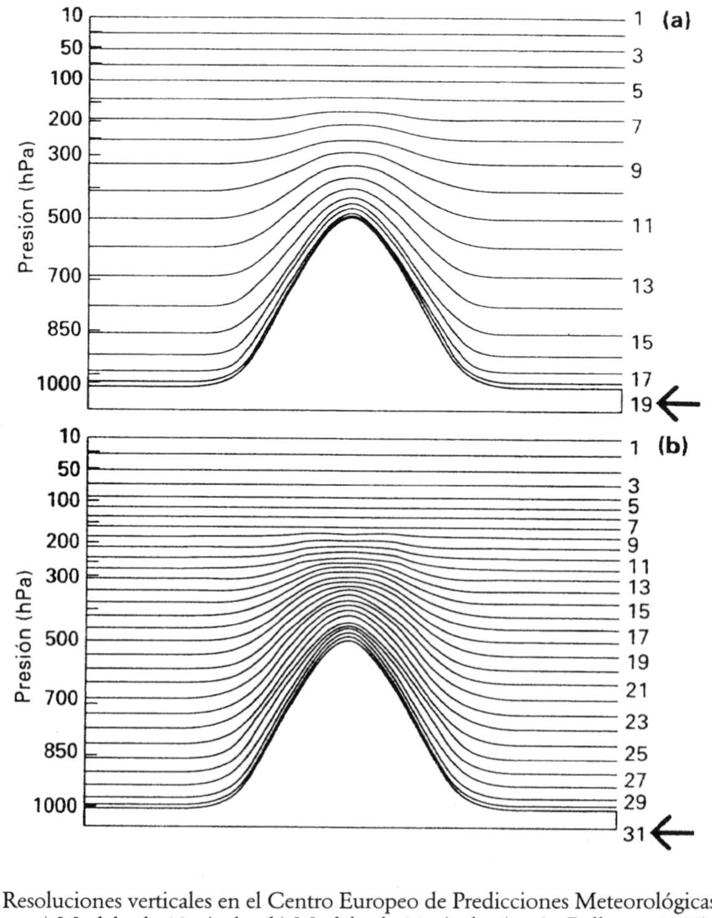

FIGURA 8.26. Resoluciones verticales en el Centro Europeo de Predicciones Meteorológicas a plazo medio: a) Modelo de 19 niveles. b) Modelo de 31 niveles (según Ballester, 1993)

rio Sur es de tres días, principalmente a causa del menor número de observaciones; y en las latitudes tropicales, tan sólo de uno o dos días.

El problema de la previsión del tiempo con antelación de varias semanas y meses se relaciona con las propias dificultades de interpretación satisfactoria del movimiento general de la atmósfera y la interrelación entre fenómenos de muy diferente magnitud que de forma simultánea tienen lugar en el aire. Este tipo de predicciones se basa en el conocimiento de las influencias recíprocas entre la atmósfera y la superficie subyacente del planeta, y tiene como objetivo averiguar las tendencias futuras de la circulación general y las condiciones medias de ciertos elementos del tiempo, por lo general precipitaciones y temperaturas, para amplias regiones del globo (con aproximaciones tales como: valor superior o inferior al normal, cantidades muy por debajo de la media, etc.), pero sin tratar de obtener una imagen detallada del tiempo previsto como hacen los pronósticos a corto y medio plazo.

Para ello se siguen varios métodos, entre los que están: el *estadístico*, el *de analogías* y el *dinámico*. El primero se apoya en el análisis estadístico del comportamiento de la atmósfera, expresado en forma de ecuaciones de regresión, probabilidades, analogías, etc., tratando de encontrar periodicidades que permitan un pronóstico a partir de los datos del momento. El segundo se fundamenta en la hipótesis de que las condiciones atmosféricas actuales evolucionarán de igual manera que lo hicieron situaciones análogas en el pasado; el problema consiste, pues, en hallar una situación lo más similar posible a la presente y en utilizar la secuencia del tiempo que tuvo lugar en esa ocasión como guía para prevenir el futuro. Por último, el método dinámico engloba varios procedimientos, con diversos enfoques, que intentan conocer la respuesta de la atmósfera a los cambios probables de factores externos como la humedad del suelo, cubierta de nieve, hielo marino, anomalías de la superficie del mar, etcétera.

Al contemplar todos estos avances surge la pregunta de por qué los pronósticos no son más exactos y cuáles son las cuestiones que dificultan la predicción e impiden, por ejemplo, adelantar posibles periodos de mal tiempo, sequías, etc. A primera vista se trata de un problema determinista bien definido, donde, a partir de un estado inicial dado, cualquier estado futuro de la atmósfera puede ser previsto con las ecuaciones de dinámica de fluidos; sin embargo, un análisis más profundo revela una complejidad enorme. En efecto, la atmósfera engloba procesos de escalas muy variables, desde el tamaño de una gota de nube de unos pocos micrómetros a escalas planetarias de unos 10.000 km; y dentro de este amplio abanico encontramos tormentas de varios kilómetros, depresiones frontales extendidas sobre 1.000-2.000 km y circulaciones a escala planetaria gobernadas por la distribución de océanos, continentes y cordilleras. Pero además cada escala de movimiento tiene su escala de tiempo: una tormenta dura alrededor de una hora y una borrasca frontal varios días, mientras que los sistemas mayores, como los monzones, tienen escalas temporales de meses.

El problema inaccesible para el predictor surge de las continuas interacciones entre las diferentes escalas del movimiento atmosférico, y por ello datos ligeramente inadecuados que describen el tiempo inicial se propagan y convierten en errores cada vez mayores en la predicción final. Por este efecto, «el simple batir de alas de una mariposa en China, en teoría puede provocar un tornado en el Caribe», como expresaba E. Lorenz en su denominado con cierto humor *efecto mariposa*. Esta acusada sensibilidad a las condiciones de partida es propia de *sistemas dinámicos caóticos*, como es la atmósfera; en consecuencia, aunque el problema de la predicción del tiempo sea en un principio determinista, en la práctica no lo es, a causa de los errores inevitables en la observación de las escalas menores de movimiento, lo cual se traduce en sucesivos errores en las escalas mayores y, por último, en la falta de exactitud del pronóstico.

Capítulo 9

El mosaico climático del globo

José M.ª Cuadrat

Recordemos que los climas de nuestro planeta son el resultado del funcionamiento del sistema climático, y que sus variadas características reflejan la influencia de los distintos componentes que de forma conjunta actúan en el sistema.

El estudio de la distribución de estos climas, su extensión, mecanismos y evolución ha sido siempre objetivo prioritario de la Climatología, para lo cual analiza un buen número de elementos meteorológicos, tales como la temperatura, precipitación viento, nubosidad, presión atmosférica, humedad, etc., cuya combinación define la naturaleza del clima de un determinado lugar. Durante años los estudios climáticos se han fundamentado en dos de ellos, la temperatura del aire y la precipitación; ambos han sido considerados básicos para determinar el clima, en parte debido al fuerte impacto que tienen sobre la vida diaria y la disponibilidad de largas series de observación. No obstante, otros elementos pueden tener igual o, a veces, superior consideración en casos concretos; por ejemplo, la temperatura y la humedad del suelo, junto con la evaporación, son fundamentales en agricultura, y los flujos de energía radiante lo son para conocer los procesos atmosféricos. Algunos elementos deben ser registrados con delicados instrumentos de medida (la turbulencia de la atmósfera, por ejemplo), y con frecuencia se carece de los mismos, y otros, como la lluvia ácida, son de reciente atención y tienen aún pocas observaciones, pero conforme se amplían los centros de interés de esta ciencia, aumenta también la demanda de nuevas fuentes de información.

Otro objetivo básico es la clasificación de los climas. Éstos pueden agruparse de forma sistemática sobre la base de las propiedades que tienen en común y con la posibilidad de empleo de muchas variables. El propósito es presentar un esquema ordenado de la diversidad climática, lo cual no deja de ser problemático por el carácter complejo de los fenómenos que tienen lugar en la superficie terrestre; además, la generalización a la que ha de llegarse, así como las dificultades en el acopio de la información de base, quita precisión al trazado de los límites entre climas diferentes. Más allá de lo que podemos considerar como núcleos climáticos, claramente definidos, se sitúan extensas franjas de transición en las que las influencias de cada clima se interpenetran, con matices distintos de una época a otra, y que hacen difícil toda clasificación. La que sigue a continuación necesariamente ha de ser general, a modo de una primera aproximación a los principales tipos de climas.

1. Las diferentes escalas de los climas

En principio, si se observa el conjunto del planeta, se constata que la configuración climática tiene una clara componente zonal, en la que se dibujan extensos anillos rodeando la Tierra, relacionados con la latitud, y dominados por los grandes flujos de la circulación general de la atmósfera; pero sobre esta configuración intervienen los factores geográficos, como la altitud, distribución de tierras y mares, topografía, corrientes marinas, etc., que introducen modificaciones azonales y fraccionan estos grandes dominios en unidades más pequeñas que requieren para su conocimiento varias escalas de observación y análisis. Por otro lado, ya hemos dicho que el sistema climático es un sistema en equilibrio dinámico y, por tanto, sometido a fluctuaciones de duración muy variada, que oscilan desde unos años (las que provocaron la reciente sequía del Sahel, por ejemplo) hasta siglos o miles de años (como las que dieron origen a las épocas glaciales). En consecuencia, en todo estudio climático es importante adoptar un sentido de escala en tiempo y espacio, que dependerá de los objetivos de cada trabajo.

1.1. *Escala espacial*

En el análisis de los climas es común diferenciar cuatro escalas: *macroclimática*, *mesoclimática*, *clima local* y *microclimática*. Cada una de ellas tiene características propias y permite distintos niveles de generalización. Su ilustración esquemática se hace en la figura 9.1, con detalle de algunas áreas de climas bien diferenciados.

1. *Macroclimas* o *climas zonales*. Representan el campo de las grandes áreas geográficas, de miles de kilómetros cuadrados de superficie, controladas por la circulación general atmosférica, como puede ser un continente, los cinturones zonales que se perfilan alrededor de la Tierra, o incluso todo el planeta. En general, poseen un interés limitado, por la abstracción de resultados que exigen y porque en realidad las zonas están demasiado fraccionadas en regiones para que su estudio global sea rico en enseñanzas.
2. *Mesoclimas* o *climas regionales*. Constituyen una facies del clima zonal, de dimensiones lineales variables entre 200 y 2.000 km, donde la circulación atmosférica y el clima vienen determinados por influencias a gran escala y a menudo exteriores a la región.
3. *Climas locales*. Son unidades más pequeñas del clima regional, bastante diferentes entre sí, cuyos rasgos meteorológicos están muy ligados a las condiciones locales, como son los casos, por ejemplo, de una ciudad, un valle o un bosque. Su extensión espacial suele alcanzar en sentido horizontal de 100 a 10.000 m y verticalmente unos 100 m.
4. *Microclimas*. Son los climas de la capa de aire contigua a la superficie terrestre y de los lugares pequeños, de áreas bien delimitadas, a veces en situación de acen-

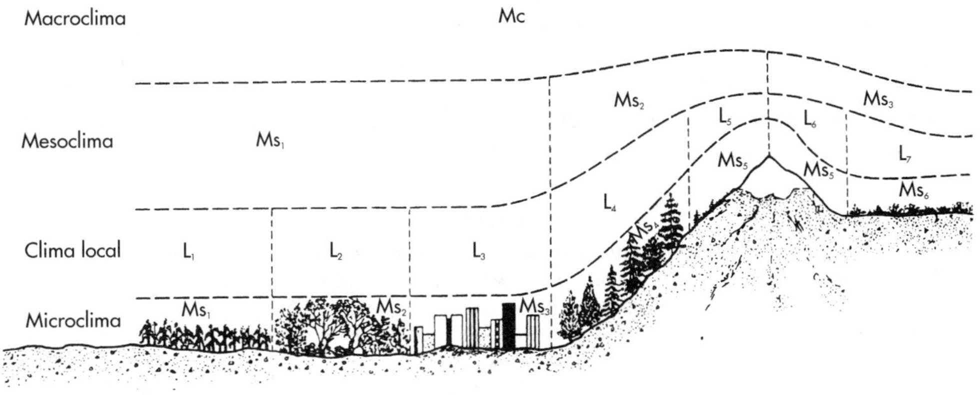

Microclimas (M_1-M_6)
1. Cultivo de maíz
2. Claro del bosque
3. Cañón urbano
4. Ladera
5. Casquete de hielo
6. Pradera

Climas Locales (L_1-L_7)
1. Tierras de cultivo
2. Bosque
3. Ciudad
4. Bosque
5. Área de montaña
6. Cultivos intermontanos

Mesoclimas (Ms_1-Ms_3)
1. Llanura
2. Montañas
3. Cuenca

FIGURA 9.1. Esquema representativo de las escalas empleadas en los estudios climáticos (según Schneider, 1996)

tuado confinamiento, tales como una calle, un campo de cultivo, un invernadero, una cueva, etc., donde la naturaleza de los elementos meteorológicos está condicionada fundamentalmente por los factores del entorno inmediato mucho más que por los factores locales o regionales. Su estudio implica el uso de instrumentos específicos para registrar los pequeños cambios ambientales en condiciones muy localizadas (en la mayoría de los casos a menos de 2 m de altura), y en periodos de tiempo cortos, porque en la proximidad del suelo las variaciones de las condiciones atmosféricas son muy rápidas; de hecho, las observaciones micrometeorológicas han revelado que, con frecuencia, los cambios de aquéllas son mayores entre la cabeza y los pies de una persona que los registrados horizontalmente a lo largo de cientos de kilómetros.

1.2. *Escala temporal*

La aproximación al conocimiento de los climas puede hacerse también desde diferentes escalas temporales de análisis. Con frecuencia se contemplan tres: *paleoclimática*, *secular* e *instantánea*.

La escala paleoclimática o geológica intenta reconstruir las condiciones atmosféricas del pasado, y se remonta a épocas más o menos alejadas de nuestro tiempo. Para ello, y ante la falta de registros meteorológicos instrumentales, las investigaciones se apoyan en evidencias de tipo geológico o paleobiológico, que indirectamente aportan datos sobre el clima y permiten deducir los rasgos más importantes del mismo.

En el cuadro 9.1 se recogen algunas de las fuentes paleoclimáticas más utilizadas y se indican las variables medidas. Cada una de ellas posee grados de precisión espacial y temporal muy diferente, aunque en este sentido cabe decir que, cuanto más reciente es el periodo considerado, mayor es la información disponible y más fácil su interpretación; por ejemplo: la reconstrucción climática del periodo Jurásico es más general que la del Pleistoceno, y ésta a su vez menos precisa que otra etapa posterior.

CUADRO 9.1

Principales fuentes de información utilizadas en paleoclimatología. Cada una de ellas cubre distintos periodos de tiempo y tienen diferente grado de cobertura espacial para proporcionar información del clima del pasado (en parte, de Oeschger y Eddy, 1989)

Fuentes	Indicadores del clima	Periodo de tiempo cubierto
Datos históricos	Documentación manuscrita: crónicas, diarios, cosechas extraordinarias, etc.	Según registros y crónicas
Anillos de crecimiento de los árboles	Anomalías en el espesor del crecimiento, composición isotópica, química de la madera, densidad, etc.	7.000 a 8.000 años
Cores de hielo	Composición química, isótopos del oxígeno, conductividad eléctrica, etc.	100.000 años
Sedimentos lacustres	Fósiles, tipos de polen, composición geoquímica y sedimentológica, varvas, isótopos, etc.	10.000 a 1.000.000 de años
Sedimentos marinos	Análisis isotópico del plancton y de los fósiles, composición geoquímica y sedimentológica, etc.	10.000 a 20.000.000 de años
Depósitos terrestres	Depósitos glaciares y fluviales, restos fósiles, composición mineralógica de los sedimentos, variación de la línea de costa, etc.	Millones de años

Las escalas secular e instantánea, por el contrario, se apoyan en fuentes directas procedentes de las estaciones de observación meteorológica existentes en superficie y, recientemente, en altura (sensores remotos instalados en satélites o aviones), que permiten estudios estadísticos suficientes para definir las características básicas del clima. La primera de estas escalas analiza largas series meteorológicas, del orden de un centenar de años; mientras la escala instantánea examina el momento presente, con referencia a un periodo mínimo de tiempo que la Organización Meteorológica Mundial ha establecido en treinta años.

De las tres escalas consideradas, la paleoclimática implica cambios de tendencia en el comportamiento del clima. En oposición a ella, las otras dos ofrecen la idea de estabilidad, si bien la escala secular permite comprobar de manera adecuada las oscilaciones recientes y ayuda a observar la aparición de fenómenos que calificamos de excepcionales o raros.

2. Clasificación de los climas

El agrupamiento sistemático de los elementos del clima en clases, según sus relaciones comunes, se puede fundamentar en gran número de parámetros; la dificultad consiste precisamente en establecer criterios generales partiendo de los componentes climáticos que consideramos más representativos. Por otra parte, la metodología elegida debe elaborarse en función de la información disponible y, sobre todo, del objetivo perseguido, y no siempre los datos son suficientes, ni son coincidentes los fines de las distintas disciplinas preocupadas por este problema, como de hecho así ocurre cuando se ocupan de este tema geógrafos, agrónomos o botánicos, por ejemplo. Establecer un esquema único y válido para todo el planeta es imposible de hacer, dada su complejidad, pero por su trascendencia en la formulación de hipótesis y en la orientación de las investigaciones, la clasificación es un paso necesario en toda ciencia, y ésta ha sido la preocupación de muchos autores.

La primera y más generalizada regionalización se debe a los griegos, y dividía la Tierra en tres grandes zonas climáticas, basándose en la distribución global de las temperaturas: tropical, templada y polar. Desde entonces han sido numerosos los sistemas formulados, en particular durante este siglo, donde pueden observarse dos tendencias principales. Por un lado, las que se basan en los factores que generan la diversidad climática, como son la circulación de la atmósfera, las masas de aire y los tipos de tiempo, a las que se conocen como clasificaciones *genéticas*, entre las que están las debidas a Flohn, Alissov, Terjung o Strahler. Y por otro, las que combinan diferentes elementos del clima (habitualmente el grado de aridez y las temperaturas), agrupados o no en índices, llamadas clasificaciones *empíricas*, donde son muy conocidos los trabajos de Köppen, Thornthwaite, Papadakis y Budyko.

De las variadas propuestas existentes mencionamos algunas de las más extendidas.

2.1. *La clasificación genética de Flohn*

El esquema utilizado en 1950 por este autor se fundamenta en los grandes cinturones de vientos del planeta y en la precipitación. A la vez tiene en cuenta el balanceo estacional de los flujos generales de la circulación atmosférica y separa aquellas regiones dominadas todo el año por un mismo sistema de vientos, a las que llama de *clima homogéneo*, de las sometidas a la variación estacional del movimiento del aire, denominadas de *clima heterogéneo*. En conjunto reconoce siete zonas climáticas, que se han esquematizado en el cuadro 9.2; pero consciente de la dificultad para establecer límites de cada una de ellas, no se ha reflejado su distribución geográfica en un planisferio y se circunscribe a trazar un mapa ideal, como el reproducido en la figura 9.2.

2.2. *La clasificación de Budyko*

En 1956 el climatólogo ruso Budyko propuso una clasificación sencilla, basada en el balance de energía, que ha tenido amplia aceptación. Para ello se sirve del denominado *índice radiacional de sequedad (Id)*, que calcula mediante la ecuación

$$Id = \frac{Rn}{Lr}$$

donde Rn = radiación neta que puede emplearse en la evaporación de una superficie húmeda (considerando un albedo de 0,18), L = calor latente de evaporación y r = precipitación media anual.

Los valores calculados de Id son inferiores a la unidad en las regiones húmedas y

CUADRO 9.2
Zonas climáticas establecidas por Flohn

Tipos climáticos	Características pluviométricas
1 Zona ecuatorial de vientos del Oeste	Siempre húmeda
2 Zona tropical de vientos alisios en verano	Precipitación en verano
3 Zona subtropical seca de vientos alisios o cinturón de altas presiones tropicales	Condiciones secas todo el año
4 Zona subtropical de lluvias invernales (tipo mediterráneo)	Precipitación en invierno
5 Zona templada de los vientos del Oeste a lo largo del año	Precipitación moderada repartida
6 Zona subpolar, con vientos polares del Este en verano	Precipitación importante a lo largo del año
6a Zona subpolar continental	Lluvia en verano; nieve temprana en invierno
7 Zona polar de vientos del Este	Precipitación débil todo el año

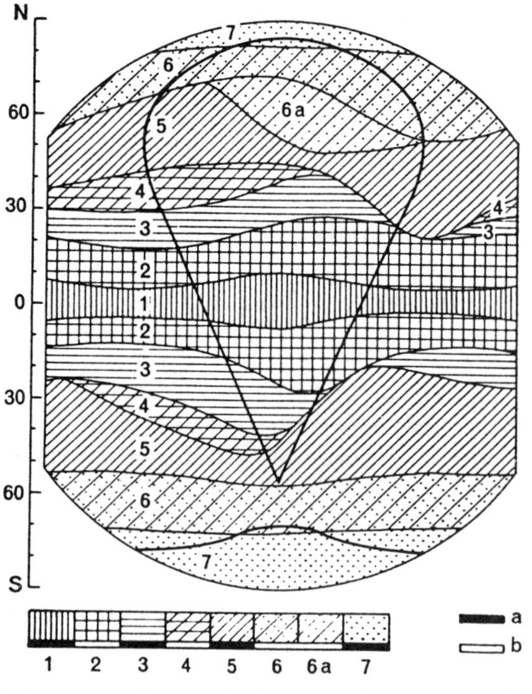

FIGURA 9.2. Distribución de los tipos climáticos sobre bases genéticas en un continente imaginario uniforme y de escasa altura, según Flohn (véase el significado de los números en el cuadro 9.2). a) clima homogéneo; b) clima heterogéneo

superiores a ella en las secas. Usando este índice el autor define cinco tipos climáticos, recogidos en el cuadro 9.3. Su traslado a un mapa, tal como se hace en la figura 9.3, ofrece una imagen de los climas dominantes en el mundo todavía muy general, y con importantes lagunas, porque las medidas de radiación neta disponibles son escasas.

CUADRO 9.3
Clasificación de los climas según Budyko

	Tipo climático	Índice radiacional de sequedad (Id)
1	Desierto	> 3,0
2	Semidesierto	2,0 - 3,0
3	Estepa	1,0 - 2,0
4	Bosque	0,33 - 1,0
5	Tundra	< 0,33

2.3. *El sistema de Thornthwaite*

Se basa en el concepto de evapotranspiración potencial y en el balance de vapor de agua, y contiene cuatro criterios básicos: índice global de humedad, variación estacional de la humedad efectiva, índice de eficiencia térmica y concentración estival de la eficacia térmica. La evapotransporación potencial (ETP) se determina a partir de

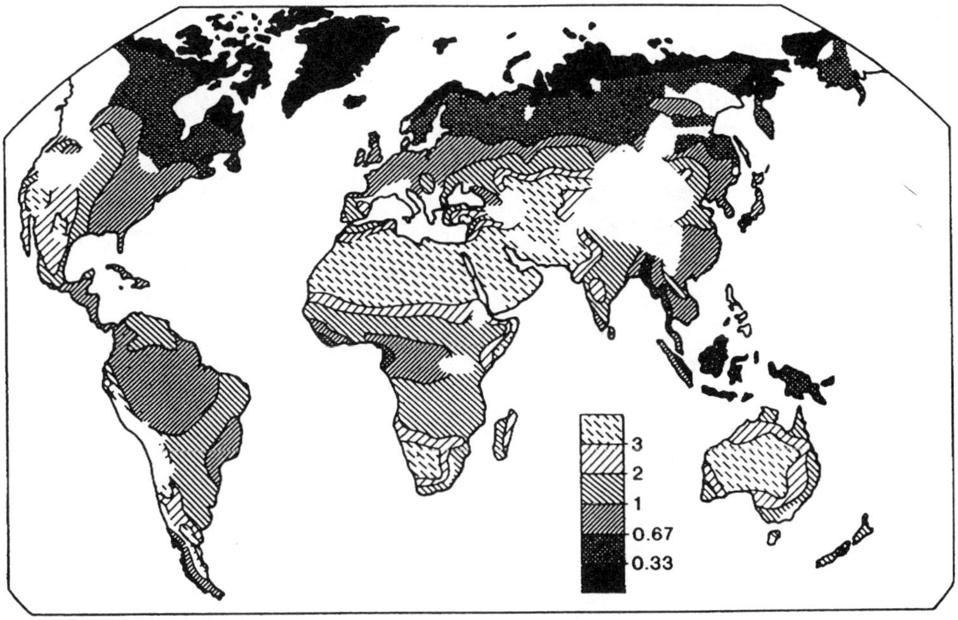

FIGURA 9.3. Índice radiacional de sequedad en el mundo. Las áreas en blanco corresponden a áreas de montaña (según Budyko, 1974)

la temperatura media mensual, corregida según la duración del día; y el exceso o déficit se calcula a partir del balance de vapor de agua, considerando la humedad (Im), que junto con la ETP permite definir los tipos de climas reflejados en el cuadro 9.4, que a su vez se subdividen en otros, en función del momento del año con exceso o falta de agua y de la concentración estacional de la eficacia térmica.

CUADRO 9.4
Tipos climáticos definidos por Thornthwaite en función de la humedad y de la eficacia térmica

a) En función de la humedad

TIPO DE CLIMA	ÍNDICE DE HUMEDAD
A Perhúmedo	> 100
B_4 Húmedo	80 a 100
B_3 Húmedo	60 a 80
B_2 Húmedo	40 a 60
B_1 Húmedo	20 a 40
C_2 Subhúmedo húmedo	0 a 20
C_1 Subhúmedo seco	−33 a 0
D Semiárido	− 67 a −33
E Árido	− 100 a −67

b) En función de la eficacia térmica

TIPO DE CLIMA	ETP (CM)
A′ Megatérmico	> 114
B'_4 Mesotérmico	99,7 a 114
B'_3 Mesotérmico	85,5 a 99,7
B'_2 Mesotérmico	71,2 a 85,5
B'_1 Mesotérmico	57 a 71,2
C'_2 Microtérmico	42,7 a 57
C'_1 Microtérmico	28,5 a 42,7
D′ Tundra	14,2 a 28,5
E′ Hielo	< 14,2

2.4. *El sistema de clasificación de Köppen*

Constituye el mejor ejemplo de clasificación empírica y es uno de los esquemas más conocidos y de mayor aplicación por los geógrafos. Su idea de partida es que la vegetación natural constituye un indicador del clima, y algunas de sus categorías se apoyan precisamente en los límites climáticos de ciertas formaciones vegetales. Los climas son definidos por los valores medios anuales y mensuales de las temperaturas y las precipitaciones, y con estos criterios diferencia varios grupos y subgrupos climáticos que se identifican mediante un código de letras. Köppen distingue cinco grandes grupos, reconocidos mediante letras mayúsculas y con las siguientes características basadas esencialmente en criterios térmicos:

A: Clima tropical lluvioso. Todos los meses la temperatura media es superior a 18 °C. No existe estación invernal y las precipitaciones son abundantes.
B: Climas secos. La evaporación es superior a la precipitación y no hay excedente hídrico.
C: Climas templados y húmedos. El mes más frío tiene una temperatura media comprendida entre 18 y −3 °C, y la media del mes más cálido supera los 10 °C.
D: Climas templados de invierno frío. La temperatura media del mes más frío es inferior a −3 °C y la del mes más cálido está por encima de 10 °C.
E: Climas polares. No tienen estación cálida y el promedio mensual de las temperaturas es siempre inferior a 10 °C. Cuando el mes más cálido oscila entre 0 y 10 °C de temperatura media, el autor diferencia el grupo ET (clima de tundra) y en el caso de que ningún mes supere los 0 °C de media, el grupo EF (clima de hielo permanente).

Los grupos anteriores se subdividen a su vez en subgrupos más específicos mediante letras minúsculas, con referencia a la distribución estacional de la precipitación:

f: (de fehlt = faltar) lluvioso todo el año, ausencia de periodo seco.
s: (de sommer = verano) presencia de estación seca en verano.
w: (de winter = invierno) estación seca en invierno.
m: precipitación de tipo monzónico.

De la combinación de estas letras resultan doce climas, que se resumen en el cuadro 9.5. Asimismo para matizar el régimen térmico se hace uso de una tercera letra, donde las más significativas son:

a: la temperatura media del mes más cálido es superior a 22 °C.
b: la temperatura media del mes más cálido es inferior a 22 °C, pero con temperaturas medias de al menos cuatro meses por encima de los 10 °C.
c: menos de cuatro meses tienen temperatura media superior a 10 °C.
d: el mes más frío está por debajo de los −38 °C.
h: la temperatura media anual es superior a 18 °C.
k: la temperatura media anual es inferior a 18 °C.

Esta clasificación es susceptible de enriquecimiento en sus detalles mediante la adición de nuevos símbolos; por otra parte, el uso de observaciones muy comunes como son las temperaturas y las precipitaciones hacen que este esquema permita fáciles adaptaciones si se dispone de mayor información.

3. Climas regionales

Es imposible, pero también innecesario, describir individualmente todos los climas existentes; aunque sí es procedente adoptar algún esquema que identifique los grupos principales. La trama de los climas del mundo es evidente que tiene una base zonal en la que se observan bastante bien diferenciadas tres grandes franjas latitudi-

CUADRO 9.5

Los principales tipos de clima del planeta según Köppen ($P_{mín}$ = precipitación media del mes más seco, en mm; $P_{máx}$ = precipitación media del mes más húmedo, en mm)

	Fórmula climática	Definición
1	Af	Selva tropical. Sin estación seca. $P_{mín} > 60$ mm.
2	Aw	Sabana tropical. Invierno seco. $P_{mín} > 100 - P/25$.
3	Am	Monzónico. $60 < P_{mín} > 100 - P/25$.
4	BS	Estepa (semiárido).
5	BW	Desierto (árido).
6	Cf	Templado húmedo sin estación seca (régimen de precipitación uniforme.
7	Cw	Templado con invierno seco. $P_{mín} < P_{máx}/10$.
8	Cs	Templado con verano seco. $P_{mín} < 30$ mm y $P_{mín} < P_{máx}/3$. Mediterráneo.
9	Df	Bosque frío sin estación seca. Taiga régimen de precipitación uniforme.
10	Dw	Bosque frío con invierno seco. Taiga. $P_{mín} < P_{máx}/10$.
11	ET	Tundra. Temperatura del mes más caliente superior a 0°.
12	EF	Glacial. Temperatura del mes más caliente inferior a 0°.

nales, que corresponde a las áreas intertropicales, templadas y polares; en cada una de ellas se puede identificar una variada tipología de climas regionales cuyo análisis resumido es objeto de este apartado.

3.1. *Climas intertropicales*

Ocupan la extensa superficie del globo comprendida entre los Trópicos de Cáncer y de Capricornio, y se manifiestan por sus temperaturas altas y homogéneas a lo largo del año, reflejo de los balances positivos de energía de las bajas latitudes. Los límites son totalmente convencionales y en la práctica es imposible fijar con exactitud el mundo tropical, como se ha señalado anteriormente, pero es evidente que sus condiciones climáticas son muy distintas de las existentes en las latitudes medias y altas. En una primera aproximación pueden diferenciarse bien cuatro tipos de climas: ecuatoriales, tropicales secos y húmedos, monzónicos y subtropicales secos.

3.1.1. Climas ecuatoriales

Tienen una disposición zonal a lo largo de la vaguada ecuatorial, entre las latitudes 10°-15° al norte y sur del Ecuador. Son climas de gran uniformidad térmica, con medias mensuales y anuales próximas a los 27 °C, débiles contrastes estacionales y oscilaciones diarias también modestas como consecuencia de varios hechos: la duración prácticamente igual de los días y las noches, la ausencia de invasiones polares frías y también la elevada humedad del aire, que atenúa las variaciones de la temperatura (Bangui, por ejemplo, la capital de la República Centroafricana, tiene una os-

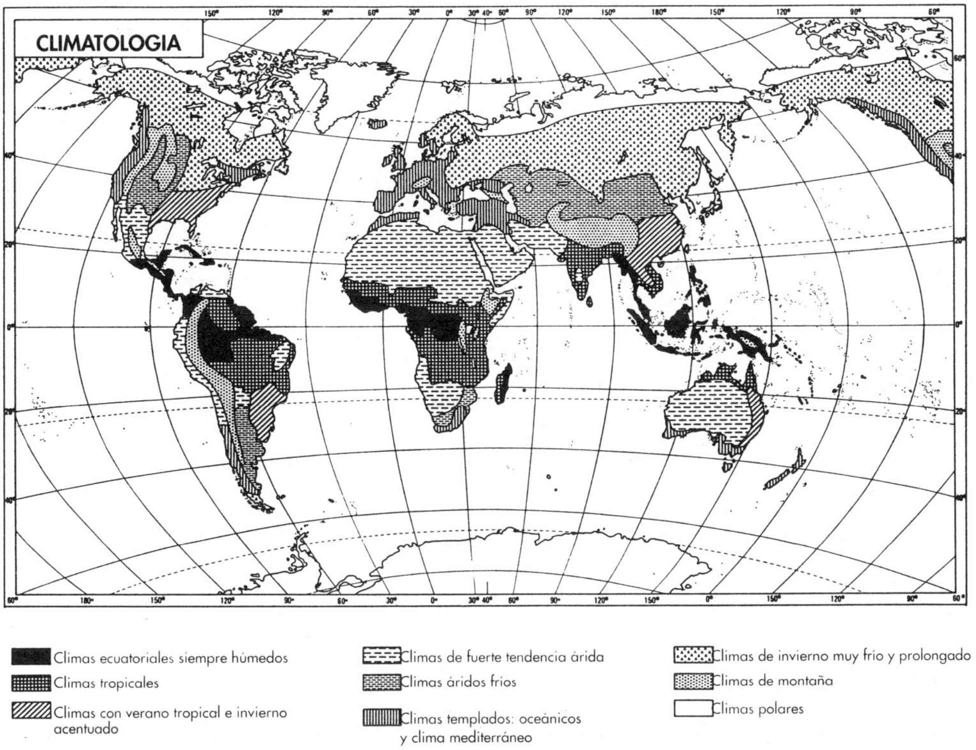

FIGURA 9.4. Los climas del mundo según la clasificación de Köppen

cilación de 2,3°; Manaos, en la cuenca del río Amazonas, no supera los 2,1°; y Singapur tan sólo 1,3°). Con frecuencia, la oscilación diaria es mayor que la anual, y como ejemplo puede citarse la estación meteorológica de Para (Brasil), representada en la figura 9.5: en este observatorio, mientras la diferencia entre el mes más cálido y el frío apenas supera 1°, la existente entre el calor de las horas centrales del día y el cierto frescor de la madrugada es de casi 7°.

La débil amplitud térmica se explica asimismo por la abundante nubosidad, que alcanza promedios entre 5 y 6 octas de cielo cubierto todos los meses. De este modo se justifica la mediocre duración de la insolación, siempre muy por debajo de las 4.400 horas teóricamente posibles en toda el área ecuatorial, particularmente en las zonas litorales, como prueban las 1.580 horas de sol que contabiliza Guayaquil, en Ecuador; las 1.850 de Macao o las escasas 1.270 de Donala, en la costa de Camerún.

La precipitación es siempre abundante, provocada por los mecanismos de convergencia de vientos y convección, que elevan los totales pluviométricos anuales por encima de los 2.000 mm, en su mayoría registrados en forma de tormentas, a veces violentas, originarias de potentes nubes cumulonimbos. En toda la región el tiempo está controlado por la ZCIT y su movimiento estacional; sin embargo, la naturaleza de los procesos atmosféricos es compleja y no puede calificarse de sencilla. Los diferentes nombres empleados para designar la misma realidad global, como son zona de convergencia intertropical (ZCIT), confluencia intertropical (CIT), vaguada ecuatorial, o frente intertropical (FIT) en algunos sectores, dan idea de la pluralidad de concepciones. A pesar de esta complejidad, una característica claramente observable es

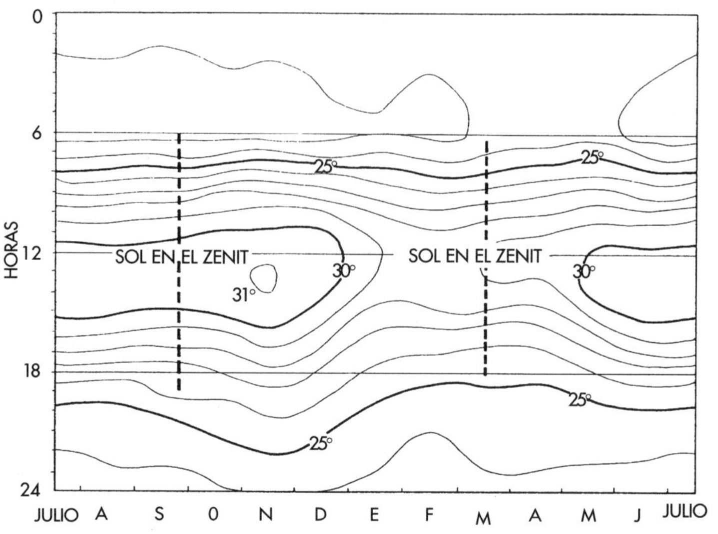

FIGURA 9.5. Termoisopletas representativas de los regímenes térmicos diario y anual de Para (Brasil) (según Troll, C., 1943, «Thermische Klimatypen der Erde», *Peterm. Geogr. Mitt,* 3/4, págs. 81-89)

que la ZCIT presenta diversas formas dependiendo de la estabilidad de los alisios, de su convergencia y del contacto de éstos con las masas de aire ecuatorial (esencialmente sobre las áreas continentales), las cuales se traducen también en estados de tiempo muy diferentes. En todos los casos se advierten agrupaciones de nubes, formadas por células convectivas mesoscálicas o individuales (véase la figura 9.6), en disposición estirada a lo largo de los paralelos sobre los océanos, o formando sistemas más dispersos y dilatados sobre los continentes, que se identifican muy bien en las imágenes tomadas por satélites (figura 9.7).

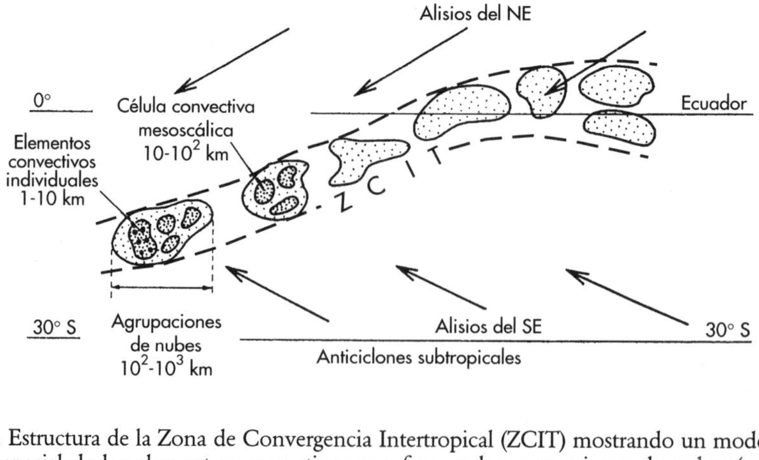

FIGURA 9.6. Estructura de la Zona de Convergencia Intertropical (ZCIT) mostrando un modelo de la distribución espacial de los elementos convectivos que forman las agrupaciones de nubes (según Mason, 1970, «Future developments in meteorology», *Quart. J. Roy. Met. Soc.,* 96, 349-368)

FIGURA 9.7. Imagen del satélite Meteosat, en el canal visible, del día 7 de julio de 1979 mostrando la localización de la Zona de Convergencia Intertropical, que se identifica por la banda de nubes prácticamente paralela al Ecuador desde Venezuela hasta el sur del mar Rojo, rectilínea y cuasiuniforme sobre el Atlántico, y más fragmentada sobre el continente (tomada de Brimacombe, 1991)

El clima ecuatorial domina en las cuencas del Amazonas y del Congo, en amplias zonas del golfo de Guinea y en buena parte de Insulindia e islas del Pacífico centro-occidental. Un buen ejemplo de sus caracteres termopluviométricos es la estación peruana de Iquitos, de la figura 9.8. En ella destacan los elevados valores térmicos y la debilidad de los contrastes mensuales, de tan sólo 2,2 °C, junto con la abundante precipitación anual, de 2.620 mm, bien repartida a lo largo de todos los meses, salvo abril y agosto. La presencia de uno o dos periodos secos separados por otros lluviosos es propio de la región ecuatorial, aunque la intensidad de los mismos sea variable. La explicación de este ritmo se ha atribuido tradicionalmente a los pasos del Sol por su cenit, pero se trata de un razonamiento incierto que sólo se evidencia en algunos casos; las causas del mismo deben achacarse, en principio, al movimiento estacional de la vaguada tropical, pero también, y sobre todo, a la influencia que sobre los centros de acción y las masas de aire ejerce el sustrato geográfico, que explica las situaciones opuestas que pueden observarse. Conforme nos apartamos de la vaguada ecuatorial, la estación seca se hace cada vez más prolongada y nos adentramos en el área de los climas tropicales.

3.1.2. Climas tropicales secos y húmedos

Entre los climas ecuatoriales lluviosos precedentes y los subtropicales secos que veremos a continuación se sucede toda una gama intermedia de climas tropicales, caracterizados por la alternancia de una estación lluviosa y otra seca, de duración y extensión variables, que influyen lógicamente en los totales de precipitación recibida. Este ritmo pluviométrico deriva del juego de los vientos alisios y es de una gran sencillez: el periodo de lluvias tiene lugar en verano y coincide con el desplazamiento de la vaguada ecuatorial en dirección al polo y el arrastre por los alisios de masas de aire marítimas muy inestables; el periodo seco ocurre en invierno, por la acción de los ali-

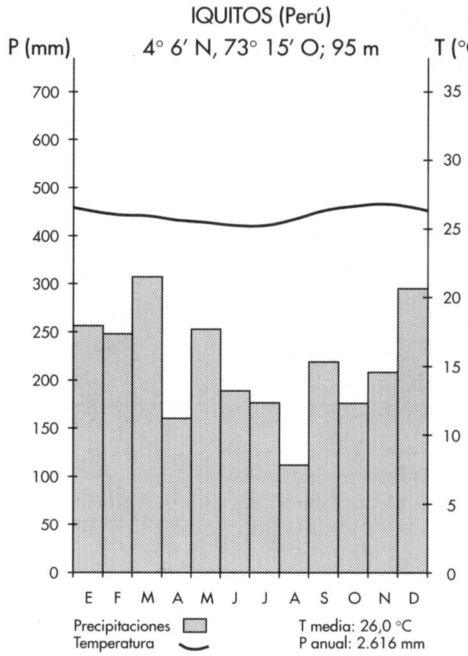

FIGURA 9.8. Régimen termopluviométrico de una estación de clima ecuatorial: Iquitos (Perú). Las lluvias son abundantes y la temperatura uniforme a lo largo de todo el año. Temperatura media anual: 26 °C. Precipitación total: 2.616 mm

sios continentales y por el desplazamiento de los anticiclones subtropicales hacia las bajas latitudes con su efecto estabilizador de la atmósfera. Esta explicación es claramente zonal y se relaciona con el movimiento aparente del Sol desde su punto más alto al más bajo, pero, al igual que comentábamos en el clima anterior, el esquema puede verse modificado por mecanismos de circulación meridiana, bajo el efecto de factores geográficos, y se posibilita la implantación de un régimen contrario al descrito, como se pone de manifiesto cuando se comparan algunos regímenes pluviométricos de latitudes idénticas. Por ejemplo, los observatorios de La Habana y Honolulú, situados a 23° y 21° de latitud Norte, respectivamente, tienen regímenes de lluvia diferentes: la capital cubana conoce en los meses de enero y febrero una sensible disminución de las precipitaciones, cuando al mismo tiempo en las islas Hawai se registran las lluvias más altas, como consecuencia de los contrastes de exposición; y a la inversa ocurre en junio y julio (véase la figura 9.9).

Las temperaturas son cálidas todos los meses, con un ciclo anual que suele presentar dos máximos y dos mínimos; el mínimo principal se alcanza cuando el ángulo de incidencia de los rayos solares es menor, y el secundario durante la estación de lluvias, gracias a la nubosidad y a la elevada humedad del aire; no obstante, la oscilación anual es débil y normalmente no sobrepasa los 10 °C (figura 9.10).

En las fachadas orientales de los continentes e islas las condiciones descritas se modifican por su buena exposición a los vientos oceánicos e inestables del Este y las precipitaciones son abundantes todo el año, como sucede en el clima ecuatorial, aun-

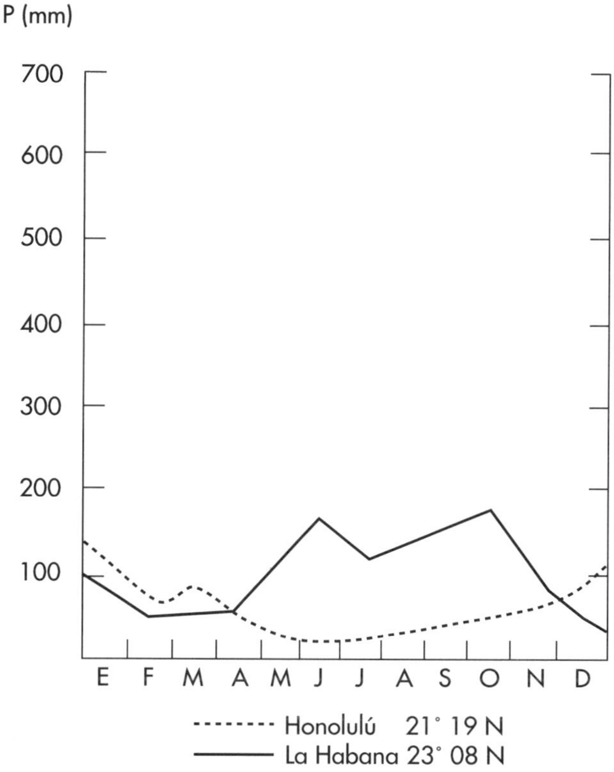

FIGURA 9.9. Regímenes pluviométricos comparados de las estaciones de Honolulú (Hawai) y La Habana (Cuba) (según Pagney, 1994)

que con distinta génesis; así, durante unos meses se encuentran bajo dominio de la vaguada ecuatorial y el resto del año están sometidas a la acción de los alisios húmedos. Esto ocurre en las costas del Caribe, en la fachada sudeste del Brasil, en las costas orientales de África meridional o en las islas del océano Índico y noreste de Australia. En estas regiones, la constancia de los alisios, unida a las perturbaciones de las ondas del Este y las violentas tempestades de los huracanes, conducen a registros pluviométricos superiores a 1.000 mm. Sin embargo, las lluvias aportadas por el alisio tienen carácter orográfico y favorecen a las vertientes de barlovento frente a las de sotavento, donde, al abrigo de los vientos y con subsidencia de aire cálido y seco, las precipitaciones son más débiles. Tal es el caso, por ejemplo, del canal de Panamá, donde Colón en el Atlántico recibe 3.000 mm de lluvia anual, y Balboa, en la costa occidental, 1.800 mm; y mayor disimetría existe aún en la isla de Hawai, donde el observatorio de Hilo totaliza 3.470 mm por su buena exposición, frente a los escasos 556 mm de Honolulú, en la costa contraria, y ejemplos similares encontramos en otros lugares, como se expone en el cuadro 9.6.

La inestabilidad atmosférica que acompaña al alisio oceánico disminuye de Oeste a Este, conforme nos aproximamos a las altas subtropicales situadas en la mitad

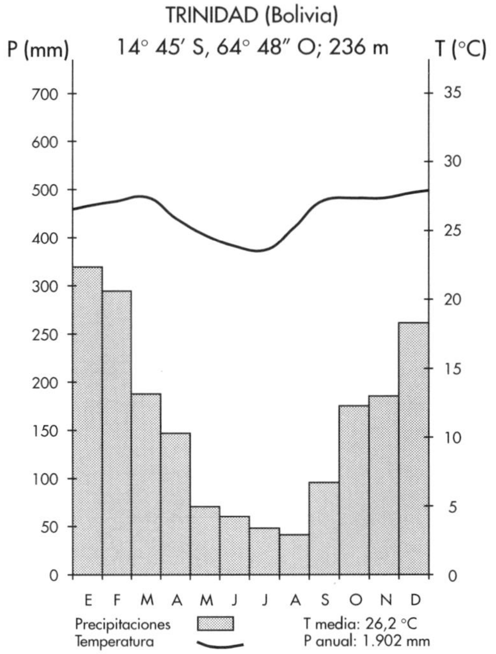

FIGURA 9.10. Regímenes térmico y pluviométrico de la estación de Trinidad (Bolivia), de clima tropical con estación lluviosa y seca. Temperatura media anual: 26,2 °C. Precipitación total: 1.902 mm

oriental de los océanos, haciendo que el clima sea cada vez más seco, en marcado contraste con la orilla oceánica opuesta. La subsidencia anticiclónica provoca una fuerte inversión térmica de algunos centenares de metros de espesor, conocida como *inversión de los alisios*, que actúa como barrera de los movimientos verticales e impide eficazmente las lluvias. Recuérdese del capítulo 7 que el aire del alisio no es idéntico en toda su masa: en superficie es aire fresco procedente de latitudes templadas, en proceso de calentamiento al desplazarse hacia latitudes ecuatoriales y progresivamente más húmedo por su trayecto oceánico; en altitud está formado por aire tropical que al estar sometido a la acción subsidente de las altas presiones es cálido, seco y es-

CUADRO 9.6

Contrastes pluviométricas existentes entre las vertientes expuestas directamente al viento alisio (exposición Este) y las vertientes situadas a sotavento del mismo (exposición Oeste)

Estado	Exposición Este	Exposición Oeste
Panamá	Colón: 3.000 mm	Balboa: 1.800 mm
Trinidad-Tobago	Piarco Airport: 1.770 mm	Dr. Pleasman: 580 mm
Hawai	Hilo: 3.470 mm	Honolulú: 556 mm
Madagascar	Tamatave: 3.530 mm	Tulear: 342 mm
Isla Reunión	Sainte Rose: 3.350 mm	Saint Lieu: 650 mm

table; en consecuencia, en medio de ambos tipos de aire se crea una capa de inversión, cuyas temperatura llega a ser entre 5 y 10 °C superior a la existente en el suelo. La altura de este nivel de inversión llega a situarse a menos de 500 m en los márgenes orientales de los anticiclones subtropicales, donde el movimiento subsidente del aire es mayor, y se eleva en dirección hacia el Ecuador conforme nos alejamos del dominio anticiclónico, acabando por desaparecer. De este modo se posibilita el incremento de la actividad convectiva y el desarrollo de sistemas nubosos cada vez más potentes, que, como se ha explicado antes, descargan intensas precipitaciones en la franja occidental de los océanos (figura 9.11).

Otra consecuencia destacable de la presencia de esta capa de inversión es el importante cambio en la distribución de la precipitación con la altura que se observa en algunas montañas tropicales. En efecto, cuando la altitud del relieve supera la superficie de discontinuidad del alisio, la parte superior de la montaña es seca, mientras que la más baja recibe cuantiosas lluvias. Un claro ejemplo de este fenómeno lo observamos en el archipiélago de las Canarias: en las islas más altas, la ascensión del viento alisio en las vertientes N-NE posibilita el desarrollo de sistemas nubosos hasta la base de la inversión, situada entre los 900 y 1.500 m (es el llamado «mar de nubes», que ilustra la figura 5.17), haciendo que aquí la humedad y las lluvias sean abundantes; por el contrario, por encima de este nivel, la estabilidad atmosférica y la sequedad del aire dan origen a condiciones de extrema aridez.

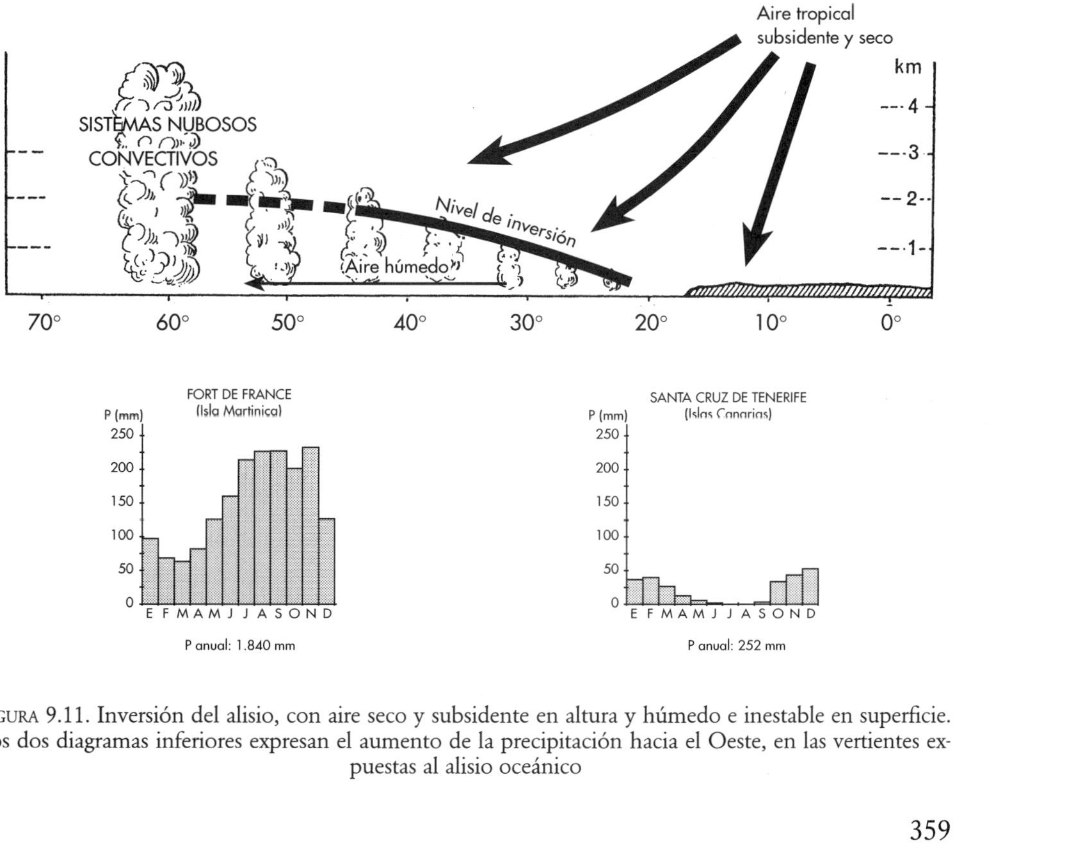

FIGURA 9.11. Inversión del alisio, con aire seco y subsidente en altura y húmedo e inestable en superficie. Los dos diagramas inferiores expresan el aumento de la precipitación hacia el Oeste, en las vertientes expuestas al alisio oceánico

3.1.3. Climas monzónicos

Engloban las áreas geográficas bajo dominio de los monzones, caracterizadas por la inversión estacional de los vientos alisios y la alternancia de un periodo lluvioso y otro seco. El nombre asocia su etimología a la palabra árabe *mausim*, que significa «estación», y originalmente se refería al cambio estacional del viento en las costas del océano Indico; con posterioridad el término ha venido a designar cualquier ciclo climático anual

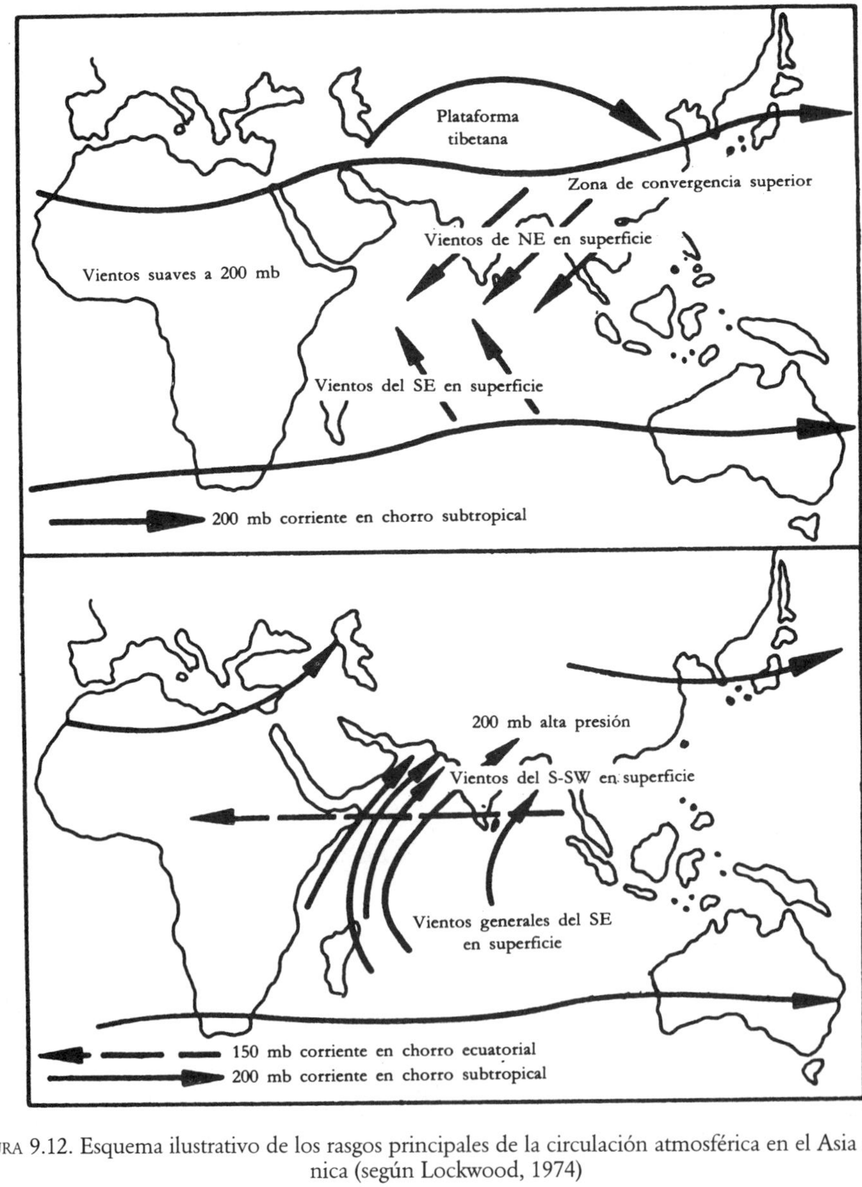

FIGURA 9.12. Esquema ilustrativo de los rasgos principales de la circulación atmosférica en el Asia monzónica (según Lockwood, 1974)

con variaciones estacionales del viento que comparten veranos húmedos e inviernos secos, aunque es deseable reservar la expresión monzón al flujo de los vientos alisios que atraviesan el Ecuador y pasan de un hemisferio a otro, como sucede en Asia y África.

El mecanismo del monzón no es simple, como ya se ha explicado. Combina a la vez procesos térmicos y dinámicos, en los que interactúan de forma compleja y no conocida plenamente, la distribución de las superficies marinas y terrestres, la orografía y la circulación atmosférica de las latitudes tropical y templada. En principio, la diferente aptitud de la tierra y el mar para calentarse o enfriarse es la responsable del gradiente térmico y de presión entre el océano y el continente. En verano se une a ellos, por una parte, el fuerte calentamiento de la meseta del Tíbet, que desempeña un importante papel al actuar como fuente de calor, y por otra, el desplazamiento excepcional hasta los 25° N sobre la India de la ZCIT (aunque todavía no está claro si dicha convergencia puede perder su identidad o fundirse con una vaguada de grandes dimensiones en la Troposfera inferior); mientras, en la Troposfera superior soplan fuertes vientos del Este, con una pronunciada corriente en chorro a 150 hPa, extendida desde el mar de la China meridional hasta el sur de Arabia, cuyo efecto dinámico resulta decisivo para el tiempo y el clima del área (figura 9.12).

Con el comienzo del otoño la situación empieza a cambiar. Primero, los contrastes térmicos entre el océano y la tierra decrecen, debilitándose los flujos del Sur; segundo, los vientos del Oeste de las latitudes medias inician su migración hacia el Sur, y eventualmente soplan en la vertiente meridional del Himalaya desorganizando la circulación tropical. En altura la corriente en chorro del Este es reemplazada por fuertes vientos del Oeste, divididos en dos corrientes que circulan al Norte y Sur, respectivamente, del Tíbet-Himalaya, y en superficie el anticiclón de aire frío siberiano ocupa el interior del continente. Con este cambio se rompe el sistema de circulación estival y los vientos empiezan a fluir del Norte o Nordeste. Este modelo persiste hasta la primavera. En verano, tan pronto como los vientos del Oeste se mueven lo suficiente hacia latitudes más septentrionales y el flujo al Sur de la barrera orográfica del Himalaya cesa, se restablece de nuevo la corriente en chorro ecuatorial del Este y el monzón de verano comienza. Con el «estallido o despertar» del monzón, el ambiente fresco y las condiciones secas son sustituidas por otras cálidas y húmedas y las lluvias se hacen casi continuas.

La circulación monzónica se hace más pronunciada en aquellas regiones que circundan el océano Índico, y en menor grado ocurre en Asia oriental (China centro y norte de Japón), que se incluyen en ocasiones dentro del Asia monzónica, pero no es exclusivo de Asia, ni tampoco tiene caracteres idénticos en la amplia extensión de este territorio. Fuera de este ámbito, como se refleja en la figura 9.13, existen otras zonas con marcado giro estacional del viento, a las cuales podemos también denominar monzónicas. Aunque todas presentan condiciones y mecanismos particulares según la región, de modo general, en verano reciben los flujos oceánicos que aspiran las bajas presiones peliculares instaladas en el Sahara y Arabia, el NW de la India y Asia central; y en invierno están afectadas por las masas de aire tropicales de los alisios continentales, térmicamente frescas en ocasiones, cuando el núcleo anticiclónico de procedencia está reforzado por advecciones polares.

Bissau, la capital de Guinea-Bissau, ilustra el clima monzónico clásico de África occidental (figura 9.14). La estación seca se extiende desde diciembre a abril y está caracterizada por el dominio de la circulación sahariana y la intervención del alisio continental (es el viento seco del NE llamado *harmattan*). La estación húmeda empieza a finales de mayo, precedida las semanas anteriores por fuertes tormentas, cada vez más

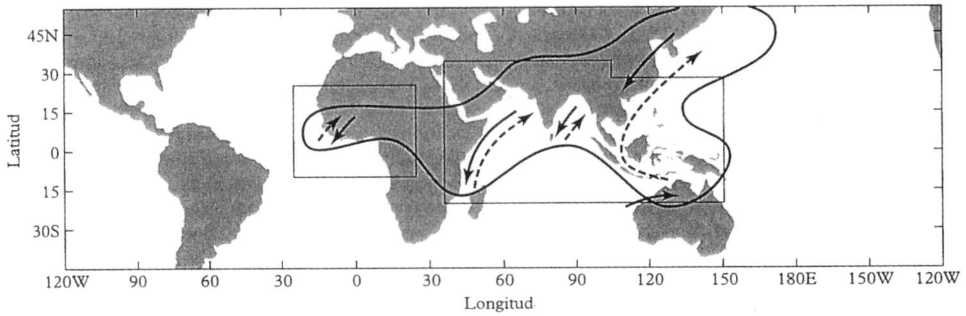

Figura 9.13. Areas de dominio monzónico. El mapa muestra la inversión estacional en superficie de la dirección de los vientos alisios: en verano se dirigen hacia el Norte (líneas continuas) y en invierno soplan hacia el Sur (líneas de trazos) (en parte, de Das, 1986)

intensas; llueve la mayoría de los días y las cantidades acumuladas de agua son muy importantes. Esta regularidad pluviométrica cesa en octubre y, tras un breve periodo tormentoso, la precipitación es casi inexistente. La temperatura media anual es similar a la ecuatorial, con ligero aumento de la amplitud térmica. Los valores más altos se alcanzan durante la estación seca, de abril a junio, y los más bajos en el solsticio de invierno, coincidiendo con el mínimo de radiación solar; con la llegada de las lluvias se produce un descenso térmico de varios grados, imperceptible desde el punto de vista fisiológico por la elevada humedad del aire, y de nuevo, al finalizar aquéllas, las temperaturas tienden a elevarse durante un corto periodo de tiempo.

Sin duda, una de las regiones más conocidas por su régimen alternante de vientos la encontramos en Asia meridional. En este amplio territorio la variable intensidad y extensión de los monzones, unida a las condiciones topográficas, permiten observar diferencias pluviométricas tan acusadas como la seca llanura del río Indo (en Lahore, por ejemplo, la precipitación es sólo de 492 mm) y los húmedos relieves de Assam que conocen las alturas de agua más impresionantes del globo (recordemos que el promedio anual de Cherrapunji es de 11.437 mm). Un ejemplo representativo de la región es la estación de Bombay, de la figura 9.14. Buena parte de las lluvias caen en cuatro meses, de junio a septiembre, con pequeñas cantidades en otros momentos; la nubosidad asociada a las mismas suaviza las temperaturas y, como resultado, los meses más cálidos del año se desplazan a mayo y junio con máximas de hasta 40 °C. En invierno, cuando la humedad es baja y los vientos soplan del interior del continente, las temperaturas descienden y puede llegar a helar.

Un último comentario sobre este clima es que no todas las regiones monzónicas se circunscriben al área tropical o ecuatorial; el régimen y los mecanismos del monzón pueden desplazarse más allá del mundo tropical y, como ocurre en el este de Asia, sus procesos pueden seguirse hasta las latitudes templadas donde hiela con frecuencia en invierno; aunque en estos casos se trata de climas de transición difíciles de clasificar.

3.1.4. Climas secos

En marcado contraste con los húmedos climas ecuatoriales están los climas secos, que afectan casi a un tercio de la superficie continental en latitudes muy diversas (figura 9.15). La característica esencial de los mismos es la extrema aridez, fruto primor-

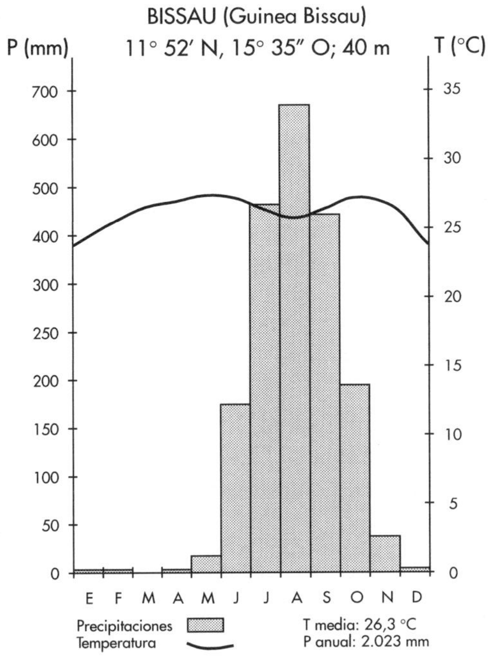

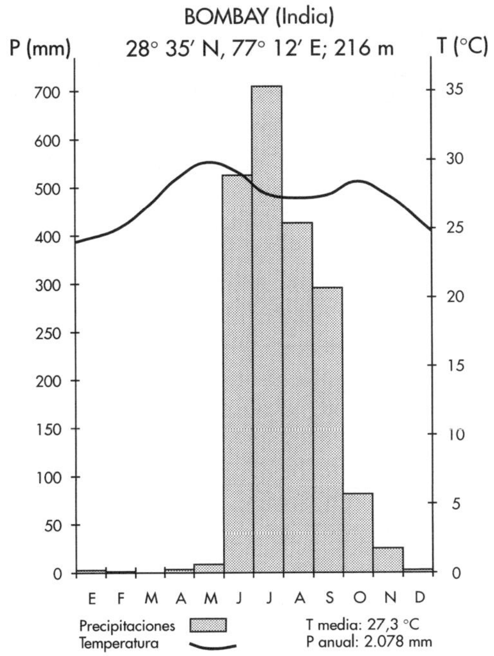

FIGURA 9.14. Regímenes térmico y pluviométrico de dos estaciones de clima monzónico: Bissau (Guinea-Bissau) y Bombay (India). Respectivamente: temperatura media anual: 26,3° y 27,3 °C; precipitación total: 2.023 y 2.078 mm

dialmente de las escasas precipitaciones, unido a elevados valores de evaporación, que crean un balance de agua deficitario durante todo o buena parte del año. Las razones de esta indigencia pluviométrica son varias: 1) fuerte subsidencia atmosférica bajo la acción de potentes anticiclones dinámicos, 2) estabilidad del aire en contacto con corrientes marinas frías, 3) efecto de la continentalidad, y 4) subsidencia orográfica por efecto de abrigo frente a los flujos dominantes portadores de lluvia. La sequedad puede combinar varias de estas causas y la hallamos tanto en latitudes tropicales, donde se encuentran los climas secos sin invierno, como en las latitudes templadas, donde existe un periodo frío muy marcado. Por ello hacemos distinción entre unos y otros.

1. Los climas tropicales secos están vinculados a las extensas células anticiclónicas en torno a los trópicos de Cáncer y de Capricornio, cuya constancia crea las mayores zonas desérticas del globo: Sáhara, Arabia, Irán, Thar, Kalahari y buena parte de Australia. La estabilidad y la subsidencia en el seno de las altas presiones son responsables de elevados valores de insolación, extrema sequedad del aire, cálidas temperaturas y precipitaciones siempre débiles.

La luz intensa, casi cegadora, constituye un elemento característico del paisaje del desierto tropical. En parte es consecuencia del importante número de horas de sol, cercano muchas veces al 90 % del máximo teórico, lo cual supone entre 3.500 y 4.000 horas de sol al año; se une a ello la extrema sequedad del aire, cuya humedad relativa es habitualmente inferior al 50 %, salvo en áreas litorales, y se aproxima en ocasiones al 10 % (en este sentido son muy ilustrativos los datos del cuadro 9.7). En este ambiente seco la evaporación es muy fuerte (4.000 mm es la cifra anual evaluada en la presa egipcia de Assuán), y se agrava por la acción desecante de vientos que, si ser violentos por el dominio general de la estabilidad, en cambio poseen cierta regularidad, como son el *harmattan* del Sáhara meridional, el *siroco* del Magreb, el *khamsin* egipcio o el *simun* de Arabia. La falta de vapor de agua y de nubes que amortigüen las oscilaciones explican las bruscas variaciones diarias de las temperaturas, que llegan a alcanzar los 30 °C entre el día y la noche; e igualmente contrastados son los ritmos estacionales, desde registros máximos de 50 °C en verano hasta mínimos que pueden alcanzar 0 °C en invierno. Por otra parte, las lluvias son insignificantes, inferiores a 250 mm, y en los desiertos más rigurosos no superan los 100 mm; siendo, además, muy irregulares, tanto en el tiempo como en el espacio: Riyad (Arabia Saudí), con una media anual de 82 mm, ha registrado un máximo de 235 y un mínimo de 0 mm; Tamanrasset (Argelia) tiene un valor medio de 40 mm, pero se midieron 44 mm en tan sólo tres horas en septiembre de 1950 (véase el cuadro 9.8). Las lluvias, cuando aparecen, caen siempre en forma de chubascos moderados y breves, de tipo tropical en dirección al Ecuador, o de origen frontal en los límites con la zona templada.

Las condiciones descritas las reúne Assuán, en el Sáhara egipcio (figura 9.16). Aquí, la precipitación media es prácticamente inapreciable, 1 mm, y es frecuente que falten las lluvias por completo durante años; en contrapartida, la insolación es muy alta, más de 3.600 horas anuales, y son habituales las temperaturas máximas superiores a 45° durante los meses más calurosos.

2. *Desiertos litorales.* Dentro de los desiertos cálidos, un caso singular lo constituyen los desiertos litorales de las costas occidentales de los continentes, donde la sequedad es debida, entre otros factores, a la subsidencia del borde oriental de los anticiclones oceánicos y a la presencia de corrientes oceánicas frías que estabilizan el aire

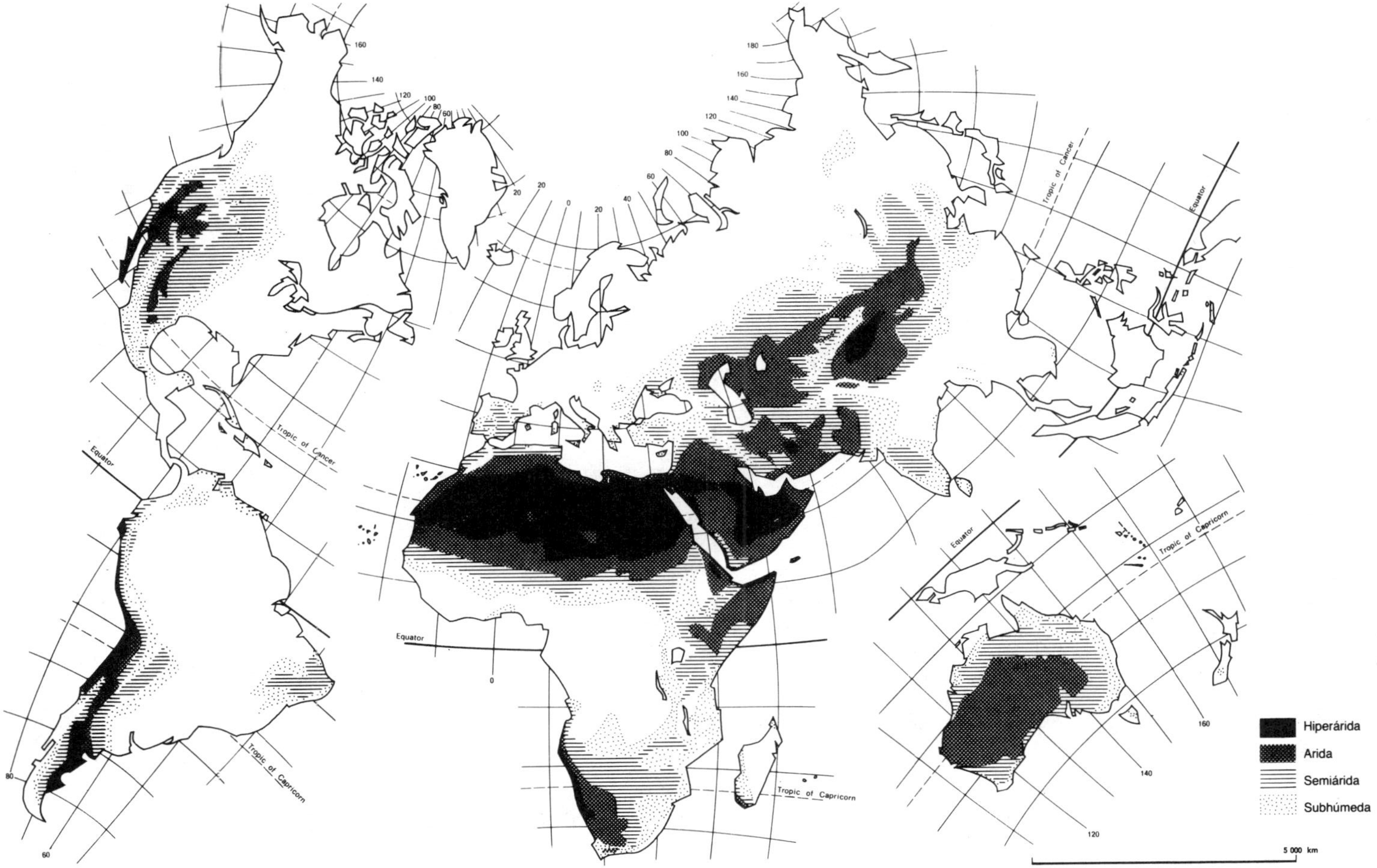

FIGURA 9.15. Distribución mundial de las regiones áridas según la delimitación de la UNESCO (1977)

CUADRO 9.7

Valores medios de humedad relativa en diferentes niveles isobáricos de varias estaciones de los desiertos del Sáhara y Arabia (según O. Drozdov y A. Grigoreva, The hydrologic cycle in the atmosphere, *Leningrado, 1963)*

Estación	Nivel isobárico (mb)	Mes	
		Enero	Julio
Fort Trinquet	850	33	16
(25° 14′ N, 11° 35′ W; 360 m)	700	22	22
	500	15	31
Aulef-el′-Arab	850	28	14
(27° 04′ N, 1° 06′ E; 780 m)	700	22	17
	500	15	21
El Cairo	1.000	47	38
(30° 08′ N, 31° 24′ E; 68 m)	850	49	36
	700	40	24
	500	37	15
Habbaniya	1.000	62	—
(33° 22′ N, 43° 24′ E; 45 m)	850	53	15
	700	33	18
	500	26	7

CUADRO 9.8

Precipitaciones extremas en regiones áridas (según A. Goudie, en M. Clark, et al., Horizons in Physical Geography, *Londres, Macmillan, 1988)*

Localidad	Precipitación media anual, mm	Lluvias de tormenta Cantidad	Fecha
Chicama (Perú)	4	394 mm	1925
Aozou (Sáhara Central)	30	370 mm/ 3 días	mayo, 1934
Lima (Perú)	46	1.524 mm	1925
Sharja (Emiratos Árabes)	107	74 mm/ 50 min	1957
Tamanrasset (Argelia)	27	44 mm/ 3 horas	sept. 1950
Bisra (Argelia)	148	210 mm/ 2 días	sept. 1969
El Djem (Túnez)	275	319 mm/ 3 días	sept. 1969

en contacto con la superficie del agua, como se ha explicado en el capítulo 5 (véase también la figura 5.36). Es el caso del desierto de Atacama, en relación con la corriente de Humboldt, el de Namibia, motivado por la corriente de Benguela, y los de California y costa marroquí, bajo la acción de las corrientes de California y Canarias, respectivamente, localizados básicamente dentro del área tropical, pero extendidos a lo largo de latitudes muy diversas, y con diferentes grados de aridez, como se refleja en la figura 9.17. En las fachadas orientales su formación queda impedida por la acción de los alisios oceánicos.

En estos climas la proximidad del océano favorece el aumento de la humedad del aire, que no llega a dar precipitaciones considerables, pero sí abundantes nieblas; al

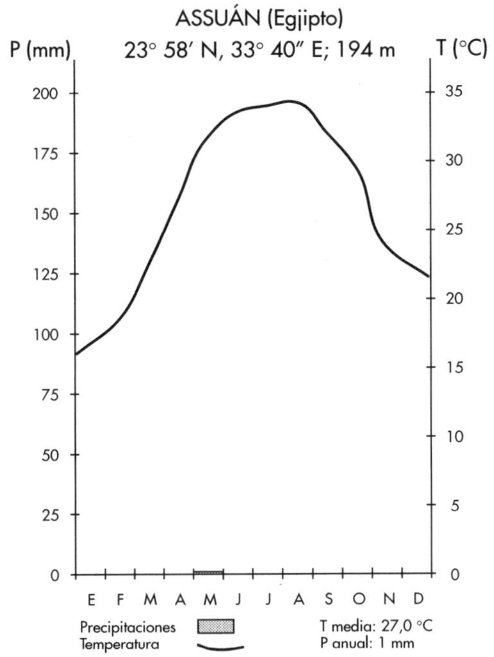

FIGURA 9.16. Regímenes térmico y pluviométrico de la estación meteorológica de Assuán (Egipto). Temperatura media anual: 27 °C. Precipitación anual: 1 mm

mismo tiempo, se atenúa la oscilación térmica, de modo que son desconocidas tanto las heladas como las altas temperaturas. Estos caracteres aparecen con gran nitidez en la costa chileno-peruana, donde la sequedad es extremada desde el paralelo 6° al 30 °. En el caso de la ciudad de Lima, representado en la figura 9.18, la humedad relativa anual es de 86 %, con niveles de junio a octubre superiores al 91 %, pero la precipitación es tan sólo de 36 mm; por otra parte, las temperaturas del aire son suaves, a pesar de la latitud, y durante el año el régimen térmico es bastante uniforme.

3. *Desiertos fríos.* Los desiertos fríos se encuentran en las latitudes medias, en áreas interiores de los continentes alejadas de la acción de los vientos del Oeste. Su origen se debe al concurso de diferentes circunstancias: a la estabilidad atmosférica en aquellas regiones afectadas por las altas presiones subtropicales, a la acción de abrigo ejercida por las barreras montañosas frente a los vientos húmedos y, sobre todo, al efecto de continentalidad, que trae consigo el debilitamiento progresivo de las perturbaciones y su pérdida de humedad. En Asia ocupan una extensa franja desde Irán hasta Manchuria y en América se alargan en sentido meridiano, a sotavento de las montañas Rocosas, las Cascadas y los Andes, donde forman entre otros los desiertos de la Gran Cuenca o de la Patagonia. Las lluvias son siempre débiles (véase Gindukucht, de la figura 9.19) e irregulares, y los regímenes térmicos son los propios de la zona continental, agravadas por la constante sequedad de la atmósfera, con inviernos muy fríos, veranos tórridos y amplitudes absolutas en ocasiones superiores a 90 °C.

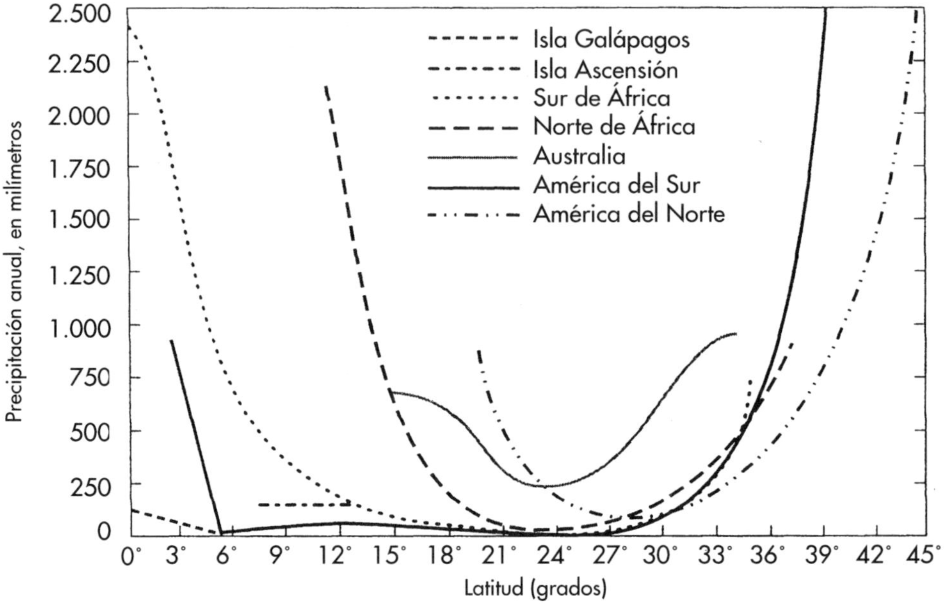

FIGURA 9.17. Curvas representativas de los promedios de precipitación anual en cinco desiertos costeros de latitudes subtropicales. Nótese la mayor extensión latitudinal de la aridez en América del Sur en contraste con las condiciones más moderadas de Australia (según Lydolph y Trewarta, 1981)

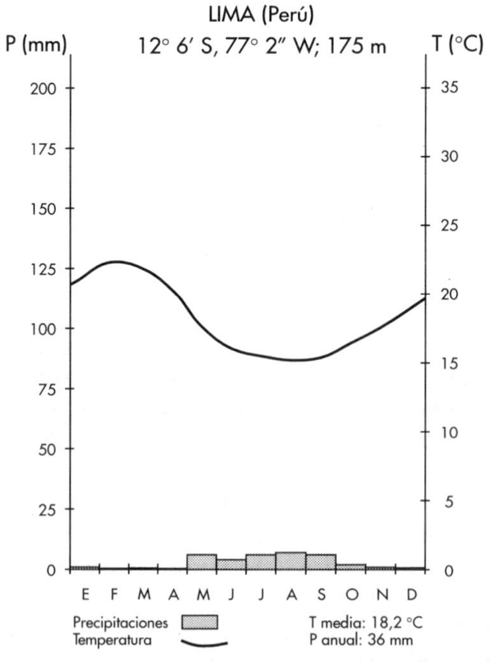

FIGURA 9.18. Regímenes térmico y pluviométrico de la estación de Lima (Perú). Temperatura media anual: 18,2 °C. Precipitación total: 36 mm

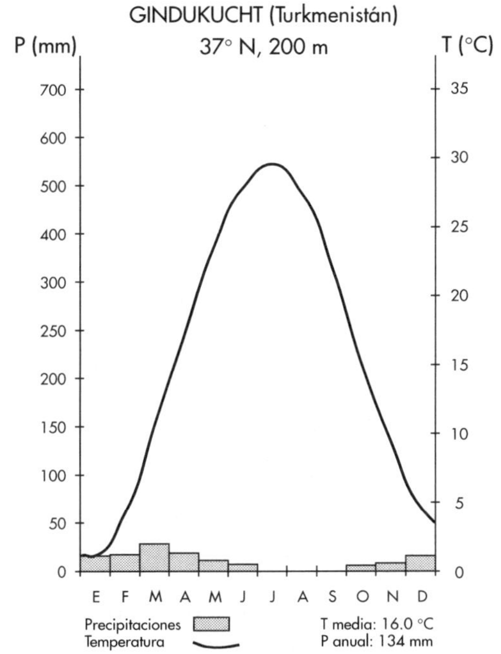

FIGURA 9.19. Regímenes térmico y pluviométrico de la estación de Gindukucht (Turkmenistán). Temperatura media anual: 16°. Precipitación total: 134 mm

3.2. *Climas templados*

Cubren una amplia franja en ambos hemisferios entre los paralelos 40° y 70° aproximadamente, dominada por la circulación de los vientos del Oeste y el juego de las masas de aire tropical y polar, y sujeta a continuos cambios de tiempo por la acción de los ciclones y anticiclones móviles de las latitudes medias. El movimiento y desarrollo de estos sistemas de presión están dirigidos por las grandes ondas que trazan en altura el flujo zonal del Oeste, a través de las cuales tienen lugar importantes transferencias de energía entre las altas y las bajas latitudes. Las características y la posición latitudinal de los centros de altas y bajas experimentan cambios estacionales, de modo que en verano las depresiones tienden a ser menos intensas y están desplazadas hacia el polo, mientras en invierno los anticiclones subtropicales se mueven hacia el Ecuador y aumenta la presencia de borrascas en las latitudes más bajas.

Al igual que ocurre en el aire intertropical, la zona templada abarca climas muy diferentes, desde los cálidos a los muy fríos, y desde los lluviosos a los secos; no obstante, frente a los climas tropicales, sin invierno, y los climas polares, carentes de verano, los climas templados tienen un rasgo común: el régimen térmico contrastado, con alternancia estacional de calor y frío.

Esta diversidad climática refleja la interacción de los factores meteorológicos con los geográficos; en principio va unida a la confrontación de influencias tropicales y polares, y a las perturbaciones del frente polar, pero a esta acción se superponen la acción del relieve y de las masas oceánicas y continentales, que imponen múltiples variaciones. Tres tipos principales pueden distinguirse: el mediterráneo, el oceánico y el continental.

3.2.1. Clima mediterráneo

El dominio mediterráneo se localiza al oeste de los continentes, entre los paralelos 30° y 45°, estando muy bien representado en las tierras que bordean la cuenca del mar Mediterráneo, además de en estrechas bandas costeras en el estado de California, Chile central, la provincia sudafricana de El Cabo y el suroeste de Australia. Es un clima de lluvias mediocres y de tendencia cálida, que debe sus principales características a la alternancia estacional de la subsidencia anticiclónica subtropical y la circulación general del Oeste. Durante el verano, el dominio de las altas presiones origina cielo soleado, altas temperaturas y tiempo seco; en invierno las altas subtropicales descienden de latitud y se impone la dinámica de las zonas templadas, con el paso de borrascas frontales que aportan la mayor parte de las lluvias, y descenso suave de las temperaturas, acentuado por periódicas invasiones de olas de frío, responsables en ocasiones de fuertes heladas.

La sequedad del verano es uno de los rasgos más representativos de este clima, que no se repite en ninguna otra parte del mundo. Julio y agosto reciben muy pocas precipitaciones, con frecuencia menos de 20 mm, y a veces no alcanzan los 10 mm,

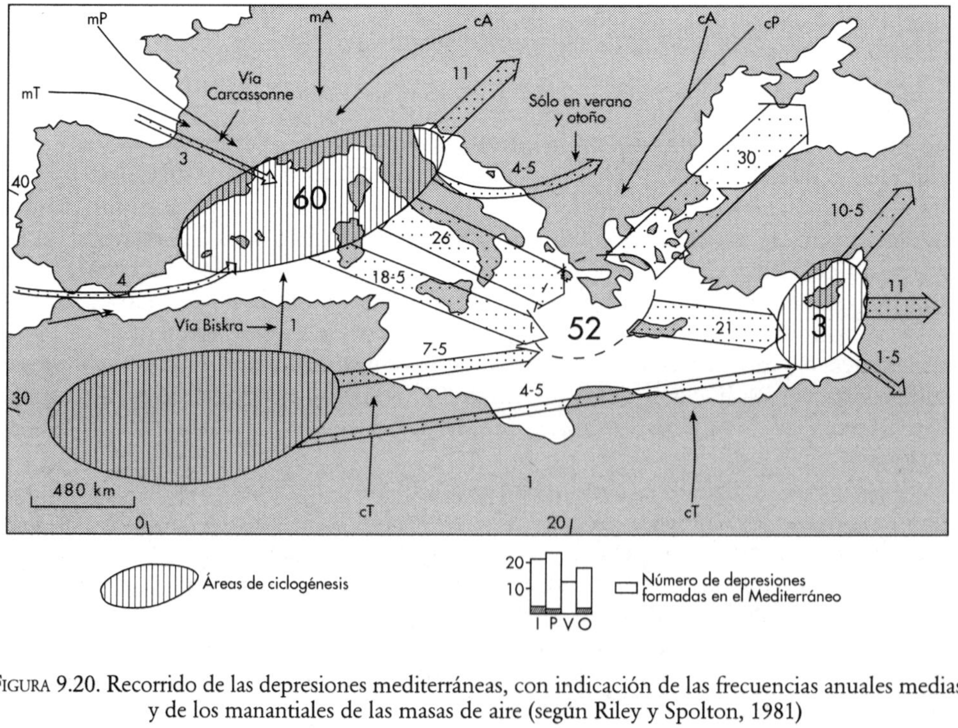

FIGURA 9.20. Recorrido de las depresiones mediterráneas, con indicación de las frecuencias anuales medias y de los manantiales de las masas de aire (según Riley y Spolton, 1981)

como ocurre en Santiago de Chile, Los Ángeles o Lisboa, por ejemplo. Durante el invierno, en cambio, el retroceso de los anticiclones subtropicales hacia latitudes más meridionales permite el dominio de la circulación del Oeste y la llegada de las borrascas del frente polar, responsables del incremento pluviométrico de este momento: en Atenas el 40 % de las lluvias se contabilizan entre diciembre y febrero; en Ciudad del Cabo, el 45 %; en Perth, el 60 %, y en San Diego, el 70 %. En la cuenca mediterránea estas perturbaciones van asociadas normalmente a flujos de circulación meridiana, y con frecuencia tienen origen local al entrar en contacto el aire polar frío con las aguas cálidas del Mediterráneo. Como se refleja en la figura 9.20, del total de las depresiones que afectan a la región, sólo el 7 % se forman en el Atlántico, y otro 14 % se originan a sotavento de la cordillera del Atlas, mientras el resto se activan en el Mediterráneo, sobre todo en su sector occidental, desde donde se mueven hacia el este, en dirección hacia los Balcanes y el mar Negro.

A las condiciones descritas responde el clima de Málaga (figura 9.21), con sus 508 mm de precipitación, extrema sequedad estival y temperaturas muy benignas, de 24,3° en julio y próximas a 10° en enero, que hacen casi inexistente el invierno. Pero el abanico de modalidades del clima mediterráneo es amplio y el ejemplo presentado corresponde tan sólo a un modelo medio. Así, la templanza térmica es muy propia de las regiones costeras; sin embargo, se degrada hacia las tierras interiores y la continentalidad endurece las temperaturas invernales, aumenta las heladas y los veranos pueden ser tórridos. El efecto de la latitud interviene igualmente y, en líneas ge-

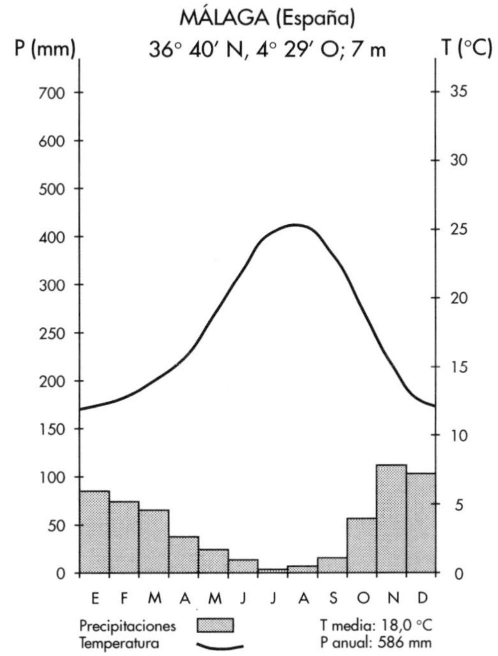

FIGURA 9.21. Régimen termopluviométrico de una estación de clima mediterráneo: Málaga (España). Temperatura media anual: 18 °C. Precipitación total: 586 mm

nerales, cuanto más cerca estemos del Trópico, más elevadas son las temperaturas y más débiles las precipitaciones, a las que se une el aumento de su irregularidad y la prolongación del periodo seco estival.

3.2.2. Clima oceánico

Es propio de las fachadas occidentales de los continentes donde la circulación dominante del Oeste trae el influjo directo del aire marítimo y las borrascas del frente polar. Bajo la acción reguladora del océano, los inviernos son templados y los veranos frescos, con amplitudes apenas de 10°, comparables a las existentes en las regiones tropicales; al mismo tiempo se moderan los valores extremos y tanto las jornadas calurosas como las heladas son poco comunes. En todas las estaciones la humedad del aire es alta y la precipitación abundante, pero es durante la estación invernal cuando se suceden con más frecuencia e intensidad las depresiones atmosféricas. A menudo registra fuertes vientos que soplan sin cesar durante varios días, y con elevada frecuencia también el tiempo es inestable, con cambios constantes de tipos de tiempo. Este clima suave, húmedo y ventoso, queda reducido a estrechas franjas litorales del Oeste norteamericano, de Chile o de Nueva Zelanda, limitadas por las cadenas montañosas del Pacífico; únicamente alcanza extensión considerable en Europa occidental, donde la influencia marina se prolonga hacia el interior del continente por sus abiertas llanuras, a través de las cuales se pasa en lenta transición al clima continental. El diagrama de Brest, en Francia, da una buena idea del clima oceánico (figura 9.22).

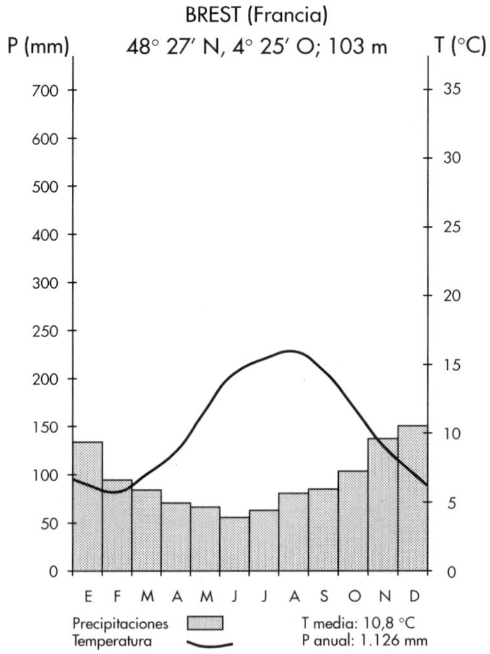

FIGURA 9.22. Temperaturas y precipitaciones mensuales de una estación de clima oceánico: Brest (Francia). Temperatura media anual: 10,8 °C Precipitación total: 1.126 mm

3.2.3. Clima continental

Sus características son prácticamente las opuestas del clima oceánico: tiene un régimen térmico muy contrastado, riguroso frío invernal y limitada acción de las borrascas oceánicas. Ocupa inmensas superficies de América del Norte y de Euroasia, con transiciones a veces insensibles hacia los climas siempre fríos del área polar, a los muy cálidos de filiación tropical o a los oceánicos del Oeste. En este sentido resulta ejemplificador el cambio progresivo al clima continental que se observa en la llanura euroasiática conforme decrece la influencia del aire marítimo. El perfil a través de la llanura, ilustrado en la figura 9.23, refleja muy bien este aspecto: de Oeste a Este se acentúa el frío invernal y aumenta la amplitud térmica, que en el caso de Tchita llega a superar los 44°; a la vez la precipitación disminuye y su ritmo estacional se invierte, con descenso de las lluvias invernales y progresiva concentración en los meses del estío.

Durante el invierno en el interior de Siberia y de Canadá hay un dominio casi permanente de altas presiones térmicas, con aire frío y potentes inversiones en las capas bajas de la atmósfera, que interfieren la circulación general y ocluyen rápidamente los frentes que se mueven hacia el Este. Con esta configuración, las lluvias son muy escasas y el frío intenso y persistente, como indican los –9,9 °C de temperatura media de enero en Moscú, los –19,2 °C de Oms, en Siberia, o los –17,7 °C de la ciudad canadiense de Winnipeg (figura 9.24). En verano, el predominio de bajas presio-

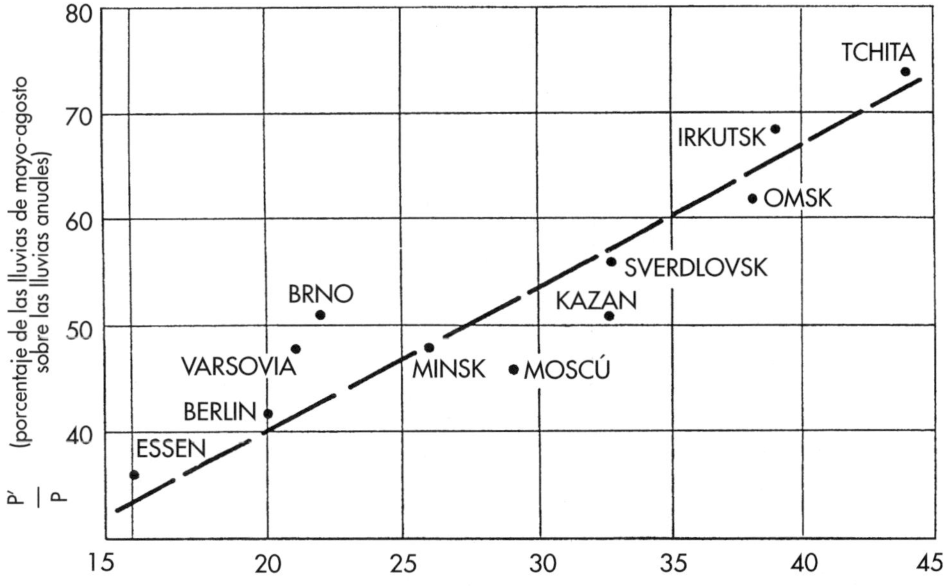

FIGURA 9.23. Progresión de la continentalidad en el continente euroasiático. La amplitud térmica anual aumenta con la continentalidad, al igual que el porcentaje de lluvias de verano sobre la precipitación total del año (según Estienne y Godard, 1970)

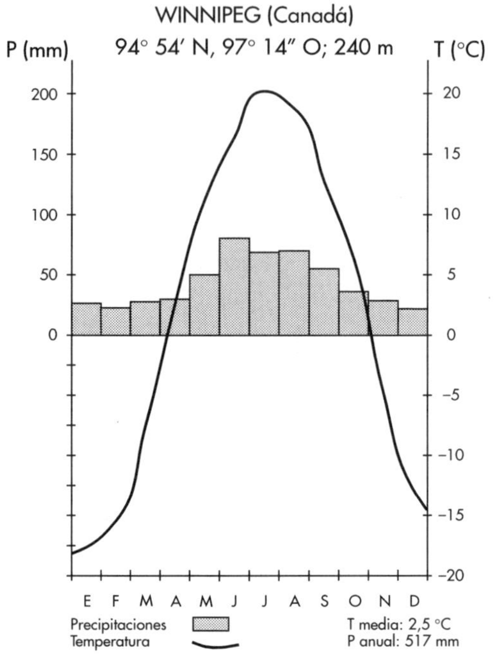

FIGURA 9.24. Temperaturas y precipitaciones mensuales en un clima continental: Winnipeg (Canadá). Temperatura media anual: 2,5 °C. Precipitación total: 517 mm

nes y circulación atmosférica más zonal, posibilita la penetración de las borrascas del Oeste y los procesos termoconvectivos. No obstante, en esta época del año los frentes que se forman son débiles y las precipitaciones son siempre moderadas; julio y agosto son los meses más cálidos, con medias termométricas superiores a las estaciones oceánicas de la misma latitud, pero en septiembre se inicia el otoño y pronto se desciende a los valores de invierno.

Dentro de la diversidad regional de este clima, una de las variedades originales la encontramos en la fachada oriental de los continentes, en el contacto entre la influencia continental y oceánica. El régimen térmico sigue siendo muy contrastado por la prolongación de las condiciones interiores hacia la costa y por la presencia alternante de masas de aire polares y árticas del continente en invierno y tropicales marítimas en verano. Por el contrario, las precipitaciones son abundantes, porque la humedad que aporta el océano proporciona frecuentes lluvias, más importantes en los meses estivales y fundamentalmente de nieve durante el periodo frío. La comparación hecha en el cuadro 9.9 entre observatorios situados en fachadas continentales opuestas, pero con latitudes similares, permite una buena comprobación de lo comentado.

3.3. *Climas polares*

Son los climas de las altas latitudes, caracterizados por el frío intenso y la ausencia de verano. El frío de las regiones polares es resultado del enorme déficit del balance de radiación neto, pues, aunque el Sol puede estar sobre el horizonte las veinticua-

CUADRO 9.9

Comparación de las temperaturas y precipitaciones de diferentes observatorios situados en latitudes similares, pero en fachadas litorales opuestas

Localización	Costa occidental			
	Temperaturas medias, °C			Precipitación (mm)
	Enero	Julio	Oscilación	
Tatoosh Island (EE. UU.) 48° 23′ N	5,6	13,1	7,5	1.973
Eureka (EE. UU.) 40° 39′ N	8,6	13,5	4,9	510
Bergen (Noruega) 60° 24′ N	1,5	15,0	13,5	1.958
Brest (Francia) 48° 27′ N	6,1	15,6	9,5	1.126

Localización	Costa oriental			
	Temperaturas medias, °C			Precipitación (mm)
	Enero	Julio	Oscilación	
Portland (EE. UU.) 43° 39 N	−5,7	20,1	25,8	944
Atlantic City (EE. UU.) 39° 22′ N	1,6	23,9	22,3	1.180
Beijing (China) 35° 57′ N	−4,7	26,1	30,8	1.430
Tokio (Japón) 35° 41′ N	3,7	25,1	21,4	1.563

tro horas del día, la intensidad de su radiación es baja por la oblicuidad de los rayos solares y el largo trayecto atmosférico que les viene impuesto; además, debido a la presencia de hielo y nieve, el albedo es alto y el potencial de energía disponible es siempre débil, lo cual ayuda en buena medida a la autoconservación de las bajas temperaturas. Las áreas polares son también regiones secas; a ello contribuye tanto la subsidencia ocasionada por el frío como la escasa evaporación y baja capacidad higrométrica del aire; en este sentido, los totales pluviométricos se parecen a muchas regiones secas templadas o tropicales; únicamente en zonas subpolares, afectadas por el paso frecuente de borrascas, las lluvias son importantes y llegan a superar los 1.000 mm. A estas características se añade la violencia de los vientos, ocasionada por el fuerte gradiente que se crea entre las altas presiones peliculares de las áreas septentrionales y las bajas circumpolares; la turbulencia atmosférica aumenta desde el interior de las superficies heladas hacia sus bordes inmediatos y en estos últimos se pueden registrar rachas de viento superiores a 150 km/h. El dominio polar es muy variado y no es fácil identificar su diversidad regional. Distinguiremos dos tipos principales: clima de tundra y clima glacial.

3.3.1. Clima de tundra

Ocupa las franjas costeras árticas y antárticas, afectadas por la influencia oceánica y el frecuente paso de familias de borrascas del Oeste, a las que se deben las relativamente copiosas precipitaciones. Los veranos son inexistentes y los inviernos rigurosos, pero merced a esta misma acción marina las temperaturas se moderan y pueden conocer amplitudes inferiores a 10° y varios meses con temperaturas positivas que permiten el deshielo superficial (véase el diagrama de Vordø de la figura 9.25). El clima de tundra dista mucho de ser homogéneo y en la transición del subpolar oceánico al ártico continental se advierte la tendencia al endurecimiento del invierno, el aumento de la amplitud térmica y la disminución de las precipitaciones.

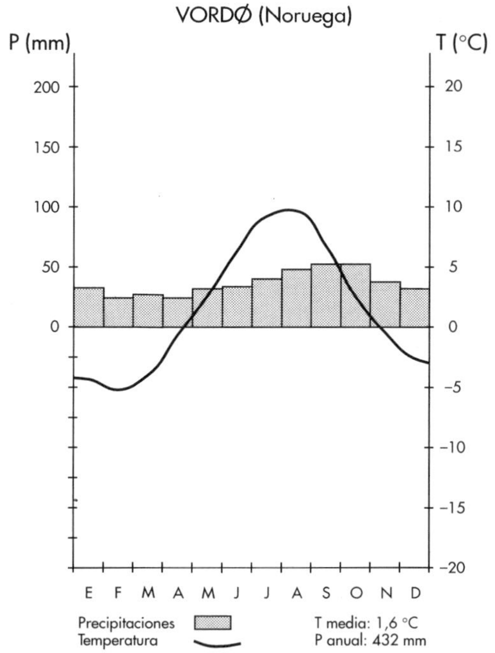

FIGURA 9.25. Temperaturas y precipitaciones mensuales en un clima de tundra: Vordø (Noruega). Temperatura media anual: 1,6 °C. Precipitación total: 432 mm

3.3.2. Clima glacial

Corresponde al dominio permanentemente helado de la *banquise* del océano Ártico y, sobre todo, del interior de Groenlandia y la Antártida, donde al factor latitud unen su considerable altitud. Es el clima más frío del globo, con temperaturas siempre inferiores a 0 °C, y registros absolutos extraòrdinarios, como los – 88 °C del observatorio de Vostok en el continente antártico, a 3.488 m sobre el nivel del mar. La dureza de este clima queda reflejada en la figura 9.26, donde se ha representado el ciclo térmico mensual de la estación Polo Sur: los meses que podemos considerar más suaves, diciembre y enero, tienen promedios entre –25 y 30 °C; el resto del año se sitúa casi siempre por debajo de –50 °C.

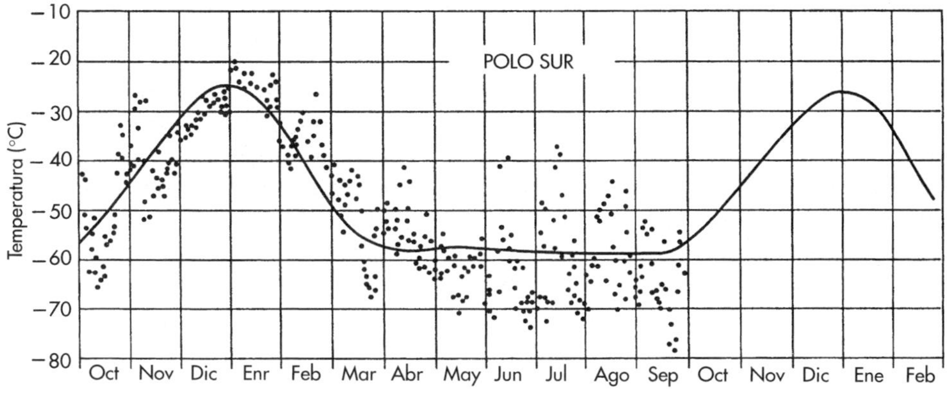

FIGURA 9.26. Temperaturas del aire en superficie en la estación Polo Sur (2.800 m). La línea continua representa el promedio diario de veinte años; los puntos indican los valores medios diarios del periodo que va desde octubre de 1985 a septiembre de 1986 (según Schneider, 1996)

La intensidad del frío impone fuertes inversiones térmicas y predominio de altas presiones superficiales, con vientos débiles o en calma, que contrastan con la fuerza de los vientos catabáticos, que se deslizan desde el interior de los casquetes de hielo hacia sus bordes, con velocidad creciente conforme aumenta la pendiente, dando lugar a potentes ventiscas. Las precipitaciones son siempre escasas y normalmente en forma de nieve; así, en el interior de Groenlandia los totales anuales son inferiores a 150 milímetros y cantidades aún menores se estiman en la Antártida.

3.4. *Climas de montaña*

Las montañas constituyen un factor azonal del clima que introducen importantes modificaciones en los elementos meteorológicos y alteran la zonalidad general descrita. La disposición del relieve, la altitud, la exposición y el volumen no solamente crean anomalías locales, sino que, cuando las montañas son bastante elevadas y extensas, originan verdaderos tipos particulares de clima.

Característica destacada de las regiones elevadas es la disminución de la presión atmosférica con la altitud, de la que derivan muchos de sus rasgos climáticos. En efecto, con la reducción de la masa atmosférica y el descenso de la presión, unido a la disminución de los componentes variables de la atmósfera, ésta absorbe menos energía solar y la intensidad de la insolación que llega al suelo aumenta; así, el aire de las montañas retiene poco calor y mantiene temperaturas bajas, mientras el suelo de las laderas bien expuestas alcanza durante el día fuertes concentraciones de calor y elevadas temperaturas, que contrastan con las exposiciones a umbría y con el acusado enfriamiento nocturno que propicia la baja densidad del aire. Este enrarecimiento de la atmósfera es también el origen de otra de las particularidades más conocidas de la montaña: el descenso de la temperatura con la altitud creciente. Se estima que el valor del enfriamiento es aproximadamente de medio grado por cada 100 metros de desnivel; pero este gradiente varía notablemente con las condiciones locales, y tampoco es regular a lo largo del año; además los fondos de valle conocen frecuentes inversiones térmicas, que interfieren y modifican considerablemente en ocasiones la normal distribución del gradiente. Y otro de los hechos más representativos de las montañas es el incremento altitudinal de las precipitaciones, al menos hasta cierto nivel, como ya se ha explicado (véase el capítulo 5). El ascenso forzado de las masas de aire impuesto por las barreras orográficas es el responsable del aumento de la nubosidad y de las precipitaciones, tanto sólidas como líquidas, tal como se pone en evidencia en la figura 2.7 al correlacionar los mapas pluviométricos y los de relieve; sin embargo, la relación entre agua recogida y altitud dista mucho de ser sencilla y varía mucho según la situación geográfica de las montañas, la orientación con respecto a los vientos dominantes o las propias características del relieve, lo que permite encontrar buen número de particularidades.

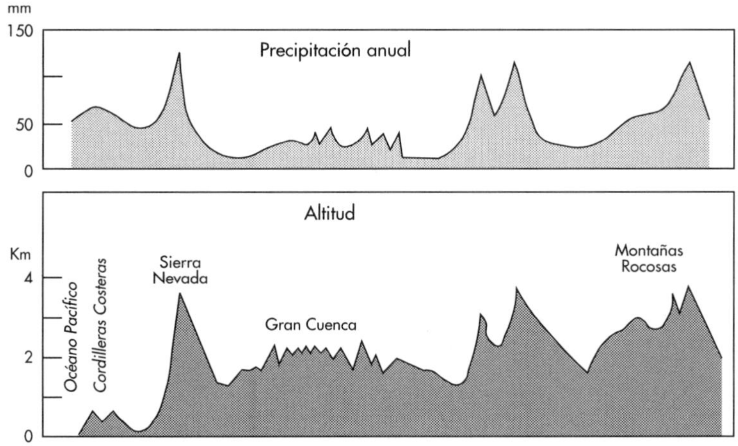

FIGURA 9.27. Influencia de la altitud sobre la precipitación, observado en corte realizado al Oeste de Estados Unidos, aproximadamente a latitud 38° N (según R. Bailey, *Ecosystem Geography*. Springer, 1996)

El clima de cada región montañosa permanece en muchos aspectos bajo la dependencia de las latitudes de implantación, sobre todo en lo que hace referencia al ciclo de radiación, los ritmos térmicos y, en buena medida, al régimen de las precipitaciones. En las regiones intertropicales, donde la elevada perpendicularidad de los rayos solares asegura un alto grado de uniformidad térmica anual, el progresivo descenso de sus valores medios con la altitud origina un característico escalonamiento de pisos climáticos, con franjas de transición casi inexistentes entre ellos. En los Andes, con matizaciones altitudinales, se habla hasta 500-1.000 metros de la *tierra caliente*, entre 1.000 y 1.500-2.000 m de *tierra templada*, sucede luego hasta 3.000 m la *tie-*

rra fría, a este piso le sigue el *páramo* y la *puna*, que llega a 4.500 m, y ya por encima se sitúan los *nevados* (figura 9.28). Las precipitaciones también sufren modificaciones notables, y particularmente importante es el aumento de las mismas en los Trópicos húmedos, donde la conjunción de sus específicas condiciones pluviométricas y la altitud conducen a los más excepcionales registros del globo; tal es el caso de Cherrapunji, de Colombia o de las islas Hawai, donde las cantidades promedio sobrepasan los 10.000 milímetros de lluvia anual. Sin embargo, a partir del nivel máximo de precipitaciones que encontramos en muchos sistemas montañosos, se acusa el descenso de éstas y las condiciones de aridez pueden aparecer en muchas zonas altas tropicales y ecuatoriales, como muestran los menos de 500 mm. que reciben las plataformas bolívares y peruanas, o los cerca de 200 mm. que se señalan en el monte Kilimanjaro, hacia los 4.000 metros.

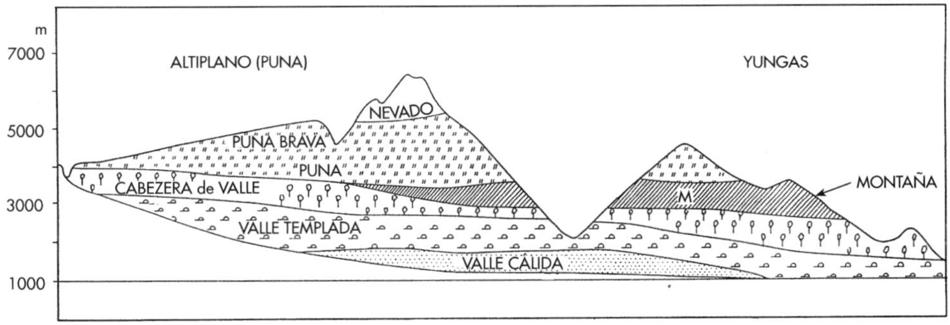

FIGURA 9.28. Pisos climáticos en la región Río La Paz (Bolivia) (según Troll, 1952)

En las latitudes medias y altas, por el contrario, las diferencias de insolación entre invierno y verano determinan variaciones térmicas anuales mucho más amplias que en los trópicos, que se hacen especialmente acusadas en el interior de los continentes (véase el ejemplo de Säntis, en los Alpes suizos, en la figura 9.29). Además, debido a la oblicuidad solar, la distribución de las temperaturas es muy sensible a la orientación de las vertientes y ocasiona la conocida oposición entre solana y umbría. La amplitud de este fenómeno es máxima en los valles con disposición Este-Oeste, donde la fachada Norte es siempre más fría y más húmeda, y en invierno puede permanecer sin recibir los rayos solares durante varias semanas; como consecuencia, el descenso de las temperaturas es más rápido en la vertiente solana que en la umbría y al mismo tiempo la oscilación térmica es mayor en esta última. Otro rasgo característico es el incremento pluviométrico hasta los 2.000 ó 3.000 metros de altitud y la importancia que adquieren las precipitaciones de nieve, si bien su reparto está al igual que en las bajas latitudes condicionado por la exposición a los vientos húmedos. En la mayor parte de las cadenas montañosas hay una vertiente húmeda, donde las perturbaciones frontales descargan lluvias copiosas, y otra vertiente seca, sometida al efecto Föhn y a las lluvias escasas, cuyo contraste se hace mayor cuanto más perpendicular sea el eje del relieve a la dirección de los vientos dominantes, como ocurre, por ejemplo en los Andes chilenos en relación con los vientos del Oeste. Según lo que se acaba de decir, no es sorprendente encontrar notables diferencias climáticas en las áreas de montaña. En realidad, junto a los caracteres generales descritos, las modificaciones debidas a la latitud, la proximidad o lejanía del mar, la exposición, la topografía, etc., dan origen a gran variedad de climas locales que constituyen un hecho esencial del clima de montaña.

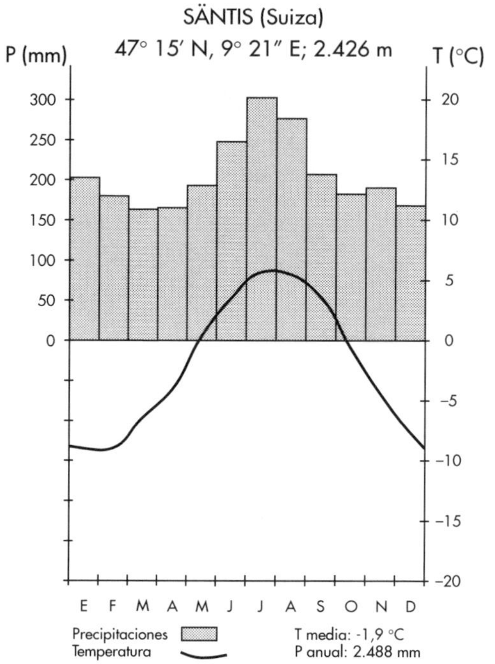

FIGURA 9.29. Regímenes térmico y pluviométrico de Säntis (Suiza). Temperatura media anual: −1,9 °C. Precipitación total: 2.488 mm

4. Climas locales

Como se ha comentado al principio, tienen dimensiones espaciales más reducidas que los climas regionales referidos y distinta naturaleza, y son los más directamente perceptibles por el hombre. En sus características generales, el clima local depende del clima regional, y los mecanismos que intervienen en la formación de ambos son por esencia los mismos. La distinción nace de las diferencias de escala y de la especial influencia que las condiciones locales y los componentes de los balances de energía ejercen sobre los elementos meteorológicos. Los balances de radiación y de calor que varían en cantidad y signo dependiendo del día y la estación y, lógicamente, con el tipo de superficie. En superficies de tierra sin vegetación, por ejemplo, los valores de temperatura están muy condicionados tanto por los flujos de calor sensible como los de calor del suelo, y los cambios de temperatura que de ello resultan son muy amplios; por el contrario, sobre las masas de agua el dominio lo ejercen el calor latente y los flujos de advección, porque gran parte de la energía de radiación se utiliza para la evaporación mientras el resto es almacenado en el agua; de este modo el flujo de calor sensible es muy pequeño y la variación térmica diaria se reduce a unos pocos grados.

En este sentido es instructiva la figura 9.30, que muestra las variaciones diarias de los balances energéticos y de temperatura en dos superficies desérticas diferentes, el lecho seco del lago El Mirage (California), y un campo de hierba irrigado en Tempe (Arizona). En el primer caso, el calor latente (LE) es prácticamente nulo por la ausencia de agua; en cambio, casi la totalidad de la radiación entrante (Rn) se transforma en calor sensible (H) que calienta el aire durante el día, mientras un débil flujo de calor (G) es dirigido al suelo por la mañana y devuelto al aire durante la noche, compensando en parte el enfriamiento por radiación nocturna. En el segundo ejemplo, los intercambios son más complejos y están generalmente dominados por el flujo de calor latente de vaporización; en efecto, la evapotranspiración es muy alta y el calor latente llega a superar la recepción de radiación neta, que se compensa por transferencia de calor sensible del aire al suelo; las temperaturas alcanzan su máximo a mediodía y decrecen bastantes grados por la noche, pero el equilibrio de flujos energéticos mantiene siempre valores muy elevados. Otros casos, comparables a estos últimos por su incidencia sobre el clima, podrían merecer nuestra atención, como superficies boscosas, campos de cultivo, los valles de montaña, etc. Uno de ellos, de indudable repercusión sobre los elementos climáticos, lo constituyen las superficies urbanas, y en ellas nos detenemos a continuación.

4.1. *Clima urbano*

La modificación local del clima es particularmente importante en las ciudades, al variar los flujos naturales de energía a través de su propia construcción y por los efectos de las actividades humanas. En principio, la realización de calles, plazas, grandes edificios e instalaciones industriales cambia por completo la topografía local, además de aumentar la rugosidad aerodinámica de la superficie. Por otro lado, el suelo natural es reemplazado por los materiales de construcción (hormigón, ladrillo, acero, vidrio, asfalto), de propiedades físicas muy diferentes y de conductividad térmica y capacidad calorífica mayores que los suelos del campo circundante, por lo que almacenan más calor bajo su superficie y lo liberan lentamente por la noche. A esta fuente de calor urbano se une, por una parte, el aporte artificial de energía mediante calefacciones, automóviles y fábricas, y por otra, la adición a la atmósfera de grandes cantidades de aerosoles que contaminan el aire urbano, dificultan la insolación y, en definitiva, modifican el balance de radiación.

La conjunción de los efectos de las estructuras urbanas consigue tal grado de alteración de las condiciones atmosféricas, que el clima de la ciudad se hace claramente diferente del área que la rodea, como se resume en el cuadro 9.10; aunque es evidente que las influencias climáticas urbanas son complejas y variadas en función de su estructura, de su tamaño, de su medio físico o de las actividades económicas predominantes.

El impacto de la ciudad es particularmente notorio sobre el balance calorífico. La radiación solar entrante se debilita por la presencia de contaminación y por la mayor nubosidad, pero el mismo efecto sufre la radiación infrarroja saliente; por otra parte,

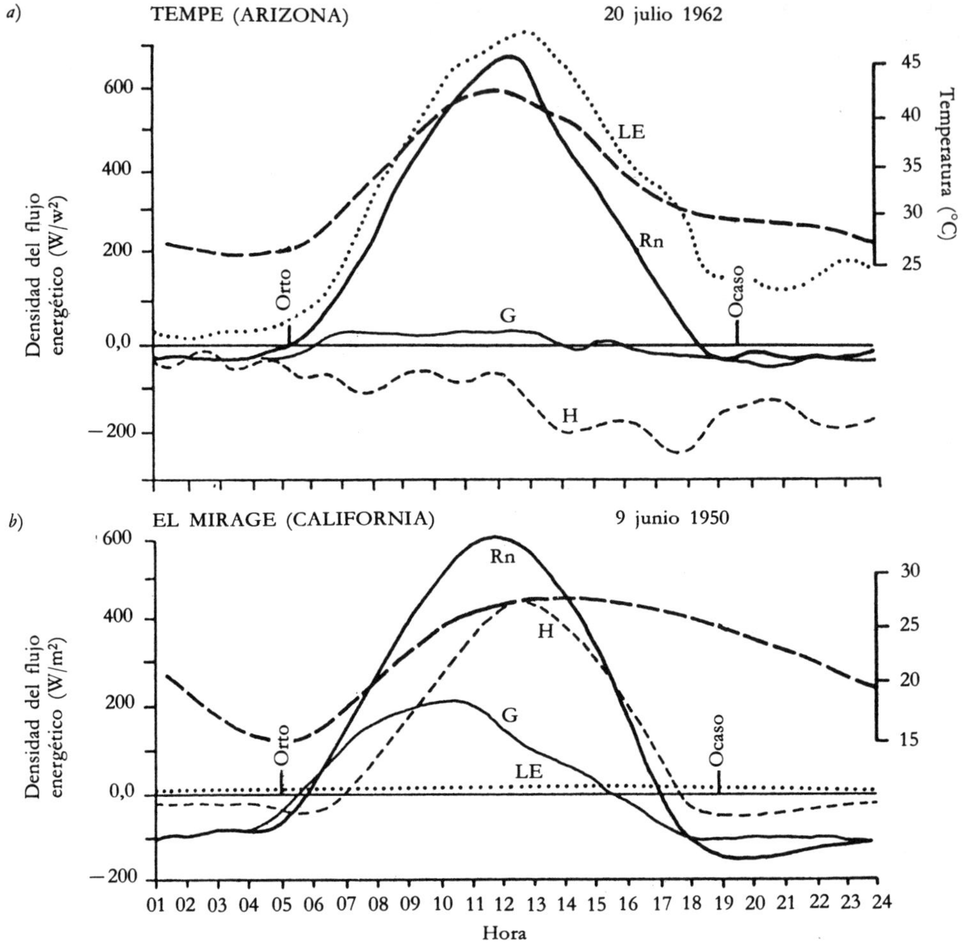

FIGURA 9.30. Variaciones diarias de los componentes del balance de energía superficial en Tempe (Arizona y El Mirage (California) (según Herderson-Sellers y Robinson, 1986)

la gran diversidad de formas y orientaciones del paisaje urbano, en el que fachadas, tejados y suelos producen múltiples haces reflectantes hacia muchos planos absorbentes, hace que la ciudad almacene mayor cantidad de calor que el campo, donde las radiaciones vuelven libremente a la atmósfera. A la vez, la humedad es muy baja como resultado de la rápida escorrentía de las aguas sobre el suelo urbano, y la evapotranspiración disminuye extraordinariamente, salvo en el caso de parques y jardines irrigados; esta deficiencia reduce el flujo de calor latente y globalmente el balance energético queda dominado por el calor sensible y el flujo de calor del suelo y edificios.

Estos factores y el aumento de calor artificial resultante del consumo humano de energía por combustión se combinan para hacer que la temperatura de la ciudad sea generalmente varios grados superior a la de su entorno rural. Este efecto, conocido como *isla de calor* o *isla térmica*, constituye la modificación más clara y comprobada

Cuadro 9.10

Efectos de la urbanización sobre el clima. Los valores expresan las condiciones climáticas promedio de la ciudad comparados con los de las áreas rurales, expresados en porcentajes, excepto la temperatura (según S. Changnon, «Inadvertent weather modification», Water Resources Bulletin, *12, 1976)*

	Anual	Invierno	Verano
Contaminación	+1.000	+2.000	+500
Radiación solar	−22	−34	−20
Temperatura (°C)	+2	+3	+1
Humedad	−6	−2	−8
Visibilidad	−26	−34	−17
Niebla	+60	+100	+30
Velocidad viento	−25	−20	−30
Nubosidad	+8	+5	+10
Precipitación	+14	+13	+15
Tormentas	+15	+5	+30

que produce el espacio urbano sobre el clima. Por lo general, el área más cálida suele coincidir con el centro urbano allí donde las construcciones forman un conjunto denso y compacto. La expresión gráfica de este fenómeno muestra, en general, cómo las isotermas adquieren una disposición más o menos concéntrica en torno a este centro, como si se tratara de una isla, y disminuyen los valores hacia la periferia, donde la temperatura del aire es sensiblemente más baja. Así se observa en la ciudad de Madrid, en la que en días anticiclónicos invernales los registros termométricos en su interior pueden superar en más de 8 °C los valores de su periferia (véase la figura 9.31).

La isla de calor es mayor en días despejados y con vientos en calma, aunque la intensidad de la misma es cambiante a lo largo del día y depende de las características de la propia ciudad. Pero a estos factores hay que añadir la relación estrecha que existe entre la magnitud del fenómeno y el número de habitantes de la ciudad. La información que proporciona la figura 9.32 permite comprobar este hecho, a la vez que destaca las diferencias existentes entre países y latitudes, debidas, por una parte, a la distinta morfología urbana (en particular, entre las urbes americanas y europeas), y por otra, al reparto estacional de las precipitaciones y sus consecuencias sobre el balance de calor: allí donde las lluvias estivales son abundantes, la evaporación posible en el campo en este momento es mayor que en invierno, lo que origina un superior consumo de energía en forma de calor latente y, por tanto, un calentamiento menor del aire en la zona rural. En invierno, la evaporación es siempre inferior, lo que explicaría las menores diferencias en aquellos lugares donde las lluvias invernales son importantes.

Con viento fuerte la isla de calor disminuye y puede desaparecer, al mezclarse el excedente térmico con el aire frío circundante. No obstante, debido a la fricción de los edificios y a su efecto de obstrucción, la intensidad del viento en el interior de la ciudad es siempre menor a la de los espacios rurales, sobre todo en los niveles más bajos, y el patrón de distribución de las temperaturas se conserva mientras la velocidad del viento no aumente y rompa las condiciones existentes. En este sentido, la ciudad

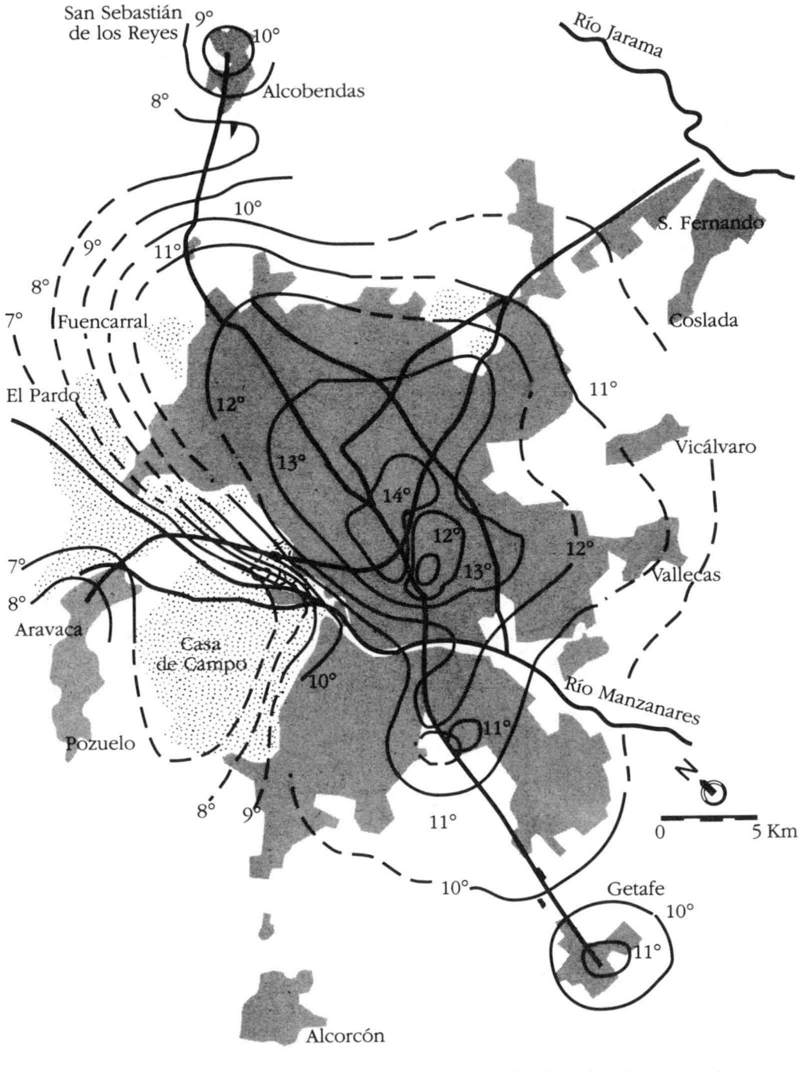

FIGURA 9.31. Isla de calor observada en Madrid el día 19 de noviembre de 1992, con tiempo estable y cielo despejado (según López Gómez, coord., 1993)

actúa como un amplio obstáculo colocado en el camino de aquél, y no sólo reduce su velocidad, como se pone de manifiesto en la figura 9.33, sino que además incrementa la frecuencia de las calmas, que llegan a ser alrededor del 5 al 20 % superiores a las del espacio que la rodea. Aunque al mismo tiempo, la variada estructura urbana, con presencia de rascacielos, edificios aislados, calles estrechas o el efecto de canalización de los «cañones urbanos», origina complejos flujos de aire, de velocidad y dirección diferentes, y desarrolla torbellinos y vientos locales fuertes, que con frecuencia son desagradables desde el punto de vista bioclimático.

Un último aspecto de gran relevancia, que caracteriza la atmósfera ciudadana, es su exposición a las partículas contaminantes como resultado de los procesos de com-

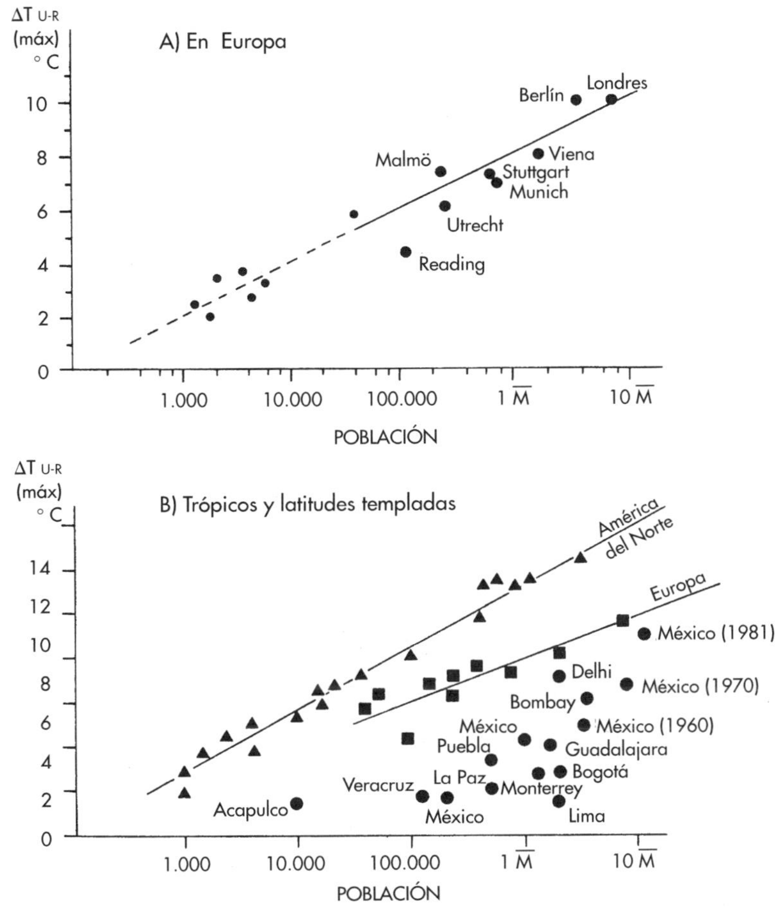

Figura 9.32. Rectas de regresión mostrando la relación entre la intensidad máxima de la isla de calor y la población, para distintas ciudades y latitudes. ΔTu-r es la diferencia de temperatura entre el espacio urbano y el rural (según Oke, 1973)

bustión, hasta el extremo de poder apuntar que las áreas urbanas se convierten en los principales focos de contaminación del planeta. En las grandes ciudades la impureza del aire se hace visible por el desarrollo sobre las mismas de una *cúpula de polvo* (figura 9.34), compuesta por aerosoles y gases, cuyas principales consecuencias sobre el clima son la disminución de la visibilidad, el aumento de las nieblas y la absorción de radiación por arriba y por abajo, con formación de una capa de aire caliente a cierta altura y una inversión térmica, que favorece la concentración de contaminantes dentro de la cúpula al actuar a modo de tapadera sobre los movimientos ascendentes. Por esta razón, los niveles más altos de contaminación se alcanzan con situaciones de estabilidad atmosférica y acentuada inversión de temperaturas, porque se impide la dispersión vertical de las partículas; pero conviene precisar que el grado de contaminación está también determinado por la naturaleza de los contaminantes, por la cantidad de ellos lanzados a la atmósfera y por el propio emplazamiento urbano en áreas más o menos favorables al movimiento horizontal del aire.

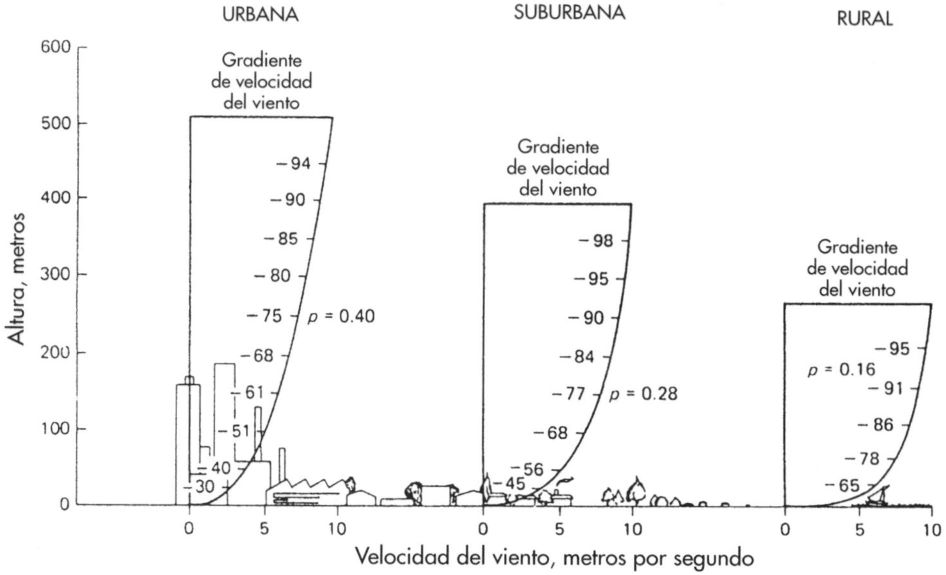

FIGURA 9.33. Efecto de la rugosidad del terreno sobre el perfil de velocidad del viento. Los valores a lo largo de las curvas representan porcentajes del valor del gradiente del viento (según D. B. Turner, *Worbook for Atmospheric Dispersion Estimates,* Washington, D. C., Hew, 1969)

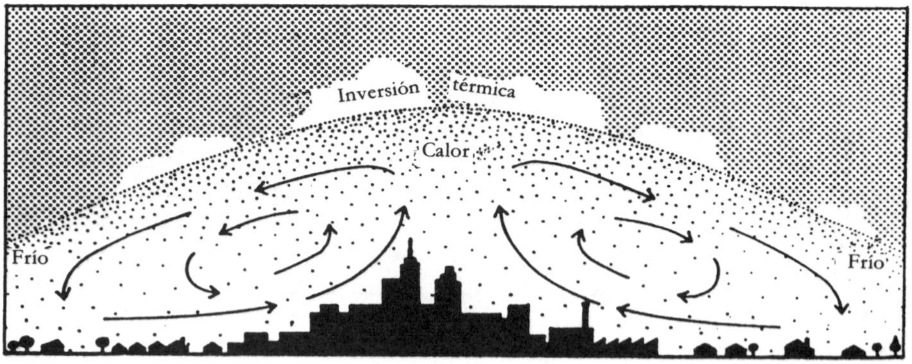

FIGURA 9.34. Sistema de brisas en la atmósfera urbana generada por la isla de calor cuando los vientos regionales son débiles, con la formación de la característica *cúpula de polvo* o «boina» por debajo del nivel de inversión (según Zárate, 1994)

CAPÍTULO 10

Los cambios climáticos

M.ª FERNANDA PITA

1. LA VARIABILIDAD TEMPORAL DEL CLIMA Y LA NOCIÓN DE CAMBIO CLIMÁTICO

Todo lo expuesto hasta ahora nos ha permitido comprender cómo es el clima del mundo o, si se prefiere, cómo son los climas del mundo, porque el comportamiento de la atmósfera sobre la Tierra se traduce en la fragmentación de ésta en una serie de zonas homoclimas y diferentes a las demás, a la que podríamos denominar el mosaico climático del globo. Hemos visto, pues, cómo las distintas áreas del mundo gozan de un clima que les es propio y que se puede definir como la generalización del comportamiento atmosférico sobre ese área en un largo periodo de tiempo que, por convención, se designa como superior a treinta años.

Esta generalización del tiempo atmosférico resulta obligada para la caracterización de los climas porque es la única forma de aprehender la inmensa variabilidad temporal que caracteriza al tiempo atmosférico y a todas las magnitudes que lo definen: temperatura, precipitación, viento, etc. A su vez, esta generalización es posible y viene condicionada por el hecho de que la atmósfera, en sus infinitas variaciones, muestra, sin embargo, estabilidad. Así, si eliminamos las variaciones estrictamente periódicas que experimentan las magnitudes climáticas (esencialmente el ciclo diurno y el ciclo anual), éstas adoptan un comportamiento variable pero estacionario, es decir, fluctúan aleatoriamente en torno a un valor central[1].

En este sentido, las series climáticas pueden considerarse en principio como series aleatorias, de forma tal que su generalización se realizará en términos estadísticos. En consecuencia, cada serie vendrá definida por algún parámetro de tendencia central (normalmente la media o la mediana), que expresaría el valor en torno al cual fluctúan todos los demás, y por algún parámetro de dispersión (desviación típica, recorrido semiintercuartílico, etc.), expresivo de la magnitud de esas fluctuaciones. El clima de un lugar sería, pues, la generalización estadística de su comportamiento atmosféri-

[1] En principio, al menos, ésta es la hipótesis que se asume en los análisis climáticos, si bien una tarea previa a dichos análisis consiste precisamente en la verificación de esa aleatoriedad o, en su caso, en la detección de otro tipo de componentes en las series temporales.

co, considerado éste como estable, como estacionario, aunque enormemente variable de unos momentos a otros.

A su vez, sabemos que este mosaico climático resulta del funcionamiento de un complejo y gigantesco sistema cuyos elementos o componentes básicos son la atmósfera, la hidrosfera, la criosfera, la biosfera y la litosfera, los cuales interactúan y se conectan por medio de complicados bucles a través de los cuales circula la energía emitida por el Sol, elemento exterior a este sistema abierto y entrada y motor básico del mismo. Este sistema, con su funcionamiento, genera como resultado el mosaico climático mundial, el cual, como ya hemos visto, es estable, lo que traduce el hecho de que el sistema es un sistema en equilibrio, y a su vez es variable, dado que el equilibrio del sistema no es un equilibrio estático, sino dinámico.

Ahora bien, esto no ha sido siempre así. Existen multitud de evidencias que demuestran que en épocas pasadas los climas de la Tierra presentaban una configuración diferente a la actual (pinturas rupestres expresivas de paisajes de sabanas en el actual desierto del Sahara, reliquias de vegetación criófila en zonas hoy cálidas etc.). Han existido, pues, cambios climáticos y presumiblemente volverá a haberlos en el futuro, lo que implica que la estabilidad de los climas tiene una validez limitada en el tiempo.

Pero, dado que las magnitudes climáticas son tan fluctuantes y variables, el problema radica en identificar el momento en que se produce la ruptura de la estabilidad de los climas y la aparición del cambio climático. La concepción estadística y la concepción sistémica del clima ofrecen respuestas diferentes pero complementarias a este problema.

1.1. *La concepción estadística del clima y la noción de cambio climático*

Ateniéndonos a la concepción estadística del clima, el problema de la identificación de los cambios climáticos se traduce en la identificación de rupturas, discontinuidades e inconstancias en las series expresivas de las magnitudes atmosféricas. Se trataría, pues, de desentrañar el comportamiento habitual de cada serie y de identificar los momentos en los que se altera ese comportamiento habitual.

El problema es que la gama de fluctuaciones existentes en las series climáticas es muy diversa, siendo igualmente diversas las escalas espacio-temporales en las que actúan estas fluctuaciones. Así, las magnitudes atmosféricas pueden presentar fluctuaciones periódicas (el ciclo anual y el ciclo diurno son paradigmáticos de este tipo de fluctuaciones), fluctuaciones casi periódicas (las lluvias monzónicas, las variaciones de la actividad solar...) o fluctuaciones aleatorias (las que tienen lugar entre días, meses o años diferentes). A su vez, las escalas temporales de variación oscilan entre las diarias y las seculares o milenarias, desarrollándose además cada una de éstas sobre el conjunto de la superficie terrestre o sobre porciones muy pequeñas y localizadas de ésta.

Todo ello dificulta, no ya la identificación, sino la propia conceptuación del cambio climático, lo cual se refleja en la diversa nomenclatura existente al respecto, incluida la propuesta por la Organización Meteorológica Mundial. Ésta atribuye al término «cambio climático» un carácter general, válido para englobar todas las formas de inconstancia climática cualquiera que sea su naturaleza estadística, pero define a continuación cada una de esas inconstancias hasta configurar una nomenclatura tan prolija como a veces confusa (véase anexo I al capítulo 10). La realidad, sin embargo, es que el uso ha consagrado la utilización del término «cambio climático» en el sentido de una discontinuidad más bien brusca y permanente, sobrevenida durante el periodo de observación, desde unos valores característicos de la serie a otros valores. El cambio implicaría el paso de un estado climático a otro.

Dado que hemos caracterizado al clima a partir de un parámetro de tendencia central y otro de dispersión, el cambio climático se definiría, en consecuencia, por la existencia de una variación relevante en alguno de estos valores desde un periodo de observación a otro. Así, puede haber cambios que se definan por una variación en la media o normal de una magnitud climatica, por una variación en la variabilidad o por ambas simultáneamente (véase figura 10.1).

Pero entre dos periodos de observación distintos siempre surgen diferencias en los parámetros definitorios de las series climáticas, estando estas diferencias asociadas a la variabilidad interna de la serie. Por eso el cambio climático sólo se establece cuando la diferencia existente entre dos periodos de observación es significativa estadísti-

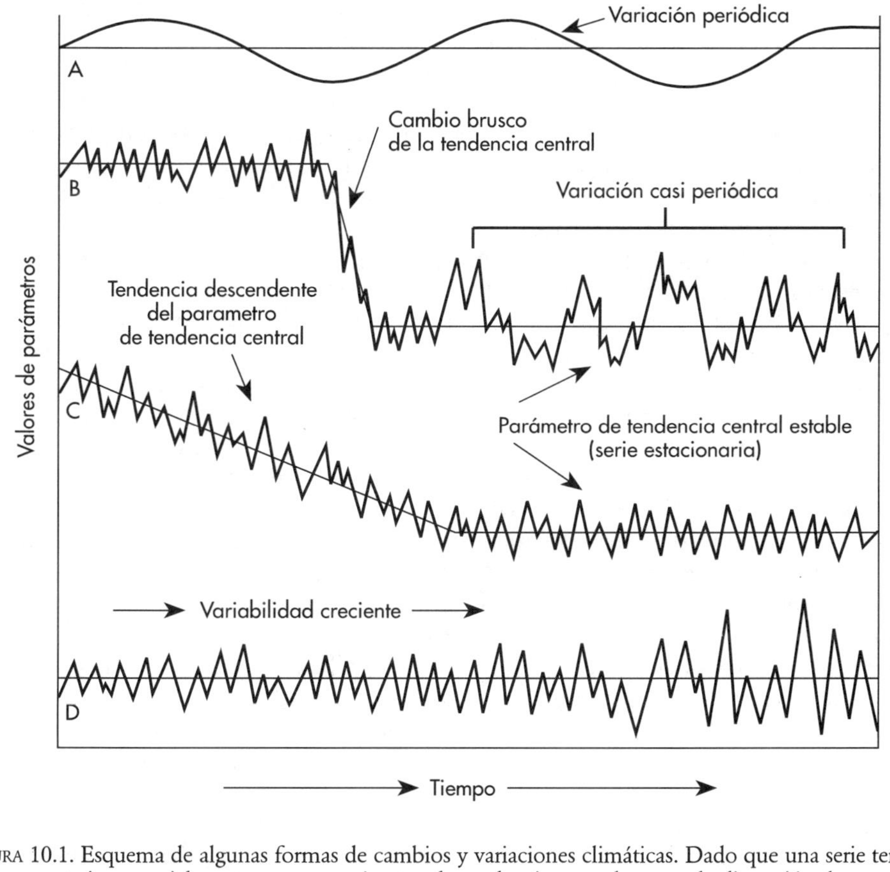

FIGURA 10.1. Esquema de algunas formas de cambios y variaciones climáticas. Dado que una serie temporal se caracteriza esencialmente por un parámetro de tendencia central y otro de dispersión, los cambios que en ella son susceptibles de producirse afectarán también a ambos parámetros. Además, tales cambios pueden revestir formas diversas que abarcan desde saltos bruscos hasta suaves tendencias o comportamientos periódicos o casi periódicos. Fuente: OMM (1979): *Proceedings of the World Climate Conference,* Ginebra, OMM

camente, es decir, es superior a las variaciones asociadas a la variabilidad interna de la serie, al «ruido» de la serie.

En términos estadísticos, ésta ha sido la definición que tradicionalmente se ha hecho del cambio climático, lo cual implica que éste se definiría básicamente por su magnitud, pasando a segundo término consideraciones tales como su dimensión espacial y temporal. La realidad, sin embargo, es que ambas dimensiones tienen un papel importante en la definición del cambio climático, el cual suele ir asociado a permanencia, a larga duración y a un extenso ámbito espacial. El problema radica en la ubicación de los umbrales espacio-temporales que separan el cambio de la pura anomalía climática.

Así, una variación en los parámetros definitorios de una serie climática se considera como una anomalía si su duración es corta y tras ella se restauran las condiciones habituales, y ello independientemente de lo intensa que pueda ser la variación. En este sentido, la sequía que asoló al territorio español a finales de los años 70 y comienzos de los 80 fue calificada sin ambages como una anomalía climática. En el extremo opuesto de la escala podrían situarse las variaciones asociadas a la alternancia de periodos glaciares e interglaciares registrada durante la era cuaternaria, las cuales, con una duración aproximada de 100.000 y 10.000 años, respectivamente, son catalogadas como auténticos cambios climáticos y no como meras anomalías, a pesar de que tras cada una de ellas se restableciera la «normalidad». El problema se sitúa en las escalas intermedias, en las cuales la frontera entre la anomalía y el cambio es muy difusa. Por ejemplo, ¿cómo calificar a la sequía del Sahel, que viene prolongándose con intermitencias desde finales de los años 60 y comienzos de los 70? Aún se producen dudas y discrepancias al respecto. Por eso, en las escalas detalladas el clima produce sensación de estabilidad, en las muy prolongadas, milenarias, produce claramente una sensación de cambio, y las dudas surgen cuando se abordan las escalas intermedias, las centenarias, en las cuales suele resultar muy difícil saber si el clima es estable o cambiante.

Un problema similar se plantea con respecto a las escalas espaciales. Así, nadie duda en calificar como cambios climáticos a las grandes variaciones que tienen lugar a escala planetaria, tales como los periodos glaciares e interglaciares. En el extremo opuesto se sitúan las variaciones desarrolladas sobre espacios muy localizados, las cuales no suelen ser calificadas como cambios aunque presenten una gran magnitud. Es el caso, por ejemplo, de las modificaciones térmicas que se desarrollan actualmente en las grandes ciudades, configurando sobre ellas las llamadas «islas de calor urbano», con temperaturas significativamente superiores a las registradas en el entorno de la ciudad. Tales fenómenos no suelen merecer el calificativo de cambios climáticos, aunque susciten una gran preocupación en torno a la posibilidad de que puedan influir sobre los restantes componentes del sistema, expandiendo la anomalía hasta un ámbito cada vez mayor, lo cual sí constituiría ya un auténtico cambio climático. En las escalas intermedias vuelve a suscitarse el problema, porque, ¿cómo calificar a las alteraciones generadas por el proceso continuo de deforestación del Amazonas?

Se puede concluir, pues, que desde la concepción estadística del clima es difícil establecer unos umbrales claros y precisos para delimitar el cambio climático de las restantes fluctuaciones experimentadas por las magnitudes atmosféricas. Lo que sí puede afirmarse es la existencia en estas magnitudes de múltiples variaciones con distintas intensidades y dimensiones espacio-temporales, las cuales se encajan unas en otras y oscilan entre los grandes cambios climáticos mundiales, con duraciones e intensidades muy marcadas, y las pequeñas fluctuaciones que experimenta diariamente el tiempo atmosférico. Entre ambos son posibles toda clase de situaciones intermedias, siendo en ellas precisamente donde se registran las mayores dificultades de conceptuación y delimitación.

Pero no hay que olvidar que todas estas fluctuaciones están generadas por el peculiar funcionamiento del sistema climático; por eso conviene buscar en este funcionamiento las pautas que nos permitan entender la dinámica de estas fluctuaciones.

1.2. *La concepción sistémica del clima y la noción de cambio climático*

El punto de partida, como ya sabemos, es la existencia de un sistema abierto, alimentado con la energía solar e integrado por cinco componentes: la atmósfera, la hidrosfera, la criosfera, la biosfera y la litosfera. Esta energía circula por los distintos componentes del sistema y finalmente es devuelta hacia el espacio exterior en la misma cantidad en la que penetró, de forma tal que el sistema está en equilibrio con el exterior, consiguiéndose así que las temperaturas del planeta permanezcan constantes por término medio.

Ahora bien, este equilibrio no es ni inmediato ni automático, sino que se realiza a partir de continuos desequilibrios iniciales en el interior del propio sistema. Estos desequilibrios, como ya sabemos, son de dos tipos: desequilibrios entre las distintas envolturas o componentes del sistema, lo que obliga a la existencia de continuos flujos de calor entre ellas, y desequilibrios entre las distintas latitudes, lo que genera también continuos trasvases de calor entre las latitudes bajas y altas, los cuales se realizan básicamente por medio de las circulaciones atmosférica y oceánica.

Así pues, el sistema es un sistema en equilibrio, lo que garantiza la estabilidad de los climas, pero en equilibrio dinámico, lo que determina sus fluctuaciones. La consecución del equilibrio exige trasvases de calor entre envolturas y entre latitudes, y estos trasvases no se realizan de manera automática, sino que requieren su tiempo, siendo ello debido a dos razones básicas:

a) En primer lugar, a que cada componente tiene distintos tiempos de respuesta ante las anomalías (la atmósfera responde más rápidamente que los océanos, y éstos más que las restantes envolturas).

b) En segundo lugar, a que las relaciones entre los componentes no son lineales, sino complejos bucles de realimentación, de los cuales unos son negativos y otros positivos.

Los bucles de realimentación negativos son aquellos que tienden a contrarrestar las anomalías que se producen en cualquier componente del sistema, siendo, por tanto, los verdaderos garantes del equilibrio del mismo. Un ejemplo de bucle de realimentación negativo es el que liga las anomalías de la temperatura en la superficie terrestre con la circulación atmosférica (véase figura 10.2).

Los bucles de realimentación positivos, por el contrario, son aquellos que tienden a amplificar las anomalías. En este sentido, son una amenaza para el equilibrio general del sistema, sobre todo cuando se rebasan ciertos umbrales de cambio, y deben estar contrarrestados por bucles negativos. Un ejemplo de bucle de realimentación positivo es el que relaciona las anomalías en la temperatura de la superficie terrestre con la extensión de la cubierta de hielo permanente (véase figura 10.3).

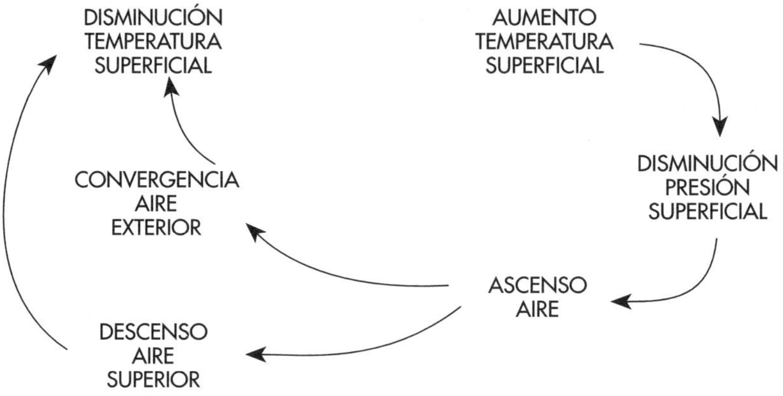

FIGURA 10.2. Bucle de realimentación negativo que liga la temperatura superficial del aire con la circulación atmosférica. Los aumentos de la temperatura del aire en superficie, a través de la influencia que ejercen sobre la presión y los consecuentes ascensos del aire, determinan su propia desaparición. En este caso temperatura y presión configuran un bucle de realimentación negativo que acaba por contrarrestar las anomalías térmicas

Ambos tipos de bucles se combinan en el sistema y generan su equilibrio, el cual descansa en la intervención de los bucles negativos y en el hecho de que en los positivos no se sobrepasen los umbrales de cambio susceptibles de generar una ruptura del mismo. Pero una estabilidad construida a partir de estos mecanismos tiene que ser por fuerza una estabilidad en movimiento, una estabilidad global y por término medio, pero que se consigue a partir de una inmensa variabilidad temporal y de la aparición de continuas anomalías. Por eso la estabilidad y las anomalías climáticas no son términos antagónicos; es más, se podría afirmar que son precisamente estas anomalías, esta variabilidad, las que están garantizando la estabilidad final y,

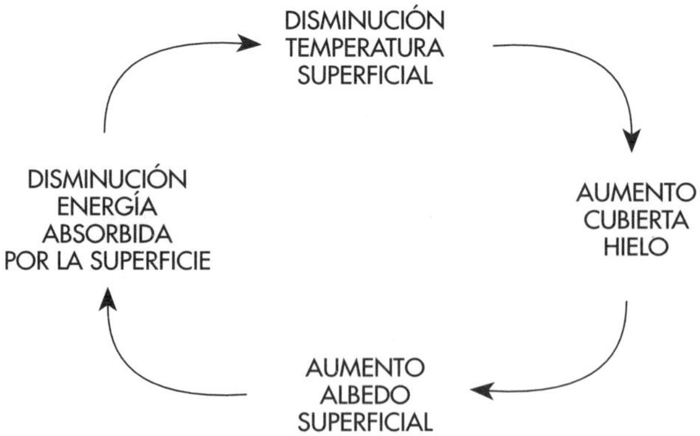

FIGURA 10.3. Bucle de realimentación positivo que liga la temperatura superficial del aire con la cubierta de hielo. La extensión de la cubierta de hielo y la temperatura del aire en superficie se encuentran acopladas mediante un bucle de realimentación positivo que tiende a intensificar las anomalías en ambos parámetros cuando éstas se producen. En esa medida constituyen una amenaza para el equilibrio del sistema climático

siempre que estas anomalías sean compensatorias entre los distintos lugares del planeta, y pasajeras, lo único que reflejan son los esfuerzos del sistema por mantener su equilibrio.

Siendo ello así, ¿cuándo podemos hablar de la existencia de un cambio significativo en el sistema? Pues bien, en el sistema climático, como en cualquier otro, hablaremos de la existencia de un cambio cuando la variación en alguno de los componentes del mismo sea lo suficientemente importante como para alterar su equilibrio, dando lugar a un equilibrio nuevo tras un periodo de transición entre ambos. Ello supone que la anomalía en un componente ha sido lo suficientemente importante como para rebasar el umbral de estabilidad del sistema; esta anomalía, a través de un *feedback* positivo, genera otra anomalía en otro componente, que a su vez repercute en otro, y así sucesivamente. En el sistema predomina ahora la acción de los bucles de realimentación positivos, y los bucles negativos no tienen ya capacidad para contrarrestar el proceso y hacer que el sistema vuelva a su estado inicial. En consecuencia, el sistema no tiene ya una dinámica propia de un sistema estacionario, sino de un sistema que cambia, que experimenta una tendencia clara hacia otra situación, pudiendo llegar a alcanzar un nuevo equilibrio en un momento dado (véase figura 10.4).

Así pues, un cambio climático, por oposición a una mera anomalía o fluctuación, presenta ciertos caracteres que lo definen y que pueden sintetizarse en tres:

a) El sistema no vuelve ya a su estado anterior, sino que evoluciona hacia un estado diferente hasta alcanzar un nuevo equilibrio.

b) El cambio afecta a todo el sistema en virtud de las interrelaciones que se establecen entre todos sus componentes.

c) Las anomalías locales no serán ya compensatorias y mantenedoras del equilibrio global, porque ahora lo que se está produciendo precisamente es una ruptura del equilibrio.

Pero si esto es así, cambia el planteamiento necesario para la definición y delimitación del cambio climático; ya no se trata de fijar un umbral de variación en las series temporales de los elementos climáticos; se trata más bien de discernir cuándo una anomalía en uno de los componentes del sistema es lo suficientemente importante como para alterar el equilibrio global del mismo.

Esta tarea sólo puede llevarse a cabo cuando se conozcan con precisión, por un lado, la estructura del sistema climático con todos sus componentes y las relaciones que los ligan y, por otro lado, la dinámica de dicho sistema, con los flujos de materia y energía que recorren los bucles de realimentación, los tiempos de respuesta de los distintos componentes, los retardos, etc. Este conocimiento permitiría la elaboración de modelos de simulación del sistema, los cuales posibilitarían la previsión de los climas futuros.

Para la elaboración de estos modelos se recurre a dos fuentes de conocimiento complementarias:

a) Los datos aportados por la paleoclimatología, por el estudio de los climas del pasado, especialmente en los momentos de cambio y transición entre climas diferentes. Sería la vía empírica o inductiva para el estudio de los cambios climáticos.

b) Los datos aportados por la teoría del clima, por las leyes físicas que presiden y regulan el funcionamiento del sistema. Ésta sería la vía deductiva para la elaboración de los modelos de simulación del sistema.

Ambos procedimientos se complementan, de forma tal que los climas del pasado

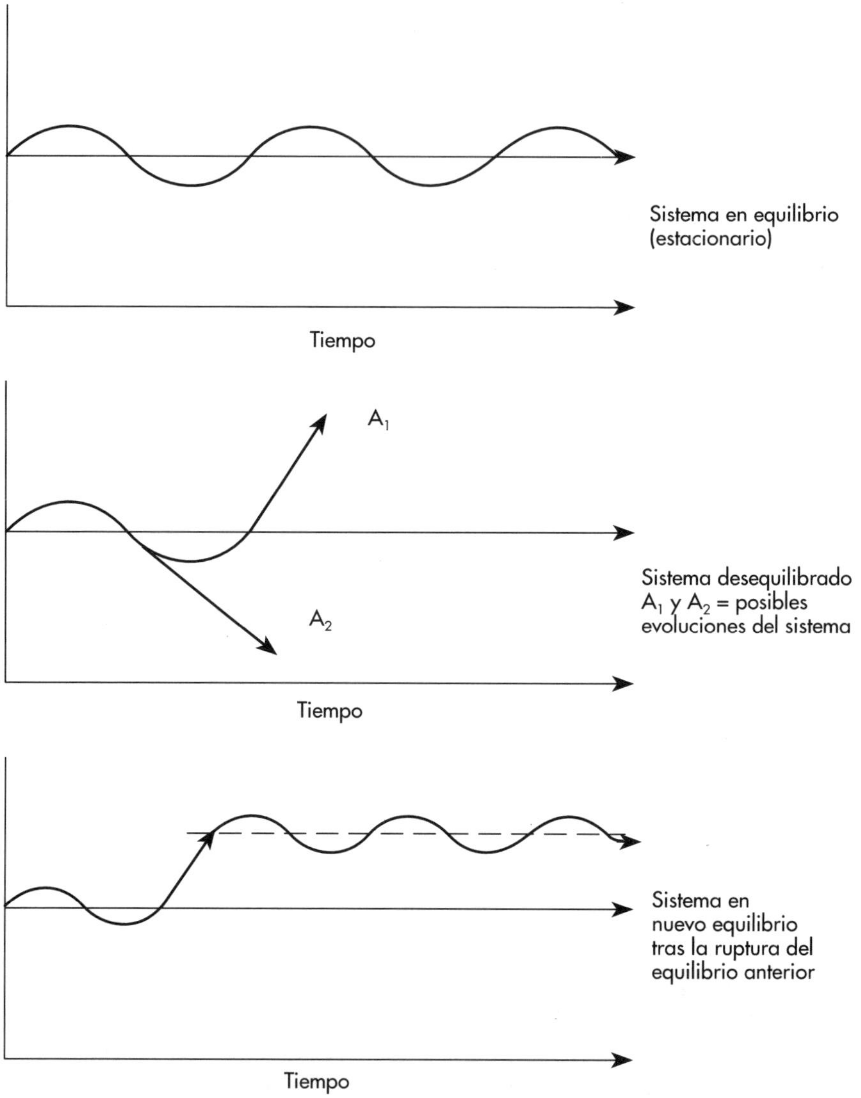

FIGURA 10.4. Estados de equilibrio y desequilibrio en un sistema. El efecto de algún bucle de realimentación positivo puede alterar el equilibrio de un sistema e incluso conducirlo a un nuevo estado de equilibrio después de un periodo de transición

facilitan el establecimiento de hipótesis para la elaboración de los modelos y, sobre todo, permiten verificar su validez. Por su parte, los modelos de simulación permiten completar, articular y explicar los datos fragmentarios y dispersos ofrecidos por la paleoclimatología.

Así pues, la investigación de los cambios climáticos se traduce en una dialéctica continua entre los procedimientos inductivos (paleoclimatología) y los deductivos (teoría del clima), la cual posibilita que los modelos de simulación del sistema se vayan perfeccionando progresivamente y el conocimiento y la previsión de los cambios climáticos se haga cada vez más preciso. Por eso vamos a examinar los datos aportados por ambas aproximaciones en relación con el tema de los cambios climáticos.

2. El estudio de los cambios climáticos

2.1. *Los datos aportados por la paleoclimatología: los climas del pasado*

2.1.1. Los métodos de la paleoclimatología

La paleoclimatología es la ciencia que se ocupa del estudio y la reconstrucción de los climas del pasado, intentando identificar las tendencias naturales de los cambios climáticos a largo plazo.

La tarea se enfrenta a numerosas dificultades, entre las cuales una de las más importantes es la insuficiencia de las fuentes disponibles para el estudio, dado que las observaciones climáticas instrumentales proceden, en el mejor de los casos, de hace tres siglos y, en el caso más frecuente, cubren un periodo inferior al siglo (véase cuadro 10.1).

Para épocas más remotas, las épocas históricas, hay que recurrir a los datos procedentes de crónicas, anales, archivos..., que de modo directo o indirecto aludan a las condiciones climáticas existentes en el momento en que se genera el documento. Tales datos suelen hacer referencia a fenómenos extremos que tienen una incidencia notoria sobre las condiciones de vida de la población: sequías, inundaciones, olas de frío o calor que repercutan negativamente sobre las cosechas, etc., siendo además dispersos en el espacio y en el tiempo y laboriosos en su recogida y análisis. Por todo ello suministran una información sensiblemente inferior a la existente para épocas contemporáneas y tanto más cuanto más nos alejamos en el tiempo. Así, para las Edades Media y Moderna los documentos existentes presentan una relativa abundancia, especialmente en Europa occidental, siendo la información mucho más exigua en la Edad Antigua, cuando el orbe conocido se reducía a las inmediaciones del Mediterráneo. No obstante, pueden encontrarse documentos escritos alusivos al clima incluso para épocas anteriores a la era cristiana (véase cuadro 10.1).

Para épocas más remotas, las épocas geológicas, esta fuente de información también desaparece y el único recurso disponible son los datos paleogeográficos que han permanecido en el medio y que, indirectamente, pueden constituir un indicativo de las condiciones climáticas existentes en los momentos de su formación[2]. Estos datos son de dos tipos: datos inertes (rocas, depósitos, sedimentos...) y datos biológicos (restos de fauna y flora), y con ellos se pretenden resolver dos problemas básicos: en primer lugar, identificar las condiciones climáticas que existieron cuando estos restos se acumularon en el medio y, en segundo lugar, efectuar una datación lo más precisa posible de estos restos.

A. Para la identificación de los paleoclimas se parte de la existencia de unas relaciones muy estrechas entre las condiciones climáticas y la aparición de ciertos depó-

---

[2] En épocas históricas estos datos también están disponibles y pueden constituir un buen complemento de los procedentes de fuentes escritas.

Cuadro 10.1

Datos disponibles para la reconstrucción de los climas del pasado

Tipos de datos	Elementos climáticos concernidos	Resolución temporal de las observaciones	Retardos en las respuestas	Inicio de los datos	Áreas cubiertas
Observaciones instrumentales; barómetro, termómetro, pluviómetro.	Presión, temperatura, lluvia, viento, etc... (las observaciones sobre la humedad comienzan más tarde).	Virtualmente instantáneas.	Insignificante.	1.650-70, en ciertas partes de Europa.	Extendidas hasta la Antártida sólo desde 1956. El océano del hemisferio Sur aún está en gran medida sin cubrir, salvo mediante observaciones de satélite.
Medidas instrumentales de las capas altas de la atmósfera.	Temperatura, humedad, presión y viento en las capas altas de la atmósfera.	Virtualmente instantáneas.	Minutos.	Los años 30 en ciertas partes de Europa y Norteamérica. Algunos casos más pronto, p. ej.: el paso de San Gotardo, 1781-92 y algunas cumbres montañosas en Europa desde 1883-85.	El hemisferio Norte desde 1949. El hemisferio Sur desde 1957.
Datos instrumentales de barcos.	Temperatura del mar (las observaciones de salinidad y de corrientes marinas empiezan más tarde).	Virtualmente instantáneas.	Minutos.	1850. Algunos casos desde 1780, suficientes para deducir algunas medias de 40-50 años.	Sobre todo el océano Atlántico para los primeros 50-80 años.
Registros descriptivos del tiempo y diarios del tiempo.	Viento, tipos de tiempo, frecuencia de lluvia y nieve, etc...	Diarios.	—	Los ejemplos más tempranos incluyen el este de Inglaterra (Lincolnshire), 1337-44, Zúrich, 1546-76, Danish Scund (Tycho Brahe), 1582-97.	Algunas áreas de Europa. Datos dispersos de las primeras expediciones hacia el este de Norteamérica u otros lugares.
Cuadernos de bitácora (útiles sobre todo en los puertos o en el control de pequeñas secciones de costas).	Viento, tipos de tiempo, frecuencia de lluvia y nieve, etc...	Una o varias veces al día.	—	1600-1700. Algunos viajes aislados más pronto.	Las aguas europeas y algunos viajes largos, p. ej.: hacia las Indias y hacia el «Lejano Este».
Anales, crónicas, libros de cuentas, documentos nacionales y locales, informes de fincas y granjas, cuentas de campañas militares, etc.	Tiempo, sobre todo, secuencias largas y extremos de tiempo, como sequías, heladas, nevadas, olas de calor, olas de frío, resultados de las cosechas, etc...	Mensual o estacional; a veces, datos de días específicos.	—	Aproximadamente desde el año 1100 de nuestra era. Hay informes ocasionales anteriores, p. ej.: en Italia desde el 400 a.C., Gran Bretaña desde el 55 a.C., Europa Central desde el año 500 de nuestra era.	En Europa, probablemente los datos de las secuencias «dramáticas» de tiempo podrían completarse desde el año 1100.
Niveles de inundación de los ríos.	Precipitación y evaporación (también humedad del suelo).	Mensual o anual. A veces, para días específicos.	Varía desde unas cuantas horas a medio año (El Nilo).	Año 622 de nuestra era. Hay datos fragmentarios anteriores desde el 3100 a.C.	Los primeros datos en el río Nilo.
Nivel de los lagos.	Precipitación y evaporación (también humedad del suelo y del subsuelo).	Unos pocos años.	Algo más de 15 años (?) (sic).	Aproximadamente, el año 1600.	Los primeros informes en los lagos de Siberia; otros (incluyendo evidencias anteriores) procedentes de la datación de antiguas playas.
Anillos de los árboles.	Temperatura, precipitación.	Un año para la anchura del anillo; de una a cinco semanas para la estructura celular.	La anchura de los anillos depende de los 15 meses previos y la estructura celular del tiempo re-	4000-6000 a.C. en el sur de los Estados Unidos.	Registros continuos desde el año 200-500 en Europa Central; el año 1180 en Laponia. Un registro de 10.000 años puede desarrollarse en

			(sic).		ciertas partes de América y Europa y quizás también en ciertos lugares de la zona templada del hemisferio Sur.
Varvas (depósitos anuales en los lechos de los lagos y sedimentos de algunos estuarios fluviales y marinos).	Caudales. Precipitaciones.	Un año (es más difícil la eliminación de errores e incertidumbres en la datación que con los anillos de los árboles).	Días o semanas	En torno al 8000 a.C. En torno al 2200 a.C.	Suecia y norte de Estados Unidos. También Japón. Crimea (muchos más lagos con series de varvas pueden encontrarse aún. Se han hecho pocas prospecciones hasta ahora).
Depósitos anuales en los casquetes de hielo.	Nevadas.	Un año.	—	Aproximadamente año 1000. El año 1760.	Norte de Groenlandia. Polo Sur.
Glaciares (datos de avances y retrocesos, antiguas moorrenas datadas, etc...)	Temperatura, duración de la estación de la fusión de hielos, insolación y nubosidad, nevadas.	Determinada por la resolución temporal de las técnicas de datación empleadas, p. ej.: radiocarbono O (mejor) reconocimiento de las secuencias de los anillos de los árboles en los árboles arrasados por el avance de los glaciares.	Unos 10 o 20 años dependiendo del tamaño y la forma del terreno.	El máximo avance del último periodo glaciar, visualmente hace 17.000-22.000 años.	La mayoría de las regiones montañosas del mundo y niveles más bajos en las latitudes comprendidas entre el polo y los paralelos 40-45°.
Medidas de isótopos estables, sobre todo, el oxígeno-18: a) en los casquetes de hielo.	Temperatura, nevadas.	En el mejor de los casos, unos pocos días o semanas, con ayuda del reconocimiento de los depósitos anuales.	—	Hace 5.000-10.000 años (con una resolución temporal más grosera, tiempo limitado).	Sobre todo en Groenlandia y la Antártida.
b) En los anillos de los árboles.	Temperatura, precipitación (los problemas de interpretación aún son controvertidos).	En el mejor de los casos, quizás 30 años.	—	Año 200 de nuestra era. Año 1350 de nuestra era.	California. Europa Central (comparativamente se han hecho pocos trabajos hasta ahora: muchos más datos antiguos pueden obtenerse).
c) En el carbono orgánico de los sedimentos de Ca Co_2, p. ej.: en el fondo oceánico.	Temperatura, contenido de agua en el hielo glaciar (p. ej.: extraído de los océanos).	Se sitúa entre 100 y 2.500 años, dependiendo de la tasa de deposición en el lugar.	—	Edad limitada.	Muestras disponibles para todos los océanos en todas las latitudes.
Análisis de polen.	Rangos de la temperatura y la precipitación por los límites de la vegetación.	Unos 100 años (en algunos lugares donde la deposición ha sido rápida o ha habido mucho desarrollo de vegetación de pantanos ha sido posible una resolución de 20-50 años).	Respuesta rápida ante las condiciones adversas; un retardo de más de 5.000 años en la recolonización del Norte de Europa después del periodo glaciar.	Datos continuos en uno o dos lugares desde hace 125.000 años. Datos fragmentarios desde mucho tiempo antes.	Todas las áreas terrestres del mundo y algunos depósitos del fondo de los océanos.
Insectos.	Rangos de la temperatura y la precipitación por los límites de las especies.	Unos 100 años.	En algunos casos es despreciable. Probablemente nunca más de algunas décadas o, a lo sumo, siglos.	Como mínimo hace 300.000 años y quizás mucho más.	Cobertura limitada en datos muy lejanos. La mayor parte del trabajo en Inglaterra.
Microfauna marina (poraminíferos, radiolarios, etc...) y algas calizas	Temperaturas de las aguas superficiales y profundas (en función del hábitat de las especies).	Oscila desde 100 a 2.500 años dependiendo de la tasa de deposición en el fondo oceánico que se registre en el lugar.	—	Hace 500.000 años o 1.000.000 de años.	Muestras disponibles para todos los océanos en todas las latitudes.

Fuente: Lamb (1982): «Climate history and the modern world», Londres, Methuen and Co., págs. 94-100.

sitos, rocas y seres vivos. Así, los niveles de los lagos y ríos informan acerca de las condiciones de humedad de los diferentes periodos, las acumulaciones anuales de los casquetes de hielo reflejan las condiciones térmicas existentes en el momento de su acumulación, el número y la dimensión de los anillos de los árboles constituyen una memoria almacenada por éstos en torno a las condiciones climáticas existentes a lo largo de su periodo de crecimiento, etcétera.

No obstante, existen numerosos problemas para proceder a la identificación climática a partir de estas fuentes: El primero de estos problemas es su escasa abundancia, dado que sólo constituyen buenos indicativos aquellos restos de rocas o fósiles que tienen una dependencia muy estrecha del clima, en tanto que los de mayor tolerancia ambiental resultan de poca utilidad.

Entre los restos inertes, los más significativos son los constituidos por las tillitas o restos de morrenas, que atestiguan la existencia de glaciarismo en el momento de su formación, las evaporitas, depositadas como consecuencia de la evaporación del agua, y que reflejan la existencia de un clima cálido y seco con matices subdesérticos, cuando se acumulan en grandes cantidades, las rocas de color rojizo, resultantes de la oxidación del hierro, que se originan en climas cálidos y con alternancia de una estación lluviosa y otra seca, y los carbones, que resultan de la acumulación en cuencas de subsidencia de una vegetación procedente de climas cálidos y templado-cálidos con una abundante estación lluviosa.

Con respecto a la fauna fósil, es destacable el papel indicador desempeñado por los arrecifes de coral, los cuales reflejan la existencia de mares cálidos y poco profundos, ciertos foraminíferos y moluscos con exigencias climáticas muy rígidas, los reptiles, que, al no tener mecanismos de regulación de su temperatura corporal, dependen estrechamente de la existencia de climas cálidos y húmedos, y algunos mamíferos y herbívoros con adaptaciones ambientales muy concretas (monos e hipopótamos exigentes en calor, osos, zorros o renos, identificadores de climas fríos, etc.).

Para el análisis de la flora los restos de polen son el instrumento más valioso, así como ciertos restos de hojas que por su forma y tamaño permiten deducir las condiciones climáticas existentes en el momento de su acumulación. Para las eras Terciaria y Cuaternaria llegan a constituir un instrumento imprescindible; en épocas más remotas la existencia de muchos géneros y especies de plantas hoy inexistentes reduce algo su utilidad.

El segundo problema a afrontar es el de las modificaciones que la tectónica ha podido imponer en los lugares estudiados. En numerosas ocasiones los movimientos epirogénicos han alterado la altitud de un lugar en varios miles de metros, lo que inmediatamente origina una modificación climática en el mismo. El desconocimiento de estos movimientos puede conducir a errores importantes en la valoración de los restos encontrados. Por ejemplo, en los Andes, a más de 1.500 metros de altura, se han encontrado restos de flora cálida correspondientes a la era terciaria. Ello no implica en absoluto que en el terciario los climas cálidos se extendieran hasta altitudes tan elevadas, sino que refleja el hecho de que durante el pliocuaternario la cadena experimentó un empuje vertical que la elevó en 1.200-1.500 metros.

El tercer problema a resolver es el de los cambios originados en la configuración de los continentes por la deriva continental y la expansión de los océanos. Estos procesos han impuesto variaciones latitudinales muy importantes en el emplazamiento de algunos lugares del planeta y también, consecuentemente, grandes modificaciones en sus condiciones climáticas. Por ello la aparición de restos glaciares en un continente hoy cálido podría reflejar un cambio climático a gran escala, pero también podría ser el resultado de la ubicación de ese continente en las proximidades de los polos en épocas más remotas.

Por último, el gran problema que está subyacente en todos los estudios de paleoclimatología es el del mantenimiento en ellos del principio del actualismo, el cual se basa en la asunción de que las antiguas especies de plantas y animales usadas como indicadores paleogeográficos necesitaron en el pasado las mismas condiciones climáticas que las que necesitan ahora. Ello posibilita la deducción de las condiciones climáticas a partir de ciertos rasgos morfológicos existentes en los fósiles encontrados, pero en realidad nada permite asegurar que las relaciones ecológicas existentes en la actualidad estuvieron vigentes también en el pasado de la Tierra. Por eso las estimaciones climáticas realizadas a partir de estos procedimientos nunca tienen una fiabilidad del cien por cien, sino que son meramente probabilísticas.

B. En cuanto a la datación de los restos, ésta puede ser relativa, cuando se basa en la posición que ocupan unos estratos respecto a otros, o absoluta, especificando la fecha de su formación, para lo cual se recurre a la tecnología química y especialmente al análisis isotópico de los restos encontrados. Estos análisis se basan en la existencia de unas relaciones muy estrechas entre las condiciones climáticas (especialmente la temperatura) y la acumulación de determinados isótopos de elementos químicos en los sedimentos y fósiles.

La relación entre los isótopos O^{18} y O^{16} del oxígeno en los casquetes de hielo polares y en el carbonato cálcico marino, la acumulación del isótopo C^{14} del carbono, y la concentración de uranio en los sedimentos son los indicadores utilizados con más frecuencia y los que permiten realizar dataciones más precisas de los restos. Hay que precisar, no obstante, que tales dataciones siguen siendo probabilísticas, dado que estos análisis se realizan también desde el principio del actualismo. Así, los datos de temperaturas obtenidos a partir de la relación existente entre las cantidades relativas de los isótopos O^{16} y O^{18} se basan en la asunción de que la composición química de las aguas oceánicas siempre ha sido igual, y no existe por ahora ningún método para averiguar que esta afirmación es correcta.

A pesar de todo, se puede asignar una credibilidad razonable a las estimaciones paleoclimáticas, sobre todo cuando se registra una fuerte coincidencia entre los resultados procedentes de métodos distintos (litológicos, pedológicos, biológicos, químicos...), siendo esta credibilidad tanto mayor cuanto más nos acercamos a la época actual.

2.1.2. Los climas del pasado

Para las épocas más remotas de la historia de la Tierra, las épocas geológicas, hemos elaborado el cuadro 10.2, en el cual se consignan los principales acontecimientos geológicos, biológicos y climáticos que a lo largo de ella han tenido lugar desde sus inicios hasta la actualidad.

Durante el Precámbrico, que se prolonga a lo largo de varios billones de años y que registra la aparición de las primeras formas de vida en el planeta, los datos disponibles son forzosamente fragmentarios y dispersos. Se puede afirmar, sin embargo, la existencia en él de la orogenia huroniana, que da origen a las primeras cordilleras del planeta, y el predominio de un clima cálido en toda la Tierra, aunque interrumpido por tres grandes glaciaciones, que se hacen evidentes a partir de los restos de morre-

Cuadro 10.2

Principales acontecimientos geológicos, biológicos y climáticos durante la historia de la Tierra

ERAS	PERIODOS	DATACIÓN (Distancia en años respecto al presente)	PRINCIPALES ACONTECIMIENTOS GEOLÓGICOS	PRINCIPALES ACONTECIMIENTOS BIOLÓGICOS	EVIDENCIA DE PERIODOS GLACIARES
ARCAICA	Precámbrico	570×10^6	Orogenia huroniana.	Formas de vida abundantes.	En el precámbrico final, tras la orogenia huroniana.
PRIMARIA O PALEOZOICA	Cámbrico	500×10^6		Los invertebrados marinos se hacen abundantes.	
	Ordovícico	440×10^6	Inicio de la orogenia caledoniana.	Aparecen los primeros vertebrados conocidos: peces marinos.	
	Silúrico	400×10^6	Continuación de la orogenia caledoniana.	Aparecen los primeros rastros de plantas y animales terrestres.	Glaciaciones tras la orogenia caledoniana.
	Devónico	340×10^6		Aparecen los bosques y primeros vertebrados terrestres: los anfibios.	
	Carbonífero	280×10^6	Orogenia herciniana	Aparecen los primeros reptiles. Los insectos se hacen abundantes. Extensos yacimientos de carbón. Diversificación de los peces.	Glaciaciones tras la orogenia herciniana en los continentes situados al sur del mar de Teys.
	Pérmico	230×10^6		Se expansionan los reptiles y se desarrollan las coníferas.	
	Triásico		Empieza la fragmentación del Continente Pangea	Aparecen los primeros mamíferos. Las coníferas y las cica-	

SECUNDARIA O MESOZOICA				cas se hacen abundantes. Aparecen los dinosaurios.	
	Jurásico	180×10^6		Los dinosaurios alcanzan el clímax y aparecen los pájaros.	
	Cretácico	135×10^6	La fragmentación de Pangea está ya muy avanzada.		
TERCIARIA O CENOZOICA	Paleoceno	63×10^6		Los mamíferos se desarrollan rápidamente. Los dinosaurios se extinguen. Aparecen plantas con flores.	
	Eoceno	58×10^6	La tierra tiene ya una configuración similar a la actual.	Aparecen los primeros caballos.	
	Oligoceno	36×10^6	Comienza la orogenia herciniana.	Los prados se hacen abundantes y se expansionan los herbívoros.	
	Mioceno	25×10^6	Continúa la orogenia herciniana.	Los mamíferos se diversifican.	Se inicia el enfriamiento precursor de las glaciaciones cuaternarias.
	Plioceno	10×10^6		Los elefantes, los caballos y los grandes carnívoros se convierten en dominantes.	
CUATERNARIA	Pleistoceno	2×10^6		Aparece el hombre.	Alternancia continua de periodos glaciares e interglaciares.
	Holoceno	10.000			Interglaciación
		ACTUALIDAD			

Fuente: elaboración propia a partir de Henderson-Sellers y Robinson, *Contemporary Climatology*, Nueva York, John Wiley and Sons, 1986, y Furón, *Eléments de Paléoclimatologie*, París, Vuibert, 1972.

nas glaciares encontrados en Groenlandia, Escandinavia, Francia, África occidental, China y Australia.

La primera de las glaciaciones tiene lugar hace 2,5-2,3 · 10^9 años, la segunda parece situarse hace aproximadamente 1,9 · 10^9 años y la última se desarrolla en el Precámbrico final, hace 850-600 millones de años. Esta última glaciación, que se produce tras la orogenia huroniana, dará paso a la era Primaria, la cual empieza, pues, con carácter frío.

La era Primaria conoce el desarrollo de dos grandes orogenias: la orogenia Caledoniana, entre el Ordovícico y el Silúrico, y la orogenia Herciniana, que tiene lugar durante el periodo Carbonífero y determina que ya aparezcan sobre el planeta los grandes escudos actuales: el canadiense (con Groenlandia), el escandinavo, el siberiano, el africano, el guyano-brasileño, el australiano y el antártico. Estos escudos, sin embargo, constituyen prácticamente un solo continente, el Pangea, rodeado por un único océano, el Panthalasa, en el cual una profunda indentación, el mar de Tetys, separa ligeramente los escudos del hemisferio norte (el continente de Laurasia), de los del hemisferio sur (el continente de Gondwana) (véase figura 10.5).

Asimismo parece registrarse un ligero desplazamiento en toda la masa continental, la cual en los inicios de la era Primaria se sitúa predominantemente en el hemisferio Sur, en tanto que en el Carbonífero y Pérmico adopta ya una posición más o menos simétrica en torno al ecuador y con una concentración continental máxima en las latitudes medias. Esta situación geológica, que se acompaña además de una gran eclosión y diversificación de la vida en el planeta, se produce en un marco general de calor en toda la Tierra (hay gran abundancia de corales, así como profusión de bosques, que son los que permiten la aparición de los numerosos yacimientos de carbón que dan nombre al periodo Carbonífero), sólo interrumpido por la existencia de dos grandes glaciaciones.

La primera de ellas tiene lugar entre el Ordovícico y el Silúrico y dura unos 20 o 25 millones de años. La segunda se produce durante el Carbonífero, hace aproximadamente unos 300 millones de años. En ambas, sin embargo, los restos de tillitas encontrados presentan una mayor concentración en los continentes situados en el hemisferio Sur: América del Sur, África, India, Australia y la Antártida. Asimismo en ambas tienen lugar periodos interglaciares que suponen una notable suavización del clima y que permiten, en el caso de la glaciación carbonífera, un gran desarrollo de los bosques.

La era Secundaria se caracteriza por ser un periodo de gran tranquilidad geológica y en el que no tiene lugar ninguna orogenia importante. Desde el punto de vista geológico, el único hecho destacable es el inicio de la fragmentación del Pangea, ya en el Triásico, con la apertura incipiente del océano Atlántico separando, primero, América del Norte de Europa y, más adelante, América del Sur de África.

La mayoría de los autores coinciden en señalar la ausencia de glaciaciones en el planeta a lo largo de toda la era, que goza en general de un clima cálido (se indican temperaturas de unos 20° para el periodo Jurásico y de 15° a 20° para el Cretácico), con escasos cambios estacionales y con una distribución concéntrica de la humedad alrededor de la Tierra[3].

---

[3] Henderson-Hellers (1986) señala la existencia de una edad del hielo cretácica hace aproximadamente 100 millones de años, pero no hemos visto confirmada la existencia de esta glaciación en otros autores.

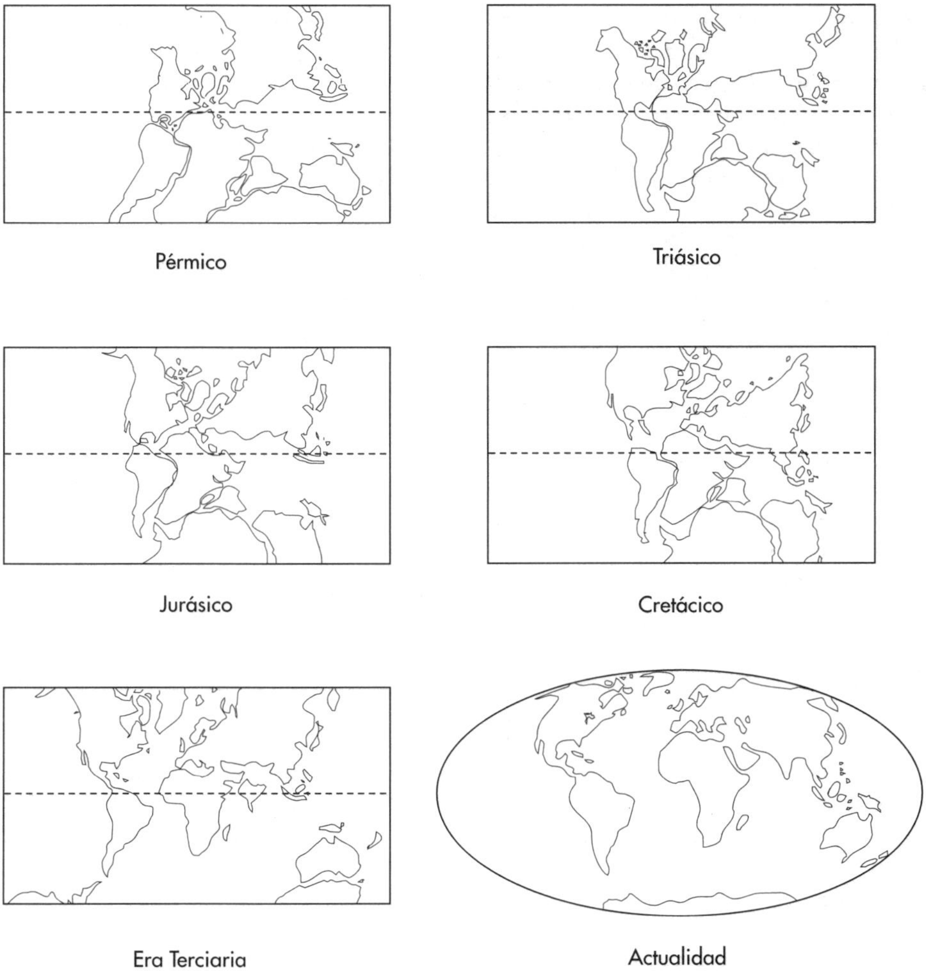

FIGURA 10.5. Evolución de los continentes desde la era Primaria hasta la actualidad. La configuración de los continentes a lo largo de la historia geológica de la Tierra ha cambiado lo suficiente como para constituir por sí sola una importante fuente de variación y cambios climáticos. Fuente: Hardy y otros, *El libro del clima,* Madrid, Herman Blume, 1983, pág. 148

La era Terciaria recupera de nuevo la actividad geológica y en ella tiene lugar la orogenia alpina, que supone el adosamiento a los antiguos escudos continentales de todas las grandes cordilleras actuales: Andes, Rocosas, Alpes, Himalaya, Atlas, etc. Por otro lado, la fragmentación del Pangea ya está culminada y puede decirse que ya en el Eoceno la Tierra tiene una configuración similar a la actual (véase figura 10.5).

Estos cambios se acompañan de un enfriamiento gradual del clima, precursor de las glaciaciones cuaternarias. El enfriamiento afectó más a las latitudes medias y altas que a las bajas, produciéndose además mayores cambios estacionales y una complicación de la zonalidad climática, con mayores contrastes polo-ecuador y con una mayor diversidad de los climas de la Tierra. Para el continente europeo el proceso de enfriamiento queda ilustrado en el cuadro 10.3, en el cual puede observarse cómo, ya en el Plioceno, las condiciones térmicas eran muy similares a las actuales, aunque algo más cálidas (en Europa las zonas climáticas estaban desplazadas 10°-15° de latitud hacia el norte respecto a su configuración actual).

Este enfriamiento, siempre más intenso en las latitudes altas, provocará ya en el Mioceno un crecimiento considerable de la extensión de los hielos de la Antártida, los cuales en el Plioceno, hace unos cinco millones de años, ya alcanzan un volumen similar al actual. En el polo Norte, sin embargo, el proceso será más lento; el inicio aquí de un pequeño casquete de hielo se produce en el Mioceno medio, pero habrá que esperar a la era Cuaternaria para que se configure un casquete polar norte similar al actual.

CUADRO 10.3

Enfriamiento experimentado en Europa Occidental durante la era Terciaria (°C)

Periodos	Invierno	Verano	Media anual
Eoceno medio	26	28	27
Oligoceno superior	20,5	27	23,5
Mioceno	17	27	22
Plioceno	13,5	22	17,5
Actual	6	16	11

Fuente: Furon, *Eléments de Paléoclimatologie,* París, Vuibert, 1972, pág. 165.

La era Cuaternaria, que engloba los dos últimos millones de años de la historia de la Tierra, y que asiste al nacimiento del hombre, no registra en su interior ninguna gran orogenia; sólo se producen algunos movimientos epirogénicos postparoxismales y retoques erosivos que modelan unos continentes que ya presentan su configuración actual.

Desde el punto de vista climático, el hecho distintivo de esta era es la alternancia de grandes glaciaciones de una duración aproximada de unos 100.000 años, interrumpidas por periodos interglaciares de unos 10.000 años de duración, el último de los cuales es el que estamos viviendo en los tiempos actuales (véase cuadro 10.4).

Las fases glaciares suponen un avance considerable de los casquetes de hielo permanente de ambos polos, con instalación de extensos inlandsis en Escandinavia, Groenlandia, América del Norte y la Antártida, así como el avance espectacular de los glaciares de montaña, siendo el fenómeno contemporáneo y simultáneo en todos los continentes, lo que supone que estamos ante un cambio climático a escala mundial.

En los momentos de frío más riguroso, los casquetes de hielo permanente, que en la actualidad alcanzan por término medio la latitud de 72° N, se expanden hasta una latitud media de 56° N y en ocasiones llegan a aproximarse al paralelo 40° N. Tras los periodos glaciares, un brusco calentamiento de unos 5° o 10 °C de magnitud instauraba un periodo interglaciar, con retroceso notable de los casquetes de hielo y la correspondiente subida del nivel del mar, registrándose entonces unas condiciones climáticas similares a las actuales o incluso más cálidas.

En las latitudes bajas, la intensidad del enfriamiento cuaternario no es tan elevada, lo que motiva la inexistencia en ellas de periodos glaciares. En estas latitudes lo que parece registrarse es una alternancia entre épocas más lluviosas (correspondientes

Cuadro 10.4

Cronología de las glaciaciones cuaternarias en los Alpes (*)

Fechas	Periodos	Subperiodos	Fases glaciares
	Holoceno	Flandriense	Transgresión interglaciar
-10.000	Pleistoceno superior	Tirreniense	Würm IV (la más fría)
-20.000			
-30.000			Würm III
-40.000			Würm II
-60.000			Würm I
-90.000			Interglaciar Riss-Würm
-100.000	Pleistoceno medio		Riss III
-200.000			Riss II
-300.000			Riss I
			Interglaciar Mindel-Riss
-400.000		Siciliano	Mindel II
-500.000			Mindel I
			Transgresión siciliana
-700.000	Pleistoceno inferior	Villafranquiense superior	Günz II
			Regresión del calabriense superior
-1.000.000			Günz I
-1.500.000		Villafranquiense medio	Interglaciar Donau-Günz. Transgresión del calabriense superior
-2.000.000			Donau III
			Interglaciar
-2.500.000			Donau II
		Villafranquiense inferior	Interglaciar
-3.000.000			Donau I
-3.500.000			Transgresión del calabriense inferior
-4.000.000			Biber (?)

Fuente: Elaboración propia a partir de Furon, *Eléments de Paléoclimatologie,* París, Vubert, 1972, pág. 190.

---

* Existen numerosas discrepancias entre los estudiosos del tema en torno al número y la datación de las distintas fases glaciares, llegando algunos de ellos a establecer hasta un total de 20 glaciaciones. La mayoría, sin embargo, coincide en afirmar la existencia de 6 ó 7 fases glaciares, y la finalización de éstas hace unos 10.000 años, cuando se instaura en el planeta el interglaciar holoceno que vivimos en la actualidad.

a las fases glaciares de las latitudes altas) y épocas más áridas (durante los periodos interglaciares).

Todo ello supone que a lo largo del Cuaternario, y especialmente durante las fases glaciares, se incrementa notablemente el contraste térmico polo-ecuador, lo que sin duda repercutiría sobre el comportamiento general de la circulación atmosférica mediante una aceleración de las corrientes en chorro polares y una intensificación de las perturbaciones frontales de las latitudes medias, responsables ambas del equilibrio térmico entre las latitudes altas y bajas.

De todo lo expuesto hasta ahora pueden extraerse algunas conclusiones importantes en torno a los cambios climáticos acaecidos en épocas geológicas:

A. A lo largo de la historia geológica de la Tierra se han producido importantes cambios climáticos, y ello sin necesidad de la intervención humana[4].

B. Estos cambios se pueden sintetizar en tres tipos de climas diferentes para la Tierra:

— Un planeta todo cálido, sin glaciación permanente en los polos y, en consecuencia, con muy poco contraste térmico polo-ecuador. Es, con gran diferencia, el tipo de clima más frecuente en la historia geológica de la Tierra, y parece constituir el estado más estable del sistema climático.

— Un planeta con una glaciación permanente bien desarrollada, con extensos casquetes de hielo y, por ende, con un fuerte contraste térmico polo-ecuador. Es el tipo de clima dominante durante las fases glaciares, el cual registra una frecuencia mucho menor que el tipo anterior.

— Un planeta con casquetes de hielo polares, pero poco extendidos y manteniendo el contraste polo-ecuador. Se trata de los periodos interglaciares, los menos frecuentes de toda la historia de la tierra. Es precisamente la alta frecuencia de los periodos cálidos generalizados y la escasísima frecuencia registrada por los periodos interglaciares la que ha llevado a algunos autores a interpretar estos últimos como intentos del sistema de volver a su estado «normal» y estable, con calor generalizado (véase Budyko, 1974 y 1982).

C. Los cambios climáticos han afectado más a las latitudes altas que a las bajas y es presumible que así sucederá también en el futuro.

D. Las fases glaciares muestran una gran coincidencia con la aparición de fases de actividad orogénica y suelen estar ausentes en los periodos de tranquilidad geológica.

E. Actualmente nos encontramos inmersos en un periodo interglaciar, la situación menos frecuente y más anómala de toda la historia geológica de la Tierra, lo cual hace pensar que, si el clima del planeta sigue comportándose como hasta ahora, esta situación no debe perdurar mucho, máxime si tenemos en cuenta que el interglaciar advino hace unos 10.000 años y que la duración media de estos periodos durante el Cuaternario ha sido precisamente de 10.000 años. Lo que resulta de más difícil pronóstico es la dirección del cambio, bien hacia una nueva fase glaciar, lo que continuaría la trayectoria habitual del Cuaternario, bien hacia la instauración de un nuevo periodo cálido, lo que supondría la finalización de las glaciaciones cuaternarias.

---

[4] En realidad, la valoración de la magnitud de los cambios climáticos es relativa y depende del punto de vista que se adopte. En relación con la Tierra como planeta y ateniéndonos a su historia geológica, los cambios no pueden catalogarse como muy bruscos, dado que las temperaturas planetarias apenas han oscilado entre 2 ° y 32 °C. Desde un punto de vista humano, sin embargo, estos cambios son importantísimos porque implican impactos brutales sobre la organización de la sociedad.

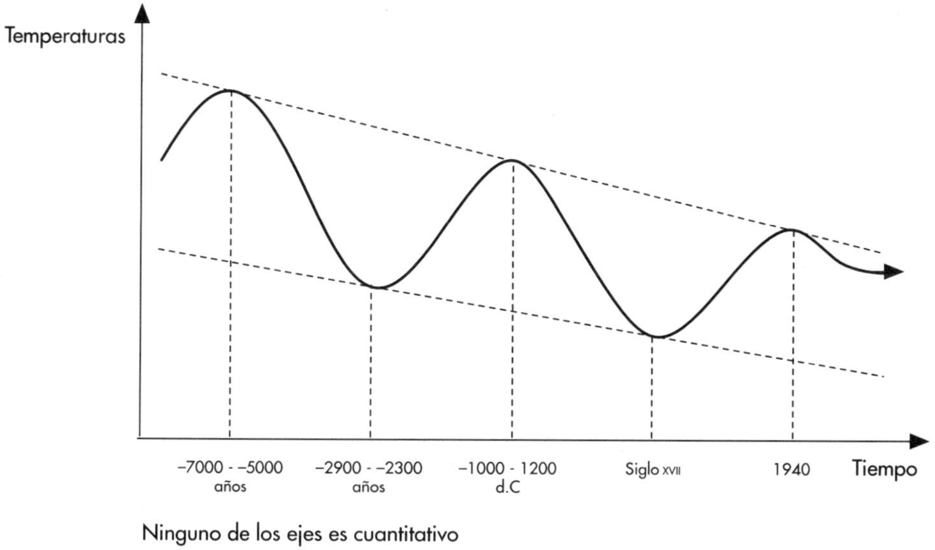

FIGURA 10.6. Cambios térmicos en la superficie terrestre durante las épocas históricas. Durante las épocas históricas las temperaturas de la Tierra experimentan un proceso continuo de descenso, aunque con alternancia de pulsiones de frío y calor, las cuales tienden a alcanzar valores cada vez más bajos

Así pues, parece que los estados de alarma suscitados por la posibilidad de un cambio climático cercano no carecen de fundamento y ello incluso prescindiendo de la intervención humana sobre el sistema climático, la cual no hace sino acrecentar esta alarma inicial.

La última glaciación pleistocena da paso al interglaciar holoceno, al surgimiento del hombre y a lo que podemos denominar las épocas históricas en la evolución de la Tierra. Esta última glaciación alcanzó su culmen hace aproximadamente 20.000 años, con extensos casquetes de hielo en la Antártida, Europa y América, y con una pronunciada bajada del nivel del mar, y comenzó a ceder de forma bastante abrupta hace 14.000-10.000 años, de forma tal que hace unos 8.500 años ya se había instaurado en Europa una situación similar a la actual, retrasándose este proceso en América hasta hace unos 7.000 años[5]. Desde entonces hasta la actualidad las temperaturas en el planeta han experimentado unas variaciones —ya de mucha menor escala— que aparecen ilustradas en la figura 10.6 y que pueden sintetizarse en un proceso de moderado enfriamiento, aunque recorrido por sucesivas pulsiones de frío y calor, las cuales tienden a alcanzar valores cada vez más bajos.

Los principales hitos de este proceso son los siguientes:

A. El *Óptimo Climático Postglacial*, que culmina hace 7.000-5.000 años y que registra el periodo más cálido de todo el interglaciar, coincidiendo *grosso modo* con la re-

[5] No obstante, hay que resaltar que dentro de este proceso general de calentamiento se producen algunas fases episódicas de recrudescencia del frío y avance de los glaciares, como la registrada en el Nuevo Dryas, hace unos 10.800 años. Sin embargo, estos episodios son sólo alteraciones pasajeras que no consiguen invertir la tendencia hacia la instauración del interglaciar.

volución neolítica. Las temperaturas en la Antártida y en Europa eran unos 3 °C superiores a las actuales, lo que conllevó una reducción considerable de la extensión de los hielos y una subida del nivel del mar que se evalúa en unos tres metros. Asimismo, existe constancia de la existencia de grandes sabanas en los actuales desiertos subtropicales.

B. La *Edad del Hierro*, que acontece aproximadamente entre el 900 y el 300 a.C. (hace 2.900-2.300 años), y que registra un proceso de enfriamiento, acompañado además por unas condiciones más lluviosas que las actuales en Europa occidental y central y un Mediterráneo, por el contrario, más árido.

C. El *Óptimo Climático Secundario*, durante la Edad Media (1000-1200 d.C.), supone un nuevo periodo de calentamiento, aunque menos intenso y más corto que el registrado en el Óptimo Climático Postglacial. Las temperaturas veraniegas de la Europa central y occidental eran presumiblemente 1 °C más altas que las actuales, lo cual permitió la extensión de los viñedos 5° de latitud más al Norte que en el momento presente, así como las expediciones vikingas a América del Norte, aprovechando la reducción de los hielos polares. El Atlántico parece haber sufrido en estos momentos un calentamiento similar, aunque en China, sin embargo, parece detectarse coetáneamente un ligero enfriamiento.

D. La *Pequeña Edad del Hielo*, que tiene lugar aproximadamente entre 1430 y 1850, con dos periodos especialmente intensos a finales del siglo XV y durante el siglo XVII. Supone un avance importante de los glaciares en Europa, Norteamérica y Asia y se ha constatado la existencia de unas temperaturas inferiores en 1° a 3 °C a las actuales en el Atlántico Norte, a unos 50° de latitud. Gran Bretaña vivió con especial crudeza este periodo frío, hasta el punto de producirse la congelación del Támesis durante los inviernos, celebrándose en él las llamadas «ferias del hielo», abundantemente consignadas en toda la documentación de la época. El hemisferio Sur, sin embargo, no experimenta un enfriamiento similar hasta bien entrado el siglo XIX e incluso parece que, entre mediados del siglo XVIII y comienzos del XIX, el Antártico estaba ligeramente más cálido que en la actualidad.

Esta tendencia al enfriamiento se interrumpe a mediados del siglo XIX para ser sustituida por un nuevo proceso de calentamiento que, con ligeras oscilaciones, persiste hasta la actualidad.

Se diría, pues, que el interglaciar holoceno presenta una tendencia general, aunque muy discreta, hacia el enfriamiento, lo que parece alimentar la hipótesis de que nos encaminamos hacia una nueva fase glaciar en lugar de hacia la reinstauración de un nuevo periodo cálido. No obstante, en todo este proceso y en los años más recientes hay que tomar en consideración las intervenciones humanas sobre el sistema, las cuales, como veremos más adelante, parecen querer contrarrestar este proceso. Estas intervenciones, unidas al ligero calentamiento que parece registrarse en los últimos años, han hecho saltar la alarma en torno a la posibilidad de la aparición de un nuevo periodo cálido. Por eso conviene que analicemos con más detalle las variaciones experimentadas en los años más recientes.

Desde finales del siglo XIX hasta la actualidad parece detectarse en el planeta un ligero calentamiento, sólo interrumpido por pequeñas fases de inversión del proceso (véase figura 10.7).

La sección c de la figura 10.7 muestra cómo en el conjunto de la superficie terrestre las temperaturas presentan un comportamiento más o menos estacionario desde finales del siglo XIX hasta comienzos del XX, con valores medios que se sitúan en

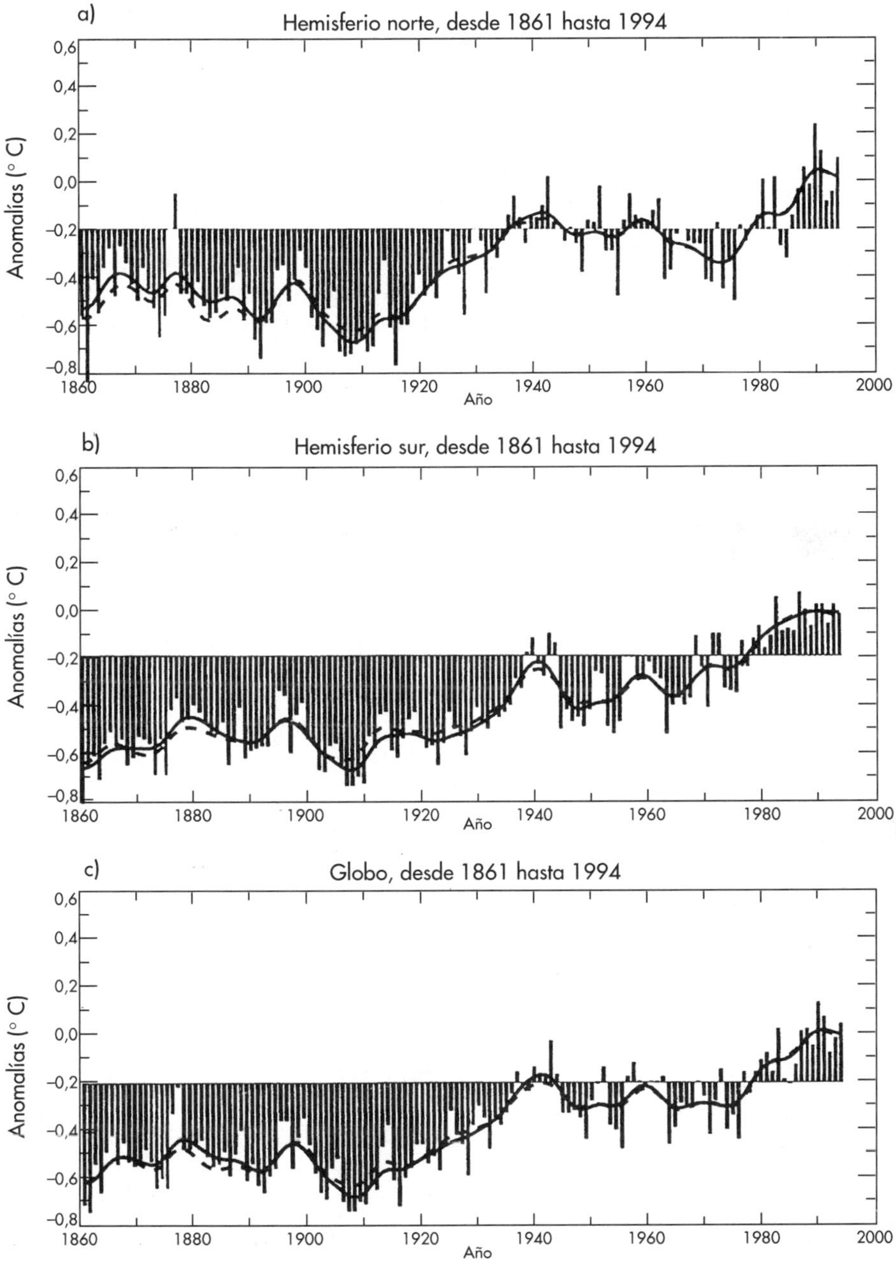

FIGURA 10.7. Variaciones térmicas experimentadas en la historia reciente de la Tierra (1861-1994). En la historia reciente de la Tierra el hecho climático más destacado es el incremento registrado por las temperaturas, que se evalúa en aproximadamente 0,4 °C en el siglo actual. Este incremento, además, se acelera en los últimos años, a partir de 1970. Fuente: Houghton y otros, *Climate Change 1996. The Science of Climate Change. Contribution of Working Group to the Second Assessment Report of the Intergovernmental Panel of Climate Change*, Cambridge University Press, 1996, pág. 143.

unos 0,3 °C por debajo de las medias dominantes en el periodo 1951-80. A partir de los años 20 se produce una tendencia creciente, que sólo se interrumpe hacia los años 40 para dar paso a un nuevo periodo estacionario a lo largo de tres décadas. Por último, en los años 70 se produce un brusco calentamiento que conduce a temperaturas superiores en 0,2 °C a las registradas entre 1961 y 1990. Ello supone un incremento térmico medio para el siglo actual que puede evaluarse en, aproximadamente, 0,45 °C.

El proceso se registra de modo similar en ambos hemisferios (véanse secciones a y b de la figura 10.7), si bien el calentamiento iniciado en los años 20 es mucho más brusco en el hemisferio Norte que en el Sur; además, el periodo 1940-70 resulta más estable en el hemisferio Sur, en tanto que apunta a un ligero enfriamiento en el Norte; por último, el calentamiento de las últimas décadas es más intenso y más precoz en el hemisferio Sur que en el Norte.

Este proceso de calentamiento se ha acompañado, además, de una disminución de los contrastes estacionales, en virtud de que las épocas que han experimentado el calentamiento con mayor intensidad han sido el otoño y el invierno, permaneciendo el verano y la primavera con valores muy similares a los registrados a finales del siglo XIX (véase figura 10.8).

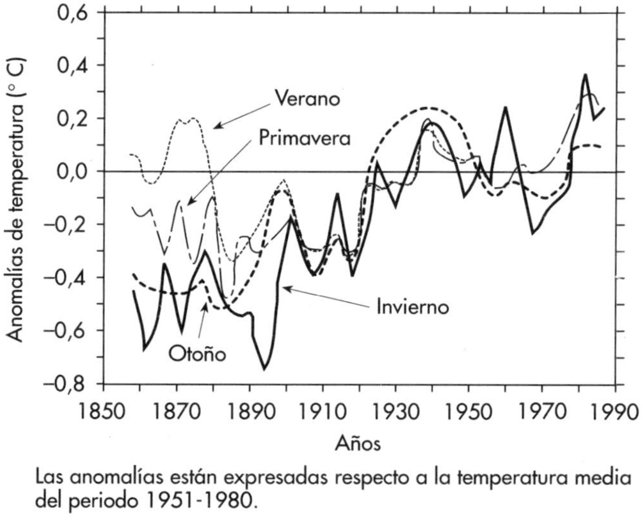

FIGURA 10.8. Distribución estacional de los cambios térmicos de la historia reciente de la Tierra (1861-1989). Los incrementos térmicos registrados en el siglo actual han sido especialmente marcados en el otoño y el invierno, lo que ha contribuido a reducir los contrastes estacionales. Fuente: Houghton, Jenkins y Ephraums, *Climate Change. The IPCC Scientific Assessment*, Cambridge University Press, 1990, pág. 217

Asimismo parecen estarse reduciendo los contrastes diarios, puesto que son las temperaturas mínimas las que experimentan con más fuerza el proceso de calentamiento, según puede deducirse del análisis de algunos enclaves concretos, dado que para este parámetro no existen datos promediados a escala global o hemisférica (véase figura 10.9).

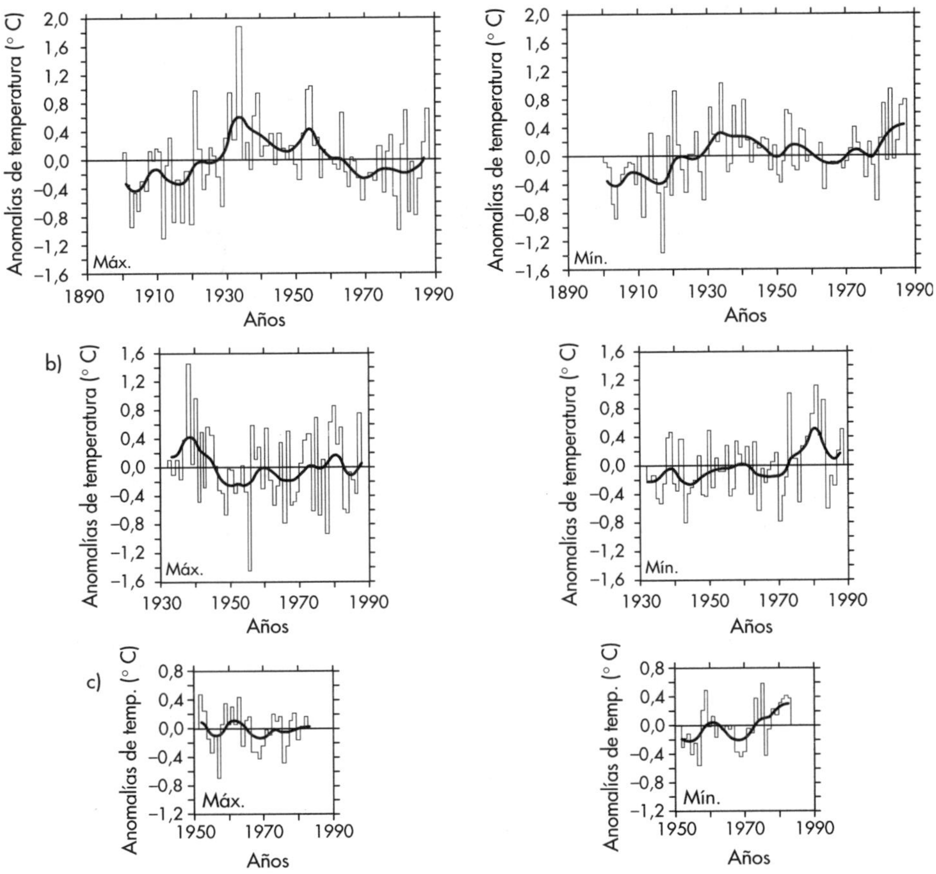

a) Estados Unidos. b) Sudeste de Australia. c) China.
Las anomalías están realizadas en relación con la temperatura media del periodo 1951-1980.

FIGURA 10.9. Variaciones recientes de las temperaturas máximas (diurnas) y mínimas (nocturnas) en algunas grandes regiones del planeta. El incremento térmico del siglo actual ha afectado esencialmente a las temperaturas mínimas, dejando sin efecto a las máximas. Ello se traduce, lógicamente, en una reducción de las amplitudes térmicas diurnas. Fuente: Houghton, Jenkins y Ephraums *Climate Change. The IPCC Scientific Assessment*, Cambridge University Press, 1990, pág. 218

La escasa magnitud que presentan las variaciones y las numerosas imprecisiones que pueden derivarse de la propia toma de datos (variaciones en la densidad de la red a lo largo del tiempo, cambios en las prácticas de observación y medición, alteraciones en la ubicación de los observatorios, cambios ambientales en el entorno de las estaciones, con especial incidencia de la urbanización, etc.) obligan a evaluar los resultados con la máxima prudencia, si bien es cierto que, por ello mismo, estos posibles sesgos han sido eliminados al máximo antes de la transcripción de los datos.

Así, por ejemplo, el posible efecto ejercido en el aumento de la temperatura por la urbanización creciente, que pudiera constituir el sesgo más notorio en el proceso de calentamiento, ha sido minimizado al comprobar que este proceso se registra, no sólo en los observatorios continentales, sino también en los oceánicos, en los cuales

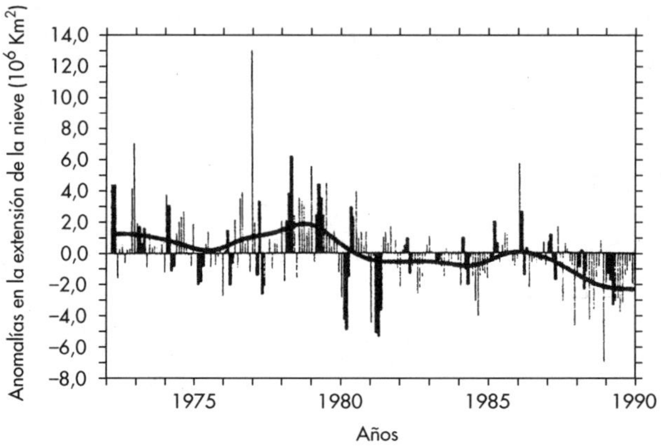

FIGURA 10.10. Evolución reciente de la extensión de la nieve en el hemisferio Norte. En los últimos años parece detectarse una ligera disminución de la cubierta de nieve en el hemisferio Norte, lo cual corroboraría las tendencias apuntadas por las temperaturas a un ligero aumento. Fuente: Houghton, Jenkins y Ephraums, *Climate Change. The IPCC Scientific Assessment*, Cambridge University Press, 1990, pág. 224

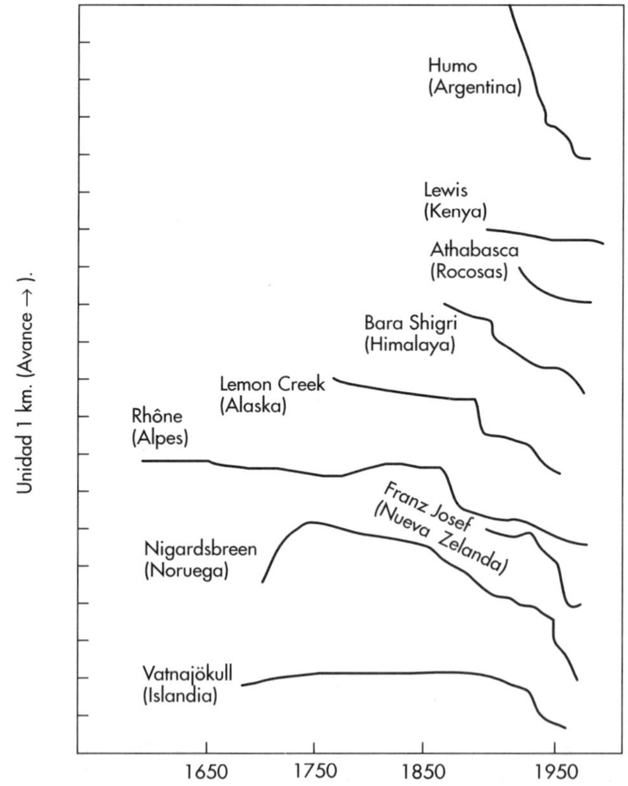

FIGURA 10.11. Evolución de los glaciares del mundo durante los tres últimos siglos. En consonancia con todos los demás fenómenos, que apuntan hacia un aumento de las temperaturas, se sitúa la ligera disminución que experimentan los glaciares de montaña en todo el mundo. Fuente: Houghton, Jenkins y Ephraums, *Climate Change. The IPCC Scientific Assessment*, Cambridge University Press, 1990, pág. 203

es muy improbable que la urbanización pudiera tener alguna incidencia. Por otro lado, el proceso puede refrendarse al comprobar que a lo largo de los años 80 parece detectarse una disminución de la extensión de la cubierta nivosa (véase figura 10.10), especialmente en Eurasia y en las interestaciones, donde ha sido evaluada en aproximadamente un 10 % respecto a la existente en los años 70, así como un retroceso en la mayoría de los glaciares de montaña (véase figura 10.11).

El retroceso de los glaciares de montaña ha sido importante aunque no continuo y se ha detectado en todos los lugares del planeta, presentando máximas evidencias en los Alpes, Escandinavia, Islandia, las montañas Rocosas, Alaska, Asia central, el Himalaya, los Andes ecuatoriales, América tropical, Nueva Guinea, Nueva Zelanda, Patagonia, las islas subantárticas y la Antártida.

Estos cambios térmicos constituyen las variaciones climáticas más relevantes de los años recientes, no pudiendo detectarse tendencias tan claras en las restantes magnitudes meteorológicas, salvo el marcado descenso de las precipitaciones en el Sahel a partir de los años 70, que se acompaña de un aumento de las mismas en la Unión Soviética (véase figura 10.12), y un ligero aumento de la nubosidad sobre los Estados Unidos.

¿Qué enseñanzas se pueden extraer de todas estas informaciones aportadas por el estudio de los climas del pasado?

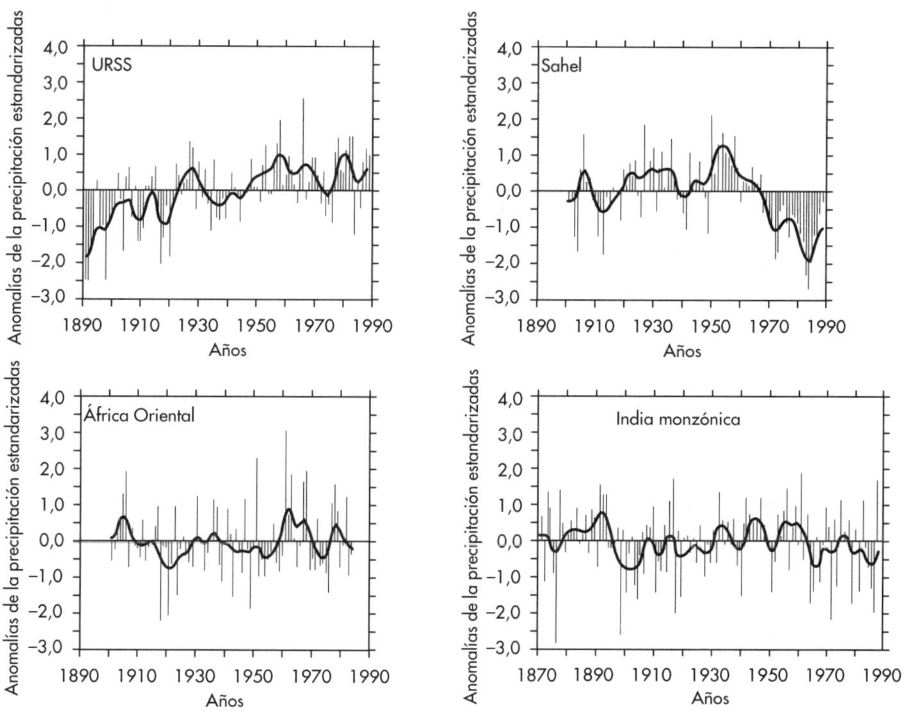

FIGURA 10.12. Anomalías recientes de la precipitación anual en algunas grandes regiones del planeta. Las precipitaciones no parecen registrar cambios tan significativos como los experimentados por las temperaturas, salvo en la zona del Sahel, donde su disminución es manifiesta, especialmente desde los años 70, y en la antigua Unión Soviética, en la que parece detectarse un ligero incremento. Fuente: Houghton, Jenkins y Ephraums, *Climate Change. The IPCC Scientific Assessment,* Cambridge University Press, 1990, pág. 219

A. En primer lugar, la existencia de continuos cambios climáticos a lo largo de la historia de la Tierra, aunque con escalas temporales diferentes y progresivamente más pequeñas a medida que nos acercamos a la actualidad y profundizamos en el nivel de detalle. Así, las glaciaciones cuaternarias implican cambios térmicos para el planeta del orden de los 10 °C o incluso superiores; los últimos 1.000 años no experimentan cambios superiores a 1,5°-2 °C; en las últimas décadas estamos jugando con variaciones que se sitúan sólo en torno a 0,5 °C (véase figura 10.13).

B. No hay que minimizar estas pequeñas variaciones dada la proximidad más que probable (en términos geológicos) de un cambio climático, como puede deducirse de la prolongada duración que ya registra el interglaciar actual.

C. Las variaciones climáticas experimentadas a lo largo de los últimos 10.000 años parecen apuntar hacia un enfriamiento en el planeta, lo cual implicaría el acceso desde el interglaciar hacia un nuevo periodo glaciar, siguiendo la tónica de las variaciones registradas durante el Pleistoceno.

D. A pesar de esta tendencia, el calentamiento experimentado en el siglo actual, coincidente con el máximo desarrollo de la Revolución Industrial y la emisión creciente hacia la atmósfera de gases invernadero, plantea la posibilidad de un inminente calentamiento en el planeta.

E. La alta probabilidad de un cambio climático cercano y la incertidumbre en torno a su naturaleza obligan al estudio más detallado de aquellos periodos en los que se registraron condiciones similares a las actuales. En ese sentido resultan de particular relevancia:

— El Óptimo Climático del Plioceno, hace tres o cuatro millones de años, con condiciones similares a las actuales aunque algo más cálidas, y que dio paso a las glaciaciones cuaternarias.

— El interglaciar Riss-Würm, hace unos 100.000 años, que también registra temperaturas algo más cálidas que las actuales y cuyo final se resuelve en la instauración de la glaciación Würm.

— El Óptimo Climático Postglacial del Holoceno, hace unos 6.000 años, cuyas temperaturas, 3° o 4 °C superiores a las actuales en las latitudes medias del hemisferio Norte podrían asemejarse a las desarrolladas sobre la Tierra si persiste la emisión de gases invernadero.

— El Nuevo Dryass, hace aproximadamente 10.000 años, que ilustra en torno a la posibilidad de un enfriamiento brusco y repentino dentro de un proceso general tendente al calentamiento.

F. Pero, ante todo, los climas del pasado nos ilustran acerca de la relativa fragilidad del sistema climático y, en particular, de aquellos estados del mismo que, como el actual, conducen a la instalación de periodos interglaciares en el planeta, los menos frecuentes. Esta fragilidad obliga a una vigilancia y seguimiento rigurosos del sistema, para lo cual nada mejor que su modelización.

2.2. *Los datos aportados por la teoría del clima*

El estudio de los climas del pasado puede ilustrarnos en torno a la gama de posibles estados diferentes que el clima ha adoptado, pero difícilmente nos permitirá por sí solo conocer y, sobre todo, prever los futuros cambios climáticos. Para esta tarea se hace necesario un conocimiento profundo del funcionamiento del sistema climático,

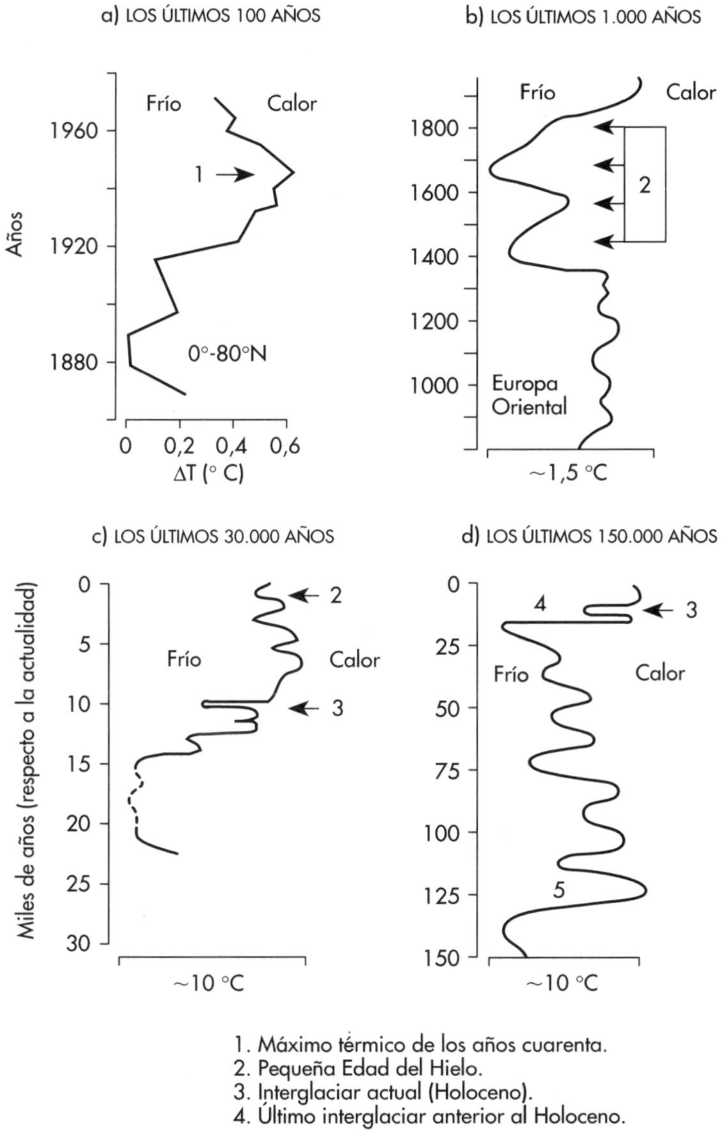

FIGURA 10.13. Tendencias de la temperatura de la Tierra en los últimos 150.000 años en diversas escalas temporales. Los cambios climáticos, y por ende los cambios térmicos, han sido una constante en la historia de la Tierra, si bien su escala de variación es tanto menor cuanto más detalle ponemos en la observación de los fenómenos actuales. Así, en los últimos 150.000 años el orden de variación de las temperaturas es de unos 10 °C, mientras que en los últimos 100 años las variaciones no superan los 0,4 °C. Fuente: Henderson-Sellers y Robinson, *Contemporary Climatology*, Longman, Scientific and Technical, 1986, pág. 396

el cual es el único capaz de permitirnos desentrañar cuáles son las variables o componentes del sistema con mayor capacidad para alterar su equilibrio y cuál es la sensibilidad de dicho sistema a estas variaciones en sus componentes. La elaboración de modelos de simulación del sistema es el procedimiento más comúnmente utilizado para responder a estos interrogantes. Por ello, antes de examinar las variables potencialmente generadoras de cambios climáticos, examinaremos los modelos de simulación de mayor vigencia y difusión en los momentos actuales.

2.2.1. Los modelos de simulación del sistema climático

Un modelo es una representación simplificada de la realidad; en consecuencia, un modelo climático es una representación simplificada de los procesos que gobiernan el clima o, lo que es lo mismo, del funcionamiento del sistema climático mundial. Su objetivo es simular el funcionamiento de este sistema a fin de comprender los procesos que lo gobiernan y de predecir los efectos que sobre el clima pudieran derivarse de cambios en estos procesos.

Dada la magnitud y complejidad del sistema es imposible hacer una reproducción física del mismo en experimentos de laboratorio, pero lo que sí resulta posible es idear expresiones matemáticas de los principales procesos y leyes físicas que lo gobiernan, y eso es lo que suele hacerse, de forma tal que un modelo climático está constituido por una serie de ecuaciones matemáticas que expresan y simulan las principales leyes y procesos que gobiernan el sistema climático mundial.

El proceso complejo de elaboración de un modelo del clima se realiza en fases sucesivas y complementarias que pueden sintetizarse en las siguientes:

A. En primer lugar se hace necesario seleccionar las variables o componentes del sistema que resultan fundamentales para explicar su funcionamiento, desechando aquellas otras menos relevantes. Sin duda, esta selección implica una simplificación, pero ésta resulta obligada dadas las dimensiones y complejidad del sistema.

B. A continuación hay que seleccionar las principales interacciones y flujos que se registran entre los componentes del sistema, determinando su comportamiento global. Merecen especial atención en este sentido los bucles de realimentación, tanto positivos como negativos, dado que en ellos descansa la estabilidad o inestabilidad del sistema.

C. Hay que asignar, además, una resolución al modelo, entendiendo por tal sus escalas espacio-temporales de trabajo. Tanto el espacio como el tiempo son magnitudes continuas y podría decirse que infinitas; el desarrollo de las ecuaciones del modelo exige, sin embargo, su discretización. Para ello se subdivide a la atmósfera en un número discreto de capas verticales, en las cuales se miden y computan las variables. A su vez, dentro de cada capa, las variaciones horizontales de las magnitudes consideradas se calculan para una serie de puntos también discretos. Se configura así una malla o red que fragmenta al planeta en una serie de unidades o celdillas elementales, en las cuales ya pueden computarse las variables seleccionadas.

Por su parte, la simulación de la evolución y el dinamismo del sistema se posibilita mediante la fragmentación del tiempo en secuencias temporales discretas (de treinta minutos, de una hora, de una semana, etc.) que permiten el desarrollo temporal de las ecuaciones matemáticas a partir de las condiciones iniciales del modelo.

D. A continuación es necesario proceder al establecimiento de las condiciones iniciales del modelo. Estas condiciones suelen ser las condiciones actuales y exigen la medición o evaluación en ese momento de todas las variables seleccionadas en cada una de las celdillas elementales que componen la red planetaria.

E. La siguiente etapa implica ya la puesta en funcionamiento del modelo. Dadas las condiciones iniciales y conocidas las ecuaciones que relacionan en su devenir temporal a las distintas variables y a las distintas celdillas de la red, hay que desarrollar estas ecuaciones en el ordenador, de manera que se vayan computando los futuros y sucesivos estados del sistema. El modelo ya está funcionando y nos permite identificar su evolución temporal a partir de las condiciones iniciales.

F. Una vez elaborado y puesto en funcionamiento el modelo, es necesario testar su validez y su adecuación para representar las características esenciales del sistema. Para ello se suele proceder a dos tipos de verificaciones: en primer lugar, se comprueba si el modelo representa bien las características del clima actual (en este sentido se suele utilizar como banco de pruebas la adecuación del modelo para la representación del ciclo estacional del sistema o de algunas anomalías bien conocidas en él, como el fenómeno de El Niño, por ejemplo); a continuación se procede a verificaciones de climas del pasado bien conocidos. Los resultados de estas verificaciones conducen, bien a la modificación del modelo cuando éste resulta inadecuado, bien a su validación, en cuyo caso puede ya utilizarse para simular los posibles climas del futuro.

G. En sucesivas etapas el modelo puede permitirnos introducir variaciones en alguno de los componentes del sistema para analizar la respuesta del mismo y el posible desencadenamiento de cambios climáticos. Con ello se consigue, por un lado, determinar la sensibilidad del sistema a las variaciones en sus componentes, identificando aquellos con mayor capacidad para alterar su equilibrio y, por otro lado, prever el acaecimiento de posibles cambios climáticos futuros.

Estos experimentos de previsión del cambio climático pueden ser de dos tipos diferentes: los experimentos de respuesta de equilibrio y los de respuesta de transición o dependientes del tiempo. Los primeros parten de la asunción de que el sistema está en equilibrio con sus respectivas variables o componentes. Ello supone que, en tanto que estas variables no cambien o lo hagan en muy escasa medida en la escala temporal considerada, el estado medio del sistema será estable, y supone también que si hay un cambio en las variables, el estado medio del sistema cambiará hasta que de nuevo se encuentre en equilibrio con sus variables. Este estado se denomina estado de equilibrio, en tanto que el tránsito entre un estado del sistema y otro se denomina estado de transición.

Pues bien, los experimentos de respuesta de equilibrio implican que la simulación del sistema se desarrolla sobre una secuencia temporal lo suficientemente larga como para que el sistema alcance su nuevo estado de equilibrio[6]. Los experimentos de respuesta de transición o dependientes del tiempo se limitan a desarrollar la simulación durante un tiempo determinado, observando los nuevos estados alcanzados por el sistema, pero sin esperar a la consecución del equilibrio.

Cada una de estas etapas comporta multitud de problemas que dificultan la elaboración de los modelos y limitan en alguna medida su fiabilidad. El primero de estos problemas alude a la selección de las variables integrantes del modelo y a su especificación concreta para las condiciones iniciales, dado que en raras ocasiones los datos actuales son lo suficientemente precisos para proceder a esta especificación. El problema se agudiza aún más al abordar el tema de los procesos, leyes e interacciones que ligan a las distintas variables y rigen el funcionamiento del sistema. Algunos de estos procesos se conocen con precisión y existen recursos informáticos suficientes

[6] En ocasiones, cuando en el modelo se han introducido variables con tiempos de respuesta muy largos ante las anomalías (por ejemplo, las profundidades oceánicas), estos experimentos resultan imposibles, porque sería laboriosísimo y muy costoso simular en el ordenador la evolución del sistema en un periodo de tiempo tan dilatado.

como para abordarlos en detalle; para algunos otros, sin embargo, no se cumple ninguna de estas dos condiciones.

Los mecanismos de *feedback* son algunos de los procesos de mayor relevancia para el funcionamiento del sistema, pero de mayor dificultad para su establecimiento. Algunos de ellos son aceptablemente bien conocidos, como el *feedback* positivo que liga a la temperatura superficial con la extensión de la cubierta de hielo (véase figura 10.3), pero otros están aún por establecer, destacando en este sentido los mecanismos de *feedback* ejercidos por la nubosidad.

Las nubes, en efecto, ejercen dos tipos de *feedback* diferentes sobre la temperatura a través de su intervención sobre el balance de radiación de la Tierra. Por un lado, la nubosidad aumenta la reflectividad de la radiación y, en consecuencia, reduce la cantidad de calor que alcanza la superficie terrestre; por otro lado, en virtud del elevado contenido de vapor de agua de las nubes, éstas interceptan la radiación infrarroja que parte de la Tierra y contribuyen a potenciar el efecto invernadero en el planeta. La combinación y cuantificación de ambos procesos resulta difícil de establecer y, aunque a nivel global y medio, parece que el efecto refrigerante es el predominante; en los análisis algo más detallados el resultado final no resulta claro, dado que éste depende no sólo de la cantidad de nubosidad existente, sino también de la altura de las nubes, del tipo de nubes de que se trate, de su contenido en vapor de agua etc. Si a ello añadimos las incógnitas y polémicas que se plantean aún en torno al efecto ejercido sobre la nubosidad por el aumento de la temperatura (hay autores que defienden la existencia de un aumento de la nubosidad como consecuencia del aumento de la temperatura mientras que otros apoyan la tesis de su disminución) podemos comprender los problemas que aún quedan por resolver para mejorar la fiabilidad y la precisión de los resultados de los modelos.

Las dificultades no son menores a la hora de seleccionar la resolución espaciotemporal adecuada para el modelo. Con respecto a la resolución espacial, el problema primordial se plantea por el hecho de que los fenómenos actuantes en el sistema tienen muy diversas escalas espaciales de actuación, dándose además la circunstancia de que, a pesar de la gran magnitud del sistema, muchos de los fenómenos relevantes para el establecimiento de su balance de energía se desarrollan en espacios muy reducidos.

En este sentido cabría esperar que los resultados del modelo fueran tanto más satisfactorios cuanto más fina fuera su malla, y en principio así es, pero, dados los enormes costes y dificultades que implica trabajar con una resolución espacial tan detallada, la elección final se resuelve mediante un análisis de costes/beneficios y teniendo en cuenta la naturaleza del problema que se pretende resolver con el modelo.

De hecho, para algunos problemas sencillos la elección de una resolución espacial muy detallada resulta innecesaria e incluso puede llegar a ser inapropiada, porque puede conducir a incorporar en el modelo procesos que actúan a escalas más pequeñas que las que el propio modelo tiene que resolver con arreglo a su diseño. En general, sin embargo, éste no suele ser el caso más frecuente, sobre todo para los modelos de simulación de la circulación atmosférica general, en los cuales el problema es justo el contrario: la malla es demasiado grosera y entre sus puntos tienen lugar fenómenos relevantes que escapan a la consideración del modelo. Es el caso, por ejemplo, de la nubosidad, cuyo papel en el balance de energía es incuestionable, pero cuya consideración, sobre todo en el caso de nubes convectivas aisladas, se hace imposible por su reducida dimensión.

Para solucionar estos problemas derivados de la existencia de fenómenos importantes inferiores al tamaño de la malla se acude a su representación, no individual, sino colectiva, por medio de la parametrización, que consiste en la obtención de relaciones estadísticas entre las variables que son resueltas por la red y las que no lo son, para inferir éstas a partir de aquéllas. Así, por ejemplo, la nubosidad, no resuelta por la red, podría evaluarse en cada celdilla a partir de los valores medios de temperatura y humedad, los cuales sí se miden en cada cuadrícula. Para ello basta con establecer la ecuación que relaciona estas magnitudes, introduciendo un parámetro o factor de proporcionalidad que se deduce empíricamente de los datos de temperatura y humedad. La nubosidad y sus efectos sobre el sistema se introducen así en el modelo, aun cuando sea imposible evaluar el estado y la evolución individual de cada nube.

Lógicamente, la parametrización implica la aparición de nuevas fuentes de imprecisión y sesgo en los modelos, pero sin ella la modelización del sistema sería imposible. De hecho, gran parte de los procesos considerados en los modelos de la circulación atmosférica general resultan de la parametrización.

La elección de la resolución temporal adecuada no se enfrenta a menos problemas dado que también en este caso los procesos intervinientes en el sistema actúan en escalas temporales muy diversas, incluso más diversas que las espaciales (véase cuadro 10.5).

CUADRO 10.5

Tiempos de equilibración para distintos subsistemas del sistema climático *

	Tiempo de equilibración	
Dominio climático	Segundos	Equivalente
Atmósfera		
Libre	~ 10^6	~ 11 días
Capa límite	~ 10^5	~ 24 horas
Océano		
Capa mixta	~ 10^8-10^9	~ 7-8 años
Fondo del mar	~ 10^{10}	~ 300 años
Hielo del mar	~ 10^6-10^{10}	días-siglos
Continentes		
Lagos y ríos	~ 10^6	~ 11 días
Suelo/vegetación	~ 10^6	~ 11 días
Nieve y superficie capa de hielo	~ 10^5	~ 24 horas
Glaciares de montaña	~ 10^{10}	~ 300 años
Capas de hielo	~ 10^{12}	~ 3.000 años
Manto de la tierra	~ 10^{15}	~ 30 mill. de años

Fuente: Henderson-Sellers y Mac Guffie, *Introducción a los modelos climáticos,* Barcelona, Omega, 1990.

* Se entiende por tiempo de equilibración el tiempo que el subsistema necesita para reequilibrarse después de una pequeña perturbación. Habitualmente se expresa a través del tiempo de multiplicación, «e», que un sistema necesitaría para reducir un cambio de situación impuesto hasta 1/e partes del valor alterado.

Así, mientras que la atmósfera reacciona con mucha rapidez a los cambios (del orden de horas o días), los océanos reaccionan mucho más despacio, con escalas que oscilan entre unos días para las capas superficiales y milenios para las profundidades marinas. Algo similar ocurre con la cubierta de hielo, que reacciona a los cambios en el plazo de días para los hielos marinos, pero de milenios para los casquetes permanentes. Los procesos terrestres reaccionan en escalas que oscilan entre unos días y unos meses. Por último, la biosfera contiene procesos que reaccionan en horas, como el crecimiento del plancton, y otros que invierten siglos, como el crecimiento de los árboles.

Ante esta diversidad de escalas, la elección de la resolución temporal comporta siempre imprecisiones y de nuevo es el criterio coste/beneficio el que permite seleccionar la más adecuada para cada caso concreto. Resulta de todo ello la existencia de una gran diversidad de modelos, cada uno de los cuales aborda problemas específicos y arroja también resultados diferentes en la consideración de cada uno de los problemas.

La diversidad de los modelos climáticos se deriva esencialmente del tipo de procesos que modelizan y de la resolución espacio-temporal con que abordan la modelización. Con respecto a los procesos a modelizar, éstos son básicamente de tres tipos:

A. Radiativos, es decir, aquellos que conciernen al balance que se establece entre la radiación solar entrante en el sistema y la radiación infrarroja que parte de él.

B. Dinámicos, que aluden al movimiento de la energía alrededor del globo, así como entre las distintas capas verticales.

C. Procesos de la superficie, que reflejan las distintas reflectividades y emisividades de cada superficie, así como los intercambios de energía que se registran entre la superficie y la atmósfera.

Por su parte, la resolución espacio-temporal, como ya hemos visto, alude a los intervalos temporales considerados en cada modelo y a las escalas horizontal y vertical de fragmentación del conjunto del sistema.

Las variaciones en uno y otro concepto conducen a diferentes tipos de modelos que aparecen consignados en la figura 10.14, una pirámide en la cual los tres ejes representan los tres tipos de procesos mencionados hace un momento, y la altura alude al grado de complejidad con que se abordan estos procesos, siendo la complejidad creciente a medida que ascendemos desde la base.

De la figura 10.14 puede deducirse que existen cuatro tipos básicos de modelos[7]:

A. Los modelos de balance de energía (MBE), que son modelos unidimensionales que evalúan la variación de la temperatura de la superficie (sólo al nivel del mar) con la latitud (la dimensión considerada en ellos es, pues, la latitud). Para ello parten de relaciones simplificadas que calculan las condiciones que contribuyen al balance de energía en cada zona latitudinal.

B. Los modelos unidimensionales radiativo-convectivos (1-D RC), que calculan el perfil vertical de la temperatura a partir de un valor medio global y teniendo en cuenta los procesos radiativos y convectivos que se desarrollan en la atmósfera. Aquí

[7] La pirámide no incluye los modelos denominados de dimensión 0, que son aquellos que no integran ninguna dimensión espacial, ni horizontal ni vertical, sino que se limitan a evaluar la temperatura global atmosférica basándose en las ecuaciones termodinámicas del balance de energía.

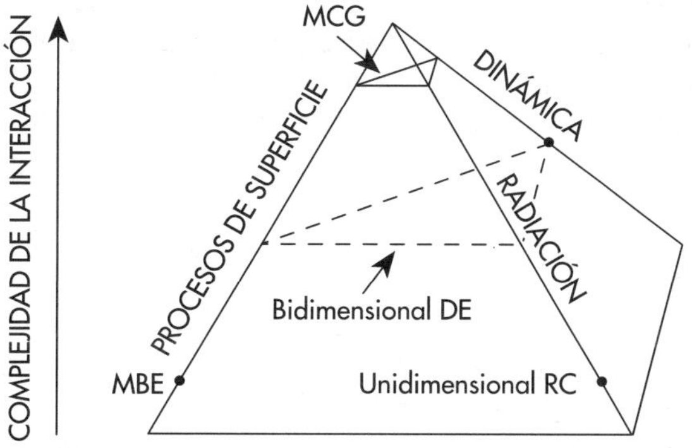

MCG: Modelos de la circulación general.
MBE: Modelos de balance de energía.
DE: Modelos bidimensionales dinámico-estadísticos.
RC: Modelos unidimensionales radiativo-convectivos.

FIGURA 10.14. Pirámide expresiva de la modelización del clima. La pirámide representa los principales modelos climáticos existentes actualmente en función de los procesos considerados (los tres ejes de la pirámide) y de la complejidad con que se abordan estos procesos (altura sobre la base de la pirámide). La posición de un modelo en la pirámide indica la complejidad con la que interaccionan los tres procesos primarios. La progresión ascendente de la pirámide lleva a una mayor interacción entre cada proceso primario. El eje vertical no es cuantitativo. Fuente: Henderson-Sellers y Mac-Guffie, *Introducción a los modelos climáticos,* Barcelona, Omega, 1990, pág. 40

la dimensión considerada es la vertical (no ofrecen variaciones espaciales horizontales) y los procesos modelizados esencialmente son los radiativos.

C. Los modelos bidimensionales dinámico-estadísticos (2-D SD), que abordan dos tipos de procesos fundamentales: los procesos de la superficie y los procesos dinámicos, considerando dos dimensiones espaciales: la latitud y la altura.

D. Los modelos de la circulación general (GCMs), que son los más complejos, al considerar todos o la mayoría de los procesos físicos que se suponen relevantes para el clima, y al abordarlos en tres dimensiones: la latitud, la longitud y la altura. En sus últimos desarrollos estos modelos llevan también acoplado un modelo de circulación general oceánica, dadas las importantísimas repercusiones que el comportamiento del océano tiene sobre el clima.

Nosotros no vamos a abordar aquí una exposición detallada de todos estos tipos de modelos; nos vamos a limitar a hacer algunas consideraciones básicas en torno a los modelos de la circulación general, pero antes parece conveniente abordar alguno de los modelos más simples, los cuales, precisamente por su simplicidad, pueden contribuir a una asimilación más profunda de los métodos y la filosofía subyacentes en la elaboración de los modelos climáticos en general.

Entre estos modelos más simples destacan los modelos de balance de energía y, en concreto, vamos a seleccionar uno de dimensión 0, es decir, un modelo que utiliza valores promediados del balance de energía para todo el planeta sin tomar en consideración ninguna dimensión espacial; a continuación introduciremos la dimensión latitudinal en el modelo.

En nuestro modelo de balance de energía global el objetivo fundamental es calcular las variaciones de la temperatura media de la superficie terrestre a partir de las entradas y salidas de energía que se registran en el globo. La temperatura (T) es pues la variable dependiente que habrá que resolver a partir de las ecuaciones del balance de energía.

En realidad, estas ecuaciones pueden reducirse a una sola que respondería a la expresión:

$$\rho C \cdot \Delta T/\Delta t = R\downarrow - R\uparrow \qquad [10.1]$$

donde:

ρC es la capacidad calorífica del sistema, es decir, la cantidad de calor necesaria para elevar su temperatura en 1 K;
$\Delta T/\Delta t$ es la tasa de variación de la temperatura (T) en el tiempo (t);
$R\downarrow$ es la cantidad de radiación incidente en el límite de la atmósfera;
$R\uparrow$ es la cantidad de radiación que sale del sistema.

Para simplificar aún más la situación imaginemos que queremos aplicar esta fórmula al cálculo del incremento de temperatura experimentado en un día por una piscina de 30 m. de largo por 10 m. de ancho y con una profundidad de 2 m., supuesto que hay una mezcla continua de agua en todo el volumen de la piscina.

La capacidad calorífica de la piscina (ρC) puede calcularse sabiendo que hacen falta 4.200 julios de energía para elevar la temperatura de 1 Kg de agua en 1 K, y que 1 m^3 de agua pesa 1.000 kg.

El volumen de agua de la piscina valdría 30 m · 10 m · 2 m = 600 m^3. El peso del agua de la piscina sería de 600 m^3 · 1.000 kg = 600.000 kg. En consecuencia, la capacidad calorífica de la piscina sería:

$$\rho C = 4.200 \text{ J/kg} \cdot 600.000 \text{ kg} = 2{,}52 \cdot 10^9 \text{ J},$$

que sería la cantidad de calor necesaria para elevar en 1 K la temperatura de la piscina.

Supongamos que el balance de energía de la piscina ($R\downarrow - R\uparrow$) durante un día es de 20 W/m^2. Dado que 1 W = 1 J/seg, el balance de energía de la piscina en J/día equivaldría a:

$$20 \text{ W/m}^2 = 20 \cdot 60 \cdot 60 \cdot 24 = 1.728.000 \text{ J/día/m}^2$$

Dado que la piscina tiene una superficie de 300 m^2 (30 · 10), la cantidad total de energía acumulada cada día en la piscina sería de:

$$1.728.000 \text{ J/día/m}^2 \cdot 300 \text{ m}^2 = 5{,}18 \cdot 10^8 \text{ J/día}$$

Una vez que conocemos (y tenemos expresadas en las mismas unidades) ρC y ($R\downarrow - R\uparrow$) podemos calcular ΔT para el conjunto de la piscina en un día aplicando la fórmula [10.1]:

$$2{,}52 \cdot 10^9 \cdot \Delta T = 5{,}18 \cdot 10^8$$

de donde se deduce que:

$$\Delta T = 0{,}2\ K$$

Así pues, teniendo en cuenta las características de la piscina y su balance de energía, habría que esperar un aumento diario de su temperatura de 0,2 K.

De modo similar se puede calcular la variación de la temperatura de la Tierra, aunque en este caso hay que hacer algunas aproximaciones para estimar los parámetros necesarios para resolver la ecuación.

Así, en el caso de la Tierra el valor de ρC está determinado en gran medida por los océanos, la gran reserva calorífica del planeta. Su cálculo exige, pues, la consideración de las masas oceánicas. Si asumimos que la energía es absorbida por los primeros 70 m del océano (la profundidad media global de la capa de mezcla) y si tenemos en cuenta que aproximadamente el 70 % del planeta está cubierto por océanos, podemos calcular el valor de ρC para la Tierra por medio de la expresión:

$$C = \rho_w \cdot c_w \cdot d \cdot 0{,}7 \qquad [10.2]$$

donde:

ρ_w es la densidad del agua del mar;
c_w es el calor específico del océano a presión constante;
d es la profundidad de la capa de mezcla;
0,7 es el tanto por uno del planeta que se halla cubierto por océanos.

La resolución de la ecuación conduce a un resultado de:

$$\rho\, C = 2{,}06 \cdot 10^8\, J/m^2$$

Por su parte, el valor de R↓ puede estimarse a partir de la temperatura superficial de la Tierra, usando la ley de Stefan-Boltzman ligeramente corregida mediante la consideración de la transmisividad infrarroja de la atmósfera (τ_a), de forma tal que la expresión quedaría:

$$R\uparrow = \xi \cdot \sigma \cdot T^4 \qquad [10.3]$$

Por último, la radiación absorbida (R↓) está en función del flujo solar (S) y del albedo planetario (A), de forma tal que:

$$R\downarrow = S(1\text{-}A) \qquad [10.4]$$

En consecuencia, para el cálculo de la variación de la temperatura en la superficie terrestre la ecuación [10.1] quedaría de la siguiente forma:

$$\Delta T/\Delta t = [S(1\text{-}A) - \xi \cdot \tau_a \cdot \sigma \cdot T^4]/\rho C \qquad [10.5]$$

Esta expresión puede recibir diferentes usos; uno de ellos podría ser la verificación del grado de equilibrio térmico del planeta, el cual implicaría que $\Delta T/\Delta t = 0$ y, en consecuencia,

$$S(1\text{-}A) = \xi \cdot \tau_a \cdot \sigma \cdot T^4$$

Pues bien, Henderson-Sellers (1986), usando valores de $S = 342{,}5$, $A = 0{,}3$, $\xi \cdot \tau_a = 0{,}62$ y $\sigma = 5{,}6 \cdot 10^{-8}$, obtiene una temperatura de equilibrio para el planeta de 287 K, lo cual concuerda bastante bien con la temperatura media global de la superficie terrestre en la actualidad[8].

Otro uso de la ecuación [10.5] podría ser el cálculo de las variaciones térmicas previstas en el planeta para cualquier cambio externo del sistema, como la constante solar, o incluso para cualquier cambio interno, como una modificación del albedo.

Una vez visto el modelo de dimensión 0, para comprender los modelos unidimensionales del balance de energía ya sólo nos resta introducir la dimensión espacial, en este caso la variación latitudinal, dado que estos modelos ignoran las variaciones longitudinales y verticales de la temperatura.

La incorporación de la dimensión espacial exige considerar las variaciones latitudinales experimentadas por el balance de energía y, al ser éste diferente para cada banda zonal, exige también la introducción de un término expresivo de la transferencia horizontal de energía, de forma tal que la ecuación inicial del modelo [10.1] quedaría así:

$$\rho C \cdot \Delta T/\Delta t(\theta) = R\downarrow(\theta) - R\uparrow(\theta) + \text{transporte de calor en la zona } \theta \qquad [10.6]$$

La radiación absorbida en cada latitud se calcula mediante la expresión:

$$R\downarrow(\theta) = S(\theta) \cdot [1 - A(T,\theta)]$$

La radiación saliente [$R\uparrow(\theta)$] se suele parametrizar en función de la temperatura por medio de la expresión:

$$R\uparrow = B_1 + B_2 \cdot T$$

donde B_1 y B_2 son constantes que se obtienen empíricamente mediante las relaciones observadas entre $R\uparrow$ y T.

Por su parte, el término expresivo del transporte horizontal de calor también se evalúa, relacionando en este caso el flujo latitudinal de energía con el gradiente horizontal de energía (lo que se denomina una aproximación «por difusión»). Normalmente se considera este flujo proporcional a la desviación de la temperatura zonal, T, respecto a la temperatura media global, T. En consecuencia, el transporte latitudinal de calor es igual a D(T–T), donde D es una constante de proporcionalidad que se obtiene a partir de observaciones directas del flujo latitudinal de energía.

Así pues, la ecuación final del balance de energía para cada banda latitudinal quedaría:

$$\rho C \cdot \Delta T/\Delta t(\theta) = S(\theta) \cdot [1 - A(T,\theta)] - [B_1(\theta) - B_2(\theta) \cdot T(\theta)] + D \cdot (T(\theta) - T) \qquad [10.7]$$

[8] El valor de S = 342,5 se ha obtenido dividiendo la constante solar (1.370 W/m^2) por 4, dado que el área que intercepta la radiación solar en cada instante es mucho más pequeña que el área que emite la radiación (toda la superficie terrestre). En consecuencia, para hacer comparables $R\uparrow$ y $R\downarrow$ hay que dividir la constante solar por 4 (véase Henderson-Hellers, 1986, pág. 359).

En el caso de que consideráramos este balance para un promedio anual, y dado que en este caso cada banda latitudinal goza de equilibrio térmico, la expresión se reduciría a lo siguiente:

$$S(\theta)[1-A(T,\theta)] - [B_1(\theta) - B_2(\theta) \cdot T(\theta)] = D(T(\theta)-T) \qquad [10.8]$$

Lógicamente el modelo presenta algunas simplificaciones, no en vano es el más simple que existe, pero precisamente su simplicidad y su comodidad de cálculo lo hacen muy útil y, en nuestro caso, se supone que nos habrá situado en mejores condiciones para entender los modelos de la circulación general atmosférica, algo más complejos y sofisticados, y que no podremos abordar con tanto detalle.

El objetivo de los modelos climáticos de la circulación general es simular el funcionamiento del conjunto del sistema climático con todos o la mayoría de los procesos que en él resultan significativos y teniendo en cuenta el carácter tridimensional de la atmósfera.

La consideración del carácter tridimensional de la atmósfera se resuelve mediante una red cartesiana[9] que divide a ésta en celdillas con un espaciamiento regular en longitud y latitud y con un espaciamiento vertical no tan regular, sino determinado por la importancia que cada capa atmosférica tiene para los procesos climáticos, de forma que suele haber mayor nivel de detalle en las capas de aire próximas al suelo o cerca de la tropopausa que en los restantes niveles atmosféricos (véase figura 10.15).

El espaciamiento de las celdillas es variable de unos modelos a otros, pero en la actualidad predominan aquellos que dividen a la atmósfera en celdillas de $5^\circ \times 5^\circ$ o $3^\circ \times 3^\circ$ de longitud y latitud y que la fragmentan en un número de capas verticales que oscila entre 6 y 15. Tal resolución espacial parece arrojar los mejores resultados en el análisis coste/beneficio teniendo en cuenta la capacidad de computación existente actualmente. A su vez, la resolución temporal suele ser aquella que establece secuencias de unos treinta minutos.

Con este entramado espacio-temporal el modelo debe resolver al menos cuatro ecuaciones físicas básicas que describen el comportamiento del aire en la atmósfera (véase cuadro 10.6). Además, y partiendo también de este entramado, se incorporan los procesos atmosféricos más relevantes, que aparecen representados en la figura 10.16.

De ellos hay algunos especialmente problemáticos a la hora de su inclusión en el modelo. Es el caso de la nubosidad, por los problemas derivados de su relación con la temperatura ya mencionados, y por la necesidad de considerar las pequeñas nubes convectivas, que escapan a las dimensiones de la red, pero que, dada su importancia para los balances de energía, deben parametrizarse.

Las relaciones entre la atmósfera y la superficie terrestre también son objeto de parametrización, dividiéndose para este propósito la superficie terrestre en dos capas, al objeto de simular el almacenamiento diurno y estacional de humedad y de calor y los intercambios con la atmósfera.

Pero son los océanos los que mayores problemas plantean a la hora de su inclusión en los modelos, y ello debido esencialmente a los diferentes tiempos de respues-

[9] Existen también modelos espectrales, en los cuales la superficie se conserva como una red cartesiana, pero los campos atmosféricos se manejan en forma de ondas (véase Henderson-Hellers, 1990).

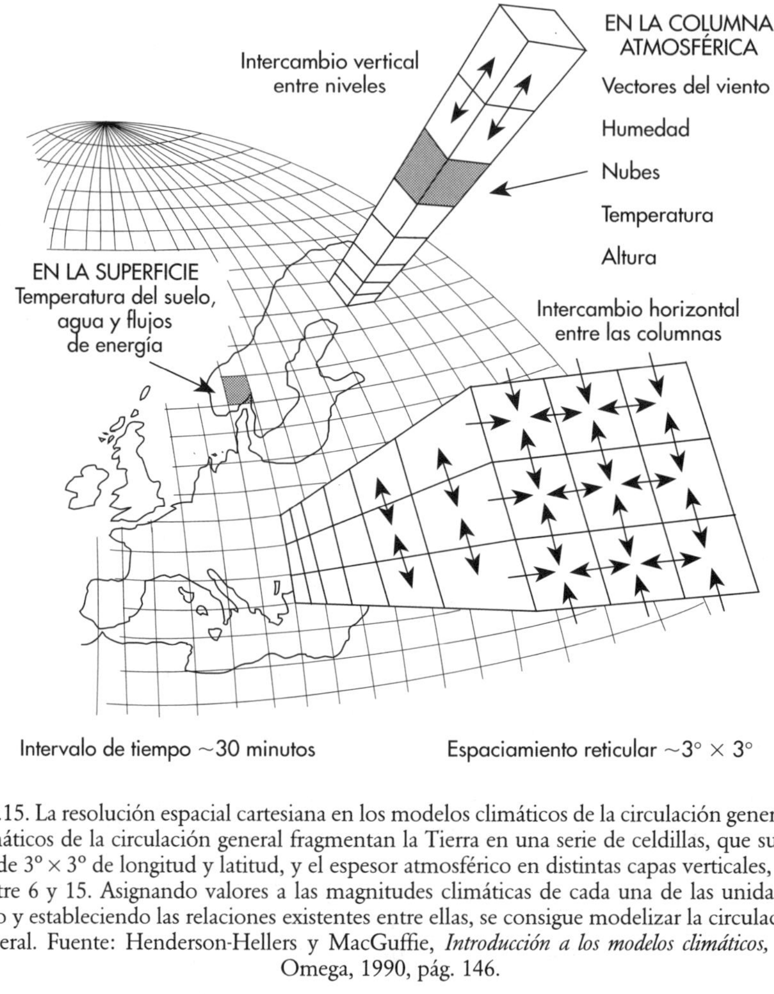

FIGURA 10.15. La resolución espacial cartesiana en los modelos climáticos de la circulación general. Los modelos climáticos de la circulación general fragmentan la Tierra en una serie de celdillas, que suelen ser de 5° × 5° o de 3° × 3° de longitud y latitud, y el espesor atmosférico en distintas capas verticales, que suelen oscilar entre 6 y 15. Asignando valores a las magnitudes climáticas de cada una de las unidades de este entramado y estableciendo las relaciones existentes entre ellas, se consigue modelizar la circulación atmosférica general. Fuente: Henderson-Hellers y MacGuffie, *Introducción a los modelos climáticos,* Barcelona, Omega, 1990, pág. 146.

ta que éstos presentan en relación con las restantes envolturas planetarias (véase cuadro 10.5). Ello ha motivado que hasta muy recientemente el océano sólo fuera considerado en los modelos como una fuente infinita de humedad y con una temperatura fija basada en los valores medios observados. En la actualidad, sin embargo, y dada la importancia de los océanos en el comportamiento térmico de todo el planeta, se calcula en cada momento la temperatura oceánica a partir de la cantidad de calor almacenada en la capa de mezcla (que se suele considerar formada por los primeros 70 o 100 metros de profundidad), se parametrizan los intercambios entre el océano y la atmósfera, e incluso se toma en consideración el transporte horizontal de calor ejercido por los océanos a partir de la inclusión en los modelos de la circulación oceánica. Solamente las profundidades marinas, con tiempos de respuesta milenarios y, por tanto difícilmente computables, escapan aún a la consideración de los modelos, permaneciendo como una mera fuente y sumidero de humedad.

Todos estos problemas —y muchos más que no hemos considerado— y sus diferentes modos de resolución generan una gran variedad de modelos de circula-

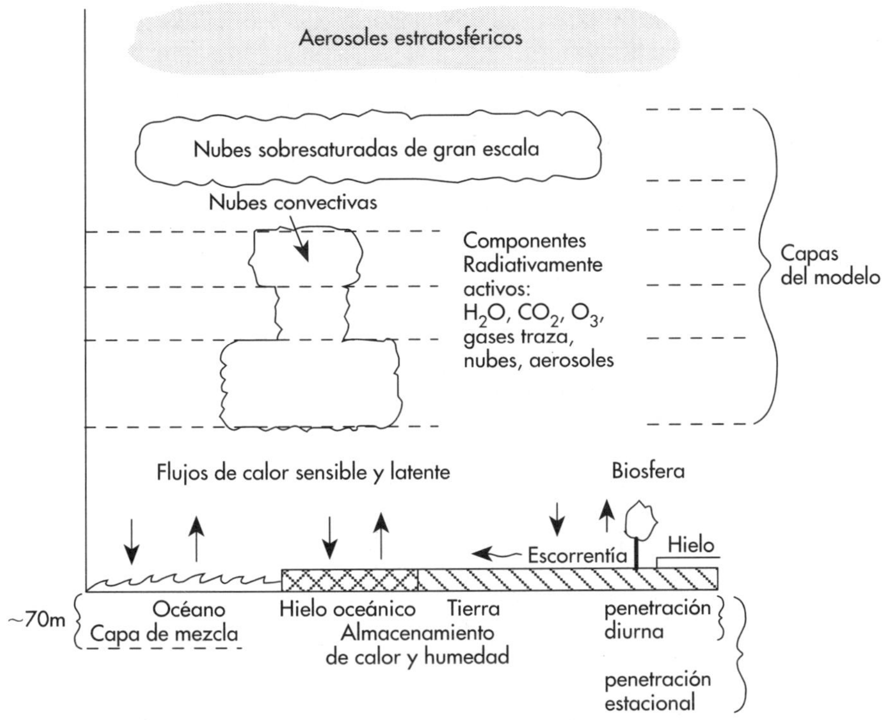

FIGURA 10.16. Representación esquemática de los procesos parametrizados en los modelos climáticos de la circulación general. En los modelos climáticos de la circulación general se parametrizan multitud de procesos que afectan no sólo a la cubierta atmosférica, sino también a la litosfera, la biosfera, la criosfera y la hidrosfera. Esta última, y en particular el comportamiento de los océanos, es la que plantea mayores problemas para su parametrización. Fuente: Henderson-Hellers y Robinson, *Contemporary climatology*, Longman, Scientific and Technical, 1986, pág. 371

ción general, algunos de los cuales y a título de ejemplo aparecen reflejados en el cuadro 10.7.

Asimismo estos problemas generan una fuente importante de incertidumbre y diversidad en los resultados. No obstante, su extraordinaria utilidad y la validez de sus predicciones se ponen claramente de manifiesto si tenemos en cuenta que los resultados de las previsiones realizadas con modelos económicos sobre el uso de energía para el año 2050 ofrecen un margen de predicción de – 50% a + 500 %, en tanto que las previsiones realizadas para la misma fecha con modelos climáticos sobre el aumento de temperatura derivado de una duplicación del CO_2 atmosférico oscilan sólo entre + 6 y + 21 % (Henderson-Sellers, 1990).

3. CAUSAS DE LOS CAMBIOS CLIMÁTICOS

Pero, además, lo que han aportado los modelos es una idea general en torno al funcionamiento del sistema climático y, en consecuencia, han permitido desentrañar sus variables o componentes con mayor capacidad para alterar su equilibrio, siendo

CUADRO 10.6

Ecuaciones básicas resueltas en los modelos climáticos de la circulación general

1. Conservación de la energía (primer principio de la termodinámica).

Energía entrante = aumento de la energía interna + trabajo realizado.

2. Conservación del momento (segunda ley del movimiento de Newton).

Fuerza = masa · aceleración.

3. Conservación de la masa (ecuación de la continuidad).

La suma de los gradientes del producto de la densidad por la velocidad del viento en las tres direcciones ortogonales es nula.

4. Ley de los gases perfectos (Una aproximación a la ecuación de estado).

Presión · Volumen = Constante del gas · Temperatura absoluta.

Fuente: Henderson-Sellers y Mac Guffie, *Introducción a los modelos climáticos,* Barcelona, Omega, 1990, pág. 43.

estos componentes aquellos que tienen un papel claro y destacado en el balance energético del sistema.

Si partimos del Sol como fuente de energía externa al sistema, y nos vamos aproximando progresivamente a la superficie terrestre, estos componentes serían los siguientes:

A. La radiación solar, de cuyos cambios podrían derivarse importantes variaciones en la cantidad de calor que penetra en el sistema.

B. La composición atmosférica, que es el primer filtro que se opone entre el Sol y la superficie terrestre, determinando en gran medida el balance energético del planeta.

C. Las características orbitales de la Tierra en relación con el Sol, dado que de ellas depende la recepción de la radiación solar por parte de las distintas zonas del planeta.

D. La naturaleza de la superficie terrestre, que con su peculiar utilización de la radiación solar en cada caso determina la cantidad de calor que se almacena en cada área.

E. Las circulaciones atmosférica y oceánica, que trasvasan el calor de los enclaves excedentarios a los deficitarios, garantizando el equilibrio térmico del sistema, y pudiendo derivarse grandes desequilibrios latitudinales de una alteración significativa en las mismas.

Dos de estas variables son externas al sistema: la tasa de emisión de la radiación solar y los caracteres orbitales de la Tierra en relación con el Sol; las restantes son variables internas al propio sistema, pero unas y otras resultan de igual trascendencia para su equilibrio final. Por eso vamos a examinar el papel que cada una de ellas desempeña en el conjunto, y los cambios que pueden esperarse de sus variaciones; a continuación abordaremos el papel de la acción humana sobre el sistema.

3.1. *El papel de las variables externas al sistema en la génesis de los cambios climáticos*

3.1.1. La tasa de emisión de la radiación solar

Aunque habitualmente se habla de la radiación emitida por el Sol en términos de «constante solar», en realidad no es estrictamente constante, sino que presenta variaciones cíclicas o casi cíclicas de dos tipos (véase figura 10.17):

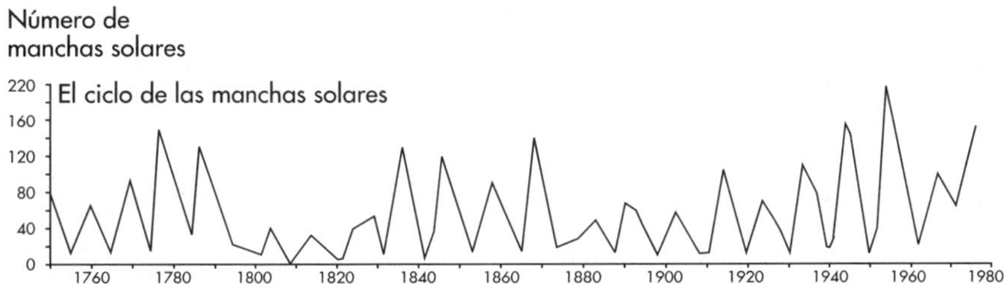

FIGURA 10.17. Número de manchas solares registradas entre 1750 y 1980. El número de manchas solares muestra un ciclo claro de once años de duración y otro menos evidente de unos ochenta años. Fuente: Hardy y otros, *El libro del clima,* Madrid, Herman Blume, 1983, pág. 162

En primer lugar existe un ciclo de unos once años, con arreglo al cual el Sol cambia de aspecto, pasando de no tener ningún rasgo característico a estar moteado de manchas negras, para volver de nuevo a su estado inicial. Es el ciclo denominado de las «manchas solares». Estas manchas son sólo síntomas de cambios más profundos en el nivel de la actividad solar, de forma que cuando el Sol está moteado de abundantes manchas, es más activo y el haz de rayos enviado a través del espacio (lo que se denomina el «viento solar») sopla con más fuerza. A la inversa, la escasez de manchas se traduce en una menor actividad solar y en un viento solar más suave.

Pero además la actividad solar registra un ciclo a más largo plazo, de ochenta a cien años, en el cual se inscribe el ciclo anterior[10]. Lógicamente, en las fases de tranquilidad general la radiación incidente en la Tierra es menor y, en consecuencia, ésta debería enfriarse, sucediendo lo contrario en las fases de gran actividad solar.

Algunos autores achacan a este fenómeno el frío intenso registrado en Europa durante la Pequeña Edad del Hielo, que coincide, efectivamente, con un mínimo de la actividad solar (el mínimo de Maunder), o el calentamiento experimentado a comienzos del siglo XX, que se instala, por el contrario, sobre una fase de gran actividad (véase figura 10.17). De todos modos, no parece haberse demostrado hasta ahora la

---

[10] Algunos autores hablan también de la existencia de una fluctuación casi cíclica de unos ciento ochenta años (véase Henderson-Hellers, 1990).

Cuadro 10.7

*Modelos climáticos utilizados en experimentos de respuesta de equilibrio para una duplicación del CO_2 atmosférico**

Modelos	Grupo	Investigadores	Año	Resolución: N.° ondas o ° lat. × ° long.	Resolución: N.° de capas verticales	Ciclo diurno	Convección	Transporte Calor Oceánico	Nubosidad	Propiedades de la nubosidad	Δt °C	Δp %	Observaciones
A. Nubosidad fija oromeciada zonalmente. Sin transporte oceánico de calor.													
1	GFDL	Manabe & Stonffer	1980	R 15	9	N	ACH	N	NF	F	2	3,5	Basado en una simulación para 4 × CO_2
2		Wetnerald & Manabe	1986	R 15	9	N	ACH	N	NF	F	3,2	n.d.	
B. Nubosidad variable. Sin transporte oceánico de calor.													
3	OSJ	Schlesinger & Zhao	1989	4° × 5°	2	N	CP	N	HR	F	2,8	8	
4			1989	4° × 5°	2	N	CP	N	HR	F	4,4	11	
5	MRI	Noda & Tokioka	1989	4° × 5°	5	S	CP	N	HR	F	4,3	7	No se alcanza el equilibrio
6	NCAR	Washington & Moohl	1984	R 15	9	N	ACH	N	HR	F	3,5	7	
7			1989	R 15	9	N	ACH	N	HR	F	4	8	
8	GFDL	Wetnerald & Manabe	1986	R 15	9	N	ACH	N	HR	F	4	9	
C. Nubosidad variable. Con transporte oceánico de calor prescrito.													
9	AUS	Gordon & Hunt	1989	R 2'	4	S	ACH	S	HR	F	4	7	
10	GISS	Hanson y otros	1981	8° × 10°	7	S	CP	S	HR	F	3,9	n.d.	
11		Hanson y otros	1984	8° × 10°	9	S	CP	S	HR	F	4,2	11	
12		Hanson y otros	1984	8° × 10°	9	S	CP	S	HR	F	4,8	13	
13	GFDL	Wetnerald & Manabe	1989	R 15	9	N	ACH	S	HR	F	4	8	

14	MGO	Moleshko y otros	1990	T 21	9	N	CP	S	HR	F	n.d.	n.d.	La simulación está en fase de realización
15	UKMO	Wilson & Mitchell	1987	5° × 7,5°	11	S	CP	S	HR	F	5,2	15	
16		Mitchell & Wanilow	1987	5° × 7,5°	11	S	CP	S	HR	F	5,2	15	
17		Mitchell y otros	1989	5° × 7,5°	11	S	CP	S	A	F	2,7	6	
18			1989	5° × 7,5°	11	S	CP	S	A	F	3,2	8	
19			1989	5° × 7,5°	11	S	CP	S	A	V	1,9	3	
D. Alta resolución													
20	CCC	Boer y otros	1989	T 32	10	S	ACH	S	HR	V	3,5	4	
21	GFDL	Wetnerald & Manabo	1989	R 30	9	N	ACH	S	HR	F	4	8	
22	UKMO	Mitchell y otros	1989	2,5° × 3,75°	11	S	CP	S	A	F	3,5	9	

* Todos los modelos son globales, con una geografía realista, con capa de mezcla oceánica y con ciclo estacional de insolación. Los resultados son la respuesta de equilibrio para una duplicación del CO_2, salvo que se afirme expresamente lo contrario.
Fuente: Houghton, Jenkins y Ephraums, «Climate Change. The IPCC Scientific Assessment», Cambridge University Press, 1990, pág. 81.

Simbología:

RT:	Truncación romboidal/triangular en el espacio espectral.	ACH:	Ajuste convectivo húmedo.
N:	No incluido.	A:	Nubosidad basada en el agua atmosférica.
S:	Incluido (Sí).	GFDL:	Geophysical Fluid Dynamics Laboratory, Princeton, U.S.A.
CP:	Convección penetrativa.	MGO:	Main Geophysical Observatory, Leningrado, U.R.S.S.
NF:	Nubosidad fija.	AUS:	CSIRO, Australia.
F:	Propiedades radiativas de la nubosidad fijas.	NCAR:	National Center for Atmospheric Research, Boulder, Colorado, U.S.A.
V:	Propiedades radiativas de la nubosidad variables.	CCC:	Canadian Climate Center.
HR:	Nubosidad basada en la condensación o en la humedad relativa.	MRI:	Meteorological Research Institute, Japón.
n.d.:	No disponible.	UKMO:	United Kingdom, Meteorological Office.

existencia de una correlación suficientemente clara entre el comportamiento de las temperaturas y los ciclos de la actividad solar. En cualquier caso, conviene destacar que en estos momentos nos encontramos en una fase de tranquilidad, lo que implicaría una posible tendencia al enfriamiento con arreglo a este factor.

3.1.2. Los caracteres orbitales de la Tierra en relación con el Sol

Tampoco los caracteres orbitales de la Tierra son constantes, como habitualmente se los suele presentar, sino que se ven sometidos a variaciones casi cíclicas, afectando estos ciclos a tres parámetros básicos (véase figura 10.18).

A. La órbita circunsolar, que cambia con un ciclo de 90.000 a 100.000 años, pasando de ser casi esférica a adoptar una forma elíptica. Estos cambios afectan esencialmente a la redistribución del calor sobre la Tierra a lo largo del año. Cuando la órbita es esférica la redistribución del calor a lo largo del año es más uniforme, dado que

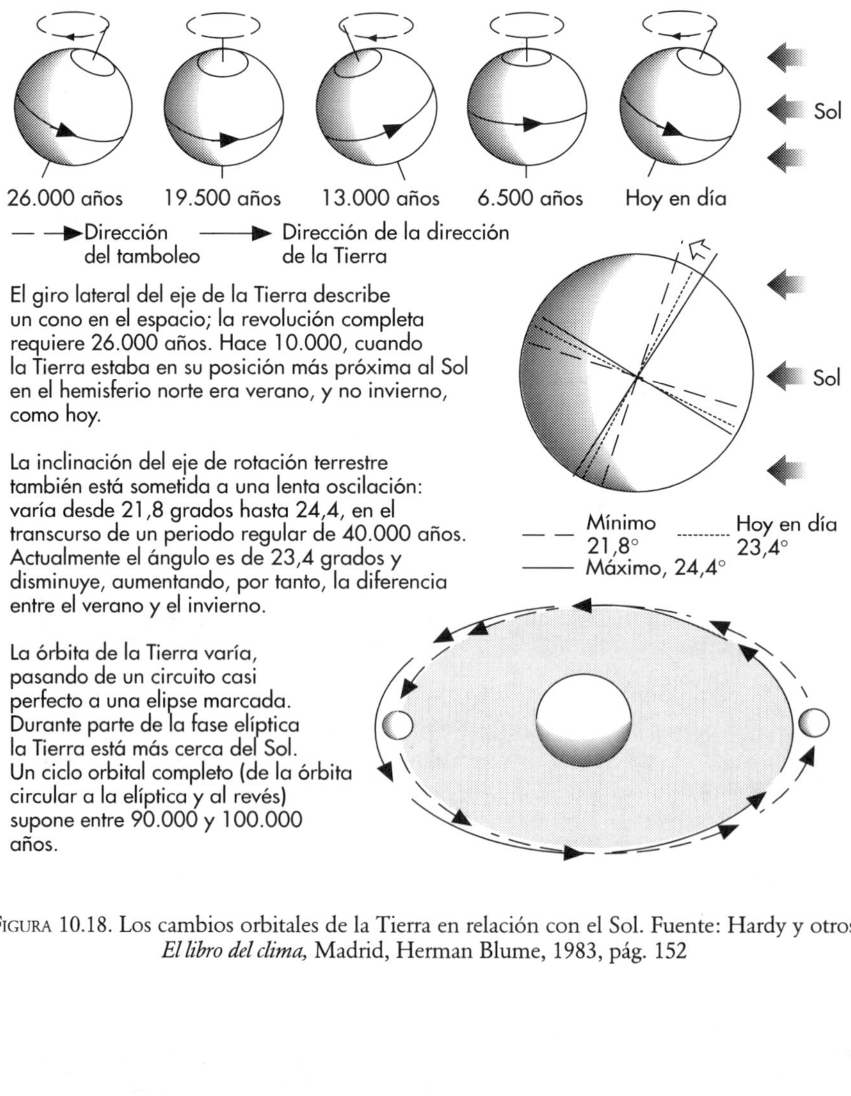

FIGURA 10.18. Los cambios orbitales de la Tierra en relación con el Sol. Fuente: Hardy y otros, *El libro del clima*, Madrid, Herman Blume, 1983, pág. 152

la Tierra se encuentra siempre a la misma distancia del Sol, lo cual no sucede con una órbita elíptica. Sin embargo, no parece tener una gran repercusión sobre la cantidad total de energía que incide en la Tierra, la cual sólo variaría en un orden de magnitud del 0,1 %.

B. La inclinación del eje de la Tierra, que varía con un ciclo de unos 40.000 años, oscilando entre un valor máximo de 24,4° y un valor mínimo de 21,8° (en la actualidad gozamos de una inclinación de 23,4°). Su efecto también se ejerce esencialmente sobre el ciclo estacional de la radiación solar, siendo éste muy contrastado (inviernos fríos y veranos calurosos) con los valores máximos de inclinación, y más suavizado cuando se registran valores mínimos, y afectando más los cambios, obviamente, a las latitudes altas que a las bajas.

C. El giro lateral del eje de la Tierra o precesión orbital, que varía con un ciclo aproximado de 26.000 años y determina la estación del año en la cual se sitúan el perihelio y el afelio.

Se entiende por movimiento de precesión el movimiento resultante en un cuerpo que tiene un movimiento de rotación en torno a su eje y al cual se le hace además girar en torno a otro eje distinto al de la rotación. El movimiento realizado por una peonza es quizá el que mejor ejemplifica la idea (véase figura 10.19) y el que se asemeja más al movimiento realizado por la Tierra, la cual, en efecto, además de girar alrededor de su propio eje, realiza un movimiento de giro alrededor del Sol.

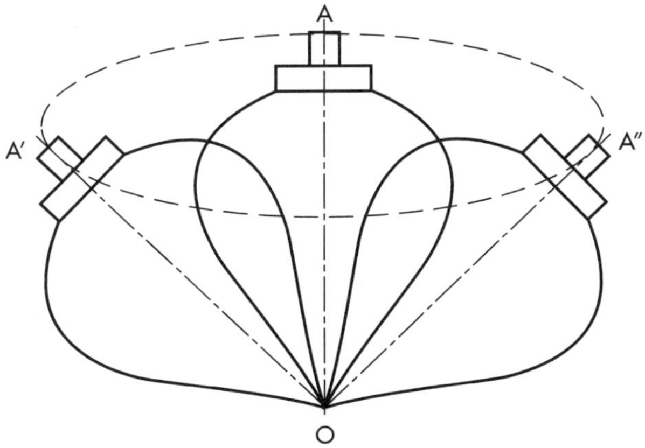

FIGURA 10.19. Movimiento de precesión del eje de rotación (OA) de una peonza. Si la peonza gira en el sentido de las agujas del reloj, la extremidad superior de su eje describe una circunferencia, pasando sucesivamente por las posiciones A, A' y A''. El eje describe un cono que tiene su vértice en O

Pues bien, las fuerzas gravitacionales que actúan sobre la Tierra la obligan a realizar un movimiento de precesión en sentido opuesto a su rotación, y con ello se modifica la ubicación estacional del perihelio y el afelio. En la actualidad el perihelio coincide con el invierno del hemisferio Norte, contraponiéndose los efectos de la distancia entre la Tierra y el Sol con la inclinación del eje de la Tierra; hace unos 13.000 años el perihelio coincidía con el verano del hemisferio Norte, actuando ambos efectos en el mismo sentido. Así pues, la precesión afecta también básicamente a la distribución estacional del calor sobre el planeta.

El efecto combinado de los tres ciclos produce cambios notorios en la distribución del calor entre las distintas latitudes y las distintas épocas del año y, ya en los años 30, el yugoslavo Milankovich puso de manifiesto cómo estos cambios podrían haber tenido una clara incidencia sobre los cambios climáticos acaecidos durante el Cuaternario.

La realidad es que el análisis espectral de las variaciones de temperatura registradas durante los últimos 500.000 años muestra la existencia de ciclos de aproximadamente 100.000, 40.000 y 20.000 años (vésase figura 10.20), coincidentes en gran medida con los ciclos de Milankovich, pero no resulta obvio que la causa de estas variaciones climáticas sean los ciclos orbitales; de hecho, el ciclo más relevante que resulta de los análisis es el de 100.000 años, en tanto que las variaciones energéticas menos marcadas son precisamente las que se producen en el ciclo de la órbita circunsolar.

Por otro lado, parece que los cambios climáticos con ciclo de 100.000 años, tales como los de los periodos glaciares cuaternarios, resultan ser demasiado bruscos como

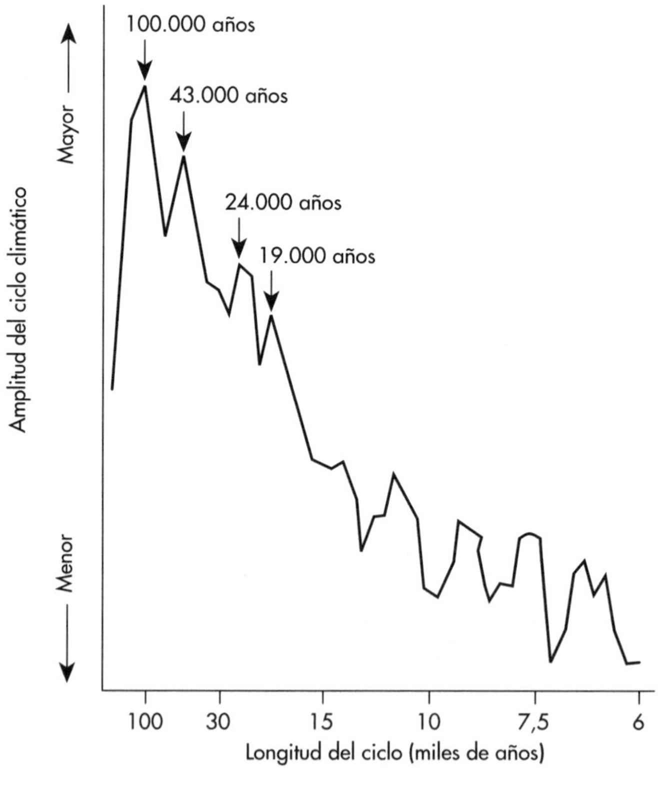

FIGURA 10.20. Análisis espectral de las variaciones climáticas registradas en los últimos 500.000 años. Las técnicas de análisis espectral aplicadas a las magnitudes climáticas, esencialmente la temperatura, muestran la existencia en ellas de cuatro ciclos fundamentales: uno primero y más relevante, de 100.000 años de duración, y otros tres de 43.000, 24.000 y 19.000 años respectivamente, lo que parece concordar razonablemente bien con los ciclos existentes en los parámetros orbitales de la Tierra. Fuente: Henderson-Sellers y MacGuffie, *Introducción a los modelos climáticos,* Barcelona, Omega, 1990, pág. 26

para ser explicados solamente en términos de los cambios energéticos producidos por los ciclos de Milankovich; de hecho, las modelizaciones que han simulado estos cambios energéticos no han arrojado nunca variaciones climáticas tan bruscas. En los últimos años, sin embargo, se ha puesto en evidencia la existencia de una concordancia bastante estrecha entre estos ciclos y el campo magnético terrestre (el cual será abordado más adelante), pudiendo reforzar esta concordancia el «efecto Milankovich». Ha resultado de ello una revitalización reciente de las teorías del astrónomo yugoslavo y la consideración de sus ciclos como uno de los posibles agentes desencadenantes de los cambios climáticos cuaternarios, a pesar de que todavía no existe una opinión unánime en este sentido.

No obstante, hay que destacar el hecho de que el advenimiento del interglaciar actual, hace unos 10.000 años, se produjo en unos momentos en los que la órbita circunsolar era más circular que la actual, la inclinación del eje de la Tierra era máxima, y el movimiento de precesión determinaba que el perihelio coincidiera con el verano del hemisferio Norte. Todo ello determinó la existencia de veranos muy calurosos que propiciaron la fusión de los casquetes de hielo polares. Si tenemos en cuenta la disminución de la reflectancia planetaria que esta fusión pudo provocar, podría llegar a entenderse el calentamiento general que sobrevino en esos momentos y que terminaría con la glaciación Würm.

También conviene reseñar que en los momentos actuales todos estos factores se vuelven menos favorables: la órbita es elíptica, la inclinación del eje de la Tierra disminuye y el perihelio coincide con el invierno del hemisferio Norte. Parece, pues, que los ciclos de Milankovich quisieran encaminarnos al fin del actual interglaciar y al establecimiento de un nuevo periodo glaciar.

3.2. *Causas internas al sistema*

3.2.1. La composición atmosférica

La radiación solar, antes de alcanzar la superficie terrestre, debe atravesar la atmósfera; a su vez, la irradiación terrestre utiliza este mismo vehículo para abandonar el sistema. La consecuencia de ello es que la atmósfera y sus distintos componentes se convierten en un primer filtro que condiciona el balance energético del sistema. Lógicamente, una variación notoria en estos componentes debería alterar dicho balance y conducir a cambios climáticos significativos.

El hombre es, sin duda, uno de los agentes fundamentales de variaciones en la composición atmosférica, pero estas variaciones se producen también por causas naturales, destacando entre ellas las siguientes:

A. *La actividad solar*. El papel de la actividad solar en la composición atmosférica se deriva de su capacidad para proteger a la atmósfera de los «rayos cósmicos intergalácticos». Estos rayos, procedentes del exterior del sistema solar, fomentan la formación en la alta atmósfera de óxidos de nitrógeno, los cuales retienen parte de la radiación solar, impidiendo que ésta llegue hasta las capas bajas de la atmósfera y generando con ello un enfriamiento de la superficie terrestre.

En las fases de alta actividad solar, el viento solar constituye una especie de escudo que protege al sistema de la penetración de estos rayos cósmicos intergalácticos; por el contrario, en los momentos de tranquilidad solar, la atmósfera queda abierta a su presencia y también, lógicamente, a su acción refrigerante sobre la superficie terrestre.

B. *El magnetismo terrestre*. La Tierra actúa como una barra imantada cuyo eje coincide aproximadamente con el eje geográfico. El polo norte del campo magnético terrestre se sitúa a 70° de latitud Norte y 130° de longitud Oeste, mientras que el polo sur se sitúa en el punto 68° S y 143° E (véase figura 10.21).

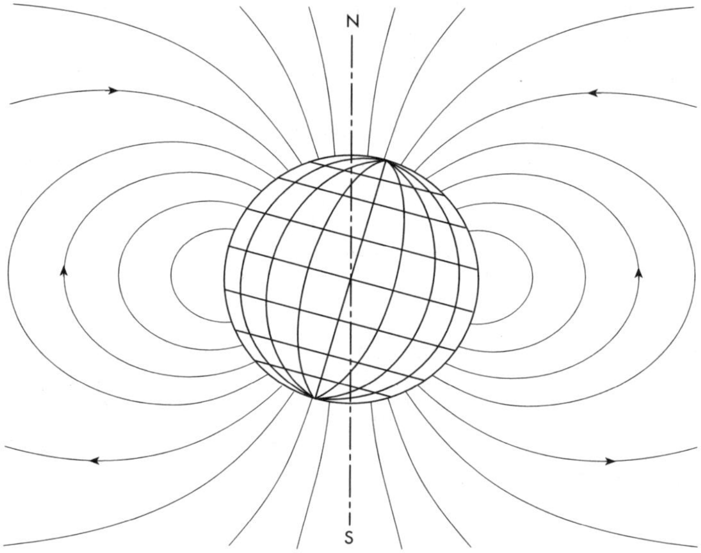

Figura 10.21. El campo magnético terrestre en la actualidad. En la actualidad el campo magnético terrestre tiene su polo norte a 70° N 130° W y su polo Sur a 68° S 143° E, pero este campo magnético no es fijo, sino que varía en fuerza y dirección de manera casi cíclica. Tales cambios ejercen una cierta influencia en el clima de la Tierra. Fuente: Hardy y otros, *El libro del clima,* Madrid, Herman Blume, 1983, pág. 168

Pero este campo magnético no es fijo, sino que varía en fuerza y en dirección de manera cíclica o casi cíclica. Así, en el intervalo de miles de años el campo magnético terrestre se extingue gradualmente y luego se intensifica de nuevo en la dirección opuesta, de forma tal que a lo largo de millones de años los polos magnéticos norte y sur invierten sus posiciones. Durante las inversiones geomagnéticas, es decir, cuando el campo magnético está debilitado, se ha observado un enfriamiento en la superficie terrestre, el cual se achaca a que una de las funciones del campo magnético es la de proteger a la Tierra de los rayos cósmicos intergalácticos.

Aunque tradicionalmente no ha sido ésta una de las variables esgrimidas como generadoras de cambios climáticos, en los últimos años tiende a enfatizarse su posible papel en este sentido, dadas las ligeras concordancias que sus ciclos presentan con los ciclos de Milankovich y que antes comentábamos.

Con respecto a la situación actual del campo magnético terrestre, hay que destacar el hecho de que está debilitándose y se encamina hacia una nueva inversión geomagnética, lo que anunciaría, si las hipótesis comentadas son ciertas, la tendencia hacia un periodo de enfriamiento.

C. *Las erupciones volcánicas.* Su intervención en la composición atmosférica se deriva de que las erupciones volcánicas inyectan en la atmósfera cantidades ingentes de partículas y gases. Las partículas sólidas o aerosoles pueden quedar retenidas en niveles troposféricos cuando las erupciones son poco violentas; en esos casos son eliminadas rápidamente mediante su caída a la superficie por la fuerza de la gravedad o la acción de la lluvia, y su efecto climático es muy reducido. Sin embargo, cuando las erupciones son más violentas, estas partículas pueden alcanzar la estratosfera, y en ese medio su tiempo de permanencia es mucho más largo (del orden de un año para los aerosoles que tienen un radio comprendido entre 2 y 5 μm, y de hasta doce años para los pequeños aerosoles con radios comprendidos entre 0,5 y 1 μm), siendo también más relevantes sus efectos sobre el balance energético del planeta.

Este efecto depende del tipo de aerosol de que se trate (los hay absorbentes y no absorbentes; a su vez, algunos absorben en la parte visible del espectro y otros en la infrarroja, etc.), pero en general su papel fundamental se traduce en una acción de filtro y bloqueo de la radiación solar en los niveles estratosféricos, no pudiendo acceder hasta los niveles bajos de la atmósfera y provocando un enfriamiento de la superficie terrestre.

Este hecho ha sido puesto claramente de manifiesto a partir de la observación de los efectos ejercidos por erupciones volcánicas bien estudiadas: el Tambora en 1816, el Krakatoa en 1883, el Santa Helena en 1980, etc., así como mediante los resultados obtenidos a partir de modelos de simulación. En el caso de la erupción del monte Agung, en 1963, tanto los datos observacionales como los procedentes de los modelos condujeron a un enfriamiento evidente de la troposfera tropical en los años inmediatos (véase figura 10.22).

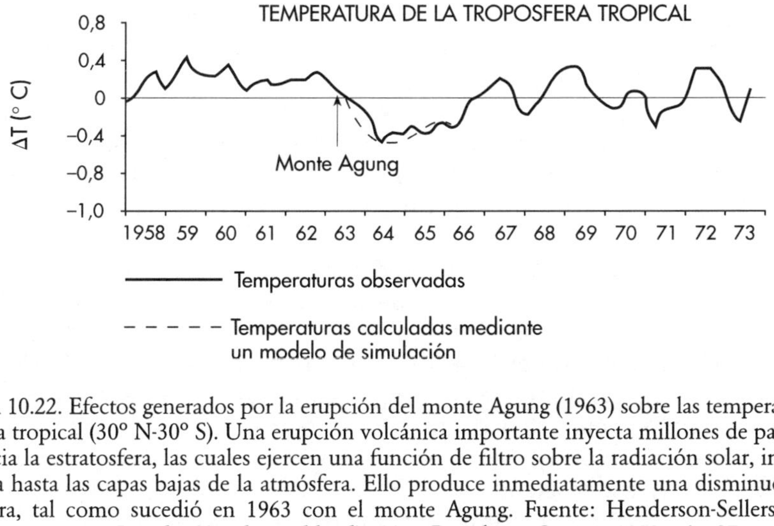

FIGURA 10.22. Efectos generados por la erupción del monte Agung (1963) sobre las temperaturas de la troposfera tropical (30° N-30° S). Una erupción volcánica importante inyecta millones de partículas de polvo hacia la estratosfera, las cuales ejercen una función de filtro sobre la radiación solar, impidiéndole su llegada hasta las capas bajas de la atmósfera. Ello produce inmediatamente una disminución de la temperatura, tal como sucedió en 1963 con el monte Agung. Fuente: Henderson-Sellers y MacGuffie, *Introducción a los modelos climáticos,* Barcelona, Omega, 1990, pág. 27

Aunque todos los autores parecen coincidir en este efecto, no todas las opiniones son unánimes en torno a la repercusión de las erupciones volcánicas en los grandes cambios climáticos. Para algunos autores esta repercusión debería ser mínima dado que la presencia en la atmósfera de los aerosoles es demasiado corta en relación con el tiempo requerido para influir en el almacenamiento de calor en los océanos y, en consecuencia, las anomalías térmicas generadas tenderían a ser poco persistentes.

Otros autores, sin embargo, les asignan un papel evidente en la génesis de los grandes cambios climáticos acaecidos en el planeta. Así, la coincidencia existente entre las grandes orogenias y los periodos glaciares tiende a atribuirse, entre otras cosas, a la acción de las abundantes erupciones volcánicas que tienen lugar en estas fases de gran actividad orogénica.

Otros autores han pretendido explicar la historia climática de la Tierra, desde el año 1600 hasta la actualidad, recurriendo al efecto combinado de la actividad solar y las erupciones volcánicas. En este sentido es destacable la coincidencia existente entre la Pequeña Edad del Hielo y una fase de intenso vulcanismo; asimismo, el calentamiento registrado en la primera mitad del siglo XX coincide con un periodo inusitado de tranquilidad en la actividad volcánica.

En los momentos actuales parece que nos encaminamos hacia una nueva fase de intensa actividad volcánica, registrándose abundantes precedentes de este fenómeno en la década de los 80: el Santa Helena, el Chichón, el Nevado del Ruiz, etc. Así pues, nos encontraríamos de nuevo frente a otro factor que apunta hacia una tendencia al enfriamiento del planeta.

3.2.2. La naturaleza de la superficie terrestre

La naturaleza de la superficie terrestre interviene en el clima mediante su acción en el balance energético del planeta, en el cual determina tanto la cantidad de radiación que es absorbida por la superficie, como la cantidad de calor que se pierde desde ésta por mecanismos radiativos y no radiativos.

La cubierta de hielo de los casquetes polares, en virtud de su elevadísimo albedo, es una de las superficies con mayor capacidad para intervenir sobre el balance energético de la Tierra; por otro lado, el *feedback* positivo que ejerce sobre la temperatura le otorga una gran capacidad para generar cambios climáticos globales como consecuencia de pequeñas variaciones en su extensión.

Budyko (1974) ha calculado mediante modelos de simulación que una disminución de la radiación entrante en el planeta conduciría a un enfriamiento en el mismo de sólo 1,5 °C a 2,5 °C si no se considera el aumento del albedo planetario asociado a la expansión de los casquetes de hielo; si se tiene en cuenta este fenómeno, la disminución de la temperatura se evalúa en 5 °C. Los mismos modelos —y considerando ya los cambios en el albedo planetario— conducen a la afirmación de que basta una disminución de 1,5 % en la radiación entrante en el sistema para que la temperatura de la Tierra descienda en 9 °C, lo cual supondría un avance de los casquetes polares de 8° a 18° de latitud, con lo cual éstos podrían alcanzar los dominios que ocuparon durante las glaciaciones cuaternarias (56° de latitud por término medio).

La modelización efectuada por Budyko llega aún más lejos cuando evalúa en 1,6 % la disminución de la radiación entrante en el sistema necesaria para que los casquetes polares avancen hasta el paralelo 50 °N, momento a partir del cual se produciría la glaciación completa del planeta en virtud del *feedback* positivo ejercido por el hielo, y sin necesidad de nuevas disminuciones en el aporte energético. En una situación como ésta, con un albedo planetario en todas las latitudes del orden del 80 %, la temperatura de la Tierra se situaría en unos – 70 °C y con muy escasos contrastes latitudinales (véase figura 10.23)[11].

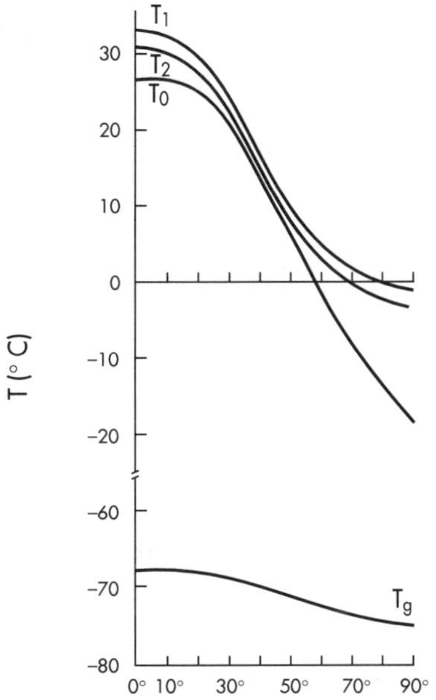

T_0 = Temperaturas actuales.
T_g = Temperatura resultante supuesto que hubiera una glaciación completa de la Tierra y el albedo del sistema Tierra-atmósfera en todas las latitudes fuera de 0,80.
T_1 = Temperatura resultante si desapareciera el casquete ártico, pero se mantuviera el antártico.
T_2 = Temperatura resultante si desaparecieran los dos casquetes de hielo polares.

FIGURA 10.23. Temperatura superficial del aire en el hemisferio Norte con un aumento de la energía incidente en la Tierra de un 1 % respecto a las condiciones actuales. La importancia del bucle de realimentación positivo que liga a la temperatura del aire con la extensión de la cubierta de hielo se pone claramente de manifiesto en esta figura, especialmente en la curva Tg, que muestra un planeta totalmente helado incluso para el hipotético caso de que aumentara en un 1 % la energía incidente en la Tierra, y ello sólo en virtud del aumento del albedo planetario como consecuencia de la cubierta de hielo. Fuente: Budyko, *Climate and life,* Londres, Academic Press, 1974.

Por el mismo mecanismo resulta también fácilmente alcanzable la eliminación completa de los casquetes de hielo; basta para ello con un aumento de la radiación entrante en el sistema del 1 % respecto a sus valores actuales, alcanzándose entonces las temperaturas que aparecen reflejadas en la figura 10.23 mediante las curvas T_1 (que

[11] Para comprender la magnitud de estas afirmaciones baste recordar que una disminución de la radiación entrante del 1,6 % es sólo ligeramente superior a las variaciones energéticas registradas en los últimos siglos por efecto de la actividad volcánica.

contempla la preservación del casquete antártico, más difícilmente fundible por su carácter continental y masivo) y T_2 (con desaparición de ambos casquetes).

Estos resultados de la modelización ponen claramente de manifiesto el papel desempeñado por la naturaleza de la superficie en el balance energético del planeta, pero además revelan la existencia en él de un equilibrio climático frágil y susceptible de ser alterado con sólo pequeñas variaciones en la radiación solar entrante.

La distribución actual de las temperaturas en la Tierra (T_2), con casquetes de hielo en los polos, calor en el ecuador y fuerte contraste latitudinal, constituye un estado climático frágil e intermedio entre dos estados más estables: el de un planeta con calor generalizado (T_1) y el de un planeta totalmente helado (T_g). El primero de ellos se ha registrado abundantemente en la historia de la Tierra (Mesozoico, Terciario...); el segundo, presumiblemente mucho más estable que el primero, aún no parece haberse registrado, pero su aparición probablemente marcaría el fin de la evolución de los climas en nuestro planeta. Buena muestra de la fragilidad del estado climático actual son no sólo los resultados de las modelizaciones, sino también las continuas y abruptas fluctuaciones climáticas que se han registrado a lo largo del Cuaternario, asociadas a las pulsaciones de las glaciaciones.

3.2.3. Las circulaciones atmosférica y oceánica

Ambas son las responsables del trasvase de calor entre las excedentarias latitudes bajas y las deficitarias latitudes altas, consiguiendo así el equilibrio térmico latitudinal del planeta. En consecuencia, variaciones en su dirección o su intensidad podrían alterar este equilibrio y contribuir a una nueva configuración climática de la Tierra.

Las modificaciones en la circulación atmosférica están básicamente determinadas por las propias variaciones que se registran en el clima y, particularmente, en las temperaturas; en ese sentido, son más una consecuencia que una causa de los cambios climáticos. La circulación oceánica, sin embargo, responde estrechamente, además de al clima, a la configuración de los continentes, de forma tal que cualquier cambio en dicha configuración puede alterar la circulación de las aguas marinas y modificar los trasvases de calor interlatitudinales. Algunos autores han atribuido parte de la responsabilidad de los cambios climáticos de la Tierra a este fenómeno. Se ha destacado, por ejemplo, que los periodos cálidos vividos por el planeta durante las eras secundaria y terciaria podrían deberse a la existencia entonces de una cuenca ártica mucho más abierta a la circulación oceánica de lo que lo está actualmente.

Las reconstrucciones paleogeográficas han permitido establecer que durante el Jurásico los océanos ocupaban casi la mitad del paralelo 70° N, lo que permitía la libre circulación de las aguas cálidas hasta las latitudes polares. Ello favorecía la fusión de los hielos, la cual, mediante la disminución del albedo superficial, permitió a su vez el mantenimiento en estas latitudes de unas temperaturas elevadas. Ya en el Cretácico empiezan a expansionarse los continentes en estas latitudes y el proceso continúa hasta la actualidad, de forma tal que ahora los continentes ocupan 5/6 de este paralelo. Lógicamente, ello determina una disminución de la transferencia de calor hacia las latitudes polares y favorece su glaciación.

Nada hace pensar que esta tendencia hacia el progresivo aislamiento de la cuenca polar norte vaya a detenerse en el próximo futuro, con lo cual de nuevo nos encontramos ante otro factor potencialmente generador de un enfriamiento en el planeta.

De todo lo expuesto hasta ahora se pueden concluir dos hechos esenciales:

A. En primer lugar, la relativa fragilidad del estado climático actual, susceptible de variaciones climáticas significativas (al menos cuando éstas se consideran a escala de las necesidades humanas) con sólo pequeños cambios en el aporte energético que llega a la Tierra.

B. En segundo lugar, la amenaza que para el estado climático suponen las tendencias naturales que hoy presentan todos o la mayoría de los componentes del sistema, tendencias que de forma general apuntan hacia un próximo enfriamiento en el planeta.

Es cierto que estas tendencias naturales parecen estar siendo contrarrestadas por las tendencias derivadas de la acción antrópica, las cuales apuntan más bien hacia un calentamiento. Por eso conviene que analicemos el papel de la acción humana sobre el sistema al objeto de determinar el resultado final que unas y otras pueden producir sobre el clima de la Tierra.

3.3. *La acción antrópica y su influencia sobre el clima*

Actualmente el hombre no dispone aún de capacidad suficiente como para intervenir sobre las variables externas al sistema; sí dispone, por el contrario, de una gran capacidad para intervenir sobre las variables internas. Entre éstas hay dos especialmente vulnerables a su influencia: la composición atmosférica y la naturaleza de la superficie terrestre.

3.3.1. Los efectos de la acción antrópica sobre la composición atmosférica

El hombre, mediante la realización de sus actividades económicas, emite continuamente hacia la atmósfera gases y partículas sólidas susceptibles de modificar su composición. Hasta el siglo XIX —con el desarrollo de la Revolución Industrial— estas emisiones presentaban unas tasas suficientemente reducidas como para ser amortiguadas y neutralizadas por el sistema, de forma que hasta esos momentos no puede hablarse de cambios significativos en la composición atmosférica como consecuencia de la acción humana.

La Revolución Industrial supone un hito claro en este proceso y a partir de ella el hombre comienza a realizar emisiones hacia la atmósfera que desbordan la capacidad amortiguadora del sistema. Como consecuencia de ello comienzan a detectarse cambios importantes en las concentraciones atmosféricas de ciertas sustancias e incluso la aparición de sustancias nuevas, inexistentes con anterioridad a la Revolución Industrial.

Por otro lado, parece evidenciarse cada vez más que estos cambios no son irrelevantes para el clima; sus efectos sobre el balance energético del planeta parecen ser lo suficientemente importantes como para favorecer cambios climáticos significativos si persisten las actuales tasas de emisión. De ahí que en los últimos años haya surgido una alarma generalizada en torno al tema, la cual parece focalizada en dos aspectos esenciales: el aumento del efecto invernadero sobre la Tierra y la destrucción de la capa de ozono estratosférica.

Se entiende por efecto invernadero la acumulación de calor en las capas bajas de la atmósfera como consecuencia de la intervención de ciertos gases que son transparentes o casi transparentes para la radiación de onda corta emitida por el Sol, pero opacos para la radiación infrarroja de onda larga emitida por la Tierra. La radiación solar consigue atravesar esta capa gaseosa y penetrar en la superficie terrestre, pero la irradiación terrestre no consigue escapar hacia el espacio exterior, quedando retenida en las capas bajas de la atmósfera. Resulta de ello una acumulación de calor en estas capas que se traduce de inmediato en un aumento de la temperatura.

La naturaleza dispone en abundancia de este tipo de gases (el vapor de agua y el dióxido de carbono son los más representativos) y ello es lo que posibilita la existencia en la atmósfera terrestre de unas temperaturas tan favorables para la vida humana como las que ahora tenemos. El problema se produce cuando estos gases aumentan sus concentraciones de forma significativa, fenómeno que parece estar sucediendo en los momentos actuales.

En el cuadro 10.8 hemos consignado los principales gases invernadero existentes actualmente en la atmósfera, con sus concentraciones actuales y pasadas, sus tasas anuales de acumulación y su tiempo medio de vida en la atmósfera[12].

Algunos de estos gases, como el dióxido de carbono (CO_2), el metano (CH_4) o el óxido nitroso (N_2O), son componentes habituales de la atmósfera terrestre y ya estaban presentes en ella con anterioridad a la Revolución Industrial; algunos otros, como los clorofluorocarbonos (CFC-11 y CFC-12), resultan directamente de la intervención humana, habiendo hecho su aparición en la atmósfera con posterioridad a dicha revolución. En cualquier caso, unos y otros presentan unas tasas de acumulación anual en la atmósfera lo suficientemente elevadas como para suscitar una alarma generalizada en torno a sus posibles repercusiones climáticas.

El dióxido de carbono es un componente natural de la atmósfera terrestre, siendo sus fuentes fundamentales las erupciones volcánicas, la respiración de los seres vivos y las combustiones de todo tipo. A su vez, estas fuentes se compensan por la existencia de sumideros, entre los que destacan por su importancia la cubierta vegetal y las aguas oceánicas. Ambos almacenan grandes cantidades de CO_2 procedente de la atmósfera y contribuyen a que los niveles atmosféricos de esta sustancia permanezcan más o menos constantes.

Hasta el siglo XIX, en efecto, el balance entre fuentes y sumideros permanecía equilibrado y ello determinaba la existencia de una concentración más o menos constante de CO_2 en la atmósfera, evaluada en 280 ppmv (véase cuadro 10.8). A partir de esta fecha, y en virtud del desarrollo de la Revolución Industrial, empiezan a aumentar progresivamente las concentraciones de CO_2 atmosférico (véase figura 10.24). La tasa anual de incremento se evalúa en 1,8 ppmv, equivalente a un aumento de un 0,5 % anual, lo cual ha dado lugar a que en 1990 la concentración atmosférica de CO_2 ascendiera a 353 ppmv (véase cuadro 10.8).

[12] En el cuadro se ha eliminado el ozono troposférico, el cual constituye también un gas invernadero, pero para el que aún no existen datos suficientemente precisos.

CUADRO 10.8

Principales gases invernadero influenciados por las actividades humanas[1]

Parámetros	CO_2	CH_4	CFC–11	CFC–12	N_2O
Concentración atmosférica preindustrial (1750–1800)	280 ppmv	0,8 ppmv	0	0	288 ppbv
Concentración atmosférica actual (1990)[2]	353 ppmv	1,72 ppmv	280 pptv	484 pptv	310 ppbv
Tasa de acumulación atmosférica anual	1,8 ppmv (0,5 %)	0,015 ppmv (0,9 %)	9,5 pptv (4 %)	17 pptv (4 %)	0,8 ppbv (0,25 %)
Tiempo de vida atmosférica. Años[3]	(50-200)	10	65	130	150

Fuente: Houghton, Jenkins y Ephraums, *Climate change. The IPCC Scientific Assessment,* Cambridge University Press, 1990, pág. 7.

[1] El ozono no ha sido incluido por la ausencia de datos precisos.

[2] Las concentraciones de 1990 se han estimado por extrapolación a partir de las medidas efectuadas en los últimos años, asumiendo que las tendencias recientes han permanecido más o menos constantes.

[3] Para todos los gases salvo el CO_2 el tiempo de vida atmosférico se ha definido como el cociente entre el contenido atmosférico y la tasa total de desaparición. Esta escala temporal también caracteriza la tasa de ajuste de las concentraciones atmosféricas si las tasas de emisión cambiaran bruscamente. El CO_2 es un caso especial dado que no tiene verdaderos sumideros, sino que se limita a circular entre varios depósitos (atmósfera, océanos, biosfera). El tiempo de vida atmosférico que se da para el CO_2 es una indicación del tiempo que necesitaría éste para ajustarse a cambios en las emisiones.

— ppmv = partes por millón en volumen.
— ppbv = partes por billón en volumen.
— pptv = partes por trillón en volumen.

La causa de este espectacular aumento es de origen estrictamente antrópico. Desde el siglo XIX hasta la actualidad el empleo de combustibles fósiles no ha cesado de aumentar y ello ha supuesto, a su vez, un incremento continuo de las emisiones de CO_2 hacia la atmósfera (véase figura 10.25), incremento que sólo se reduce esporádicamente con ocasión de graves crisis bélicas o económicas y que en conjunto se evalúa en un 4 % anual. Este incremento se acompaña además de un continuo proceso de deforestación, el cual, al reducir uno de los sumideros fundamentales para el CO_2, contribuye también de manera significativa al aumento de las concentraciones[13].

El problema se agrava, además, por el hecho de que este componente goza de una larga vida en la atmósfera, evaluándose en cincuenta a doscientos años el tiempo necesario para que las concentraciones atmosféricas se ajusten a cambios bruscos en las

[13] Los cálculos y modelizaciones efectuados en la actualidad conducen a un incremento de las emisiones de CO_2 muy superior al incremento paralelo registrado en las concentraciones atmosféricas, y ello incluso teniendo en cuenta el papel de los sumideros en el rescate de gran parte del CO_2. Eso hace suponer que dichos cálculos infravaloran —de un modo que aún resulta difícil precisar— el papel de estos sumideros.

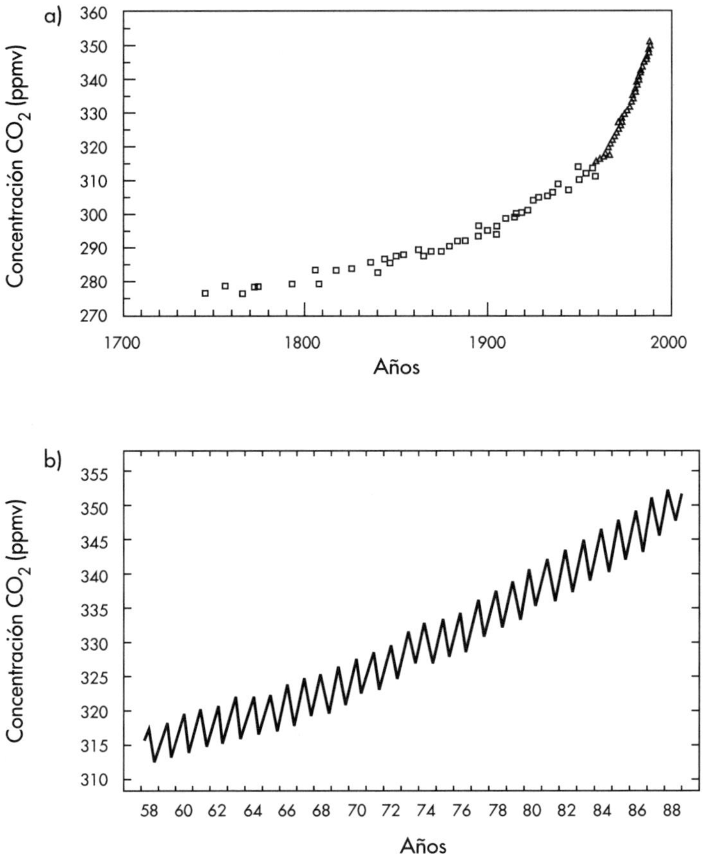

a) Concentración registrada en los últimos 250 años en el hielo de la Antártida (cuadrados) y medida en la atmósfera en Mauna Loa (Hawai) (triángulos).
b) Concentración media mensual de CO_2 en la atmósfera medida en Mauna Loa (Hawai) desde 1958 a 1988 (la variación estacional se debe sobre todo a la intervención de la biota terrestre).

FIGURA 10.24. Evolución de la concentración atmosférica de CO_2. La concentración atmosférica de CO_2 no cesa de aumentar desde la Revolución Industrial hasta la actualidad, de forma tal que antes de la Revolución Industrial dicha concentración se evaluaba en 280 ppmv, en tanto que ahora se cifra en más de 350 ppmv. Fuente: Houghton, Jenkins y Ephraums, *Climate change. The IPCC Scientific Assessment*, Cambridge University Press, 1990, pág. 9

tasas de emisión (véase cuadro 10.8). Ello supone que, aún en el hipotético caso de que las emisiones de CO_2 se detuvieran en este momento, las concentraciones atmosféricas tardarían muchos años en reducirse de manera significativa (véase figura 10.26), siendo uno de los principales responsables de este fenómeno el elevado tiempo necesario para que se produzca el intercambio de carbono entre las aguas superficiales y las aguas profundas del océano.

En consecuencia, si se pretende, como mínimo, estabilizar las concentraciones atmosféricas de CO_2 en sus niveles actuales, parece imprescindible reducir de

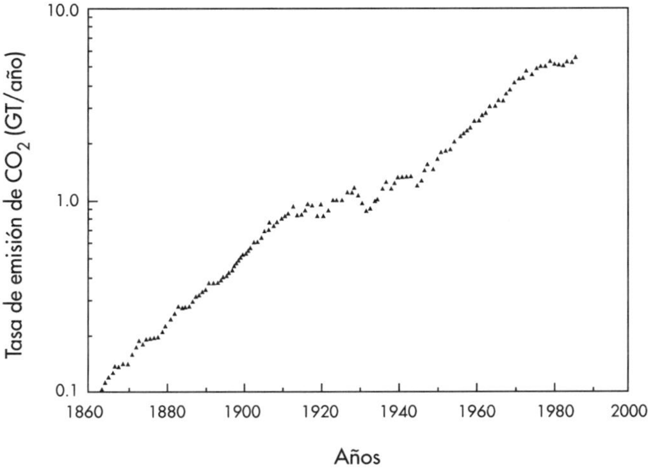

Las emisiones están expresadas en gigatoneladas por año (GT/año).

$1 GT = 10^9 T = 10^{15} gr$

FIGURA 10.25. Evolución de las emisiones globales anuales de CO_2 hacia la atmósfera procedentes de los combustibles fósiles y de las fábricas de cemento (1860-1990). Las emisiones de CO_2 hacia la atmósfera por parte del hombre no han cesado de crecer a partir de la Revolución Industrial. Sólo el efecto de graves crisis bélicas o económicas consigue inflexionar esta tendencia creciente. Fuente: Houghton, Jenkins y Ephraums, *Climate change. The IPCC Scientific Assessment,* Cambridge University Press, 1990, pág. 10

modo inmediato las emisiones antropogénicas en un orden de magnitud de un 60 a un 80 %.

El metano (CH_4) es también un componente natural de la atmósfera, a la cual accede a través de multitud de procesos anaeróbicos y de numerosas actividades humanas tales como el cultivo del arroz, la cría de rumiantes, la minería de carbón, etc. Entre sus sumideros merecen destacarse los propios suelos y, sobre todo, los radicales hidroxilos (OH) de la troposfera, que reaccionan con el CH_4, haciéndolo desaparecer.

Con anterioridad a la Revolución Industrial ambos mecanismos determinaban la existencia en la atmósfera de unas concentraciones de CH_4 equivalentes a 0,8 ppmv. Desde entonces las actividades humanas no han cesado de incrementar sus emisiones y el resultado ha sido un aumento anual de su concentración del 0,9 %, que ha conducido a una concentración actual de 1,72 ppmv, más del doble de su valor preindustrial (véase cuadro 10.8 y figura 10.27).

En este caso, sin embargo, la abundancia de radicales OH y su rápida reacción con el CH_4 determinan que éste goce de una corta vida atmosférica, unos diez años, lo cual maximiza la eficacia de las medidas encaminadas a su reducción. De todos modos, parece conveniente reducir las emisiones en un 15-20 % para estabilizar sus concentraciones en los niveles actuales.

Los clorofluorocarbonos, de los cuales sólo los más significativos aparecen representados en el cuadro 10.8, son de origen estrictamente industrial, utilizándose básicamente como aerosoles, propelentes y refrigerantes. Ello determina que con anterioridad a la Revolución Industrial fueran inexistentes en la atmósfera, presentando, sin

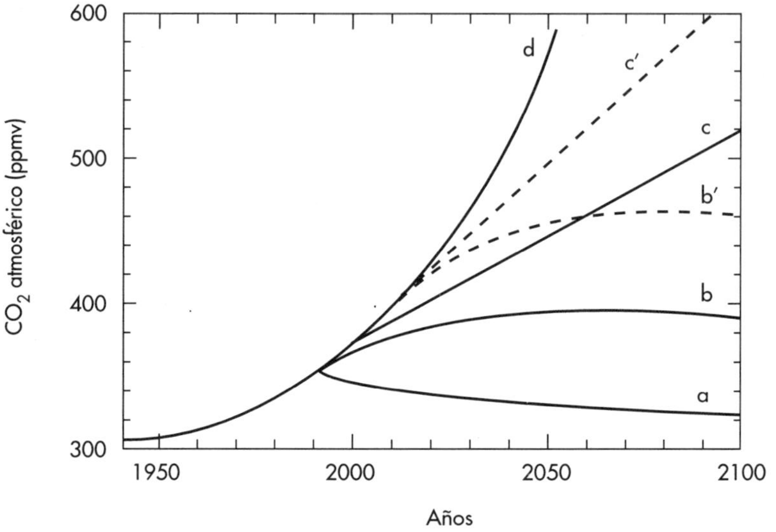

Escenarios:
a) Tasa de emisión antropogénica (ρ) = 0
b) Disminución de ρ en un 2% anual.
c) ρ constante.
b′) Aumento de ρ en un 2% anual de 1990 a 2010 y posterior disminución de un 2% anual.
c′) Aumento de ρ en un 2% anual de 1990 a 2010 y constancia de ρ a partir de 2010.

FIGURA 10.26. Concentraciones atmosféricas de CO_2 esperables en el futuro para diversos escenarios. La figura muestra con toda claridad cómo es urgente reducir las tasas de emisión de CO_2 hacia la atmósfera si se pretende controlar el efecto invernadero en el planeta. De hecho, sólo los escenarios a y b (supresión total de la emisión y reducción de la misma en un 2 %, respectivamente) consiguen estabilizar las concentraciones de CO_2 en la atmósfera. Fuente: Houghton, Jenkins y Ephraums, *Climate change. The IPCC Scientific Assessment,* Cambridge University Press, 1990, pág. 15

embargo, a partir de entonces unas tasas de aumento alarmantemente altas, del orden del 4 % (véase cuadro 10.8 y figura 10.28).

A ello se une su largo tiempo de vida en la atmósfera (aunque variable de unas sustancias a otras), determinado por la práctica inexistencia de sumideros para estos productos en la troposfera, siendo eliminados solamente por fotodisociación en los niveles estratosféricos. Por ello, para estabilizar sus concentraciones se estiman necesarias reducciones en la emisión del orden del 80 %.

Afortunadamente, en este caso parece haber surgido ya una concienciación generalizada en torno al problema y el proceso de reducción ya se ha puesto en marcha a raiz de la firma del Protocolo de Montreal (1987), el cual prevé una disminución de la producción y consumo de CFCs en los países desarrollados de hasta el 50 % de los niveles de 1986 para el año 1998.

El óxido nitroso (N_2O) accede a la atmósfera esencialmente a través de los océanos, los suelos, las combustiones, las quemas de biomasa y los fertilizantes, y es eliminado de ella mediante procesos de fotólisis que se desarrollan en la estratosfera. Como consecuencia de las actividades humanas, su concentración atmosférica, que se situaba en 288 ppbv antes de la Revolución Industrial, ha pasado a alcanzar en 1990 el valor de 310 ppbv, lo que implica una tasa de crecimiento anual no demasiado elevada y situada en el 0,25 % (véanse cuadro 10.8 y figura 10.29).

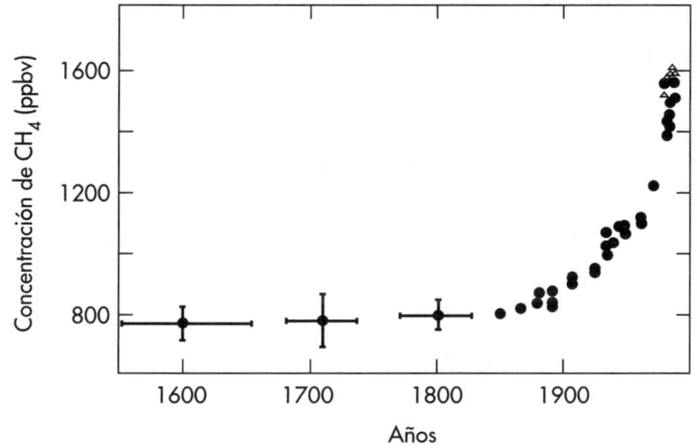

FIGURA 10.27. Aumento de la concentración atmosférica de metano en los últimos siglos. La concentración de metano en la atmósfera durante los últimos siglos muestra un crecimiento exponencial que amenaza también al comportamiento de las temperaturas del planeta. Fuente: Houghton, Jenkins y Ephraums, *Climate change. The IPCC Scientific Assessment,* Cambridge University Press, 1990, pág. 19

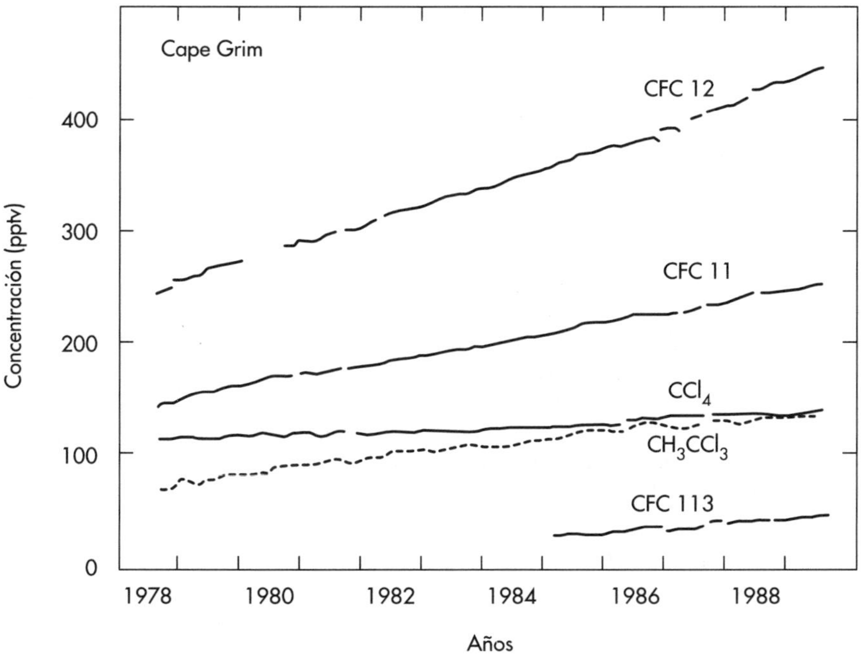

FIGURA 10.28. Evolución de la concentración atmosférica de clorofluorocarbonos medida en Cape Grim (Tasmania) (1978-1989). Los clorofluorocarbonos, productos exclusivamente de síntesis industrial, no han dejado de aumentar sus concentraciones atmosféricas desde su aparición en el planeta, a mediados del siglo actual. Fuente: Houghton, Jenkins y Ephraums, *Climate change. The IPCC Scientific Assessment,* Cambridge University Press, 1990, pág. 23

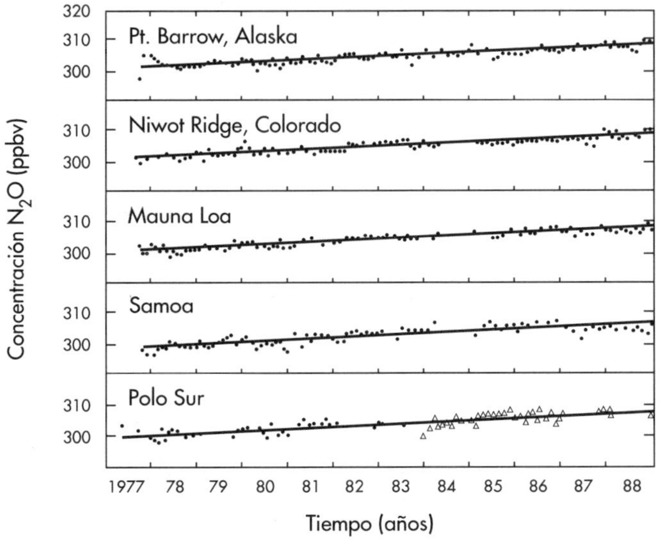

FIGURA 10.29. Concentración atmosférica de óxido nitroso en diversos lugares del planeta (1977-1988). El óxido nitroso muestra una tendencia creciente en todos los lugares en que se han medido sus concentraciones. Como dispone además de muy escasos sumideros, su peligrosidad se incrementa. Fuente: Houghton, Jenkins y Ephraums, *Climate change. The IPCC Scientific Assessment*, Cambridge University Press, 1990, pág. 25

Sus escasos sumideros le otorgan, sin embargo, un elevado tiempo de vida en la atmósfera (del orden de ciento cincuenta años), lo que incrementa su peligrosidad. De ahí que se recomiende una reducción inmediata del 70-80 % del flujo adicional que ha tenido lugar tras la Revolución Industrial para estabilizar sus concentraciones en los niveles actuales.

Todos estos gases contribuyen a potenciar el efecto invernadero sobre el planeta y, durante el último siglo, su papel sobre el balance energético de la Tierra ha sido bastante más significativo, por ejemplo, que el ejercido por las variaciones en la radiación solar incidente. Ello se debe, sobre todo, al hecho de que los cambios experimentados por la radiación solar no son sostenidos, sino que cambian de signo periódicamente, lo cual limita la capacidad del sistema para reaccionar a estos cambios; los gases invernadero, por el contrario, han crecido de manera sostenida a lo largo del siglo, forzando así al sistema a ajustarse a estas variaciones.

Con todo, conviene destacar que no todos los gases intervienen en la misma medida en la génesis de la acumulación de calor. El efecto ejercido por cada uno de ellos depende de su respectiva banda de absorción, de su tiempo de vida en la atmósfera, de su peso molecular, de la duración registrada por sus efectos climáticos y, desde luego, de sus tasas de emisión y de la evolución experimentada por sus concentraciones. En este sentido merece destacarse la importancia atribuible al CO_2 en la génesis del efecto invernadero, calculándose su contribución a dicho efecto desde la Revolución Industrial en el 61 % del total, y en el 56 % para la última década. Ello ha consagrado a este gas como el principal protagonista del efecto invernadero sobre el planeta y como aquel que suscita las mayores alarmas en torno a sus posibles repercusiones climáticas.

Para estimar los efectos climáticos derivados del aumento del CO_2 en la atmósfera seguiremos los trabajos realizados por el Panel Intergubernamental para el Cambio Climático, el cual evalúa estos efectos a partir de modelos que simulan la respuesta de equilibrio del sistema ante una duplicación del CO_2.

Los resultados de estas modelizaciones —que han sido numerosas y variadas (vease cuadro 10.7)— no siempre son coincidentes; no obstante, en algunos de los aspectos analizados el grado de concordancia es lo suficientemente importante como para otorgarles un buen nivel de credibilidad. Nos centraremos en estas conclusiones más verificadas, prescindiendo de aquellas que presentan un nivel de incertidumbre más elevado.

A escala global hay que destacar, en primer lugar, que todos los modelos conducen a un aumento de las temperaturas de la superficie terrestre como consecuencia de la duplicación del CO_2, oscilando este aumento entre 1,9° y 5,2 °C, si bien la mayoría de las estimaciones lo sitúan entre 3,5° y 4,5 °C (véase figura 10.30).

Este calentamiento se acompaña además de un aumento de las precipitaciones como consecuencia del propio incremento experimentado por la evaporación. En el conjunto de los modelos el aumento de la precipitación se muestra directamente pro-

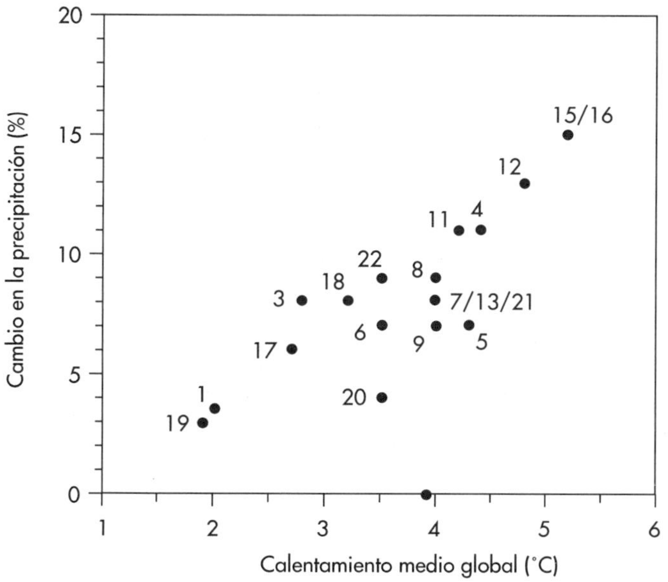

FIGURA 10.30. Cambios esperables en la temperatura y la precipitación media anual globales a partir de los resultados obtenidos en 17 modelos climáticos, para una duplicación del CO_2 atmosférico. Los números corresponden a los modelos que se describen en el cuadro 10.7. Todos los modelos de simulación del sistema climático conducen a un aumento de la temperatura para una duplicación de la concentración del CO_2 en la atmósfera. Asimismo los resultados apuntan a un incremento de las precipitaciones, que sería tanto mayor cuanto mayor fuera el aumento de la temperatura. Fuente: Houghton, Jenkins y Ephraums, *Climate change. The IPCC Scientific Assessment,* Cambridge University Press, 1990, pág. 138

porcional al aumento de la temperatura, y oscila entre el 3 y el 15 % de sus valores actuales (véase figura 10.30).

Existen, sin embargo, diferencias latitudinales y estacionales en estos procesos, las cuales apuntan en todos los modelos a un mayor calentamiento para las latitudes altas y especialmente durante la estación invernal (véase figura 10.31).

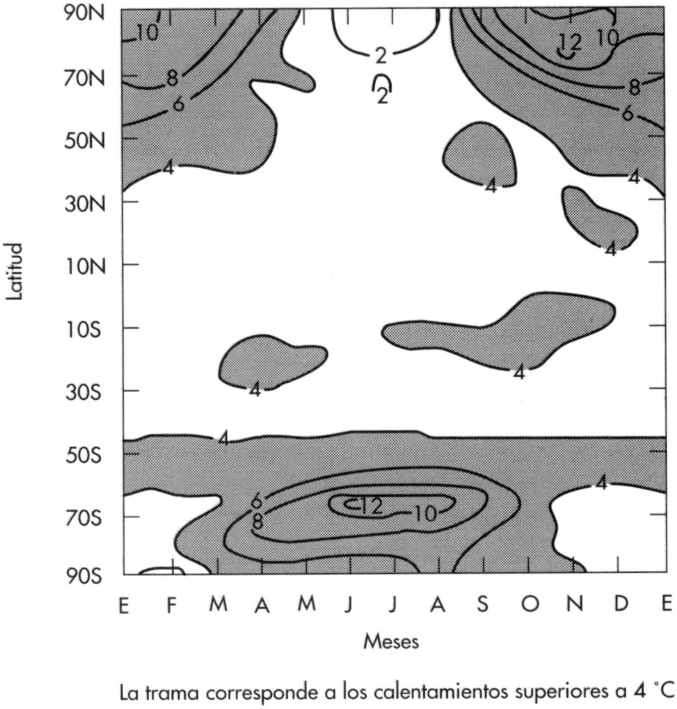

FIGURA 10.31. Variación latitudinal y estacional del calentamiento terrestre debido a una duplicación del contenido de CO_2 de la atmósfera. El calentamiento esperable para una duplicación del CO_2 atmosférico afectará especialmente a las latitudes altas y en la estación invernal, pudiendo evaluarse entonces en torno a los 10° o 12°. Fuente: Houghton, Jenkins y Ephraums, *Climate change. The IPCC Scientific Assessment*, Cambridge University Press, 1990.

Si analizamos con más detalle estas variaciones, son destacables en ellas fenómenos tales como el reducido calentamiento experimentado por las latitudes tropicales, el cual se evalúa en 2°-3 °C y con apenas variaciones estacionales, los valores de calentamiento también reducidos que se registran en las cuencas polares en la correspondiente estación estival, y el notable aumento de las temperaturas experimentado durante el verano por las latitudes medias del hemisferio norte, el cual supera al calentamiento medio global. Con respecto a las precipitaciones destaca el aumento registrado en las latitudes altas y en los trópicos a lo largo de todo el año, y en las latitudes medias durante el invierno. En las zonas áridas subtropicales, sin embargo, los cambios son pequeños y conducen tanto a aumentos como a disminuciones.

En las escalas espaciales más detalladas los resultados presentan un menor grado de fiabilidad. Con todo, parece evidente que los continentes se recalentarán más que los océanos; asimismo se detecta un calentamiento superior a la media en la Europa del Sur y el centro del continente norteamericano, acompañado por una reducción estival de la precipitación y del contenido de humedad del suelo; por último, parece evidenciarse una intensificación del monzón asiático.

Naturalmente, los efectos reales que puedan generarse sobre el clima en un futuro inmediato no tienen por qué coincidir con los aquí expuestos; estos efectos dependerán esencialmente de la capacidad que desarrolle la sociedad para controlar sus emisiones de gases invernadero. En cualquier caso, nos ofrecen una buena plataforma sobre la cual elaborar nuestra futura toma de decisiones, la cual exige el máximo de nuestra atención, sobre todo teniendo en cuenta que estos cambios climáticos repercutirán sobre las restantes envolturas planetarias, siendo una de las repercusiones más temidas la subida del nivel del mar que irá asociada al calentamiento atmosférico.

Junto a esta amenaza para el equilibrio del sistema climático, constituida por el aumento del efecto invernadero, hay que tomar en consideración la destrucción de la capa de ozono estratosférica, que tiene lugar también como consecuencia de la intervención humana.

El ozono (O_3) es un componente natural de la atmósfera terrestre, que se origina en la estratosfera como consecuencia de la disociación del oxígeno molecular (O_2) por acción de la radiación ultravioleta solar, según la reacción: $O_2 + UV \rightarrow O + O$. A su vez, el oxígeno atómico (O) se recombina con oxígeno molecular en presencia de una tercera molécula (M) y da lugar a la formación del ozono: $O + O_2 + M \rightarrow O_3 + M$.

Este proceso de formación del ozono se acompaña simultáneamente de su destrucción, porque el ozono es disociado también por la radiación ultravioleta, según la reacción: $O_3 + UV \rightarrow O + O_2$. No obstante, este proceso no debe interpretarse como una pérdida de ozono, dado que de nuevo el oxígeno atómico se recombina con oxígeno molecular, dando lugar a la formación de ozono, y así sucesivamente.

Este proceso tiene lugar continuamente en los altos niveles de la estratosfera, donde la radiación ultravioleta es abundante, y especialmente en las latitudes tropicales, donde la radiación solar es más intensa. La distribución real del ozono no responde, sin embargo, a este esquema; las mayores cantidades de ozono atmosférico se sitúan aproximadamente a unos 25 Km de altura, con mayor abundancia sobre las latitudes polares, y especialmente durante el invierno y comienzos de la primavera del correspondiente hemisferio (véase figura 10.32).

La razón de estas diferencias entre origen y acumulación del ozono hay que buscarlas en la circulación del aire estratosférico. En esta circulación predominan los movimientos dirigidos hacia el hemisferio que se encuentra en invierno, siendo especialmente intensos al finalizar esta estación. Estos vientos, al transportar consigo el ozono producido en las latitudes intertropicales, hacen que éste se acumule en el polo invernal. Hacia finales de la primavera estos vientos reducen su intensidad y con ello su transporte de ozono hacia los polos, comenzando entonces a disminuir su concentración en estas latitudes, tal como se recoge en la figura 10.32.

Pero, además, la acumulación de ozono sobre los casquetes polares se ve favorecida por los propios mecanismos circulatorios que se generan sobre estas latitudes en la estación invernal. Durante el invierno del correspondiente hemisferio, la ausencia de radiación solar sobre el polo determina un enfriamiento muy intenso del aire, el

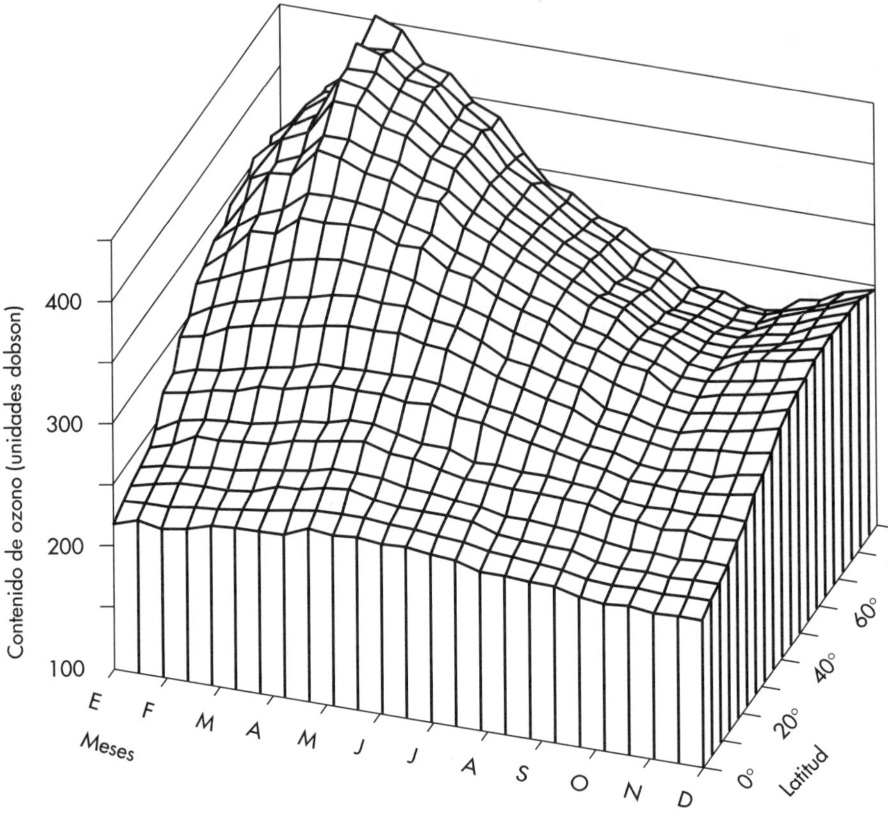

FIGURA 10.32. Distribución planetaria del ozono estratosférico en el hemisferio Norte. El ozono estratosférico tiene tendencia a acumularse especialmente en las latitudes polares y a presentar mayores concentraciones durante el invierno y comienzos de la primavera del correspondiente hemisferio. Fuente: Cacho y Sainz de Aja, *Antártida. El agujero de ozono,* Tabapress, 1989, pág. 44

cual comienza a descender con un movimiento giratorio muy rápido en torno al casquete polar. Este movimiento giratorio, que aumenta continuamente en intensidad, alcanzando su máximo en la primavera, se denomina «vórtice polar» y tiene la particularidad de aislar al aire que se encuentra en su interior, impidiendo el intercambio con las masas de aire procedentes de las latitudes más bajas (véase figura 10.33). El ozono queda así retenido en estas latitudes hasta que, con la llegada de la radiación solar en primavera y verano, el aire polar se calienta y el vórtice se destruye, siendo sustituido por un ligero flujo de viento del este que permite la salida del ozono desde las latitudes polares.

El fenómeno se produce con una alternancia de seis meses sobre ambos polos, si bien en el polo Sur el vórtice es especialmente intenso y marcado por su configuración de gran bloque continental completamente rodeado de océanos, que facilita el movimiento giratorio del aire. En la cuenca ártica, sin embargo, el aislamiento del vórtice se ve dificultado por la accidentada topografía que caracteriza a los continentes que la rodean y que obstaculizan este movimiento giratorio.

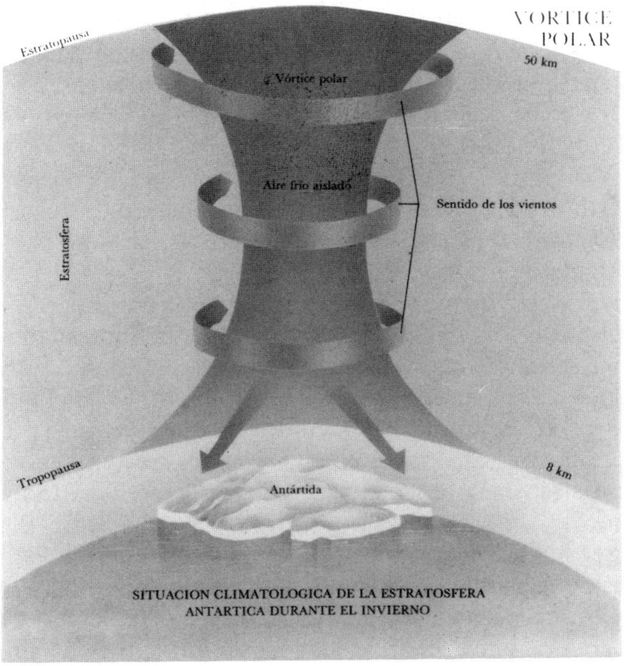

FIGURA 10.33. El vórtice polar sobre el Antártico. El intenso frío reinante sobre el casquete antártico determina sobre él una circulación fuertemente anticiclónica, denominada vórtice polar, que aísla el aire de estas latitudes y contribuye a la concentración en ellas de grandes cantidades de ozono. Fuente: Cacho y Sainz de Aja, *Antártida. El agujero de ozono,* Tabapress, 1989, pág. 63

En cualquier caso, el resultado final conduce a la formación de una capa de ozono estratosférica situada a unos 25 Km de altura y con máximas concentraciones sobre los casquetes polares en el invierno y la primavera del correspondiente hemisferio. Una capa que resulta vital para el desarrollo de la vida humana en virtud de que tiene la potencialidad de retener en su interior la mayor parte de las radiaciones ultravioleta UV-B y UV-C, las cuales a partir de ciertos niveles resultan muy perjudiciales para el desarrollo de la vida y generan serios estragos para el organismo humano, desde lesiones oculares hasta el cáncer de piel.

Su papel sobre el clima, sin ser tan relevante, también es destacado, dado que el ozono controla en cierta medida la estructura térmica de la estratosfera mediante la absorción de la radiación ultravioleta incidente y de la radiación terrestre de onda larga que sale hacia el espacio exterior, parte de la cual es de nuevo emitida hacia la superficie por parte del ozono. Como consecuencia de estos procesos, cualquier reducción del ozono estratosférico podría alterar las temperaturas de la superficie terrestre a través de dos vías: por un lado, aumentando la radiación solar incidente en la superficie, lo cual provocaría un calentamiento de ésta; por otro lado, emitiendo menos radiaciones propias hacia la baja troposfera, lo cual contribuiría a su enfriamiento. Estos procesos de enfriamiento y calentamiento tendrían aproximadamente la misma magnitud, con lo cual se contrarrestarían. No obstante, tanto la intensidad como el signo del cambio dependerían de la propia magnitud registrada por la variación del ozono; de ahí que parezca conveniente controlar cualquier alteración en su contenido estratosférico. Y la alarma se suscita precisamente porque en los últimos años parece detectarse una disminución notable en este contenido.

La disminución se ha evaluado para el periodo 1978-85 a partir de los datos aportados por el satélite Nimbus-7, y ha conducido a pérdidas de ozono en el hemisferio Norte comprendidas entre 1,1 y 3,7 %, y aún mayores en el hemisferio Sur, donde se evalúan entre el 1,1 % y el 9 %. No obstante, es la Antártida el lugar del planeta que ha experimentado con mayor virulencia el proceso, acuñándose para este fenómeno la expresión de «agujero de ozono de la Antártida»[14].

La existencia de este agujero se puso de manifiesto a partir de 1977, año en el cual empezaron a registrarse sobre la Antártida valores de ozono estratosférico anormalmente bajos, especialmente, durante la primavera del hemisferio. La disminución fue acrecentándose en los años sucesivos (véase figura 10.34), hasta el punto de alcanzarse y sobrepasarse los valores más bajos medidos en cualquier otro punto del planeta. Curiosamente, el polo Sur, que registraba las mayores concentraciones de ozono estratosférico de la Tierra, era también la zona que experimentaba ahora las mayores tasas de disminución.

La alarma suscitada por este fenómeno potenció el desarrollo de las investigaciones relativas al tema, de forma tal que en los momentos actuales, y aunque persisten algunos problemas por resolver, parecen conocerse suficientemente los agentes causales de la formación de este agujero; unos agentes que son esencialmente químicos, pero que se ven asistidos además por agentes de naturaleza dinámica.

Efectivamente, parece demostrado que los principales responsables de la destrucción del ozono estratosférico son los compuestos clorados que resultan de la disociación fotoquímica de los clorofluorocarbonos (CFCs) emitidos hacia la atmósfera. Estos CFCs, con multitud de aplicaciones industriales, fueron sintetizados en la década de los años 20 y su uso empezó a generalizarse a partir de los años 60, precisamente por ser muy estables químicamente e inocuos desde el punto de vista biológico. Sin embargo, la radiación ultravioleta solar constituye una seria amenaza para esta estabilidad, puesto que tiene la capacidad de disociar a los compuestos clorados, liberando grandes cantidades de cloro activo. Este proceso apenas tiene lugar en los niveles troposféricos, dada la escasez en ellos de radiación ultravioleta; sin embargo, en la estratosfera, donde esta radiación es muy abundante, resulta un proceso habitual.

Desgraciadamente, los intercambios entre el aire troposférico y el estratosférico no son tan escasos como se pensaba tradicionalmente. La zona de convergencia intertropical (ZCIT), con los violentos ascensos que en ella tienen lugar, constituye una vía de fácil acceso para el aire troposférico hacia la estratosfera, y con él viajan los CFCs emitidos desde la superficie terrestre. Una vez en la estratosfera, la radiación ultravioleta se ocupa de disociarlos, liberando las moléculas de cloro activo, y éstas se

[14] La expresión «agujero de ozono» se acuñó como consecuencia de los resultados ofrecidos por las imágenes de satélite en relación con el contenido de ozono estratosférico. Estas imágenes se tratan con falso color y, cuando empezaron a disminuir drásticamente los valores de ozono antártico, hubo que ampliar la escala de colores para representar este fenómeno, asignando a estos valores bajos colores oscuros. Visualmente esta mancha oscura producía la sensación de un agujero y de ahí surgió la denominación. Así pues, el agujero no es tal, reflejando simplemente una concentración muy baja de ozono en la estratosfera de estas latitudes (véase Cacho y Sainz de Aja, 1989).

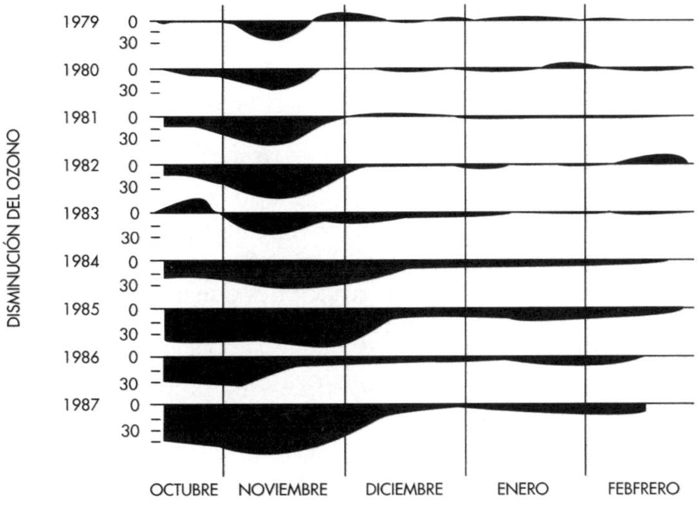

FIGURA 10.34. Evolución del agujero de ozono sobre la base de Amundsen Scott (Antártida) (1979-1987)*. La disminución creciente del contenido de ozono en la Antártida es claramente perceptible en el gráfico, mostrando además su ubicación en la primavera del correspondiente hemisferio (en este caso, los meses de octubre y noviembre). Fuente: Cacho y Sainz de Aja, *Antártida. El agujero de ozono,* Tabapress, 1989, pág. 100

* Para la construcción del gráfico se han considerado las medidas de los años anteriores a la aparición del agujero, con las que se ha establecido la línea 0, que representa, por tanto, cantidades de ozono normales para la época del año. Valores por debajo de esta línea representan disminuciones de ozono.

encuentran ya en disposición de iniciar las reacciones en cadena que dan lugar a la destrucción del ozono. Estas reacciones, *grosso modo,* responden a la expresión:

$$Cl + O_3 \rightarrow ClO + O_2,$$

y

$$ClO + O \rightarrow Cl + O_2$$

con el resultado neto de:

$$O + O_3 \rightarrow O_2 + O_2$$

Además, la molécula de cloro que inicia el proceso y que hace de catalizador, se regenera posteriormente para quedar de nuevo en condiciones de reiniciar las reacciones[15].

[15] En el texto sólo presentamos una simplificación de los complejos procesos químicos implicados en la destrucción del ozono. Para una mayor información, véase Cacho y Sainz de Aja, 1989.

Pero cabría preguntarse por qué este proceso, que podría desarrollarse en cualquier lugar del planeta, se desarrolla con especial intensidad en el polo Sur. Hay dos razones que contribuyen a explicar este fenómeno: la peculiar circulación estratosférica que se desarrolla en estas latitudes, y la existencia en ellas de nubes estratosféricas cargadas de cristales de hielo en suspensión.

Durante el invierno, el vórtice polar sur aisla el aire antártico del resto del planeta y con él quedan atrapados gran cantidad de compuestos clorados inertes. Al mismo tiempo, y en virtud de las bajas temperaturas reinantes en estas latitudes, comienzan a desarrollarse las nubes estratosféricas, las cuales, con sus cristales de hielo (partículas sólidas), facilitan el desarrollo de reacciones que propician, por un lado, la formación de compuestos de cloro fácilmente disociables por la radiación ultravioleta (Cl_2, ClOH y $ClNO_2$ esencialmente) y, por otro lado, la disminución del contenido de dióxido de nitrógeno (NO_2), el cual, caso de ser abundante, inhibiría las reacciones catalíticas del cloro con el ozono.

El resultado es que, con la llegada de la primavera, la estratosfera antártica se encuentra perfectamente preparada para el inicio del proceso destructor del ozono: hay abundancia de compuestos de cloro disociables y hay una gran escasez de dióxido de nitrógeno, el principal inhibidor de este proceso destructor. En estas condiciones, cuando en primavera llegan las primeras radiaciones ultravioleta, comienza la disociación de los compuestos clorados y la liberación de cloro activo, el cual inmediatamente inicia las reacciones catalíticas que dan lugar a la destrucción del ozono. Todo ello contribuye a explicar que sea precisamente en el polo Sur y durante la primavera cuando se registren los bajos valores de ozono que dan lugar a la configuración del «agujero». Ello explica también que en otros lugares del planeta el fenómeno no se desarrolle con la misma intensidad, si bien algunos de estos lugares están especialmente amenazados.

Es el caso, por ejemplo, del casquete polar Norte, donde las condiciones son similares a las registradas en el polo Sur, aunque menos marcadas. Por un lado, en el polo Norte el vórtice polar está menos desarrollado y peor configurado, lo cual impide el aislamiento total de la estratosfera ártica y la acumulación en ella de compuestos clorados. Por otro lado, sus temperaturas, ligeramente superiores a las del polo Sur, reducen la existencia aquí de nubes estratosféricas y de cristales de hielo; en este medio gaseoso y sin partículas sólidas se ralentizan las reacciones que conducen a la formación de los compuestos de cloro disociables y a la disminución del dióxido de nitrógeno.

También la estratosfera ecuatorial aparece cargada de amenazas, derivadas en este caso de sus bajas temperaturas, que propiciarían la aparición de los cristales de hielo. A ello habría que añadir su carácter de lugar preferente para el acceso del aire troposférico, cargado de CFCs y de vapor de agua, hacia la estratosfera. En este caso, sin embargo, la ausencia de vórtice alguno dificulta la concentración de compuestos clorados.

De todos modos, conviene insistir en el hecho de que la existencia de nubes estratosféricas, o la peculiar circulación del aire en este nivel de la atmósfera son sólo circunstancias que coadyuvan al proceso general de destrucción del ozono, el cual es en esencia un proceso químico que tiene su raíz en la emisión hacia la atmósfera de CFCs. Por ello, en tanto éstos sigan emitiéndose, la capa de ozono estratosférica continuará estando amenazada en todo el planeta, y especialmente en el polo Sur. Afortunadamente, la puesta en marcha del Protocolo de Montreal, al que antes aludimos, promete empezar a luchar ya contra esta amenaza, que no ha hecho sino incrementarse a partir de los años 60.

3.3.2. Los efectos de la acción antrópica sobre la naturaleza de la superficie terrestre

El hombre dispone también de una gran capacidad para modificar la naturaleza de la superficie terrestre; de hecho, todas sus intervenciones espaciales implican modificaciones más o menos intensas de este tipo. Sin embargo, estas modificaciones no suelen generar unos impactos climáticos tan marcados como los derivados de las alteraciones en la composición atmosférica, sobre todo porque suelen quedar confinados al ámbito local y regional, pero sin repercutir sobre todo el conjunto del sistema.

No obstante, cuando las modificaciones superficiales son lo suficientemente extensas e intensas, pueden alterar significativamente el clima de grandes áreas del planeta y constituir una amenaza seria para el conjunto del mismo. Éste es el caso, por ejemplo, de los continuos procesos de deforestación y desertización que registran actualmente grandes extensiones del planeta, especialmente en el ámbito del Tercer Mundo.

En las latitudes tropicales la tasa actual de deforestación se evalúa en unos 100.000 Km^2/año, cifra que resulta elevadísima si se tiene en cuenta que el espacio total ocupado por los bosques tropicales es de unos 9 millones de Km^2. Tal modificación, aunque aún no repercute de modo significativo a escala global, sí empieza ya a generar profundos impactos regionales, que se ejercen a través de tres vías fundamentales:

A. El aumento del contenido de CO_2 atmosférico, con el consiguiente aumento de la temperatura que ello comporta.

B. La disminución de la evaporación y del contenido de humedad del suelo, la cual repercute en una disminución paralela de las precipitaciones.

C. El aumento del albedo superficial, que genera dos tipos de efectos distintos:

— Una disminución de la radiación absorbida por la superficie.

— Un aumento de la aridez, dado que la mayor reflectividad superficial determina la acumulación de aire caliente (anticiclónico) en las capas altas de la atmósfera y ésta a su vez propicia el desarrollo de movimientos subsidentes.

Con respecto a la temperatura, estos procesos se traducen en un aumento de la misma, dado que la menor radiación absorbida por la superficie es contrarrestada y superada por el efecto invernadero derivado del aumento del CO_2 y por la disminución del flujo de calor latente que se deriva de la disminución del contenido de humedad del suelo. Así, mediante modelos de simulación se ha podido calcular que la destrucción de todos los bosques tropicales podría comportar un aumento de las temperaturas planetarias del orden de 0,3 °C.

En relación con la precipitación los efectos son aún más evidentes y se traducen en una disminución notable de la misma, la cual se deriva tanto de la disminución del contenido de humedad del suelo y de la evaporación como del aumento de la subsidencia generado por la modificación del albedo.

En la cuenca del Amazonas, por ejemplo, se estima que el 50 % de la lluvia caída procede de la evaporación desarrollada *in situ* por los bosques tropicales y sólo el otro 50 % procede de la humedad transportada desde los océanos circundantes. En este sentido, se piensa que la deforestación total del Amazonas podría suponer una disminución de la precipitación en esta zona de un 20 % respecto a sus valores actuales. Ello a su vez dificultaría la regeneración de los bosques, con lo cual podría conducir a un proceso irreversible de aridificación y desertización.

De todo lo expuesto hasta ahora la conclusión fundamental que cabría extraer es la de la existencia de justificaciones más que sobradas para la alarma creciente que hoy suscita la posibilidad de un cambio climático próximo. Esta alarma se alimenta de los siguientes hechos:

a) Los numerosos cambios climáticos que han tenido lugar a lo largo de la historia geológica de la Tierra.

b) La presumible inminencia del fin del actual interglaciar.

c) La potencia de las acciones antrópicas sobre el sistema, que lo están abocando hacia un calentamiento progresivo, consiguiendo contrarrestar y superar las tendencias naturales, que más bien apuntan hacia un enfriamiento.

d) La alta sensibilidad del sistema ante cambios en sus componentes.

e) Por último, y sobre todo, la enorme vulnerabilidad de la sociedad actual ante cambios climáticos mínimamente relevantes. Baste pensar en las consecuencias que un próximo calentamiento y consiguiente fusión de los hielos determinarían sobre una sociedad asentada básicamente en la costa y al nivel del mar.

Por todo ello se hace necesario y urgente propiciar todo tipo de medidas encaminadas a controlar las intervenciones humanas sobre el sistema climático y a mejorar el conocimiento de su funcionamiento.

Anexos

Anexo I al capítulo 3

UNIDADES DE MEDIDA PARA LA RADIACIÓN Y LA TEMPERATURA

1. Factores de conversión entre las unidades más usuales para la expresión de la radiación solar

	$Cal/cm^2 \cdot min$	$Jul/cm^2 \cdot min$	W/cm^2	Ly/min
$Cal/cm^2 \cdot min$	1	4,1868	0,069	1
$Jul/cm^2 \cdot min$	0,238	1	0,00165	0,238
W/cm^2	14,3	60,6	1	14,3
Ly/min	1	4,1868	0,069	1

Cal = Caloría, unidad de energía equivalente a 4,18 julios.
Jul = Julio, unidad de energía, equivalente a 1 newton/m. El julio es el trabajo efectuado por la fuerza de un newton que desplaza su punto de aplicación la distancia de 1 metro en dirección de la fuerza.
Newton = Unidad de fuerza equivalente a 1 Kg $\cdot$ m/seg^2. El newton es la fuerza que da a una masa de 1 Kg. una aceleración de 1 m/seg^2.
Ly = Langley, unidad de energía equivalente a 1 cal/cm^2.

2. Factores de conversión entre las unidades más usuales para la expresión de la temperatura

	°C	K	°F
°C	1	K – 273,15	(°F – 32)·5/9
K	°C + 273,15	1	[(°F – 32) · 5/9] + 273,15
°F	(°C · 5/9) + 32	[(K – 273,15) · 9/5] + 32	1

°C = grado Celsius.
K = grado Kelvin.
°F = grado Fahrenheit.

Anexo II al capítulo 3

DURACIÓN DEL DÍA POR BANDAS LATITUDINALES

1. Duración astronómica del día en el hemisferio Norte

Duración del día (correspondiente al primer día de cada mes en horas y minutos)

Latitud	Ene.	Feb.	Marzo	Abril	Mayo	Junio	Julio	Ago.	Sept.	Oct.	Nov.	Dic.
0° N	12.07	12.07	12.07	12.06	12.06	12.07	12.07	12.07	12.06	12.06	12.07	12.08
10° N	11.33	11.42	11.56	12.14	12.29	12.40	12.42	12.33	12.18	12.02	11.47	11.36
20° N	10.57	11.16	11.45	12.20	12.52	13.16	13.19	13.02	12.32	11.57	11.25	11.00
30° N	10.15	10.46	11.33	12.29	13.20	13.57	14.03	13.34	12.46	11.53	10.59	10.22
40° N	09.23	10.10	11.18	12.39	13.54	14.49	14.58	14.16	13.05	11.47	10.29	09.33
44° N	08.58	09.52	11.10	12.45	14.11	15.16	15.26	14.36	13.14	11.45	10.15	09.09
48° N	08.27	09.32	11.02	12.51	14.31	15.46	15.59	15.00	13.25	11.41	09.57	08.40
52° N	07.51	09.08	10.52	12.57	14.53	16.24	16.39	15.29	13.37	11.38	09.38	08.07
56° N	07.05	08.38	10.42	13.07	15.22	17.12	17.31	16.05	13.51	11.34	09.14	07.24
60° N	06.03	08.00	10.28	13.17	15.58	18.17	18.43	16.51	14.10	11.28	08.43	06.28
65° N	03.54	06.52	10.04	13.35	17.03	20.40	21.38	18.17	14.42	11.20	07.51	04.38

Latitud	Duración del día polar	Duración de la noche polar
70° N	17 de mayo al 27 de julio	25 de noviembre al 17 de enero
80° N	14 de abril al 30 de agosto	22 de octubre al 21 de febrero
90° N	29 de marzo al 25 de septiembre	25 de septiembre al 19 de marzo

Fuente: A. Hufty, *Introducción a la Climatología,* Barcelona, Ariel, 1984, citando a «Smithsonian Meteorological Tables», 1966.

2. Duración astronómica del día para las latitudes comprendidas entre 25° N y 45° N

Latitud	Ene.	Feb.	Marzo	Abril	Mayo	Junio	Julio	Ago.	Sept.	Oct.	Nov.	Dic.
25° N	10.8	11.4	12.0	12.7	13.4	13.7	13.6	13.0	12.2	11.4	10.9	10.6
26° N	10.7	11.3	12.0	12.7	13.4	13.8	13.6	13,0	12.2	11.4	10.9	10.6
27° N	10.7	11.3	12.0	12.8	13.5	13.8	13.7	13.1	12.2	11.4	10.8	10.4
28° N	10 .6	11.3	12 .0	12.8	13.5	13.9	13.7	13.1	12 .2	11.3	10.8	10.4
29° N	10.6	11.2	12.0	12.8	13.6	13.9	13.8	13.1	12.4	11.3	10.8	10.3
30° N	10.5	11.2	12.0	13.0	13.7	14.0	13.9	13.2	12.4	11.3	10.7	10.2
31° N	10.5	11.2	12.0	13.0	13.7	14.2	13.9	13.2	12.4	11.3	10.7	10.2
32° N	10.3	11.1	12.0	13.0	13.8	14.3	14.0	13.3	12.4	11.3	10.6	10.1
33° N	10.2	11.1	12.0	13.1	13.8	14.4	14.2	13.3	12.4	11.2	10.6	10.1
34° N	10.2	10.9	12.0	13.1	13.9	14.4	14.2	13.5	12.4	11.2	10.4	10.0
35° N	10.1	10.9	12.0	13.1	14.0	14.5	14.3	13.5	12.4	11.2	10.3	9.9
36° N	10.1	10.9	12.0	13.2	14.0	14.6	14.4	13.5	12.4	11.2	10.3	9.8
37° N	10.0	10.8	12.0	13.2	14.2	14.8	14.5	13.6	12.4	11.2	10.2	9.6
38° N	9.9	10.8	12.0	13.2	14.3	14.9	14.5	13.6	12.5	11.0	10.1	9.6
39° N	9.9	10.8	12.0	13.3	14.3	14.9	14.6	13.7	12.5	11.0	10.1	9.5
40° N	9.8	10.7	12.0	13.3	14.4	15.0	14.7	13.7	12.5	11.0	10.0	9.4
41° N	9.6	10.7	12.0	13.3	14.5	15.1	14.7	13.8	12.5	11.0	9.8	9.8
42° N	9.5	10.7	12.0	13.4	14.6	15.2	14.9	13.8	12.5	10.9	9.8	9.2
43° N	9.4	10.5	11.8	13.4	14.6	15.4	15.0	13.9	12.5	10.9	9.7	8.9
44° N	9.4	10.5	11.8	13.6	14.7	15.5	15.1	13.9	12.5	10.9	9.6	8.8
45° N	9.3	10.4	11.8	13.6	14.9	15.5	15.2	14.0	12.5	10.8	9.5	8.7

Fuente: Vera Parici, *Cuestiones prácticas de Meteorología y Agroclimatología,* Madrid, E.T.S.I.A., 1979, citando a Elías y Jiménez (1965).

3. Cálculo de la duración del día para las distintas latitudes y épocas del año

Para cualquier día del año y cualquier latitud se puede calcular la duración del día mediante un proceso que comporta sucesivas fases, las cuales enumeramos a continuación.

1. *Cálculo de la declinación solar (σ) para el día considerado*

$$\sigma = 23{,}45 \cdot \text{sen}\left[360\frac{284 + n}{365}\right]$$

siendo:

σ la declinación solar del día expresada en grados,

n el día del año considerado tomando como 1 el 1 de enero y 365 el 31 de diciembre.

2. *Cálculo del arco descrito por el Sol desde el orto hasta su culminación*

$$\cos \omega = -\text{tang}\ \sigma \cdot \text{tang L}$$

siendo:

ω el valor en grados del arco descrito por el Sol desde el orto hasta su culminación,

σ la declinación solar del día expresada en grados,

L la latitud del lugar.

3. *Cálculo de la duración del día expresada en horas*

$$\text{Duración del día (horas)} = 2 \cdot \omega/15$$

Fuente: F. Fernández García, *Manual de climatología aplicada. Clima, Medio Ambiente y Planificación*, Madrid, Síntesis, 1995, págs. 64-66.

Anexo III al capítulo 3

COMPORTAMIENTO LATITUDINAL Y ESTACIONAL DE LA RADIACIÓN SOLAR

1. Radiación solar recibida en el límite de la atmósfera (Q_S) sobre una superficie horizontal en el hemisferio Norte (cal/cm^2 · día)

Norte

Mes	90°	80°	70°	60°	50°	40°	30°	20°	10°	0°
E	0	0	0	90	225	380	520	660	780	885
F	0	0	70	215	360	505	630	750	840	915
M	40	125	275	425	555	675	775	850	900	925
A	470	480	565	670	750	845	895	920	925	900
M	900	890	855	890	930	965	975	960	915	850
J	1.085	1.075	1.025	1.000	1.010	1.020	1.000	965	900	820
J	1.010	995	945	945	970	985	990	960	905	830
A	670	660	685	770	830	895	925	935	915	870
S	170	255	385	510	640	740	820	875	905	905
O	0	25	145	285	435	565	685	785	865	910
N	0	0	15	120	265	415	560	685	800	890
D	0	0	0	60	190	335	490	630	760	875

Fuente: A. Hufty, *Introducción a la Climatología,* Barcelona, Ariel, 1984.
Nota: 1 cal/cm^2/día = 0,484 W/m^2.

2. Radiación global en un día sin nubes sobre la superficie terrestre (Q + q), en Kcal/cm^2/min.*

Latitud (grados)	Ene.	Feb.	Marzo	Abril	Mayo	Junio	Julio	Ago.	Sept.	Oct.	Nov.	Dic.
90° N	0	0	0,1	10,0	21,9	26,0	23,8	12,9	2,4	0	0	0
85	0	0	0,7	10,2	21,8	25,8	23,4	13,1	3,0	0	0	0
80	0	0	2,4	10,8	21,4	25,2	23,0	13,4	4,3	0,5	0	0
75	0	0,5	4,0	11,7	21,0	24,5	22,2	13,8	5,8	1,3	0	0
70	0	1,6	6,0	13,1	20,5	23,6	21,2	14,6	7,5	2,7	0,5	0
65	0,7	2,8	8,0	14,5	20,1	22,8	21,0	15,6	9,5	4,3	1,4	0,2
60	1,8	4,3	9,9	16,0	20,8	22,9	21,4	16,7	11,3	6,1	2,6	1,1
55	3,1	6,2	11,7	17,3	21,4	23,4	21,9	17,9	12,9	7,8	4,0	2,3
50	4,8	8,2	13,3	18,5	22,2	23,7	22,6	19,1	14,4	9,7	5,8	3,9
45	6,7	10,3	14,8	19,5	22,6	23,9	23,2	20,1	15,8	11,5	7,8	5,9
40	8,8	12,2	16,4	20,3	23,0	24,0	23,4	20,9	17,0	13,2	9,7	7,7
35	10,7	14,0	17,6	21,0	23,0	24,0	23,6	21,6	18,1	14,7	11,4	9,7
30	12,5	15,5	18,6	21,4	23,0	23,8	23,4	21,8	19,1	16,1	13,1	11,5
25	14,1	16,8	19,5	21,6	23,0	23,4	23,1	21,8	19,8	17,4	14,6	13,1
20	15,5	17,9	20,2	21,6	22,5	22,8	22,6	21,6	20,4	18,5	16,1	14,7
15	16,9	19,0	20,8	21,4	21,9	22,0	21,9	21,2	20,9	19,3	17,4	16,1
10	18,1	19,8	21,1	21,2	21,2	21,0	21,1	20,6	21,2	20,1	18,5	17,5
5 N	19,3	20,4	21,4	21,0	20,2	19,9	20,0	20,0	21,3	20,6	19,5	18,8
0	20,2	20,9	21,5	20,4	19,3	18,8	19,1	19,3	21,2	21,2	20,4	19,2
5° S	21,0	21,4	21,4	19,9	18,3	17,6	17,9	18,3	20,8	21,4	21,8	21,0
10	22,0	21,8	21,1	19,2	17,7	16,0	16,3	17,3	20,4	21,4	21,8	22,0
15	22,6	22,0	20,6	18,3	16,0	14,9	15,4	16,1	19,7	21,3	22,4	22,9
20	23,2	22,0	20,0	17,2	14,7	13,4	13,8	14,9	18,9	21,0	22,6	23,6
25	23,6	22,0	19,4	16,0	13,0	12,0	12,6	13,6	18,0	20,6	23,0	24,1
30	23,9	21,8	18,6	14,9	11,9	10,6	11,1	12,1	17,0	20,1	23,0	24,6
35	24,0	21,3	17,6	13,6	10,4	9,0	9,6	10,6	15,9	19,5	23,0	25,0
40	24,0	20,6	16,4	12,2	8,7	7,3	8,1	9,0	14,3	18,7	22,8	25,2
45	24,0	19,9	15,2	10,7	7,1	5,5	6,3	7,3	13,4	17,7	22,4	25,2
50	23,6	18,9	13,8	9,2	5,4	3,8	4,6	5,5	12,0	16,6	21,8	25,0
55	23,2	17,8	12,3	7,5	3,8	2,3	3,0	3,8	10,3	15,4	21,2	24,6
60	22,6	16,6	10,8	5,6	2,4	1,0	1,6	2,3	8,5	14,1	21,0	24,4
65	22,4	15,3	9,1	3,9	1,1	0,1	0,4	1,0	6,7	12,6	20,8	24,5
70	22,6	14,2	7,3	2,2	0,1	0	0	0	5,0	11,4	21,0	24,9
75	23,2	13,4	5,7	0,9	0	0	0	0	3,5	10,4	21,2	25,4
80	24,0	12,8	4,3	0	0	0	0	0	2,1	9,7	21,9	26,0
85	24,6	12,4	2,9	0	0	0	0	0	0,9	9,2	22,4	26,6
90° S	24,9	12,3	1,7	0	0	0	0	0	0	9,0	22,6	27,0

(Calculado para una duración media del mes de 30,4 días).

Fuente: M. I. Budyko, *Climate and life*, Nueva York, Academic Press, 1974.

* 1 Kcal/cm^2/min = 698.800 W/m^2.

3. CÁLCULO DE LA RADIACIÓN GLOBAL EN LA SUPERFICIE TERRESTRE EN FUNCIÓN DE LA RADIACIÓN INCIDENTE EN EL LÍMITE DE LA ATMÓSFERA Y DE LA FRACCIÓN DE INSOLACIÓN

$$R_g = Q_s \cdot (a + b \cdot n/N)$$

donde:

R_g = Radiación global recibida en la superficie terrestre, en $cal/cm^2 \cdot$ día.
Q_s = Radiación incidente en el límite de la atmósfera, en $cal/cm^2 \cdot$ día.
n/N = Fracción de insolación, donde *n* es el número de horas de sol despejado y N es la duración astronómica del día, o la insolación máxima posible (véase anexo II al capítulo III).
a y b = Constantes que varían en función de distintos autores:

a	b	Autor
0,23	0,48	Black y otros (1954)
0,29 cos φ[1]	0,54	Glover y McCulloch (1958)
0,18	0,55	Penman (1948)
0,18	0,62	Turc (1961)

[1] φ es la latitud del lugar.

Fuente: Vera Parici, *Cuestiones prácticas de Meteorología y Agroclimatología,* Madrid, E.T.S.I.A, 1979.

Anexo I al capítulo 4

TABLAS PSICROMÉTRICAS PARA EL CÁLCULO DE LA HUMEDAD RELATIVA DEL AIRE

Temperatura (° C) del termómetro seco	Diferencia (° C) entre las temperaturas del termómetro y seco y del húmedo																			
	0°	0,5°	1°	1,5°	2°	2,5°	3°	3,5°	4°	4,5°	5°	5,5°	6°	6,5°	7°	7,5°	8°	8,5°	9°	9,5°
0	100	90	80	72	64	55	48	42	35	30	24	19	15	10	5	—	—	—	—	—
1	100	90	80	73	64	55	48	42	35	30	24	19	15	10	5	—	—	—	—	—
2	100	90	81	73	64	55	48	42	35	30	24	19	15	10	5	—	—	—	—	—
3	100	91	83	74	65	57	48	43	35	30	24	19	15	10	5	—	—	—	—	—
4	100	91	83	75	66	59	50	45	35	30	24	19	15	10	5	—	—	—	—	—
5	100	92	84	76	68	60	52	48	38	31	24	19	15	10	5	—	—	—	—	—
6	100	92	85	77	70	62	55	50	41	34	27	20	15	10	5	—	—	—	—	—
7	100	92	85	77	71	63	57	52	44	37	30	24	18	12	5	—	—	—	—	—
8	100	93	86	79	72	65	58	53	46	40	33	27	21	15	9	3	—	—	—	—
9	100	93	86	79	73	66	60	54	48	42	35	30	24	18	13	7	3	—	—	—
10	100	93	87	80	74	68	62	56	50	44	38	33	27	21	16	10	5	—	—	—
11	100	93	87	82	75	69	62	57	52	46	40	35	30	24	19	13	8	4	—	—
12	100	93	87	82	76	70	63	58	53	48	42	37	32	27	22	17	12	7	—	—
13	100	93	88	82	77	71	65	60	55	50	45	40	35	30	25	20	15	10	6	—
14	100	94	88	83	77	72	66	61	56	52	47	42	37	32	27	23	18	13	9	6
15	100	94	89	83	78	73	67	62	57	53	49	44	39	34	30	25	21	17	12	8
16	100	94	89	83	79	74	69	63	59	55	50	46	41	36	32	27	23	19	15	11
17	100	95	90	84	80	75	70	64	60	56	52	48	43	38	34	30	24	22	18	14
18	100	95	90	85	80	76	71	65	61	57	53	49	45	40	37	32	28	24	20	16
19	100	95	90	85	81	77	72	66	62	58	55	51	47	42	38	34	30	27	23	20
20	100	95	90	85	82	77	72	68	63	60	56	52	48	44	41	37	32	29	25	22
21	100	95	91	86	82	78	73	69	64	60	57	53	49	46	42	38	34	31	27	24
22	100	95	91	87	82	78	74	70	65	62	57	54	51	47	43	40	37	33	29	27
23	100	95	91	87	83	79	75	70	66	63	58	56	52	48	45	41	38	35	31	28
24	100	95	92	87	83	79	76	71	67	63	60	57	53	50	46	43	39	37	33	30
25	100	96	92	87	83	80	76	72	68	63	61	58	54	51	48	45	41	38	35	32
26	100	96	92	87	84	80	77	73	69	65	62	58	56	52	48	46	42	39	37	33
27	100	96	92	88	84	81	77	73	70	66	62	59	57	53	50	47	43	39	37	33
28	100	96	95	88	84	81	78	74	70	67	63	60	57	54	51	48	45	42	38	36
29	100	96	92	88	85	82	78	75	71	67	64	61	58	55	52	49	46	43	40	38

Temperatura (° C) del termómetro seco	Diferencia (° C) entre las temperaturas del termómetro y seco y del húmedo																			
	0°	0,5°	1°	1,5°	2°	2,5°	3°	3,5°	4°	4,5°	5°	5,5°	6°	6,5°	7°	7,5°	8°	8,5°	9°	9,5°
30	100	96	93	89	85	82	78	75	72	68	65	62	58	56	53	50	47	44	42	39
31	100	96	93	89	86	82	79	76	73	69	66	63	60	57	54	51	48	45	43	40
32	100	96	93	89	86	83	79	76	73	70	67	63	60	58	55	52	49	47	43	41
33	100	96	93	89	86	83	80	77	73	70	67	64	61	58	56	53	50	48	45	43
34	100	96	93	90	87	83	80	77	74	71	68	64	62	59	57	53	51	48	46	43
35	100	96	93	90	87	83	80	77	74	72	68	65	63	60	58	54	52	49	47	44
36	100	96	93	90	87	83	81	78	75	72	69	66	63	60	58	55	53	50	48	45
37	100	96	93	90	87	84	81	78	75	72	69	67	64	61	59	56	55	51	49	46
38	100	96	93	90	87	84	82	78	76	73	70	68	64	62	59	57	54	52	49	47
39	100	96	93	90	87	84	82	78	76	73	70	68	65	63	60	58	55	53	50	48
40	100	96	93	90	88	85	82	79	77	73	71	68	66	65	61	58	56	53	51	48
41	100	97	93	91	88	85	82	79	77	74	71	69	66	63	61	59	57	54	52	50
42	100	97	93	91	88	85	82	80	77	74	72	69	67	64	62	60	57	55	53	50
43	100	97	94	91	88	85	83	80	77	74	72	69	67	64	62	60	58	55	53	51
44	100	97	94	91	89	86	83	80	78	75	72	70	68	65	63	61	58	56	54	52
45	100	97	94	91	89	86	83	80	78	76	73	70	68	66	63	61	59	57	54	52
46	100	97	94	91	89	86	83	81	78	76	73	71	68	66	63	61	59	57	55	53
47	100	97	94	91	89	86	83	81	78	76	73	71	68	66	64	62	60	57	56	53
48	100	97	94	92	89	86	83	81	78	76	73	71	69	66	64	62	60	57	56	54
48	100	97	94	92	89	87	84	82	79	76	74	72	69	67	65	63	61	59	57	54
50	100	97	94	92	89	87	84	82	79	77	74	72	69	67	65	63	61	59	57	55

Anexo III al capítulo 4

1. Sinopsis de la clasificación internacional de nubes (A partir del Atlas Internacional de Nubes de la OMM, 1956)

Género	Especie	Variedad	Particularidades suplementarias y nubes anejas	Nubes origen -genitus
Cirrus	fibratus uncinus spissatus castellanus floccus	intortus radiatus vertebratus duplicatus	mamma	Cirrocumulus Altocumulus Cumulonimbus
Cirrocumulus	stratiformis lenticularis castellanus floccus	undulatus lacunosus	virga mamma	
Cirrostratus	fibratus nebulosus	duplicatus undulatus		Cirrocumulus Cumulonimbus
Altocumulus	stratiformis lenticularis castellanus floccus	translucidus perlucidus opacus duplicatus undulatus radiatus lacunosus	virga mamma	Cumulus Cumulonimbus
Altostratus		translucidus opacus duplicatus undulatus radiatus	virga praecipitatio pannus mamma	Altocumulus Cumulonimbus
Nimbostratus			praecipitatio virga pannus	Cumulus Cumulonimbus
Stratocumulus	stratiformis lenticularis castellanus	translucidus perlucidus opacus duplicatus undulatus radiatus lacunosus	mamma virga praecipitatio	Altostratos Nimbostratus Cumulus Cumulonimbus
Stratus	nebulosus fractus	opacus translucidus undulatus	praecipitatio	Nimbostratus Cumulus Cumulonimbus
Cumulus	humilis mediocris congestus fractus	radiatus	pileus velum virga praecipitatio arcus pannus tuba	Altocumulus Stratocumulus
Cumulonimbus	calvus capillatus		praecipitatio virga pannus incus mamma pileus velum arcus tuba	Altocumulus Altostratus Nimbostratus Stratocumulus Cumulus

2. Glosario de términos latinos

arcus	arco
calvus	calvo, desnudo
capillatus	cabelludo
castellanus	(en forma de) castillo, torre
congestus	amontonado, congestionado
duplicatus	doble
floccus	flecos
fractus	quebrado, en pedazos
humilis	bajo, pequeño
incus	yunque
intortus	torcido, enredado
lacunosus	con hoyos o surcos
lenticularis	(en forma de) lenteja
mamma	ubre, mama
mediocris	mediano
nebulosus	con niebla,
opacus	opaco
pannus	tira, jirón
perlucidus	translúcido
pileus	gorro
praecipitatio	precipitando
radiatus	radiante, con rayos
spissatus	denso
uncinatus	gancho
undulatus	ondulado
velum	vela de barco
virga	caña, palo, rama

Anexo I al capítulo 6

EQUIVALENCIA ENTRE LAS UNIDADES DE MEDIDA DE LA PRESIÓN (PULGADAS DE MERCURIO Y MILIBARES)

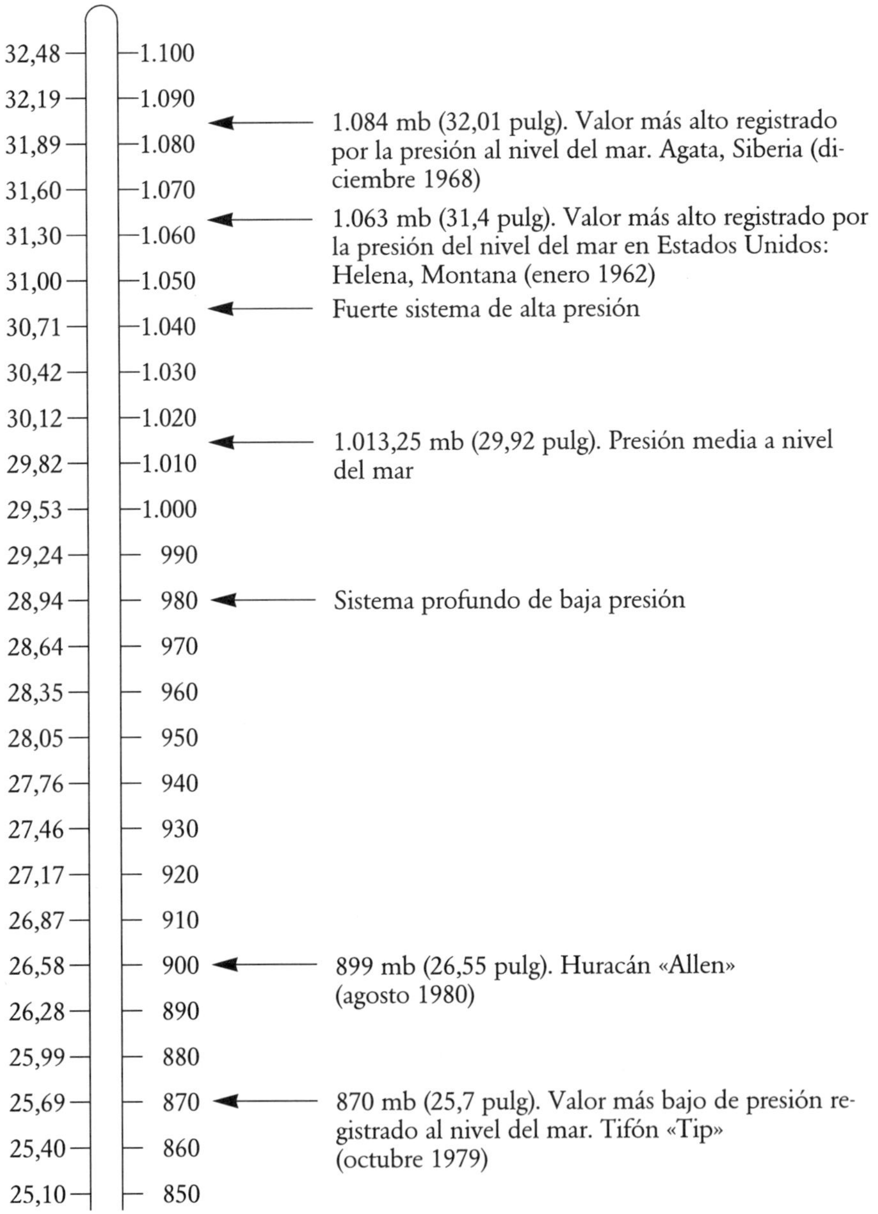

Fuente: *Meteorology Today. An Introduction to Weather, Climate and the Environment,* Minnesota, West Publishing Co., pág. 31

Anexo II al capítulo 6

CARACTERÍSTICAS DE LA ATMÓSFERA STANDARD (SIMPLIFICADA)

Altitud (m)	Temperatura (°C)	Presión (hPa)	Densidad (Kg/m^3)
0	15,0	1.013,2	1,23
500	11,8	955	1,17
1.000	8,5	899	1,11
1.500	5,2	845	1,06
2.000	2,0	795	1,01
2.500	– 1,2	747	0,96
3.000	– 4,5	701	0,91
3.500	– 7,8	657	0,86
4.000	– 11,0	616	0,82
4.500	– 14,2	577	0,78
5.000	– 17,5	540	0,74
5.500	– 20,8	505	0,70
6.000	– 24,0	472	0,66
7.000	– 30,5	410	0,59
8.000	– 37,0	356	0,53
9.000	– 43,5	307	0,47
10.000	– 50,0	264	0,41
10.769 (tropopausa)	– 55,0	234,5	0,37
15.000	– 55,0	121	0,19
20.000	– 55,0	55	0,09
30.000	– 55,0	5	0,01
40.000	– 3,7	2	0,00

Fuente: Martin Vide, *Fundamentos de climatología analítica,* Madrid, Síntesis, 1991, pág. 147.

Anexo I al capítulo 8

TABLAS PSICROMÉTRICAS PARA EL CÁLCULO DE LA HUMEDAD RELATIVA DEL AIRE

1. Modelo básico de estación para registrar los datos meteorológicos. La clave y el ejemplo se han dispuesto según la secuencia acordada internacionalmente para los mensajes cifrados.

MODELO

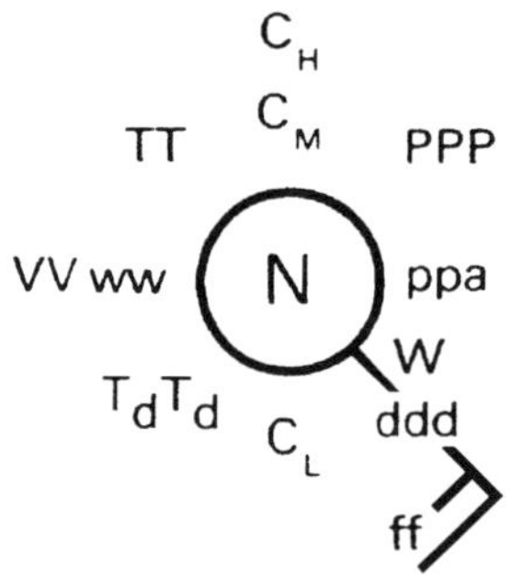

EJEMPLO

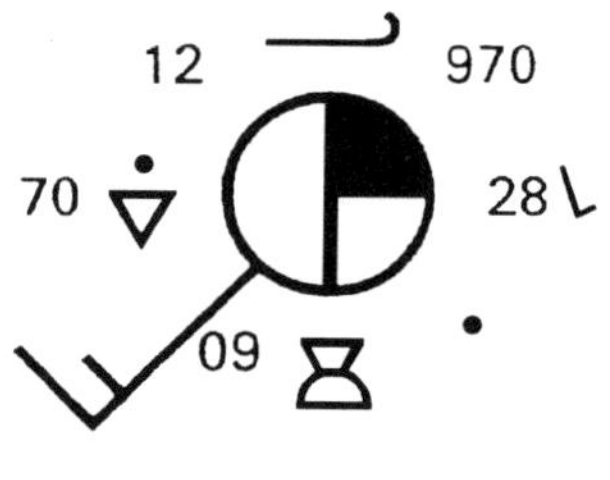

	Clave	Ejemplo
N	Nubosidad total (en oktas)	3
dd	Dirección del viento (grados)	225
ff	Velocidad del viento (nudos)	15
vv	Visibilidad	70
ww	Tiempo presente (símbolo codificado)	80
W	Tiempo pasado (símbolo codificado)	6
PPP	Presión al nivel del mar (hPa)	970
TT	Temperatura (°C)	12
CL	Tipo de nubes bajas (símbolo codificado)	9
CM	Tipo medio de las nubes (codificado)	1
TdTd	Temperatura del punto de rocío (°C)	9
pp	Cambio barométrico de tres horas (hPa)	28

2. Código sinóptico *(Organización Meteorológica Mundial)*

Símbolo	Clave
yy	Día del mes (geomagnético)
GG	Tiempo (geomagnético) hasta la hora más próxima
i_w	Indicador para el tipo de velocidad del viento observada y unidades
IIiii	Número del índice internacional de la estación
i_R	Indicador: datos de precipitación incluido/omitido
i_x	Indicador: tipo de estación — ww W_1W_2 incluido/omitido (código)
h	Altura de la nube más baja (código)
vv	Visibilidad (código)
N	Cantidad total de nubes (oktas)
dd	Dirección del viento (decenas de grados)
ff	Velocidad del viento (nudos, o m/s)
1	Encabezamiento
s_n	Signo de la temperatura (código)
TTT	Temperatura (0,1°C) redondeada al °C más cercano
2	Encabezamiento
s_n	Signo de la temperatura (código)
$T_dT_dT_d$	Temperatura del punto de rocío (como TTT)
4	Encabezamiento
PPPP	Presión media al nivel del mar (decenas de mb, omitiendo los millares)
5	Encabezamiento
a	Características de las tendencias barométricas (símbolo codificado)
ppp	Tendencia barométrica de 3 horas (decenas de mb)
7	Encabezamiento
ww	Tiempo presente (símbolo codificado)
W_1	Tiempo pasado (símbolo codificado)
W_2	Tiempo pasado (símbolo codificado)
8	Encabezamiento
N_h	Cantidad de nubes bajas (okias)
C_L	Tipo de nubes bajas (símbolo codificado)
C_M	Tipo de nubes intermedias (símbolo codificado)
C_H	Tipo de nubes altas (símbolo codificado)

Anexo II al capítulo 8

1. SÍMBOLOS UTILIZADOS EN LOS MAPAS METEOROLÓGICOS

0 No hay Sc, St, Cu o Cb.	0 No hay Ac, As o Ns.	0 No hay Ci, Cc o Cs en capas.	0 Cielo despejado o casi despejado.	0 Sin nubes.	0 Subiendo y luego bajando, con presión superior a la de 3 horas antes.
1 Cu de poco desarrollo vertical y aparentemente planos.	1 As finos, capa nubosa semitransparente.	1 Filamentos cirrosos que no van en aumento.	1 Parcialmente nuboso (dispersa) o cielo variable.	1 Una octa.	1 Subiendo y luego firme o subiendo, luego más lentamente; presión más alta que 3 horas antes.
2 Cu de considerable desarrollo, por lo general en forma de torres, con o sin otros Cu o Sc, con base al mismo nivel.	2 Gruesos As o Ns.	2 Densos cirros en retazos, con formas retorcidas que en general no van en aumento.	2 Nuboso (desigual o cubierto).	2 Dos octas.	2 Subiendo continuamente, o de forma discontinua; presión superior a la de 3 horas antes.
3 Cb con cimas de perfil recortado, pero no de forma cirrosa o yunque, con o sin Cu, Sc o St.	3 Finos elementos de Ac, que varían poco y están al mismo nivel.	3 Ci que a menudo tienen forma de yunque, procedentes o asociados con Cb.	3 Tempestad de arena o polvo o nieve en polvo.	3 Tres octas.	3 Bajando o estacionaria y luego subiendo o sub. y luego sub. más rápidamente; presión superior a la de 3 horas antes.
4 Formados por extensión de los Cu; a menudo acompañados de otros Cu.	4 Ac delgados a retazos y a más de un nivel.	4 Ci en forma de gancho que se extienden gradualmente por el cielo y van aumentando de espesor.	4 Niebla, humo o densa calima de polvo.	4 Cuatro octas.	4 Sin variación en las tres horas anteriores.
5 Sc no formados por extensión de los Cu.	5 Delgados Ac en bandas o en capa que se extiende gradualmente sobre el cielo y va espesándose.	5 Ci y Cs a menudo en forma de bandas convergentes, o Cs solos en capa continua que no alcanza los 45° de altura.	5 Llovizna.	5 Cinco octas.	5 Bajando y luego subiendo; presión igual o inferior a la de 3 horas antes.
6 St o Fs, o ambos, pero sin Fs de mal tiempo.	6 Ac formados por extensión hacia arriba de los Cu.	6 Igual que el anterior, pero que supera los 45° de altura.	6 Lluvia.	6 Seis octas.	6 Bajando y luego estacionaria o bajando y luego bajando más lentamente; la presión es inferior a la de 3 horas antes.
7 Fs y/o Fc de mal tiempo feneralmente bajo Ac y Ns.	7 Doble capa de Ac o gruesa capa de Ac que no va en aumento, o As y Ac presentes a la vez, al mismo o distinto nivel.	7 Cs cubriendo todo el cielo.	7 Nieve, o lluvia y nieve mezcladas o copos de nieve, aguanieve.	7 Siete octas.	7 Bajando de forma continua o irregular; la presión es inferior a la de 3 horas antes.
8 Cu y Sc (no formados por extensión de Cu) con bases a niveles distintos.	8 Ac en forma de penachos cumuliformes, o Ac con torrecillas.	8 Cs que no van en aumento ni cubren todo el cielo: pueden ir acompañados de Ci y Cc.	8 Chubascos.	8 Ocho octas. Completamente cubierto.	8 Firme o subiendo, bajando más o menos rápidamente; presión inferior a la de 3 horas antes.
9 Cb con una cima claramente cirrosa, a menudo en forma de yunque, con o sin Cu, Sc, St.	9 Ac en un cielo de aspecto caótico, generalmente a distintos niveles; retazos de densos Ci están, por lo general, presentes.	9 Cc solos o Cc con algunos Ci y Cs, pero de forma que los Cc sean la masa nubosa dominante, entre todas las cirrosas.	9 Tormentas, con o sin precipitación.	9 Cielo invisible.	

§ Cuando para «ww» se da «00» no se representa; cuando se da «01, 02 o 03» para «ww» el símbolo correspondiente se dibuja en el círculo de la estación. Para «a», cuando el informe da «3» u «8», los correspondientes símbolos no se dibujan.

50 Llovizna intermitente, sin congelar, ligera al hacer la observación.	51 Llovizna continua, sin congelar, ligera al hacer la observación.	52 Llovizna intermitente, sin congelar, moderada en el instante de la observación.	53 Llovizna continua, sin congelar, moderada en el instante de la observación.	54 Llovizna intermitente, sin congelar, intensa en el instante de la observación.	55 Llovizna continua, sin congelar, intensa en el instante de la observación.	56 Llovizna helada ligera.	57 Llovizna helada moderada o intensa.	58 Ligera llovizna y lluvia.	59 Llovizna y lluvia, moderadas o intensas.
60 Lluvia intermitente, sin congelar, ligera	61 Lluvia continua ligera, sin congelar.	62 Lluvia intermitente moderada, sin congelar.	63 Lluvia continua moderada, sin congelar.	64 Lluvia intermitente, intensa, sin congelar.	65 Lluvia continua intensa, sin congelar.	66 Lluvia ligera helada.	67 Lluvia moderada o intensa helada.	68 Ligera lluvia o llovizna junto con nieve.	69 Lluvia o llovizna junto con nieve, moderadas o intensas.
70 Débil e intermitente caída de copos de nieve.	71 Ligera precipitación en forma de copos de nieve.	72 Moderada precipitación de forma intermitente de copos	73 Nevada continua y moderada.	74 Nevada fuerte e intermitente.	75 Nevada continua e intensa.	76 Agujas de hielo, con o sin niebla.	77 Nieve granulada con o sin niebla	78 Cristales aislados en forma de estrella con o sin niebla.	79 Nieve granulada o nevisca.
80 Ligeros chubascos de lluvia.	81 Chubascos ligeros o moderados.	82 Chubascos fuertes.	83 Ligeros chubascos de lluvia y nieve.	84 Chubascos de agua y nieve moderados.	85 Ligeros chubascos de nieve.	86 Chubascos de nieve moderados o fuertes.	87 Ligeros chubascos de granizo pequeño y blando, con o sin lluvia o nieve.	88 Chubascos moderados o fuertes de granizo blando y pequeño, con o sin lluvia o nieve.	89 Ligeros chubascos de granizo, con o sin lluvia †† o lluvia y nieve mezcladas, pero sin ir acompañados de
90 Chubascos fuertes o moderados de granizo ††, con o sin lluvia, o lluvia y nieve mezcladas, pero no asociados a truenos.	91 Ligera lluvia en el instante de la observación; tormentas en la hora pasada, pero no al hacer la	92 Lluvia moderada o intensa en el instante de la observación; tormentas en la hora anterior, pero no al hacer	93 Ligera nevada o lluvia y nieve mezcladas, o granizo † en el instante de hacer la observación; tormenta en la hora pasada, pero no al hacer observación.	94 Nieve moderada o intensa o lluvia y nieve mezcladas o granizo al hacer la observación; tormentas en la hora última, pero no al hacer la observación.	95 Tormenta ligera o moderada sin granizo †, pero con lluvia y/o nieve.	96 Tormenta ligera o moderada acompañada de granizo.	97 Fuerte tormenta sin granizo, pero con lluvia y/o nieve.	98 Tormentas, junto con tempestad de polvo o de arena.	99 Fuertes tormentas acompañadas de granizo.

† *Sólo para «granizo»*
†† *Sólo para granizo blando*

00 No se observa desarrollo de nubes, en la última hora	01 Nubes disolviéndose o perdiendo desarrollo, durante la última hora.	02 El estado del cielo en conjunto no varió durante la última hora.	03 Se han formado o desarrollado nubes en la última hora.	04 Visibilidad reducida por humos.	05 Calima seca.	06 Gran cantidad de polvo en suspensión en el aire, aunque no está levantado por el viento en el momento de la observación.	07 Polvo o arena levantado por el viento en el instante de la observación.	08 Remolinos de polvo bien desarrollados durante la pasada hora.	09 Tormenta de polvo o de arena a la vista sin afectar a la estación en la última hora.
10 Niebla débil.	11 Retazos de niebla poco densa en la estación; no más de 6 pies de espesor sobre tierra.	12 Capa de niebla más o menos continua y de poco espesor en la estación; su espesor es inferior a los 6 pies sobre tierra.	13 Se ven relámpagos sin truenos.	14 Precipitación a la vista, pero que no se registra en la estación.	15 Precipitación a la vista que llega al suelo, pero que no se registra en la estación.	16 Precipitación a la vista que llega al suelo, cerca de la estación, pero no en la misma.	17 Se oyen truenos, pero no se registra precipitación en la	18 Turbonada a la vista en la pasada hora.	19 Nubes en forma de embudo han sido observadas en la última hora.
20 Llovizna pasada.	21 Lluvia en la última hora, pero que cesó en el instante de hacer la observación.	22 Nieve, que no cayó en forma de chubascos, durante la última hora, pero que cesó antes de la observación.	23 Lluvia y nieve (no en chubascos) durante la hora pasada, pero no en el instante de la observación.	24 Lluvia o llovizna a temperatura de congelación (no en forma de chubascos) durante la última hora, pero que ha cesado a la	25 Chubascos en la hora pasada, pero que han cesado al hacer la observación.	26 Chubascos de nieve o de lluvia y nieve, durante la hora anterior, pero no en el instante de la	27 Chubascos de granizo, o de agua y granizo durante la última hora, pero no en el instante de la	28 Niebla en la hora pasada, pero no al hacer la observación.	29 Tormenta, con o sin precipitación, durante la pasada hora, pero no al hacer la observación.
30 Tempestad de polvo, débil o moderada, decreciendo en la última	31 Tempestad de polvo o de arena, débil o moderada, sin cambio apreciable en la última	32 Tempestad de polvo de arena, débil o moderada, arreciando en la última hora.	33 Fuerte tempestad de polvo o arena, decreciendo durante la hora pasada.	34 Fuerte tempestad de polvo o arena, sin cambio apreciable en la hora anterior.	35 Fuerte tempestad de polvo o arena que se ha intensificado durante la última hora.	36 Ventisca de nieve, moderada o ligera, generalmente en capas	37 Fuerte ventisca de nieve, por lo general	38 Ventisca de nieve, ligera o moderada, en general a cierta altura.	39 Fuerte ventisca de nieve, en general, alta.
40 Niebla a distancia en el instante de hacer la observación, pero no en la estación durante la última hora.	41 Niebla discontinua a retazos.	42 Niebla a través de la cual puede verse el cielo, que se ha hecho menos densa en la última hora.	43 Niebla que impide ver el cielo, aunque ha perdido espesor durante la última hora.	44 Niebla que impide la visión del cielo, sin cambio apreciable en la última hora.	45 Niebla que impide la visión del cielo, sin cambio apreciable en la última hora.	46 Niebla con cielo visible que se ha iniciado o acentuado en la hora anterior.	47 Niebla que impide ver el cielo; ha empezado o se ha acentuado en la última hora.	48 Niebla que deposita cencellada, sin impedir visión del cielo.	49 Niebla que deposita cencellada, con cielo invisible.

Núm. clave	W	Tiempo pasado
0		Despejado o poco nuboso
1		Parcialmente nuboso o cielo variable
2		Nuboso o cubierto
3		Tempestad de polvo o de arena; ventisca de nieve
4	≡	Niebla, humo o densa calima de polvo
5	,	Llovizna
6	•	Lluvia
7	✶	Nieve o lluvia y nieve mezcladas, o aguanieve
8	▽	Chubascos
9		Tormentas, con o sin precipitación

h	Altitud de las nubes, en metros (aproximadamente)
0	0
1	50-99
2	100-199
3	200-299
4	300-599
5	600-999
6	1.000-1.499
7	1.500-1.999
8	2.000-2.499
9	Por encima de 2.500 o sin nubes

R_t	Hora en que tuvo lugar la precipitación
0	Sin precipitación
1	Hace menos de una hora
2	Hace una-dos horas
3	De dos a tres horas
4	De tres a cuatro horas
5	De cuatro a cinco horas
6	De cinco a seis horas
7	De seis a doce horas
8	Hace más de doce horas
9	Se ignora

Símbolos utilizados para la representación del viento

Velocidad aprox. (nudos)	Símbolos transcritos en los mapas meteorológicos	Velocidad aprox. (nudos)	Símbolos transcritos en los mapas meteorológicos
0		30	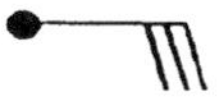
2		35	
5		45	
10		50	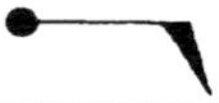
15		60	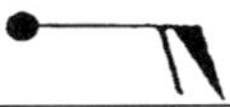
20		70	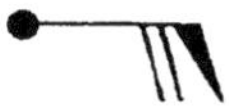
25	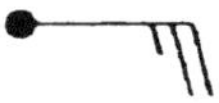	75	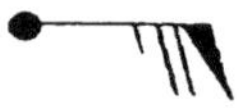

Anexo I al capítulo 10

NOMENCLATURA PROPUESTA POR LA ORGANIZACIÓN METEOROLÓGICA MUNDIAL PARA CARACTERIZAR LAS DISTINTAS FORMAS DE CAMBIOS Y VARIACIONES CLIMÁTICAS

— *Cambio climático.* Término general que engloba todas las formas de inconstancia climática, cualquiera que sea su naturaleza estadística (o su causa física).

— *Discontinuidad climática.* Cambio climático que consiste en una modificación más bien brusca y permanente de un valor «medio» a otro, acaecida durante el periodo de observación.

— *Fluctuación climática.* Inconstancia climática que consiste en cualquier forma de modificación sistemática, sea regular o irregular, a excepción de la «tendencia» o de la «discontinuidad». Está caracterizada por al menos dos máximos (o mínimos) y un mínimo (o máximo), incluidos los situados al principio y al final de la serie.

— *Oscilación climática.* «Fluctuación» en la cual la variable tiende a cambiar gradual y regularmente entre máximos y mínimos sucesivos (por oposición a «vacilación»).

— *Periodicidad climática.* «Ritmo» en el cual el intervalo de tiempo entre máximos y mínimos sucesivos es constante o casi constante durante todo el periodo de observaciones.

— *Ritmo climático.* «Oscilación» o «vacilación» en la cual los máximos y los mínimos se presentan a intervalos de tiempo aproximadamente iguales.

— *Tendencia climática.* Cambio climático caracterizado por una disminución o un aumento regulares y monótonos de los valores medios durante el periodo de observación. El término no queda restringido a un cambio lineal en el tiempo, sino caracterizado por un solo máximo y un solo mínimo en los puntos finales de la serie.

— *Vacilación climática.* «Fluctuación» en la cual la variable climática tiende a permanecer alternativamente en torno a dos (o más) valores medios, y a pasar de un valor medio a otro a intervalos regulares o irregulares (por oposición a «oscilación»).

— *Variación climática.* Una «fluctuación» o una componente de ésta cuya escala temporal característica es lo suficientemente amplia como para conducir a una inconstancia apreciable de las medias (normales) sucesivas de las variables, calculadas para un periodo de treinta años.

Fuente: Arlery, Grisollet y Guilmet, *Climatologie. Méthodes et pratiques*, París, Gauthier-Villars, 1973, págs. 301-302.

Bibliografía

Bibliografía general

AYOADE, J. O., *Introduction to Climatology for the Tropics*, Nueva York, John Wiley & Sons, 1983.
BARRY, R. G., y CHORLEY, R. J., *Atmosphere, Weather and Climate*, 6.ª ed., Londres, Routledge, 1992.
BATTAN, L. J., *El tiempo atmosférico*, Barcelona, Omega, 1976.
BERGER, W. H., y LABEYRIE, L. D., *Abrupt Climatic Change. Evidence and Implications*, Dordrecht, Reidel Publishing C., 1985.
BLÜTGEN, J. y WEISCHET, W., *Allgemeine Klimageographie*, Berlín, Walter de Gruyter, 1980.
BUDYKO, M. I., *The Earth's Climate: Past and Future*, Nueva York, Academic Press, 1982.
CRITCHFIELD, H. J., *General Climatology*, Englewood Cliffs, Prentice-Hall, 1983.
CROWE, P. R., *Concepts in Climatology*, Londres, Longman, 1971.
ELÍAS CASTILLO, F. y CASTELLVI SENTÍS, F., *Agrometeorología*, Madrid, Ministerio de Agricultura, Pesca y Alimentación, 1996.
ESTIENNE, P. y GODARD, A., *Climatologie*, París, Armand Colin, 1970.
FERNÁNDEZ GARCÍA, F., *Manual de climatología aplicada*, Madrid, Síntesis, 1995.
FLOHN, H., *Clima y tiempo*, Madrid, Guadarrama, 1968.
FLOHN, H. y FANTECHI, R., *The Climate of Europe: Past, Present and Future*, Dordrecht, Reidel Publishing C., 1984.
FRECAUT, R. y PAGNEY, P., *Dynamique des climats et de l'écoulement fluvial*, París, Masson, 1983.
GARP, *The Physical Basis of Climate and Climate Modelling*, GARP Publications Series, núm. 16, Ginebra, W.M.O., 1982.
GOODY, R. M. y WALKER, J. C., *Las atmósferas*, Barcelona, Omega, 1975.
GREGORY, E. *Recent Climatic Change. A Regional Approach*, Londres, Belhaven Press, 1988.
GRIFFITHS, J. F. y DRISCOLL, D. M., *Survey of Climatology*, Columbus, Merrill y Bell & Howell, 1982.
HANWELL, J., *Atmospheric Processes*, Londres, George Allen & Unwin, 1980.
HENDERSON-SELLERS, A. y ROBINSON, P. J., *Contemporary Climatology*, Harlow, Longman, 1987.
HUFTY, A., *Introducción a la climatología*, Barcelona, Ariel, 1984.
HUPTER, P. (dir.), *Das Klimasystem der Erde*, Berlín, Akademie Verlag, 1991
LAMB, H., *Climate: Present, Past and Future*, vol. 2: *Climatic History and the Future*, Londres, Methuen, 1977.
— *Climate, History and the Modern World*, Londres, Methuen, 1982.

LANDSBERG, H. E. (dir.), *World Survey of Climatology,* 15 vols., Amsterdam, Elsevier, 1969-1985.
LOCKWOOD, J. G., *World Climatology: an Environmental Approach*, Londres, Edward Arnold, 1974.
— *Causes of Climate,* Londres, Edward Arnold, 1979.
— *World Climatic Systems,* Londres, Edward Arnold, 1986.
LYDOLPH, P. E., *The Climate of the Earth,* Rowman & Littlefield Publishers, Inc. USA, 1985.
— *Weather and Climate,* Nueva Jersey, Rowman and Allenheld Publishers, 1985.
MARTIN VIDE, J., *Fundamentos de climatología analítica,* Barcelona, Síntesis, 1991.
MARTIN VIDE, J. y OLCINA CAMPOS, J., *Tiempos y climas mundiales*, Barcelona, Oikos-tau, 1996.
MATHER, J. R., *Climatology: Fundamentals and Applications,* Nueva York, Mc Graw-Hill, 1974.
MCILVEEN, R., *Fundamentals of Weather and Climate,* Londres, Chapman-Hall, 1991.
MUSK, A., *The Weather Systems,* Londres, Cambridge University Press, 1988.
O'HARE, G. y SWEENEY, J., *The Atmospheric System*, Edimburgo, Oliver and Boyd, 1989.
OKE, T. R., *Boundary Layer Climates*, Londres, Methuen, 1978.
OLIVER, J. E., *Climatology: Seleted Applications,* Londres, Edward Arnold, 1981.
OLIVER, J. E. y HIDORE, J. J., *Climatology. An Introduction,* Columbus, Merrill, 1984.
PAGNEY, P., *Les climats de la Terre,* Barcelona, Oikos-tau, 1982.
PÉDÉLABORDE, P., *Introduction à l'étude scientifique du climat,* París, SEDES, 1970.
PÉGUY, Ch-P., *Précis de climatologie,* París, Masson, 1970.
PEIXOTO, J. y OORT, A., *Physics of Climate,* Nueva York, American Institute of Physics, 1992.
PINNA, M., *Climatologia,* Turín, UTET, 1977.
RILEY, D. y SPOLTON, L. *World Weather and Climate,* Nueva York, Cambridge University Press, 1981.
STRINGER, E. T., *Foundations of Climatology,* San Francisco, W. E. Freeman, 1972.
SUMNER, G., *Precipitation. Process and Analysis,* Nueva York, John Wiley and Sons, 1988.
TRIPLET Y ROCHE, *Météorologie,* París, École Nationale de la Météorologie, 1997.
WALLACE, J. M. y HOBBS, P., *Atmospheric Science. An Introductory Survey,* Nueva York, Academic Press, 1977.

CAPÍTULO 1

ALBENTOSA, «La tecnificación de la ciencia del tiempo y su importancia en el desarrollo económico y social», en Hufty, *Introducción a la climatología,* Barcelona, Ariel, 1984, págs. 9-22.
ATKINSON, «Climate», en Brown, *Geography, Yesterday and Tomorrow,* Oxford University Press, 1980, págs. 114-129.
CAPEL SÁEZ, *Filosofía y ciencia en la geografía contemporánea,* Barcelona, Barcanova, 1981.
— «Positivismo y antipositivismo en la ciencia geográfica», *Geocrítica,* núm. 43, 1983.
DAUPHINE, *Les précipitations dans les midis français. Étude de climatologie inductive,* Atelier de reproduction de thèses de l'Université de Lille, 1976.
FRUTOS MEJÍAS, «La geografía: crisis y cambios de concepto y método», en VV. AA., *Los métodos actuales de la investigación geográfica,* Cáceres, ICE, 1982, págs. 7-33.
GIBBS, «Definiendo el clima», *Boletín de la OMM,* núm. 3, 1987, págs. 306-312.
HARE, «La climatología basada en la energía y su frontera con la ecología», en Chorley (ed.), *Nuevas tendencias en geografía,* Madrid, IEAL, 1975, págs. 249-274.
PÉDÉLABORDE, P., *Le climat du bassin parisien. Essai d'une méthode rationnelle de climatologie physique,* París, Ed. Genin, 1957.
— *Introduction à l'étude scientifique du climat,* París, SEDES, 1970.

PÉGUY, Ch.-P. y MARCHAND, «Climatologie et culture», *L'Espace géographique*, núm. 3, 1982, págs. 185-195.
PITA, M.ª F., «La preocupación medioambiental y su incidencia en el desarrollo de la climatología», en VV. AA., *Geografía y medio ambiente*, Madrid, MOPU, 1984, págs. 45-70.
THORNES, «A paradigmatic shift in atmospheric studies», *Progress in Physical Geography*, vol. 5, núm. 3, 1980, págs. 429-448.

CAPÍTULO 2

BIGG, G., *The Ocean and Climate*, Cambridge University Press, 1996.
CHORLEY, R. y HAGGETT, P., *Models in Geography*, Londres, Methuen, 1967.
GARP, *The Physical Basis of Climate and Climate Modelling*, Ginebra, Garp, Publication Series, núm. 16, WMO/ICSU, 1975.
HENDERSON-SELLERS, A., y MCGUFIE, K., *Introducción a los modelos climáticos*, Barcelona, Omega, 1990.
HOUGHTON, J. (ed.), *The Global Climate*, Nueva York, Cambridge University, 1984.
— (ed.), *Climate change, 1995. The Science of Climate. IPCC*, Cambridge University Press, 1996.
LOCKWOOD, J., *Causes of Climate*, Londres, Arnold, 1979.
LOCKWOOD, J. G., *World Climatic Systems*, Londres, Edward Arnold, 1986.
LÓPEZ BERMÚDEZ, F.; RUBIO RECIO, J. M. y CUADRAT, J. M. *Geografía Física*, Madrid, Cátedra, 1992.
OKE, T. R. *Boundary Layer Climates*, 2.ª ed., Nueva York, Halsted, 1987.
PEIXOTO, J. y OORT, A., *Physics of Climate*, Nueva York, American Institute of Physics, 1992.
PERRY, A. H. y WALTER, J. M., *The Ocean-Atmosphere System*, Londres, Longman, 1977.
SALTZMAN, B. (ed.), «Theory of Climate», *Advances in Geophysics*, vol. 25, Nueva York, Academic Press, 1983.
TRENBERT, K., *Climate System Modeling*, Cambridge University Press, 1992.

CAPÍTULO 3

BARRY, R. G. y CHORLEY, R. J., *Atmosphere, Weather and Climate*, 6.ª ed., Londres, Routledge, 1992.
BERNARD, R. y otros, *Le rayonnement solaire. Conversion thermique et applications*, París, Technique et Documentation Lavoisier, 1980, págs. 13-115.
BUDYKO, M. I., *Climate and Life*, Londres, Academic Press, 1974, págs. 1-290.
ESTIENNE, P. y GODARD, A., *Climatologie*, París, Armand Colin, 1970, págs. 12-62.
FRECAUT, R. y PAGNEY, P., *Climatologie et hydrologie fluviale à la surface de la Terre*, libro I, París, CDUSEDES, 1979, págs. 5-46.
HENDERSON-SELLERS, A. y ROBINSON, P. J., *Contemporary Climatology*, Londres, Longman, 1986, págs. 27-91.
HUFTY, A., *Introducción a la climatología*, Barcelona, Ariel, 1984, págs. 37-78.
KESSLER, «Heat balance climatology», en Landsberg (ed.), *World Survey of Climatology*, vol. 1 A, Amsterdam, Elsevier, 1985.
KONDRATYEV, *Radiation Processes in the Atmosphere*, Ginebra, Organización Meteorológica Mundial, Publ. núm. 309, 1972.
LÓPEZ BERMÚDEZ, F.; RUBIO RECIO, J. M. y CUADRAT, J. M.ª, *Geografía Física*, Madrid, Cátedra, 1992, págs. 242-266.

O'HARE, G. y SWEENEY, J., *The Atmospheric System,* Oliver and Boyd, 1989, 4.ª ed., págs. 11-40.
QUENEY, *Éléments de Météorologie,* París, Masson, 1974.
STRAHLER, A. N., *Geografía Física,* Barcelona, Omega, 1974, págs. 69-89 y 133-161.
TRIPLET y ROCHE, *Météorologie Générale,* París, École Nationale de la Météorologie, 1977, 2.ª ed., págs. 184-209.

CAPÍTULO 4

BRIGGS, D. y SMITHSON, P., *The Fundamentals of Physical Geography,* Rowman and Littlefield, 1985.
CATALÁ, J., *Introducción a la meteorología,* Madrid, Alhambra, 1987.
DONN, W. *Meteorología,* Barcelona, Reverté, 1978.
HENDERSON-SELLERS, A. y ROBINSON, P. J., *Contemporary Climatology,* Harlow, Longman, 1986.
MARTÍN VIDE, J., *Fundamentos de climatología analítica,* Barcelona, Síntesis, 1991.
MARSH, W. y DOZIER, J., *Landscape. An Introduction to Physical Geography,* Addison-Wesley Publishing Co., 1981.
MARTÍN VIDE, J.; GRIMALT, M. y MAURI, F., *Guía de la atmósfera,* Barcelona, El Mèdol, 1996.
O'HARE, G. y SWEENEY, J., *The atmospheric System,* Edimburgo, Oliver and Boyd, 1986.
OMM., *Atlas internacional de nubes,* Ginebra, Organización Meteorológica Mundial, 1956.
PETTERSSEN, S., *Introduction to Meteorology,* Nueva York, Mc Graw-Hill, 1969.
STRAHLER, A. y STRAHLER, A., *Geografía Física,* Barcelona, Omega, 1989.
SUMNER, G., *Precipitation. Process and Analysis,* Nueva York, John Wiley and Sons, 1988.
WARD, R. y ROBINSON, P., *Principles of Hidrology,* Mc Graw Hill, 1992.

CAPÍTULO 5

BARRY, R. G. y CHORLEY, R. J., *Atmosphere, Weather and Climate,* 6.ª ed., Londres, Routledge, 1992.
BRIGGS, D. y SMITHSON, P., *The fundamentals of Physical Geography,* Rowman and Littlefield, 1985.
BRUCE, J. y CLARK, R., *Introduction to Hydrometeorology,* Pergamon Press, 1966.
CHADLER, T. J., *Modern Meteorology and Climatology,* Londres, Nelson, 1981.
CHORLEY, R., *Water, Earth and Man,* Methuen, 1969.
FLOHN, H., *Clima y tiempo,* Madrid, Guadarrama, 1968.
HARDY, R.; WRIGHT, P., GRIBBIN, J. y KINGTON, J., *El libro del clima,* Barcelona, Folio, 1988.
HOBBS, J. E., *Applied Climatology,* Londres, Butterworths, 1980.
JACKSON, I., *Climate, Water and Agriculture in the Tropics,* Londres Longman, 1989.
LANDSBERG, H. E. (dir.), *World Survey of Climatology,* 15 vols., Amsterdam, Elsevier, 1969-1985.
LINACRE, E., *Climate Data and Resources,* Londres, Routledge, 1992.
MARSH, W. y DOZIER, J., *Landscape. An Introduction to Physical Geography,* Addison-Wesley Publishing Co, 1981.
MASON, B., *The Physics of Clouds,* Oxford University Press, 1972.
MUSK, A., *The Wheater systems,* Londres, Cambridge University Press, 1988.
PÉGUY, Ch-P., *Précis de climatologia,* París, Masson, 1970.
PEIXOTO, J. y OORT, A., *Physics of Climate,* Nueva York., American Institute of Physics, 1992.
PINNA, M., *Climatología,* Turín, UTET, 1977.
SUMNER, G., *Precipitation. Process and Analysis,* Nueva York, John Wiley and Sons, 1988.

Capítulo 6

Ahrens, *Meteorology Today. An Introduction to Weather, Climate and the Environment*, Minnesota, West Publishing Co., 1982.

Barry, R. G. y Chorley, R. J., *Atmosphere, Weather and Climate,* 6.ª ed., Londres, Routledge, 1992.

Catalá de Alemany, *Diccionario de Meteorología*, Madrid, Alhambra, 1986.

Eichenberger, *Meteorología para aviadores*, Madrid, Paraninfo, 1987.

Henderson-Sellers, A. y Robinson, P. J., *Contemporary Climatology*, Harlow, Longman Scientific and Technical, 1986.

Huerta, *Apuntes de meteorología sinóptica. Análisis escalar*, Madrid, Instituto Nacional de Meteorología, Publicación B-16, 1984.

Hufty, A., *Introducción a la climatología*, Barcelona, Ariel, 1984.

López Bermúdez, F.; Rubio Recio, J. M. y Cuadrat, J. M.ª, *Geografía Física*, Madrid, Cátedra, 1992.

Martín Vide, J., *Fundamentos de climatología analítica,* Madrid, Síntesis, 1991.

Medina, *Meteorología básica sinóptica*, Madrid, Paraninfo, 1976.

Oke, T. R., *Boundary Layer Climate*, Londres, Methuen, 1987.

Pédélaborde, P., «Les données de la climatologie», en *Encyclopédie de la Pléiade. Géographie Générale*, París, Gallimard, 1966, págs. 2-84.

Triplet y Roche, *Météorologie Générale*, París, École Nationale de la Météorologie, 1977.

Capítulo 7

Ahrens, *Meteorology Today. An Introduction to Weather, Climate and the Environment*, Minnesota, West Publishing Co., 1982.

Barry, R. G. y Chorley, R. J., *Atmosphere, Weather and Climate,* 6.ª ed., Londres, Routledge, 1992.

Barry y Perry, *Synoptic Climatology. Methods and Applications*, Londres, Methuen and Co., 1973.

Durand-Dastès, *Geografía de los aires*, Barcelona, Ariel, 1982.

Eichenberger, *Meteorología para aviadores*, Madrid, Paraninfo, 1987.

Henderson-Sellers, A. y Robinson, P. J., *Contemporary Climatology*, Harlow, Longman Scientific and Technical, 1986.

Hufty, A., *Introducción a la climatología*, Barcelona, Ariel, 1984.

Labeyrie, L. D., *El hombre y el clima*, Barcelona, Gedisa, 1988.

Medina, *Meteorología básica sinóptica,* Madrid, Paraninfo, 1976.

Navarra, *Atmosphere, Weather and Climate. An Introduction to Meteorology*, W. B. Saunders Co., 1979.

O'Hare, G. y Sweeney, J., *The Atmospheric System,* 4.ª ed., Edimburgo, Oliver and Boyd, 1989.

Pédélaborde, P., «Les données de la climatologie», en *Encyclopédie de la Pléiade. Géographie Générale*, París, Gallimard, 1966, págs. 2-84.

Queney, *Éléments de Météorologie*, París, Masson, 1974.

Triplet y Roche, *Météorologie Générale*, París, École Nationale de la Météorologie, 1977.

CAPÍTULO 8

BALLESTER, M., *Meteorología. Física del aire,* Madrid, Eudema, 1993.
BARRY, R. G. y CHORLEY, R. J., *Atmosphere, Weather and Climate,* 6.ª ed., Londres, Routledge, 1992.
BORROUGHTS, A., *Watching the World's Weather,* Cambridge University Press, 1991.
BRIMACOMBE, A., *Atlas de imágenes Meteosat,* Madrid, Instituto Nacional de Meteorología, 1991.
LOCKWOOD, J. G., *World Climatic Systems,* Londres, Edward Arnold, 1986.
LLASAT, M. C., *Gota fría,* Barcelona, Boixareu, 1991.
MARTÍN VIDE, J., *Mapas del tiempo: fundamentos, interpretación e imágenes de satélite,* Barcelona, Oikos-tau, 1991.
MUSK, A., *The Weather Systems,* Londres, Cambridge University Press, 1988.
O'HARE, G. y SWEENEY, J., *The Atmospheric System,* Edimburgo, Oliver and Boyd, 1986.
RILEY, D. y SPOLTON, L., *World Weather and Climate,* Nueva York, Cambridge University Press, 1981.
STRAHLER, A. y STRAHLER, A., *Geografía Física,* Barcelona, Omega, 1989.

CAPÍTULO 9

AYOADAE, J. O., *Introduction to Climatology for the Tropics,* John Wiley and Sons, 1981.
BARRY, R., *Mountain Weather and Climate,* Londres, Methuen, 1981.
BERGER, A., *Le climat de la Terre,* Bruselas, De Boeck, 1992.
BRIMACOMBE, A., *Atlas de imágenes Meteosat,* Madrid, Instituto nacional de Meteorología, 1991.
BUDYKO, M. I., *Climate and Life,* Nueva York, Academic Press, 1974.
DAS, P. K., «Monsoons», *WMO,* núm. 613, Ginegra, 1986.
ESCOURROU, G., *Le climat et la ville,* Nathan, 1991.
ESTIENNE, P. y GODARD, A., *Climatologie,* París, Armand Colin, 1970.
FEIN, J. y STEPHEN, P., *Monsoons,* John Wiley and Sons, 1987.
FLOHN, H., *Clima y tiempo,* Madrid, Guadarrama, 1968.
HENDERSON-SELLERS, A. y ROBINSON, P. J., *Contemporary Climatology,* Harlow, Longman, 1986.
LANDSBERG, H. E. (dir.), *World Survey of Climatology,* 15 vols., Amsterdam, Elsevier, 1969-1985.
— *The Urban Climate,* Academic Press, 1981.
LEROUX, M., *Le climat de l'Afrique Tropicale,* París, Champion, 1983.
LOCKWOOD, J. G., *World Climatology: an Environmental Approach,* Londres, Edward Arnold, 1974.
LÓPEZ GÓMEZ, A. (coord.), *El clima de la ciudades españolas,* Madrid, Cátedra, 1993.
LYDOLPH, P., *The Climate of the Earth,* Rowman and Littlefield Publishers, 1985.
MARSH, W. y DOZIER, J., *Landscape. An Introduction to Physical Geography,* Addison-Wesley Publishing Co, 1981.
MARTÍN VIDE, J., *Fundamentos de climatología analítica,* Barcelona, Síntesis, 1991.
MARTÍN VIDE, J. y OLCINA CANTOS, J., *Tiempos y climas mundiales,* Barcelona, Oikos-tau, 1996.
OESCHGER, H. y EDDY, J. A., «Global Changes of the Past», *IGBP, Global Chambe Report,* núm. 6, Estocolmo, 1989.
OKE, T. R., *Boundary Later Climates,* Londres, Mathuen, 1973.
PAGNEY, P., *Les climats de la Terre,* París, Masson, 1994.
PINNA, M., *Climatologia,* Turín, UTET, 1977.

RILEY, D. y SPOLTON, L., *World Weather and Climate,* Nueva York, Cambridge University Press, 1981.
SCHNEIDER, S. (ed.), *Encyclopedia of Climate and Weather,* Oxford University Press, 1996.
SCHWERDTFEGER, W., *Weather and Climate of the Antartic,* Amsterdam, Elsevier, 1984.
UNESCO, *Carte a la repartition mondiale des regios arides. Notes techniques du MAB 7,* 1979.
WMO/OMM, «Climatological Normals (CLINO) for Climat and Climat Ship Stations for the Period 1931-1960», *WMO,* núm. 117, TP 52, 1971.

CAPÍTULO 10

BERGER, W. H. (ed.), *Climatic Variations and Variability: Facts and Theories*, Dordrecht, Reidel Publishing Co., 1981.
BUDYKO, M. I., *Climate and Life*, Nueva York Academic Press, 1974.
— *The Earth climate: Past and future*, Nueva York, Academic Press, 1982.
BURROUGHS, W. J., *Weather Cycles. Real or Imaginary?*, Londres, Cambridge University Press, 1992.
CACHÒ y SAINZ DE AJA, *Antártida. El agujero de ozono*, Tabapress, 1989.
FURON, *Éléments de Paléoclimatologie*, París, Vuibert, 1972.
GRIBBIN (ed.), *Climatic Change*, Londres, Cambridge University Press, 1978.
HARDY y otros, *El libro del clima*, Madrid, Herman Blume, 1983.
HENDERSON-SELLERS, A. y ROBINSON, P. J., *Contemporary climatology*, Harlow, Longman Scientific and Technical, 1986.
HENDERSON-SELLERS, A. y MAC GUFFIE, *Introducción a los modelos climáticos*, Barcelona, Omega, 1990.
HOUGHTON, JENKINS y EPHRAUMS, *Climate Change. The IPCC Scientific Assessment*, Cambridge University Press, 1990.
HOUGHTON y otros, *Climate Change 1995. The Science of Climate Change. Contribution of Working Group 1 to the Second Assessment Report of the Intergovernmental Panel on Climate Change,* Cambridge University Press, 1996.
LAMB, H., *Climate History and the Modern World*, Londres, Methuen, 1982.
OMM, *Proceedings of the World Climate Conference*, Ginebra, Organización Meteorológica Mundial, 1979.
— *Report of the International Conference on the Assessment of the Role of Carbon Dioxide and of the Other Greenhouse Gases in Climate Variations and Associated Impacts*, Ginebra, OMM, Publ. núm. 661, 1986.
PAGNEY, P., «La mosaïque climatique du globe et son approche géographique», en *Mélanges géographiques offerts en hommage à Ch. P. Péguy*, Grenoble, 1981, pág. 367-380.

Índice

COLECCIÓN GEOGRAFÍA

CANCER, LUIS, *La degradación y la protección del paisaje.*
COBERTERA, Eugenio, *Edafología aplicada.*
CUADRAT, José Mª.; LÓPEZ BERMÚDEZ, Francisco y RUBIO, José Manuel, *Geografía física.*
CUADRAT, José María y PITA, María Fernanda, *Climatología,* 5ª. ed.
ELSOM, Derek, *La contaminación atmosférica.*
LÓPEZ BONILLO, Diego, *El medio ambiente,* 3ª. ed.
LÓPEZ GÓMEZ, Antonio (coord.), *El clima de las ciudades españolas.*
LÓPEZ TRIGAL, Lorenzo y BENITO DEL POZO, Paz, *Geografía política.*
PUYOL, R.; ESTÉBANEZ, J. y MÉNDEZ, R., *Geografía humana,* 3ª. ed.
THUMERELLE, Pierre-Jean, *Las poblaciones del mundo.*
UNWIN, Tim, *El lugar de la geografía.*
VOLK, Tyler, *Gaia toma cuerpo. (Fundamentos para una fisiología de la tierra).*